Concepts
유기농업 기능사

필기 + 실기

한 권으로 합격하기

이론정리 + 기출문제

서울고시각

**Stand by
Strategy
Satisfaction**

새로운 출제경향에 맞춘 수험서의 완벽서

머리말

유기농업이란 화학비료, 유기합성농약(농약, 생장조절제, 제초제 등), 가축사료첨가제 등 일체의 합성화학물질을 사용하지 않고 유기물과 자연광석, 미생물 등 자연적인 자재만을 사용하는 농법을 말합니다.

유기농업이 등장하게 된 배경은 관행농업에서 파생된 문제점에 대한 대안농업으로서의 가능성 때문입니다. 더 많은 비료와 농약을 투입하면서 지력 저하, 생태계 파괴, 농산물 안전성 저하 등의 문제가 야기되었고, 국제기구(WTO, OECD, UN 등)에서는 환경파괴적 방법으로 생산된 농산물 무역을 규제하기에 이르렀으며, 소비자의 건강식품 선호와 환경보호에 관한 관심이 증대되었습니다.

이러한 유기농업의 중요성에 따라 전문 유기농업인력을 육성·공급할 수 있는 자격신설이 필요하게 되었으며, 한국산업인력공단은 유기농업기능사 자격시험을 시행하여 유기농업 분야 전문인력을 양성하고 있습니다. 자격 취득 후에는 다양한 유기농업 분야로 진출할 수 있으며, 공무원 시험 가산점 인정, 학점 인정 등의 혜택이 있습니다.

본서의 가장 큰 특징은 유기농업기능사 이론과 실기를 한 권으로 모두 끝낼 수 있도록 컴팩트하게 구성하였습니다.

본서는 총 3편으로 구성하였는데

> 제1편 : 필기시험을 대비하기 위하여 시험에서 다루는 핵심 내용들만 요약정리하였습니다.
> 제2편 : 다년간의 필기 기출문제를 수록하고 군더더기 없는 해설을 달아놓았습니다.
> 제3편 : 실기시험을 대비하기 위하여 필답형 예상문제와 최신 기출문제를 복원해 두었습니다.
> 마지막으로 부록에는 유기농업 관련법규를 수록해 두었으며, 법률과 시행규칙을 익히는데 많은 도움이 될 것입니다.

유기농업기능사 자격시험은 누구나 어렵지 않게 합격할 수 있는 시험입니다.
본서가 수험생 모든 분의 합격과 더불어 공부에 투입되는 소요시간을 절약하는데 큰 도움이 되길 희망합니다.

저자 장사원

 # 검정형 자격 시험정보

1 자격명
유기농업기능사(Craftsman Organic Agriculture)

2 관련부처
농림축산식품부

3 시행기관
한국산업인력공단(http://www.q-net.or.kr)

4 검정형 자격 시험일정 및 수수료

① 시험일정

구분	필기원서접수 (인터넷)	필기시험	필기합격 (예정자)발표	실기원서접수 (휴일제외)	실기시험	최종합격자 발표일
정기기능사 1회	1월 초	1월 말	2월 초	2월	3월 말경	4월 말
정기기능사 2회	3월 초	3월 말	4월 중순	4월	5월 말경	6월 말
정기기능사 3회	5월 말	6월 중순	6월 말	7월	8월 중순	9월 중순
정기기능사 4회	8월 말	9월 중순	10월 초	10월 중순	11월 중순~ 12월 초	12월 초

구체적인 시험일정은 한국산업인력공단(http://www.q-net.or.kr)에서 확인 바랍니다.

② 수수료 : 필기-14,500원 / 실기-17,200원

5 출제경향
- 필기시험의 내용은 고객만족〉자료실의 출제기준을 참고바랍니다.
- 실기시험은 필답형으로 시행되며 고객만족〉자료실의 출제기준을 참고바랍니다.

6 취득방법

① 시 행 처 : 한국산업인력공단
② 관련학과 : 전문계 고등학교 농업, 원예, 축산과 등
③ 시험과목
  - 필기 : 1.작물재배 2.토양관리 3.유기농업일반
  - 실기 : 유기농 생산 작업
④ 검정방법
  - 필기 : 객관식 60문항(1시간)
  - 실기 : 필답형(2시간)
⑤ 합격기준
  - 필기 : 100점을 만점으로 하여 60점 이상
  - 실기 : 100점을 만점으로 하여 60점 이상
⑥ 종목별 검정현황

목명	연도	필기			실기		
		응시	합격	합격률(%)	응시	합격	합격률(%)
소 계(2005~2022)		51,681	24,572	47.5%	25,365	20,662	81.5%
유기농업기능사	2022	4,507	2,514	55.8%	3,068	1,075	35%
유기농업기능사	2021	5,491	3,299	60.1%	3,338	2,676	80.2%
유기농업기능사	2020	4,163	2,627	63.1%	2,516	2,474	98.3%
유기농업기능사	2019	5,268	3,080	58.5%	3,086	2,986	96.8%
유기농업기능사	2018	4,228	2,486	58.8%	2,399	2,293	95.6%
유기농업기능사	2017	2,321	1,443	62.2%	1,472	1,354	92%

7 기본정보

① 개요

최근 환경오염과 함께 유기농업의 중요성 및 수요는 증대되고 있으며, 과거 저부가가치의 농작물에서 고부가가치가 가능한 농작물로 전환할 필요성이 대두되고 이러한 고부가가치 작물생산의 한 방안으로 최근 유기농업에 대한 관심 및 수요가 증가되는 추세에 있다. 유기농업이란 화학비료, 유기합성농약(농약, 생장조절제, 제초제 등), 가축사료첨가제 등 일체의 합성화학물질을 사용하지 않고 유기물과 자연광석 미생물 등 자연적인 자재만을 사용하는 농법을 말한다. 이러한 유기농업은 단순히 자연보호 및 농가소득증대라는 소극적 중요성을 떠나, WTO에 대응하여 자국농업을 보호하는 수단이 되며, 아울러 국민의 보건복지 증진이라는 의미에서도 매우 중요하다. 이러한 유기농업의 중요성에 따라, 전문 유기농업인력을 육성·공급할 수 있는 자격신설이 필요하게 됨

② 수행직무

유기농업 분야의 입지선정, 작목선정, 경영여건분석, 환경분석 등을 기획하고, 윤작체계 및 자재의 선정, 토양비옥도 및 병해충방지, 시비방법선정 사료확보 등 생산, 축사 설계, 축사분뇨처리업무와 유기농산물 원료의 가공, 포장, 유통 직무 수행

③ 진로 및 전망
- 주로 유기농업 관련 단체, 유기농업 가공 회사, 유기농산물 유통회사
- 시·도·군 지자체의 환경농업 담당공무원, 유기농업 및 유기식품 연구기관의 연구원
- 국제유기식품 품질인증기관의 인증책임자 및 조사원(Inspector)
- 소비자단체, 환경보호단체, 사회단체 등 NGO의 직원

8 출제기준(적용기간 : 2021.1.1~2024.12.31)

① 필기 시험(객관식 4지선다)

필기과목명	문제수	주요항목	세부항목	세세항목
작물재배	20	1. 재배의 기원과 현황	1. 재배작물의 기원과 발달	1. 작물의 기원, 식물의 지리적 분류법 2. 작물의 분화 과정 3. 작물의 다양성과 유연관계
			2. 작물의 분류	1. 작물의 종류와 특성 2. 작물의 식물학적·농업적 분류
			3. 재배의 현황	1. 우리나라와 세계의 농지재배 환경 및 특징 2. 우리나라 농지 및 토지 이용 현황, 경작 규모
		2. 재배환경	1. 수분	1. 표시방법 2. 수분의 흡수 3. 공기중의 수분 4. 가뭄해 5. 관수 6. 배수 7. 기타 수분과 재배환경과의 관계
			2. 공기	1. 대기조성 2. 이산화탄소 3. 대기오염 4. 바람 5. 기타 공기와 재배환경과의 관계
			3. 온도	1. 유효온도와 온도변화 2. 열해

			3. 냉해
			4. 동상해
			5. 기타 온도와 재배환경과의 관계
		4. 광	1. 광과 작물생리작용
			2. 수광량
			3. 광합성
			4. 광피해
			5. 기타 광과 재배환경과의 관계
		5. 상적발육과 환경	1. 상적발육
			2. 춘화처리(vernalization)
			3. 일장효과
	3. 유기재배 기술	1. 작부체계	1. 연작과 기지
			2. 윤작
			3. 그 밖의 작부체계
		2. 종자와 육묘	1. 종자의 구조, 수명, 품질, 발아, 휴면 및 육묘
		3. 정지·파종 및 이식	1. 정지, 파종 및 이식의 정의, 방법
		4. 생력재배	1. 생력재배의 의의와 효과
			2. 기계화 재배
		5. 재배관리	1. 비료의 분류, 시비량, 엽면시비, 중경의 효과, 멀칭의 효과, 제초
		6. 병해충 관리	1. 병해충의 종류
			2. 병해충의 발생요인
			3. 병해충 방제방법
	4. 각종재해	1. 저온해와 냉해	1. 냉(한)해의 기구, 냉(한)해의 양상, 냉(한)해대책
		2. 습해, 수해 및 가뭄해	1. 습해의 기구, 내습성, 습해대책
			2. 수해발생조건, 수해 대책
			3. 가뭄해의 생리, 발생 기구, 내건성, 가뭄해 대책
		3. 동해와 서리해	1. 동해
			2. 서리해
		4. 도복과 풍해	1. 도복양상, 도복의 피해, 도복에 관여하는 조건
			2. 풍해의 대책, 직접적, 기계적인 장해, 생리적 장해
			3. 기타 재해

토양관리	20	5. 토양생성	1. 토양의 생성과 발달	1. 암석과 풍화작용 2. 토양 생성 3. 토양 단면
		6. 토양의 성질	1. 토양의 물리적 성질	1. 토성 2. 토양의 구조 3. 토양공극 4. 토양온도 5. 토양색
			2. 토양의 화학적 성질	1. 토양의 비료성분흡수 2. 점토광물 3. 토양교질과 염기치환 4. 염기포화도와 음이온 치환 5. 토양반응
		7. 토양생물 및 토양오염	1. 토양생물	1. 토양생물의 활동 2. 토양생물의 수 및 작물 생육과의 관계
			2. 토양미생물	1. 토양미생물의 종류 2. 토양미생물의 작용
			3. 토양침식	1. 수식의 원인, 종류, 영향을 미치는 요인 2. 풍식의 원인, 영향을 미치는 요인 3. 토양침식의 대책
			4. 토양오염	1. 오염경로 2. 무기물, 화학농약, 방사성 물질에 의한 오염
		8. 토양 관리	1. 논밭 토양	1. 논밭토양의 일반적인 특성 2. 논밭토양의 차이 3. 논토양의 지력증진 방안 및 토층분화와 탈질현상
			2. 저위생산지 개량	1. 누수답, 습답, 노후화답, 염해지 토양의 개량
			3. 경지이용과 특수지 토양관리	1. 재배시설의 토양 2. 개간지, 간척지 토양과 작물생육관리 3. 토양 중 양분의 형태 변화
유기농업 일반	20	9. 유기농업의 의의	1. 유기농업의 배경 및 의의	1. 유기농업의 배경 2. 유기농업의 의의 3. 유기농업의 발전과정
			2. 유기농업의 현황	1. 국내 유기농업의 현황 2. 국외 유기농업의 현황
			3. 친환경 농업	1. 친환경농업의 개념, 구분, 현황 2. 친환경농업의 목적

	10. 품종과 육종	1. 품종	1. 품종의 개념 2. 품종의 유지
		2. 육종	1. 육종의 개요 2. 작물육종의 목표 3. 종자의 증식과 보급
	11. 유기원예	1. 원예산업	1. 우리나라 원예 산업 현황
		2. 원예토양관리	1. 원예작물 토양관리 방법 2. 비옥도 향상 방법 3. 연작장해 대책
		3. 유기원예의 환경조건	1. 유기원예의 생육과 환경 2. 온도, 빛, 수분, 토양 등의 환경과 관리방법
		4. 시설원예 시설설치	1. 시설자재의 종류 및 특성 2. 시설원예용 기자재 3. 시설의 구비조건 종류, 구조 및 자재
		5. 과수원예	1. 품종의 특성 2. 재배토양관리 및 재배 기술 3. 과수원예의 환경조건
	12. 유기식량작물	1. 유기수도작·전작의 재배기술	1. 종자준비와 종자처리 2. 육묘와 정지 3. 이식과 재배관리 4. 수확
		2. 병·해충 및 잡초방제 방법	1. 병·해충 방제방법 2. 잡초방제방법
		3. 유기 수도작·전작의 환경조건	1. 수도작·전작과 기상환경 2. 수도작·전작과 토양환경 3. 논밭의 종류와 토양
	13. 유기축산	1. 유기축산 일반	1. 우리나라의 유기축산 현황 2. 사육과 사육환경 3. 유기축산 경영
		2. 유기축산의 사료생산 및 급여	1. 유기축산사료의 조성, 종류, 및 특징 2. 유기축산사료의 배합, 조리, 가공방법 3. 유기축산사료의 급여
		3. 유기축산의 질병예방 및 관리	1. 가축위생 2. 가축전염병 등 질병예방 및 관리
		4. 유기축산의 사육시설	1. 사육시설, 부속설비, 기구 등의 관리

② 실기 시험(필답형)

실기과목명	주요항목	세부항목	세세항목
유기농업생산	1. 토양	1. 토양구분하기	1. 토양을 구분할 수 있다.
		2. 유기재배지 토양분석하기	1. 토양 분석을 위한 분석용 토양시료를 채취할 수 있다. 2. 토양유기물의 함량을 추정할 수 있다.
		3. 토양유기물 유지하기	1. 토양유기물의 기능을 이해하고 유기물 유지방법을 제시할 수 있다.
		4. 유기물 시용하기	1. 유기물의 탄질비율(C/N)을 이해하고 토양성분에 따른 유기물 사용량을 산출할 수 있다.
		5. 유기재배지 토양 관리하기	1. 논, 밭 토양을 진단하고 개량 방법을 제시할 수 있다.
	2. 퇴비	1. 퇴비의 종류 및 특성 이해하기	1. 퇴비의 종류와 특성을 파악 하고 토양에 따른 사용 가능한 퇴비를 제시할 수 있다.
		2. 퇴비 제조·분석 및 시용하기	1. 퇴비제조·분석 및 사용 방법을 이해하고 퇴비의 수분, 완숙 정도 등의 품질관리를 할 수 있다.
	3. 유기적 재배 관리방법	1. 유기농업자재의 공시 활용하기	1. 유기농업자재의 공시기준과 종류를 파악하고 용도별로 적정량을 사용할 수 있다.
		2. 제초작업하기	1. 멀칭, 예취, 화염, 우렁이 농법 등 유기농업 제초 방법을 실행할 수 있다.
		3. 병해충 방제하기	1. 미생물제제, 천적 등 유기 농업의 병해충 방제방법을 실행할 수 있다.
	4. 유기작물의 재배	1. 재배하기	1. 유기농산물 인증기준을 이해하고 작물별 재배방법 을 실행할 수 있다.
		2. 품질유지하기	1. 유기농산물의 특성을 이해하고 작물별 품질을 유지할 수 있다.
		3. 선별, 포장하기	1. 유기농산물의 특성을 이해하고 작물별 포장조건 및 포장방법을 실행할 수 있다.

5. 유기농업생산	1. 유기경종 이해하기	1. 유기농업 재배원리를 이해하고 작물별 재배기술을 적용할 수 있다.
	2. 유기축산 이해하기	1. 유기축산 기준을 이해하고 유기사료 선택 및 급여 방법을 제시할 수 있다.
	3. 유기가공식품 이해하기	1. 유기가공식품의 인증기준을 이해하고 이를 적용할 수 있다.
	4. 유기 작부체계를 계획하기	1. 윤작, 답전윤환 등의 효과 및 방식을 이해하고 유기 작부체계를 계획할 수 있다.

차례

PART 01 필기 이론

제1과목 작물재배
01 재배 기원과 현황 ·· 3
02 재배 환경 : 광, 수분, 온도, 공기 ················ 12
03 유기재배 기술 ··· 35
04 재해(Stress) ··· 62

제2과목 토양관리
01 토양생성 및 토양분류 ································· 76
02 토양특성 ··· 84
03 토양생물 ··· 102
04 토양관리 ··· 108

제3과목 유기농업 일반
01 유기농업 개념 ·· 117
02 품종 및 육종 ·· 147
03 유기 수도작(논벼) ····································· 153
04 유기 원예 ··· 159
05 유기 축산 ··· 173

CONTENTS

PART 02 필기 기출문제 (객관식)

- 2014년 제1회 유기농업기능사 필기 기출문제 / 203
- 2014년 제2회 유기농업기능사 필기 기출문제 / 222
- 2014년 제3회 유기농업기능사 필기 기출문제 / 239
- 2015년 제1회 유기농업기능사 필기 기출문제 / 255
- 2015년 제2회 유기농업기능사 필기 기출문제 / 271
- 2015년 제3회 유기농업기능사 필기 기출문제 / 289
- 2016년 제1회 유기농업기능사 필기 기출문제 / 307
- 2016년 제2회 유기농업기능사 필기 기출문제 / 324
- 2016년 제3회 유기농업기능사 필기 기출문제 / 342
- 2017~2022년 유기농업기능사 필기 복원문제(CBT) / 360

PART 03 실기 문제 (필답형)

01 기출 · 예상문제 / 443
02 최신 기출문제(2021~2023) / 532

차례

부록
관련 법규

- 친환경농어업 육성 및 유기식품 등의 관리·지원에 관한 법률 ………………………………………… 609
- 친환경농어업 육성 및 유기식품 등의 관리·지원에 관한 법률 시행규칙 ……………………………… 633
- 유기식품 및 무농약농산물 등의 인증에 관한 세부실시 요령 …………………………………………… 644

PART 1

필기 이론

01 작물재배
02 토양관리
03 유기농업 일반

제1과목 작물재배

01 | 재배 기원과 현황

(1) 농업(agriculture) = 재배 + 축산
  ① 농업 : 토지를 이용하여 유용한 식물을 기르거나(재배 또는 경종), 유용한 동물을 사육(축산 또는 양축)하는 산업
  ② 작물 : 원래 야생상태에서 자생하였으나 사람이 만들어 주는 특수한 환경에 순화되고 사람이 필요로 하는 부분만이 발달되어 원래의 형태와는 현저하게 달라진 기형식물
    • 작물은 일반식물에 비하여 이용성과 경제성이 높은 식물
    • 작물의 이용부위는 사료작물처럼 식물체 전체인 경우도 있지만, 식용작물은 재배의 목적부위가 종실·잎·과실 등 식물체의 특정 부분에 해당됨
    • 작물의 경제성을 높이려면 특정 수확부위의 수량이 높아야 함(일종의 기형식물)
    • 기형으로 발달된 작물은 야생식물보다 생존경쟁력이 약하고 자연상태로 방치하면 소멸되기 쉽기 때문에, 작물의 충분한 수확을 올리려면 불량환경에 대처하고 야생 동·식물이나 미생물의 침해를 방지하는 조치가 필요함
  ③ 재배(경종)
    ㉠ 인간이 경지를 이용하여 작물을 기르고 수확을 올리는 경제적 행위
    ㉡ 재배 목적 : 수량 극대화를 통한 소득 증대
    ㉢ <u>수량 삼각형</u> : 유전성, 환경조건, 재배기술을 3변으로 하는 삼각형의 면적. 삼각형의 면적은 생산량을 표시하므로 3요소가 모두 균일하게 클 때 최대수량을 얻을 수 있음

‖ 작물수량의 3각형 ‖

ⓔ 재배 특징

생산면	• 재배의 가장 큰 특징은 유기생명체를 다루며 토지를 생산수단으로 삼음 • 재배는 자연환경의 영향을 크게 받고, 생산조절이 자유롭지 못하며, 분업적 생산이 어려움 • 자본의 회전이 더디고, 노동의 수요공급이 연중 균일하지 못함 • 토지가 불량한 경우 전면 개량하기가 어렵고, 개량하더라도 비용이 많이 소요됨 • 토지를 이용함에 있어서 수확체감의 법칙이 적용됨
유통면	• 수확한 농산물은 변질되기 쉽고, 연중 가격변동이 심하며, 가격에 비하여 중량이나 용적이 커서 수송비도 많이 듦 • 생산이 소규모이고 분산적이기 때문에 유통과정에서 중간상인의 영향을 많이 받음
소비면	• 농산물은 공산물에 비하여 수요·공급의 탄력성도 작아서 가격변동성이 매우 큼

④ 농업의 형태
  ㉠ 소경(疏耕) 농업 : 문화가 발달되기 이전의 농업형태로, 쟁기나 가축을 이용하지 않고 비료도 사용하지 않음. 지력의 소모가 빠른 만큼 새로운 토지를 찾아서 이동하는 약탈 농업 형태임
  ㉡ 곡경(穀耕) 농업 : 벼, 밀, 옥수수 등의 곡류가 넓은 지대에 걸쳐 재배되는 농업 형태. 매년 같은 작물을 이어짓기(연작)를 하는 형태
  ㉢ 포경(圃耕) 농업 : 유축(有畜) 농업 또는 혼동(混同) 농업과 비슷한 뜻으로, 식량과 사료를 서로 균형있게 생산하는 농업 형태
  ㉣ 원경(園耕) 농업 : 작은 면적의 농경지를 집약적으로 경영하여 단위면적당 채소, 과수 등의 수확량을 많게 하는 농업 형태

(2) 식물의 진화와 작물로서의 특징 획득
  ① 식물의 진화 : 변이 → 도태 → 적응 → 순화 → 고립(격리)

유전적 변이		• 식물은 자연교잡과 돌연변이 때문에 자연적으로 유전적 변이가 발생
도태와 적응		• 새로운 유전형 중에서 환경이나 생존경쟁에 견디지 못하는 것은 도태되고, 견디는 것은 적응하게 됨
순화		• 적응한 것들이 오래 생육하게 되면 그 생태조건에 좀더 잘 적응하게 되는 것
격리 또는 고립		• 적응된 유전형들이 안정 상태를 유지하려면 적응형 상호간에 유전적 교섭이 생기지 않아야 하는 것
	지리적 격리	• 지리적으로 멀리 떨어져 있어서 상호간 유전적 교섭이 방지되는 것
	생리적 격리	• 개화기의 차이, 교잡불임 등의 생리적 원인에 의하여 같은 장소에 있으면서도 유전적 교섭이 방지되는 것

② 야생종 vs 재배종(작물)의 비교

야생종	재배종 작물
• 야생식물은 종자가 결실한 후의 환경이 생존에 부적합한 겨울철이므로 휴면성이 강함(휴면의 정도는 종자마다 다름) • 야생종은 적온·적습 조건이 되어도 종자의 일부만이 발아하고 대부분은 휴면(休眠)을 장기간 지속하므로 환경에 대응하고 종족을 보존할 수 있음	• 작물은 수확 즉시 저장하고, 이듬해 봄에 파종시에는 동시 발아해야 하므로 강한 휴면성이 필요 없음 → 작물은 발아 억제물질이 감소하거나 소실되는 방향으로 발달 • 종자의 단백질 함량은 낮아지고, 탄수화물 함량이 증가하는 방향으로 발달 • 작물은 출아 후 잎이 3~4매 전개될 때까지 불량환경·병충해 극복을 위하여 강한 활력이 요구되므로 생장에너지가 많이 저장된 대립종자로 발달 • 분얼·분지가 일정 기간 내에 일시에 발생하고, 개화기는 일시에 집중하는 방향으로 발달 → 수확시 모든 종자가 일시에 성숙되는 방향으로 발달 • 성숙시 종자의 탈립성은 작은 방향으로, 수량은 많은 방향으로 발달 • 재배종은 야생종보다 내비성이 강함

(3) 농경의 발상지·기원지

① 농경의 발상지

큰 강 유역	• De Candolle(1884)은 큰 강 유역은 주기적으로 강이 범람해서 비옥해져 농사짓기에 유리하므로 원시농경의 발상지라고 추정함 예 황하나 양자강 유역의 중국문명, 인더스강 유역의 인도문명, 티그리스강·유프라테스강 유역의 메소포타미아문명, 나일강 유역의 이집트문명
산간부	• N.T. Vavilov(1926)는 기후가 온화한 산간부 중 관개수를 쉽게 얻을 수 있는 곳에서는 농경이 용이하고 안전하므로 이곳을 최초의 발상지로 추정 예 옥수수를 재배했던 마야문명, 원시인류의 발상지로 추정되는 중앙아프리카의 에티오피아 지역, 잉카문명 발상지인 남아메리카 북부지역
해안 지대	• P. Dettweiler(1914)는 기후가 온화하고 토지가 비옥하며, 토양수분도 넉넉한 해안지대를 농경의 발상지로 추정

② 기원지별 주요 작물

중국 지역	6조보리·조·피·메밀·콩·팥·감·인삼·배추·자운영·동양배·복숭아 등
인도·동남아시아 지역 (인더스 문명)	벼·참깨·사탕수수·모시풀·왕골·오이·박·가지·생강 등
중앙아시아 지역	귀리·기장·완두·삼·당근·양파·무화과 등
코카서스·중동 지역 (메소포타미아 문명)	2조보리·보통밀·호밀·유채(평지)·아마·마늘·시금치·사과·서양배·포도 등
지중해 연안 지역	완두·유채·무·순무·사탕무·양배추·상추·양귀비·화이트클로버·티머시·오처드그래스·우엉 등

중앙아프리카 지역	진주조·수수·강두(광저기)·수박·참외 등
멕시코·중앙아메리카 지역 (마야 문명)	옥수수·강낭콩·고구마·해바라기·호박 등
남아메리카 지역 (잉카 문명)	감자·땅콩·담배·토마토·고추 등

(4) 작물의 분류

식물학적 분류	벼과, 콩과, 배추과, 가지과, 박과, 국화과, 장미과, 백합과 등
용도에 따른 분류	식용작물, 원예작물, 사료작물, 녹비작물, 공예작물, 약용작물 등
생태적 분류	생존연한, 생육적온, 생육계절, 저항성에 따른 분류
작부방식에 따른 분류	논작물, 밭작물, 중경작물, 휴한작물, 윤작작물 등

① 식물학적 분류

벼과(화본과)	벼, 보리, 밀, 호밀, 귀리, 옥수수, 수수, 조, 피, 기장, 라이그라스, 대나무
콩과(두과)	콩, 팥, 녹두, 강낭콩, 완두, 땅콩, 쥐눈이콩, 칡
배추과(십자화과)	무, 배추, 양배추, 유채, 갓, 브로콜리, 콜리플라워, 겨자, 고추냉이
가지과	가지, 고추, 토마토, 감자, 담배, 피튜니아
박과	박, 호박, 수박, 참외, 오이, 멜론, 여주, 수세미
국화과	국화, 상추, 양상추, 우엉, 민들레, 머위, 곰취
백합과	백합, 파, 양파, 마늘, 부추, 달래, 튤립, 아스파라거스
장미과	딸기, 사과, 배, 자두, 매실, 앵두, 아몬드
메꽃과	고구마, 나팔꽃
미나리과	미나리, 샐러리, 당근, 파슬리, 신선초
아욱과	목화, 무궁화, 접시꽃
앵초과	앵초, 기생꽃, 봄맞이, 까치수염
생강과	생강, 강황

② 용도에 따른 분류

식용작물	화곡류	• 미곡 : 쌀(벼・밭벼) 등 • 맥류 : 보리・밀・호밀・귀리 등 • 잡곡 : 옥수수・수수・조・피・기장・율무・메밀 등
	두 류	• 콩・팥・녹두・동부・강낭콩・완두・땅콩 등
	서 류	• 감자・고구마 등

원예작물	채소	• 과채류 : 호박・수박・오이・가지・고추・토마토・딸기 등
		• 협채류 : 완두・강낭콩・동부 등
		• 근채류
		  - 괴근류 : 감자・토란・고구마・마・생강 등
		  - 직근류 : 무・순무・당근・우엉 등
		• 경엽채류 : 배추・양배추・갓・쑥갓・상추・시금치・미나리・셀러리・파슬리・머위・아스파라거스・파・양파・쪽파・마늘 등

	과수	• 인과류 : 사과・배・비파 등(꽃받침이 발달) • 핵과류 : 복숭아・자두・살구・앵두・양앵두 등(중과피가 발달) • 장과류 : 포도・딸기・무화과 등(외과피가 발달) • 견과류(각과류) : 밤・호두 등(씨의 자엽이 발달) • 준인과류 : 감・귤 등(자방이 발달)
	화훼류	• 초본류 : 장미・국화・코스모스・달리아・난초 등 • 목본류 : 철쭉・동백・고무나무 등
사료작물		• 볏과 : 옥수수・호밀・오처드그래스・라이그래스・티머시 • 콩과 : 앨팰퍼・화이트클로버・레드클로버 등 • 기타 : 사료용 호박・순무・해바라기・돼지감자
녹비작물		• 볏과(화본과) : 호밀 등 • 콩과(두과) : 자운영・베치 등
공예작물		• 전분작물 : 옥수수・감자・고구마 등 • 유료작물 : 참깨・들깨・아주까리・유채・해바라기・땅콩・콩・아마・목화 등 • 섬유작물 : 목화・삼・모시풀・아마・양마(케나프)・어저귀・왕골・수세미・닥나무・고리버들 등 • 당료작물 : 사탕무・사탕수수 등
약용작물		• 제충국・박하・호프 등
기호작물		• 차・담배 등

③ 생태적 분류

생존연한에 따른 분류	• 1년생 작물 : 봄에 파종하여 그해 안에 성숙하는 작물. ≒여름작물 • 월년생 작물 : 가을에 파종하여 그 다음해 초여름에 성숙하는 작물. ≒겨울작물 　예 가을보리·가을밀 등 • 2년생 작물 : 봄에 파종하여 그 다음해에 성숙하는 작물 　예 무·사탕무 등 • 다년생 작물 : 생존연한과 경제적 이용연한이 여러 해인 작물 　예 호프·아스파라거스·영년목초류 등
생육계절에 따른 분류	• 여름작물 : 봄에 파종하여 여름을 중심으로 생육하는 1년생 작물 • 겨울작물 : 가을에 파종하여 가을, 겨울, 봄을 중심으로 생육하는 월년생 작물
생육적온에 따른 분류	• 저온작물 : 맥류·감자 등과 같이 비교적 저온에서 생육이 양호한 작물 • 고온작물 : 벼·옥수수처럼 비교적 고온에서 생육이 양호한 작물 • 열대작물 : 고무나무·카사바 등 열대환경에서 자라는 작물 • 한지형목초 : 티머시·앨펠퍼 등 서늘한 환경에서 생육이 양호하고 여름철의 고온기에는 생육이 정지되거나 말라죽는 하고현상을 보이는 목초 • 난지형 목초 : 버뮤다그래스 등과 같이 따뜻한 지방, 고온기에 생육이 양호하고 추위에 약한 목초
생육형에 따른 분류	• 주형작물 : 식물체가 포기를 형성하는 작물　예 벼·맥류 등 • 포복형작물 : 줄기가 땅을 기어 지표를 덮는 작물　예 고구마 • 직립형목초 : 줄기가 균일하게, 곧게 자라는 것 　예 오처드그래스·티머시 • 포복형목초 : 줄기가 땅을 기어 지표를 덮는 것　예 화이트클로버(목초채초는 직립형이나 상번초(上繁草)가 알맞고, 방목에는 포복형이나 하번초가 알맞음)
저항성에 따른 분류	• 내산성 작물 : 산성토양에 강한 작물　예 벼, 호밀, 귀리, 감자, 아마, 목화 • 내건성 작물 : 가뭄에 강한 작물　예 수수, 조, 기장 • 내습성 작물 : 과습에 강한 작물　예 벼, 밭벼, 골풀 • 내냉성 작물 : 저온에 잘 견디는 작물 • 내염성 작물 : 염분이 많은 토양에 강한 작물　예 유채, 수수, 목화, 사탕무, 양배추 • 내풍성 작물 : 바람에 견디는 작물　예 고구마

④ 재배·이용에 따른 분류

작부방식에 관련된 분류	• 논작물과 밭작물
	  – 논작물(畓作物) : 벼처럼 논에서 재배되는 작물
	  – 밭작물(田作物) : 콩·옥수수 등과 같이 밭에서 재배되는 작물
	• 앞작물과 뒷작물 : 전후작이나 사이짓기(혼작 ; 混作), 즉 간작(間作)을 할 때는 먼저 수확하는 앞작물(前作物)과 뒤에 심는 뒷작물(後作物)이 구별
	• 주작물과 부작물 : 콩에 수수를 섞어짓거나, 옥수수와 콩을 엇갈아 짓는 교호작 등 한 포장에 두 작물을 동시에 재배할 때에는 경제적 비중에 따라 주작물과 부작물로 구분
	• 중경작물(cultivated crop) : 옥수수·수수 등을 재배하면 잡초가 크게 경감되는 작물
	• 휴한작물(fallow crop) : 작부체계에서 휴한하는 대신 클로버와 같은 콩과식물을 재배하면 지력이 좋아지는 작물
	• 윤작작물(rotation crop) : 중경작물이나 휴한작물처럼 작부체계에 필요한 작물
	• 동반작물(companion crop) : 서로 도움이 되는 특성을 지닌 두 가지 작물을 같이 재배하는 두 작물
	• 대파작물(代播, substitute crop) : 가뭄이 심해서 벼를 못 심고, 메밀 등을 대신 파종하여 재배하는 작물
	• 구황작물(emergency crop) : 조·피·기장·메밀·고구마·감자 등은 기후가 불순한 흉년에도 비교적 안전한 수확을 얻을 수 있는 작물

경영면에 관련된 분류	• 환금작물(cash crop) : 판매하기 위하여 재배하는 작물 • 경제작물(economic crop) : 환금작물 중에서도 수익성이 높은 작물 예 자급작물 : 농가에서 소비하기 위하여 재배하는 작물
토양보호와 관련된 분류	• 피복작물(cover crop) : 잔디류처럼 토양을 덮는 작물 • 토양보호작물(soil conserving crop) 또는 내식성 작물 : 토양침식을 막아주는 작물
사료작물의 용도에 의한 분류	• 청예작물(靑刈, 풋베기작물, soiling crop) : 사료작물 중에서 풋베기하여 생초로 이용하는 작물 • 건초작물(hay crop) : 예취 후 건조하여 건초(乾草)로 이용하기 알맞은 작물 • 사일리지작물(silage crop) : 예취한 생초(生草)를 젖산발효시켜 사일리지 제조에 적합한 작물 • 방목작물(pasture crop) : 가축을 놓아 기르는 데 적합한 작물

(5) 재배 현황

① 세계 재배 현황

㉠ 토지 이용

- 세계의 농경지 면적 : 약 15.3억ha로 경지율이 11.3%
- 농경지 면적과 경지율 : 아시아(5.4억ha, 16.9%) > 유럽 > 북·중앙아메리카 > 아프리카
- 곡물 재배면적(2013) : 쌀 > 옥수수 > 밀 > 보리
- 주요 작물의 생산량(2013) : 옥수수 10.1억톤 > 밀 7.4억톤 > 쌀 7.16억톤 > 감자 3.76억톤 > 보리 1.44억톤

ⓒ 유기재배 현황
- 유기농 재배국가 : 오스트레일리아(11,300천ha) > 아르헨티나(2,800천ha) > 이탈리아 > 미국 > 브라질 > 우루과이 > 독일 > 스페인 > 영국 > 칠레
- 유기농 재배면적 비율 : 리히텐슈타인(26.4%) > 오스트리아(12.9%) > 스위스(10.3%) > 핀란드 > 이탈리아 > 스웨덴 > 그리스 > 덴마크 > 체코 > 슬로베니아

② 우리나라 재배 현황
  ㉠ 경지면적
  - 국토면적 : 총 999만ha, 산림이 637만ha로 63.8%, 농경지가 173.7만ha로 17.4%, 기타 18.8%
  - 농경지 면적비율 : 1970년 23.3%, 1980년 22.2%, 1990년 21.2%, 2000년 19.0%, 2009년 17.4%로 매년 감소함
  - 2009년 현재 농경지 : 논이 101만ha로 58%, 밭이 72.7만ha로 42%
  - 경지이용률(동일 경지에서 재배하는 횟수) : 1970년에는 142%, 2009년에는 106.5%로 크게 감소
  - 농가호당 경지면적 : 1.45ha, 논이 약 0.85ha, 밭이 약 0.61ha. 농가호당 경지면적은 증가함

  ㉡ 농업인구
  - 농가인구 비율 : 1970년 44.7% → 2009년에는 6.4%로 크게 감소(2013년 5.7%)
  - 농가구 및 농가인구 : 지속적으로 감소하여 2009년에는 농가구 119.5만호에 농가인구는 311.7만 명

	총인구 (천명)	총가구수 (천호)	농가구수 (천호)	농가인구 (천명)	농가인구비율 (%)
1970	32,241	5,857	2,483	14,422	44.7
2009	48,747	16,917	1,195	3,117	6.4
2019	51,709	19,979	1,007	2,245	4.3

  ㉢ 식량자급률
  - 곡물 전체자급률(사료용 포함) : 26.7%(2013년 기준 22.6%)

계(%)	쌀	보리쌀	밀	옥수수	두류	서류	기타
26.7(2009년)	98	41.1	0.5	1.0	8.4	98.5	7.6
22.6(2013년)	89	24	0.5	1.0	9.7	98	9.7

  - 식량자급률(사료용 제외, 식용만) : 51.4%(2013년 기준 45%)

- 전체 양곡 수요량 : 2,058만톤
  - 국내생산량은 549만톤, 수입량은 1,500만톤
  - 양곡 수요량 중 식량·가공·종자용은 981만톤, 사료용이 990만톤(48%)
- 양곡 도입실적 : 옥수수 > 밀 > 콩 > 쌀

ⓔ 작물 생산량
- 식량작물 생산량 : 쌀 > 감자 > 고구마 > 보리 > 콩 > 옥수수 > 밀
- 식량작물 생산량으로 본 작물별 비중(2009) : 쌀 88.5%, 겉보리 0.3%, 쌀보리 1.4%, 맥주보리 1.0%, 밀 0.3%, 콩 2.5%, 옥수수 1.4%의 비중

③ 우리나라 재배 특징
- 기상재해가 큰 편 : 여름철 집중호우
- 토양비옥도(지력)가 낮은 편 : 모암이 화강암
- 쌀 위주의 집약농업
- 식량자급률이 낮고 양곡도입량이 많음
- 경영규모의 영세성
- 농산물의 국제경쟁력이 약함
- 작부체계가 발달하지 못함(단작 위주)
- 초지농업·사료작물재배가 발달하지 못함

④ 우리나라 농업 과제
- 단위면적당 생산성 제고
- 품질 고급화
- 종류 및 작형의 다양화
- 저장성 향상
- 유통구조 개선
- 저투입·지속적 농업(친환경농업)의 실천
- 국제경쟁력 강화
- 해외농업시장 개발 및 농산물 수출 강화

02 | 재배환경 : 광, 수분, 온도, 공기

1 광(빛, Light)

(1) 광합성(탄소동화작용)

광합성에 영향을 주는 요인 : 광량(빛의 세기가 강할수록), 광질(청색광과 적색광일 때), 이산화탄소 농도(높을수록), 온도(높을수록), 수분(적정 수준일 때 광합성이 증가함) 등

| 광합성
(光合成,
photosynthesis) | · **광합성** : 식물이 태양에너지를 이용하여 대기의 CO_2와 뿌리가 흡수한 H_2O를 이용하여 탄수화물(포도당, Glucose, $C_6H_{12}O_6$)을 합성하는 물질대사과정

$$\therefore\ 6H_2O\ +\ 6CO_2\ \xrightarrow{광}\ C_6H_{12}O_6\ +\ 6O_2$$

· **명반응**
ⓐ 물의 광분할과 광인산화반응을 통해 산소(O_2)를 방출하고 광에너지를 ATP와 NADPH와 같은 불안정한 상태의 화학에너지로 전환시키는 광화학반응
ⓑ 온도 영향을 받지 않고, 에너지 획득과정으로서 엽록체의 그라나(틸라코이드막)에서 발생함
· **암반응**
ⓐ 광합성 제2단계인 암반응 과정은 엽록체의 스트로마에서 일어나며, 명반응 과정에서 생성된 ATP와 NADPH를 이용하여 CO_2를 고정하여 환원시킴으로써 불안정하였던 화학에너지를 탄수화물 같은 화합물로 안정화하는 열화학적 반응
ⓑ 효소반응으로서 온도변화에 민감하게 반응하나 광과 관계없이 일어남
· **비교** : 명반응 vs 암반응 |

명반응 in grana(on thylakoid membrane)

- 물의 광분할(Mn, Cl)
- 전자전달계

➡

- O_2
- ATP(광인산화)
- NADPH + H_2

➡

암반응 in stroma

칼빈회로 + CO_2

➡

PGA→
포도당

- 광에너지 획득과정
- 광 필요, 온도 영향×

- CO_2 고정 과정
- 광 필요×, 온도 민감(효소 반응)

(2) 광 파장과 작물반응

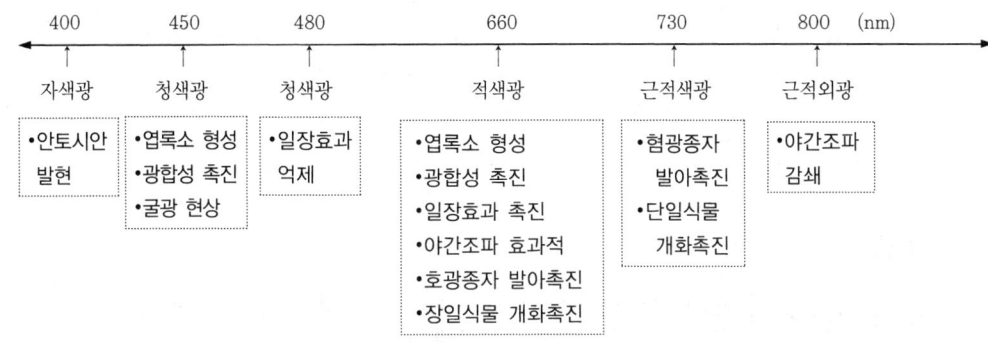

| 광 파장과 작물반응 |

광합성에 유효한 파장	• **적색광** : 675nm를 중심으로 한 620~770nm의 적색부분과
	• **청색광** : 450nm를 중심으로 한 300~500nm의 청색·자외선 부분이 광합성에 가장 효과적임. 굴광반응, 마디의 신장생장 등에 관여
	• 녹색·황색·주황색 부분은 투과·반사되어 효과가 작음
	• 자외선 영역(200~400nm)
	  ⓐ UV-A(320~400nm) : 플라보노이드와 각종 색소의 합성에 관여
	  ⓑ UV-B(280~320nm)·UV-C(200~280nm) : 짧은 파장 때문에 자체가 높은 에너지를 가진 파장이므로 DNA 구조를 변화(260nm 부근)시킬 수 있어 식물 생장에 해로움
	• 적외선(750~4,000nm)
	  장파장(750nm)의 빛은 광합성에는 효과적이지 못하나 광형태형성 유도에는 중요한 신호로 작용하며, 작물체온의 상승효과가 큼

피토크롬 (phytochrome)	• phytochrome : 적색광 및 근적외광의 조사를 받아서 가역적으로 흡수변화를 나타내는 광수용성 색소단백질 • 암조건(730nm 흡수)에서 자란 황백화식물에서 파이토크롬은 Pr(적색광 흡수형) 형태로 존재함 • Pr형이 적색광(660nm)을 받으면 대부분의 Pr분자는 Pfr로 바뀌고, 광발아성 종자의 발아를 촉진함 • Pfr이 원적색광(730nm)을 받으면 대부분 Pr형으로 바뀜 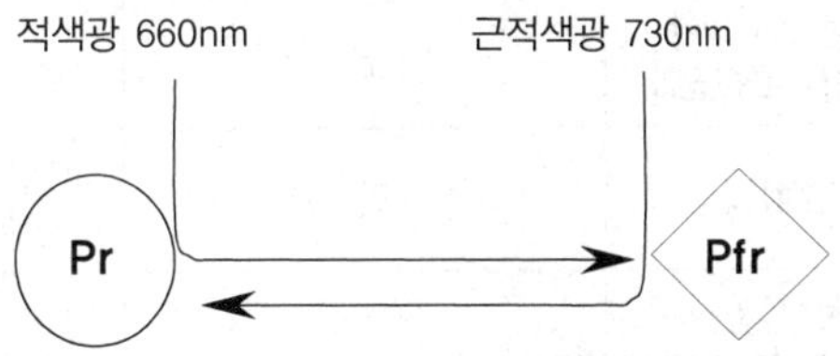 적색광 660nm 근적색광 730nm Pr ⇄ Pfr • 비활성형 • 활성형 • 밤 조건 • 낮 조건 • 단일식물의 개화촉진 • 장일식물의 개화조건 • 혐광성 종자의 발아촉진 • 호광성 종자의 발아조건 | 광가역적 피토크롬 반응	

굴광현상 (phototropism)	• 식물이 광조사의 방향에 반응하여 굴곡(屈曲)반응을 나타내는 것 • 굴광현상으로 생물검정법 중 하나인 귀리만곡측정법(avena curvature test)이 확립됨 • 굴광현상에는 400~500nm, 특히 440~480nm의 청색광이 가장 유효 • 덩굴손의 감는 운동은 굴광성으로 설명할 수 없음 • 식물의 한쪽에 광을 조사하면 조사된 쪽의 옥신(auxin)농도가 낮아지고, 반대쪽은 옥신 농도가 높아짐

(3) 착색(着色)

엽록소 형성파장	• 450nm를 중심으로 한 430~470nm의 청색광역과 650nm를 중심으로 한 620~670nm의 적색광역이 가장 효과적
황백화현상	• 광이 없을 때는 엽록소 형성이 저해되고, 에티올린(etiolin)이란 담황색 색소가 형성되어 황백화현상 발생
안토시안(화청소) 생성조건	• 비교적 저온에서 촉진 • 자외선이나 자색광 파장이 안토시안의 생성을 촉진 • 안토시안은 사과·포도·딸기·순무 등의 착색에 관여하며, 볕이 잘 쬘 때 착색이 좋아짐

(4) $C_3 \cdot C_4 \cdot$ CAM 식물의 생리작용

특 성	C_3 식물	C_4 식물	CAM 식물
CO_2 고정계	칼빈회로	C_4회로+칼빈회로	C_4회로+칼빈회로
광합성적정온도(℃)	15~25℃	30~47℃	≒35℃
최대광합성능력 ($mgCO_2/cm^2$/시간)	15~40	35~80	1~4
광합성산물 전류속도	소	대	—
건물생산량 (ton/ha/년)	22±0.3	39±17	낮고 변화가 심함
광호흡	있음	유관속초세포에만 있음	정오 후 측정 가능
CO_2첨가에 의한 건물생산 촉진효과	큼	작음	—
광포화점	최대일사의 1/4~1/2	최대일사 이상으로 강광조건에서 높은 광합성률을 보임	부정
CO_2 보상점(ppm)	30~70	0~10	0~5(암중)
내건성	약	강	극강
증산율 (gH_2O/g건량 증가)	450~950 (다습조건에 적응)	250~350 (고온에 적응)	18~125 (매우 적음)
작물	벼, 보리, 밀, 담배	옥수수, 수수, 사탕수수, 기장, 진주조, 피, 수단그래스, 버뮤다그래스, 명아주	돌나물, 선인장, 파인애플

(5) 광량과 광합성량

광포화점	• 조사광량이 증가하여 광포화가 최대가 되는 점의 조사광량 • 보상점을 넘어서 조사광량이 높아짐에 따라 광합성속도가 증대하며, 어느 한계에 이르면 그 이상 조사광량이 높아도 광합성속도는 더 이상 증가하지 않고 최대가 되는 상태를 광포화라 함
광보상점	• 외견상광합성속도가 0이 되는 조사광량(irradiance) • 낮은 조사광량에서 진정광합성속도(CO_2 흡수)와 호흡속도(CO_2 배출)가 일치하여 외견상 광합성속도가 0이 되는 상태에 도달하여 유기물의 증감이 없고, CO_2의 흡수·방출이 없는 것처럼 측정됨 • 광이 보상점 이하일 경우라도 생육 적온까지는 온도가 높아지면 진정광합성은 증가함
진정광합성 (총광합성)	• 호흡을 고려하지 않고 본 순수한 광합성(총광합성) • 작물은 광합성으로 CO_2를 흡수하여 유기물을 합성하는 동시에, 호흡을 통해 유기물을 소모하여 CO_2를 방출함. • 진정광합성률 = 외견상광합성률 + 호흡률
외견상광합성 (순광합성)	• 호흡으로 소모된 유기물(CO_2 방출)을 빼고 외견상으로 나타난 광합성 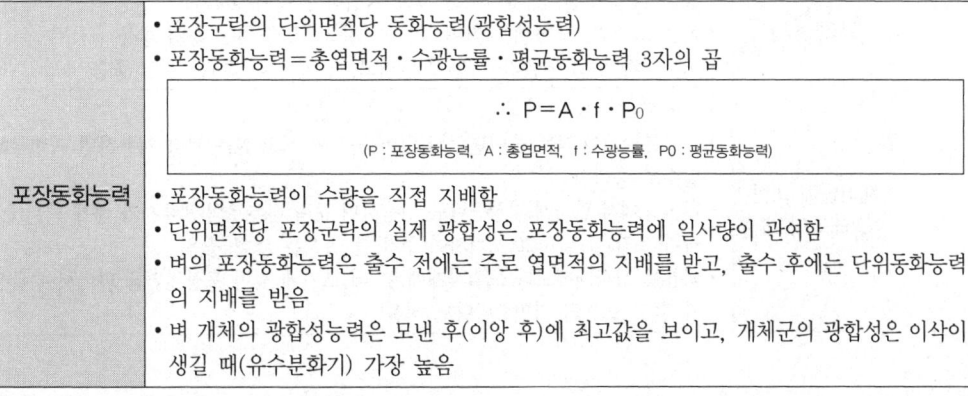 ∥ 광보상점과 광포화점 관계 ∥

(6) 포장동화능력

포장동화능력	• 포장군락의 단위면적당 동화능력(광합성능력) • 포장동화능력 = 총엽면적·수광능률·평균동화능력 3자의 곱 $$\therefore P = A \cdot f \cdot P_0$$ (P : 포장동화능력, A : 총엽면적, f : 수광능률, P_0 : 평균동화능력) • 포장동화능력이 수량을 직접 지배함 • 단위면적당 포장군락의 실제 광합성은 포장동화능력에 일사량이 관여함 • 벼의 포장동화능력은 출수 전에는 주로 엽면적의 지배를 받고, 출수 후에는 단위동화능력의 지배를 받음 • 벼 개체의 광합성능력은 모낸 후(이앙 후)에 최고값을 보이고, 개체군의 광합성은 이삭이 생길 때(유수분화기) 가장 높음

수광능률	• 군락의 잎들이 광을 받아서 얼마나 효율적으로 광합성에 이용하는가 하는 표시 • 수광능률을 높이려면 총엽면적을 알맞은 한도로 조절하고, 군락 내부로 광투사가 좋게 하기 위해 수광태세를 개선해야 함(직립형이 유리함)
평균동화능력	• 단위동화능력(≒평균동화능력)을 총엽면적에 대해 평균한 것(잎의 단위면적당 동화능력) • 평균동화능력을 높이려면 시비·물관리를 잘하여 무기영양상태를 좋게 하면 높아짐

(7) 최적엽면적과 수광태세

① 최적엽면적

의 미	• **최적엽면적** : 건물생산이 최대가 되는 단위면적당 군락엽면적 • **엽면적지수**(leaf area index, LAI) : 군락의 엽면적을 토지면적에 대한 배수치로 표시하는 경우 • **최적엽면적지수** : 최적엽면적일 때의 엽면적지수 • 최적엽면적지수(↑)를 크게 한다는 것은 군락의 건물생산을 크게 하여 수량(↑)을 증대시킬 수 있음 • 엽면적이 최적엽면적지수 이상으로 증대되면 건물생산량은 증가하지 않지만 호흡은 증가함
일사량과 수광태세에 따른 변동	• 일사량이 많을수록 최적엽면적지수는 증가함 • 수광태세가 좋을수록 최적엽면적지수는 증가함

② 군락의 수광태세 개선

벼의 초형	• 키가 적당해야 함(너무 크거나 작지 않아야 함) • 분얼이 약간 개산형(gathered type)인 것이 좋음 • 벼 잎의 분포가 공간적으로 균일한 것이 좋음 • 잎이 약간 좁으며, 너무 얇지 않고, 상위엽이 직립한 것이 좋음
옥수수의 초형	• 수(♂)이삭이 작고 잎혀가 없는 것이 좋음 • 암(♀)이삭이 1개보다 2개인 것이 더욱 밀식에 적응함 • 상위엽은 직립하고, 점차 아래잎으로 갈수록 약간씩 기울어 하위엽은 수평이 되는 것이 좋음
콩의 초형	• 잎은 작고 가늘며, 잎자루는 짧고 직립하는 것이 좋음 • 키는 크지만, 도복에 강하며, 가지는 짧고 적게 치는 것이 좋음 • 꼬투리가 주로 원줄기(주경)에 달리고, 밑까지 착생하는 것이 좋음
재배법에 의한 수광태세의 개선	• 벼에서 Si·K를 넉넉히 시용하면 잎이 꼿꼿이 섬. • 무효분얼기에 N을 줄이면 상위엽이 꼿꼿이 서고 N를 과다 사용하면 과번무하고 잎수도 증가함 • 벼·콩에서 밀식시 파상군락을 형성하면 군락 하부로의 광투사가 좋게 되는데, 줄사이(조간)를 넓히고 포기사이(주간)를 좁히는 것이 좋음 • 맥류는 광파재배보다 드릴파재배 할 때 조기에 잎이 포장전면을 덮어서 수광상태가 좋고 포장의 지면증발량도 적음

2 수분(H_2O)

(1) 작물생육에 대한 수분의 역할
- 물은 식물체의 구성물질(2/3 이상)이며, 구성원소는 H와 O로 구성
- 극성 화합물로 이온성 화합물이나 당류 등을 잘 녹이는 용매 역할을 함
- 식물체 내의 물질분포를 고르게 하는 매개체가 됨
- 작물의 광합성, 가수분해, 다른 화학반응시 합성·분해의 매개체가 됨
- 세포의 팽압 유지 : 수분은 세포의 긴장상태를 유지해 식물의 체제를 유지시킴
- 원형질의 생활상태를 유지시키며, 비열이 커서 체온 유지에 유리

(2) 수분퍼텐셜(ψ_ω)

수분 이동	• 어떤 상태의 물이 지니는 화학퍼텐셜을 이용하여 수분의 이동을 설명함 • 물은 퍼텐셜에너지가 높은 곳에서 낮은 곳으로 이동함 ∴ 낮은 삼투압 $\xrightarrow{물}$ 높은 삼투압 ∴ 높은 수분퍼텐셜 $\xrightarrow{물}$ 낮은 수분퍼텐셜 • 수의 이동 : 수분퍼텐셜은 토양에서 가장 높고, 식물체 내, 대기 순으로 낮아서, **토양 → 식물체 → 대기**로 수분이 이동하게 됨
수분퍼텐셜(ψ_ω)	$\psi_\omega = \psi_s + \psi_p + \psi_m$ • ψ_ω은 0이나 (−)의 값을 가짐 • 순수한 물의 수분퍼텐셜(water potential)이 가장 높음
삼투퍼텐셜(ψ_s)	• ψ_s는 용질의 농도에 따라 영향을 받는 물의 퍼텐셜에너지 • 용질이 첨가될수록 감소하며, 항상 음(−)의 값 ∴ $\psi_s = -\pi$ (π : 삼투압)
압력퍼텐셜(ψ_p)	• ψ_p은 식물세포 내에서 벽압이나 팽압의 결과로 생기는 정수압에 따른 퍼텐셜에너지 • 식물세포에서 일반적으로 양(+)의 값
매트릭퍼텐셜(ψ_m)	• ψ_m은 교질물질과 식물세포의 표면에 대한 물의 흡착친화력에 의하여 나타나는 퍼텐셜에너지 • 항상 음(−)의 값, 토양의 수분퍼텐셜의 결정에 매우 중요

(3) 흡수기구

삼투압	• **삼투**(osmosis) : 식물세포의 원형질막은 인지질로 구성된 반투막이며, 외액이 세포액보다 농도가 낮을 때는 외액의 수분농도가 세포액보다 높으므로, 외액의 수분이 원형질막을 통과하여 세포 내로 확산해 들어가는 현상 • **삼투압**(osmotic pressure) : 내·외액 간의 농도차로 인하여 삼투를 일으키는 압력

팽압과 막압	• 팽압(turgor pressure) : 삼투현상으로 세포 내 수분이 증가하면 세포의 크기가 커지려는 압력, 팽압은 식물의 체제를 유지시킴 • 막압(wall pressure) : 팽압 때문에 세포막이 늘어나면 세포막에 탄력이 생겨 다시 안쪽으로 수축하려는 압력이 생김
확산압차 =흡수압 : DPD	• 확산압차 : 삼투압에서 막압을 뺀 압력 → 흡수압 $$\therefore DPD = (a - m)$$ (a : 삼투압, m : 막압) • 삼투압은 세포 내로 수분이 들어가는 압력이고, 막압은 세포 외로 수분을 배출하는 압력이므로, 실제 작물의 수분 흡수는 삼투압이 막압보다 높을 때 이루어짐
식물뿌리의 실제 흡수력 : DPD-SMS	• 작물 뿌리는 토양 용액으로부터 수분을 흡수할 때, 토양의 수분보유력은 작물의 수분흡수에 저항하고, 토양용액 자체의 삼투압도 작물의 수분흡수에 저항하는 작용을 함 $$\therefore DPD - SMS(DPD') = (a - m) - (a' + t)$$ (a : 세포의 삼투압, m : 세포의 팽압(막압), a' : 토양용액의 삼투압, t : 토양의 수분보류력)
팽만상태	• 세포가 최대로 수분을 흡수하면 삼투압과 막압이 같아서 확산압차(흡수압 ; DPD)이 0이 되는 팽윤(팽만) 상태 • 삼투압=팽압
원형질분리	• 건조로 인한 외액의 농도가 세포액보다 높아질 때는(세포액의 수분농도가 외액보다 높아질 때) 세포액의 수분이 외액으로 스며나가 원형질이 수축되고 세포막에서 분리되는 현상 • 팽압=0

(4) 수분의 이동

① 수분 흡수

수분 흡수	• 수분 흡수는 뿌리 선단에 있는 근모부의 뿌리털에서 흡수됨 ・심플라스트 : 세포질과 원형질연락사를 통해 물이 이동되는 현상 ・아포플라스트 : 세포벽과 세포사이의 공간을 통해 물이 이동되는 현상 • 물관을 통해 위로 상승함 • 체관을 통해 물과 무기양분이 위·아래로 이동함
수동적 흡수	• 증산에 의한 흡수 : 물관내의 부(-)압에 의한 흡수 • 잎의 증산작용은 잎의 수분퍼텐셜을 낮추어, 물관을 통해 물을 끌어당길 수 있는 장력을 발생시킴 • 햇빛이 강렬하여 증산이 왕성할 때는 물관 내의 확산압차(DPD)가 주위 세포보다 극히 커져서 조직 내의 DPDD를 극히 크게 하여 흡수를 촉진함 • ATP 소모없이 흡수됨
능동적 흡수, 적극적 흡수	• 삼투압 : 세포의 삼투압에 기인하는 흡수 • 근압(root pressure) : 식물 줄기를 절단하면 절구에서 수분이 솟아 나오는 일비현상(exudation)이 생기는데, 뿌리 세포의 흡수압(근압) 때문에 발생함 • 비삼투적 흡수 : 대사에너지(ATP)를 소비하여 물관 주위의 세포들로부터 물관으로 수분이 비삼투적으로 배출되는 현상

② 수분 배출

증산	• 식물이 햇빛을 받으면 온도가 상승하여 잎의 기공을 통해 대기로 수증기가 되어 배출되는 증산이 촉진됨 • 증산에서 수분의 이동과 확산속도는 기공의 개도와 같은 확산저항 등에 의해 결정됨 • 증산 촉진 조건 : 빛이 강할 때, 상대습도가 낮을 때, 온도가 높을 때, 연풍일 때
기공	• 잎의 표피조직(통도조직×)에 있는 기공은 2개의 공변세포로 둘러싸여 있음 • 쌍자엽식물은 관다발처럼 기공이 산재하고 있으나, 단자엽식물은 평행으로 나열되어 있음

(5) 작물의 요수량

① 요수량 개념

개념	요수량	• 작물의 건물 1(g)을 생산하는 데 소비된 수분량(g)
	증산계수	• 건물1(g)을 생산하는 데 소비된 증산량(수분소비량은 대부분은 증산량이므로 요수량과 증산계수는 같은 뜻으로 사용됨)
	증산능률	• 일정량의 수분을 증산하여 축적된 건물량 • 증산능률은 요수량과 증산계수의 반대 개념(증산능률=1/요수량)
의의		• 요수량은 일정 기간 내 수분소비량과 건물축적량을 측정하여 산출하는데, 작물 수분경제의 척도를 표시하며, 수분의 절대소비량은 알 수 없음 • 대체로 요수량이 작은 작물이 건조한 토양과 가뭄(한발)에 대한 저항성이 강하고, 요수량이 큰 작물은 관개를 해야만 생육을 촉진할 수 있음

② 요수량의 지배요인

생육단계	• 요수량은 생육기간동안 그 값이 계속 변화하는데, 건물생산 속도가 낮은 생육 초기에 요수량이 큼		
환경	• 불량한 환경(저온과 고온, 토양수분의 과다 및 과소, 광부족, 많은 바람, 공기습도의 저하, 척박한 토양 등)은 수분소비에 비해 건물축적은 더욱 낮아지기 때문에 요수량이 커짐		
작물의 종류	• 수수·기장·옥수수 등은 요수량이 작고, 앨팰퍼·클로버는 큼 • 흰명아주는 요수량이 아주 커서 토양수분을 수탈함		
	작물	요수량	작물	요수량
	흰명아주	948	감자	499
	호박	834	호밀	634
	오이	713	보리	523
	앨팰퍼	831	밀	455,481,550
	클로버	799	옥수수	361
	완두	788	수수	285,287,380
			기장	274

③ 용수량

논의 용수량	벼농사기간 중 논관개에 소요되는 수분의 총량
	∴ **용수량=(엽면증산량+수면증발량+지하침투량)−유효우량** • 엽면증산량 : 같은 기간 중 증발계증발량의 1.2배 정도 • 수면증발량 : 증발계증발량과 거의 비슷함. • 지하침투량 : 토성에 따라 크게 다르며, 210~830mm(평균 536mm 정도) • 유효우량 : 관개수로 들어오는 우량이며, 강우량의 75% 정도

> **예제**
>
> 벼농사기간 중(모내기로부터 낙수까지의 약 90일간)의 증발량이 400mm이고, 강우량이 500mm이며, 지하침투량이 500mm일 때 용수량은 얼마인가? (단, 엽면증산량은 증발계증발량의 1.2배이고, 유효우량은 강우량의 75%임)
>
> |해설|
> - 엽면증산량 $400 \times 1.2 ≒ 480$mm
> - 수면증발량 $400 \times 1.0 = 400$mm
> - 지하침투량 $536 ≒ 500$mm
> - 유효우량 $500 \times 0.75 = 375$mm
> ∴ 용수량=$(480+400+500)-375=1,005$mm
> 1mm의 수량은 $1m^2$당 1L이니까 10a($1,000m^2$)당 1,000L가 되므로, 1,005mm는 10a당 1,005kL(ton)가 된다.

(6) 관개와 배수

① 관개의 효과

논 담수관개 효과	밭관개의 효과
• 생리적으로 필요한 수분의 공급 • 관개수에 녹아 있는 비료성분 공급 • 잡초발생이 억제 • 병해충(토양선충이나 토양전염병원균) 경감 • 관개수 조절함으로써 벼의 생육조절 • 온도 조절작용 • 염분이나 유해물질 제거 • 관개를 해서 토양이 부드러워지면 모내기·중경제초 등 작업 능률성 도모	• 생리적으로 필요한 수분의 공급 • 재배기술의 향상 • 지온의 조절 • 토양이 가볍고, 건조한 지대에서 관개로 풍식방지 • 동상해 방지를 위해 살수빙결법을 실시

② 관개 방법

살수관개	공중에서 물을 뿌려서 대는 방법
	• 스프링클러 관개 : 스프링클러를 이용하여 살수하는 방법 • 다공관 관개 : 파이프에 직접 작은 구멍을 내어 살수하는 방법 • 물방울 관개

지표 관개	지표면에 물을 흘려 대는 방법	
	전면관개 (원류관개)	지표면 전면에 물을 흘려 대는 방법 • **일류관개**(등고선원류관개) : 등고선에 따라 수로를 내고, 임의의 장소로부터 월류하도록 하는 방법 • **보더관개**(구획원류관개) : 완경사의 포장을 알맞게 구획하고, 상단의 수로로부터 전체 표면에 물을 흘려 펼쳐서 대는 방법 • **수반법** : 포장을 수평으로 구획하고 관개하는 방법
	고랑관개	포장에 이랑을 세우고, 고랑에 물을 흘려서 대는 방법
지하 관개	지하로부터 수분을 공급하는 방법	
	개거법 (開渠法)	• 개방된 토수로에 투수하여 이것이 침투해서 모관상승을 통하여 근권에 공급되게 하는 방법 • 지하수위가 낮지 않은 사질토 지대에서 이용
	암거법 (暗渠法)	• 지하에 토관·목관·콘크리트관·플라스틱관 등을 배치하여 통수(通水)하고, 간극으로부터 스며 오르게 하는 방법 • **점적관개**(trickle irrigation) : 파이프나 호스로 물을 끌어 올려 흐르도록 한 뒤, 점적기를 이용하여 정밀한 양의 양수분을 작물의 근권에 공급하는 방법. 알맞은 토양수분을 유지하도록 고안된 관개시스템으로 시설재배에서 주로 이용됨
	압입법	• 뿌리가 깊은 과수 주변에 구멍을 뚫고, 물을 주입하거나 기계적으로 압입하는 방법

③ 배수 방법

자연배수	지표배수 (명거배수)	논·밭에 도랑을 쳐서 배수, 개거배수라고도 함
	지하배수 (<u>암거배수</u>)	땅속에 암거를 설치하여 배수 • 관암거 : 콘크리트관, PVC관, 오지토관, 구워낸 토관, 폴리에틸렌관 등이 이용되며, 완전암거라고도 함 • 간이암거 : 대나무·판자통·돌·섶·나뭇가지·등을 이용하여 손쉽게 만든 암거 • 무재암거 : 중점토·이탄지 등에서 보조용으로 만드는 암거, 천공기 등을 사용하여 지하 60~100cm에 지름 8~12cm의 통수공을 만듦, 심토파쇄기를 사용하여 심토의 불투수층을 파괴하여 수직배수를 도모
기계배수		• 자연배수가 힘들거나 배수를 서둘러야 할 때 펌프가 있는 배수기를 사용하여 기계적으로 배수 • 비용은 들지만 효율성이 높음

3 온도(Temperature)

(1) 온도와 작물생리

온도계수 : Q_{10} (temperature coefficient)	• 작물생육의 최적온도에 도달하기까지는 온도 상승에 따라 작물 생리작용속도가 모두 빨라지는데, 온도가 10℃ 상승하는 데 따르는 이화학적 반응이나 생리작용의 증가배수를 말함 • 여름작물의 광합성은 30~35℃까지 Q_{10}이 2 내외이고, 40~45℃에서 정지함, 호흡은 50℃에서 정지하고 Q_{10}이 2~3으로 나타남 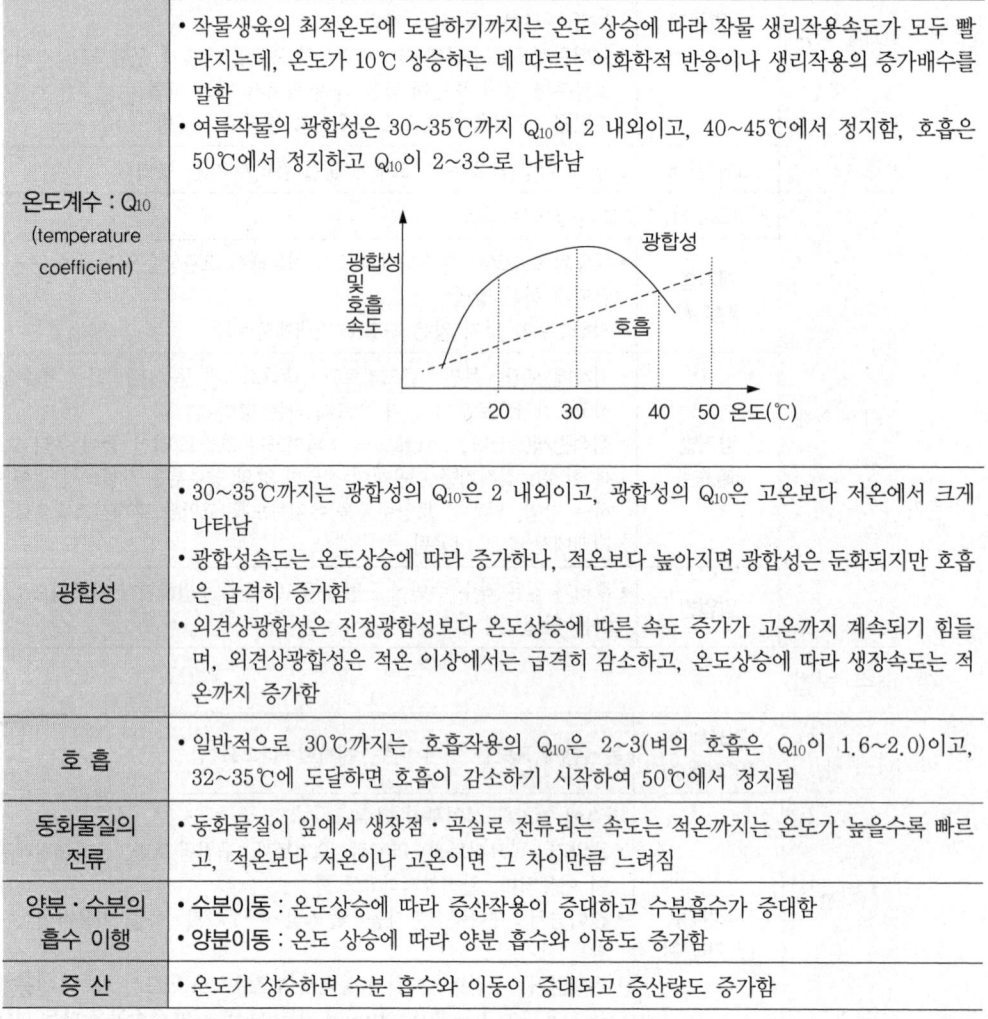
광합성	• 30~35℃까지는 광합성의 Q_{10}은 2 내외이고, 광합성의 Q_{10}은 고온보다 저온에서 크게 나타남 • 광합성속도는 온도상승에 따라 증가하나, 적온보다 높아지면 광합성은 둔화되지만 호흡은 급격히 증가함 • 외견상광합성은 진정광합성보다 온도상승에 따른 속도 증가가 고온까지 계속되기 힘들며, 외견상광합성은 적온 이상에서는 급격히 감소하고, 온도상승에 따라 생장속도는 적온까지 증가함
호 흡	• 일반적으로 30℃까지는 호흡작용의 Q_{10}은 2~3(벼의 호흡은 Q_{10}이 1.6~2.0)이고, 32~35℃에 도달하면 호흡이 감소하기 시작하여 50℃에서 정지됨
동화물질의 전류	• 동화물질이 잎에서 생장점·곡실로 전류되는 속도는 적온까지는 온도가 높을수록 빠르고, 적온보다 저온이나 고온이면 그 차이만큼 느려짐
양분·수분의 흡수 이행	• 수분이동 : 온도상승에 따라 증산작용이 증대하고 수분흡수가 증대함 • 양분이동 : 온도 상승에 따라 양분 흡수와 이동도 증가함
증 산	• 온도가 상승하면 수분 흡수와 이동이 증대되고 증산량도 증가함

(2) 주요 온도

유효온도	• 작물 생육이 가능한 범위의 온도, 작물 생육이 효과적으로 이루어지는 온도
주요온도 (cardinal temperature)	• 최고온도 : 작물생육이 가능한 가장 높은 온도 • 최적온도 : 생육이 가장 왕성한 온도 • 최저온도 : 작물생육이 가능한 가장 낮은 온도 • 기본온도 : 여름작물(벼)은 10℃, 월동작물(유채)과 과수는 5℃로 봄

작물	최저온도	최적온도	최고온도
보리	3~4.5	20	28~30
밀	3~3.5	25	30~32
호밀	1~2	25	30
귀리	4~5	25	30
옥수수	8~10	30~32	40~44
벼	10~12	30~32	36~38
완두	1~2	30	35
삼	1~2	35	45
사탕무	4~5	25	28~30
담배	13~14	28	35
오이	12	33~34	40
멜론	12~15	35	40

적산온도 (sum of temperature)	• 의미 : 작물이 일생을 마치는 데 소요되는 총온량을 표시한 것 • 적산온도는 작물의 발아로부터 성숙에 이르기까지의 0℃ 이상의 일평균기온을 합산하여 측정하는데, 작물 생육시기와 생육기간에 따라 달라짐	
	여름작물 (단위 : ℃)	목화(4500~5500), 벼(3500~4500), 담배(3200~3600), 옥수수(2370~ 3000), 수수(2500~3000), 조(1800~3000), 기장(1500~2500), 콩(2500~3000), 메밀(1000~1200)
	겨울작물	추파맥류(1700~2300℃)
	봄작물	아마(1600~1850℃), 봄보리(1600~1900℃) 감자(1300~3000), 완두(2100~2800)

(3) 일교차(변온)

발아	• 변온은 일반적으로 작물의 발아를 촉진
생장	• 밤 기온이 높아서 변온이 작을 때 대체로 생장이 빠름(무기성분의 흡수와 동화양분의 소모가 왕성하기 때문) • 벼에서 분얼최성기까지는 밤의 저온이 신장을 억제(증가×)하지만 분얼은 증대됨
개화	• 변온이 커서 밤 기온이 비교적 낮은 것이 작물의 동화물질 전류와 축적이 활발하여 개화가 촉진되고 화기도 커짐 • 맥류에서는 밤 기온이 높아서 변온이 작은 것이 출수·개화를 촉진 • 콩에서 계속되는 높은 야온은 낙뢰·낙화를 조장함
동화물질의 축적	• 변온이 어느 정도 큰 것이 동화물질의 축적에 유리함(낮 기온이 높으면 광합성과 합성물질의 전류가 촉진되고, 밤 기온은 낮아야 호흡소모가 적기 때문), 밤 기온이 너무 내려가면 저온장해 발생

결실	• 대체로 변온조건에서 결실이 촉진(가을에 수확하는 작물 등)
	  - 토마토 : 밤 기온 20℃일 때 과중이 최대
	  - 콩 : 밤 기온 20℃일 때 결협률이 최대
	  - 벼 : 등숙기 밤 기온이 초기 20℃에서 후기 16℃로 점차 낮아져야 등숙이 양호함
	• 산간지는 평야지보다 변온이 커서 동화물질의 축적에 유리하여 벼 등숙이 양호함
	• 변온이 큰 분지의 벼가 변온이 작은 해안지의 벼보다 등숙이 빠름
	• 등숙기간(출수 후 40일) 중 자포니카벼는 일평균기온 21~23℃가 적정온도임

덩이뿌리·덩이줄기의 발달	• 감자는 밤 기온이 10~14℃로 낮아지는 변온이 덩이줄기 발달 촉진 • 고구마는 29℃의 항온보다 20~29℃의 변온에서 덩이뿌리의 발달 촉진 (이는 동화물질의 축적이 양호하기 때문)

(4) 수온·지온·작물체온의 변화

수온	• 수온의 최고·최저 시간은 기온보다 2시간 늦게 도달함 • 수온의 최고온도는 기온보다 낮으나 최저온도는 기온보다 높으며, 수심이 깊을수록 수온 변화의 폭이 작아짐 • 벼 생육초기의 물은 밤에 보온효과가 있으며, 냉온기에 심수관개(물깊이대기)를 하면 냉해를 경감시킴
지온	• 지온의 최고·최저 시간은 기온보다 2시간 늦게 도달함 • 지온의 최고온도는 수분이 많은 백토의 경우 기온보다 낮고, 건조한 흑토의 경우 기온보다 월등히 높음 • 최저온도는 대체로 기온보다는 높음 • 토양 빛깔이 진하면 지온이 높아짐(유기물이 많은 토양)
작물체온	• 작물체온은 대기습도가 높고, 바람이 없으며, 작물군락의 밀도가 높을수록 더욱 높아짐 • 밤이나 음지의 작물체온은 흡열보다 방열이 우세하여 기온보다 낮음 • 여름 한낮에는 방열보다 흡열이 우세하고, 생리작용에 따른 발열이 우세하여 기온보다 10℃ 이상 높아짐

4 공기(Air; CO_2, O_2)

(1) 작물생육과 공기

| 공기와 작물생육 | • 공기는 질소(N_2) 79%, 산소(O_2) 21%, 이산화탄소(CO_2) 0.03~0.04%, 각종 가스·수증기·먼지·연기·미생물·화분 등으로 구성
• 작물의 광합성($H_2O + CO_2 \rightarrow C_6H_{12}O_6 + O_2$)은 대기 중의 CO_2를 재료로 삼아 유기물로 합성됨
• 작물의 호흡($C_6H_{12}O_6 + O_2 \rightarrow H_2O + CO_2 + 36ATP$)은 대기 중 O_2가 있어야 원활하게 발생
• 질소고정균에 의해 대기 N_2는 유리질소고정의 재료가 됨
• 콩과작물의 뿌리혹박테리아(근류균, *Rhyzobium*), *Azotobacter* 등은 대기 중 무효태 질소가스(N_2)를 토양에 유효태 형태(NH_4^+)로 고정함
• 토양 중 산소가 부족하면 토중 환원성 유해물질(H_2S, CH_4 등)이 생성됨 |

(2) CO_2와 작물의 생리작용

광합성	CO_2 보상점	• 의미 : 광합성에 의한 유기물의 생성속도와 호흡에 의한 유기물의 소모속도가 같아지는 CO_2 농도 • 작물의 CO_2 보상점은 대기 농도의 1/10~1/3(0.003~0.01%) • CO_2 보상점 이상의 CO_2 농도가 있어야 작물 생장을 계속할 수 있음
	CO_2 포화점	• 의미 : CO_2 농도 증가에 따라 광합성속도는 증가하다가 더 이상 증대하지 않는 상태에 도달하게 하는 한계점의 CO_2 농도 • 작물의 CO_2 포화점은 대기 농도의 7~10배(0.21~0.3%)
	CO_2 시비의 필요성	• CO_2 포화점이 자연상태보다 훨씬 높기 때문에 대기 중 CO_2 농도를 높여 줌으로써 작물 광합성을 촉진하여 생육 및 수량 증대를 유도할 수 있음 • CO_2 농도가 높아지면 온도가 높아질수록 동화량이 증가함 ‖ CO_2 보상점과 CO_2 포화점 ‖
호흡		• 대기 중 CO_2 농도가 높아지면 일반적으로 작물의 호흡속도는 감소함 • 고농도 CO_2 농도에서 채소·과일 등을 저장하면, 대사기능이 억제되어 품질 유지에 유리하고 장기 저장이 가능함
기타		암중 발아생장, 저온저항성이 증가, pH의 상승

(3) CO_2 시비(탄산시비)

탄산시비 (탄산비료)	• 시설재배에서 작물 생육 촉진과 수량 증대를 위해 시설 내의 CO_2 농도를 인위적으로 높여주는 것 • CO_2시비의 경우 농도를 0.15~0.3%로 조절(CO_2 효과는 환경요인 변화, 작물 종류와 품종, 재배형 등에 따라 달라짐) • 적정수준까지 광도와 탄산가스 농도를 높여주는 것이 바람직
시설 내 CO_2 환경	• 시설 안은 외부 공기와 교환이 차단되므로 CO_2(탄산가스)의 일변화가 커짐 • 야간에는 작물호흡으로 인해 CO_2가 0.04% 까지 상승, 일출과 함께 광합성이 시작되면 2시간 후 0.02%가 되므로 환기시킴 겨울에는 보온을 위해 환기가 불가능하므로 CO_2를 사용해야 함 ‖ 하루 중 시설내 CO_2 농도 ‖
탄산가스 사용시기	• 일출하면 시설 내 기온 상승과 햇볕이 강해지면 → 식물 광합성 증가 → CO_2 함량 감소 → CO_2 시비 • CO_2 사용시각 : 일출 후 30분부터 환기할 때까지 2~3시간(환기하지 않을 때도 3~4시간 이내로 제한), 오후는 광합성능력이 저하되기 때문에 CO_2 사용을 삼가고 전류를 촉진·유도함
CO_2 공급원	• 직접 주입 방법 : 액화탄산가스, 고체탄산(dry ice)가스 등. 방출량을 조절하여 실내 탄산가스 농도를 일정수준으로 유지함 • 간접적 방법(탄산가스 발생제) : 천연가스, 프로판가스, 석유, 쓰레기 등 유기물 소각 등. 발생량과 발생시간을 조절하기 어려움

(4) CO_2 농도에 관여하는 요인

계 절	• 식물 잎이 무성한 공기층은 여름에 왕성한 광합성으로 CO_2 농도가 낮아지고, 가을에는 다시 높아짐 • 지표 근처의 공기층은 여름에 토양유기물의 분해와 뿌리의 호흡이 왕성하여 CO_2 농도가 높아짐
식 생	• 식생이 무성하면 뿌리 호흡이 왕성하고, 지표 근처의 공기 중 CO_2 농도를 높이지만, 지표에서 멀어진 공기층은 잎의 광합성 때문에 CO_2 농도가 낮아짐
미숙유기물의 시용	• 미숙퇴비·낙엽·구비·녹비를 사용하면 CO_2 발생이 많아지며, 작물 생육을 조장하는 탄산시비효과가 발생됨
지면과의 거리	• CO_2는 무거워서 가라앉기 때문에 지표에서 멀어짐에 따라 CO_2 농도는 낮아지는 경향이 나타남
바람	• 바람이 불면 공기 중 CO_2 농도의 불균형을 완화시킴

5 상적 발육

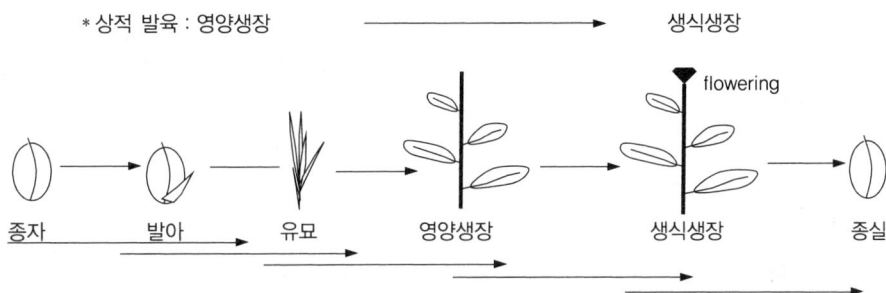

* Flowering 요인
  ① 외적 요인
  - Vernalization → 생장점, vernalin
  - 일장효과 → 성엽, florigen
  ② 내적 요인
  - 식물 Hormone : Auxin, GA
  - C/N율

(1) 상적발육

① 상적발육설

개 념	• **신장**(elongation) : 작물생육에서 키가 크는 것 • **생장**(growth) : 생체중 증가, 초장 신장 같은 여러 기관이 양적으로 증대하는 것 • **발육**(development) : 작물이 아생·분얼·화성·등숙 등의 과정을 거치면서 체내에 질적인 재조정작용이 생기는 것 • **발육상**(development phase) : 작물발육의 여러 가지 단계(stage)적 양상
상적 발육	• 작물이 순차적인 여러 발육상을 거쳐서 발육이 완성되는 것 • **화성**(flowering, 영양생장 → 생식생장) : 영양기관의 발육단계인 영양적 발육(vegetative development, 영양생장)을 거쳐, 생식기관의 발육단계인 생식적 발육(reproductive development, 생식생장)으로 이행하는 것
제 창	• Lysenko(1932) 예 가을밀을 대상으로 실험
요 점	• 작물의 생장과 발육은 다르며, 생장은 여러 기관의 양적 증가를 의미하고, 발육은 체내의 순차적인 질적 재조정작용을 의미함 • 1년생 종자식물의 발육상은 하나하나의 단계, 즉 상(phase)으로 구성됨 • 하나하나의 발육상은 서로 연결하여 성립되며, 앞의 발육상을 경과하지 못하면 다음의 발육상으로 이행될 수 없음 • 1개의 식물체가 하나하나의 발육상을 경과하려면 발육상에 따라 서로 다른 특정한 환경조건이 필요함

② 화성의 유인

화성	작물이 영양적 발육단계로부터 생식적 발육단계로 이행하는 것	
화성유도의 요인	내적 요인	• 영양상태 : C/N율로 대표되는 동화생산물의 양적 관계 • 식물호르몬 : 옥신(auxin)과 지베렐린(gibberellin)의 체내수준관계
	외적 요인	• 광조건 : 일장효과의 관계 • 온도조건 : 버널리제이션(vernalization)과 감온성의 관계
감응부위	• 저온처리의 감응부위는 생장점 • 밀에서 생장점 이외의 기관을 저온처리하면 버널리제이션효과가 발생하지 않음	
이춘화	• 저온버널리제이션에서 고온은 버널리제이션 효과를 감쇄시킴	
재춘화	• 가을호밀에서는 이춘화 후에 다시 저온처리를 하면 다시 완전한 버널리제이션이 되는 현상 • 춘화·이춘화·재춘화의 현상은 버널리제이션의 가역상을 의미함	

(2) 버널리제이션
  ① 버널리제이션(춘화처리)
    ㉠ 식물체가 생육의 일정 시기(주로 초기)에 저온을 경과함으로써 화성(flowering), 즉 꽃눈(화아)의 분화가 유도·촉진되는 것
    ㉡ 버널리제이션은 일정한 저온조건에서 식물의 감온상을 경과하도록 하는 것
  ② 버널리제이션 구분
    ㉠ 처리온도에 따른 구분

저온버널리제이션 (저온처리, 저온춘화)	• 일반적으로 월년생 장일식물(추파맥·유채 등)은 저온인 0~10℃ 처리가 유효 • 일반적으로 고온버널리제이션보다 저온버널리제이션의 효과가 잘 나타남(버널리제이션이라고 하면 보통 저온버널리제이션을 의미함)
고온버널리제이션 (고온처리, 고온춘화)	• 단일식물은 비교적 고온인 10~30℃ 처리가 유효함

    ㉡ 처리시기에 따른 구분

종자버널리제이션 (종자춘화)	• 최아종자를 버널리제이션 하는 것 • 종자춘화 효과가 가장 큰 식물(종자춘화형 식물) : 추파맥류·완두·잠두·봄올무 등 • 추파맥류 최아종자를 저온처리하면 봄에 파종해도 좌지현상(hivernalization)이 방지되고, 정상적으로 출수
녹체버널리제이션 (녹체춘화)	• 식물이 일정한 크기에 달한 녹체기에 버널리제이션하는 것 • 녹체춘화 효과가 가장 큰 식물(녹체춘화형 식물) : 양배추·사리풀 등
비춘화형 식물	• 저온처리 효과가 뚜렷하지 않은 식물(nonvernalization type)

ⓒ 기타 구분

단일춘화	• 추파맥류의 최아종자를 저온처리 하지 않더라도 본엽 1매의 녹체기에 1달 동안 단일처리를 하되 명기에 적외선이 많은 광(Vitalux A)을 조명하면(온도는 18~22℃가 양호함) 버널리제이션을 한 것과 같은 효과가 나타나는 것
화학적 춘화	• Auxin이나 GA를 사용하면 저온처리 효과를 대체할 수 있음 • 자연상태에서는 작물 내생호르몬에 의해서 반응하지만 외부에서 처리한 호르몬 효과도 잘 나타남

③ 버널리제이션 방법

수분(w)	• 처리 중 종자가 건조하면 버널리제이션 효과가 감쇄
산소(a)	• 산소 공급이 반드시 필요, 호흡을 저해하는 조건은 버널리제이션도 저해
처리온도와 처리기간(t)	• 버널리제이션을 완료하는 데 필요한 처리온도와 처리기간은 작물과 품종의 유전적 특성에 따라 다름 • 맥류의 추파성이 높은 품종은 춘파성이 높은 것보다 내동성이 강하고, 춘화처리(저온처리) 요구도가 큼
광(l)	• 최아종자 저온처리의 경우 광의 유무는 버널리제이션에 관계없음 • 고온처리의 경우에는 암조건이 필요
탄수화물	• 당과 같은 탄수화물이 배나 생장점에 공급되지 않으면 버널리제이션 효과가 나타나기 어려움
최 아	• 종자버널리제이션을 할 때는 종자근의 시원백체가 나타나기 시작할 무렵까지 최아하여 처리 • 처리종자는 병균에 감염되기 쉬우므로 종자를 소독해야 함

④ 버널리제이션의 농업적 이용

채종(월동채소의 저온처리), 육종에의 이용(맥류의 춘화처리), 수량 증대, 촉성 재배(딸기), 재배법의 개선, 대파(代播), 종·품종의 감정

(3) 일장효과

① 일장효과의 개념

일장효과 용어	• **일장효과**(광주기성, 광주율, 주광규율, 광주반응, photoperiodism) : 일장이 식물의 화성 및 여러가지 영향을 끼치는 현상, 낮보다 밤길이가 더 큰 영향을 줌 • **일장**(day-length, photoperiod) : 하루 24시간 중 명기의 길이 • **장일**(long-day) : 일장이 12~14시간 이상(보통 14시간 이상)인 것 • **단일**(short-day) : 12~14시간 이하(보통 12시간 이하)인 것
	• **최적일장**(optimum day-length) : 화성을 가장 일찍 유도하는 일장 • **유도일장**(inductive day-length) : 식물의 화성을 유도할 수 있는 일장 • **비유도일장**(noninductive day-length) : 화성을 유도할 수 없는 일장 • **한계일장**(임계일장, critical day-length) : 화성유도의 한계가 되는 일장, 유도일장과 비유도일장의 경계가 되는 일장

② 식물의 일장형 : 화성이 유도·촉진되는 일장에 따라 식물을 구분한 것

장일식물 =단야식물	• 장일상태(보통 16~18시간 조명)에서 화성이 유도·촉진되는 식물, 단일상태는 이를 저해 • 최적일장과 유도일장의 주체가 장일측에 있고, 한계일장은 단일측에 있음 • 맥류·감자·시금치·양파·상추·아마·티머시·양귀비·아주까리 등
단일식물 =장야식물	• 단일상태(보통 8~10시간 조명)에서 화성이 유도·촉진되는 식물, 장일상태는 이를 저해. 암기가 일정 시간 지속되어야 함 • 최적일장과 유도일장의 주체가 단일측에 있고, 한계일장은 장일측에 있음 • 벼·콩·담배·참깨·들깨·목화·나팔꽃·국화·샐비어(salvia)·도꼬마리·코스모스 등
중성식물 (중일성식물)	• 일정한 한계일장이 없고, 매우 넓은 범위의 일장에서 화성이 유도(화성이 일장의 영향을 받지 않음)되는 식물 • 강낭콩·가지·고추·토마토·당근·셀러리 등
중간식물 (정일성식물)	• 좁은 범위의 특정한 일장에서만 화성이 유도되며, 2개의 뚜렷한 한계일장이 존재하는 식물 • 사탕수수 품종 F-106은 12시간~12시간 45분의 일장에서만 개화
장단일식물	• 처음에 장일이고, 뒤에 단일이 되면 화성이 유도되나, 계속 일정한 일장에만 두면 장일이나 단일을 막론하고 개화하지 못하는 식물
단장일식물	• 처음에 단일이고, 뒤에 장일이 되면 화성이 유도되나, 계속 일정한 일장 또는 장단일에 두면 개화하지 못하는 식물

③ 식물의 일장감응(9형) : 화아분화의 전·후에 따라 다름

분류	명칭	화아분화 전	화아분화 후	종류
장일 식물	LL 식물 LI 식물 IL 식물	장일성 장일성 중일성	장일성 중일성 장일성	시금치, 봄보리 *Phlox paniculata*, 사탕무 밀
	LS 식물 II 식물 SL 식물	장일성 중일성 단일성	단일성 중일성 장일성	*Boltonia*, *Physostegia* 벼(조생종), 고추, 토마토, 메밀 앵초(프리뮬러), 시네라리아, 딸기
단일 식물	IS 식물 SI 식물 SS 식물	중일성 단일성 단일성	단일성 중일성 단일성	소빈국 벼(만생종), 도꼬마리 콩(만생종), 코스모스, 나팔꽃

④ 일장효과에 영향을 끼치는 조건

감응부위	• 일장에 감응하는 부위는 성숙잎(어린잎·늙은잎보다 성엽이 더 잘 감응)
발육단계	• 본엽이 나온 뒤 어느 정도 발육한 후 감응(본엽이 나온 직후 ×)
온도의 영향	• 일장효과 발현에는 어느 한계 온도가 필요함 • 단일식물인 가을국화는 10~15℃ 이하에서는 일장에 관계없이 개화 • 장일성인 사리풀(히요스)은 저온 하에서는 단일조건이라도 개화
질소사용의 영향	• 단일식물은 질소요구도가 커서 질소가 충분해야 생육이 빠르고, 단일효과도 잘 나타남
광의 강도	• 명기가 약광일지라도 일장효과는 발생하나, 일반적으로 광량이 증가할 때 일장효과는 커짐
광의 파장	• 600~680nm의 적색광이 가장 효과적(광합성은 660nm) • 400nm 부근의 자색광은 다음으로 효과적(광합성은 450nm) • 480nm 부근의 청색광은 가장 비효과적(광합성에는 효과적)
처리일수	• 처리횟수가 많은 것이 대체로 후작용이 크게 나타남. 최소 처리횟수는 식물에 따라 다름
연속암기와 야간조파	• 단일식물은 일정기간 이상의 연속암기가 필요하며, 연속암기 중간에 광을 조사(야간조파)하면 단일효과는 소멸되고, 개화하지 못함

⑤ 일장효과의 농업적 이용

성전환의 이용, 육종에의 이용, 꽃의 개화기 조절, 자연일장에 대한 재배적 적응, 수량 증대, 품종 선택

* 버널리제이션과 일장효과의 농업적 효과

버널리제이션	채종, 육종에 이용, 수량 증대, 촉성 재배, 재배법 개선, 대파, 종 또는 품종 감정
일장효과	성전환의 이용, 육종에의 이용, 꽃의 개화기 조절, 자연일장에 대한 재배적 적응, 수량 증대, 품종 선택

> **참고** 춘화처리 Vs 일장효과

	vernalization	일장효과
Water	수분 있어야(건조×)	
Air	산소 필요	
Them	저온처리	한계온도가 필요
Light	광 관계없음(고온처리시 암조건 필요)	약광일지라도 효과 有(적색광) 단일식물은 야간조파 효과(적색광)
영양성분	탄수화물(당) 있어야 함	단일식물은 질소가 충분해야 함
감응시기	최아종자	어느 정도 발육한 후
감응부위	생장점	성엽
농업적 이용	채종, 육종, 수량, 촉성재배, 재배법, 대파, 종 감정	성 전환, 육종, 개화기조절, 재배법, 수량, 품종선택

(4) 기상생태형

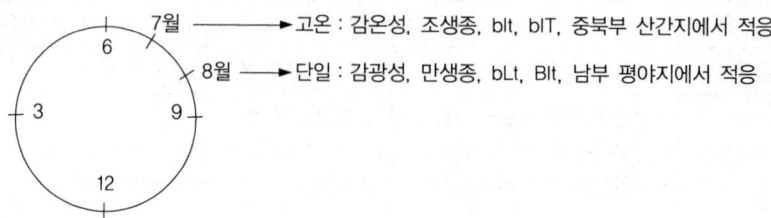

① 기상생태형

생육온도 및 일장에 대한 출수·개화반응을 기초로 하여 작물의 품종군을 나누어 구분한 것

② 기상생태형의 분류(벼 기준)

조생종 (早生種)	blt형	• 기본영양생장성, 감광성, 감온성 모두 작아서 어떤 환경에서도 생육기간이 짧은 것 ⑩ 벼 극조생종
	감온형 =blT	• 기본영양생장성과 감광성이 작고, 감온성이 커서 생육기간이 주로 감온성에 지배되는 것 ⑩ 벼 조생종 • 생육적온에 이르기까지는 저온보다 고온에 의하여 작물의 출수·개화가 촉진되는 성질 • 여름메밀은 감온형으로 고온을 처리하면 개화가 유도됨
만생종 (晚生種)	감광형 =bLt	• 기본영양생장성과 감온성이 작고, 감광성이 커서 생육기간이 주로 감광성에 지배되는 것 ⑩ 벼 만생종 • 식물이 일장환경, 주로 단일식물이 단일 환경에 놓이면 출수·개화가 촉진되는 성질
	기본영양생장형 =Blt	• 기본영양생장성이 크고, 감광성과 감온성이 작아서 생육기간이 주로 기본영양생장성에 지배되는 것 ⑩ 벼 통일형 품종 • 작물이 출수·개화에 가장 알맞은 온도와 일장에 놓이더라도 일정한 정도의 기본영양생장을 하지 않으면 출수·개화에 이르지 못하는 성질

③ 기상생태형의 지리적 분포

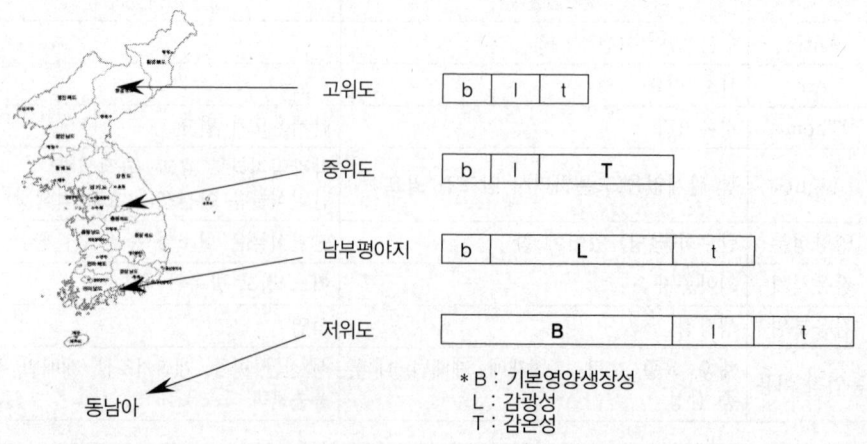

고위도지대	• 고위도지대는 blt형이나 blT형 기상생태형이 분포함. 조기 출수하여 안전하게 수확되기 때문 • 감광형(bLt)은 늦게 감응하고, 기본영양생장형(Blt)은 환경에 관계없이 기본영양생장기간이 길어서 출수가 늦어지므로 재배할 수 없음
중위도지대 (우리나라)	• 우리나라에서 조생종은 감온형(blT 형)이고, 만생종은 감광형(bLt 형)이 성립함 • 중위도지대는 서리가 늦게 오므로 어느 정도 늦게 출수해도 안전하게 성숙할 수 있고, 감광형 품종(bLt형)이 다수성이므로 주로 이러한 품종이 분포함 • 기본영양생장성·감온성이 작고 감광성이 큰 감광형(bLt)이 분포함 • 기본영양생장형(Blt)이나, 감온형(blT) 품종도 분포함
저위도지대	• 저위도 적도 부근은 연중 고온·단일 환경이므로 기본영양생장형(Blt)은 고온·단일 환경에서도 생육기간이 길어서 다수성이 되므로 Blt형이 분포함 • 감온성(blT)·감광성(bLt)이 큰 것은 출수가 빨라져서 생육기간이 짧고 수량이 적음

④ 벼품종의 기상생태형에 따른 재배적 특성(중위도를 대상)

조만성 (早晚性)	• 파종·모내기(이앙)를 일찍이 할 때 조생종에는 blt형·감온형이 있고, 만생종에는 기본영양생장형·감광형이 해당됨
조식적응성	• blt·blT : 조기수확을 목적으로 조파조식을 할 때에는 blt형·감온형이 적절함 • bLt : 파종·모내기를 앞당기고 출수·성숙은 앞당기지 않고 생육기간을 연장시켜 증수를 꾀하려 할 때는 감광형이 가장 적절함 • Blt : 수량이 많은 만생종 중에서 냉해 등을 회피하기 위하여 출수·성숙을 비교적 앞당기려고 할 때는 중 정도의 기본영양생장형이 적절함
만식적응성	• 만식적응성 : 이앙기를 늦게 할 때 적응하는 특성 • 감광형(bLt) : 벼 만생종은 만식을 해도 출수의 지연도가 적고 묘대일수감응도도 낮아서 만식적응성이 높아서 만식재배가 가능 • 기본영양생장형(Blt) : 만식을 하면 출수가 너무 지연되어 성숙이 불안정해짐 • 감온형(blT) : 못자리기간이 길어지면 생육에 난조가 발생 • 묘대일수감응도 : 손이앙에서 못자리기간을 길게 할 때 모가 노숙하고, 모낸 뒤 생육에 난조가 생기는 정도(못자리 때 어린 벼가 생식생장 단계로 접어들기 때문에 발생) • 묘대일수감응도 : 감온형 > 감광형 > 기본영양생장형 • 만파만식시 출수기가 지연되는 정도 : 기본영양생장형, 감온형 > 감광형 • 감광형은 이앙기의 이르고(조) 늦음(만)에 따른 출수기 차가 크지 않아서 안전수확이 가능

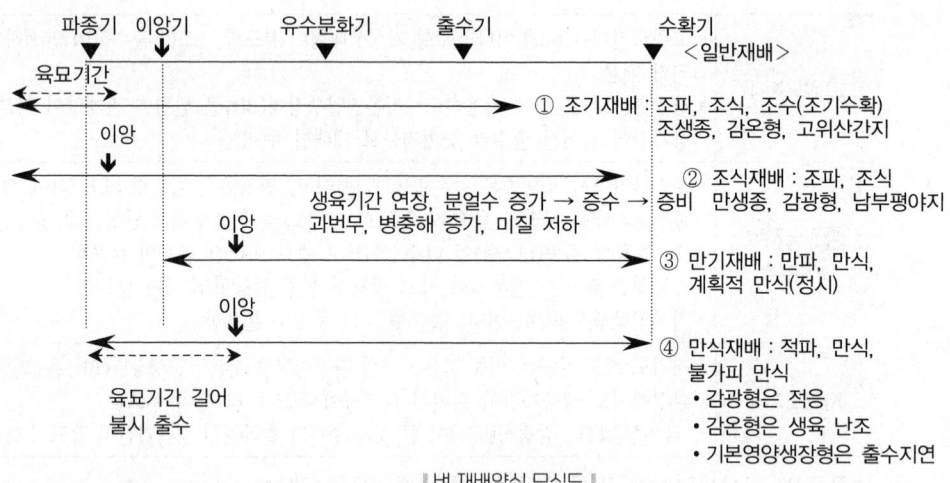

| 벼 재배양식 모식도 |

03 | 유기재배 기술

1 작부체계(作付體系)

(1) 작부체계 개념

작부체계	• 한 포장에서 여러 작물을 해마다 바꾸어 재배(윤작·다모작·자유작)하거나 같은 해에 여러 작물을 동일 포장에서 조합·배열하여 함께 재배(간작·혼작·교호작·주위작)하는 방식 • 작부체계는 제한된 토지를 가장 효율적으로 이용하기 위하여 발달
작부체계의 변천	대전법(이동경작) → 휴한농법(3포식농법) → 윤작 → 자유경작

(2) 연작과 기지

① 기지 현상

㉠ 연작(連作; 이어짓기) : 동일한 포장에 같은 종류의 작물을 계속해서 재배하는 것
㉡ 기지(연작 장해) : 연작을 하면 작물 생육이 뚜렷하게 저조해지는 현상

기지 원인	기지 대책
• 토양선충의 피해 • 토양전염의 병해 • 토양 중의 염류집적 • 토양물리성의 악화 • 토양비료분(미량원소)의 소모 • 잡초의 번성 • 유독물질의 축적	• 윤작(돌려짓기) 및 답전윤환 • 담수 : 유독물질 흘려보내기 • 객토(客土) 및 환토(換土) • 심경(깊이갈이)이나 심토반전 • 유기물 사용과 합리적 시비 • 접목 • 지력 배양 • 토양 소독

② 작물의 기지

연작의 해가 적은 작물	벼·맥류·옥수수·수수·사탕수수·조·고구마·무·순무·양배추·꽃양배추·당근·연·뽕나무·아스파라거스·토당귀·미나리·딸기·목화·삼·양파·담배·호박 등
1년 휴작이 필요한 작물	콩·파·쪽파·생강·시금치 등
2년 휴작이 필요한 작물	마·감자·잠두·오이·땅콩 등
3년 휴작이 필요한 작물	쑥갓·토란·참외·강낭콩 등
5~7년 휴작이 필요한 작물	토마토·고추·가지·수박·완두·레드클로버·우엉·사탕무 등
10년 이상 휴작이 필요한 작물	아마·인삼 등

③ 과수의 기지

기지가 문제되지 않는 과수	사과나무・포도나무・자두나무・살구나무
기지가 나타나는 정도의 과수	감나무
기지가 문제되는 과수	복숭아나무・무화과나무・감귤류・앵두나무

(3) 윤작(輪作; 돌려짓기)

① 윤작 : 동일한 재배포장에서 동일한 작물을 연이어 재배하지 않고, 서로 다른 종류의 작물을 순차적으로 조합・배열하여 차례로 심는 것

② 윤작 방식

순3포식 농법	• 포장을 3등분하여 경지의 2/3는 춘파곡물 또는 추파곡물을 재식하고 나머지 1/3은 휴한하는 방식 예 밀(식량) - 보리(식량) - 휴한				
개량3포식 농법	• 3포식 농법의 휴한지에 클로버 등의 콩과 녹비작물을 재배하여 지력증진을 도모하는 방식. 예 밀(식량) - 보리(식량) - 클로버(녹비)				
노포크식 윤작법	• 식량과 가축사료를 생산하면서 지력을 유지하고 중경효과를 기대할 수 있음				
	연차	1년	2년	3년	4년
	작물	밀	순무	보리	클로버
	생산물	식량	중경	사료	녹비
	지력	수탈	증강(다비)	수탈	증강(질소고정)
	잡초	증가	경감	증가	경감(피복)

③ 윤작의 효과 〈실기〉

지력의 유지증강	• 질소고정 : 클로버 같은 콩과작물은 공중질소를 고정・공급 • 잔비량(殘肥量) 증가 : 감자・순무 같은 다비작물을 재배하면 잔비량이 증가 • 토양구조(물리성) 개선 : 근채류(뿌리채소류)・앨팰퍼・레드클로버 등은 뿌리가 깊게 발달함으로써 토양 입단형성을 조장 • 토양유기물 증대 : 녹비작물・콩과작물을 재배하면 토양유기물 증대, 목초류도 잔비량이 많음 • 구비 생산 증대 : 윤작으로 사료작물을 재배하면 구비 생산이 증가하여 지력을 증진
기지의 회피	• 윤작을 하면 기지현상이 회피. 볏과목초는 토양선충을 경감
병충해 발생 억제	• 윤작에 의하여 병충해가 경감
잡초 발생 억제	• 중경작물・피복작물은 경지 잡초를 경감
토양 보호	• 피복작물이 토양 침식을 방지 • 심근성 작물이 심토의 영양분 용탈방지 및 표토로의 환원
수량 증대	• 윤작을 하면 지력증강, 기지회피, 병충해 및 잡초의 경감 등에 의하여 수량이 증대 • 옥수수의 연작보다 윤작체계에서 수량 증대
토지이용도의 증대	• 여름작물과 겨울작물 또는 곡실작물과 청예작물을 결합시킴으로써 경지이용률을 증대

노력분배의 합리화	• 여러 작물을 재배하게 되면 동시에 노력의 집중화를 경감, 노력분배를 시기적으로 합리화 가능
농업경영의 안정성 증대	• 여러 작물을 고루 재배하면 자연재해나 시장변동에 의한 피해가 분산되어 농업 경영 안정성이 증대

④ 윤작에서 작물선택시 고려사항 〈실기〉
- 주작물은 지역사정에 따라 선택함
- 이용성과 수익성이 높은 작물을 선택(평야지 – 수도, 산간지 – 감자)
- 토지이용도를 높이기 위하여 여름작물과 겨울작물 결합
- 용도의 균형을 위해서 주작물이 특수하더라도 식량과 사료의 생산을 병행함
- 지력유지를 위하여 콩과작물이나 다비작물을 반드시 포함함
- 잡초경감을 위해서 중경작물이나 피복작물을 포함함
- 토양보호를 위하여 피복작물을 포함함
- 기지현상을 회피하도록 작물을 배치(볏과작물, 콩과작물, 근경작물의 교대배치)

(4) 다양한 작부체계 〈실기〉

간 작 (사이짓기)	• 한 가지 작물이 생육하고 있는 줄사이(조간, 고랑사이)에 다른 작물을 재배하는 것 • 맥류의 줄사이에 콩을 간작할 때 맥류가 앞작물(전작물), 콩은 간작물임 • 간작은 생육의 일부 기간만 함께 자라게 되며, 앞작물(맥류)에 큰 피해 없이 간작물(콩)의 생육기간을 앞으로 연장시켜 간작물(콩)의 증수를 도모함
혼 작 (섞어짓기)	• 생육기간이 거의 같은 2종류 이상의 작물을 동시에 같은 포장에 섞어서 재배하는 것 • 두 작물의 여러 가지 생태적 특성에 의하여 혼작 하는 것이 각자 재배하는 것보다 전체 수량이 많을 때 실시함 • 콩밭에 수수나 옥수수를 일정한 간격으로 질서 있게 점점이 혼작함. 콩이 주작물이고, 수수·옥수수는 혼작물
교호작 (엇갈아짓기)	• 생육기간이 비슷한 작물들을 교호로 재배하는 방식 예 콩 2이랑에 옥수수 1이랑씩 재배 • 효과 : 옥수수·콩의 경우 공간의 이용을 향상, 지력을 유지, 생산물을 다양화
주위작(둘레짓기)	• 포장의 주위에 포장 내의 작물과 다른 작물들을 재배하는 것 • 논두렁콩이 대표적, 강낭콩은 여름작물의 주위작으로 재배 • 참외·수박밭 둘레에 옥수수·수수 등을 심으면 방풍효과가 나타남
답리작	• 논에서 벼를 수확 후 다른 작물을 재배하여 토지 이용률을 높이는 방식 예 벼 수확후 맥류 재배
답전작	• 논벼가 이앙되기 전에 다른 작물을 선행하여 재배하는 방식 예 채소류, 감자 등
답전윤환	• 논을 몇 해마다 담수한 논상태(2~3년)와 배수한 밭상태(2~3년)로 돌려가면서 이용하는 것 • 효과 : 지력 증강, 기지 회피, 잡초 감소, 벼 수량 증가 등
단작(홑짓기)	• 하나의 작물만 재배하는 방식, 관리하기 쉽고 기계화가 용이

(5) 혼파(混播)

① 혼파(mixed seeding) : 2종류 이상의 작물 종자를 함께 섞어서 뿌리는 방식
   예 목야지를 조성할 때 보통 볏과·콩과의 목초종자를 섞어서 파종
② 장단점

혼파 및 혼작 장점	단점
• 토양 비료성분의 효율적 이용 • 질소질 비료의 절약 • 가축영양상의 이점 • 공간의 효율적 이용 • 잡초의 경감 • 산초량의 평준화 • 재해 및 병충해에 대한 안정성 증대 • 토양과 기상에 대한 적응력 보완	• 파종작업이 불편 • 목초별로 생장이 달라 시비, 병충해 방제, 수확작업 등 관리가 불편 • 채종이 곤란

2 종자

(1) 종자형성

① 수분 : 성숙한 화분이 꽃밥에서 터져 나와 암술머리(주두, stigma)로 옮겨가는 과정
② 수정
 • 암술머리에 수분된 화분이 발아하면 화분관이 신장하고, 화분관을 따라 2개의 정세포가 주공을 통해 배낭 안으로 삽입되어 수정을 완성함
 • 중복수정(double fertilization) : 속씨식물(피자식물)의 경우, 2개의 정세포 중 1개는 난세포와 융합하여 접합자(2n)를 만들고, 다른 1개는 극핵과 융합하여 배유핵(3n)을 형성하는 과정
 • 배와 배유 : 접합자는 배(2n, embryo)로 되고, 배유핵은 배유(3n, endosperm)로 발달하여 배가 발생하는 동안 영양을 공급함
③ 수정양식

자식성 작물		벼, 밀, 보리, 콩, 완두, 가지, 토마토, 담배, 참깨, 복숭아나무
타식성 작물		옥수수, 호밀, 메밀, 율무, 딸기, 양파, 마늘, 시금치, 호프, 아스파라거스
	자웅이주	시금치, 삼, 호프, 아스파라거스
	웅예선숙	옥수수, 양파, 마늘, 딸기
	자가불화합성	무, 배추, 호밀, 메밀

> **참고** 속씨식물 vs 겉씨식물 종자

속씨식물 (피자식물)	단자엽(외떡잎) 식물 예 화본과(벼과), 가지과, 백합과	배(씨눈) : 2n 배유(씨젖) : 3n
	쌍자엽(쌍떡잎) 식물 예 두과(콩과), 박과, 배추과	배 : 2n(두과 자엽 2n) 배유 : 3n → 퇴화
겉씨식물(나자식물) 예 소나무, 소철나무, 은행나무		배 : 2n 배유 : n

(2) 종자 구조

① 외떡잎식물(단자엽식물) 예 옥수수

배유종자	• 배유(3n)에 영양분을 다량 저장하고 있는 종자 • 옥수수 종자의 가장 바깥층은 과피로 둘러싸여 있고 그 안에 배와 배유가 발달해 있고, 배유의 대부분은 주로 전분이 저장되어 있는 세포층이 차지하고 있음 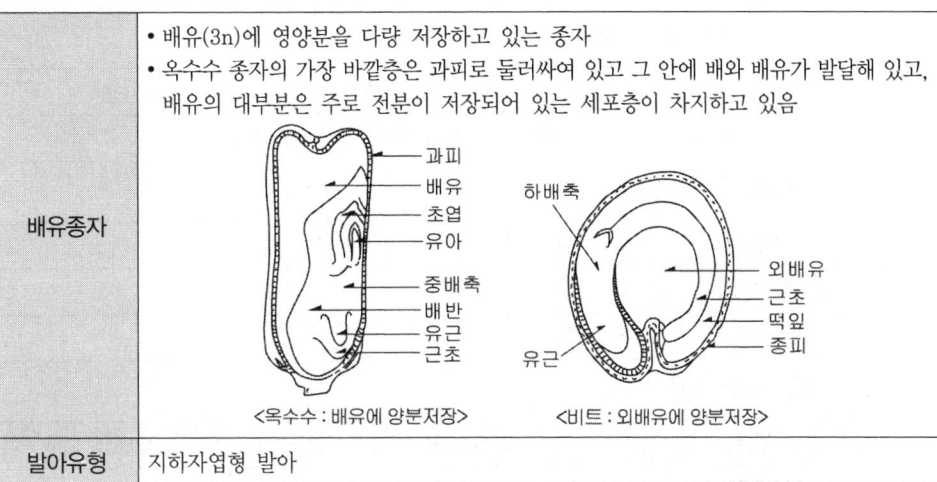 <옥수수 : 배유에 양분저장>　　<비트 : 외배유에 양분저장>
발아유형	지하자엽형 발아

② 쌍떡잎식물(쌍자엽식물) 예 강낭콩

무배유종자	• 배유가 없거나 퇴화되어 위축된 종자로, 양분을 떡잎(자엽)에 저장 • 강낭콩 종자는 유아(제1엽)와 유근이 분화되어 있는 배, 영양분이 저장되어 있는 2개의 떡잎(2n, 배), 종피(씨껍질)로 구성(배유가 없음) 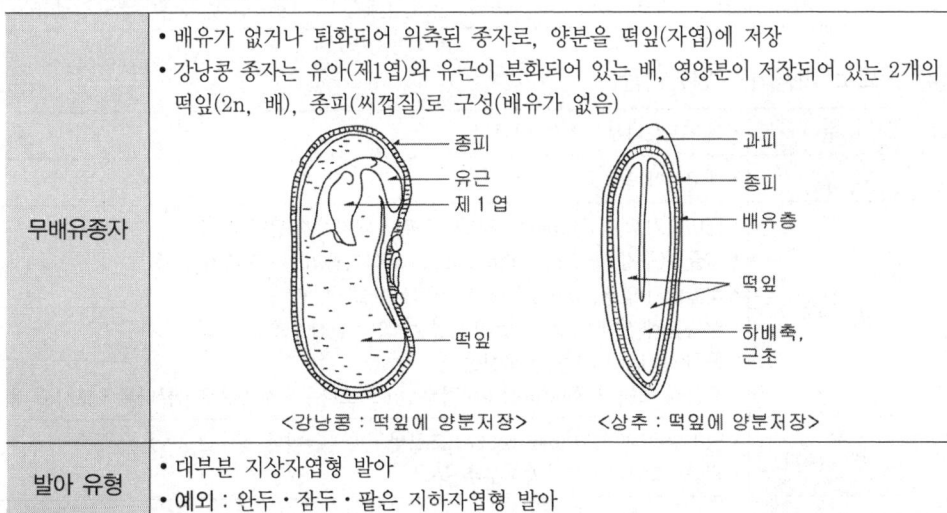 <강낭콩 : 떡잎에 양분저장>　　<상추 : 떡잎에 양분저장>
발아 유형	• 대부분 지상자엽형 발아 • 예외 : 완두・잠두・팥은 지하자엽형 발아

(3) 종자의 분류
① 형태에 의한 구분

식물학상 종자		두류(콩·완두·강낭콩)·유채·무·배추·고추·토마토·수박·오이·담배·아마·목화·참깨·양파 등
식물학상 과실	과실이 나출된 것	쌀보리·밀·옥수수·메밀·들깨·호프·삼·차조기·박하·제충국·상추·우엉·쑥갓·미나리·근대·비트·시금치 등
	과실이 영에 싸여 있는 것	벼·겉보리·귀리 등
	과실이 내과피에 싸여 있는 것	복숭아·자두·앵두 등

② 배유의 유무에 의한 구분

배유 종자	벼·보리·밀·옥수수 등의 볏과 종자와, 피마자·양파 등
무배유 종자	콩·팥·완두 등의 콩과 종자, 상추·오이 등

③ 저장물질에 의한 구분

전분종자	미곡·맥류·잡곡 등의 화곡류 등
지방종자	참깨·들깨 등
단백질종자	두과 작물

④ 유식물 발아 유형

구분	배유 식물	무배유 식물
지상자엽형	메밀, 양파, 피마자, 마디풀	콩, 땅콩, 덩굴강낭콩, 오이
지하자엽형	벼, 보리, 밀, 옥수수, 자주달개비	완두, 잠두, 팥, 붉은강낭콩, 상추

(4) 종묘로 이용되는 영양기관

눈	• 마·포도나무·꽃의 아삽 등
잎	• 베고니아 등
줄기(stem)	• 덩이줄기(괴경, tuber) : 감자·토란·돼지감자(뚱딴지) 등 • 알줄기(구경, corm, solid bulb) : 글라디올러스·프리지아 등 • 비늘줄기(인경, bulb) : 나리(백합)·마늘·양파 등 • 땅속줄기(지하경, rhizome) : 생강·연·박하·호프 등 • 흡지(sucker) : 박하·모시풀 등 • 지상경 또는 지조(stalk) : 사탕수수·포도나무·사과나무·귤나무·모시풀 등
뿌리(root)	• 덩이뿌리(괴근, tuber root) : 고구마·마·달리아 등 • 지근 : 닥나무·고사리·부추 등

(5) 종자 품질 조건

외적 조건	순도	• 전체 종자에 대한 순수종자(pure seed)의 중량비, 순도가 높을수록 종자의 품질은 향상
	종자의 크기와 중량	• 종자는 크고 무거운 것이 충실함 • 종자 크기는 보통 1000립중 또는 100립중으로 표시
	색택 및 냄새	• 품종 고유의 신선한 색택·냄새를 가진 것이 건전하고 충실
	수분 함량	• 종자의 수분함량은 낮을수록 저장이 잘됨
	건전도	• 오염·변색·변질이 없고, 기계적 손상이 없는 종자가 우량함
내적 조건	병충해	• 종자전염의 병충원을 지니지 않는 종자가 우량
	유전성	• 우량품종(우수성, 영속성, 균일성, 광지역성)이며, 이형종자의 혼입이 없고, 유전적으로 순수한 것이 우량한 종자
	발아력	• 발아율이 높고, 발아가 빠르고 균일하며, 초기신장성이 좋은 것이 우량한 종자 $$\therefore \text{순활종자(용가, 진가, \%)} = \frac{\text{발아율} \times \text{순도}}{100}$$

(6) 종자의 수명
종자가 발아력을 보유하고 있는 기간

	단명종자(1~2년)	상명종자(3~5년)	장명종자(5년 이상)
농작물	콩, 땅콩, 옥수수, 기장, 메밀, 목화, 해바라기	벼, 보리, 밀, 귀리, 완두, 유채, 페스큐, 켄터키블루그래스, 목화	클로버, 앨펄퍼, 베치, 사탕무
채소	강낭콩, 양파, 파, 상추, 당근, 고추	무, 배추, 양배추, 꽃양배추, 방울다다기양배추, 호박, 멜론, 시금치, 우엉	가지, 토마토, 수박, 비트

(7) 종자퇴화
생산력이 우수하던 종자가 재배연수를 경과하는 동안 생산력이 떨어지고 품질이 나빠지는 현상

종자 퇴화 종류	저장 중 종자의 발아력상실 (퇴화) 원인	• 주 원인은 원형질단백의 응고 • 효소의 활력저하와, 저장양분의 소모 • 효소의 분해와 불활성, 가수분해효소의 형성과 활성, 유해물질의 축적, 발아유도기구의 분해, 리보솜 분리의 저해, 지질의 자동산화, 균의 침입, 기능상 구조 변화 등
	유전적 퇴화	• 원인 : ⓐ 자연교잡, ⓑ 새로운 유전자형의 분리, ⓒ 돌연변이, ⓓ 이형종자의 기계적 혼입 등의 원인으로 세대가 경과함에 따라 종자가 유전적으로 순수하지 못해져서 퇴화됨 • 대책 : 격리재배, 이형종자의 혼입 방지, 이형주 제거, 건조종자의 밀폐저장, 주의 보존

생리적 퇴화	• 원인 : 재배환경이 불량하거나 저장조건이 불량함 • 대책 : 적절한 채종지 선정, 재배시기 조절
병리적 퇴화	• 원인 : 병충해로 인한 품질 저하 • 대책 : 무병지 채종, 종자 소독, 병해의 발생방제, 약제 살포, 이병주 도태, 씨감자검정 등

(8) 종자 휴면

① 의미 : 성숙한 종자에 적당한 발아조건을 주어도 일정기간동안 발아하지 않는 성질. 휴면 중인 종자나 눈은 저온·고온·건조 등에 대한 저항성이 극히 강해져서 후대번식이나 생존에 있어서 생태적으로 유리함

② 휴면 원인

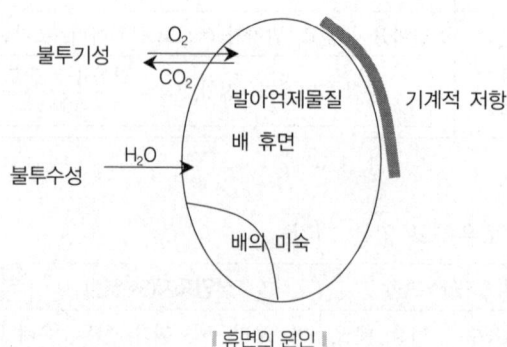

∥휴면의 원인∥

배휴면 (생리적 휴면)	• 배휴면 : 배 자체의 생리적 원인에 의하여 일어나는 휴면, 종자는 형태적으로 발달해 있지만 발아에 필요한 외적 조건을 주어도 발아하지 않는 경우 예 보리·밀·메귀리·차조기·장미과(장미·사과·배·복숭아나무 등) • 휴면 타파 : 지베렐린처리, 저온, 층적처리(저온습윤처리, 5℃가 효과적)
배의 미숙	• 종자가 모주에서 떨어질 때 배가 미숙상태이어서 발아하지 못함 예 미나리아재비과 식물·장미과 식물·인삼·은행 등 • 휴면타파 : 생리적 변화를 완성하여 발아할 수 있게 되는 후숙과정을 거침
종피의 기계적 저항	• 종자가 흡수를 하더라도 종피가 딱딱하여 배의 팽대를 기계적으로 억제하므로 배가 함수상태로 휴면하는 것 예 잡초·나팔꽃·땅콩·체리 등 • 대책 : 건조나 30℃ 고온처리로 기계적 저항력을 약화시킴
종피의 불투기성	• 종피의 불투기성 때문에 산소(O_2)흡수가 저해되고, 종실 내 이산화탄소(CO_2)가 축적되어 발아하지 못하는 휴면 예 맥류종자(귀리·보리 등)
종피의 불투수성 (경실)	• 경실 : 종피가 수분 투과를 저해하기 때문에 장기간(수개월~수개년) 발아하지 않는 종자 예 소립종자인 콩과작물(자운영·화이트클로버·레드클로버·알사이크클로버·앨펄퍼 등) 종자, 고구마·연·오크라의 종자, 볏과목초인 달리스그래스·바히아그래스의 종자

발아 억제물질	• 블라스토콜린(blastokolin) : 발아억제물질을 총칭 • 벼 종자의 휴면원인 : 영에 있는 발아억제물질 때문 • 순무 종자의 휴면원인 : 과피에 있는 발아억제물질 때문 • 휴면타파 : 종자를 물에 잘 씻거나 과피를 제거하면 발아 가능

③ 발아 관련 물질

발아촉진물질	지베렐린(GA) · 시토키닌(cytokinin) · 에틸렌(ethylene) · 질산염(KNO_3) · 과산화수소(H_2O_2) · thiourea 등
발아억제물질	ABA · 암모니아(NH_3) · 시안화수소(HCN) · 페놀화합물(phenolic compound) · 쿠마린(coumarin) 등

(9) 종자 발아
종자에서 유아·유근이 출현하는 것

① 발아의 외적 조건 : 수분, 온도, 산소, 광

  ㉠ 수분
   ⓐ 수분은 저장양분의 분해를 위한 효소의 활성화, 양분의 전이, 저장양분의 이용을 위해 반드시 필요함
   ⓑ 발아에 필요한 종자 수분흡수량 : 종자무게에 대하여 벼와 옥수수는 30% 정도, 콩은 50% 정도
   ⓒ 전분종자보다 단백종자가 발아에 필요한 최소수분함량이 많음

  ㉡ 온도
   ⓐ 종자발아는 세포의 생화학적 생리작용으로 온도의 지배를 받음
   ⓑ 주야간 항온보다 변온에서 발아가 촉진됨
   ⓒ 작물종자의 발아온도

작물	최저	최적	최고	작물	최저	최적	최고
보리	0~2	20	38~40	완두	0~4.8	20	31~37
밀	0~2	20	40~42	콩	2~4	25	42~44
호밀	0~2	20	40~42	강낭콩	10	20, 25	37~44
귀리	0~2	20	38~40	감자	4		
일본메밀	2~4	20	42~44	담배	13~14	20~30	35
옥수수	6~8	20, 25	44~46	들깨	14~15	20	35~36
벼	8~10	25	42~44	멜론	15.6~18.5	25	44~50
고구마	17~18			오이	15.6~18.5	25	44~50

  ㉢ 산소
   ⓐ 발아 중의 생리활동에도 호흡작용이 필요한데, 많은 종자는 산소가 충분히 공급되어 호기호흡이 이루어져야 발아가 촉진됨

ⓑ 수중발아성

수중발아를 못하는 종자 (O_2 요구도↑)	콩, 옥수수, 수수, 귀리, 메밀, 밀, 무, 양배추, 파, 가지, 고추, 알팔파, 루핀, 메도페스큐, 코스모스, 메꽃
수중발아가 잘 되는 종자 (O_2 요구도↓)	상추, 당근, 티머시, 피튜니아, 셀러리, 벼, 캐나다블루그라스, 카페드그라스
수중에서 발아 감퇴 종자	담배, 토마토, 화이트클로버, 카네이션, 미모사

ⓒ 광

호광성 종자	광선에 의해 발아가 촉진되는 종자 예 담배, 상추, 우엉, 뽕나무, 피튜니아, 셀러리, 차조기, 금어초, 디기탈리스, 베고니아, 그래스류(캐나다블루그라스, 켄터키블루그라스, 버뮤다그라스, 스탠더드그래스, 벤트그래스)
혐광성 종자	광선에 의해 발아가 억제되는 종 예 가지, 토마토, 수박, 호박, 오이, 수세미, 무, 파, 양파
광무관계종자	광의 유무와 관계없이 발아되는 종자 예 화곡류 대부분, 콩과작물 대부분, 옥수수

② 종자의 발아 과정

수분흡수 → 저장양분 분해효소 생성과 활성화 → 저장양분의 분해·전류 및 재합성 → 배의 생장개시 → 과피(종피)의 파열 → 유묘 출현

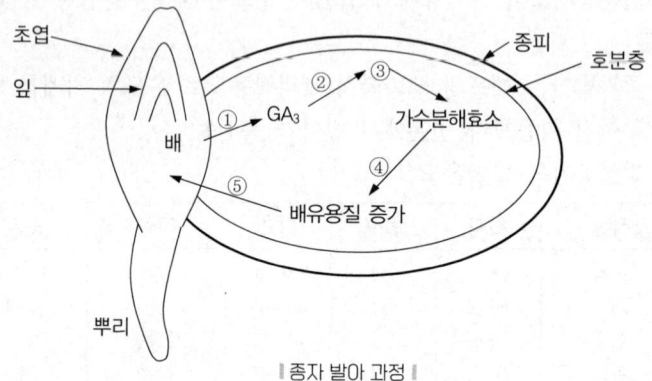

∥종자 발아 과정∥

③ 발아조사
- 발아시(發芽始) : 발아한 것이 처음 나타난 날
- 발아기(發芽期) : 파종된 종자의 약 40%가 발아한 날
- 발아전(發芽揃) : 대부분(80% 이상)이 발아한 날
- 발아일수 : 파종부터 발아기(또는 발아 전)까지의 일수

④ 발아시험의 여러 조사항목

발아율	파종된 총종자수에 대한 발아종자수의 비율(%) $$발아율 = \frac{총발아수}{총공시종자수} \times 100$$
발아세	치상 후 일정 기간(예 72시간)까지의 발아율 또는 표준발아검사에서 중간조사일까지의 발아율(%) $$발아세 = \frac{일정기간 발아한 종자수}{총공시종자수} \times 100$$
평균발아일	발아한 모든 종자의 평균적인 발아일수

3 생육관리

(1) 정지(경지정리)

파종과 이식을 위해 토양을 경운·쇄토·작휴·진압하는 작업

① 경운(땅갈이)
  ㉠ 의미 : 토양을 갈아 일으켜 흙덩이를 반전, 부스러뜨리는 작업
  ㉡ 경운 효과 〈실기 기출〉
  - 토양 물리성 개선,
  - 토양 화학성 개선
  - 토양수분 유지,
  - 토양유실 감소
  - 잡초·해충 발생 억제
  - 파종·이식 작업 용이
  - 비료·농약 효과 증진
  - 토양 유기물 분해 촉진 등

② 작휴(이랑 만들기)
  ㉠ 이랑 : 두둑 + 고랑(골)
  ㉡ 작휴법

평휴법 (平畦法)	• 이랑과 고랑의 높이를 같게 하는 방식 • 건조해와 습해가 동시에 완화되며, 채소·밭벼 등에서 실시	
휴립법	이랑(두둑)을 세워서 고랑(골)을 낮게 하는 방식	
	휴립구파법 (畦立溝播法)	• 이랑을 세우고 낮은 골에 파종하는 방식 • 맥류에서 한해와 동해를 방지할 목적으로 실시 • 감자에서 발아를 촉진, 배토가 용이하기 위해 실시
	휴립휴파법 (畦立畦播法)	• 이랑을 세우고 이랑에 파종하는 방식 • 이랑에 재배하면 배수와 토양통기가 좋아짐 • 조·콩 등은 이랑을 비교적 낮게 세우고, 고구마는 이랑을 높게 세움

성휴법 (盛畦法)	• 이랑을 보통보다 넓고 크게 만드는 방법 • 중부지방직 맥후작콩은 이랑을 1.2m 정도의 너비로 평평히 만들고, 이랑 위에 4줄로 콩을 점파하고, 이랑과 이랑 사이에 30cm 정도의 깊은 고랑을 설치 → 파종이 편리하고 생육 초기의 건조해와 장마철의 습해방지 효과 • 맥류 답리작재배에서 성휴법 목적은 파종노력을 절감하려는 것이며, 내한성·내도복성·내병성 등이 큰 품종들을 선택해야 함

(2) 파종(종자 뿌리기)

① 파종 양식

㉠ 일반작물 파종

산 파 (散播, 흩어뿌림)	• 포장 전면에 종자를 흩어 뿌리는 방법, 노력이 절감됨 • 답작 맥류·메밀·목초·자운영 등은 주로 산파를 하며, 산파를 하는 것이 수량도 많음 • 단점 : 산파를 하면 종자 소요량이 많아지고, 통기 및 투광이 나빠지며, 도복하기 쉽고 제초 및 병충해 방제 등의 관리작업이 불편
조 파 (早播, 골뿌림)	• 골타기를 하고 종자를 줄지어 뿌리는 방법, 대부분 작물은 조파 실시 • 맥류처럼 개체가 차지하는 평면공간이 넓지 않은 작물에 적용 • 이점 : 골사이가 비어 있으므로 양수분 공급이 좋고, 통풍·투광도 잘되며, 관리작업도 편리하여 생육이 건실함
점 파 (點播, 점뿌림)	• 일정한 간격을 두고 종자를 1~수립씩 띄엄띄엄 파종하는 방식 • 두류·감자 등과 같이 개체가 평면공간으로 상당히 퍼지는 작물에 적용 • 노력은 다소 많이 들지만, 종자량이 적게 들고, 통풍 및 투광이 좋고, 건실하며 균일한 생육을 도모
적 파 (摘播)	• 점파를 할 때 한 곳에 여러 개의 종자를 파종하는 방법 • 목초·맥류 등과 같이 개체가 평면으로 좁게 퍼지는 작물을 집약적으로 재배할 때 적용 • 적파는 조파나 산파보다는 노력이 많이 들지만, 수분·비료분·수광·통풍 등의 환경조건이 좋아지므로 생육이 더욱 건실하고 양호

㉡ 화훼류 파종

상 파 (床播, bed sowing)	• 이식을 해도 좋은 품종에 이용하는 방법 • 배수가 잘되는 곳을 택하여 파종상을 20cm 내외의 깊이로 설치 • 종자의 크기에 따라 점파(점뿌림), 산파(흩어뿌림), 조파(줄뿌림) 실시
상자파와 분파	• 종자가 소량이거나, 종자가 미세하거나, 귀중하고 비싸 집약적인 관리를 필요로 하는 경우 화분에 파종함
직 파 (直播)	• 재배량이 많거나, 양귀비처럼 직근성이어서 이식을 하면 뿌리가 피해를 입는 경우에 적합한 방법 • 최근 직근성 초화류도 지피포트(jiffypot)와 같은 포트를 이용

② 파종량

㉠ 파종량이 많은 경우
- 과번무해서 수광태세가 나빠짐

- 식물체가 연약해져서 도복·병충해·한해 등이 조장됨
- 수량·품질을 저하시킴

ⓒ 파종량이 적은 경우
- 잡초가 많이 발생
- 성숙이 늦어짐
- 수량이 감소함
- 품질이 저하됨
- 토양의 수분과 비료분의 이용도가 낮아짐

③ 파종량 결정시 고려요인

작물의 종류	파종량은 작물 종류별로 차이가 남
종자의 크기	• 같은 작물이라도 품종에 따라 종자의 크기가 차이가 나므로 파종량을 조절해야 함 • 감자는 큰 씨감자를 쓸수록 파종량이 많아짐
파종시기	파종시기가 늦어질수록 모든 작물의 생육이 떨어지므로 파종량을 늘림
재배지역	• 맥류는 남부보다 중부에서 생육이 떨어지므로 중부지역의 파종량을 늘림 • 감자는 산간지보다 평야지에서 생육이 떨어지므로 평야지의 파종량을 늘림
재배방식	• 맥류는 조파보다 산파시 파종량을 늘림 • 콩·조 등은 단작보다 맥후작에서 파종량을 늘림 • 청예용, 녹비용 재배는 채종용보다 파종량을 늘림 • 직파재배는 이식재배에 비하여 파종량을 늘림
토양 및 시비	• 토양이 척박하고 시비량이 적을 때에는 파종량을 늘림 • 토양이 비옥하고 시비량이 많은 경우라도 다수확을 꾀하려면 파종량을 늘림
종자의 조건	병충해가 심하거나, 경실이 많이 포함되어 있거나, 쭉정이·협잡물이 많이 섞였거나, 발아력이 감퇴하였으면 파종량을 늘림

(3) 육묘(어린묘 기르기)
종자를 시설 내에서 양질의 묘를 생산하는 것

① 육묘의 필요성

재해 방지	육묘이식을 하면 직파하는 것보다 초기관리가 수월하고, 집약관리가 가능하여 병충해·한해·냉해 등을 방지, 벼는 도복이 줄어들고, 감자의 가을재배에서는 고온해가 경감
토지이용도의 증대	벼를 육묘이식하면 답리작이 가능하고, 채소도 육묘이식에 의하여 경지이용률을 높임
노력 절감	직파해서 처음부터 넓은 본포에서 관리하는 것보다 중경제초 등에 소요되는 노력이 절감
직파가 매우 불리할 경우	딸기·고구마·과수 등에서는 직파하면 매우 불리하므로 육묘이식이 더 바람직함
증수 도모	과채류·벼·콩·맥류 등은 직파하는 것보다 육묘이식을 하는 것이 생육 조장·증수
조기수확 가능	과채류 등은 조기에 육묘해서 이식하면 수확기가 극히 빨라져서 조기에 수확 가능

추대 방지	봄결구배추를 보온육묘해서 이식하면 직파할 때 포장에서 냉온 시기에 저온감응하여 추대하여 결구하지 못하는 현상을 방지함
용수 절약	벼는 못자리기간 동안 본답용수가 절감
종자 절약	직파하는 것보다 종자량이 적게 들며, 비싼 종자일 경우 더욱 유리

② 묘상의 구분
 ㉠ 노지상 : 자연의 포장상태로 이용하는 묘상
 ㉡ 냉상(冷床) : 태양열만을 유효하게 이용하는 묘상
 ㉢ 온상(溫床) : 인공적으로 열원을 공급해 주고 태양열도 유효하게 이용하는 묘상

양열재료	• 발열 주재료 : 볏짚·건초·두엄 등 탄수화물이 풍부한 발열 재료 • 발열 보조재료(촉진재료) : 겨·깻묵·닭똥·뒷거름·요소·황산암모늄 등 질소분이 많은 발열 재료 • 발열 지속재료 : 낙엽 등과 같이 부패가 더딘 발열 재료
양열재료 C/N율 〈실기〉	• 발열에 적당한 C/N율(C/N ratio)이 20~30 정도일 때 발열상태가 양호 | 재료 | C | N | C/N율 | |---|---|---|---| | 톱밥 | 46 | 0.1 | 400 | | 보리짚·밀짚 | 47.0 | 0.65 | 72 | | 볏짚 | 42.2 | 0.63 | 67 | | 감자 | 44.0 | 1.50 | 29 | | 낙엽 | 49.0 | 2.00 | 25 | | 쌀겨 | 37.0 | 1.70 | 22 | | 자운영 | 44.0 | 2.70 | 16 | | 앨펄퍼 | 40.0 | 3.00 | 13 | | 면실박 | 16.0 | 5.00 | 3.2 | | 콩깻묵 | 17.0 | 7.00 | 2.4 | | 곰팡이 | 50 | 5.0 | 10 | | 방사상균 | 50 | 8.5 | 6 | | 세균 | 50 | 12.5 | 4 |

③ 채소류 육묘 : 공정육묘

공정 육묘	• 재래 육묘방식을 개선하여 상토준비, 혼입, 파종, 재배관리(관수 및 시비)작업 등이 자동적으로 이루어지는 자동화육묘시설을 이용하는 육묘방법 • 공정묘·성형묘·플러그묘·셀묘 등으로 부름
장점	• 모 소질의 개선이 용이 • 운반 및 취급이 간편하여 화물화가 용이 • 정식묘의 크기가 작아지므로 기계정식이 용이 • 단위면적에서 모의 대량생산이 가능(재래식에 비하여 4~10배) • 모든 과정을 기계화하므로 관리인건비·모의 생산비를 절감 • 대규모화가 가능하여 조합영농, 기업화, 상업농화가 가능 • 육묘기간 단축, 주문생산이 용이, 연중 생산횟수를 늘어남

④ 조직배양
- 식물의 세포·조직·기관 등을 기내의 영양배지에서 무균적으로 배양하여 완전한 식물체로 재분화시키는 배양기술
- 조직배양이 가능한 이유는 한 번 분화한 식물세포가 정상적인 식물체로 재분화할 수 있는 전체형성능(totipotency)을 지니고 있기 때문임
- 조직배양은 삽목과 접목에 비하여 짧은 기간 동안 대량증식이 가능하고, 생장점을 증식하면 바이러스무병주를 육성 가능

(4) 이식(옮겨심기)
① 이식 : 가식 → 정식
  ㉠ 이식 : 현재 자라고 있는 장소(보통은 묘상)로부터 다른 장소(보통은 본포)에 작물(보통은 모)을 옮겨 심는 것
  ㉡ 가식 : 정식할 때까지 잠정적으로 이식해 두는 것
  ㉢ 정식(아주심기) : 본포에 옮겨 심는 것
② 이식 시기
  ㉠ 과수·수목 등의 다년생 목본식물은 싹이 움트기 이전 이른 봄에 이식(춘식)하거나 가을에 낙엽이 진 뒤에 이식(추식)하는 것이 활착이 유리
  ㉡ 일반작물·채소는 육묘의 진행상태(모의 크기)와 파종시기에 따라 이식시기가 달라짐
  ㉢ 작물의 종류에 따라 이식시기가 달라지는데, 너무 어리거나 노숙한 모를 심으면 식상(植傷)이 심하거나 생육의 난조를 가져오기 쉽고, 토마토·가지는 첫꽃이 피었을 때 이식하는 것이 유리
  ㉣ 토양의 수분이 넉넉하며, 바람이 없고, 흐린 날, 지온이 적당하고, 동상해의 우려가 없는 시기에 이식하는 것이 안전
  ㉤ 병충해 피해를 방지하기 위하여, 수도의 도열병이 많이 발생하는 지대에서는 조식(早植)을 하는 것이 좋고, 가지·토마토 등 조숙 채소류는 늦서리에 주의해야 함

(5) 멀칭(피복)
① 의미 : 포장토양의 표면을 짚·퇴비·구비·건초 등 여러 가지 재료로 피복하는 것
② 필름의 종류

투명필름	멀칭용 플라스틱필름 중에서 모든 광을 잘 투과시키며, 지온상승의 효과가 크나, 잡초의 발생이 많아짐
흑색필름	모든 광을 잘 흡수하는 흑색필름은 잡초 발생을 억제, 지온이 높을 때 지온을 낮춤
녹색필름	• 녹색광과 적외광을 잘 투과시키고 청색광과 적색광을 강하게 흡수하며 잡초를 거의 억제함 • 지온상승 효과는 투명필름과 흑색필름의 중간 수준 • 빛의 일부만 차단하며 통과하는 빛 중 녹색부분은 확광시켜 줌

③ 멀칭 효과 〈실기〉
- 토양수분 증발을 억제하여 한해(가뭄해) 경감
- 월동작물의 동해 경감
- 토양 보호 : 풍식·수식 등의 토양침식이 경감
- 보온효과로 조식재배 가능하고, 생육이 촉진되어 촉성재배에 이용
- 잡초 발생 억제
- 과실 품질 향상

(6) 재배 관리
① 중경(김매기)
㉠ 작물이 생육 중인 포장의 표토를 갈거나 부드럽게 하는 작업
㉡ 장단점

장점	단점
• 잡초의 제거 • 토양수분의 증발 경감 • 발아 조장 • 토양통기의 조장 • 비효증진 효과	• 풍식의 조장 • 동상해 조장 • 단근(뿌리가 끊어짐)

② 배토(북주기)
㉠ 작물 생육기간 중 골사이나 포기사이 흙을 포기 밑으로 긁어 모아주는 것
㉡ 배토 효과
- 새 뿌리 발생의 조장 → 생육이 증진
- 무효분얼 억제
- 배수 및 잡초억제
- 도복의 경감
- 덩이줄기의 발육조장

③ 토입 및 답압
㉠ 토입(흙넣기) : 맥작에서 골사이의 흙을 곱게 부수어서 자라는 골 속에 넣어주는 작업
㉡ 답압(밟기) : 맥작에서 작물이 자라고 있는 골을 밟아주는 작업, 발로 밟거나 회전식 답압롤러로 진압해줌
㉢ 효과 : 맥작의 건조·동해 피해를 경감하고, 무효분얼을 억제함

④ 보식 및 솎기
㉠ 보식 : 발아가 불량한 곳, 이식 후 고사한 곳에 보충하여 이식하는 것
㉡ 솎기 : 발아 후 밀생한 곳의 일부 개체를 제거해 주는 것

(7) 생력재배(labor-saving cultivation)
① 의미 : 농작업의 기계화와 제초제의 이용 등에 의한 농업노동력을 크게 절감할 수 있는 재배법

② 생력기계화재배의 전제조건
- 제초제의 이용
- 경지 정리
- 공동 재배
- 적응재배체계 확립
- 집단 재배
- 잉여노력의 수익화

③ 생력재배 효과
- 노동투하
- 단위수량의 증대
- 농업경영의 개선
- 시간의 절감
- 작부체계의 개선과 재배면적의 증대

(8) 식물물생장조절제

식물생장조절물질	생육 반응
옥신류	발근 촉진, 접목의 활착 촉진, 가지의 굴곡 유도, 낙과 방지(탈리현상 억제), 단위결과, 제초제로 이용, 자엽초·shoot 세포신장, 정부우세(측아생장 억제), 줄기의 부정근 형성, 형성층 분열, 에틸렌 생성
지베렐린	휴면타파, 종자 발아, 절간신장, 경엽 신장촉진, 개화 조절
시토키닌	종자 발아촉진, 세포분열, 잎과 자엽초의 세포 확대, 정부생장 억제(측아생장 촉진), 잎의 노화 억제
에틸렌	종자 발아촉진, 정아우세 타파, 생장 억제, 개화 촉진, 탈리(낙엽) 촉진, 수평 생장, 잎과 꽃의 노화, 육상식물의 줄기 비대생장과 수생식물의 줄기신장
아브시스산(ABA)	휴면 유도, 종자 발아 억제, 잎의 노화, 탈리(낙엽) 촉진, 기공 폐쇄

4 시비 관리

(1) 필수무기양분

① 필수원소(essential nutrient elements)

의 미	작물의 생육에 필요불가결한 원소
다량원소	탄소(C)·산소(O)·수소(H)·질소(N)·인(P)·칼륨(K)·칼슘(Ca)·마그네슘(Mg)·황(S)
미량원소	철(Fe)·구리(Cu)·아연(Zn)·망간(Mn)·몰리브덴(Mo)·붕소(B)·염소(Cl)
기 타	Si·Al·Na·I·Co 등은 필수원소는 아니지만 식물체 내에서 검출되며, 특히 규소는 화곡류(벼 등)에서 중요한 생리적 역할을 함
필수무기원소	16원소 중에서 C·H·O는 CO_2와 H_2O에서 공급되고, 나머지 13원소는 토양성분 중에서 공급되는데, 13원소를 말함

② 필수원소의 생리작용

C·H·O	• 식물체의 대부분(90~98%)을 구성. 광합성에 의하여 생성된 탄수화물·지방·단백질·핵산·엽록소의 구성원소

N
(질소)
	• 엽록소·단백질(효소)·핵산·세포막(인지질) 등의 구성성분
	• NO_3^-(질산태)과 NH_4^+(암모니아태)으로 식물에 흡수됨
	• 광합성, 호흡, 질소동화작용, 세포분열, 생장발육에 관여함
	• 결핍증
	  ⓐ 결핍증세는 질소의 이동성이 높기 때문에 노엽에서 먼저 나타남
	  ⓑ N 결핍은 황백화 현상, 화곡류 분얼 저해, 작물 생장·개화·결실을 지배
	• 과잉 : 도장(웃자람), 엽색이 짙어짐, 각종 불량한 환경에 취약해짐

P
(인산)
	• 세포핵(핵산)·세포막(인지질)·분열조직·효소·ATP 등의 구성성분, 광합성·호흡에 관여하는 효소(ATPase)의 구성성분
	• 광합성, 호흡작용(에너지의 전달), 녹말 합성과 당분 분해, 질소동화 등에 관여
	• 유조직(어린식물)이나 종자(phytin)에 많음
	• 인은 인을 함유하는 광물인 인회석에서 유래되고, 산성이나 중성에서는 $H_2PO_4^-$, 알카리성에서는 HPO_4^{2-} 형태로 흡수
	• 토양용액 pH에 따른 P의 형태
	  ⓐ pH 7.22 이하(산성) : $H_2PO_4^-$이 주종을 차지
	  ⓑ pH 7.22(중성) : $H_2PO_4^-$과 HPO_4^{2-} 농도가 비슷해짐
	  ⓒ pH 7.22 이상(알칼리성) : HPO_4^{2-}이 주종을 차지
	• 결핍증
	  ⓐ 산성토에서 불가급태(Al-P, Fe-P)가 되어 결핍되기 쉽고, 수도의 경우 한랭지의 저온은 P 흡수를 저해하고 결핍증 나타남
	  ⓑ 특히 생육초기 뿌리 발육이 저조하고 출수·성숙이 지연됨
	  ⓒ 잎이 암녹색이 되어 잎둘레 오점(汚點)이 생기며 심하면 황화하고, 종자 결실이 나빠짐

K (칼륨)	• 여러 가지 효소반응의 활성제로서 작용, 체내 구성물질은 아님 • K은 이온화하기 쉬운 형태로 뿌리·잎의 선단, 생장점에 다량 함유 • 광합성, 탄수화물·단백질 형성, 세포 내의 수분공급, 증산에 따른 수분상실을 조절하여 세포의 팽압을 유지하게 하는 기능에 관여 • 광합성을 촉진하므로 일조가 부족한 때에 비효가 큼 • 결핍증 : 줄기 연약, 잎의 끝이나 둘레가 황화현상, 생장점이 고사, 하위엽의 낙엽, 결실이 저조함

Ca
(칼슘)
	• Ca(석회)은 잎에 다량 함유, 세포막 중 중간막(세포벽)의 주성분
	• 분열조직의 생장과 뿌리 끝의 발육에 반드시 필요, 단백질의 합성과 물질전류에 관여하며, 질소(NO_3^-)의 흡수·이용을 촉진
	• 체내 독성을 띤 유기산을 중화하고, 알루미늄(Al)의 과잉 흡수를 억제하여 그 독성을 경감시킴
	• 결핍증
	  ⓐ 체내 이동이 어려워 뿌리나 눈의 생장점이 붉게 변해 고사함
	  ⓑ 토마토 배꼽썩음병, 사과 고두병, 상추 팁번 현상이 나타남
	• 과잉 : 다른 양이온과 길항작용(Mg·Fe·Zn·B·Co 등 흡수 억제)

Mg (마그네슘, 고토)	• 엽록소의 구성원소(C·H·O·N·Mg), 잎에 다량 함유 • 체내 이동이 용이하여 부족시 낡은 조직에서 새 조직으로 이동 • 광합성·인산대사에 관여하는 효소의 활성화, 종자 중의 지유 집적을 조장

	• 결핍증
	  ⓐ (엽맥간) 황백화현상(chlorosis), 줄기나 뿌리에 있는 생장점 발육이 저조
	  ⓑ 체내 비단백태질소가 증가, 탄수화물이 감소, 종자의 성숙 저해

S
(황;黃)
	• S은 단백질·효소·아미노산(methionine, cystine) 구성성분, 엽록소 형성에 관여
	• **황의 요구도가 크고 함량이 많은 작물** : 양배추, 양파, 파, 마늘, 아스파라거스 등
	• 결핍증
	  ⓐ 체내 이동성이 낮아서 결핍증은 새 조직에서 먼저 나타남
	  ⓑ 단백질 생성이 억제, 생육억제와 황백화, 세포분열이 억제
	  ⓒ 콩과작물에서 근류균에 의한 질소고정 감소

Fe
(철;鐵)
	• 호흡효소(cytochrome)의 구성성분, 엽록소의 형성에 관여
	• 토양용액에 철의 농도가 높으면 P과 K의 흡수가 억제
	• 토양 pH가 높거나, 토양중 Ca 및 P 농도가 높으면 불용태가 됨
	• 결핍
	  ⓐ 체내 이동성이 낮아 어린잎부터 황백화하여 엽맥 사이가 퇴색
	  ⓑ Cu·Zn·Mn·Mo·Ca 등의 과잉은 철의 흡수·이동을 방해하여 그 결핍상태를 초래

Cu (구리)	• Cu는 산화효소의 구성원소, 광합성·호흡작용에 관여, 엽록소 생성을 조장 • 결핍 : 황백화·괴사·조기낙엽 등을 초래, 단백질 합성 억제
Zn (아연)	• 여러 가지 효소의 촉매 또는 반응조절물질로 작용, 단백질과 탄수화물의 대사와 엽록소 형성에 관여 • 길항작용 : Ca, Fe, Cu, Mn • 결핍 : 황백화·괴사·조기낙엽 등을 초래, 감귤류에서는 소엽병·잎무늬병·결실불량 등 많이 발생

Mn
(망간)
	• 여러 가지 효소의 활성을 높여서 동화물질의 합성·분해, 호흡작용, 광합성 과정에서 물의 광분해에 관여, 엽록소 형성 등에 관여
	• 생리작용이 왕성한 부위에 많이 함유. 통기불량에 대한 저항성이 커짐
	• 결핍
	  ⓐ 체내 이동성이 낮아 어린잎의(엽맥 사이) 황백화, 평행맥엽에서는 조반이 생기고 망상맥엽에서는 점반이 생김. 화곡류에서는 세로로 줄무늬 발생
	  ⓑ 엽록소 함량·광합성 능력 저하
	  ⓒ 토양이 강알칼리성, 과습, 철분 과다시 망간 결핍상태 초래
	• 과잉 : 만곡(彎曲)현상, 사과에서 적진병(赤疹病) 발생

Mo (몰리브덴)	• 질산환원효소(nitrate reductase)의 구성성분, 질소대사에 필요 • 콩과작물 근류균의 질소고정(nitrogenase)에 필요 • 결핍 : 황백화, 모자이크(mosaic)병과 유사한 증세현상, 잎 속에 NO_3-N 집적됨

B
(붕소)
	• 촉매 또는 반응조절물질로 작용, 석회결핍의 영향을 경감시켜 줌
	• 체내 이동성이 낮으므로 결핍증은 생장점이나 저장기관에 나타남
	• 석회 과다, 토양 산성화는 붕소결핍 초래, 개간지에서 결핍현상
	• 결핍
	  ⓐ 샐러리의 줄기쪼김병, 담배의 끝마름병, 사과의 축과병, 사탕무의 속썩음병, 순무의 갈색속썩음병, 꽃양배추의 갈색병, 앨팰퍼의 황색병 유발
	  ⓑ 수정·결실이 불량, 콩과작물은 뿌리혹(根瘤) 형성과 질소고정에 방해
	  ⓒ 분열조직의 급성 괴사(壞死, necrosis)

Cl (염소)	• 광합성작용에서 물의 광분해 과정에 Mn과 함께 광화학반응에 촉매적으로 작용하여 산소(O_2) 발생시킴 • 염소시용은 섬유작물에서 유리하고, 전분작물·담배 등에서는 불리 • 결핍 : 어린잎 황백화, 전 식물체의 위조현상
Si (규소)	• 모든 작물의 필수원소는 아니지만, 화곡류에는 함량이 매우 높음 • 표피조직의 세포막에 침적되어 규질화 되면, 잎이 직립화되어 수광태세를 좋게 하며, 병에 대한 저항성을 높이고, 증산을 억제하여 한해(旱害)를 줄임 • 불량한 환경에 대한 적응능력이 커지고, 도복 저항성도 강해짐 • 줄기·잎으로부터 종실로 P과 Ca이 이전되도록 조장하고, Mn의 엽내 분포를 균일하게 함
Co (코발트)	• 비타민 B_{12}를 구성하는 금속성분, 콩과작물의 뿌리혹에는 비타민 B_{12}가 많은데, 근류균 활동에 영향을 줌
Na (나트륨)	• 필수원소는 아니지만, 양배추·셀러리·사탕무·순무·목화·근대에서 사용효과가 인정됨 • C4식물에서 Na 요구도가 높음 • Na은 K과 배타적 관계이지만, 제한적으로 K을 대신하는 기능을 가짐

(2) 비료(肥料)

① 비료 개념
  ㉠ 부식이나 필요한 무기원소를 포함하는 물질로서, 작물의 생육을 조장하기 위해 토양이나 작물체에 공급되는 물질
  ㉡ 비료 요소
   • 비료의 3요소 : N·P·K (인공적 보급의 필요성이 가장 큰 원소)
   • 비료의 4요소 : N·P·K·Ca
   • 비료의 5요소 : N·P·K·Ca·부식

② 비료의 종류
  ㉠ 함유성분에 따라
   • 질소질 비료 : 요소·질산암모늄(질안 or 초안)·염화암모늄(염안)·황산암모늄(유안)·석회질소 등
   • 인산질 비료 : 과인산석회(과석)·중과인산석회(중과석)·용성인비·용과린·토머스인비 등
   • 칼리질 비료 : 염화칼륨·황산칼륨 등
   • 복합비료 : 화성비료(N-P-K : 17-21-17, 22-22-11)·산림용 복비·연초용 복비
   • 석회질 비료 : 생석회·소석회·탄산석회 등
   • 규산질 비료 : 규산고토석회·규회석 등
  ㉡ 비효의 지속성에 따라
   • 속효성 비료 : 요소·황산암모늄·과석·염화칼륨 등
   • 완효성 비료 : 깻묵, METAP, 피복비료(SCV, PCV 등)

- 지효성 비료 : 퇴비·구비 등

ⓒ 급원에 따라

무기질 비료	요소·황산암모늄·과인산석회·염화칼륨 등
유기질 비료	• 동물성 비료 : 어분·골분·계분 등 • 식물성 비료 : 퇴비·구비·깻묵 등

ⓔ 반응에 따라

화학적 반응	수용액의 직접적인 반응
	• 화학적 산성비료 : 과인산석회·중과인산석회 • 화학적 중성비료 : 요소·질산암모늄·염화암모늄·황산암모늄·염화칼륨·황산칼륨·콩깻묵·어박 • 화학적 염기성비료 : 석회질소·용성인비·토머스인비·나뭇재
생리적 반응	시비 후 토양 중에서 식물 뿌리의 흡수작용이나, 미생물의 작용을 받은 뒤에 나타나는 반응
	• 생리적 산성비료 : 염화암모늄·황산암모늄(유안)·염화칼륨·황산칼륨 • 생리적 중성비료 : 요소·질산암모늄·과인산석회·중과인산석회·석회질소 • 생리적 염기성비료 : 석회질소·용성인비·토머스인비·칠레초석·퇴비·구비·나뭇재

③ 질소(N) 비료

질산태질소 ($NO_3^- - N$)	• 질산암모늄·질산칼륨·질산칼슘·칠레초석·함질황산암모늄 등 • 물에 잘 녹고, 속효성 • 질산은 음이온이므로 토양에 흡착되지 않고 유실 우려 큼 • 질산태질소를 논에 사용하면 암모니아태질소에 비해 그 효과가 47%로 저조하며, 심할 때는 2%에 불과함(논에서 질산태질소는 탈질균에 의하여 아질산염이 유해하거나, 질소분자로 휘산되기 때문)
암모니아태질소 ($NH_4^+ - N$)	• 질산암모늄(33%)·염화암모늄(25%)·황산암모늄(21%)·인산암모늄·완숙퇴비 등 • 물에 잘 녹고 속효성, 질산태보다는 속효성이 아님 • 암모니아는 양이온이므로 토양에 잘 흡착되어 유실되지 않으며, 논의 환원층에 시비하면 비효가 오래 지속되고, 밭토양에서는 속히 질산태로 변하여 작물에 흡수됨 • 유기물을 함유하지 않은 암모니아태질소를 해마다 사용하면 지력이 소모되고, 암모니아 흡수 후 산근(酸根)이 남게 되므로 토양을 산성화시킴 • 황산암모늄은 질소의 3배에 해당하는 황산을 함유하고 있어 유기물과 병용하여 직·간접적인 해를 회피해야 함 → 토양 산성화의 원인
요 소 $[(NH_2)_2CO]$ (N함량 : 46%)	• 물에 잘 녹으며, 이온이 아니기 때문에 토양에 잘 흡착되지 않으므로 사용 직후에 유실될 우려가 있음 • 요소는 토양 중 미생물 작용을 받아 속히 탄산암모늄[$(NH_4)_2CO_3$]을 거쳐 암모니아태(NH_4)로 되어 토양에 잘 흡착되므로, 요소의 효과는 암모니아태질소와 비슷함

시안아미드태 질소 (cyanamide)	• 석회질소가 있고, 이 질소는 물에 녹으며 작물에 해로움 • 시안아미드태질소는 토양 중에서 디시안디아미드(dicyandiamide)로 변화되어 유독하고, 분해하기 어려우므로 밭에서 사용해야 함 • 분해과정 : $CaCN_2 \rightarrow (NH_2)_2CO \rightarrow (NH_4)_2CO_3 \rightarrow NH_4^+ \rightarrow NO_3^-$
유기태(단백태) 질소	• 어비·깻묵·골분·녹비·쌀겨 등 • 토양 중에서 미생물 작용에 의하여 암모니아태 또는 질산태로 된 다음에 작물에 흡수 • 유기태질소는 지효성으로 논과 밭에 유리함

④ 인산(P) 비료

화학적 성분의 형태(용해성)에 따라	수용성·구용성·불용성으로 구분	
	과인산석회(과석)·중과인산석회(중과석)	• P의 대부분이 수용성이고 속효성, 작물에 잘 흡수 • 산성토양에서는 Fe·Al과 결합하여 불용화되고 토양에 고정되기 때문에 흡수율이 극히 낮음
	용성인비	• 구용성 인산을 함유하며, 작물에 속히 흡수되지 못하므로 과인산석회 등과 병용하는 것이 유리함 • 토양 중 고정은 적으며, Ca·Mg·Si 등을 함유하는 염기성 비료이기 때문에 산성토양을 개량함
사용상에 따라	유기질 인산비료	동물·물고기 뼈, 구아노(guano), 쌀겨, 보리겨 등
	무기질 인산비료	인광석(rock phosphate)이 중요한 원료

⑤ 칼리(K) 비료
- 칼리 형태는 무기태칼리와 유기태칼리로 구분
  - 무기태 칼리 : 염화칼륨, 황산칼륨
  - 유기태 칼리 : 쌀겨·녹비·퇴비·산야초 등
- 거의 수용성이고 비효가 빠름
- 지방산과 결합된 K는 수용성·속효성이나, 단백질과 결합된 K는 물에 난용성·지효성 칼리로 나타남

⑥ 칼슘(Ca) 비료
- 칼슘 비료 : CaO, $Ca(OH)_2$(가장 많이 이용), $CaCO_3$, $CaSO_4$(석고) 등
- Ca은 직접적으로는 다량 요구되는 필수원소, 간접적으로는 토양의 물리적·화학적 성질을 개선하며, 일반적으로 토양 내에 가장 많이 함유
- 기타 칼슘 공급원 : 부산물로 얻어지는 부산소석회·규회석·용성인비·규산질 비료

(3) 시비(施肥)

① 시비 이론

㉠ 최소양분(minimum nutrient) : 양분 중에서 필요량에 대해 공급이 가장 적은 양분에 의하여 작물생육이 제한되는 양분

㉡ 최소양분율(law of minimum nutrient) : Liebig(1840)는 최소양분의 공급량에 의하

여 작물의 수량이 지배된다고 제창
ⓒ 수량점감(수확체감)의 법칙 : 비료 시용량이 증가함에 따라 일정 한계 내에서는 수량의 증가량이 크지만, 비료 시용량이 어느 한계 이상으로 많아지면 수량의 증가량이 점점 작아지며, 아무리 시비량을 증가해도 수량은 증가하지 못하는 상태에 도달하게 되는 현상

② 시비량

$$\therefore 시비량 = \frac{비료요소흡수량 - 천연공급량}{비료요소의 흡수율}$$

예제

10a당 수도 600kg의 수량을 목표로 한다. 이 때 100kg을 생산하는 데 필요한 N는 2.5kg, N의 천연공급량이 10kg, N의 흡수율이 50%일 때, 요소량은 얼마인가?

|해설|
- N 시비량 $= \frac{(2.5 \times 6) - 10}{0.5} = 10 kg (N량)$

  요소량 $= \frac{10}{0.46} ≒ 23 kg$

③ 시비법
  ㉠ 시비 시기
    ⓐ 밑거름(기비) : 파종 또는 이식할 때 주는 비료
    ⓑ 덧거름(추비, 보비, 중거름) : 작물생육 도중에 주는 비료
      • 새끼칠거름(분얼비)는 벼 모낸 후 12~14일에 사용하여 분얼수를 증가시킴
      • 이삭거름(수비)은 출수 전 25일에 사용하여 영화수(낱알수)를 증시시킴
      • 알거름(실비)은 출수 후 수전기에 사용하여 등숙률을 향상시킴
  ㉡ 시비 방법

전면시비	논 또는 과수원에서 여름철에 속효성 비료를 사용할 때(벼·과수 등)
부분시비	시비구를 파고 비료를 주는 방법
표층시비	작물 생육기간 중에 시비하는 방법(밭작물·목초 등)
심층시비	작토 속에 비료를 사용하는 방식 특히 논에서 암모니아태질소를 사용하는 방법으로 탈질현상을 방지함
전층시비 (전면시비)	비료를 작토 전층에 골고루 혼합하여 사용하는 방식. 논에서 관개 후 시비하고 써레질을 하는 작업순서로 진행되며, 논에서의 심층시비 방법(벼)
측조 시비	이랑의 측면 또는 고랑에 비료를 주는 방법. 밭작물의 추비로 주로 살포함
주입 시비	액상 비료를 관을 통해 펌프로 밀어넣는 방법으로 시설재배에서 많이 이용함
파종렬 시비	파종할 골을 판 후 그곳만 비료를 주는 방법. 시비하고 복토 후 파종함

④ 엽면시비
　㉠ 의미
　　• 필요에 따라 비료를 용액상태로 잎에 뿌려주는 것
　　　예 요소 0.5~1.0% 수용액으로 엽면살포
　　• 작물은 뿌리에서 뿐만 아니라 잎 표면의 기공에서도 비료성분을 흡수할 수 있기 때문
　㉡ 엽면시비 효과
　　• 급속한 영양회복
　　• 토양시비가 곤란한 경우
　　• 품질 향상
　　• 노력 절약
　　• 뿌리의 흡수력이 약해졌을 경우
　　• 미량요소의 공급
　　• 비료분의 유실방지
　㉢ 비료의 엽면흡수에 영향을 끼치는 요인
　　• 살포액 pH는 미산성인 것이 흡수에 유리함
　　• 피해가 나타나지 않는 범위 내에서 살포액의 농도가 높을 때 흡수가 빠름
　　• 석회를 시용하면 흡수가 억제되어 고농도 살포의 해를 경감함
　　• 기상조건이 좋은 때에는 작물의 생리작용이 왕성하므로 흡수가 빠름
　　• 전착제(비료가 잘 붙게 하는 보조제)를 첨가하면 흡수가 조장됨
　　• 잎의 표면보다 표피가 얇은 이면에서 더 잘 흡수됨(젊은잎의 표면흡수율은 12.5% 이고 이면흡수율은 59.6%, 늙은잎의 표면흡수율은 16.6%이고 이면흡수율은 37.0% 정도)
　　• 잎의 호흡작용이 왕성할 때 잘 흡수되므로 가지나 줄기의 정부로부터 가까운 잎에서 흡수율이 높으며, 늙은잎보다 젊은잎에서, 밤보다 낮에 잘 흡수됨

(4) 유기물 비료 : 퇴비, 구비
　① 일반적 특성
　　㉠ 토양의 부식함량을 높임
　　㉡ 토양의 물리성·화학성을 개선함
　　㉢ 비효가 완효성으로 지속적으로 나타남
　　㉣ 비료성분 함량이 높지 않아 농도장해가 발생하지 않음
　　㉤ 함유성분이 다양하고, 식물생장촉진 또는 억제물질이 포함됨
　　㉥ 토양미생물의 영양원으로 이용됨
　　㉦ 부산물이나 폐기물의 재활용이 가능함
　② 유기물 비료의 단점
　　㉠ 성분량에 비해 부피가 커서 운반이나 시용에 노력이 들어감
　　㉡ 원료의 수급이 불안정하고, 품질이 일정하지 않음
　　㉢ 비료성분의 균일화와 규격화가 어려움

(5) 퇴비 〈실기〉
　① 퇴비 개념
　　㉠ 짚이나 낙엽, 가축분뇨 등의 유기물이 미생물 및 토양동물에 의해 분해되어 생성된 최종물질
　　㉡ 유기물 분해순서 : 당·전분·단백질 → 헤미셀룰로스 → 셀룰로스 → 리그닌 순
　　㉢ 퇴비화 조건 : C/N율 20~30, 수분함량 60~70%, 온도 45~65℃, pH 6.5~8.0, 부숙퇴비 40~50%
　　㉣ 수분조절제 : 파쇄목, 톱밥, 왕겨, 짚류 등. 톱밥은 흡수성·통기성이 좋아 함수율이 높고, 탄질률이 500~1,000으로 높음
　② 퇴비시용 목적과 효과
　　㉠ 토양의 물리성·화학성·생물성 개선
　　㉡ 유해물질의 무해화
　　㉢ 탄질률을 20 전후로 조절하여 질소기아현상을 방지함
　　㉣ 유기물 중 유해해충, 잡초종자를 고열에 의해 사멸시킴
　　㉤ 작물의 생장촉진 및 품질 개선
　③ 퇴비원료로 사용 가능/불가능한 물질(비료 공정규격 설정 [별표5]) 〈실기〉

사용 가능	• 농림축산부산물 : 짚류, 왕겨, 미강, 녹비, 농작물잔사, 낙엽, 수피, 톱밥, 목편, 부엽토, 야생초, 폐사료, 한약재찌꺼기, 버섯폐배지, 이탄, 토탄, 잔디예초물, 가축의 알과 껍질 등(담배 제외) • 수산부산물 : 어분, 어묵찌꺼기, 해초찌꺼기, 게껍질, 해산물도소매장 부산물포 • 인·축분뇨 등 동물의 분뇨 : 인분뇨 처리잔사, 우분뇨, 돈분뇨, 계분, 구비 • 음식물류 폐기물 • 식음료품 제조업·유통업·판매업에서 발생하는 동식물성 잔재물 : 도축, 과실 및 야채, 배합사료, 두부, 주정, 주류(소주, 탁주 등), 청량음료, 다류 등 • 미생물 : 토양미생물제제 • 광물질 : 소석회, 석회석, 석회고토, 생석회, 패화석, 제오라이트
사용 불가능	• 가죽 및 모피제품 제조업 부산물 및 폐수처리오니 • 비금속 광물 제품 제조업 부산물 및 폐수처리오니 • 고무제품 및 플라스틱 제조업 부산물 및 폐수처리오니 • 조립 금속제품, 기계 및 장비 제조업 부산물 및 폐수처리오니 • 석유제조 및 정제업 부산물 및 폐수처리오니 • 산업용 화합물 제조업 및 기타 화학제품 제조업 부산물 및 폐수처리오니

　④ 퇴비 제조 과정
　　㉠ 재료 준비 : 볏짚, 톱밥, 파쇄목, 산야초, 쌀겨, 깻묵, 유박, 가축분뇨 등
　　㉡ 혼합 및 야적 : 질소 1% 이상, 수분 60~70% 호기발효
　　㉢ 퇴적 : 온도는 30~60℃, 뒤집기는 2주 간격, 퇴적은 10~14주
　　㉣ 후숙 : 20일 이상(30~60일) 야적

⑤ 퇴비화 과정 〈실기〉

발열단계	• 세균에 의한 유기물 분해과정에서 방출되는 에너지 때문에 퇴비더미 온도가 60~70℃까지 상승함 • 고온은 2~3주간 지속됨 • 병원균·잡초종자가 사멸함 • 산소가 공급되어야 세균번식이 유리함
감열단계	• 온도가 서서히 45~25℃까지 낮아짐 • 곰팡이가 번식하여 분해하기 어려운 섬유질, 목질부가 분해됨
숙성단계	• 부피는 절반으로 감소하고, 짙은 흑갈색을 나타내고, 잘 부스러짐·무기물, 부식산, 항생물질로 구성되며, 두엄벌레와 같은 다양한 토양생물이 서식함

> **보충** 퇴비화 단계
>
> ① 발열단계
> 퇴비재료를 잘 야적하면 사용원료에 따라 1~2일 이내에 퇴비더미의 온도가 60~80℃까지 오르게 되는데 보통 6~8주 정도 지속된다. 이 단계에서는 박테리아의 활동이 왕성하여 분해과정의 대부분이 이 기간 동안에 이루어진다. 고온은 박테리아에 의해 유기물이 분해되는 과정에서 방출되는 에너지에 의한 것으로 퇴비화 과정의 현상이며, 또한 가장 중요한 과정이기도 하다. 이러한 열의 발생에 의해 유해한 병원균과 잡초 종자가 사멸된다. 퇴비화 과정에서 박테리아는 개체수를 증식하기 위해 다량의 산소를 요구하게 된다. 퇴비더미에서 고열이 발생한다는 것은 박테리아가 필요로 하는 산소가 충분히 공급되고 있다는 증거이다. 만약 산소가 충분히 공급되지 않는다면 박테리아의 개체수가 충분히 증식되지 않으며, 퇴비에서 악취가 발생하게 된다. 퇴비화 과정에서 박테리아가 충분한 활동을 하기 위해서 습도 또한 중요한 요인이다. 발열단계에서는 활발한 미생물 활성도와 높은 증산량으로 발열단계에서 수분 요구량이 높다.
>
> ② 감열단계
> 박테리아에 의해 유기물의 분해가 완료되게 되면 퇴비더미의 온도는 서서히 감소하여 기온에 따라 25~45℃를 유지하게 된다. 온도가 감소함에 따라 곰팡이가 정착하기 시작하게 되고, 줄기, 섬유질, 목질부와 같은 분해되기 어려운 물질들의 분해가 시작된다. 이러한 분해과정은 매우 서서히 진행되며, 퇴비의 온도는 올라가지 않는다.
>
> ③ 숙성단계
> 숙성단계의 퇴비는 무기물, 부식산, 난분해성 물질로 구성되고, 다양한 종류의 생물들이 서식하기 시작한다. 이 단계의 끝부분에 도달하면 퇴비는 원래 부피에서 19~76%까지 줄어들게 되며, 비옥한 토양과 같은 어두운 빛깔을 띠며 사용할 수 있게 된다. 장기간 보관하게 되면 비료로서의 가치는 점차 떨어지지만, 토양개량제로서의 기능은 향상된다. 숙성단계의 퇴비는 발열단계보다 수분 요구량이 적어진다.

⑥ 퇴비 부숙도

㉠ 퇴비 부숙도 비교

	미숙퇴비	중숙퇴비	완숙퇴비
발효기간	1주 이내	1개월 이내	3개월 이상
색깔	노란갈색	갈색	암갈색~흑색
냄새(악취)	많이 발생	약간 발생	흙냄새
수분함량	70%	60%	50%
최고온도	50℃ 이하	50~60℃	60~70℃ 이상
뒤집기 횟수	2회 이하	3~6회	10회 이상
유해가스 발생정도	많이 발생	약간 발생	거의 없음
파리, 구더기 발생정도	많음	보통	없음
유효미생물	혐기성미생물	분해미생물	유용미생물
잡초종자	남아있음	절반 사멸	사멸
굼벵이, 지렁이 생존정도	생존 불가	일부 생존	다수 생존
유해물질의 분해정도	미분해	약간 분해	대부분 분해
가축분 내 항생제 분해정도	미분해	약간 분해	대부분 분해
산도	산성	중산성	중성~알칼리성
작물에 대한 안정성	낮음	보통	높음
취급 및 보관성	불량	보통	양호
생리활성물질	별로 없음	보통	많음
양이온치환용량(부식함량)	낮음	보통	높음
비료성분(질소)	원료 상태	약간 유실	약간 유실
비료성분의 연간 이용률	50%(속효성)	40%(중간)	30%(지효성)

㉡ 퇴비 부숙도 검사방법

- 관능적 방법 : 색깔, 냄새, 수분함량, 촉감법
- 화학적 방법 : 탄질률 측정, 가스발생량 측정, pH 측정
- 생물학적 방법 : <u>지렁이 독성측정법</u>, <u>종자발아법</u>, <u>유식물 측정법</u> 〈실기〉

> **지렁이 독성측정법**
> 퇴비를 시험관에 담고 지렁이를 넣어 지렁이의 생리적 감각, 즉 퇴적물에 대한 기피 행동을 관찰함으로써 퇴적물의 부숙도를 판정하는 방법이다.
> 완숙퇴비는 지렁이 활력이 높지만, 부숙퇴비는 지렁이가 활력이 낮아지거나 죽게 된다.

04 | 재해(Stress)

병충해, 잡초, 수분 장해, 온도 장해, 대기 장해

1 병충해

(1) 병해

① 식물의 발병요인

ㄱ. 식물체(기주 식물) : 병원체는 식물체와 접촉해야 함
ㄴ. 병원체(주인) : 주로 사상균(곰팡이), 세균, 바이러스 등
ㄷ. 발병 환경(유인) : 병원체 생육에 유리한 조건에서 발병하기 쉬움

② 병원체에 따른 식물병 종류

사상균 (진균, 곰팡이)	• 작물병해 중 가장 많음 • 10~30℃, 다습, 약산성 조건에서 발생함 • 벼도열병, 모잘록병, 역병, 탄저병, 흰가루병, 녹병, 깜부기병
세균	• 단세포 미생물 • 30℃ 정도의 고온, 다습, 중성 조건에서 발생함 • 벼흰잎마름병, 뿌리혹병, 풋마름병, 둘레썩음병, 무름병, 반점세균병
바이러스	• 핵산과 단백질로 구성된 비세포성 병원체 • 모자이크 증상, 잎말림, 축엽, 기형 • 모자이크병, 벼줄무늬잎마름병, 오갈병
선충	• 뿌리혹선충병, 시스트선충병

(2) 충해 : 해충

① 작물에 따른 해충

벼	벼멸구, 흰등멸구, 애멸구, 혹명나방, 멸강나방, 이화명나방, 매미충류
일반 밭작물	진딧물, 거세미나방, 멸강나방
채소	진딧물, 응애류, 총채벌레, 온실가루이, 깍지벌레

② 섭식방법에 따른 해충

작물체를 먹는 해충	벼물바구미, 이화병나방, 배추흰나비, 심식나방, 밤나방, 거세미나방, 솔나방
흡즙성 해충	멸구류, 진딧물, 응애, 노린재, 깍지벌레
혹을 만드는 해충	포도뿌리혹진딧물, 솔잎혹파리, 밤나무순혹벌
저장 중 해충	쌀바구미, 화랑곡나방, 보리나방
병해매개 해충	애멸구, 매미충, 진딧물류

(3) 병해충 방제

경종적·생태적 방제	• 대항식물과 저항성(내병성) 품종 또는 대목 • 윤작, 토양개량, 작기변경, 질소시비 감비 등
물리적·기계적 방제 〈기출〉	• 봉지씌우기, 비가림재배 • 온탕침법, 태양열소독, 화염소독, 증기소독 • 페로몬 유인교살, 네트망 설치 등
화학적 방제	• 합성농약 : 저독성·저성분 약제, 이분해성·선택성 약제, 생력형 제제 • 생화학농약 : 천연물질, 보르도액, 황가루, 식물추출액(님, 제충국, 쿠아시아, 라이아니아) • 천연살충성분 : 로테논, 라이아니아, 피레트린, 아자디라크틴
생물학적 방제	• 미생물농약 : 미생물 자체이용(길항미생물), 천적미생물, 천적곤충 • 천연물질 : 활성물질

① 재배적(경종적) 방제법

윤 작	• 기지 원인이 되는 토양전염성 병해충은 윤작에 의하여 경감
토지 선정	• 진딧물 서식이 어려운 고랭지는 감자의 바이러스병 발생이 적어서 채종지로 적정 • 통풍이 나쁘고, 오수가 침입하는 못자리에는 충해가 많음
재배양식의 변경	• 벼는 보온육묘를 하면 묘 부패병이 방제되고, 직파재배를 하면 줄무늬잎마름병 발생이 경감
시비법의 개선	• N 비료 과용되고 K·Si 등이 결핍되면, 모든 작물에서 각종 병충해의 발생 증가
중간기주식물의 제거	• 배나무의 붉은별무늬병(적성병)은 주변에 중간기주식물인 향나무를 제거하면 방제됨
혼 식	• 팥의 심식충은 논두렁에 콩과 혼식하면 피해가 감소 • 밭벼 사이에 심은 무에는 충해가 감소
품종 선택	• 내충성 품종을 재배하여 병해충을 방제
종자 선택	• 감자·콩·토마토 등의 바이러스병은 무병종자의 선택으로 방제 • 종자전염을 하는 병은 종자를 소독하여 방제
생육시기의 조절	• 감자를 일찍 파종하여 일찍 수확하면 역병·됫박벌레 피해가 감소 • 벼를 조식재배하면 도열병이 경감, 만식재배하면 이화명나방이 경감
정결한 관리	• 포장을 정결하게 관리하여 잡초·낙엽 등을 제거하면 병해충 전염경로가 사라지고, 통풍과 투광도 잘되어 작물이 건실해지므로 병충해가 경감
수확물의 건조	• 수확물을 잘 건조하면 병충해 발생이 감소 • 곡물의 수분함량을 12% 이하로 건조하면 바구미 등 병해충 피해가 방지

② 물리적(기계적) 방제법

담 수	• 밭토양에 장기간 담수해 두면 토양전염성의 병해충을 구제
소 각	• 낙엽 등에 들어 있는 병원균·해충은 낙엽을 소각하면 피해가 경감
흙태우기(소토)	• 상토(床土) 등을 태워(흙태우기) 토양전염성의 병해충을 구제
차 단	• 어린 식물을 폴리에틸렌 등으로 피복하거나, 과실에 봉지를 씌워서 병해충을 차단, 도랑을 파서 멸강충 등의 이동을 차단 • 수수 개화 후 이삭 전체를 망을 씌우면 왕담배나방 피해 예방됨 • 황색 끈끈이 트랩으로 꽃매미 방제
포살 및 채란	• 나방을 포충망으로 잡거나, 유충을 손으로 잡거나, 흙을 뒤집어 유충을 잡거나, 잎에 산란한 것을 채취하는 방법
유 살	• 유아등(誘蛾燈)을 이용하여 이화명나방·기타 나방을 유인하여 유살 • 포장에 짚단을 깔아서 해충을 유인하여 소각, 해충이 좋아하는 먹이로 유인하여 유살, 나무 밑동에 짚을 둘러서 여기에 잠복하는 해충을 구제 • 밭에 길이 1m의 좁고 긴 구덩이를 파서 떨어지는 해충을 구제
온도처리	• 맥류의 깜부기병, 고구마의 검은무늬병, 벼의 선충심고병 등은 종자의 온탕처리로 방제 • 보리나방의 알은 60℃에 5분, 유충과 번데기는 60℃에 1~1.5시간의 건열처리로 구제

③ 화학적 방제법
  ㉠ 천연물질(제충국·데리스·님 추출물), 보르도액, 유황훈증, 살충비누, 오일류(난황)
    ⓐ 제충국 : 병해충 관리에 이용될 수 있는 식물성 추출물 중 피레트린을 함유한 제제를 추출할 수 있는 식물
    ⓑ 데리스 : 콩과식물 데리스의 추출성분 로테논(rotenone)은 유기농산물의 병해충 관리에 이용됨
    ⓒ 님나무 : 인도 멀구슬나무에서 아자디라크틴(Azadirachtin)이 추출되며, 이 물질은 해충발생을 억제하는 유기농자재의 주성분
    ⓓ 쿠아시아는 살충성분으로 쿠아신이, 라이아니아는 라이아노딘 성분이 천연살충 효과를 지님
    ⓔ 목초액
      • 조목초액 : 목재를 탄화하는 과정에서 생성되는 가스를 냉각하여 얻은 액체
      • 목초액 : 조목초액을 증류나 정제한 액체. pH 3.0 정도이며, 토양살균제 효과가 있고 각종 병해 발생을 약하게 억제함
      • 목초액 성분 : 수분 80~90%, 유기화합물 10~20%, 주성분인 초산 3~7%(포름알데히드, 페놀산, 타르 성분)
  ㉡ 농약 조건
    • 소량 처리로 확실한 약효와 인축에 대한 독성이 낮아야 함
    • 농작물에 대한 약해가 없어야 함

- 변질되지 않아야 함
- 농약값이 저렴하고, 사용법이 간단해야 함

ⓒ 성페로몬 이용 해충방제

발생예찰	• 해충을 잡는 것을 목적으로 한 페로몬 트랩에 의한 대상해충 유인 • 방제수단을 강구하기 위한 대상 병충해의 밀도와 발생을 예측
대량유살	• 페로몬 트랩에 의한 대상해충의 대량포획으로 차세대 밀도를 감소시킴 • 대량유살은 암놈을 유인하지 못하는 결점이 있음
교미교란	• 페로몬에 의해 대상해충의 교미교란 목적 • 현재 가장 이상적 방법임
유인과 살충	• 살충제와 페로몬을 동시에 처리하여 양쪽 약량을 감소시킴
생물자극제	• 대상해충의 활력을 조장하여 살충제에 접촉할 수 있는 가능성을 높임

- 페로몬 특징 : 작물·인체에 무해함, 환경오염이 없음, 유용곤충 피해가 없음, 특정 종에만 영향을 미치는 종 특이성 〈실기〉

④ 생물학적 방제법 〈실기〉

천적(해충을 포식·기생하는 곤충이나 미생물)을 이용하여 병충해를 방제하는 방법

기생성 곤충	• 기생벌(고치벌·맵시벌·꼬마벌)·기생파리(침파리) 등의 기생성 곤충은 나비목(인시목) 해충에 기생 • 콜레마니진디벌은 어린 진딧물 체내에 알을 산란하여 번데기 시기에 진딧물 체액을 영양분으로 섭취함
포식성 곤충	풀잠자리·꽃등에·됫박벌레 등은 진딧물을 잡아먹고, 딱정벌레는 각종 해충을 잡아먹음. 팔라시스이리응애 | 해충	천적 곤충
진딧물	무당벌레, 풀잠자리, 진디혹파리, 기생벌
응애류	칠레이리응애, 꼬마무당벌레, 캘리포니쿠스이리응애
총채벌레	애꽃노린재, 이리응애류
잎굴파리	굴파리 좀벌, 잎굴파리 좀벌
온실가루이	온실가루이좀벌, 카탈리네무당벌레
가루깍지벌레	무당벌레, 기생벌
나방류	알좀벌, 명충알벌	
미생물	• 병원미생물(곰팡이, 세균, 바이러스)이나 길항미생물(길항균)을 인공 대량 증식하여 해충을 경감시킴
뱅커플랜트 (banker plant)	• 천적유지식물 : 천적을 증식·유지하는데 이용되는 식물 • 딸기시설재배에서 천적 진디벌의 생육거점인 보리가 뱅커플랜트로 활용

⑤ 법적 방제법

식물방역법령을 제정해서 식물검역을 실시하여 위험한 병균·해충의 국내 침입과 전파를 방지함으로써 병충해를 방제하는 방법

⑥ 종합적 방제법
  ㉠ 재배적, 물리적, 화학적, 생물적 방법을 경제적 피해 수준 이하로 종합적으로 방제하는 방법
  ㉡ 병해충종합관리(IPM; Integrated Pest Management) : 작물, 병해충, 천적에 대한 지식을 기초로 각종 방제기술을 병해충 발생을 경제적 피해수준 이하로 감소시키거나 유지하기 위한 관리체계

2 잡초 방제

(1) 잡초
① 잡초 : 작물 이외의 식물. 인간이 목적으로 하지 않는 식물
② 잡초의 이점·피해

이점	토양물리성 개선, 토양침식 방지, 동식물 서식처, 토양오염·수질오염 완충, 가축사료 등
피해	작물과 경합, 작물수량 감소, 작물품질 저하, 병해충 서식지, 작물과 상호대립억제작용(타감작용), 미관 손상 등

• 타감작용(상호대립억제작용물질) : 한 생물이 다른 생물들의 성장, 생존, 생식에 영향을 주는 하나 이상의 생화학물을 만들어내는 생물학적 현상. 작물을 재배하여 잡초발생을 억제함 〈실기〉

③ 잡초 종류

		1년생	다년생
논잡초	볏과잡초	강피, 돌피, 물피	나도겨풀
	방동사니과	올챙이고랭이, 알방동사니	너도방동사니, 올방개, 매자기, 쇠털골
	광엽잡초	사마귀풀, 자귀풀, 가막사리, 여뀌, 여뀌바늘, 물달개비, 물옥잠	생이가래, 개구리밥, 올미, 가래, 벗풀, 보풀
밭잡초	볏과잡초	바랭이, 둑새풀, 강아지풀, 돌피	참새피, 띠
	방동사니과	참방동사니, 금방동사니	향부자
	광엽잡초	명아주, 개비름, 쇠비름, 여뀌, 깨풀냉이, 망초, 개망초, 꽃다지	쑥, 씀바귀, 민들레, 쇠뜨기, 메꽃, 토끼풀

(2) 잡초 방제법 〈실기〉

생태적·경종적 방제법	• 의미 : 잡초와 작물의 생리적·생태적 특성 차이에 근거를 두고 잡초의 경합력이 저하되도록 재배관리를 해주는 방법 • 방법 : 경운법(춘경, 추경), 윤작, 답전윤환재배, 2모작, 육묘이식재배, 피복작물 재배 등

물리적 (기계적) 방제법	• 의미 : 생육 중인 잡초나 휴면 중인 잡초종자·영양번식체에 물리적인 힘을 가하여 가해·억제·사멸시키는 방법 • 방법 : 손제초, 경운, 정지, 중경제초 및 배토, 예취, 피복, 소각·소토, 담수, 배수 등
화학적 방제법	• 제초제(herbicides)를 사용하여 잡초를 화학적으로 방제하는 방법 • 방법 : 저독성·저성분 약제, 이분해성·선택성 약제, 생육제어형 및 생력형 제제
생물적 방제법	• 식해성 및 병원성 생물을 이용하여 잡초세력을 경감시키는 방법 • 목적은 잡초의 박멸·근절보다는 경제적으로 무시해도 좋을 만큼의 잡초밀도로 줄이는 것임 • 오리, 우렁이, 양어, 초어 등 • 상호대립 억제작용성의 식물을 이용한 방제(타감작용) 예 메밀짚·호밀·귀리·헤어리베치 • 잡초식해곤충에 의한 잡초방제 예 선인장(좀벌레)·고추나물속(무구풍뎅이) • 병원성미생물을 이용한 방제 예 선충·곰팡이·세균·바이러스
종합적 방제법	• IWP ; Integrated Weed Management • 몇 종류의 방제법을 상호 협력적인 조건 하에서 연계성 있게 수행해 가는 방법

3 수분 장해 : 한해, 습해, 수해

(1) 한해(건조해, 가뭄해)

토양수분이 부족하여 작물이 받는 피해

① 내건성(건조에 견디는 성질)이 강한 작물의 특징

형태적 특성	• 뿌리가 깊고, 지상부보다 근군(根群)의 발달이 양호 • 저수능력이 크고, 다육화(succulency)의 경향이 나타남 예 선인장 • 표면적/체적의 비가 작으며, 잎이 작고 왜소함 • 기동세포가 발달하여 탈수되면 잎이 말려서 표면적이 축소됨 • 잎조직이 치밀, 엽맥과 울타리조직(책상조직)이 발달, 표피에는 각피가 잘 발달, 기공이 작거나 적음
세포적 특성	• 탈수될 때 원형질의 응집이 적음 • 수분이 감소해도 세포가 작아서 원형질 변형이 적음 • 원형질막의 수분·요소·글리세린 등에 대한 투과성이 큼 • 세포 중에 원형질이나 저장양분이 차지하는 비율이 높아서 수분보류력이 강함 • 원형질의 점성이 높고, 세포액의 삼투압이 높아서 수분보류력이 강함
물질대사적 특성	• 건조할 때 광합성 감퇴가 낮고, 호흡의 감퇴가 큼 • 건조할 때 단백질·당분의 소실이 늦음 • 건조할 때 증산이 억제되고, 급수할 때 수분을 흡수하는 기능이 큼

② 한해 대책

관개(灌漑)	• 관개하는 것이 근본적 대책임
작물과 품종의 선택	• 내건성이 강한 작물·품종을 선택 예 수수·조·기장·호밀·밀·앨팰퍼·베치·동부·난지형 목초 등
토양수분의 보류력 증대와 증발억제	• 멀칭(피복), 토양입단의 조성, 중경제초(中耕除草) • 드라이파밍(dry farming) : 휴작기에는 비가 올 때마다 땅을 갈아서 빗물을 지하에 저장하고, 작기에는 토양을 진압하여 지하수의 모관상승을 유도하여 한발적응성을 높이는 농법
밭작물에 대한 재배대책	• 뿌림골(播溝)을 낮추고, 뿌림골을 좁히거나 재식밀도를 성기게 함 • N의 과용은 삼가고, P·K·퇴비를 증시(增施)함 • 봄철 보리·밀밭이 건조할 때 답압(踏壓) 실시(모세관 현상을 유도하기 위해)
논벼에 대한 재배대책	• 남부의 수리불안전답에는 만식적응재배(晩植適應栽培)를 실시 • 수리불안전답은 생력재배를 겸하여 건답직파(乾畓直播)로 전환 • 손모내기를 할 때 밭못자리로, 박파묘(薄播苗)가 만식적응성이 강함 • 모내기가 한계 이상으로 지연될 경우 조·기장·메밀·채소 등을 대파

(2) 습해

토양의 과습상태가 지속되어 토양산소가 부족할 때, 뿌리가 상하고 부패하여 지상부가 황화한 후 위조·고사하는 장해

① 습해의 발생기구
  ㉠ 겨울철 과습으로 토양 O_2가 부족하면 직접피해로 뿌리의 호흡장해가 발생하고, 무기성분(N, P, K, Ca, Mg 등)의 흡수가 저해됨
  ㉡ 봄·여름에 지온이 높을 때 토양이 과습하면 직접피해와, 토양미생물의 활동으로 환원성 유해 물질(CH_4, H_2S 등)이 생성되어 발생하는 간접피해도 나타남
  ㉢ 습해가 발생되는 토양환경은 토양전염병이 쉽게 전파되고, 작물도 쇠약하여 병해발생을 초래하며, 지온의 저하도 작물에 유해함

② 작물의 내습성(과습에 견디는 성질)
  ㉠ 뿌리조직이 목화(木化)되면 환원성 유해물질의 침입을 막아 내습성이 강해짐
  ㉡ 근계가 얕게 발달하거나, 습해를 받았을 때 부정근의 발생력이 큰 것은 내습성이 강함
  ㉢ 환원성 유해물질인 황화수소(H_2S)·아산화철(FeO) 등에 대하여 뿌리의 저항성이 큰 것은 내습성이 강함
  ㉣ 경엽에서 뿌리로 O_2를 공급하는 능력(파생통기조직)
    ⓐ 소택작물인 벼는 보리와 비교하면 잎·줄기·뿌리에 통기계가 발달하여 지상부에서 뿌리로 산소 공급이 커서 담수조건에서도 잘 생육함
    ⓑ 뿌리의 피층세포가 직렬로 되어 있는 것은 사열로 되어 있는 것보다 세포의 간극이 커서 뿌리에 산소를 공급하는 능력이 크기 때문에 내습성이 강함

ⓒ 생육 초기의 맥류 잎은 지하 줄기에 착생하고 있고, 이 잎은 뿌리에 산소 공급능력이 큼

③ 습해 대책

배수(排水)	습해의 기본대책
정지(整地)	밭에서는 휴립휴파, 습답에서는 휴립재배를 실시함
토양개량	세사(가는모래)를 객토하거나, 부식·토양개량제를 사용하여 입단형성 → 투수·투기성 좋아짐
내습성 작물과 품종 선택	맥류 답리작재배에서 내습성이 강한 품종을 선택해야 함
	작물의 내습성	골풀·미나리·택사·연·벼 > 밭벼·옥수수·율무 > 토란 > 유채·고구마 > 보리·밀 > 감자·고추 > 토마토·메밀 > 파·양파·당근·자운영
	채소의 내습성	양상추·양배추·토마토·가지·오이 > 시금치·우엉·무 > 당근·꽃양배추·멜론·피망
	과수의 내습성	올리브 > 포도 > 밀감 > 감·배 > 밤·복숭아·무화과
시비(施肥)	• 미숙유기물과 황산근 비료의 사용을 피함 • 표층시비를 하여 뿌리를 지표면 가까이 유도 • 뿌리의 흡수장해가 나타나면 엽면시비를 실시
과산화석회의 사용	과산화석회(CaO_2)를 종자에 분의해서 파종하거나 토양에 혼입하면 O_2를 방출하여 습지에서 발아 및 생육이 촉진됨

(3) 수해(水害)

① 수해 : 비가 많이 와서 유발되는 피해
  ㉠ 침수해 : 식물체의 일부가 물속에 잠기어 발생하는 피해
  ㉡ 관수해 : 식물체가 완전히 물속에 잠기게 되어(관수) 발생하는 피해

② 수해에 관여하는 요인

작물적 요인	• 작물 : 볏과목초·피·수수·옥수수·땅콩 등은 침수에 강함 • 생육단계 : 분얼 초기는 침수피해가 작지만, 수잉기~출수개화기에는 커짐	
침수 요인	수온	• 수온이 높을수록 호흡기질의 소모가 빨라 피해가 커짐 • 벼 관수시 수온 20℃에서 10일, 40℃에서 2일이면 피해가 커짐
	수질	• 청수(淸水)보다 탁수(濁水)가, 유수(流水)보다 정체수(停滯水)가 수온이 높고 용존산소가 적어서 피해가 더 큼 • **청고(靑枯)** : 벼가 수온이 높은 정체·탁수 중에서 급히 고사할 때는 단백질은 분해되지 않은 채 탄수화물만 소모되어 푸른 채로 죽는 현상 • **적고(赤枯)** : 수온이 낮은 유동·청수 중에서는 탄수화물과 단백질도 소모되고 갈색으로 변해서 죽는 현상
	침수기간	• 4~5일 이상 관수되면 작물피해가 커짐
재배적 요인	• N질 비료를 많이 주면 탄수화물(C) 감소, 호흡작용 우세, 내병성이 약해져서 관수해가 커짐	

4 온도 장해 : 열해, 냉해, 동해

(1) 열해(고온해)

과도한 고온으로 인한 작물이 받는 피해

① 열해 원인 : 작물 생육 최고온도에서 발생
  ㉠ 증산 과다 : 고온에서는 수분흡수보다 증산이 과다하여 위조 유발
  ㉡ 유기물의 과잉소모 : 고온에서는 광합성보다 호흡작용이 우세해져서 고온이 지속되면 유기물의 소모가 증가함(당분 감소)
  ㉢ 질소대사의 이상 : 고온에서는 단백질 합성이 저해되어 체내 암모니아(NH_3) 축적량이 증가하는데, 이는 유해물질로 작용함
  ㉣ 철분 침전 : 고온으로 인한 철분이 침전되면 황백화현상 발생

② 열사 원인 : 50~60℃에서 단시간동안 발생
  ㉠ 원형질단백의 응고 : 지나친 고온은 원형질단백의 열응고를 유발함
  ㉡ 전분의 점괴화 : 전분이 열응고하여 점괴화하면 엽록체의 기능이 상실됨
  ㉢ 원형질막의 액화 : 인지질로 구성된 원형질막(반투성막)은 고온에 의하여 액화되고 그 기능이 파괴됨

③ 내열성에 관여하는 요인
  - 내건성이 큰 것은 내열성도 커짐
  - 작물연령 : 작물체의 연령이 높아지면 내열성이 증대
  - 세포내 수분 : 결합수가 많고, 유리수가 적으면 내열성이 커짐
  - 삼투압 : 세포의 점성·염류농도·단백질 함량·지유함량·당분함량 등이 증가하면 대체로 내열성은 증대
  - 기관별 내열성 크기 : 주피(껍질켜)와 늙은잎 > 눈과 유엽(어린잎) > 미성엽과 중심주
  - 환경 : 고온·건조·다조인 환경에서 오래 생육하여 경화된 작물은 내열성이 커짐

④ 열해 대책 〈실기〉
  - 내열성이 강한 작물·품종 선택
  - 관개 : 고온기에 관개를 해서 지온을 낮춤
  - 재배상 주의 : 밀식·질소과용 등 회피
  - 피음·피복 : 그늘 조성
  - 작기조절 : 재배시기를 조절하여 혹서기를 회피
  - 시설내 환기 : 비닐터널·하우스재배에서 환기를 조절하여 지나친 고온을 회피

⑤ 목초의 하고현상
  ㉠ 의미 : 내한성이 강해 월동을 잘하는 다년생 한지형 목초(북방형 목초)가 여름철에 접어들면서 생장이 쇠퇴·정지하고, 심하면 황화·고사하여 여름철 목초생산량이 몹시 감소되는 현상

  ⓒ 하고 원인 : 고온, 건조, 장일, 병해충, 잡초
  ⓒ 하고 대책 : 관개, 혼파, 스프링플러시 억제, 방목·채초의 조절, 우량초종 선택
 * 스프링플러시(spring flush) : 한지형 목초의 생육이 봄철에 왕성해지는 현상

(2) 냉해
여름작물이 하절기에 저온을 만나 받는 피해

① 냉해 기구
- 물질의 동화와 전류가 저해
- 질소동화가 저해되어 암모니아의 축적 증가
- N·P·K·Si·Mg 등의 양분흡수가 저해
- 호흡이 감퇴하여 원형질유동(protoplasmic streaming)이 감퇴·정지 → 모든 대사기능이 저해

② 냉해의 종류

지연형 냉해	• 생육 초기~출수기에 걸쳐서 여러 시기에 냉온을 만나서 출수 지연, 등숙 지연 → 등숙기의 저온으로 인하여 등숙불량을 초래하는 냉해
장해형 냉해	• 유수형성기부터 개화기까지(특히 생식세포의 감수분열기)의 냉온으로 벼의 생식기관이 비정상적으로 형성되거나, 화분방출·수분·수정 등에 장해를 일으켜 불임현상이 나타나는 냉해 • 감수분열기에 약강(葯腔)의 외부를 둘러싸고 있는 융단조직(tapete)이 이상비대하고, 화분이 불충실하여 꽃밥(약)이 열리지 않고 미수분되는 불임 발생
병해형 냉해	• 저온조건에서 벼는 증산이 감퇴 → 규산 흡수 억제 → 조직의 규질화가 불충분 → 도열병 등 병균침입 용이 • 저온에서는 광합성이 감퇴 → 당분의 생성 감소 → 암모니아로부터 단백질 합성이 저해 → 체내 암모니아 축적 → 도열병균 번식 용이

③ 냉해 대책

내냉성 품종의 선택	• 냉해를 받기 쉬운 지대에서는 내냉성 품종 재배
냉온기의 담수	• 저온이 심할 때 수온 19~20℃ 이상인 물을 깊게 담수하면 특히 장해형 냉해를 방지할 수 있음
재배법의 개선	• 보온육묘·조기재배·조식재배를 하여 성숙기를 앞당김 • 과다한 N은 지양하고, P·K·Si·Mg 등을 충분히 시비함 • 소주밀식하여 강건한 생육 유도 * 밀식(촘촘하게 심기) ↔ 소식(성기게 심기)
입지조건의 개선	• 지력 배양하여 건실한 생육 도모 • 방풍림을 설치해 냉풍 차단 • 객토 등으로 누수답 개량, 암거배수 등으로 습답 개량
관개수온의 상승	• 물이 넓고 얕게 고이는 온수저류지를 설치, 온조수로를 설치 • OED를 논에 살포하여 수면증발을 억제

(3) 한해(寒害, 동해)

월동 중 추위로 인해 작물이 받는 피해

① 한해 종류
- ㉠ 동해(凍害) : 온도가 지나치게 내려가 작물 조직 내에 결빙이 생겨서 받는 피해 (freezing injury)
- ㉡ 상해(霜害) : 서리(주로 늦서리)로 인하여 −2~0℃에서 작물이 동사하는 피해
- ㉢ 상주해(霜柱害) : 서릿발이 서면 뿌리가 끊기고 식물체가 솟구쳐 올라 발생하는 피해

② 작물의 내동성(동해에 견디는 성질)

생리적 요인	• 세포 내의 수분함량 : 세포의 수분함량이 높아서 자유수가 많고, 결합수가 적으면 세포 결빙을 조장하여 내동성이 저하됨 • 원형질의 친수성 콜로이드 : 원형질의 친수성 콜로이드가 많으면 세포내의 결합수가 많아지고 자유수가 적어져서 원형질의 탈수저항성이 커지며, 세포 결빙이 경감되므로 내동성이 증대됨 • 당분함량 : 가용성 당분함량이 많으면 세포의 삼투압이 높아지고, 원형질단백의 변성을 막아서 내동성이 커짐 • 전분함량 : 전분함량이 많으면 당분함량은 낮아지고, 전분립은 원형질의 기계적 견인력에 의한 파괴를 커지게 함 → 전분함량이 많으면 내동성은 저하됨 • 지방함량 : 지유함량이 높은 것이 내동성도 커짐(지방과 수분이 공존할 때 빙점강하도가 높아지기 때문) • 원형질단백질의 특성 : 원형질단백질에 −SH기가 많은 것은 −SS기가 많은 것보다 기계적 견인력을 받을 때 분리되기 쉬우므로 원형질의 파괴가 적고 내동성이 커짐 • 세포 내의 무기성분 : Ca^{2+}, Mg^{2+}은 세포내결빙을 억제함 • 원형질의 점도와 연도 : 원형질의 점도가 낮고 연도가 높은 것이 기계적 견인력을 적게 받아서 내동성이 커짐 • 원형질의 수분투과성 : 원형질의 수분투과성이 크면 세포내결빙을 감소하게 하여 내동성이 커짐 • 조직의 굴절률 : 친수성 콜로이드가 많고 세포액의 농도가 높으면 광에 대한 굴절률이 커지고 내동성도 커짐
형태적 요인 (맥류)	• 맥류의 엽색이 진한 것이 내동성이 강함 • 포복성인 것이 직립성인 것보다 내동성이 강함 • 파종을 깊이 하였거나 중경이 신장되지 않아서 생장점이 깊게 놓이면 내동성이 강함
발육단계와 내동성	• 생식기관은 영양기관보다 내동성이 극히 약함

③ 동상해(冬霜害) 대책
- 내동성이 작물·품종 선택(맥류)
- 입지조건의 개선 : 방풍시설, 저습지에서 배수
- K 비료를 증시, 종자 위에 퇴비 사용(맥류)
- 응급대책 : 연소법 및 발연법, 송풍법, 피복법(멀칭), 관개법, 살수빙결법

5 대기 장해 : 풍해, 대기오염

(1) 풍해(風害)
① 발생
  ㉠ 풍속 4~6km/h 이상의 강풍, 특히 태풍의 피해를 풍해라고 함
  ㉡ 풍해는 풍속이 세고, 공기습도가 낮을 때 피해가 커짐
② 풍해 피해

기계적 장해	• 벼와 맥류에서는 도복·수발아·부패립 등을 발생 • 벼에서 수분·수정이 저해되어 불임립 발생, 상처를 통해 목도열병 등 발생 • 과수에서는 절손·열상·낙과 등을 유발함
생리적 장해	• 바람에 의해 상처가 나면 호흡이 증대하여, 체내 양분 소모 증가, 상처부위가 건조하면 광산화반응을 일으켜 고사함 • 강풍과 공기가 건조하면 증산량 증가, 식물체가 건조피해. 뿌리의 흡수기능이 약화되었을 때 건조가 더욱 심하며, 벼의 백수 발생 • 풍속이 2~4m/s 이상 강해지면 기공이 닫혀 CO_2 흡수가 감소되어 광합성 감퇴함

③ 풍해 대책
  • 방풍림·방풍울타리를 설치
  • 내풍성 작물의 선택, 내도복성 품종의 선택
  • 담수·배토·지지대·결속
  • 생육의 건실화 : K 비료의 증시, N 비료의 과용회피, 밀식의 회피 등

(2) 도복(倒伏)
① 의미
  ㉠ 작물 등숙기에 비바람으로 인해 쓰러지는 피해
  ㉡ 도복에 가장 약한 시기 : 키가 크고, 줄기가 약하며, 상부가 무겁게 된 시기로, 화곡류는 등숙 후기, 두류는 개화기부터 약 10일간
② 도복 유발조건
  • 품종 : 키가 크고 줄기가 약한 품종일수록, 이삭이 무거울수록, 근계의 발달 정도가 빈약할수록 도복이 심함
  • 기상조건 : 도복 위험기에 비가 오고 강한 바람이 불면 도복이 유발. 맥류의 등숙기에 한발과 비바람은 뿌리를 고사시키고 도복을 조장
  • 재배조건 : 밀식, 질소다용, 칼리 및 규산부족 등은 줄기를 연약하게 하여 도복을 유발
  • 병충해 : 벼에 잎집무늬마름병의 발생, 가을멸구의 발생이 많으면 줄기가 약해져서 도복이 심함
③ 도복의 피해
  • 수량 감소(감수; 減收) : 도복이 되면 광합성이 감퇴하고, 동화양분의 전류가 저해되며, 줄기·잎에 상처가 나서 양분의 호흡소모가 증가하여 수량이 감소, 부패립이 생기고,

도복 시기가 빠를수록 피해는 커짐
- 품질 손상 : 도복이 되면 결실이 불량해서 품질이 저하되고, 종실이 젖은 토양에 닿아 변질·부패·수발아 등이 유발되어 품질이 손상됨
- 수확작업의 불편 : 기계수확을 할 때 도복이 되면 수확이 매우 곤란해짐
- 간작물에 대한 피해 : 맥류에 콩이나 목화를 간작하였을 때 맥류가 도복하면 어린 간작물을 덮어서 생육을 저해함

④ 도복 대책
- 내도복성 품종의 선택 : 키가 작고 줄기가 튼튼한 품종을 선택하면 도복방지에 가장 효과적, 기계화재배에서는 키가 너무 작으면 기계수확에 불편함
- 파종 및 재식밀도 조절 : 재식밀도가 높으면 줄기가 약해져서 도복이 유발되기 때문에 재식밀도를 적절하게 조절해야 함, 맥류는 복토를 깊게 하면 중경효과가 있어 도복이 경감됨
- 시비 : N 시비를 피하고, K·P·Si·Ca은 충분히 시용
- 병충해 방제 : 특히 줄기를 약하게 하는 병해충을 방제해야 함
- 생장조절제의 이용 : 벼는 유효분얼종지기에 지베렐린 생성을 억제하는 이나벤화이드를 처리하면 절간신장이 억제됨
- 관리 : 벼는 마지막 김매기 때 배토(培土) 하면 도복이 경감, 콩은 생육 전기에 배토를 하면 줄기 기부가 고정되고 새 뿌리 발생하여 도복이 경감, 맥류도 답압·배토·토입·진압·결속 등을 실시하면 도복이 경감됨. 도복 후 지주세우기나 결속을 하여 지면·수면에 접촉하지 않게 하면 변질·부패를 경감시킴

(3) 대기 오염

아황산가스 (SO_2, SO_3, 황산 mist)	• 대기오염물질 중 가장 대표적인 유해가스, 배출량이 많고 독성이 있으며, 산성비 유발 • **피해증상** : 광합성속도가 저하, 줄기와 잎이 갈변 • **피해대책** : K와 Si 시비, 저항성 작물 및 품종을 선택
질소산화물 (NO_2)	• 고온에서 연소되는 물체에 질소와 산소가 있을 때 발생 • **피해증상** : 엽맥 간 백색·황백색의 불규칙한 작은 괴사 • **피해대책** : 저항성 작물 및 품종 선택
암모니아가스 (NH_3)	• 비료공장, 자동차, N질 비료 과다시용, 냉동공장 등에서 배출 • **피해증상** : 잎 표면 흑색 반점, 잎 전체가 백색·황색 갈변, 급격히 회백색으로 퇴색 • **피해대책** : 밀폐된 하우스 환기, N질 비료·유기질 비료 과용 금지
불화수소가스 (HF)	• 독성이 매우 강해 낮은 농도에서도 피해 발생 • **피해증상** : 잎의 끝·가장자리 백변, 누에 피해 발생 • **피해대책** : 소석회액(3~0.3%)에 요소·황산아연·황산망간·미량요소 첨가하여 살포

오존가스 (O_3)	$NO_2 \xrightarrow{UV(자외선)} NO+O$ $O_2+O \longrightarrow O_3$ • NO_2가 자외선 하에서 광산화되어 생성 • **피해증상** : 잎 황백화·적색화, 암갈색의 점상 반점, 대형괴사. 어린잎보다 <u>성엽(자란 잎) 피해가 큼</u> • **피해대책** : 저항성 작물 및 품종 선택
염소계 가스 (Cl_2)	• 펄프공장, 염산·가성소다 제조공장, 화학공장에서 배출 • **피해증상** : 잎 표면 미세한 <u>회백색 반점</u>, 햇볕이 강하면 피해가 커짐 • **피해대책** : 저항성 작물 및 품종 선택, <u>석회물질</u> 시용
PAN (peroxyacetyl nitrates)	• 탄산수소·오존·이산화질소가 화합해서 생성됨 • 광화학적인 반응에 의하여 식물에 피해 • **피해증상** : 잎 뒷면 엽맥사이에 백색 반점
산성비	• 대기 중 SO_2, NO_2, HF, HCl 가스 등에 의한 pH 5.5 이하의 강우 • 산성비에 의한 피해로 식물체의 엽록소 파괴, 양분의 일탈, 개화 및 결실의 장해, 광합성의 저하, 저항성의 감소 등 • 활엽수의 피해가 현저하게 나타나는 pH는 3.0이고, 침엽수는 2.0 정도

제2과목 토양관리

01 | 토양생성 및 토양분류

1 토양 생성

(1) 토양

① 광의 : 모재가 되는 암석(모암)이 자연작용에 의하여 제자리 또는 이동 집적된 뒤, 유기물이 혼합되면서 다양한 토양생성인자의 영향을 받아 생긴 지표면의 얇고 부드러운 층으로 환경과 평형을 이루기 위해 끊임없이 변화되고 있는 자연체

② 역할 : 식물체를 기계적으로 지지해주고, 식물에게 양분과 수분을 제공함

③ 구성 : <u>토양 3상(고상·기상·액상)</u>으로 구성

   토양은 무기물, 유기물, 토양수분, 토양공기 4성분으로 구성

   ㉠ 고상(固相 ; 무기물, 유기물) : 토양입자나 유기물 같은 고체
   - ⓐ 암석 풍화산물인 무기물(자갈, 모래, 미사, 점토)과 동식물로부터 공급된 유기물로 구성
   - ⓑ 일반적으로 토양의 고상 비율은 약 50% 내외, 나머지 50%는 공간(공극)으로 구성됨. 공극에는 물과 공기가 채워지는데, 비가 오는 경우 액상은 증가하고 기상은 감소하고, 건조할 경우 기상이 증가함
   - ⓒ 굵은 입자인 모래 비율이 낮을수록, 유기물 함량이 적을수록 고상 비율이 낮아짐
   - ⓓ 고상 비율이 낮은 토양은 일정 용적의 토양에 토양입자가 적으므로 물·공기가 들어갈 수 있는 공극 비율이 높아지며 푸석푸석해짐

   ㉡ 액상(液相 ; 토양수분) : 고상 사이의 공간에 채워져 있는 수분
   - ⓐ 토양수분으로 각종 유기·무기물질과 이온을 함유하며, O_2와 CO_2도 녹아있는 상태
   - ⓑ 토양수분은 작물이 필요로 하는 양분이 녹아 있어서 작물이 물과 양분을 흡수하는 데 필요함

   ㉢ 기상(氣相 ; 토양공기) : 공간에 채워져 있는 공기
   - ⓐ 기상은 토양공기로서 대기에 비해 O_2 농도가 낮고 CO_2 농도는 높음
   - ⓑ 토양공기는 식물뿌리와 토양생물의 호흡에 관여하고, 토양입자 사이의 공간을 통하여 뿌리가 자랄 수 있으므로 3상 비율이 높고 낮음에 따라 식물생장이 달라짐

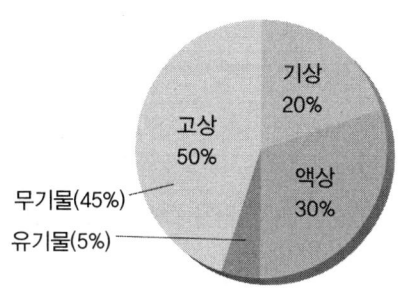

④ 토양 생성과정 : 모암(암석)이 풍화되어 모재가 되고, 모재가 풍화되어 토양이 생성됨
⑤ 지력을 높이는 토양조건

토성	• 토성 : 모래·미사·점토의 함유 비율 • 토성은 양토를 중심으로 하여 사양토~식양토의 범위가 토양의 수분·공기·비료성분 등의 종합적 조건에서 적정함 • 사토(모래흙)는 토양수분과 비료성분이 부족하고, 식토는 토양공기가 부족함
토양구조	• 토양구조는 입단이 조성될수록 토양의 수분과 공기상태가 좋아짐
토층	• 토층은 작토가 깊고 양호하며, 심토도 투수·통기가 알맞아야 좋음
무기성분	• 필요한 무기성분이 풍부하고 균형 있게 포함되어 있어야 하는데, 일부 성분의 결핍이나 과다는 작물생육에 나쁘게 작용
토양반응	• 토양반응은 중성~약산성이 알맞으며, 강산성이나 알칼리성이면 작물생육에 나쁨
토양수분	• 토양수분이 알맞아야 작물의 생육이 양호함 • 토양수분이 부족하면 한해 발생, 과다하면 습해·수해가 발생함
토양공기	• 토양 중의 공기가 적거나, 산소 부족과 이산화탄소가 많으면, 작물 뿌리의 생장과 기능을 억제함
유기물	• 토양 중의 유기물 함량이 많을수록 지력이 향상되지만, 습답 등에서는 유기물 함량이 많으면 오히려 해가 되기도 함
토양미생물	• 유용한 미생물이 번식하기 좋은 상태가 유리하지만, 병충해를 유발하는 미생물은 적어야 함
유해물질	• 무기·유기의 유해물질들로 토양이 오염되면 작물의 생육을 나쁘게 하고, 심하면 생육이 불가능하게 됨

(2) 암석
① 화성암
㉠ 마그마가 화산으로 분출되거나 지중에서 천천히 냉각되어 성성됨. 화성암은 모든 암석의 근원
㉡ 화성암을 구성하는 6대 조암광물 : 감람석·휘석·각섬석·운모·장석·석영
㉢ 화성암의 구분 : 구성광물과 규산함량에 따라 산성암·중성암·염기성암

얕음 생성 ↑ 깊이 ↓ 깊음	화산암	현무암	안산암	유문암
	반심성암	휘록암	섬록반암	석영반암
	심성암	반려암	섬록암	화강암
(구성광물)		염기성암 (감람석, 휘석, 사장석)	중성암 (휘석, 각섬석, 운모, 사장석)	산성암 (각섬석, 운모, 장석, 석영)

←52%　　　　66%→
규산(SiO_2) 함량

ⓐ 현무암
- 화산암으로서, 암색을 띠는 세립질의 치밀한 염기성암이다.
- 산화철이 풍부한 황적색의 중점식토로 되며, 장석은 석회질로 된다.
- 제주도·철원평야에서 흔히 보이는 어두운 색의 다공성 암석이다.

ⓑ 화강암
- 심성암 중 가장 넓게 분포하여 우리나라 전면적의 2/3를 차지한다.
- 주요 조암광물은 휘석·각섬석·장석·운모·석영 등이며, 장석과 운모가 풍화되어 점토분을 만들며, 석영은 가장 풍화되기 어려워 모래로 남게 된다.
- 일반적으로 물리적 성질은 좋지만, 양분이 비교적 적고, 온대지방에서는 Ca이 적어 산성 모재를 형성한다.

② 퇴적암
㉠ 대부분 물에 의하여 퇴적된 암석이며(수성암), 화산재 등이 바람에 날아가 퇴적된 암석(응회암 등)도 포함시킴
㉡ 입자지름에 따라 혈암(점토가 퇴적)·사암(모래가 퇴적)·역암(자갈이 퇴적), 구성성분에 따라 석회암(석회석이 퇴적)·응회암(화산재가 퇴적) 등

③ 변성암
㉠ 기존의 암석(화성암, 퇴적암 등)이 화산작용이나 지각변동시 고압·고열에 의한 변성작용을 받아 생성됨
㉡ 편마암(화강암이 변성), 점판암(혈암이 변성), 편암(혈암이나 점판암이 변성), 규암(사암이 변성), 대리석(석회암이 변성) 등

(3) 풍화

암석이 오랜 기간 대기 중에 노출되거나 흙 속에 묻혀 있으면, 조직이 변화되고 기계적 붕괴·화학적 분해를 받는 과정. 암석의 풍화 결과로 토양모재가 생성됨

① 물리적(기계적) 풍화

온도	• 암석의 온도변화에 따른 팽창·수축의 반복으로 바위틈이 생기고 붕괴됨
물	• 다양한 크기의 입자가 섞인 물이 계곡을 이루고 계곡의 둥근 자갈과 해변의 고운 모래를 형성함
바람	• 모래바람에 의하여 깎인 사막지방의 지표면에 둥근 모양의 암편을 형성함
빙하	• 중력에 의하여 매우 느린 속도로 흘러내리면서 지표를 깎아 이동시킴
동식물	• 식물뿌리는 때때로 바위틈을 뚫고 들어가 바위를 붕괴시킴

② 화학적 풍화

용해	• 용질(녹아 들어가는 물질)이 용매(녹이는 물질) 속으로 확산되어 섞이는 현상. 소금이나 설탕이 물에 녹아 들어가는 현상
가수분해	• 물은 일부가 활성 H^+과 OH^-로 해리되어 있으므로 규산염에 대하여 H_2O 자체는 유력한 가수분해제로 작용함
수화작용	• 무수물(無水物)이 함수물(含水物)로 되는 작용. 수화와 탈수의 반복은 암석 풍화를 조장함
산성화	• 토양 내 질산(HNO_3)·황산(H_2SO_4)·탄산(H_2CO_3)·유기산($-COOH$)에서 배출되는 H^+은 풍화작용을 조장함
산화작용	• 환원조건 하에서 형성된 암석광물은 공기와 접촉하면 O_2에 의해 산화되어 풍화작용이 진행됨
탄산화작용	• 토양속 이산화탄소는 토양수분에 용해되어 중탄산을 만들고 암석의 풍화를 조장함

③ 생물적 풍화

동물	• 기계적 과정이 많으며, 소동물의 영향이 더욱 현저함
식물뿌리·미생물	• 화학적 작용이 많음. 식물뿌리·미생물 호흡으로 생성된 CO_2는 H_2O과 반응하여 H^+을 생성함으로써 암석 분해를 촉진하거나, 직접 유기산을 분비하여 암석을 분해함
미생물	• 암모니아(NH_3)를 산화하여 질산(HNO_3)을 생성하고, 황화물을 산화하여 황산(H_2SO_4)을 생성하며, 유기물을 산화하여 유기산을 생성함으로써, 암석을 분해시킴

(4) 모재

암석 —풍화→ 모재 —풍화(토양생성작용)→ 토양

① 잔적모재(정적토)

잔적무기모재	• 구릉지와 저구릉지 등 경사가 완만한 지형에서 어느 정도 강한 풍화작용을 오랫동안 받았을 때 대개 생성됨 • 우리나라 밭토양의 퇴적양식
잔적유기모재	• 호수·습지처럼 산소공급이 제한되어 유기물 분해가 느린 곳이나, 온도가 낮아 미생물 활동이 약한 고위도지대에서 유기질 모재가 축적됨

② 운적모재(운적토)

물	강우	• 선상지 : 산 계곡물이 평야지로 빠져 나오는 계곡 입구에서 부채모양으로 퇴적되어 생김
	하성	• 충적토(범람원) : 강 하류에서 물이 범람하여 강 주변에 퇴적되어 생성됨. 우리나라 논 토양의 대부분 차지 • 삼각주 : 강물이 바다에 이르러 만조시 물의 흐름이 정체되는 곳에서 더욱 활발한 퇴적 작용이 일어나 삼각주가 형성됨
	해성	• 해성토 : 강물에 의하여 바다로 유입된 토사(주로 모래)는 파도에 의하여 다시 해안으로 밀려와 사주(bar)를 만들면 석호(lagoon)가 형성됨
	호성	• 호성토 : 호수에 퇴적된 물질들은 입자의 크기가 다양하며 층을 형성함
	빙하	• 종퇴석 : 거대한 빙하가 경사면을 따라 흘러내릴 때에는 막대한 압력이 생기기 때문에 이것이 바위의 표면을 깎아 내어 빙하와 함께 흘러내림
바람		• 사구 : 굵은 입자가 바람에 의하여 멀리 이동하기 어렵기 때문에 모래공급원 가까이에 쌓여 형성 • 뢰스 : 미사가 풍적된 것. 석회함량이 높고 비옥함
중력		• 붕적퇴적물 : 산지의 바위 풍화물질이 경사면을 따라 중력에 의하여 이동되어 산록에 퇴적된 모재 • 충적붕적모재 : 붕적퇴적에다가 물의 작용이 가세한 경우에는 산록보다 약간 더 멀리 흘러가서 퇴적되는 모재

(5) 토양생성인자

기후	• 토양생성 요인 중 가장 중요하고, 기후 요인 중 강수량과 온도가 중요함 • 강수량이 많을수록, 온도가 높을수록 풍화속도가 빠름
생물(식생)	• 생물(식물, 동물, 미생물, 인류) 중 가장 큰 영향을 주는 인자는 식물임
모재	• 광물 종류별로 풍화의 난이도가 다르기 때문에 토양을 생성하는 모재의 광물학적 특성에 따라 토양의 발달속도와 토양의 광물조성도 달라짐
시간	• 시간의 경과에 따라 물리·화학적·광물학적 변화가 더욱 현저히 나타나고, 표층 이하의 모재층에서도 여러 변화가 일어나며 결국 뚜렷한 토층 분화가 나타남
지형	• 지형은 지표면의 형상과 기복을 말하고, 지형을 구분할 때 경사도·고도·경사방향·국지지형 등에 따라 달라짐

(6) 토양생성작용

회색화작용 (gleyzation)	• 수직배수가 안 되는 투수불량지나 지하수위가 높은 곳에서 생성됨(배수불량지와 저습지) • 토양이 과습하여 공극이 H_2O로 포화되어 있으면 공기의 유통이 차단되고 남아 있던 O_2는 호기성 미생물이 유기물 분해과정에서 소비하므로 토양이 환원 상태로 변함 • Fe^{3+}은 Fe^{2+}으로, Mn^{4+}/Mn^{3+}은 Mn^{2+}으로 되고 암회색으로 변함

포드졸화작용 (podzolization)		• 습윤한 한대지방의 침엽수림에서 나타남 • 염기성 이온(K^+, Mg^{2+}, Na^+, Ca^{2+})이 먼저 용탈되고, 토양이 산성을 띠므로 Fe・Al이 가용화되어 하층에 이동하여 집적됨 • 용탈층(E층) : 과용탈상태가 되어 심하면 석영과 규산이 남아 회백색을 띤 토층이 생성됨
염류화작용 (salinization)		• 건조・반건조 기후, 시설재배지 조건에서 나타남 • 지하수가 모세관을 따라 상승하여 지표면에서 심한 증발현상이 나타나면 토양용액에 녹아 있던 수용성 염류($NaCl$・$NaNO_3$・$CaSO_4$・$CaCl_2$ 등)가 토양단면 상부의 표토 밑에 집적되는 현상
석회화작용 (calcification)		• 건조・반건조 기후에서 나타남 • 용해도가 낮은 $CaCO_3$・$MgCO_3$은 토양 중에 축적되어, Ca과 Mg 등의 탄산염이 토양단면에 집적되어 석회($CaCO_3$)・석고($CaSO_4$) 집적층을 형성함
Laterite 작용		• 건기와 우기가 반복되는 열대나 습윤 열대지방에서 흔한 토양 • Fe・Al 집적작용 : 온도가 높고 비가 많이 내리는 기후조건(고온다습)에서는 염기와 규산의 용탈이 강하게 일어나며 수산화철・수산화알루미늄은 불용성이 되어 침전됨
점토생성작용		• 토양 중 1차광물이 분해되어 새로운 2차규산염광물을 생성하는 과정
이탄집적작용		• 요함지나 지하수위가 높은 지역 • 토양이 혐기상태가 되어 유기물의 부식화・무기화가 더뎌 불완전하게 분해된 유기물이 쌓이거나 번성한 습지식물이 지표에 쌓이는 현상

(7) **토양 단면** : O층 – A층 – E층 – B층 – C층 – R층

	토층명칭	특징
진 토 층	H	물로 포화된 유기물층
	Oi Oe Oa	미부숙(약간 분해된) 유기물층 중간 정도 부숙된 유기물층 잘 부숙된(많이 분해된) 유기물층
	A AB・EB BA・BE	무기물 토층(부식과 혼합된 어두운 색) B층으로의 전이층(A→B・E→B, 단 B보다 A층 우세, B보다 E층 우세) B층으로의 전이층(B→A・B→E, 단 A보다 B층 우세, E보다 B층 우세)
	E E/B B/E	점토・Al・Fe 산화물 등의 용탈층, 용탈흔적이 가장 명료한 층, 과거의 A2층 혼합층(단 E층 분포비가 우세, 우세층을 앞에 표기함) 혼합층(단 B층 분포비가 우세)
	B BC CB	무기물집적층, 집적층의 특징이 가장 명료한 층 C층으로의 전이층(B→C, B층 특성이 우세) C층으로의 전이층(C→B, C층 특성이 우세)
모재	C	모재층(잔적토 : 풍화층, 운적토 : 원퇴적 사력층)
모암	R	모암층(수직적으로 연속 분포, 수작업 굴취 불가)

❖ **전토층(regolith)** : A층・E층・B층・C층의 합
❖ **진토층(solum)** : A층・E층・B층의 합

2 토양 분류

(1) 토양분류체계
　① 생성론적 분류 : 토양생성인자에 따라 분류하는 방법
　　- 성대성 토양 : 기후나 식생의 영향으로 생성된 토양
　　- 간대성 토양 : 모재나 지형의 영향으로 생성된 토양
　② 형태론적 분류 : 토양 형태를 중시하는 객관적이고 정량적 분류방법
　③ 신토양분류법(미 농무성, Soil Taxonomy)
　　우리나라는 미국 농무성(USDA) 신토양분류법을 따름
　　㉠ 12개 토양목 : Entisol, Vertisol, Inceptisol, Mollisol, Spodosol, Alfisol, Ultisol, Aridisol, Oxisol, Histosol, Andisol, Gelisol
　　㉡ 6단계 분류계급 : 목-아목-대군-아군-속-통
　　• 토양통 : 토양분류의 최소단위. 우리나라는 400개 토양통이 있음

(2) 토양목

① Entisol (미숙토)	• Entisol은 토양의 발달과정이 거의 진행되지 않은 토양 • Entisol은 기후조건에 관계없이 풍화에 대한 저항성이 매우 강한 모재로 된 토양이나 최근 형성된 모재의 토양에서 나타날 수 있고, 계속적인 침식으로 토층 발달이 현저히 어려운 경사지형에서도 나타남
② Vertisol (과팽창토)	• Vertisol은 팽창형 점토광물을 가진 토양으로서 수분상태에 따라 팽창과 수축이 매우 심하게 일어남 • 대부분 초지이며 온난하고 건조 습윤한 기후대에서 나타나며, 계절적으로 건기가 있어야 토양의 수축에 따른 틈새가 발달할 수 있음
③ Inceptisol (반숙토)	• Inceptisol은 온대 또는 열대의 습윤한 기후조건에서 발달하며, 토층의 분화가 중간 정도인 토양
④ Aridisol (과건토)	• Aridisol은 건조한 기후지대에서 식물생장이 충분하지 못하므로 유기물이 축적되지 못하고 토양은 밝은 색을 나타냄 • 건조한 기후에서는 암석의 풍화가 매우 느리고, 토양발달과정에서 물의 작용이 매우 제한적이므로 풍화산물의 하방 이동이 많지 않음
⑤ Mollisol (암연토)	• Mollisol은 표층에 유기물이 많이 축적되어 있고, Ca이 풍부한 토양 • 주로 steppe이나 prairie식생 하에서 발달하고, 염기의 공급이 많은 암갈색이나 검은색이 나타남
⑥ Spodosol (과용탈토)	• Spodosol은 용탈이 용이한 사질 모재조건과 냉·온대의 습윤한 기후조건에서 발달하고, 염기공급이 부족한 침엽수림 지대에서 잘 나타남 • 강한 산도 때문에 대부분 광물이 분해되므로 O층 바로 아래에는 석영만 남은 백색의 E층이 발달하고, E층 바로 아래에는 어두운 색의 유기물층이 형성됨
⑦ Alfisol (완숙토)	• Alfisol은 표층에서 용탈된 점토가 B층에 집적되는 특징을 가짐 • 반건, 반습의 초원에서 발달하지만 온도가 높아 표층에 유기물이 집적되지 못함

⑧ Ultisol (과숙토)	• Ultisol은 온난 습윤한 열대 또는 아열대지역에서 Alfisol의 경우보다 더 강한 풍화 및 용탈작용이 일어나는 조건에서 발달함 • 점토광물은 심한 풍화현상으로 인하여 주로 kaolinite와 Fe·Al 산화물로 되어 있음
⑨ Oxisol (과분해토)	• Oxisol은 풍화와 용탈이 매우 심하게 일어나는 고온 다습한 열대기후지역에서 발달함 • 토양의 광물조성은 주로 kaolinite·석영·Fe과 Al 산화물이며, 양이온교환용량과 치환성염기의 함량이 적음 • Oxisol은 Fe산화물의 영향으로 일반적으로 적색 또는 황색을 띠며, 양분보유량이 적어 비옥도도 낮음
⑩ Histosol (유기토)	• Histosol은 일부 또는 심하게 분해된 수생식물의 잔재가 얕은 연못이나 습지에 퇴적되어 형성된 토양을 포함한 유기질 토양
⑪ Andisol (화산회토)	• 화산 분출물에서 유래한 모재에서 발달한 화산회토 • 검거나 검회색이며, 무정형 allophane 광물이 많음
⑫ Gelisol (결빙토)	• 가장 나중에 포함된 목 • 매우 한랭한 지역에서 생성되기 때문에 토양깊이 50cm 이하에 영구동결층이 있는 토양임

02 | 토양특성

1 토양 물리성

(1) 토성(고상)
   ① 토성(土性 ; soil texture) : 토양입자를 크기별로 모래·미사·점토로 나누고, 그 함유 비율에 따라 토양을 분류한 것
   ② 입경과 물리성(미, 농무성법)

구분		입자 지름	비표면적	1g당 입자수	국제토양학회 기준
자갈(gravel)		2.0~76.0	–	–	자갈: >2.0
모래 (sand)	극조사	1.0~2.0	11	90	조사: 0.2~2.0
	조사	0.5~1.0	23	720	
	중간사	0.25~0.5	45	5,700	
	세사	0.10~0.25	91	46,000	세사: 0.02~0.2
	극세사	0.05~0.10	227	722,000	
미사(silt)		0.002~0.05	454	5,776,000	미사: 0.002~0.02
점토(clay)		<0.002	9,000,000	90,260,853,000	점토: <0.002

   ③ 입자크기가 토양의 성질에 영향을 주는 요인 〈실기〉

구분	모래	미사	점토	비고
수분보유능력	낮음	중간	높음	공극량의 차이에서 옴
통기성	좋음	중간	나쁨	
배수속도	빠름	느림~중간	매우 느림	
유기물함량수준	낮음	중간	높음	
유기물 분해	빠름	중간	느림	
온도 변화	빠름	중간	느림	
압밀성	낮음	중간	높음	
풍식 감수성	중간	높음	낮음	
수식 감수성	낮음	높음	낮음	입단상태에서만 낮음
팽창수축력	매우 낮음	낮음	높음	
차수능력	불량	불량	좋음	댐 등의 차수벽 역할
오염물질 용탈능력	높음	중간	적음	
양분저장능력	낮음	중간	높음	
pH 완충능력	낮음	중간	높음	

④ 개량 토성삼각도

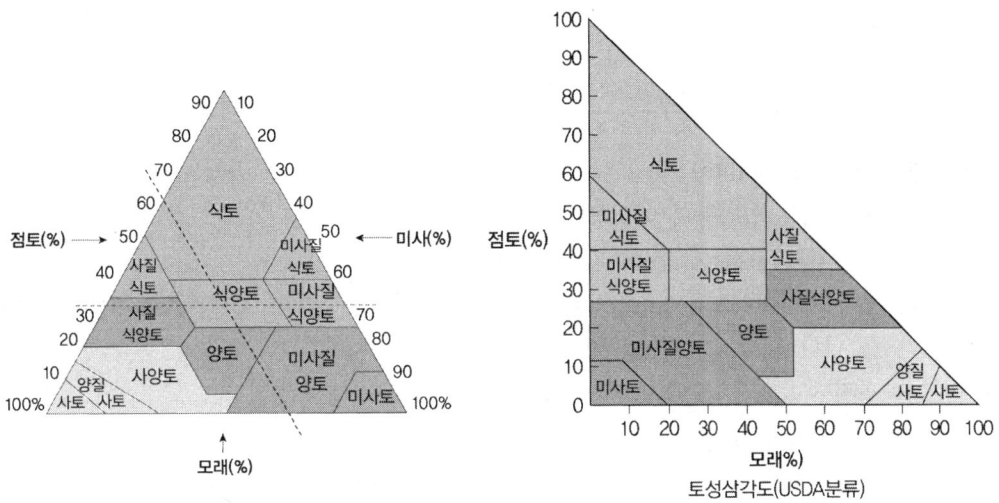

토성삼각도(USDA분류)

(2) 토양밀도
① 입자밀도(진밀도)
㉠ 고상을 구성하는 유기물을 포함한 토양의 고형입자 자체의 밀도. 즉, 토양이 가지고 있는 고유한 밀도로 인위적인 요인에 의하여 변하지 않는다.
㉡ 토양의 입자밀도는 토양을 구성하고 있는 암석의 고유한 특성에 속한다.

$$\text{입자밀도}(mg/mm^3 = g/cm^3 = Mg/m^3) = \frac{\text{고형입자의 질량}}{\text{고형입자의 용적}}$$

② 용적밀도(가밀도)
㉠ 전체 토양용적에 대한 고형입자의 무게(고상의 질량)를 나타내는 것. 즉 고상을 구성하는 고형입자 무게를 전체 용적으로 나눈 것
㉡ 용적밀도는 인위적 요인에 의하여 변할 수 있음
㉢ 용적밀도가 큰 토양은 식물의 뿌리자람·배수성·투수성이 나쁘고, 용적밀도가 낮은 토양은 식물의 뿌리자람·투수성이 좋다.
㉣ 식토처럼 고운 토성의 토양은 용적밀도가 낮고, 모래가 많은 거친 토양은 공극량이 적어 용적밀도가 높다.

$$\text{용적밀도}(g/cm^3) = \frac{\text{고형입자의 질량}}{\text{전체 용적}}$$

③ 공극률
㉠ 전체 토양용적에 대한 공극의 비율(비 또는 %로 나타냄)
  * 공극 : 토양입자의 배열에 따라 만들어지는 공간

ⓒ 용적밀도가 큰 토양은 공극률이 낮고, 용적밀도가 작은 토양은 공극률이 커진다.

$$공극률 = \frac{공극의\ 용적}{전체토양의\ 용적} = (1 - \frac{용적밀도}{입자밀도})$$

(3) 토양구조(soil structure)
토양을 구성하는 입자들의 배열상태
① 입상구조(구상구조, granule, spherical structure)
  ㉠ 입상구조는 주로 유기물이 많은 표층토에서 발달하고, 입단이 일반적으로 구상(spherical)을 나타내고, 입단의 결합이 약하다.
  ㉡ 초지나 토양동물(지렁이 등) 활동이 많은 토양에서 발견된다.
② 판상구조(platy structure)
  ㉠ 판상구조는 접시같은 모양 또는 평배열의 토괴(ped)로 구성된 구조이다.
  ㉡ 판상구조는 우리나라 논토양에서 많이 발견된다.
  ㉢ 판상구조는 용적밀도가 크고 공극률이 급격히 낮아지며 대공극이 없어진다. 수분의 하향이동이 불가능해지고, 뿌리가 밑으로 자랄 수 없게 만들어 벼의 생육을 나쁘게 한다.
③ 괴상구조(blocky structure)
  ㉠ 괴상구조는 배수와 통기성이 양호하며 뿌리 발달이 원활한 심층토에서 주로 발달하며, 점토가 많고 수축팽창이 일어나는 심토에서 발달한다.
  ㉡ 입단 모양은 불규칙하지만 대개 6면체로 되어 있다.
④ 각주상 구조(prismatic)
  ㉠ 단위구조의 수직길이가 수평길이보다 긴 기둥모양이며, 수평면이 평탄하고 각진 모서리를 가진 각주상 구조와, 수평면이 둥글게 발달한 원주상 구조가 있다.
  ㉡ 각주상 구조는 건조 또는 반건조지역의 심층토에서 주로 지표면과 수직한 형태로 발달한다.
⑤ 토양구조와 수분과의 관계
입상구조는 수분침투성·배수성·통기성이 모두 좋고, 판상구조는 나쁘다.

토양구조	입상(구상)	판상	괴상	주상
수분침투성	양호	불량	양호	양호
배수성	최상	불량	중간	양호
통기성	최상	불량	중간	양호

(4) 입단

① 경토(耕土)의 토양구조

단립구조	• 단립구조는 모래 등 비교적 큰 입자가 단일상태로 집합되어 있는 무구조 • 대공극이 많아서 토양통기와 투수성은 좋으나, 소공극이 적어서 수분과 비료분을 지니는 보류력은 작음
이상구조 (泥狀構造)	• 이상구조는 미세한 토양입자가 무구조·단일상태로 집합된 구조 • 소공극은 많으나 대공극이 적어서 토양통기가 불량하며, 부식함량이 적고, 과습한 식질 토양에서 많이 나타남
입단구조	• 유기물과 석회가 많은 표층토에서 많이 나타남 • 입단은 부식과 석회가 많고 토양입자가 비교적 미세할 때 형성되므로, 토양통기가 좋고, 수분과 양분의 보류력이 좋아서 대체로 토양이 비옥함 • 빗물의 이용도가 높아지고, 토양침식이 감소함 • 유용한 토양미생물의 번식과 활발하며, 유기물 분해가 촉진됨 • 대·소 공극이 많아서 통기·투수가 양호하고, 양·수분의 저장력이 높아서 작물 생육에 알맞은 구조임 ‖ 토양 입단구조 및 모세관 현상 ‖

② 입단 형성 및 파괴

입단의 형성	• **유기물의 시용** : 유기물을 분해하면서 토양미생물이 생성하는 점질물질(polyuronide)이 토양입자들을 결합시켜 입단을 형성함 • **석회의 시용** : 석회는 유기물 분해속도를 촉진하고, Ca^{2+}은 토양입자들을 결합시키는 작용이 있음 • **콩과작물의 재배** : 클로버·앨팰퍼 등의 콩과작물은 잔뿌리가 많고, 석회분이 풍부하며, 또 토양을 잘 피복하여 입단을 형성하는 효과가 큼 • **토양의 멀칭** : 비닐피복하거나 피복작물을 재배하면 유기물이 공급되어 표토의 건조를 막고 비바람의 타격을 줄여주어 토양유실이 적고 입단형성을 촉진시킴 • **토양개량제의 시용** : PVA, krillium 등의 토양개량제를 사용하여 토양입자들을 결합시키면 입단이 형성됨
입단의 파괴	• 나트륨이온(Na^+)이 첨가되면 점토의 결합이 분산되어 입단을 파괴시킴 • **경운(耕耘)** : 경운을 하여 토양통기가 좋아지면 토양입자의 결합을 유지시켜주는 부식이 분해되어 입단이 파괴됨 • **입단의 팽창·수축의 반복** : 습윤과 건조, 동결과 융해, 고온과 저온 등으로 입단이 팽창·수축하는 과정을 반복하면 파괴됨 • **비와 바람** : 입단이 빗물이나 바람에 날린 모래에 타격받으면 입단이 파괴됨

(5) 토양 수분(액상)

① 토양수분장력
  ㉠ 수분이 포함된 임의 토양에서 수분을 제거하는 데 소요되는 단위면적당 힘
  ㉡ 토양입자가 수분을 끌어당기고 있는 에너지
  ㉢ 단위 : 수주의 높이(pF) 또는 기압(bar)
  ㉣ pH와 수주의 높이 및 기압과의 관계

pF (log H)	수주 높이 H (cm)	기압 (bar)	Mpa	토양수분항수
7.0	10,000,000	−10,000	−1,000	건토상태
4.5	31,000	−31	−3.1	흡습계수
4.2	15,000	−15	−1.5	영구위조점
4.0	10,000	−10	−1.0	초기위조점
3.0	1,000	−1	−0.1	대기압 상태
2.5	310	−0.31	−0.031	최소용수량 (포장용수량, 수분당량)
0	1	−0.001		최대용수량 (포화용수량)

② 토양수분의 형태

결합수	• 점토광물에 결합되어 있는 수분으로 토양에서 분리시킬 수 없음 • pF 7.0 이상, 작물이 흡수할 수 없음
흡습수	• 건토를 공기 중에 두면 분자간 인력에 의해 수증기가 토양 표면에 흡착된 수분으로 토양입자 표면에 피막상으로 흡착된 수분 • pF 4.5~7(31~10,000기압), 작물에 흡수·이용되지 못함(작물의 흡수압은 5~14기압)
모관수	• 토양공극 내에서 표면장력 때문에 중력에 저항하여 유지되는 수분, 모관현상에 의하여 지하수가 모관공극을 상승하여 공급됨 • pF 2.7~4.5, 작물이 주로 이용하는 수분
중력수	• 포장용수량 이상의 수분으로 중력에 의하여 비모관공극을 통해 흘러내리는 물 • pF 0~2.7, 작물에 용이하게 이용되지만, 곧 근권 아래로 내려간 수분은 직접 이용되지 못함
지하수	• 지하에 정체하여 모관수의 근원이 되는 물 • 지하수위가 낮으면 토양이 건조해지고, 수위가 높으면 과습해짐

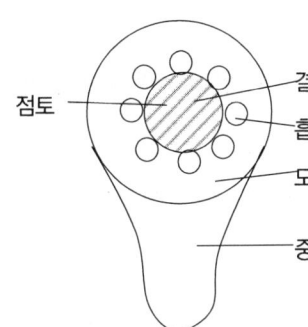

- 결합수 : pF 7.0 이상, 토양에서 분리 불가능
- 흡습수 : pF 4.5~7.0, 토양 입자 피막상에 흡착된 수분
- 모관수 : pF 2.7~4.5, 중력에 저항하여 유지되는 수분
- 중력수 : pF 0~2.7, 흘러내리는 물

③ 토양의 수분항수

수분항수	토양수분의 함유상태는 작물생육과 토양의 물리성과 관련하여 특정한 수분함유 상태를 나타냄(연속적인 변화를 보임)
건토상태	• pF≒7, 건토상태(乾土, oven dry) • 105~110℃에서 항량(恒量)이 되도록 건조한 토양
풍건상태	• pF≒6, 풍건상태(風乾, ari dry)의 토양
흡습계수	• pF는 4.5(31기압), 작물에 이용될 수 없는 수분상태 • 상대습도 98%(25℃)의 공기 중에서 건조토양이 흡수하는 수분상태, 흡습수만 남은 수분상태
영구위조점	• pF는 4.2(15기압) 정도 • 영구위조를 최초로 유발하는 토양의 수분상태 • 영구위조 : 위조한 식물을 포화습도의 공기 중에 24시간 방치해도 회복되지 못하는 위조 • 위조계수 : 영구위조점에서의 토양함수율, 토양건조 중에 대한 수분의 중량비
초기위조점	• pF는 3.9(8기압) 정도 • 생육이 정지하고 하엽이 위조(萎凋)하기 시작하는 토양의 수분상태
포장용수량 =최소용수량	• pF는 2.5~2.7(1/3~1/2기압) • 수분이 포화된 상태의 토양에서 증발을 방지하면서 중력수를 완전히 배제하고 남은 수분상태 • 지하수위가 낮고 투수성이 중간인 포장에서 강우 또는 관개후 만 1일쯤의 수분상태 • 수분당량 : 젖은 토양에 중력의 1,000배로 원심력을 주고 난 뒤에 잔류하는 수분상태, pF는 2.7 이내로서 포장용수량과 일치 • 포장용수량 이상의 수분은 중력수로서 토양통기를 저해하여 작물생육에 불리하게 작용함
최대용수량	• pF는 0 • 모관공극이 물로 포화된 상태(=포화용수량) • 토양하부에서 수분이 모관상승하여 모관수가 최대로 포함된 상태

④ 토양의 유효수분

무효수분	• 토양의 무효수분은 작물이 이용할 수 없는 영구위조점(pF 4.2) 이하 수분
유효수분	• 포장용수량(pF 2.5)과 영구위조점(pF 4.2) 사이 수분 • 초기위조점 이하의 수분은 작물생육을 돕지 못함 • 유효수분은 토양입자가 작을수록 많아지고, 토양입자가 커질수록 적어짐
잉여수분	• 포장용수량(pF 2.5) 이상의 토양수분 • 과습상태 유발

(6) 토양 공기(기상)

① 토양의 용기량 : 토양 중에서 공기가 차지하는 공극량
② 작물의 최적용기량 : 대체로 10~25%

용기량	작물
10%	벼·양파·이탈리안라이그래스
15%	수수·귀리
20%	보리·밀·순무·오이·커먼베치
24%	양배추·강낭콩

③ 토양공기의 조성

구분	N_2	O_2	CO_2	수증기
대기	79	20.9	0.035	20~90
표층토	75~80	14~20.6	0.5~6	95~100
심층토	75~80	3~10	7~18	98~100

㉠ 토양 중에서는 뿌리나 미생물의 호흡작용과 미생물에 의한 유기물이 분해하면서 CO_2가 배출되고 O_2가 소모됨. 토중은 대기와의 가스교환이 지연되기 때문에 CO_2가 증가하고, O_2가 감소함
㉡ 토양공기의 N_2 함량은 대기 중 함량과 비슷하다.
㉢ 토양공기의 상대습도는 거의 100%에 가까워서 대기에 비해 더 높다.

④ 토양공기를 지배하는 요인

토 성	• 사질 토양은 비모관공극(대공극)이 많고 토양의 용기량이 커서, 대기와 가스교환이 자유로워져서 O_2 농도는 증대됨(공극은 작아짐)
토양구조	• 식질토양에서 입단형성이 촉진되면 비모관공극(대공극)이 커지고 용기량이 증대되어 O_2 농도도 증대됨
경 운	• 경운을 하면 토양의 깊은 곳까지 용기량이 증대됨
토양수분	• 토양 함수량이 증대하면 용기량이 줄어들고, CO_2 농도가 높아지고, O_2 농도는 낮아짐
식 생	• 식물이 자라는 토양은 식물뿌리가 호흡하기 때문에 CO_2 농도가 현저히 높아짐
유기물	• 미숙유기물을 시용하면 CO_2 농도가 현저히 증대, O_2 농도가 훨씬 낮아짐 • 부숙유기물을 시용하면 CO_2의 농도가 증가하지 않음

(7) 토양색

① 토색 표시방법 : Munsell 명명법

㉠ Munsell 토색첩은 색의 3가지 속성인 색상(H)·명도(V)·채도(C)를 적용하여 색상 명도/채도의 순으로 표기

> 예 7.5R 7/2 : 색상은 7.5R, 명도는 7, 채도는 2를 의미함

㉡ 색상 명도/채도

색상 (H ; hue)	• 색상은 색깔의 속성을 나타냄 • Munsell 체계에서는 빨강(R)·노랑(Y)·초록(G)·파랑(B)·보라(P)의 5개 색상과 5개의 중간 색상을 포함한 10개의 색상으로 구분함 • 각 색상은 다시 2.5의 배수로 2.5·5·7.5·10의 4단계로 구분
명도 (V ; value)	• 명도는 색깔의 밝기 정도를 나타냄 • Munsell 체계에서는 검은색을 명도 0, 흰색을 명도 10으로 하여 순수한 검은색(0)에서 순수한 백색(10)까지 11단계로 구분 • 토양의 명도는 2(또는 2.5)에서 8까지 7단계로 구분
채도 (C ; chroma)	• 채도는 색깔의 선명도를 나타냄 • Munsell 체계에서는 각각의 색상(hue)별로 회색에 가까울수록 낮은 값(1)임 • 1·2·3·4·6·8까지 6단계로 구분

② 토양색에 영향을 주는 요인

수분함량·유기물함량·철과 망간이온의 산화환원상태·빛의 강도 등

㉠ 수분이 많은 토양은 짙은 색을 나타내고, 건조하면 옅은 색으로 변한다.

㉡ 토양유기물은 암갈색~흑색을 띤다.

㉢ 밭토양의 산화조건에서는 산화철 형태인 Fe^{3+}으로 존재하고 주로 붉은색, 논토양의 환원조건에서 철은 환원형태인 Fe^{2+}으로 존재하고 주로 회청색을 나타냄

㉣ Mn도 산화상태에서 붉은색을, 환원상태에서 어두운 색을 나타냄

(8) 토양온도

토양온도는 식물 생육, 미생물 활동, 토양생성과 발달, 물리·화학·생물학적 현상에 다양하게 영향을 끼침

① 토양의 비열(specific heat, cal/g·℃)

㉠ 비열 : 토양 1g의 온도를 1℃ 높이는 데 필요한 열량

㉡ 비열이 큰 토양은 작은 토양보다 온도 상승 및 하강이 느리다.

㉢ 공기는 다른 물질의 비열보다 상대적으로 매우 낮아 0으로 취급함

② 용적열용량(volumetric heat capacity, cal/cm³·℃)

㉠ 용적열용량 = 비열 × 밀도

㉡ 용적열용량 : 단위부피의 토양온도를 1℃ 높이는 데 필요한 열량

구분	비열(cal/g·℃)	밀도(g/cm³)	열용량(cal/cm³·℃)
물	1	1.0	1.0
석영	0.2	2.66	0.48
기타 무기광물		2.65	0.48
유기물	0.4	1.3	0.6
공기	0.000306	0.00125	0.003

ⓒ 공기의 밀도는 물의 1/1,000 정도로 매우 작기 때문에 토양의 용적열용량을 계산할 때 기상의 열용량을 무시함

ⓔ 수분함량이 많은 토양의 용적열용량은 건조한 토양에 비하여 상대적으로 높아져 온도변화가 작다.

ⓜ 모래의 함량이 많을수록 용적열용량이 감소하고, 점토가 많을수록 용적열용량이 증가한다.

③ 열전도 ; 토양 중에서의 열전달
  ㉠ 열전도도 크기 : 무기입자(모래·미사·점토 등) > 물 > 부식 > 공기 순
  ㉡ 입자 지름이 클수록 열전도도는 높다. 사토 > 양토 > 식토 > 이탄토 순

2 토양 화학성

(1) 토양의 화학적 조성
  ① 지각 구성 원소
    ㉠ 암석의 구성 8원소 : O 46.7% > Si 27.7% > Al 8.1% > Fe 5% > Ca 3.7% > Na 2.8% > K 2.1% > Mg 2.1% 순
    ㉡ 지각을 구성하는 모든 원소 중 주요8원소가 98% 이상을 차지함
    ㉢ 토양의 구성원소(암석의 구성과 비슷) : O·Si로 이루어진 규산염광물이 토양광물의 대부분을 차지
    ㉣ 토양에 규산(SiO_2), 알루미나(Al_2O_3), 산화철(Fe_2O_3) 등이 가장 많음
  ② 규반비 : 규산과 산화알루미늄의 함량비
    ㉠ 규반비 2 이상은 큰 편이고, 2 이하는 작은 편임
    ㉡ 규반비가 큰 토양은 규산질 토양이고, 작은 토양은 알루미나질 토양임

(2) 토양의 점토광물(무기교질)
  토양교질에는 무기교질(점토)과 유기교질(부식)이 있음
  ① 점토광물
    점토(粘土) : 지름(입경)이 2㎛ 이하인 토양 무기광물의 입자(표면적 넓음, CEC 높음, 보비력·보수력 높음, 투수성·통기성 낮음)

㉠ 1차광물
  ⓐ 토양광물 중 용암의 응결과정을 통하여 결정화된 이후 화학적 변화를 전혀 받지 않은 광물 예 화성암을 구성하는 광물들
  ⓑ 6대 조암광물 : 감람석·휘석·각섬석·운모·장석·석영 등, 지각의 92% 차지함
  ⓒ 풍화 저항성 : 감람석 < 휘석 < 각섬석 < 운모 < 장석 < 석영(풍화에 강함)
  ⓓ 광물의 밝기 : (어두움)감람석 < 휘석 < 각섬석 < 운모 < 장석 < 석영(밝음)
㉡ 2차광물
  ⓐ 1차광물이 풍화되는 과정에서 부산물로 새로 생성되는 광물들
    예 규산염광물·금속산화물 등
  ⓑ 가장 많이 존재하는 2차광물은 규산염광물(Si·Al이 주요 구성성분)로, 주로 층상 구조를 이룸 예 kaolinite · montmorillonite · vermiculite · illite · chlorite

규산염 광물	1:1형 광물	비팽창형	kaolinite, halloysite
	2:1형 광물	비팽창형	illite
		팽창형	montmorillonite, saponite, nontronite, vermiculite, beidellite
	혼합형 광물 (2:1:1형)	규칙 혼층형	chlorite
		불규칙 혼층형	
금속산화광물		산화 Al	gibbsite
		산화 Fe	goethite, hematite, mimonite
		산화 Mn	pyrolusite
무정형 광물			allophane
쇄상형 광물			attapulgite

② 주요 2차광물 종류
  ㉠ 카올리나이트(kaolinite)
    • 1:1층상 규산염광물로, 고온·다습한 열대지방의 심하게 풍화된 토양에서 발견되는 중요한 점토광물이며, 우리나라 대표적 점토광물임
    • 비팽창형광물 : 1:1층(규산판:알루미나판)들 사이에 양이온·물분자가 들어가는 것이 불가능함
    • 비치환성 : 동형치환이 거의 일어나지 않는 변두리 전하를 가짐
    • CEC(음전하) : 2~15cmol_c/kg
  ㉡ 몬모릴로나이트(montmorillonite)
    • 2:1층상 규산염광물로, 2개 규소사면체층 사이에 1개 알루미늄팔면체층이 결합
    • 팽창형 광물 : 토양수분조건에 따라 팽창·수축현상이 심하게 발생함
    • 동형치환 : 규소사면체층에서 Si^{4+} 대신 Al^{3+}의 동형치환이 일어나고, 알루미늄팔

면체층에서 Al^{3+} 대신 Mg^{2+} 등이 동형치환됨
- CEC : montmorillonite의 음전하는 80~150$cmol_c$/kg

ⓒ 버미큘라이트(vermiculite)
- 2:1 층상구조를 가지며, 주로 운모류 광물의 풍화로 생성된 토양에 많이 존재
- 2:1층과 2:1층 사이 공간에 K+ 대신 Mg^{2+} 등의 수화된 양이온들이 자리잡음
- 팽창형 광물 : 수분이 많은 토양에서 2:1층들 사이에 물분자가 흡수되며 일부 팽창함
- 동형치환 : 규소사면체층에서 Si^{4+}이 Al^{3+}으로 치환되고, 알루미늄팔면체층에서 Al^{3+}이 Mg^{2+} · Fe^{2+} 또는 Fe^{3+}로 일부 치환
- CEC : 100~200$cmol_c$/kg

ⓔ 일라이트(illite)
- 2:1 층상구조를 가지며, K^+이 많은 퇴적물이 저온조건에서 변성작용을 받을 때 형성됨
- 운모류 풍화과정에서도 생성되기 때문에 가수운모라고 함
- 비팽창형 : 2:1 사이의 공간에 K^+이 많이 함유되어 있어 습윤상태에서도 팽창이 불가능
- CEC : 20~40$cmol_c$/kg의 음전하

ⓜ 클로라이트(chlorite)
- 2:1:1형 광물(2:2형 광물) : 2:1층들 사이 공간에 K^+ 대신 양전하를 띠는 brucite [$Mg(OH_2)$] 팔면체층이 자리잡음
- 동형치환 : brucite 팔면체의 중심이온인 Mg^{2+} 대신 Al^{3+} · Fe^{3+} · Fe^{2+} 등이 치환되면서 양전하를 가지며, 2:1층에서는 치환에 의하여 음전하를 생성함
- 비팽창형 : 양전하를 띠는 brucite층은 위아래 음전하를 갖는 2:1층과 수소결합을 통해 강한 결합을 형성함
- CEC : 10~40$cmol_c$/kg

ⓑ 알로판(allophane)
- 무정형 광물로, 화산재의 풍화로 생성되며 화산지대 토양의 주요 구성물질임
- allophane의 Al_2O_3(알루미나판)/SiO_2(규산판)의 비율은 일정치 않고 다양함
- CEC : 많은 pH 의존전하를 가지고 있어 중성~약알칼리성에서 150$cmol_c$/kg

> **참고** 2차광물

	kaolinite	montmorillonite	vermiculite	illite	chlorite	allophane
층상	1:1형	2:1형	2:1형	2:1형	2:2형	무정형
팽창성	비팽창형	팽창형	팽창형	비팽창형	비팽창형	
기저면간격	0.71	0.96~1.8	1.0~1.5		1.4	
치환성	비치환형	동형치환	동형치환	비치환형	동형치환	
표면전하	pH 의존전하	영구전하	영구전하		영구전하	pH 의존전하
비표면적	7~30	600~800	600~800	70~150		100~800
CEC	2~15	80~150	100~200	20~40	10~40	100~800
생성	고온다습한 열대지방	Si와 Mg 많은 용액 중 결정화	운모류 풍화	운모류 풍화, 저온에서 변성작용	팽창형광물과 brucite 축적, 현무암·흑운모의 변형	화산재 풍화

(3) 토양 유기교질(부식)

토양유기물 : 생물체, 잔사, 부식을 포함하는 토양에 함유된 모든 유기물질

① 토양유기물 분해에 미치는 요인

㉠ 토양온도 : 토양에서 활성이 강한 미생물은 중온성 균으로서 적정온도는 25~35℃임. 온도가 극히 높거나 낮으면 미생물 밀도가 현저히 감소되어 유기물 분해속도도 늦어짐

㉡ 토양수분 : 토양공극의 60%가 물로 채워져 있을 때 미생물 활성에 필요한 수분 공급과 O_2 유통이 원활해서 분해가 빠름

㉢ 토양산소 : 유기물 분해는 혐기 조건보다 호기 조건에서 빨리 일어나기 때문에 논토양보다 밭토양에서 유기물 분해가 빠름

㉣ 토양 pH : 대부분 미생물은 중성상태를 좋아하므로, 토양이 심하게 산성화 또는 알칼리화 되었을 때 유기물 분해속도는 대단히 느려짐

㉤ 유기물의 구성요소 : 리그닌과 페놀화합물이 많이 포함되어 있으면 분해속도가 대단히 느려짐

㉥ 탄질률 : 탄질률이 큰 유기물은 작은 유기물보다 분해속도가 훨씬 느림

탄질률(C/N ratio)이 20~30보다 높은 유기물이 토양에 가해질 경우 유기물의 분해에 필요한 질소가 부족하여 미생물이 질소의 일부를 이용하기 때문에 식물은 일시적 질소기아현상(nitrogen starvation)을 나타냄

$$\text{유기태 N} \xrightleftharpoons[\text{고정화(immobilization)}]{\overset{\text{암모늄화}}{\text{무기화(mineralization)}}} NH_4^+$$

- 낮은 C/N율(<20:1) : 무기화작용(nitrification)
- 중간 C/N율(20~30) : 작용하지 않음(simultaneous)
- 높은 C/N율(>30:1) : 고정화(부동화)작용(immobilization)

유기물	C%	N%	C/N
활엽수의 톱밥	46	0.1	400
쌀보릿짚	50	0.3	166
밀짚	38	0.5	80
볏짚	42	0.6	70
옥수수찌꺼기	40	0.7	57
호밀껍질(성숙기)	40	1.1	37
잔디(블루그래스)	37	1.2	31
가축의 분뇨	41	2.1	20
앨펠퍼	40	3.0	13
곰팡이	50	5.0	10
방사상균	50	8.5	6
박테리아	50	12.5	4
인공부식	58	5.0	11
부식산	58	1.0	58

② 부식(humus)
 ㉠ 토양유기물이 여러 가지 미생물에 의해 분해작용을 받아 원조직이 변질되거나 새롭게 합성된 암갈색의 무정형(일정한 형태가 없는) 교질상의 복잡한 물질
 ㉡ 부식물질

부식회	부식회(humin)는 알칼리(NaOH) 용액으로 추출되지 않고 남아 있는 화합물
부식산	부식산은 알칼리(NaOH)에는 용해되지만 산(pH 1~2)에는 침전되는 물질로서 무정형임
풀브산	풀브산은 알칼리(NaOH)용액으로 추출한 후 pH 1~2로 산성화시켰을 때 침전되지 않고 용액에 남아 있는 물질로서 무정형임

③ 부식의 특성
 ㉠ 부식은 비결정질 암갈색 물질로서 교질의 성질이 높음
 ㉡ 부식의 비표면적은 대개 800~900m^2/g, 양이온교환능(CEC)은 150~300$cmol_c$/kg로서 비표면적과 흡착능은 점토광물에 비하여 훨씬 큼
 ㉢ 부식의 음전하는 대부분 여러 가지 작용기로부터 H^+이 해리되어 생성되며, 모두 pH 의존적인 전하임

- ㉣ pH가 높을수록 작용기로부터 H^+의 해리가 많아지므로 순 음전하도 증가함
- ㉤ 부식이 가지는 음전하의 약 55%가 carboxyl기의 해리에 의한 것임

④ **부식(유기물)의 효과** 〈필기〉
- 입단 형성 : 유기물이 분해되어 부식(humus)이 만들어지는 과정에서 생성된 점질물질은 토양입단의 형성하고 토양의 물리성을 개선함
- 보수·보비력 증대 : 유기물의 부식은 (-)이온성으로 양분을 흡착하는 힘이 커지며, 이는 토양의 통기성(通氣性)·보수력(保水力)·보비력(保肥力)을 증대시킴
- 완충능 증대 : 유기물의 부식은 완충능을 증대시켜 토양반응(soil pH)이 쉽게 변하는 것을 차단시키며, Al 등 중금속의 독성을 중화시킴
- 미생물 번식 촉진 : 유기물은 미생물의 영양원이 되어 유용미생물의 번식을 조장하고, 병해 발생을 억제, 미생물의 종다양성에 기여
- 대기 중 CO_2 공급 : 유기물이 분해되어 생성되는 최종물은 CO_2인데, 작물 주변 CO_2 농도를 높여서 광합성을 촉진함
- 양분 공급 : 미생물에 의해 분해된 유기물은 N·P·K·Ca·Mg·Mn·B·Cu·Zn 등 필수원소를 공급
- 생장촉진물질 생성 : 유기물이 분해되면서 유기물을 구성했던 호르몬·핵산물질 등의 생장촉진물질을 분비함
- 지온 상승 : 부식의 암갈색은 지온 상승을 유도함
- 암석 분해 촉진 : 유기물이 분해될 때 생성되는 여러 가지 산성물질은 암석 분해를 촉진함
- 토양보호 : 토양을 유기물로 피복하면 토양침식이 억제되고, 토양입단이 형성되면 빗물의 지하침투가 좋고 유거수는 감소하여 토양침식이 경감됨

(4) 이온교환

① 양이온교환
- ㉠ 고체표면에 흡착된 양이온이 용액 중의 다른 양이온과 교환되는 현상
- ㉡ 양이온 흡착세기(이액순위) : $H^+ > Al(OH)_2^+ > Ca^{2+} = Mg^{2+} > NH_4^+ = K^+ > Na^+$
- ㉢ 음이온 흡착세기 : 인산 > 규산 > 몰리브덴산 > 황산 > 염소 > 질산

② 양이온교환용량(CEC)
- ㉠ CEC : 일정량의 토양이나 교질물이 양이온을 흡착·교환할 수 있는 능력. CEC는 토양교질의 음전하 크기와 비례함

구분	CEC(cmol$_c$/kg)	비표면적(m^2/g)
kaolinite	2~15	7~30
montmorillonite	80~150	600~800
vermiculite	100~200	600~800
illite	20~40	–
chlorite	10~40	70~150
allophane	100~800	100~800

ⓛ 단위
- cmol$_c$/kg(cmol$^+$/kg) : 건조토양 1kg이 교환할 수 있는 양이온의 총량을 cmol$_c$로 나타냄
- meq(밀리당량) : 토양 100g이 교환할 수 있는 양이온의 총량(meq/100g, 1982년 이전 사용)

ⓒ 토양 중 점토(무기교질)나 부식(유기교질)이 증가하면 CEC도 증가함
- CEC가 커지면 치환성 양이온인 NH_4^+, K^+, Ca^{2+}, Mg^{2+} 등의 비료성분을 흡착 보유하는 힘이 커지고, 비료를 많이 주어도 작물이 일시적 과잉흡수가 억제됨
- CEC가 커지면 비료성분의 용탈이 적어서 비효가 늦게까지 지속됨
- CEC가 커지면 토양의 완충능도 커져서 토양반응(pH)의 변동에 저항하는 힘이 커짐

ⓔ 점토광물의 표면전하
ⓐ 영구전하
- 토양 pH의 영향을 받지 않는 전하로서, 규소사면체와 알루미늄팔면체에서 일어나는 동형치환으로 생성되는 음전하
- 규소사면체에서 Si^{4+} 대신 Al^{3+}의 치환이 일어나고, 알루미늄팔면체에서 Al^{3+} 대신 $Mg^{2+} \cdot Fe^{2+}$ 또는 Fe^{3+}의 치환이 주로 일어남
  예 montmorillonite, vermiculite, chlorite, 운모 등

ⓑ 가변전하(pH 의존전하, 일시적 전하)
- 토양 pH에 따라 점토광물 표면에서 발생하는 H^+의 해리와 결합에 기인함
- pH가 낮은 조건에서 양전하가 생성되고, pH가 높은 조건에서는 음전하가 생성
  예 kaolinite, Fe · Al 금속산화물, allophane

③ 염기포화도(BSP)

$$염기포화도(\%) = \frac{교환성\ 염기의\ 총량(cmol_c/kg)}{양이온교환용량(cmol_c/kg)} \times 100$$

㉠ 양이온교환용량(CEC)에 대한 교환성 염기의 양
㉡ 교환성 염기 : Ca^{2+}, Mg^{2+}, K^+, Na^+, NH_4^+
㉢ 교환성 염기는 토양을 알칼리성으로, 교환성 H · Al이온은 산성을 만드는 경향이 있음

예제

토양을 분석한 결과 양이온교환용량은 10cmol$_c$/kg이었고, Ca 4.0cmol$_c$/kg, Mg 1.5cmol$_c$/kg, K 0.5cmol$_c$/kg, Al 1.0cmol$_c$/kg 이었다면, 이 토양의 염기포화도?

해설

- 염기포화도 = $\dfrac{치환성염기}{CEC} \times 100 = \dfrac{4+1.5+0.5}{10} \times 100 = 60\%$

(5) 토양반응(pH)

① pH 개념
- pH : [H$^+$]의 역수의 대수치를 취한 것

$$\therefore \text{pH} = \log\left(\dfrac{1}{[H^+]}\right)$$

- 토양의 반응은 토양용액 중의 수소이온농도[H$^+$]와, 수산이온농도 [OH$^-$]의 비율에 따라 결정(pH로 반응표시)
- pH는 1~14까지 표시, 7이 중성, 7이하 산성, 7이상 알칼리성
- 물은 적은 양이지만 H$^+$과 OH$^-$으로 해리됨(H$_2$O $\rightleftarrows$ H$^+$+OH$^-$)
- 순수한 물이 해리할 때 [H$^+$]와 [OH$^-$]는 같으며, 이들 이온농도는 모두 10^{-7}mol/L이고, 이 상태가 중성임

② 토양반응(pH)의 중요성

작물생육	• 작물생육에 pH 6~7의 범위가 적정하고, 강산성(pH5 이하)이나 강알칼리성(pH9 이상)은 작물생육에 불리함	
식물양분의 가급도	• 토양 중 작물양분의 가급도는 중성~미산성에서 가장 높음	
	강산성	• P, Ca, Mg, B, Mo : 가급도가 감소되어 작물생육에 불리 • Al, Fe, Cu, Zn, Mn : 용해도가 증가하여 작물생육에 불리(이온 자체의 독성 때문)
	강알칼리성	• N, Fe, Mn, B : 용해도가 감소되어 작물생육에 불리 • Mo과 B는 pH 8.5 이상에서는 용해도가 증가하는 특징이 있음
미생물	• 토양유기물 분해, 공중질소를 고정하는 활성박테리아는 중성 근처에서 활성화됨 • 곰팡이는 넓은 범위의 토양반응에 적응하나 산성토양에서 잘 번식함.	
입단형성	• 강산성·강알칼리성은 점토와 부식을 분산시켜 토양입단의 생성을 저해	

③ 작물의 pH 적응성
  ㉠ 산성토양에 대한 적응성

극히 강한 것	벼·밭벼·호밀·귀리·기장·땅콩·감자·토란·아마·봄무·루핀·수박 등
강한 것	밀·옥수수·수수·조·메밀·고구마·목화·담배·당근·오이·호박·딸기·토마토·베치·포도 등
약간 강한 것	유채·피·무 등
약한 것	클로버·완두·가지·고추·상추·양배추·근대·삼·겨자
가장 약한 것	콩·팥·자운영·앨펄퍼·시금치·사탕무·셀러리·부추·양파 등

  ㉡ 알칼리성 토양에 대한 적응성 : 사탕무·수수·유채(평지)·양배추·목화·보리·버뮤다그래스 등

④ 산성토양
  ㉠ 산성토양의 피해
    - 수소·알루미늄이온($H^+·Al^{3+}$)의 직접적 피해 : 뿌리 흡수력 저하, 효소 방해, 세포막 기능저하 등
    - 토양구조의 물리성 악화
    - 작물양분의 유효도 감소
    - 철, 구리, 아연, 망간 등 과다 피해
    - 유용 미생물의 활동 저하
  ㉡ 산성토양의 원인
    - 치환성염기 용탈
    - 유기물 분해에 의한 유기산
    - $CO_2 + H_2O$에 의한 탄산(H_2CO_3) 생성
    - 산성비료의 연용
    - N나 S이 산화되면 질산 또는 황산이 증가
  ㉢ 산성토양의 대책
    - 석회질 비료 사용 : 생석회, 소석회, 탄산석회 등 알칼리성 물질 공급
    - 유기물 사용 : 부식 증대, 완충능 증대, 미생물 증가, 토양 물리화학성 개선
    - 용성인비 사용, 산성비료 사용 금지, 내산성 작물 재배 등

(6) 전기전도도 및 산화환원전위
  ① 전기전도도(비전도도, EC; electrical conductivity, dS/m)
    ㉠ EC : 용액 내 존재하는 이온들에 대해 전기가 통하는 정도
    ㉡ EC와 염농도 간에는 직선적 관계 : 토양염류도는 토양의 전기전도도(EC)를 기준으로 삼음

ⓒ 수용액 중 전해질 농도(각종 이온)가 높으면 전기를 잘 통해서, 전체 이온 수에 따라 흐르는 전류의 양이 결정됨

② 산화환원전위(Eh)

㉠ Eh : 전극표면과 용액 사이에 생기는 전위차(단위 volt 또는 milli volt)
산화형 물질의 비율이 높으면 Eh값이 높아지고, 환원형이 높으면 낮아짐

ⓐ 산화반응 : 화합물이 전자(e^-)를 잃어 산화수가 증가하는 반응
O를 얻는 것, $H^+ \cdot e^-$를 잃는 것

ⓑ 환원반응 : 전자를 얻어 산화수가 감소되는 반응
O를 잃는 것, $H^+ \cdot e^-$를 얻는 것

㉡ 담수 논토양에서의 무기질소의 산화·환원

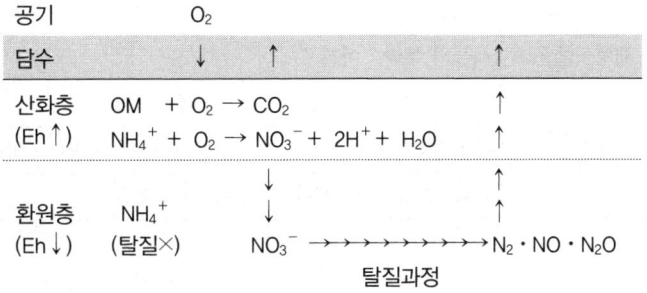

ⓐ 논토양 표층에는 O_2가 잘 공급되기 때문에 Fe은 산화상태인 Fe^{3+}로 유지되고 산화물 형태로 침전되며, 황적색의 산화층으로 변함

ⓑ 논토양 표층 아래에서는 O_2가 쉽게 고갈되며 청회색을 띤 환원층이 형성됨

㉢ 산화/환원 상태의 원소 상태

	탄소	질소	황	철	망간	Eh
산화(밭)	CO_2	NO_3^-	SO_4^{2-}	Fe^{3+}	Mn^{4+}, Mn^{3+}	높음
환원(논)	CH_4	N_2, NH_4	S, H_2S	Fe^{2+}	Mn^{2+}	낮음

03 | 토양생물

토양생물 : 동물, 식물, 미생물

1 토양생물 종류

동물	대형동물군	생쥐·두더지·지렁이·개미·거미·노래기·쥐며느리·갑충	
	중형동물군	진드기·톡토기	
	미소동물군	선형동물	선충
		원생동물	아메바·편모충·섬모충
식물	대형식물군	식물의 뿌리·이끼	
	미소식물군 (미생물)	독립영양생물	녹조류·규조류
		종속영양생물	사상균(효모·곰팡이·버섯)·방선균
		독립 및 종속영양생물	세균·남조류

(1) 토양 동물
① 지렁이(earthworm)
㉠ 지렁이 역할
ⓐ 지렁이는 토양 속에 수많은 통로(생물공극)을 형성함 → 토양의 배수성·통기성·보비력·보수력 증대
ⓑ 지렁이가 분비하는 점액물질은 토양구조를 개선하고 영양분이 풍부하기 때문에 미생물 활성을 높임
ⓒ 분변토(cast, 지렁이 배설물)는 안정된 입단을 형성함
ⓓ 지렁이 사체는 쉽게 분해되어 식물의 영양분으로 다시 이용됨
ⓔ 지렁이가 하루에 먹는 양은 자신 몸무게의 2~30배에 해당됨. 이는 1.25~25년 동안 모든 토양이 지렁이의 소화기관을 한번 정도 통과되는 양임
㉡ 지렁이 서식상에 영향을 주는 토양환경요인
ⓐ 공기가 잘 통하는 습한 지역을 좋아하지만, 물이 잘 빠지지 않은 과습한 지역은 지렁이의 개체수를 현저히 감소시킨다.
ⓑ 신선하거나 거의 분해가 되지 않은 유기물의 시용은 지렁이의 개체수를 증가시킨다. 따라서 수확 후 유기물을 회수하지 말아야 한다.
ⓒ 약산성(pH 5.5)~약알칼리성(pH 8.5) 토양에서 지렁이의 개체수가 많다. 특히, 지렁이는 Ca을 좋아하여 spodosol 토양은 지렁이 개체수가 적지만, mollisol 토양에는 많다.

ⓓ 지렁이 생육에 적합한 토양온도는 10℃ 부근이다. 지렁이 활성은 봄이나 가을에 왕성하다.
ⓔ 두더지·생쥐·일부 진드기·노린재 같은 포식자는 지렁이의 개체수를 감소시킨다.
ⓕ 과다한 암모니아태 질소(NH_4^+-N)는 지렁이 개체수를 감소시킨다.
ⓖ 농약의 과다한 사용은 지렁이 개체수가 감소된다.
ⓗ 경작지의 잦은 경운은 지렁이 개체수를 현저히 감소시킨다.

② 선충(nematode)
㉠ 선충은 원생동물 다음으로 토양에 가장 많으며, 토양 $1m^2$당 백만 마리 이상 존재함
㉡ 토양선충의 90%가 토양 깊이 15cm 내에 서식함
㉢ 선충군락은 pH가 중성이며, 유기물이 풍부한 환경에 많지만, 특히 식물 뿌리 근처에서 밀도가 높음
㉣ 선충은 토양미생물 개체 밀도를 조절함
㉤ 선충 분류 : 먹이원에 따라 식균성(bacterial feeding)·초식성(root feeding)·포식성(predatory)·잡식성(omnivores)으로 분류

(2) 토양 식물

① 식물뿌리
㉠ 식물뿌리는 다른 생물과 O_2를 경합하지만, 미생물에게 필요한 탄소와 에너지원을 공급함
㉡ 뿌리털은 토양용액에서 양수분을 흡수하는 가용 표면적을 증대시킴
㉢ 토양유기물을 유지하여 토양의 물리·화학성을 개선함

② 근권 형성
㉠ 근권은 살아있는 뿌리의 영향을 절대적으로 받는 뿌리 주변의 토양. 근권영역은 뿌리 표면으로부터 약 2mm까지
㉡ 식물이 성장함에 따라 유기산·당·아미노산·페놀화합물 등 여러 종류의 저분자 유기화합물이 근권으로 분비되어 근권의 활성이 매우 높음
㉢ 뿌리에서 분비되는 분자량이 큰 점액성 물질(mucillage)은 뿌리신장의 윤활유 역할을 하며, 독성물질로부터 뿌리를 보호하고, 미생물에게는 좋은 서식처를 제공함

2 토양 미생물

(1) 토양미생물 종류(조·사·방·세)

조류		녹조류, 황녹조류, 규조류
사상균		곰팡이(진균), 버섯, 효모, 균근
방선균		방사상균
세균	자급영양세균	• 광합성자급 : 녹조류, 남조류 • 화학자급 : 질산화세균, 황산화세균, 철산화세균
	타급영양세균	• 공생질소고정균 • 단생질소고정균 • 암모니아화균

① 조류 예 녹조류, 황녹조류, 규조류
  ㉠ 대부분의 조류는 엽록소를 가지고 있으며, 광합성 작용을 함. 생산자 역할
  ㉡ 사막에서 탄소화합물을 생성하여 토양형성에 기여하고 토양입단과 투수성을 개선함
  ㉢ 조류는 사상균과 공생하여 지의류를 형성함
  ㉣ 탄수화물을 합성하므로 N·P·K 등 영양원이 풍부하면 조류 생육이 급증하여 녹조나 적조현상의 원인이 됨

② 사상균(fungi) 예 곰팡이(진균), 버섯, 효모, 균근
  ㉠ 사상균 특성
    ⓐ 사상균은 균사(가는 실모양)를 형성하는 곰팡이류
    ⓑ 대부분 균류는 호기성이나, 산성에는 비교적 강하여 산성·중성·알칼리성의 어떤 조건에서도 잘 생육함
    ⓒ 곰팡이는 토양 중 생체량이 지구상 가장 크고 오래된 생물체임
    ⓓ 종속영양생물이기 때문에 유기물이 풍부한 곳에서 활성이 높고, 호기성 생물이지만 CO_2 농도가 높은 환경에서도 잘 견딤. 분해자 역할
  ㉡ 균근(mycorrhizal fungi)
    ⓐ 균근(사상균 뿌리라는 뜻)은 사상균과 식물뿌리와의 공생관계를 형성함
    ⓑ 근권 확장 : 균근균의 균사는 감염된 뿌리로부터 5~15cm까지 토양 중으로 연장하여 자라므로 뿌리털이 도달하지 못하는 작은 공극까지 도달함
    ⓒ 양분 흡수 촉진 : 유효도가 낮게 존재하는 인산 같은 토양양분을 식물 흡수를 촉진함
    ⓓ 수분흡수를 증가시켜 한발(건조)에 대한 저항성을 높임
    ⓔ 병원성 균과 경합하여 병원균이나 선충으로부터 식물을 보호함
    ⓕ 균근균의 균사는 토양을 입단화하여 통기성과 투수성을 증가시킴

③ 방선균(Actinomycetes)
  ㉠ 세균의 일종으로, 세균과 사상균의 중간적 특성을 가진 미생물
  ㉡ 적정 pH는 6.0~7.5이고, 산성에 약하지만 알칼리성에는 내성이 있음
  ㉢ 산소를 요구하는 호기성균으로서 과습한 곳에서는 잘 자라지 않음
  ㉣ 유기물이 분해되는 초기에는 세균과 곰팡이가 많으나, 유기물이 적어지면 방사상균이 많아지며, 특히 분해가 어려운 lignin, keratin 등의 부식성분을 분해시킴
  ㉤ Actinomyces odorifer 등은 토양에 특수한 흙냄새를 갖게 하는 geosmin 물질 분비함
④ 세균(Bacteria)
  ㉠ 세균 종류

구분	탄소원	에너지원	대표적인 미생물군
광합성자급영양세균	CO_2	빛	green bacteria, purple bacteria, cyanobacteria(남조류)
화학자급영양세균	CO_2	무기물	• 질화세균(*Nitrosomonas · Nitrosococcus · Nitrosospira · Nitrobacter · Nitrocystis*) • 황산화세균(*Thiobacillus*) • 철산화세균(*Leptothrix ochracea*) • 수소산화세균
화학종속영양세균	유기물	유기물	• 부생성 세균(섬유소분해균), 암모늄화균, • 호기성 공생질소고정균(근류균; *Rhizobium*) • 호기성 단생질소고정균(*Azotobacter*) • 혐기성 단생질소고정균(*Clostridium*)

  ㉡ 세균의 일반특성
    ⓐ 원핵생물, 단세포 생물, 세포분열에 의해 증식
    ⓑ 토양미생물 중 개체수가 가장 많음. 세균수 단위는 cfu
    ⓒ 보통 중성에서 활성이 높고, 황세균은 강산성(pH 2~4)에서 활성이 높음

	황세균	질산균·아질산균·근류균	단생질소고정균·질산환원균
최적 pH	2.0~4.0	7.0 전후	7.0~8.0

  ㉢ 암모니아생성균

  > 단백질 → amino acid → ammonia → ammonium
  > $RCHNH_2COOH + \frac{1}{2}O_2 + H^+ \longrightarrow RCOCOOH + NH_3 \longrightarrow NH_4^+$

  사상균·방선균·세균 등은 유기물을 분해하여 암모니아를 생성하고 미생물의 단백질분해효소에 의하여 이루어짐

② 질산화균
  ⓐ 질산화균은 전형적인 자급영양세균으로 암모니아를 산화하여 에너지를 얻으며, 적정 pH는 6.8~7.3
  ⓑ 암모니아로부터의 질산생성(nitrification) 과정
    • 1단계 : 암모니아산화균, $NH_3 \rightarrow NO_2^-$
      예 *Nitrosomonas* · *Nitrosococcus* · *Nitrosospira* 등
    • 2단계 : 아질산산화균, $NO_2^- \rightarrow NO_3^-$
      예 *Nitrobacter* · *Nitrocystis* 등
◎ 탈질균

$$2NO_3^- \rightarrow 2NO_2^- \rightarrow 2NO\uparrow \rightarrow N_2O\uparrow \rightarrow N_2$$
$$\text{nitrate ion} \quad \text{nitrite ion} \quad \text{nitric oxide} \quad \text{nitrous oxide} \quad \text{dinitrogen}$$

  ⓐ 탈질(denitrification) : 토양 중 NO_3^-가 미생물 작용에 의해 N_2 가스로 변하여 대기 중으로 휘산(토양 중의 질소가 손실)하는 현상
  ⓑ 탈질작용 미생물 : *Pseudomonas* · *Bacillus* · *micrococcus* · *Achromobacter* 등
  ⓒ 일반적으로 탈질현상이 일어나는 경우 : 유기물과 NO_3^-이 풍부하고, 온도가 25~35℃이며, pH가 중성, 토양에 산소가 부족(10% 미만)할 때(환원조건)
⑭ 질소고정균
  ⓐ 단생질소고정균
    • 기주식물과 관계없이 독립적으로 생활하면서 질소를 고정하는 세균
    • *Azotobacter*, *Azospririllum*, *Bacillus*, *Beijerinckia*와 *Dexia*, cyanobacteria
  ⓑ 공생질소고정균(근류균, 뿌리혹박테리아, *Rhizobium*)
    • 근류균은 콩과식물(콩, 팥, 알팔파 등)과 공생하면서 공중질소를 고정함
    • 근류균은 식물뿌리에 침입하여 뿌리혹(근류)를 형성하고 공중질소를 암모니아 형태로 전환함
    • 기주식물은 세균에게 탄수화물을 공급하고 세균은 식물에 질소를 공급하는 공생관계를 형성함
    • 대표적 콩과식물 공생질소고정균 : *Rhizobium*과 *Bradyrhizobium*
ⓐ 인산가용화균 : 불용화된 인산을 용해하는 균

(2) 토양미생물의 활동조건
• 수분 : 토양수분 함량이 적절해야 미생물의 활동이 왕성함(최대용수량의 약 60%)
• 온도 : 토양온도가 20~30℃가 적절
• 공기 : 보통 토양통기가 양호해야 함. 호기성/혐기성 세균으로 구분지음

- pH : 토양반응이 일반적으로 중성~미산성이야 적절(세균과 방사상균), 사상균은 산성에도 강해 낮은 pH에서도 번식 가능
- 유기물 : 토양유기물은 미생물의 영양원으로서 충분해야 좋음
- 깊이 : 심토로 갈수록 미생물 수는 감소함

(3) 토양미생물의 유익·유해작용

① 토양미생물의 유익작용
- 유기물 분해, 토양의 입단 형성
- 탄소 순환 : 공중 CO_2는 작물이 흡수하여 식물체를 구성하고, 식물사체는 미생물에 의해 분해되어 공중 CO_2로 돌아감
- 질소 순환 : 공중질소고정, 암모니아화성화, 질산화
- 무기성분의 산화 및 동화, 무기성분 유실 경감
- 근권 형성 및 균근 형성, 미생물간 길항작용

② 토양미생물의 유해작용
- 병의 발생
- 해충 발생 : 선충의 직접 피해, 달팽이, 두더지 등
- 질산 환원 및 탈질작용
- 황산염을 환원하여 황화수소(H_2S) 등 유해한 환원성 물질을 생성함
- 작물과 미생물 간 양분쟁탈(질소가 부족하면 질소기아현상 유발)

04 | 토양관리

1 토양침식과 오염

토양침식의 원인은 주로 물(수식)과 바람(풍식)이 있음

(1) 수식(water erosion)
① 수식 과정 : 토양입자의 분산탈리(침식) → 운반 → 퇴적
② 수식 종류
  ㉠ 면상침식(sheet erosion)
    ⓐ 강우에 의해 비산된 토양이 토양표면을 따라 얇고 일정하게 침식되는 것
    ⓑ 자갈이나 굵은 모래가 있는 곳은 강우의 타격력을 흡수하여 작은 기둥모양으로 남아 있음. 세류간침식, 비옥도침식이라고도 함
  ㉡ 세류침식(rill erosion)
    ⓐ 면상침식이 진행되면서 점차 유출수가 침식에 약한 부분에 모여 작은 수로를 형성하며 흐르는 침식
    ⓑ 식물이 새로 식재된 곳이나 휴한지에서 일어나고, 농기계를 이용하여 평평하게 할 수 있음
  ㉢ 협곡침식(gully erosion) : 세류침식의 규모가 더욱 커진 침식으로, 작은 수로가 강우량 및 강우강도가 증가함에 따라 점점 더 많은 물이 모여 큰 수로를 만들고, 수로의 바닥과 양옆이 침식되면서 규모가 더 커짐
  ㉣ 우적침식 : 빗방울이 지표를 타격하면 입단이 파괴되고 토립이 분산됨
  ㉤ 유수침식 : 골짜기 물이 강물이 되어 암석을 깎고 부수는 삭마작용
  ㉥ 빙식침식 : 빙하 이동의 압력으로 나타나는 삭마작용
③ 수식 대책
  ㉠ 식물에 의한 지표면 피복 : 면상침식과 세류침식을 방지, 강우의 지면타격력 감소, 토립의 분산 감소, 토양유실 감소

〈작물별 토양유실량(단위 : ton/10a)〉

구분	나지 (기준)	옥수수	옥수수 -보리	고추	참깨	감자-콩	콩- 보리	목초
토양유실량	12.8	5.4	5.1	4.6	3.8	3.7	3.1	0.9
물유출량	272	194	180	229	196	147	109	38

  ㉡ 토양 개량 : 유기물 시용, 심토 경운, 수직부초 등으로 토양물리성을 개량하여 토양구조를 개선함

ⓒ 유거수 속도 감소 : 부초 및 초생대 설치, 등고선 재배, 등고선 대상재배, 계단식 재배, 승수로 설치 등

〈토양관리별 토양유실량(단위 : ton/10a)〉

구분	상·하경	등고선재배	수직부초	심토파쇄	초생대	부초
토양유실량	5.4	3.4	1.7	1.6	0.9	0.5
물유출량	180	136	79	93	69	43

ⓓ 보전경운 : 무경운, 최소경운, 휴반경운, 대상경운 등으로 전(前) 작물의 잔재물을 토양표면에 남겨둠

④ 토양유실예측공식(USLE, universal soil loss equation)

$$A = R \times K \times LS \times C \times P$$

A : 연간 토양유실량
ⓐ R : 강우인자, ⓑ K : 토양침식성인자, ⓒ LS : 경사도와 경사장인자,
ⓓ C : 작부인자, ⓔ P : 토양관리인자

ⓐ 강우 인자(R)
  ⓐ R은 면상침식·세류침식에 미치는 강우의 영향으로 강우강도·강우량·계절별 강우분포 등에 따라 결정됨
  ⓑ 강우강도는 다른 두 요인에 비하여 R값에 미치는 영향력이 큼
ⓑ 토양침식성 인자(K, 범위는 0~0.1)
  ⓐ K 값에 영향을 주는 토양의 특성 : 침투율, 토양구조의 안정성
  ⓑ 침투율이 높으면 유거량이 적어짐
  ⓒ 토양구조가 안정화되면 토양이 빗물의 타격력에 견디는 힘이 강해짐
ⓒ 경사도·경사장 인자(LS)
  ⓐ LS값은 표준포장(길이 22.1m, 경사도 9%)에서 실험
  ⓑ 경사도가 커질수록, 경사면 길이가 길어질수록 유거가 더 많이 집중되어 침식량이 증가함
ⓓ 작부관리 인자(C)
  ⓐ 토양이 피복되어 있지 않은 곳의 C 값은 1.0에 가깝고, 식물잔재물 피복이나 식생이 조밀한 곳의 C 값은 0.1 이하
  ⓑ 토양표면 및 식생관리에 따른 작부관리인자 값

구분	나지	옥수수	옥수수-보리	고추	참깨	콩-감자	보리-콩	목초
작부인자값	1.0	0.47	0.34	0.32	0.28	0.26	0.18	0.08

◎ 토양보전 인자(P)
  ⓐ 유거속도나 방향을 조절하기 위하여 인공구조물을 설치하는 등의 토양보전활동
  ⓑ 토양관리별 토양보전인자(P) 값

구분	상·하경	등고선재배	혼층고	심토파쇄	초생대	부초
토양보전인자값	1.0	0.63	0.37	0.30	0.17	0.09

(2) 풍식(wind erosion)
풍식은 건조·반건조 지방의 평원에서 잘 일어남
① 풍식 과정 : 토양입자의 분산탈리(침식) → 운반 → 퇴적
② 입자크기에 따른 풍식에 의한 이동

부유	• 가는모래 크기의 토양입자나 그보다 작은 입자가 공중에 떠서 토양표면과 평행하게 멀리 이동하는 것 • 전체 이동량의 40%를 넘지 않고 대개 15% 정도 수준 • 수 m 높이로 이동하기도 하지만, 훨씬 높이 떠서 수평으로 수백 km를 날아가서 퇴적됨 예 황사
약동	• 대개 바람에 의하여 지름 0.1~0.5mm의 토양입자가 지표면에서 30cm 이하의 높이로 비교적 짧은 거리를 구르거나 튀는 모양으로 이동하는 것 • 풍식에 의한 이동량의 50~90%를 차지 • 약동으로 움직이는 토양입자는 포행입자를 때리거나 포행을 더욱 가속화시킴
포행	• 입자 크기는 약 1.0mm 이상인 토양입자가 토양표면을 구르거나 미끄러지며 이동하는 것 • 전체 토양이동량 중 5~25%를 차지

③ 풍식 대책 : 풍식 저항력 증가 방법
  ㉠ 관개·담수 : 강풍 지역에서 관개를 하여 토양표면을 충분히 적셔 줌
  ㉡ 피복작물 재배 : 토양표면에 굴곡이 있거나 식생이 피복되어 있으면 풍식에 대한 저항력이 증가하며, 뿌리가 잘 발달했을 경우 더 효과적
  ㉢ 무경운 재배 : 재배가 끝나면 작물의 그루터기를 그대로 방치해 둠
  ㉣ 방풍림·방풍벽 : 바람 속도를 감소시키고 바람에 날리는 토양입자들을 차단하기 위하여 방풍림 조성과 방풍벽을 설치함
  ㉤ 풍향각 : 고랑과 이랑을 바람의 방향과 직각을 이루게 함
  ㉥ 유기물 시용, 토양 진압

(3) 토양오염
일반적으로 유기오염물질이나 영양염류 및 중금속 등의 오염물질이 토양에 집적되어 나타나는 현상
① 토양오염의 특징 : 오염경로의 다양성, 오염의 지속성, 피해발현의 시차성 등

② 발생원에 따른 구분 : 점오염원, 비점오염원(非點汚染源)

점오염원	폐기물매립지·대단위 가축사육장·산업지역·건설지역·운영 중인 광산·송유관·유류 및 유독물저장시설(유류 및 유독물저장시설만이 토양환경보전법의 관리대상) 등
비점오염원	농약 및 화학비료의 장기간 연용(농경지에서 유출되는 영양물질), 휴·폐광산의 광미나 폐석으로부터 유출되는 중금속, 산성비, 방사성 물질 등

유기염소계 농약은 토양에 오래 잔류함

③ 질산·인산
  ㉠ 음용수 중의 질산염농도가 높아서 유아에게 발생하는 메세모글로빈혈증(청색증)을 유발
  ㉡ 질산염·인산염의 유입으로 수계(강과 호소)에서 부영양화를 유발함

④ 중금속
  ㉠ 비중이 5.0g/mL 이상의 금속
    ⓐ 필수적 중금속 : 한계농도는 2가지. ex. Cu·Zn·Mo·Ni·Co 등
      • 하위한계농도(LCC) : 식물생육이 최대치에 도달할 때의 한계농도
      • 상위한계농도(UCC) : 중금속이 과량 존재할 때 독성을 나타내는 한계농도
    ⓑ 비필수적 중금속 예 Cd(카드뮴)·Pb(납)·Hg(수은) 등
      농도가 낮을 때 식물생육에 큰 영향을 주지 않다가 일정 농도부터 독성을 나타내는 상위한계농도(UCC)만 존재함

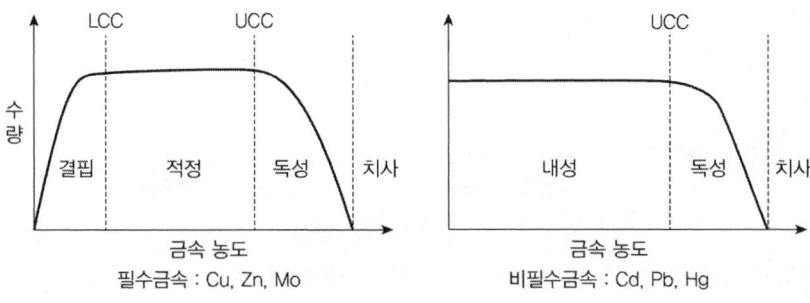

  ㉡ 중금속 용해도에 영향을 주는 요인
    • 토양 pH가 낮을수록(산성) 증가하고, pH가 높은 조건에서 대부분 불용성이 됨.
    • Mo(몰리브덴)은 산성에서 용해도가 감소함
    • Fe·Mn 등은 산화조건에서 불용화되고, Cu·Zn·Cd·Cr 등은 환원조건에서 불용화됨.
    • 산화상태인 6가크롬(Cr^{6+})이 환원상태인 3가크롬(As^{3+})보다 독성이 강함
    • As(비소)는 산화상태(As^{5+})보다 담수환원상태(As^{3+})가 높은 독성(높은 용해도)을 나타냄. 밭상태보다 논상태에서 유해작용이 큼

- Cd(카드뮴)은 이타이이타이병을 유발하고, 석회를 시용하면 불용화됨
- Hg(수은)은 미나마타병을 유발함

ⓒ 중금속 피해대책
ⓐ 작물이 중금속을 흡수할 수 없도록 불용화 상태로 만듦
- 담수재배 및 환원물질 시용(토양 Eh저하, 황화물화)
- 석회질 비료의 시용(pH 상승 및 수산화물화)
- 인산질 시용(인산화로 불용화)
- 제올라이트·벤토나이트 등의 점토광물이나 유기물 시용(흡착에 의한 불용화)

ⓑ 재배적 방법 : 객토, 심경 반전 등
ⓒ 물리적 방법 : 토양 세척
ⓓ 생물적 방법 : 중금속류 다량흡수 식물재배(고사리와 같은 축적식물)

2 토양 관리

(1) 논토양의 일반적 특징

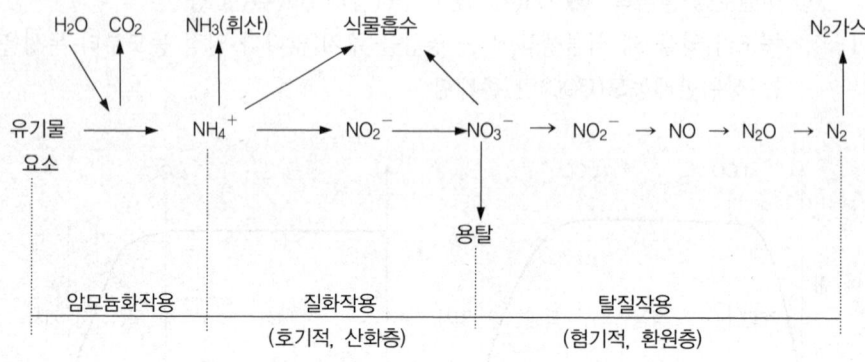

‖논토양의 질소순환‖

논토양(답토양) : 담수하여 벼를 재배하기 위한 환원화된 토양

① 토층분화
㉠ 산화층(표층) : 표층(수mm~2cm)은 산화제2철(Fe^{3+})로 적갈색을 띤 산화층 형성
㉡ 환원층(작토층) : 표층 이하의 작토층은 산화제1철(Fe^{2+})로 청회색을 띤 환원층 형성
㉢ 산화층(심토) : 심토는 유기물이 극히 적어서 다시 산화층을 형성

② 암모늄화 : 유기태질소의 무기화
㉠ 논토양에는 벼가 직접 이용할 수 없는 유기태질소(무효태)가 많으며, 적당한 처리를 하면 유기태질소의 무기화(유효태)가 촉진되어 다량의 암모늄태 질소가 생성됨
㉡ 토양에 알칼리나 산을 첨가하거나, 토양을 건조시키거나, 논토양 지온이 상승하면 유기태질소의 무기화가 촉진됨

③ 탈질현상
　㉠ 질산화 작용(산화 과정) : 논토양의 산화층에 NH_4-N를 시용주면 질화균(호기성균)이 질화작용을 일으켜 NO_3(질산)으로 변화함

$$\therefore NH_4 \rightarrow NO_2 \rightarrow NO_3$$

　㉡ 탈질작용(환원 과정) : 질산(음이온)은 토양입자(음이온)에 흡착되지 않고, 환원층으로 용탈되면 탈질균(혐기성균)의 작용으로 환원되어 가스태질소(N_2)로 바뀌어, 대기 중으로 휘산됨. 논에서는 NO_3-N를 사용하지 않음

$$\therefore NO_3 \rightarrow NO \rightarrow N_2O \rightarrow N_2\uparrow(휘산)$$

　㉢ 심층시비 : NH_4-N(암모니아태질소)를 논토양의 심부환원층에 시용주면 토양에 잘 흡착되므로 비효가 오래 지속됨
④ 질소의 고정
　논은 수중에 녹아있는 질소의 천연공급량이 많고, 논물에 질소고정 남조류가 번식하면 대기 중 질소를 고정하여 표면산화층에 질소를 공급함
⑤ 인산의 유효화
　㉠ 밭상태에서 난용성이던 인산알루미늄(Al-P)·인산철(Fe-P)이 논토양에서는 담수 후 환원상태가 되면 유효화 됨
　㉡ 논물에는 인산의 천연공급량이 있으므로 논토양은 인산비료의 요구량이 적음
　㉢ 한랭지에서는 저온으로 미생물 활동이 부진하여 논의 환원상태가 발달하지 못하므로, 인산비료의 시용 효과가 크게 나타남
⑥ Eh와 pH의 변화
　㉠ Eh(산화환원전위) : 산화층에서는 Eh가 상승하고, 환원층에서는 하강함
　㉡ pH(토양반응) : 담수환원조건에서 pH는 상승하는 경향이 나타남

(2) 저위생산답
농작물 생산량이 그 지역 평균보다 저조한 논
① 노후답(老後畓, 특수성분결핍답)

노후답	• Fe, Mn, P, K, Ca, Mg, Si 등이 작토에서 용탈되어 결핍된 논토양 • 담수 환원층에서 Fe^{2+}·Mn^{2+}로 환원되어 녹기 쉬운 형태로 침투수를 따라 용탈되고 작토층에는 결핍됨
추락현상 (秋落現狀)	• Fe이 적고 벼 뿌리가 회백색을 보일 때는 황화수소(H_2S)가 벼 뿌리를 상하게 하여 양분흡수가 억제되면 늦여름부터 벼잎이 마르고, 깨씨무늬병이 많이 발생하여 수량이 떨어지는 현상 • 추락현상은 노후답, 누수가 심한 사질답, 유기물이 과다한 습답에서도 나타남

노후답 개량	• 심경(深耕) : 심토층까지 심경하여 침적된 Fe 등을 작토층으로 되돌림 • 함철(Fe)자재의 사용 • 객토(客土) : 철분·점토가 많이 함유된 산의 붉은흙, 연못의 밑바닥흙, 바닷가의 질흙 등으로 객토 • 규산질 비료의 사용
노후답 재배대책	• 조기재배 : 조생종을 조기 수확할 수 있게 재배하면 추락이 감소 • 무황산근 비료의 사용 : 황화수소의 발생원이 되는 황산근 비료 금지 • 덧거름 중점의 시비, 완효성 비료의 사용, 입상 및 고형비료의 사용 • 후기영양의 결핍상태가 보일 때 엽면시비를 함 • 황화수소(H_2S)에 저항성이 강한 품종의 선택

② 습답(고논)

습답 특징	• 습답은 지하수위가 높고, 연중 습하여 건조되지 않으며, 침투 수분량은 적어서 유기물 분해도 잘 안됨 → 미숙유기물이 집적되고, 유기물이 혐기적으로 분해하여 유기산이 작토에 축적되어 뿌리의 생장과 흡수작용에 장해가 나타남 • 고온기에는 유기물 분해가 왕성하여 심한 환원상태를 이루고, 유해한 환원성 물질(황화수소, 메탄 등)이 생성·집적되어 근부현상(뿌리썩음)이 나타남 • 메탄(CH_4)은 지구온난화의 원인기체(온실가스)로 작용함
습답 개량	• 습답인 경우 물걸러대기가 불가능하기 때문에 미숙유기물 사용 금지 • 암거배수 통해 투수성 개선, 유해물질을 제거 • 객토를 하여 철분(Fe) 등의 성분을 보급 • 석회(Ca)·규산석회(Si)를 시용하여 산성의 중화, 부족성분의 보급 • 이랑재배를 하며, 질소 시용량을 감소시킴

③ 기타 저위답

중점토답 (重粘土畓)	특 징	• 중점토 논은 토양물리성이 불량하여 습하면 끈기가 많고, 건조하면 단단해서 경운이 힘들고, 천경(淺耕)이 되기 쉬움
	개 량	• 유기물과 토양개량제를 사용하여 입단의 형성 • 심경과 배수, 답전윤환·추경·이랑재배 실시 • 규산질 비료와 퇴비철 사용
사력질답 (누수답)	특 징	• 투수가 심하여 수온·지온이 낮고, 잦은 한해가 발생하고, 양분의 함량이 적고 보류력이 낮아서 → 토양이 척박함
	개 량	• 우량한 점토를 객토, 유기물 사용
퇴화 염토답	특 징	• 제염이 진전된 염류토로서, 투수성과 투기성이 나쁘고, 규산·철 등의 무기성분이 용탈됨
	개 량	• 습답이나 노후답에 준한 개량
개간지	특 징	• 새로 개간한 토양은 대체로 산성이며, 치환성 염기 부족, 토양구조가 불량, 비료성분도 부족 → 토양의 비옥도가 낮음
	대 책	• 산성토양과 같은 대책, 개간지는 경사진 곳에 많으므로 토양보호에 유의함
냉수답	특 징	• 기온과 상관없이 냉수가 솟아 벼 생육이 장해 받는 논
	대 책	• 점토를 객토, 관개수온 상승 시설, 관개법의 합리화 방안

(3) 밭토양 vs 논토양

① 밭·논토양 특징

구 분	밭토양(산화조건)	논토양(환원조건)
양분의 존재 형태의 차이	호기성균의 산화작용으로 암모니아는 질산으로, Fe^{2+}은 Fe^{3+}으로, 황은 SO_4^{2-}으로 변화	• 혐기성 균의 활동으로 질산은 질소가스(N_2)로, Fe^{3+}은 Fe^{2+}으로, SO_4^{2-}은 S 또는 H_2S로 변화 • $NO_3 \rightarrow NO \rightarrow N_2O \rightarrow N_2$(작물이 이용하지 못하고 공기 중으로 일산됨)
토양의 색깔	황갈색이나 적갈색	청회색이나 회색
산화환원상태	표면이 항상 대기와 접촉하고 있어 산화상태	• 담수상태의 논은 산소의 공급이 매우 적고, 유기물을 분해하는 미생물이 산소를 소비하므로, 환원상태가 더욱 조장됨(미생물의 산소소비가 논물이 공급하는 양보다 클 때) • 논에서도 유기물 양이 감소하고, 온도가 낮아지면 산화상태로 발달
산화물과 환원물의 존재	산화물(NO_3, SO_4)이 존재	• 환원물(N_2, H_2S)이 존재 • NO_3는 밭토양과는 달리 논토양에서는 흡착되지 않고 침투수를 따라 하부 환원층으로 용탈되어 탈질작용을 일으킴
양분 유실과 천연공급	빗물로 인한 양분의 유실이 많음	관개수에 녹아 들어오는 양분의 천연공급이 많음
토양 pH	대개 산성을 나타냄	논의 pH는 담수상태에서도 낮과 밤에 따라 차이가 있고, 담수(湛水)기간과 낙수(落水)기간에 따라서도 차이가 있음(담수시 중성을 나타냄)
산화환원전위	밭토양의 Eh는 논보다 높음(0.6V 정도)	논토양에서 Eh(산화환원전위, mV)는 여름에 환원이 심할수록 작아지고, 가을부터 이듬해 봄까지 산화가 심할수록 커짐(토양이 산화될수록 Eh는 높아지고, 환원될수록 Eh는 낮아짐(0.3V 이하))

② 밭·논토양의 유형별 분류

밭토양	보통밭, 사질밭, 미숙밭, 중점밭, 화산회밭, 고원밭
논토양	보통답, 사질답, 습답, 미숙답, 염해답, 특이산성답

(4) 특수지 토양관리

① 시설재배지(온실토양)

㉠ 시설재배 토양

ⓐ 온실은 강우가 차단되고 인위적 관수로 공급하여 토양양분의 용탈이 적어 염류의 다량 집적이 나타남

ⓑ 소수작물의 연작으로 특수성분결핍이 초래되고, 염화불·황화물·염기들이 토양에 집적됨 → pH와 EC(전기전도도)가 적정수준보다 높아 토양삼투압이 높아지고,

작물의 양분흡수가 어려워짐
ⓒ 염류의 과잉집적은 토양입단의 파괴로 토양구조가 악화됨
ⓓ 소수작물의 연작으로 특수 병원균(사상균, 방선균), 토양선충의 번성
ⓛ 시설재배지 관리(염류집적토 대책) 〈실기〉
- 객토 : 가장 적극적이고 확실한 방법, 미량원소 공급, 염류 제거, 물리성 개선됨
- 담수 세척 : 염류집적을 차단하기 위해서는 염류농도가 낮은 물로 관개해야 하며, 집적된 염류는 계속 용탈시켜야 함
- 윤작 : 담수 벼재배와 시설재배를 교대
- 합리적 시비 : 적정시비 수준을 준수하여 과다한 염류의 투입을 차단, 비료와 퇴비의 과다사용을 억제
- 유기물 시용 : 토양의 물리화학적 성질을 개선하여 완충능력을 강화
- 심경, 피복제거 등
- 수수·옥수수 등 흡비작물(제염작물) 재배 및 내염성 작물 선택

② 간척지

간척지답 (염류토)	• 간척지 토양의 모재는 암석풍화성분의 퇴적물이기 때문에 대개 비옥하지만, 간척 당시는 벼농사에 불리한 조건을 가진 토양
간척 당시 토양의 특징	• 지하수위가 높아서 쉽게 심한 환원상태가 되어 유해한 황화수소(H_2S)가 생성됨 • 점토·나트륨이온이 과다하여 토양의 투수성·통기성 불량 • 높은 염분농도 때문에 벼의 생육이 저해됨(염화나트륨(NaCl) 함량이 0.3% 이상 벼 재배 불가능) • 해면 아래에 다량 집적되어 있던 황화물은 간척하면, 산화과정을 거쳐 황산이 생성되면서 강산성을 나타냄
간척지 개량방법	• 염생식물을 재배하여 염분을 흡수하게 한 다음 제거 • 석회(Ca) 시용하여 산성을 중화하고, 염분을 용탈시킴 • **토양 물리성 개량** : 석고·생고·토양개량제 등을 시용 • 관수·배수시설을 하여 염분과 황산을 제거(담수법, 명거법, 여과법)
간척지 적응 재배법	• 조기재배·휴립재배 실시 • 논물을 말리지 않고 자주 환수하여 염분 제거 • 석회·규산석회·규회석을 시용, 황산근 비료는 사용 금지 • 내염성이 강한 작물·품종 선택(예 유채, 목화, 순무, 사탕무, 양배추, 라이그래스)

제3과목 유기농업 일반

01 | 유기농업 개념

1 유기농업

(1) 유기농업 개념
① 유기농업(organic farming) 정의
㉠ 협의
ⓐ 농약·비료 등의 화학자재 대신 유기물과 미생물 등 천연자원을 사용하여 농산물은 물론 생태계 건강까지도 고려하는 환경친화형 농업의 일종
ⓑ 합성농약, 화학비료, 항생·항균제 등 화학적으로 합성된 농자재를 일절 사용하지 않고, 유기질 비료, 자연산 광물, 생물 자원 등에서 파생된 물질만 사용하는 농업
㉡ 광의(친환경농업) : 환경 보존과 농산물의 품질 향상을 도모하되 농업의 생산성도 높게 유지하는데 필요한 최소한의 합성농약과 화학비료를 사용하는 농업
㉢ 국제식품규격위원회(CAC; Codex Alimentarius Commission)의 정의 : 농업생태계의 건강, 생물의 종 다양성, 생물학적 순환 및 토양생물학적 활동을 촉진·증진하는 하나의 총체적 생산관리체제
㉣ 유기적(organic) 의미 : 농장 내에서 토양의 무기양분, 유기물, 미생물, 곤충, 식물, 가축, 인간 등 모든 구성요소가 밀착되어 안정된 통일체를 창조하기 위해 상호작용함
② 유기농업 출현배경
관행농업에서 파생된 농업의 문제점에 대한 대안농업의 가능성이 제기됨
㉠ 사회적 관심 : 농촌지역의 인구 감소와 소득 저하에 따라 관행농업의 대안이 필요함, 농자재 투입 증가와 고가의 관행농산물의 국제경쟁력 저하 → 유기농산물 생산을 통한 고부가가치 농산물 생산 가능성 기대
㉡ 환경오염에 대한 관심 : 화학비료와 염류집적, 농약, 제초제, 농업화합물 등에 의한 농업으로부터 야기되는 환경오염과 야생동물의 감소
㉢ 건강에 대한 관심 : 비농약 농산물과 양질의 농산물 등 소비자의 건강식품 선호

③ 유기농업 연구자
  ㉠ 앨버트 하워드(Albert Howard)
    • 리비히 농업(화학비료방법을 강조한 무기영양설·최소양분율 제창, 1840)에 대한 반발에서 시작함
    • 불교사상(윤회사상, 연기론)이 유기농업(농업생태계의 폐쇄적 물질순환) 성립에 큰 영향을 주었다고 주장
    • '농업성전(An Agricultural Testament)' 저술하여 토양비옥도 유지와 부식질 농업의 중요성 강조함
    • 인도 식물육종연구소 소장 재직, 유기농업의 아버지
  ㉡ 루돌프 슈타이너(Rudolf Steiner)
    • 수학, 자연과학, 철학, 인지학(認知學), 신지학(神智學)을 연구, 초자연적 세계와 정신계를 체험함
    • 인간 영혼은 결코 죽지 않으며 재생과정을 거쳐(윤회) 신적 존재로 진화함. 영혼, 신, 카르마(업보) 법칙, 해탈을 믿음
    • 생명역동농업(biodynamic agriculture) 창시자, 농업을 살아있는 생명체로 간주하여 농장에서 만든 특수한 물질을 사용함. 농업을 우주적 시점에서 관찰함
    • '자연과 사람을 살리는 길' 저술, 농업을 윤회로 바라봄(하워드 철학과 일맥상통)
  ㉢ 로데일(Rodale)
    • 폴란드생 유대인, 미국의 유기농업에 가장 큰 영향을 줌
    • 잡지 '유기농업', '흙은 보상한다' 저술

참고 자연생태계 vs 농업생태계

구 분	자연생태계	농업생태계
계의 형태	닫힌 시스템	열린 시스템
생물종의 다양성, 안정성	높음	낮음
영양물질의 순환	폐쇄적이고 복잡함	개방적이고 간단함
물질 생산성	장기간에 걸쳐 낮음	단기간으로 높은 경향

④ 유기농업 핵심원리
  • 건강한 토양과 비옥도 유지
  • 생물의 종 다양성과 유기체의 상호의존성
  • 농장 외부 자재에 대한 비의존성
  • 농업체계의 한 부분으로 생태계 전체를 완전하게 하는 총제적 생산체계

⑤ 유기농업 4대원칙 : 국제유기농업운동연맹(IFOAM)에서 규정함

건강의 원칙	• 토양, 식물, 동물, 인간 그리고 지구의 건강을 유기적 관계로 인식하고 이를 유지·증진시킴 • 건강은 신체적·정신적·사회적·생태적으로 안정된 상태가 유지됨을 의미함
생태의 원칙	• 유기농업은 생태적 과정과 순환이 기본으로, 목축이나 야생생물 채취는 생태계 균형을 따라야 함 • 자원을 지키고 물자나 에너지의 재사용, 순환, 유전적 다양성으로 생태적 균형 달성
공정의 원칙	• 함께 누리는 환경과 생존의 기회에 대해 공정함을 유지할 수 있는 상호관계를 구축해야 함 • 생산, 분배, 유통 시스템은 평등하며 환경비용과 사회비용이 투명해야 함
배려의 원칙	• 현재와 다음 세대의 건강, 복지, 환경에 대한 배려를 위한 예방과 책임 강조 • 오랜 유기농업 실천경험, 축적된 지혜, 전통적이고 지역특색에 맞는 지식에 대한 배려

(2) 국제유기농업운동연맹(IFOAM)의 유기농업

1972년 결성, IFOAM의 기본규정은 민간기구가 정한 유기농업 규약임

① IFOAM(International Federation of Organic Agriculture Movements)
  ㉠ IFOAM 목적 : 생태학적, 사회학적, 경제학적으로 유기농업에 기반을 둔 농업시스템을 전세계에 적용시키는 것
  ㉡ IFOAM 목표 : 유기농업 원칙 개발·전달, 유기농업운동을 위한 세계적 토대 마련, 유기농업 채택을 촉진, 유기농업 시장 발전
  ㉢ IFOAM 활동 : 국제유기농대회(IFOAM OWC)·국제박람회(BioFach) 개최, 국제유기농산물 인증제도 운영, 유기농업 관련 출판물 간행, 국제적 연대·교류활동 지원 등

② 유기농업 기본 목적
  • 현대 농업기술이 가져온 환경오염을 회피하는 것
  • 장기적으로 토양비옥도를 유지하는 것
  • 농가 단위에서 유래되는 유기성 재생자원의 최대한 이용
  • 폐쇄적 농업시스템 속에서 적당한 것을 취하고 지역 내 자원에 의존하는 것
  • 적정 수준의 작물·축산 수량과 인간 영양
  • 전체 가축에게 심리적 필요성과 윤리적 원칙에 적합한 사양조건 제공
  • 전체적으로 자연환경과의 공생과 보호하는 자세
  • 농업생산자에게 정당한 보수지급과 일에 대한 만족감을 제공하는 것

③ 유기농업운동 조직의 도입기술
  • 유기농업 기본목적에 반하는 합성농약, 화학비료 등 화학물질을 배제
  • 자연의 생태학적 균형을 존중하는 것
  • 농업생산자와 공존하는 미생물, 식물, 동물과 공생방법을 모색하는 것

④ 작물생산자가 취해야 할 유기영농 기준
  ㉠ 작물·품종 선택 : 병해충 저항성이 있으면서 유기농업인증농가에서 채종된 것

ⓒ 윤작 실시 : 화학비료 대신 녹비작물・두과작물・심근성 작물의 윤작 실시
ⓒ 시비 관리 : 토양의 잠재적 생산력과 생물학적 생산력을 향상시키는 시비를 해야 하며, 장기적으로 토양부식 함량을 높이고, 가축분을 활용하기 위해 자급할 수 있는 가축 두수를 확보해야 함
② 병해충 관리 : 천적을 보호하는 등 생물학적 병해충 관리(비농약)
⑩ 잡초 관리 : 경종적 방법(경운, 윤작 등)이 근간이 되어 잡초방제(제초제 금지)

(3) 국제식품규격위원회(CAC; Codex Alimentarius Commission)

국제식량농업기구(FAO)와 세계보건기구(WHO)에서 태동되어, 1963년 WHO 총회에서 CAC 정관이 채택되어 정식으로 발족함

① 목적
- 소비자의 건강보호와 식품교역시 공정한 거래관행의 확보
- 정부간 또는 비정부간 조직에서 이루어지고 있는 모든 식품규격화 작업의 조화 촉진
- 적절한 기구의 도움으로 규격안 작성, 우선순위 결정, 작업개시 및 지도
- 이미 확정된 규격의 적절한 조사 후 개정

② 기능
- 세계적으로 통용될 수 있는 식품별 규격 설정
- 식품첨가물의 사용대상이나 사용량에 대한 기준 설정
- 오염물질(잔류농약, 잔류수의약품, 중금속, 기타 오염물질)에 대한 기준 설정
- 식품표시 등 식품의 안전성과 원활한 통상을 위한 작업 수행

③ Codex 가이드라인(유기경종은 1999년, 유기축산은 2001년 확정)
국제식품규격위원회에서 채택한 각종 문서(규격, 실행규범, 지침서, 권고사항 등)로서, 각국 정부가 참여하여 합의한 국제규정임

㉠ Codex 가이드라인 목적
- 시장에서의 현혹, 사기행위, 입증되지 않은 제품의 강조표시로부터 소비자 보호
- 비유기농산물을 유기농산물인 양 주장하는 행위로부터 생산자 보호
- 생산, 제조, 저장, 수송, 판매의 모든 단계에서 검사를 실시하고 본 가이드라인에 따르도록 하기 위함
- 유기농산물의 생산, 인증, 확인, 표시의 규정에 조화를 유도
- 유기식품관리제도에 대한 국제적 가이드라인을 제공하여, 국가제도를 수입 목적의 제도로 인식
- 각 국가 내 유기농 제도를 유지・강화하여 지역・세계적 보존에 이바지함

ⓒ Codex 가이드라인 유기농업 기준

유기경종·축산 공통	• 폐쇄적 순환농법 : 윤작과 축산에 의한 토양비옥도 유지향상 • 총체적 생산체계 : 토양-미생물-작물-축산계의 건전성 유지향상 • 유전자변형생물체(GMO), 생장조절제(성장호르몬) 금지
유기경종	• 합성농약, 화학비료, 제초제 금지 • 공장식 축산 분뇨 금지 • 작부체계상 윤작 실시, 두과작물·녹비작물 재배 • 저항성 품종 선택 • 최적량의 유기질 비료 사용
유기축산	• 유기농 사료에 의한 사양(반추 가축 85%, 비반추 가축 80%) • 가축의 복리후생 고려 • 수의 약품 사용금지 • 사료첨가제 사용금지 • 유전공학을 이용한 번식기법 불허 • 규정된 가축사양 두수에서 생산되는 국산 분뇨·퇴비 등 유기물질의 토양혼입
토양비옥도 유지수단	• 콩과작물, 녹비작물, 심근성작물의 윤작재배 • 규정된 가축사양 두수에서 생산되는 국산 분뇨·퇴비 등 유기물질의 토양혼입 • 퇴비효과나 토양개량을 위해 사용하는 각종 자재는 위 두 조치에도 불구하고 부족한 양분공급을 위한 경우에는 사용가능 • 집약축산농가와 공장식 집약축산농가의 축산분뇨 사용금지

(4) 한국의 유기농업
① 유기농업 발전단계

	년대	주요 운동	관련 단체
도입 단계	1970	운동차원 접근	정농회(1976) 한국유기농업협회(1978)
확산 단계	1980	종교적 차원 생활협동조합 차원	한국유기농업생산자소비단체연합회(1980) 한살림(1989)
발전 단계	1990	학문적 차원 실용적 차원	한국유기농업학회(1990) 학회지 발간(1992) 유기농업발전기획단 설치(농림부, 1991)

• 2005, 유기농업분야 국가기술자격제도 도입
• 2011, 제17차 IFOAM 세계유기농대회 개최
• 2015, 세계유기농산업 엑스포 개최
• 2018, 친환경농산물은 전체 경지면적의 5% 정도

② 유기농업 관련 정부정책

1991	유기농업발전기획단 설치(농림부)
1997	환경농업육성법 제정
1998	친환경농업 원년 선포
1999	친환경농업 직접지불제 도입
2001	친환경농업육성 5개년계획 수립 친환경유기농업기획단 설치(농진청)
2013	친환경농어업 육성 및 유기식품 등의 관리·지원에 관한 법률 개정

(5) 친환경 농업(Environment Friendly Agriculture)
   ① 친환경농업(환경친화형 농업) 의미
      ㉠ 친환경농업육성법 : 생물의 다양성을 증진하고, 토양에서의 생물적 순환과 활동을 촉진하며, 농업생태계를 건강하게 보전하기 위하여 합성농약, 화학비료, 항생제 및 항균제 등 화학자재를 사용하지 아니하거나 사용을 최소화한 건강한 환경에서 농산물·축산물을 생산하는 산업
      ㉡ 농업과 환경을 조화시켜 농업생산을 지속가능하게 하는 농업형태로서, 현대농업의 부작용을 줄이는 동시에 농업생산의 경제성 확보와 환경보전·농산물 안전성을 동시에 추구하는 농업
      ㉢ 유기농업, 자연농업, 생태농업, 저투입지속적농업 등을 포함함
   ② 친환경농업 출현배경
      ㉠ 국내 요인
         6.25전쟁 이후 좁은 국토에서 많은 인구 부양
         → 합성농약, 화학비료 사용으로 생산성 제고
         → 환경오염 발생(토양오염, 수질오염, 대기오염, 잔류농업, 생태계 파괴 등)
         → 경제발전에 따른 국민소득 향상으로 쾌적한 환경·안전농산물 수요 증대
         → 환경오염 최소화 농업기술개발
      ㉡ 국제 요인
         지구환경 악화로 환경에 대한 세계인과 세계기구의 관심 증가
         ⓐ 국제경제협력개발기구(OECD)에서 각국 농업환경정책을 평가해 농업생산 및 무역과의 연계논의 강화
         ⓑ 국제식품규격위원회(CAC)에서 Codex 가이드라인 확정으로 국가 간 모든 식품교역에서 지켜야 할 의무를 규정함
         ⓒ WTO, OECD, UN 등 국제기구에서 환경파괴적 방법으로 생산된 농산물 무역을 규제하려는 움직임

ⓓ 기후변화방지협약, 생물다양성협약, 산림의정서 등 지구환경보호를 위한 국제협약이 발효됨

③ 친환경농업의 종류

자연농업	• 무농약, 무비료, 무제초, 무경운 등 4대 원칙에 입각한 유기농업이며, 지력을 토대로 자연의 물질순환 원리에 따르는 농업 • 유기질 완숙 퇴비・자연에서 채취한 미생물・발효 산물・산야초 등의 자연자재의 사용과 기계적인 경운을 하지 않고 낙엽・볏짚 등을 이용한 피복과 호밀 재배 등으로 잡초 발생을 억제하는 등 자연과 공존하는 농업
환경친화형 유기농업	• 자연 생태계의 물질순환체계의 균형을 유지시키며 인간과 자연 속의 생물이 공생・공존하는 자연농법
생명과학 기술형 유기농업	• 합성농약, 화학비료, 제초제, 가축사료 첨가제 등을 최소한으로 사용하여 동식물성 유기물을 토양에 환원시킴으로써 지력을 유지・증진시키는 농업
생태농업	• 지역폐쇄시스템에서 작물양분종합관리(INM)와 병해충종합관리기술(IPM)을 이용하여 생태계 균형유지에 중점을 두는 농업
	IPM : Iintegrated Pest Management (병해충종합관리)	육종적・재배적・생물적 방제법을 동원하여 농약의 사용량을 줄이면서 병해충이나 잡초를 방제하는 것으로 종합적 방제라고 하고, 환경 친화적인 방법으로 경제적 피해수준 이하로 관리하는 병해충 종합적 관리
	INM : Integrated Nutrient Management (작물양분종합관리)	양분물질의 불필요한 투입을 최대한 억제하여 환경부하를 최소화하면서 적정 수량을 얻고, 여러 가지 양분자원을 이용하여 총량적 시비량과 시비시기, 시비방법 등 작물영양상태를 최적상태로 유지시키기 위해 토양비옥도와 작물양분을 종합적으로 정밀관리하는 기술
저투입・지속적 농업	• LISA; Low Input Sustainable Agriculture • 화학비료, 농약 등을 최소한으로 사용하여 작물의 수량성과 안전성을 동시에 추구하는 농업 • 환경에 부담을 주지 않고 영원히 유지할 수 있는 농업으로 환경을 오염시키지 않는 농업
정밀농업	토양 정보 및 시비량 파종량 등 농자재의 투입의 정량화를 파악하여 환경오염을 줄여서 지속적인 농업생산을 체계적으로 확인할 수 있는 농법

• 자연친화적 측면 : 자연농업 > 유기농업 > 유사 유기농업
• 지속성 측면 : 지속적농업 > 아류 유기농업 > 유기농업
• 생산성 측면 : 관행농업 > 준유기농업 > 유기농업

④ 친환경농업 관련용어

친환경농어업	생물의 다양성을 증진하고, 토양에서의 생물적 순환과 활동을 촉진하며, 농어업 생태계를 건강하게 보전하기 위하여 합성농약, 화학비료, 항생제 및 항균제 등 화학자재를 사용하지 아니하거나 사용을 최소화한 건강한 환경에서 농산물·수산물·축산물·임산물(이하 "농수산물"이라 한다)을 생산하는 산업
친환경농수산물	친환경농어업을 통하여 얻는 것으로, 유기농수산물, 무농약농산물, 무항생제수산물 및 활성처리제 비사용 수산물(이하 "무항생제수산물등"이라 한다)에 해당하는 것
유기 (Organic)	생물의 다양성을 증진하고, 토양의 비옥도를 유지하여 환경을 건강하게 보전하기 위하여 허용물질을 최소한으로 사용하고, 「친환경농어업법」 제19조 제2항의 인증기준에 따라 유기식품 및 비식용유기가공품(이하 유기식품등)을 생산, 제조·가공 또는 취급하는 일련의 활동과 그 과정
유기식품	「농업·농촌 및 식품산업 기본법」 제3조제7호의 식품과 「수산식품산업의 육성 및 지원에 관한 법률」 제2조제3호의 수산식품 중에서 유기적인 방법으로 생산된 유기농수산물과 유기가공품(유기농수산물을 원료 또는 재료로 하여 제조·가공·유통되는 식품 및 수산식품을 말한다. 이하 같다)
유기식품등	유기식품 및 비식용유기가공품(유기농축산물을 원료 또는 재료로 사용하는 것으로 한정)
비식용유기가공품	사람이 직접 섭취하지 아니하는 방법으로 사용하거나 소비하기 위하여 유기농수산물을 원료 또는 재료로 사용하여 유기적인 방법으로 생산, 제조·가공 또는 취급되는 가공품(다만, 「식품위생법」에 따른 기구, 용기·포장, 「약사법」에 따른 의약외품 및 「화장품법」에 따른 화장품은 제외)
무농약원료가공식품	무농약농산물을 원료 또는 재료로 하거나 유기식품과 무농약농산물을 혼합하여 제조·가공·유통되는 식품
유기농업자재	유기농축산물을 생산, 제조·가공 또는 취급하는 과정에서 사용할 수 있는 허용물질을 원료 또는 재료로 하여 만든 제품
허용물질	유기식품등, 무농약농산물·무농약원료가공식품 및 무항생제수산물등 또는 유기농어업자재를 생산, 제조·가공 또는 취급하는 모든 과정에서 사용 가능한 것(농림축산식품부령 또는 해양수산부령으로 정하는 물질)
취급	농수산물, 식품, 비식용가공품 또는 농어업용자재를 저장, 포장, 운송, 수입 또는 판매하는 활동
사업자	친환경농수산물, 유기식품등·무농약원료가공식품 또는 유기농어업자재를 생산, 제조·가공하거나 취급하는 것을 업(業)으로 하는 개인 또는 법인
재배포장	작물을 재배하는 일정구역
돌려짓기(윤작)	동일한 재배포장에서 동일한 작물을 연이어 재배하지 아니하고, 서로 다른 종류의 작물을 순차적으로 조합·배열하는 방식의 작부체계

화학비료	「비료관리법」 제2조제1호에 따른 비료 중 화학적인 과정을 거쳐 제조된 것
합성농약	화학물질을 원료·재료로 사용하거나 화학적 과정으로 만들어진 살균제, 살충제, 제초제, 생장조절제, 기피제, 유인제, 전착제 등의 농약으로 친환경농업에 사용이 금지된 농약
관행농업	화학비료와 합성농약을 사용하여 작물을 재배하는 일반 관행적인 농업형태
일반농산물	관행농업을 영위하는 과정에서 생산된 것으로 '친환경농어업법'에 따라 인증 받지 않은 농산물
병행생산	인증을 받은 자가 인증 받은 품목과 같은 품목의 일반농산물·가공품 또는 인증 종류가 다른 인증품을 생산하거나 취급하는 것
합성농약으로 처리된 종자	종자를 소독하기 위해 합성농약으로 분의(粉衣), 도포(塗布), 침지(浸漬) 등의 처리를 한 종자
배지 (培地)	버섯류, 양액재배농산물 등의 생육에 필요한 양분의 전부 또는 일부를 공급하거나 작물체가 자랄 수 있도록 하기 위해 조성된 토양 이외의 물질
싹을 틔워 직접 먹는 농산물	물을 이용한 온·습도 관리로 종실(種實)의 싹을 틔워 종실·싹·줄기·뿌리를 먹는 농산물(본엽이 전개된 것 제외) (예) 발아농산물, 콩나물, 숙주나물 등)
어린잎채소	생육기간(15일 내외)이 짧아 본엽이 4엽 내외로 재배되어 주로 생식용으로 이용되는 어린 채소류
유전자변형농산물	인공적으로 유전자를 분리 또는 재조합하여 의도한 특성을 갖도록 한 농산물
식물공장 (Vertical Farm)	토양을 이용하지 않고 통제된 시설공간에서 빛(LED, 형광등), 온도, 수분, 양분 등을 인공적으로 투입하여 작물을 재배하는 시설
유해잔류물질	인증품에 잔류하여서는 아니되는 합성농약, 항생제, 합성항균제, 호르몬, 유해중금속 등의 금지물질로 인위적인 사용 또는 환경적인 요소에 의한 오염으로 인하여 인증품에 잔류되는 물질과 그 대사산물
생산자단체	5명 이상의 생산자로 구성된 작목반, 작목회 등 영농 조직, 협동조합 또는 영농단체
생산지침서	인증품을 생산하는 전체 과정에 대해 구체적인 영농방법을 상세히 기술한 문서
생산관리자	생산자 단체 소속 농가의 생산지침서의 작성 및 관리, 영농 관련 자료의 기록 및 관리, 인증을 받으려는 신청인에 대한 인증기준 준수 교육 및 지도, 인증기준에 적합한 지를 확인하기 위한 예비심사 등을 담당하는 자. (다만, 농자재의 제조·유통·판매를 업으로 하는 자는 제외)
완충지대	인접지역에서 사용한 금지물질이 인증을 받은 지역으로 유입되지 않도록 인증을 받은 지역을 두르는 일정한 구역

⑤ 친환경농축산물
　㉠ 친환경농축산물 종류

농산물	유기농산물	유기합성농약과 화학비료를 일체 사용하지 않고 재배(전환기간 : 다년생 작물은 최소 수확 전 3년, 그 외 작물은 파종 재식 전 2년), 합성농약 성분은 검출되지 않아야 함
	무농약농산물	유기합성농약을 일체 사용하지 않고, 화학비료는 권장 시비량의 1/3 이내 사용
축산물	유기축산물	100% 비식용유기가공품(유기사료)을 급여하면서 일정한 인증기준을 지켜 사육한 축산물
	무항생제축산물 (축산법에 규정됨)	항생제, 합성항균제, 호르몬제가 포함되지 않은 사료를 급여하면서 일정한 인증기준을 지켜 사육한 축산물

　㉡ 친환경농축산물 인증제도
　　ⓐ 소비자에게 보다 안전한 친환경농축산물을 전문인증기관이 엄격한 기준으로 선별·검사하여 정부가 그 안전성을 인증해주는 제도
　　ⓑ 친환경농축산물 관리 토양과 물은 물론 생육과 수확 등 생산 및 출하단계에서 인증기준을 준수 했는지의 엄격한 품질 검사와 시중 유통품에 대해서도 허위표시를 하거나 규정을 지키지 않는 인증품이 없도록 철저한 사후관리를 하고 있음

2 유기농산물 생산에 필요한 인증기준

(1) 유기식품 및 무농약농산물 등의 인증에 관한 세부실시요령(세부사항, 별표 1)

심사 사항	인증기준
가. 일반	1) 경영관련 자료와 농산물의 생산과정 등을 기록한 인증품 생산계획서 및 필요한 관련정보는 국립농산물품질관리원장 또는 인증기관이 심사 등을 위하여 제출 또는 열람을 요구하는 때에는 이를 제공하여야 한다. 2) 농산물 중 일부만을 인증 받으려고 하는 경우 인증을 신청하지 않은 농산물의 재배과정에서 사용한 합성농약 및 화학비료의 사용량과 해당농산물의 생산량 및 출하처별 판매량(병행생산에 한함)에 관한 자료를 기록보관하되 그 기간은 최근 2년 이상으로 한다. 3) 재배포장에 관행농업을 번갈아 하여서는 아니 된다. 4) 생산자단체로 인증 받으려는 경우 인증신청서를 제출하기 이전에 다음 각 호의 요건을 모두 이행하고 관련 증명자료를 보관하여야 한다. 　가) 생산관리자는 소속 농가에게 인증기준에 적합하게 작성된 생산지침서를 제공하고, 이에 대한 교육을 실시하여야 한다. 　나) 생산관리자는 소속 농가의 인증품 생산과정이 인증기준에 적합한 지에 대한 예비심사를 하고 심사한 결과를 별지 제5호서식에 기록하여야 하며, 인증기준에 적합하지 않은 농가는 인증신청에서 제외하여야 한다. 　다) 가)부터 나)까지의 업무를 수행하기 위해 국립농산물품질관리원장이 정하는 바에 따라 생산관리자를 1명 이상 지정하여야 한다. 5) 친환경농업에 관한 교육이수 증명자료는 인증을 신청한 날로부터 기산하여 최근 2년 이내에 이수한 것이어야 한다. 다만, 5년 이상 인증을 연속하여 유지하거나 최근 2년 이내에

	친환경농업 교육 강사로 활동한 경력이 있는 경우에는 최근 4년 이내에 이수한 교육이수 증명자료를 인정한다.

나. 재배포장, 용수, 종자	1) 재배포장의 토양은 주변으로부터 오염 우려가 없거나 오염을 방지할 수 있어야 하고,「토양환경보전법 시행규칙」별표 3에 따른 1지역의 토양오염우려기준을 초과하지 아니하며, [합성농약] 성분이 검출되어서는 아니 된다. 다만, 관행농업 과정에서 토양에 축적된 합성농약 성분의 검출량이 [0.01mg/kg] 이하인 경우에는 예외를 인정한다.
	2) 재배포장의 토양에 대해서는 매년 1회 이상의 검정을 실시하여 토양 비옥도가 유지·개선되고 염류가 과도하게 집적되지 않도록 노력하며, 토양비옥도 수치가 적정치 이하이거나 염류가 과도하게 집적된 경우 개선계획을 마련하여 이행하여야 한다. 벼를 재배할 경우에는 토양환경정보시스템(http://soil.rda.go.kr)에서 제공하는 논토양 유기자재 처방서를 참고할 수 있다.
	3) 2)에 의한 토양 검정 결과 토양비옥도(유기물)와 염류 집적도(전기전도도)가 적정 수준을 유지하는 경우 다음 해의 토양검정을 생략 할 수 있다.
	4) 재배포장 주변에 공동방제구역 등 오염원이 있는 경우 이들로부터 적절한 완충지대나 보호시설을 확보하여야 하며, 해당구역에서 생산된 농산물에 대한 구분관리 계획을 세워 이행하고, 재배포장 입구나 인근 재배포장과의 경계지 등의 잘 보이는 곳에 유기농산물·유기임산물 재배지임을 알리는 표지판을 설치하여야 한다.
	5) 재배포장은 최근 1년간 인증기준 위반으로 인증취소처분을 받은 재배지가 아니어야 한다.
	6) 재배포장은 유기농산물을 처음 수확 하기 전 [3년] 이상의 전환기간 동안 다목에 따른 재배방법을 준수한 구역이어야 한다. 다만, 토양에 직접 심지 않는 작물(싹을 틔워 직접 먹는 농산물, 어린잎 채소 또는 버섯류)의 재배포장은 전환기간을 적용하지 아니한다.
	7) 6)에 따른 재배포장의 전환기간은 인증기관이 1년 단위로 실시하는 심사 및 사후관리를 통해 다목에 따른 재배방법을 준수한 것으로 확인된 기간을 인정한다. 다만, 다음 각 호의 어느 하나에 해당하는 경우 관련 자료의 확인을 통해 전환기간을 인정 할 수 있다.
	   가) 외국정부 또는 IFOAM의 유기기준에 따라 인증 받은 재배지 : 인증서에 기재된 유효기간
	   나) 8)에 해당하는 산림 등 식용식물의 자생지: 산림병해충 방제 등 금지물질이 사용되지 않은 것으로 확인된 기간
	8) 산림 등 자연상태에서 자생하는 식용식물의 포장은 다목에서 정하고 있는 허용자재 외의 자재가 3년 이상 사용되지 아니한 지역이어야 한다.
	9) 버섯류와 싹을 틔워 직접 먹는 농산물 및 어린잎채소의 재배에 사용되는 배지는 다음 각 호의 요건을 모두 충족하여야 한다.
	   가)「토양환경보전법 시행규칙」별표 3에 따른 1지역의 토양오염우려기준을 초과하지 아니하여야 하며, 합성농약 성분은 검출되지 아니하여야 한다. 다만, 배지의 원료에서 기인된 합성농약 성분의 검출량이 0.01mg/kg 이하인 경우에는 예외를 인정한다.
	   나) 유기농산물의 인증기준에 맞게 생산된 것 또는 산림 등 자연상태에서 자생하는 식물 및 그 부산물로 조성되어야 한다. 다만, 작물의 적정한 영양공급을 위해 규칙 별표 1 제1호가목1)의 자재를 사용할 수 있으나 버섯류 재배에 이용하는 식물성 유래의 물질은 전단의 조건에 충족된 것만 사용할 수 있다.
	10) 용수는 사용 용도별로 다음 각 호의 수질기준에 적합하여야 한다.
	   가) 농산물의 세척에 사용하는 용수, 싹을 틔워 직접 먹는 농산물·어린잎채소의 재배에 사용하는 용수 또는 시설 내에서 재배하는 버섯류의 재배에 사용하는 용수 :「먹는물 수질기준 및 검사 등에 관한 규칙」제2조에 따른 먹는물의 수질기준. 다만, 버섯류 재배에 사용하는 용수는 [먹는물] 수질기준의 미생물 항목 및 농업용수 기준에 모두 적합한 용수를 사용할 수 있다.

	나) 가) 외의 용도로 사용하는 용수 : 「환경정책기본법 시행령」 제2조 및 「지하수의 수질 보전 등에 관한 규칙」 제11조에 따른 농업용수 이상이어야 한다. 다만, 하천·호소의 생활환경기준 중 총 인 및 총 질소 항목과 지하수의 수질기준 중 질산성 질소 항목은 적용하지 아니 한다. 11) 10)의 항목별 기준치 충족여부는 공인검사기관의 검정결과에 의하며, 하천·호소의 경우 최근 1년 동안 한국농어촌공사, 환경부 등에서 일정주기(월별 또는 분기별)로 검사한 검 정치의 산술평균값을 적용할 수 있다. 이 경우 신청일 이전의 정기적인 검사성적을 확인 할 수 없으면 가장 최근에 실시한 검정치를 적용한다. 12) 종자·묘는 최소한 [1세대] 또는 다년생인 경우 두 번의 생육기 동안 다목의 규정에 따라 재배한 식물로부터 유래된 것을 사용하여야 한다. 다만, 인증사업자가 위 요건을 만족시 키는 종자·묘를 구할 수 없음을 인증기관에게 증명할 수 있는 경우, 인증기관은 다음 순서에 따라 허용할 수 있다. 　가) 우선적으로 합성농약으로 처리되지 않은 종자 또는 묘의 사용 　나) 규칙 별표 1 제1호가목1)·2)의 허용물질 이외의 물질로 처리한 종자 또는 묘(육묘 시 합성농약이 사용된 경우 제외)의 사용 13) 종자는 「농수산물 품질관리법」 제2조제11호에 따른 유전자변형농산물을 사용할 수 없다.
다. 재배방법	1) 화학비료·합성농약 또는 합성농약 성분이 함유된 자재를 전혀 사용하지 아니하여야 한다. 2) 두과작물·녹비작물 또는 심근성작물을 이용하여 다음 각 호의 어느 하나의 방법으로 장 기간의 적절한 돌려짓기(윤작) 계획을 수립하고 이행하여야 한다. 다만, 나목6)의 단서조 항과 나목8)에 해당하는 경우에는 예외로 한다. 　가) 3년 이내의 주기로 두과작물, 녹비작물 또는 심근성작물을 일정기간 이상 재배하여 토양에 환원(還元) 한다.(다만, 매년 수확하지 않는 다년생 작물(예 : 인삼)은 파종 이 전에 두과작물 등을 재배하여 토양에 환원한다) 　나) 2년 이내의 주기로 식물분류학상 "과(科)"가 다른 작물을 재배하되 재배작물에 두 과작물, 녹비작물 또는 심근성작물을 포함한다. 　다) 2년 이내의 주기로 담수재배작물과 밭 재배작물을 조합하여 답전윤환(畓田輪換)한다. 　라) 매년 두과작물, 녹비작물, 심근성작물을 이용하여 초생재배(草生栽培)한다. 3) 토양에 투입하는 유기물은 유기농산물의 인증기준에 맞게 생산된 것이어야 한다. 4) 2) 및 3)에 따른 방법으로 작물의 적정한 영양공급 또는 토양의 영양상태 조절이 불가능한 경우에 규칙 별표 1 제1호가목1)의 물질이나 법 제37조에 따라 공시된 유기농업자재를 사 용할 수 있으나, 그 용도 및 사용 조건·방법에 적합하게 사용하여야 한다. 5) 가축분뇨를 원료로 하는 퇴비·액비(이하 "가축분뇨 퇴·액비"라 한다)는 법 제19조에 따 른 유기농축산물 인증 농장, 경축순환농법 실천 농장, 「축산법」 제42조의2에 따른 무항생 제축산물 인증 농장 또는 「동물보호법」 제29조에 따른 동물복지축산농장 인증을 받은 농 장에서 유래된 것만 사용할 수 있으며, 완전히 부숙(썩혀서 익히는 것을 말한다. 이하 같 다)시켜서 사용하되, 과다한 사용, 유실 및 용탈 등으로 인하여 환경오염을 유발하지 아니 하도록 하여야 한다. 다만, 유기농축산물 인증 농장, 경축순환농법 실천 농장, 무항생제 축산물 인증 농장 또는 동물복지축산농장 인증을 받지 아니한 농장에서 유래된 가축분뇨 로 제조된 퇴비는 다음 각 호를 모두 충족할 경우 사용할 수 있다. 　가) 항생물질이 포함되지 아니할 것 　나) 유해성분 함량은 「비료관리법」 제4조에 따라 농촌진흥청장이 비료 공정규격설정 및 지정에 관한 고시에서 정한 퇴비규격에 적합할 것 6) 병해충 및 잡초는 다음의 방법으로 방제·조절하여야 한다. 　가) 적합한 작물과 품종의 선택

	나) 적합한 돌려짓기(윤작) 체계 다) 기계적 경운 라) 재배포장 내의 혼작·간작 및 공생식물의 재배 등 작물체 주변의 천적활동을 조장하는 생태계의 조성 마) 멀칭·예취 및 화염제초 바) 포식자와 기생동물의 방사 등 천적의 활용 사) 식물·농장퇴비 및 돌가루 등에 의한 병해충 예방 수단 아) 동물의 방사 자) 덫·울타리·빛 및 소리와 같은 기계적 통제 7) 병해충이 6)에 따른 기계적, 물리적 및 생물학적인 방법으로 적절하게 방제되지 아니하는 경우에 규칙 별표 1 제1호가목2)의 물질이나 법 제37조에 따라 공시된 유기농업자재를 사용할 수 있으나, 그 용도 및 사용 조건·방법에 적합하게 사용하여야 한다.

라. 생산물의 품질관리 등	1) 유기농산물의 저장, 수송 및 포장 시 저장포장장소와 수송수단의 청결을 유지하고, 외부로부터의 오염을 방지하여야 한다. 특히 유기농산물을 포장하지 아니한 상태로 일반농산물과 함께 저장 또는 수송하는 경우에는 그 구별을 위하여 칸막이를 설치하는 등 다른 농산물과의 혼합 또는 오염을 방지하기 위한 조치를 하여야 한다.
	2) 병해충 관리 및 방제를 위하여 다음 사항을 우선적으로 조치하여야 한다.
	   가) 병해충 서식처의 제거, 시설에의 접근방지 등 예방조치
	   나) 가)의 예방조치로 부족한 기계적·물리적 및 생물학적 방법을 사용
	   다) 나)의 기계적·물리적 및 생물학적인 방법으로 적절하게 방제되지 아니하는 경우에 규칙 별표 1 제1호가목2)의 물질을 사용 할 수 있으나 유기농산물에는 직접 접촉되지 아니하도록 사용
	3) 저장구역 또는 수송컨테이너에 대한 병해충 관리방법으로 물리적 장벽, 소리·초음파, 빛·자외선, 덫(페로몬 및 전기유혹 덫을 말한다), 온도조절, 대기조절(탄산가스·산소·질소의 조절을 말한다) 및 규조토를 이용할 수 있다. (탄산가스는 작물호흡 억제용으로, 산소는 공기정화작용으로, 질소는 봉지포장용으로 사용함)
	4) 저장장소와 컨테이너가 유기농산물만을 취급하지 아니하는 경우에는 그 사용 전에 규칙 별표1 제1호가목2)에 해당하지 아니하는 농약이나 다른 처방으로부터의 잠재적인 오염을 방지하여야 한다.
	5) 유기농산물을 세척하거나 소독하는 경우 규칙 별표 1 제1호다목1)의 허용물질 중 과산화수소, 오존수, 이산화염소수, 차아염소산수를 사용 할 수 있으나, 유기농산물에 잔류되지 않도록 관리계획을 수립하고 이행하여야 한다.
	6) 방사선은 해충방제, 식품보존, 병원의 제거 또는 위생의 목적으로 사용할 수 없다. 다만, 이물탐지용 방사선(X선)은 제외한다.
	7) 유기농산물 포장재는 「식품위생법」의 관련 규정에 적합하고, 가급적 생물 분해성, 재생품 또는 재생이 가능한 자재를 사용하여 제작된 것을 사용하여야 한다.
	8) 합성농약 성분은 검출되지 아니하여야 한다.
	9) 인증품 출하 시 인증품의 표시기준에 따라 표시하여야 하며, 포장재의 제작 및 사용량에 관한 자료를 보관하여야 한다.
	10) 인증표시를 하지 않은 농산물을 인증품으로 판매하여서는 아니 된다. 다만, 포장하지 않고 판매하는 경우에는 납품서, 거래명세서 또는 보증서 등에 표시사항을 기재하여야 한다.
	11) 인증품에 인증품이 아닌 제품을 혼합하거나 인증품이 아닌 제품을 인증품으로 광고하거나 판매하여서는 아니 된다.
	12) 수확 및 수확 후 관리를 수행하는 모든 작업자는 품목의 특성에 따라 적절한 위생조치를 취하여야 하며, 싹을 틔워 직접 먹는 농산물, 어린잎 채소, 버섯류 등을 취급하는 작업자

		는 위생복·위생모·위생화·위생 마스크·위생장갑을 착용하여야 한다. 13) 수확 후 관리 시설은 주기적으로 청소하고 사용하는 도구와 설비는 위생적으로 관리하여야 하며, 싹을 틔워 직접 먹는 농산물, 어린잎 채소, 버섯류 등을 취급하는 작업장 바닥과 통로는 작업 시작 전에 세척·소독하여야 한다.

마. 기타		1) 나목 12)의 단서에도 불구하고, 콩나물, 숙주나물 등 싹을 틔워 직접 먹는 농산물과 어린잎 채소는 그 원료(또는 종자)가 유기농산물이어야 한다. 다만, 토양에 재배하면서 생육 중인 어린 작물체를 부분적으로 수확하여 보리순 등 어린잎 채소로 출하하는 경우에는 나목 12)가)의 단서 조항을 적용할 수 있다.
		2) 토양을 기반으로 하지 않는 농산물은 수분공급 외에는 어떠한 외부투입 물질도 허용이 금지된다.
		3) 식물공장에서 생산된 농산물은 제외한다.
		4) 유기 종자·묘는 이 호의 유기농산물 인증기준에 적합하게 재배해야 한다. 다만, 작물의 적정한 영양 조절이나 병해충관리가 어려운 경우에는 규칙 별표 1 제1호가목1)·2)의 물질이나 법 제37조에 따라 공시된 유기농업자재를 사용할 수 있으나, 그 용도 및 사용 조건·방법에 적합하게 사용하여야 한다.
		5) 산림 등 자연 상태에서 자생하는 식용식물을 굴취·채취하는 경우 다음의 요건을 모두 충족하여야 한다.
		   가) 채취지역은 뚜렷이 구분될 수 있도록 채취예정구역도(축척 6천분의 1부터 1천200분의 1까지의 임야도 또는 위성항법장치에 채취예정면적을 표시한 것을 말한다)를 작성하여 해당지역에서 채취하여야 한다.
		   나) 채취예정량을 산정할 수 있도록 채취예정수량 조사서를 제시하여야 한다.
		   다) 채취는 「산림자원의 조성 및 관리에 관한 법률」 제36조 등 관련법령을 준수하여야 한다.
		   라) 채취과정에서 해당지역 내 자생환경의 안정이 침해받지 않도록 하고 종의 유지에 문제가 없을 정도로 채취한다.
		   마) 채취지역 이외의 지역에서 같은 품목을 채취하거나 취급하여서는 아니 된다.
		6) 병행생산의 경우 유기농산물과 일반농산물 또는 인증종류가 다른 농산물의 구분 관리 계획을 세워 이를 이행하여야 한다.
		7) 농장(포장) 내에 합성농약과 화학비료를 보관하여서는 아니 된다.
		8) 규칙 및 이 고시에서 정한 유기농산물의 인증기준은 인증 유효기간동안 상시적으로 준수하여야 하며, 이를 증명할 수 있는 자료를 구비하고, 국립농산물품질관리원장 또는 인증기관이 요구하는 때에는 관련 자료 제출 및 시료수거, 현장 확인에 협조하여야 한다.
		9) 유기농산물의 생산 및 취급(수확·선별·포장·보관 등)에 이용되는 기구·설비를 세척·살균 소독하는 경우 규칙 별표 1 제1호다목2)의 물질을 사용할 수 있으나, 유기농산물·유기임산물 및 기구·설비에 잔류되지 않도록 관리계획을 수립하여 이행하여야 한다.
		10) 농장에서 발생한 폐비닐, 사용한 자재 등의 환경오염 물질 및 병해충·잡초관리를 위해 인위적으로 투입한 동식물이 주변 농경지·하천·호수 또는 농업용수 등을 오염시키지 않도록 관리하여야 하며, 인증농장 및 인증농장 주변에서 쓰레기를 소각하는 행위를 하여서는 아니 된다.

> **참고** 친환경농산물 인증기준 : 유기농산물 vs 무농약농산물

심사사항	구비요건	
	유기농산물	무농약농산물
일반	• 농약사용량, 비료사용량, 생산량, 출하처별 판매량 보관 2년 • 최근 2년 이내 친환경교육을 받을 것	• 영농자료를 보관하고 요구를 응할 것 • 친환경교육을 2년마다 2시간 이상 받을 것 • 5년 이상 인증유지시 4년마다 1회 교육받을 것
재배포장, 용수, 종자	• 토양오염기준을 초과하지 말아야 함 • 전환기간 3년 이상 • 토양에 재배하지 않은 작물(싹틔운 것, 버섯, 어린잎채소)은 이 전환기간 미적용 • 농업용수에 적합한 용수 사용 • 유전자변형농산물 제외	• 토양 1년 1회 검사 • 용수는 먹는 물 수질기준 이상을 견지 • 종자는 유전자변형농산물이 아닌 것 • 병충해, 잡초 방지: 멀칭, 예취, 화염방사 • 윤작, 기계적 경운, 천적활동조장 생태계 • 유기합성농약 미검출
재배방법	• 화학비료·합성농약 및 이의 성분이 함유된 농약사용 금지 • 윤작, 2년 주기 답전윤환재배 • 가축분뇨는 유기축산물·무항생제 농장의 퇴·액비 및 경축순환농업으로 가축을 사용하는 농가의 것 • 병충해·잡초는 유기농업에 적합한 방법으로 방제(윤작, 경운, 멀칭, 화염)	• 유기합성농약은 사용하지 않고 화학비료는 권장량의 1/3을 사용 • 윤작 장려 • 완숙퇴비 사용 • 미인증 제품과 혼합판매 금지
생산물의 품질관리	• 수확, 저장, 포장, 수송에서 유기적 순수성 유지토록 관리 • 포장재는 분해성, 재생품, 재생이 가능한 자재사용 • 합성농약성분 미검출 • 미인증 제품과 혼합판매 금지	• 취급과정에서 방사선 사용 금지 • 합성농약성분 검출되지 않을 것 • 인증품이 아닌 것과 혼합사용 금지 • 소독시 과산화수소, 오존수, 이산화염소수 등 사용 가능
기타	• 토양을 기반으로 하지 않은 물질 사용 금지(물 이외) • 식물공장에서 생산된 것 제외	• 수경재배 양액의 환경오염 방지 • 잡초, 해충방제를 위한 물질로 인한 환경오염 방지 • 포장내 합성농약보관 금지

(2) 작물별 생육기간(세부실시요령 : 제5조제1항 제1호 관련, 별표 1의2)

① 3년생 미만 작물 : 파종일부터 첫 수확일까지

② 3년 이상 다년생 작물(인삼, 더덕 등) : 파종일부터 3년의 기간을 생육기간으로 적용

③ <u>낙엽수(사과, 배, 감 등) : 생장(개엽 또는 개화) 개시기부터 첫 수확일까지</u>

④ 상록수(감귤, 녹차 등) : 직전 수확이 완료된 날부터 다음 첫 수확일까지

(3) 인증품 또는 인증품의 포장·용기에 표시하는 방법(세부실시요령, 별표 4)
  ① 생산, 제조·가공자의 표시(예시)

인증품의 표시사항	
	• 생산자 : **작목반(김**) • 품목 : 유기재배 딸기 • 생산지 : 경북 김천시 • 포장장소 : 경북 김천시 용전로 *** • 전화번호 : ***-****-****
• 인증번호 : ********	

  ② 취급자의 표시(예시)

인증품의 표시사항	
	• 취급자 : *** 포장센터 • 품목 : 유기재배 딸기 • 생산지 : 경북 김천시 • 포장장소 : 경북 김천시 용전로 *** • 전화번호 : ***-****-****
• 생산자 인증번호 : ********	 

3 친환경 농자재 허용물질
(친환경농어업 육성 및 유기식품 등의 관리·지원에 관한 법률 시행규칙 [별표 1])

가. 유기농산물·임산물
  1) <u>토양 개량과 작물 생육을 위해 사용 가능한 물질</u>

번호	사용 가능 물질	사용 가능 조건
1	• 농장 및 가금류의 퇴구비(볏짚, 낙엽 등 부산물을 부숙(썩혀서 익히는 것)하여 만든 퇴비와 축사에서 나오는 두엄) • 퇴비화된 가축배설물 • 건조된 농장 퇴구비 및 탈수한 가금류의 퇴구비 • 가축분뇨를 발효시킨 액상의 물질	• 제11조 제2항에 따라 국립농산물품질관리원장이 정하여 고시하는 유기농산물 및 유기임산물 인증기준의 재배방법 중 가축분뇨를 원료로 하는 퇴비·액비의 기준에 적합할 것 • 사용 가능 물질 중 가축분뇨를 발효시킨 액상의 물질은 유기축산물 또는 무항생제축산물 인증 농장, 경축순환농법 등 친환경 농법으로 가축을 사육하는 농장 또는 「동물보호법」 제

		29조에 따른 동물복지축산농장 인증을 받은 농장에서 유래한 것만 사용하고, 「비료관리법」 제4조에 따른 공정규격설정등의 고시에서 정한 가축분뇨발효액의 기준에 적합할 것
2	• 식물 또는 식물 잔류물로 만든 퇴비	• 충분히 부숙된 것일 것
3	• 버섯재배 및 지렁이 양식에서 생긴 퇴비	• 버섯재배 및 지렁이 양식에 사용되는 자재는 이 표에서 사용 가능한 것으로 규정된 물질만을 사용할 것
4	• 지렁이 또는 곤충으로부터 온 부식토	• 부식토의 생성에 사용되는 지렁이 및 곤충의 먹이는 이 표에서 사용 가능한 것으로 규정된 물질만을 사용할 것
5	• 식품 및 섬유공장의 유기적 부산물	• 합성첨가물이 포함되어 있지 않을 것
6	• 유기농장 부산물로 만든 비료	• 화학물질의 첨가나 화학적 제조공정을 거치지 않을 것
7	• 혈분·육분·골분·깃털분 등 도축장과 수산물 가공공장에서 나온 동물부산물	• 화학물질의 첨가나 화학적 제조공정을 거치지 않아야 하고, 항생물질이 검출되지 않을 것
8	• 대두박(콩에서 기름을 짜고 남은 찌꺼기), 쌀겨 유박(油粕: 식물성 원료에서 원하는 물질을 짜고 남은 찌꺼기), 깻묵 등 식물성 유박류	• 유전자를 변형한 물질이 포함되지 않을 것 • 최종제품에 화학물질이 남지 않을 것 • 아주까리 및 아주까리 유박을 사용한 자재는 「비료관리법」 제4조에 따른 공정규격설정등의 고시에서 정한 리친(Ricin)의 유해성분 최대량을 초과하지 않을 것
9	• 제당산업의 부산물(당밀, 비나스(Vinasse; 사탕수수나 사탕무에서 알코올을 생산한 후 남은 찌꺼기), 식품등급의 설탕, 포도당을 포함함)	• 유해 화학물질로 처리되지 않을 것
10	• 유기농업에서 유래한 재료를 가공하는 산업의 부산물	• 합성첨가물이 포함되어 있지 않을 것
11	• <u>오줌</u>	• 충분한 발효와 희석을 거쳐 사용할 것
12	• <u>사람의 배설물</u>(오줌만인 경우는 제외한다)	• 완전히 발효되어 부숙된 것일 것 • 고온발효: <u>50℃</u> 이상에서 <u>7일</u> 이상 발효된 것 • 저온발효: <u>6개월</u> 이상 발효된 것일 것 • 엽채류 등 농산물·임산물 중 사람이 직접 먹는 부위에는 사용하지 않을 것
13	• 벌레 등 자연적으로 생긴 유기체	
14	• <u>구아노</u>(Guano: 바닷새, 박쥐 등의 배설물)	• 화학물질 첨가나 화학적 제조공정을 거치지 않을 것
15	• 짚, 왕겨, 쌀겨 및 산야초	• 비료화하여 사용할 경우에는 화학물질 첨가나 화학적 제조공정을 거치지 않을 것
16	• <u>톱밥</u>, 나무껍질 및 목재 부스러기	• 원목상태 그대로이거나 원목을 기계적으로 가

	• 나무 숯 및 나뭇재	공·처리한 상태의 것으로서 가공·처리과정에서 페인트·기름·방부제 등이 묻지 않은 폐목재 또는 그 목재의 부산물을 원료로 하여 생산한 것일 것
17	• 황산칼륨, 랑베나이트(해수의 증발로 생성된 암염) 또는 광물염 • 석회소다 염화물 • 석회질 마그네슘 암석 • 마그네슘 암석 • 사리염(황산마그네슘) 및 천연석고(황산칼슘) • 석회석 등 자연에서 유래한 탄산칼슘 • 점토광물(벤토나이트·펄라이트·제올라이트·일라이트 등) • 질석(Vermiculite: 풍화한 흑운모) • 붕소·철·망간·구리·몰리브덴 및 아연 등 미량원소	• 천연에서 유래하고, 단순 물리적으로 가공한 것일 것 • 사람의 건강 또는 농업환경에 위해(危害)요소로 작용하는 광물질(예 석면광, 수은광 등)은 사용하지 않을 것
18	• 칼륨암석 및 채굴된 칼륨염	• 천연에서 유래하고 단순 물리적으로 가공한 것으로 염소함량이 60% 미만일 것
19	• 천연 인광석 및 인산알루미늄칼슘	• 천연에서 유래하고 단순 물리적 공정으로 가공된 것이어야 하며, 인을 오산화인(P_2O_5)으로 환산하여 1kg 중 카드뮴이 90mg/kg 이하일 것
20	• 자연암석분말·분쇄석 또는 그 용액	• 화학물질의 첨가나 화학적 제조공정을 거치지 않을 것 • 사람의 건강 또는 농업환경에 위해요소로 작용하는 광물질이 포함된 암석은 사용하지 않을 것
21	• 광물을 제련하고 남은 찌꺼기[광재(鑛滓): 베이직 슬래그]	• 광물의 제련과정에서 나온 것으로서 화학물질이 포함되지 않을 것(예 제조 시 화학물질이 포함되지 않은 규산질 비료)

22	• 염화나트륨(소금) 및 해수	• 염화나트륨(소금)은 채굴한 암염 및 천일염(잔류농약이 검출되지 않아야 함)일 것
		• 해수는 다음 조건에 따라 사용할 것
		  -천연에서 유래할 것
		  -엽면시비용(葉面施肥用)으로 사용할 것
		  -토양에 염류가 쌓이지 않도록 필요한 최소량만을 사용할 것

23	• 목초액	• 「산업표준화법」에 따른 한국산업표준의 목초액(KSM3939) 기준에 적합할 것
24	• 키토산	• 국립농산물품질관리원장이 정하여 고시하는 품질규격에 적합할 것

25	• 미생물 및 미생물 추출물	• 미생물의 배양과정이 끝난 후에 화학물질의 첨가나 화학적 제조공정을 거치지 않을 것
26	• 이탄(泥炭, Peat), 토탄(土炭, Peat moss), 토탄 추출물	
27	• 해조류, 해조류 추출물, 해조류 퇴적물	
28	• 황	
29	• 주정 찌꺼기(Stillage) 및 그 추출물(암모니아 주정 찌꺼기는 제외한다)	
30	• 클로렐라(담수녹조) 및 그 추출물	• 클로렐라 배양과정이 끝난 후에 화학물질의 첨가나 화학적 제조공정을 거치지 않을 것

2) <u>병해충 관리를 위해 사용 가능한 물질</u>

번호	사용 가능 물질	사용 가능 조건
1	<u>제충국 추출물</u>	제충국(*Chrysanthemum cinerariaefolium*)에서 추출된 천연물질일 것
2	<u>데리스(Derris) 추출물</u>	데리스(*Derris spp., Lonchocarpus spp.* 및 *Tephrosia spp.*)에서 추출된 천연물질일 것
3	쿠아시아(Quassia) 추출물	쿠아시아(*Quassia amara*)에서 추출된 천연물질일 것
4	라이아니아(Ryania) 추출물	라이아니아(*Ryania speciosa*)에서 추출된 천연물질일 것
5	<u>님(Neem) 추출물</u>	님(*Azadirachta indica*)에서 추출된 천연물질일 것
6	해수 및 천일염	잔류농약이 검출되지 않을 것
7	젤라틴(Gelatine)	크롬(Cr)처리 등 화학적 제조공정을 거치지 않을 것
8	난황(卵黃, 계란노른자 포함)	화학물질의 첨가나 화학적 제조공정을 거치지 않을 것
9	식초 등 천연산	화학물질의 첨가나 화학적 제조공정을 거치지 않을 것
10	누룩곰팡이속(*Aspergillus spp.*)의 발효 생산물	미생물의 배양과정이 끝난 후에 화학물질의 첨가나 화학적 제조공정을 거치지 않을 것
11	목초액	「산업표준화법」에 따른 한국산업표준의 목초액(KSM3939) 기준에 적합할 것
12	담배잎차(순수 니코틴은 제외한다)	물로 추출한 것일 것
13	<u>키토산</u>	국립농산물품질관리원장이 정하여 고시하는 품질규격에 적합할 것

14	밀랍(Beeswax) 및 프로폴리스(Propolis)	
15	동·식물성 오일	천연유화제로 제조할 경우만 수산화칼륨을 동물성·식물성 오일 사용량 이하로 최소화하여 사용할 것. 이 경우 인증품 생산계획서에 기록·관리하고 사용해야 한다.
16	해조류·해조류가루·해조류추출액	
17	인지질(Lecithin)	
18	카제인(유단백질)	
19	버섯 추출액	
20	클로렐라(담수녹조) 및 그 추출물	클로렐라 배양과정이 끝난 후에 화학물질의 첨가나 화학적 제조공정을 거치지 않을 것
21	천연식물(약초 등)에서 추출한 제재(담배는 제외)	
22	식물성 퇴비발효 추출액	• 토양개량을 위한 허용물질 중 식물성 원료를 충분히 부숙시킨 퇴비로 제조할 것 • 물로만 추출할 것
23	• 구리염 • 보르도액 • 수산화동 • 산염화동 • 부르고뉴액	토양에 구리가 축적되지 않도록 필요한 최소량만을 사용할 것
24	생석회(산화칼슘) 및 소석회(수산화칼슘)	토양에 직접 살포하지 않을 것
25	석회보르도액 및 석회유황합제	
26	에틸렌	키위, 바나나와 감의 숙성을 위해 사용할 것
27	규산염 및 벤토나이트	천연에서 유래하고 단순 물리적으로 가공한 것만 사용할 것
28	규산나트륨	천연규사와 탄산나트륨을 이용하여 제조한 것일 것
29	규조토	천연에서 유래하고 단순 물리적으로 가공한 것일 것
30	맥반석 등 광물질 가루	• 천연에서 유래하고 단순 물리적으로 가공한 것일 것 • 사람의 건강 또는 농업환경에 위해요소로 작용하는 광물질(예: 석면광 및 수은광 등)은 사용하지 않을 것
31	인산철	달팽이 관리용으로만 사용할 것
32	파라핀 오일	
33	중탄산나트륨 및 중탄산칼륨	
34	과망간산칼륨	과수의 병해관리용으로만 사용할 것

35	황	액상화할 경우에만 수산화나트륨을 황 사용량 이하로 최소화하여 사용할 것. 이 경우 인증품 생산계획서에 기록·관리하고 사용해야 한다.
36	미생물 및 미생물 추출물	미생물의 배양과정이 끝난 후에 화학물질의 첨가나 화학적 제조공정을 거치지 않을 것
37	천적	생태계 교란종이 아닐 것
38	성 유인물질(페로몬)	• 작물에 직접 처리하지 않을 것 • 덫에만 사용할 것
39	메타알데하이드	• 별도 용기에 담아서 사용할 것 • 토양이나 작물에 직접 처리하지 않을 것 • 덫에만 사용할 것
40	이산화탄소 및 질소가스	과실 창고의 대기 농도 조정용으로만 사용할 것
41	비누(Potassium Soaps)	
42	에틸알콜	발효주정일 것
43	허브식물 및 기피식물	생태계 교란종이 아닐 것
44	기계유	• 과수농가의 월동 해충 제거용으로만 사용할 것 • 수확기 과실에 직접 사용하지 않을 것
45	웅성불임곤충	

나. 유기축산물 및 비식용유기가공품

1) 사료로 직접 사용되거나 배합사료의 원료로 사용 가능한 물질(단미사료)

(「사료관리법」 제11조에 따라 고시된 사료공정을 준수한 원료로 한정한다)

번호	구분	사용 가능 물질	사용 가능 조건
1	식물성	곡류(곡물), 곡물부산물류(강피류), 박류(단백질류), 서류, 식품가공부산물류, 조류(藻類), 섬유질류, 제약부산물류, 유지류, 전분류, 콩류, 견과·종실류, 과실류, 채소류, 버섯류, 그 밖의 식물류	• 유기농산물(유기수산물을 포함한다. 이하 같다) 인증을 받거나 유기농산물의 부산물로 만들어진 것일 것 • 천연에서 유래한 것은 잔류농약이 검출되지 않을 것
2	동물성	단백질류, 낙농가공부산물류	• 수산물(골뱅이분을 포함한다)은 양식하지 않은 것일 것 • 포유동물에서 유래된 사료(우유 및 유제품은 제외)는 반추가축(소·양 등 반추류 가축)에 사용하지 않을 것
		곤충류, 플랑크톤류	• 사육이나 양식과정에서 합성농약이나 동물용의 약품을 사용하지 않은 것일 것 • 야생의 것은 잔류농약이 검출되지 않은 것일 것

		무기물류	「사료관리법」 제2조 제2호에 따라 농림축산식품부장관이 정하여 고시하는 기준에 적합할 것
		유지류	• 「사료관리법」 제2조 제2호에 따라 농림축산식품부장관이 정하여 고시하는 기준에 적합할 것 • 반추가축에 사용하지 않을 것
3	광물성	식염류, 인산염류 및 칼슘염류, 다량광물질류, 혼합광물질류	• 천연의 것일 것 • 천연의 것에 해당하는 물질을 상업적으로 조달할 수 없는 경우에는 화학적으로 충분히 정제된 유사물질 사용 가능

- 곡류 : 보리, 밀, 호밀, 귀리, 트리티케일, 옥수수, 수수, 조, 피, 메밀, 두류, 루핀
- 곡물 부산물(강피류) : 곡쇄류, 쌀겨, 쌀겨탈지, 보릿겨, 밀기울, 귀리겨, 옥수수피, 수수켜, 조겨, 두류피, 면실피, 해바라기피
- 유지류 : 쌀겨기름, 옥수수유, 대두유, 면실유, 해바라기유, 야자유, 팜유
- 박류(단백질류) : 대두박, 들깻묵, 참깻묵, 채종박, 면실박, 파마자박, 옥수수배아박, 소맥배아박, 주정박
- 섬유질류 : 풋베기 사료작물, 고간류(볏짚, 보릿짚, 밀짚, 옥수수대), 목초, 산야초, 나뭇잎, 곡류 정선부산물, 임산 가공부산물
- 서류(근괴류) : 감자, 고구마, 돼지감자, 타피오카, 무, 당근

2) 사료의 품질저하 방지 또는 사료의 효용을 높이기 위해 사료에 첨가하여 사용 가능한 물질 (보조사료)

번호	구분	사용 가능 물질	사용 가능 조건
1	천연 결착제		• 천연의 것이거나 천연에서 유래한 것일 것 • 합성농약 성분 또는 동물용의 약품 성분을 함유하지 않을 것 • 「유전자변형생물체의 국가간 이동 등에 관한 법률」 제2조 제2호에 따른 유전자변형생물체(이하 유전자변형생물체) 및 유전자변형생물체에서 유래한 물질을 함유하지 않을 것
	천연 유화제		
	천연 보존제	산미제, 항응고제, 항산화제, 항곰팡이제	
	효소제	당분해효소, 지방분해효소, 인분해효소, 단백질 분해효소	
	미생물제제	유익균, 유익곰팡이, 유익효모, 박테리오파지	
	천연 향미제		
	천연 착색제		
	천연 추출제	초목 추출물, 종자 추출물, 세포벽 추출물, 동물 추출물, 그 밖의 추출물	
	올리고당		

2	규산염제		• 천연의 것일 것
	아미노산제	아민초산, DL-알라닌, 염산L-라이신, 황산L-라이신, L-글루타민산나트륨, 2-디아미노-2-하이드록시메치오닌, DL-트립토판, L-트립토판, DL메치오닌 및 L-트레오닌과 그 혼합물	• 천연의 것에 해당하는 물질을 상업적으로 조달할 수 없는 경우에는 화학적으로 충분히 정제된 유사물질 사용 가능 • 합성농약 성분 또는 동물용의 약품 성분을 함유하지 않을 것 • 유전자변형생물체 및 유전자변형생물체에서 유래한 물질을 함유하지 않을 것
	비타민제 (프로비타민 포함)	비타민A, 프로비타민A, 비타민B1, 비타민B2, 비타민B6, 비타민B12, 비타민C, 비타민D, 비타민D2, 비타민D3, 비타민E, 비타민K, 판토텐산, 이노시톨, 콜린, 나이아신, 바이오틴, 엽산과 그 유사체 및 혼합물	
	완충제	산화마그네슘, 탄산나트륨(소다회), 중조(탄산수소나트륨·중탄산나트륨)	

다. 유기가공식품

1) 식품첨가물 또는 가공보조제로 사용 가능한 물질

명칭(한)	명칭(영)	국제 분류 번호 (INS)	식품첨가물로 사용 시		가공보조제로 사용 시	
			사용 가능 여부	사용 가능 범위	사용 가능 여부	사용 가능 범위
과산화수소	Hydrogen peroxide		×		○	식품 표면의 세척·소독제
구아검	Guar gum	412	○	제한 없음	×	
구연산	Citric acid	330	○	제한 없음	○	제한 없음
구연산삼나트륨	Trisodium citrate	331(iii)	○	소시지, 난백의 저온살균, 유제품, 과립음료	×	
구연산칼륨	Potassium citrate	332	○	제한 없음	×	
구연산칼슘	Calcium citrate	333	○	제한 없음	×	
규조토	Diatomaceous earth		×		○	여과보조제
글리세린	Glycerin	422	○	사용 가능 용도 제한 없음. 다만, 가수분해로 얻어진 식물 유래의 글리세린만 사용 가능	×	
퀼라야 추출물	Quillaia Extract	999	×		○	설탕 가공
레시틴	Lecithin	322	○	사용 가능 용도 제한 없음. 다만, 표백제 및 유기용매를 사용하지 않고 얻은 레시틴만 사용 가능	×	

로커스트콩검	Locust bean gum	410	○	식물성제품, 유제품, 육제품	×	
무수아황산	Sulfur dioxide	220	○	과일주	×	
밀납	Beeswax	901	×		○	이형제
백도토	Kaolin	559	×		○	청징(clarification) 또는 여과보조제
벤토나이트	Bentonite	558	×		○	청징(clarification) 또는 여과보조제
비타민 C	Vitamin C	300	○	제한 없음	×	
DL-사과산	DL-Malic acid	296	○	제한 없음	×	
산소	Oxygen	948	○	제한 없음	○	제한 없음
산탄검	Xanthan gum	415	○	지방제품, 과일 및 채소제품, 케이크, 과자, 샐러드류	×	
수산화나트륨	Sodium hydroxide	524	○	곡류제품	○	설탕 가공 중의 산도 조절제, 유지 가공
수산화칼륨	Potassium hydroxide	525	×		○	설탕 및 분리대두단백 가공 중의 산도 조절제
수산화칼슘	Calcium hydroxide	526	○	토르티야	○	산도 조절제
아라비아검	Arabic gum	414	○	식물성 제품, 유제품, 지방제품	×	
알긴산	Alginic acid	400	○	제한 없음	×	
알긴산나트륨	Sodium alginate	401	○	제한 없음	×	
알긴산칼륨	Potassium alginate	402	○	제한 없음	×	
염화마그네슘	Magnesium chloride	511	○	두류제품	○	응고제
염화칼륨	Potassium chloride	508	○	과일 및 채소제품, 비유화소스류, 겨자제품	×	
염화칼슘	Calcium chloride	509	○	과일 및 채소제품, 두류제품, 지방제품, 유제품, 육제품	○	응고제
오존수	Ozone water		×		○	식품 표면의 세척·소독제
이산화규소	Silicon dioxide	551	○	허브, 향신료, 양념류 및 조미료		겔 또는 콜로이드 용액제
이산화염소(수)	Chlorine dioxide	926	×		○	식품 표면의 세척·소독제

차아염소산수	Hypochlorous Acid Water		×		○	식품 표면의 세척·소독제
이산화탄소	Carbon dioxide	290	○	제한 없음	○	제한 없음
인산나트륨	Sodium phosphate (Mono-, Di-, Tribasic)	339 (i)(ii)(iii)	○	가공치즈	×	
젖산	Lactic acid	270	○	발효채소제품, 유제품, 식용케이싱	○	유제품의 응고제 및 치즈 가공 중 염수의 산도 조절제
젖산칼슘	Calcium Lactate	327	○	과립음료	×	
제일인산 칼슘	Calcium phosphate, monobasic	341 (i)	○	밀가루	×	
제이인산 칼륨	Potassium Phosphate, Dibasic	340 (ii)	○	커피화이트너	×	
조제해수 염화마그네슘	Crude Magnessium Chloride (Sea Water)		○	두류제품	○	응고제
젤라틴	Gelatin		×		○	포도주, 과일 및 채소 가공
젤란검	Gellan Gum	418	○	과립음료	×	
L-주석산	L-Tartaric acid	334	○	포도주	○	포도주 가공
L-주석산 나트륨	Disodium L-tartrate	335	○	케이크, 과자	○	제한 없음
L-주석산 수소칼륨	Potassium L-bitartrate	336	○	곡물제품, 케이크, 과자	○	제한 없음
주정 (발효주정)	Ethanol (fermented)		×		○	제한 없음
질소	Nitrogen	941	○	제한 없음	○	제한 없음
카나우바 왁스	Carnauba wax	903	×		○	이형제
카라기난	Carrageenan	407	○	식물성제품, 유제품	×	
카라야검	Karaya gum	416	○	제한 없음	×	
카제인	Casein		×		○	포도주 가공
탄닌산	Tannic acid	181	×		○	여과보조제
탄산나트륨	Sodium carbonate	500 (i)	○	케이크, 과자	○	설탕 가공 및 유제품의 중화제

탄산수소 나트륨	Sodium bicarbonate	500 (ii)	○	케이크, 과자, 액상 차류	×	
세스퀴탄산 나트륨	Sodium sesquicarbonate	500 (iii)	○	케이크, 과자	×	
탄산 마그네슘	Magnesium carbonate	504 (i)	○	제한 없음	×	
탄산암모늄	Ammonium carbonate	503 (i)	○	곡류제품, 케이크, 과자	×	
탄산 수소암모늄	Ammonium bicarbonate	503 (ii)	○	곡류제품, 케이크, 과자	×	
탄산칼륨	Potassium carbonate	501 (i)	○	곡류제품, 케이크, 과자	○	포도 건조
탄산칼슘	Calcium carbonate	170 (i)	○	식물성제품, 유제품 (착색료로는 사용하지 말 것)	○	제한 없음
d-토코페롤 (혼합형)	d-Tocopherol concentrate, mixed	306	○	유지류 (산화방지제로만 사용할 것)	×	
트라가칸스검	Tragacanth gum	413	○	제한 없음	×	
퍼라이트	Perlite		×		○	여과보조제
펙틴	Pectin	440	○	식물성제품, 유제품	×	
활성탄	Activated carbon		×		○	여과보조제
황산	Sulfuric acid	513	×		○	설탕 가공 중의 산도 조절제
황산칼슘	Calcium sulphate	516	○	케이크, 과자, 두류제품, 효모제품	○	응고제
천연향료	Natural flavoring substances and preparations		○	사용 가능 용도 제한 없음. 다만, 「식품위생법」 제7조 제1항에 따라 식품첨가물의 기준 및 규격이 고시된 천연향료로서 물, 발효주정, 이산화탄소 및 물리적 방법으로 추출한 것만 사용할 것	×	
효소제	Preparations of Microorganisms and Enzymes		○	사용 가능 용도 제한 없음. 다만, 「식품위생법」 제7조 제1항에 따라 식품첨가물의 기준 및 규격이 고시된 효소제만 사용할 수 있다.	○	사용 가능 용도 제한 없음. 다만, 「식품위생법」 제7조 제1항에 따라 식품첨가물의 기준 및 규격이 고시된 효소제만 사용할 수 있다.

| 영양강화제 및 강화제 | Fortifying nutrients | | ○ | 「식품위생법」제7조 제1항 및 「축산물위생관리법」제4조 제2항에 따라 식품의약품안전처장이 고시하는 식품의 기준에 따라 사용 가능한 제품 | × |

- 식품표면 세척·소독제 : 과산화수소, 오존수, 이산화염소수, 차아염소산수
- 응고제 : 염화칼륨, 염화칼슘, 염화마그네슘, 황산칼슘
- 여과보조제 : 규조토, 백도토, 벤토나이트, 퍼라이트, 활성탄, 탄닌산
- 산도조절제 : 수산화칼륨, 수산화칼슘, 수산화나트륨, 황산, 젖산

4 친환경농어업법 시행규칙 별표 6·7·17

(1) 유기식품등의 유기표시 기준(시행규칙 제21조제1항 관련, 별표 6)
① 유기표시 도형
㉠ 유기농산물, 유기축산물, 유기임산물, 유기가공식품 및 비식용유기가공품에 다음의 도형을 표시하되, 별표 4 제5호나목2)에 따른 유기 70퍼센트로 표시하는 제품에는 다음의 유기표시 도형을 사용할 수 없다.

인증번호 :

Certification Number :

㉡ ㉠의 표시 도형 내부의 "유기"의 글자는 품목에 따라 "유기식품", "유기농", "유기농산물", "유기축산물", "유기가공식품", "유기사료", "비식용유기가공품"으로 표기할 수 있다.
㉢ 작도법
ⓐ 표시 도형의 국문 및 영문 모두 활자체는 고딕체로 하고, 글자 크기는 표시 도형의 크기에 따라 조정한다.
ⓑ 표시 도형의 색상은 녹색을 기본 색상으로 하되, 포장재의 색깔 등을 고려하여 파란색, 빨간색 또는 검은색으로 할 수 있다.
ⓒ 표시 도형 내부에 적힌 "유기", "(ORGANIC)", "ORGANIC"의 글자 색상은 표시 도형 색상과 같게 하고, 하단의 "농림축산식품부"와 "MAFRA KOREA"의 글자는 흰색으로 한다.

ⓓ 표시 도형의 위치는 포장재 주 표시면의 옆면에 표시하되, 포장재 구조상 옆면 표시가 어려운 경우에는 표시 위치를 변경할 수 있다.
ⓔ 표시 도형 밑 또는 좌우 옆면에 인증번호를 표시한다.

② 유기표시 글자

구 분	표시 글자
유기농축산물	• 유기, 유기농산물, 유기축산물, 유기임산물, 유기식품, 유기재배농산물 또는 유기농 • 유기재배○○(○○은 농산물의 일반적 명칭으로 한다. 이하 이 표에서 같다), 유기축산○○, 유기○○ 또는 유기농○○
유기가공식품	• 유기가공식품, 유기농 또는 유기식품 • 유기농○○ 또는 유기○○
비식용유기가공품	• 유기사료 또는 유기농 사료 • 유기농○○ 또는 유기○○(○○은 사료의 일반적 명칭으로 한다). 다만, "식품"이 들어가는 단어는 사용할 수 없다.

③ 유기가공식품·비식용유기가공품 중 별표 4 제5호나목2)에 따라 비유기 원료를 사용한 제품의 표시 기준
  ㉠ 원재료명 표시란에 유기농축산물의 총함량 또는 원료·재료별 함량을 백분율(%)로 표시한다.
  ㉡ 비유기 원료를 제품 명칭으로 사용할 수 없다.
  ㉢ 유기 70퍼센트로 표시하는 제품은 주 표시면에 "유기 70%" 또는 이와 같은 의미의 문구를 소비자가 알아보기 쉽게 표시해야 하며, 이 경우 제품명 또는 제품명의 일부에 유기 또는 이와 같은 의미의 글자를 표시할 수 없다.

④ 무농약농산물 표시

인증기관명 :
인증번호 :

Name of Certifying Body :
Certificate Number :

구분	표시 문자
무농약농산물	• 무농약, 무농약 농산물 또는 무농약 ○○ • 무농약재배 농산물 또는 무농약재배 ○○

⑤ 무항생제축산물 표시

인증기관명 :
인증번호 :

Name of Certifying Body :
Certificate Number :

구분	표시 문자
무항생제축산물	• 무항생제, 무항생제 축산물, 무항생제 ○○ 또는 무항생제 사육 ○○

⑥ 기타
- 천연·무공해 및 저공해 등 소비자에게 혼동을 초래할 수 있는 표시를 하지 아니할 것
- 토양이 아닌 시설 및 배지에서 작물을 재배하되, 생육에 필요한 양분을 외부에서 공급하거나 외부에서 공급하지 않고 자연용수에 용존(溶存)한 물질에 의존하여 재배한 농산물은 양액재배 농산물 또는 수경재배 농산물로 별도로 표시할 것

(2) 유기식품등의 인증정보 표시방법(시행규칙, 별표 7)
① 인증품 또는 인증품의 포장·용기에 구체적인 표시방법
  ㉠ 인증사업자의 성명 또는 업체명 : 인증서에 기재된 명칭(단체로 인증받은 경우에는 단체명)을 표시하되, 단체로 인증받은 경우로서 개별 생산자명을 표시하려는 경우에는 단체명 뒤에 개별 생산자명을 괄호로 표시할 수 있다.
  ㉡ 전화번호 : 해당 제품의 품질관리와 관련하여 소비자 상담이 가능한 판매원의 전화번호를 표시한다.
  ㉢ 사업장 소재지 : 해당 제품을 포장한 작업장의 주소를 번지까지 표시한다.
  ㉣ 인증번호 : 해당 사업자의 인증서에 기재된 인증번호를 표시한다.
  ㉤ 생산지 : 「농수산물의 원산지 표시 등에 관한 법률」 제5조에 따른 원산지 표시방법에 따라 표시한다.

(3) 유기농업자재의 공시기준(시행규칙 제61조제1항 관련, 별표 17)
① 유기농업자재의 원료·재료
  ㉠ 공시를 받으려는 자재에 사용한 원료·재료는 별표 1의 허용물질에 한정해서 사용해야 한다.
  ㉡ 보조제는 천연에서 유래한 물질을 사용하는 것을 원칙으로 하되, 별표 1 제3호에 적합하게 사용해야 한다.
  ㉢ 다음의 원료·재료는 유기농업자재에 혼입되어서는 안 된다.

ⓐ 인체·식물·동물에 해롭게 할 수 있는 병원성 미생물, 원균이 함유되거나 오염된 원료·재료
ⓑ 유전자를 변형한 물질(추출물을 포함)이 함유되거나 오염된 원료·재료
ⓒ 항생제·합성항균제 및 합성호르몬이 함유되거나 오염된 원료·재료
ⓓ 합성농약 성분이 함유되거나 오염된 원료·재료
ⓔ 「식물방역법」 제10조 제1항 제2호에 따른 병해충 또는 병해충이 함유되거나 오염된 원료·재료
ⓕ 「축산물 위생관리법 시행규칙」 제9조 및 별표 3에서 정한 도축이 금지된 가축과 그 가축의 사체·축산물 및 부산물
ⓖ 석면이 함유되거나 석면에 오염된 원료·재료
ⓗ 아주까리 및 아주까리 유박을 사용한 자재는 「비료관리법」 제4조에 따른 비료에 관한 공정규격설정 등의 고시에서 정하는 리친(Ricin)의 유해성분 최대량을 초과하지 않을 것

02 | 품종 및 육종

1 품종

(1) 생물 분류단위

① 작물 분류단위 : 계-문-강-목-과-속-종-아종-품종-계통-순계

종	• 식물분류학에서 식물 종류를 나누는 기본단위 • 식물학적 종은 개체간에 교배가 자유롭게 이루어지는 자연집단
아종	• 하나의 종 내에서 형질의 특성이 차이나는 개체군(변종, variety) • 아종은 특정 지역(환경)에 적응해서 생긴 것으로 작물학에서는 생태종이라고 부름
품종	• 품종은 작물의 기본단위이면서 재배적 단위로서, 특성이 균일한 농산물을 생산하는 집단(개체)임 • 품종 특성이 재배·이용상 지장이 없을 정도로 균일하며, 세대가 진전되어도 균일한 특성이 변화하지 않는 개체군
계통	• 품종을 재배하는 동안 자연교잡, 돌연변이, 이형유전자형 분리, 이형종자의 기계적 혼입 등에 의하여 품종 내에 유전적 변화가 일어나 새로운 특성을 지닌 변이체가 생기게 되는데, 이러한 변이체의 자손을 말함
순계	• 유전적으로 동형접합인 개체에서 나온 자손 계통 • 계통 중에서 유전적으로 고정된 것(동형접합체)

② 품종의 특성

　㉠ 형질과 특성
　　• 형질(character) : 작물의 형태적·생태적·생리적 요소
　　　예 작물의 키, 숙기(출수기), 초형
　　• 특성(characteristic) : 품종의 형질이 다른 품종과 구별되는 특징
　　　예 키의 장간·단간, 숙기의 조생·만생, 수수형·수중형

　㉡ 생육기간에 따라
　　• 조생종(감온성) : 일찍 개화, 등숙하는 품종
　　• 중생종 : 조생종과 중생종의 중간
　　• 만생종(감광성) : 늦게 개화, 등숙하는 품종

　㉢ 저항성에 따라
　　내건성, 내습성, 내서성, 내냉성, 내동성, 내병성, 내충성, 내염성, 내비성 등

③ 품종개량 목적
　• 수확량 증대
　• 병충해 저항성 증대
　• 품질 향상
　• 재배환경 적응성 향상 등

(2) 신품종

① 신품종 요건

신품종 요건(DUS)	안정성(stability)·구별성(distinctness)·균일성(uniformity)
보호품종 요건	신규성·안정성·구별성·균일성·고유한 품종명칭
우량품종 요건	우수성, 영속성, 균일성, 광지역성

② 신품종 종자증식체계

기본식물	• 신품종 증식의 기본이 되는 종자로 육종가들이 직접 생산하거나, 육종가의 관리 하에서 생산함. • 옥수수의 기본식물은 매 3년마다 톱교배에 의한 조합능력검정을 실시하며, 감자는 조직 배양에 의하여 기본식물을 육성 • 국립시험연구기관에서 생산
원원종	• 기본식물을 증식하여 생산한 종자 • 각 도 농업기술원에서 생산
원종	• 원원종을 재배하여 채종한 종자 • 각 도 농산물 원종장에서 생산
보급종	• 원종을 증식한 것, 농가에 보급할 종자 • 국립종자원(종자공급소), 시·군 및 농업단체 등에서 생산 • 채종 : 작물을 재배하여 우량한 종자를 수확·생산하는 것

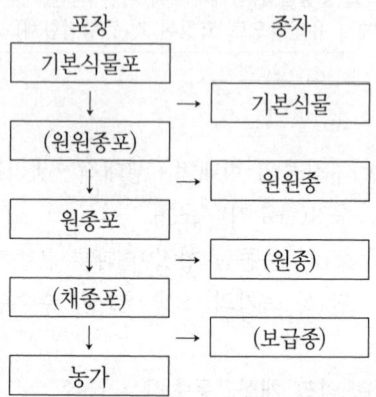

※ 신품종 종자는 일시에 많은 양을 생산·공급할 수 없어 4단계의 채종단계를 거쳐 농가에 공급(4년 1기 갱신)

┃종자 생산관리 기본체계도┃

2 육종(育種)

(1) 육종 개념
① 육종 : 목표형질에 대한 유전변이를 만들고, 우량한 유전자형을 선발하여 신품종으로 육성하며, 이를 증식·보급하는 과학기술
② 육종 목표
- 수량 증대
- 품질 향상
- 병해충 저항성 증대
- 불량환경 적응성 향상
- 함유성분 증대
- 조만성 조절
- 경영 합리화(생력화, 기계화 적합성)

③ 육종 성과
작물의 생산성·품질·저항성·적응성 등 재배·이용상 중요한 형질의 유전능력을 개량한 우량품종을 육성함으로써 식량증산, 농업의 안정화와 경영합리화, 농업관련 산업 발전에 큰 몫을 담당

(2) 멘델 법칙
① 유전 용어

대립유전자		• 우성·열성 대립유전자는 상동염색체의 같은 유전자자리에 있으며, 대립유전자에 의해 지배되는 형질					
	우성	• 서로 다른 대립형질을 가진 순종끼리 교배시켰을 때 F_1에서 나타나는 형질					
	열성	• 서로 다른 대립형질을 가진 순종끼리 교배시켰을 때 F_1에서 나타나지 않는 형질					
	• 대립형질의 사례						
	우열	꽃색	씨 모양	씨 색깔	콩깍지 모양	콩깍지 색깔	꽃 위치	키
	우성	보라색	둥글다(R)	황색(Y)	매끈함	녹색	줄기 옆	크다
	열성	흰색	주름지다(r)	녹색(y)	잘록함	황색	줄기 끝	작다
비대립유전자	• 유전자의 관계를 말할 때 서로 다른 유전자자리에 있는 유전자들						
표현형	• 완두 유전자형이 RR or Rr일 경우 표현형은 '둥근완두' • 완두 유전자형이 rr일 경우 표현형은 '주름진완두'						
유전자형	(WW, Ww, ww) 개체의 형질을 지배하는 대립유전자의 구성						
	동형접합체	(WW, ww) 같은 대립유전자로 된 유전자형의 개체					
	이형접합체	(Ww) 서로 다른 대립유전자로 된 유전자형의 개체					

② 멘델의 유전법칙

우열의 법칙	• 순종의 대립형질끼리 교배하면 잡종1대(F_1)에서 우성형질만 표현됨
분리의 법칙	• 우성이 나타난 잡종1대(F_1)를 자가수분시키면 2대(F_2)에서는 우성:열성 = 3:1 비율로 분리됨
독립의 법칙	• 2쌍 이상의 대립형질이 유전될 때 각 형질은 서로 간섭하지 않고 독립적으로 표현됨 • 2대잡종은 9:3:3:1 비율로 표현됨

③ 육종 과정
  ㉠ 육종목표 설정
  ㉡ 육종재료 및 육종방법 결정
  ㉢ 변이작성
  ㉣ 우량계통 육성
  ㉤ 생산성 검정 및 지역적응성 검정
  ㉥ 신품종결정 및 등록
  ㉦ 종자증식
  ㉧ 신품종 보급

(3) 육종의 종류

자식성 작물	• 분리 육종 : 순계선발 • 교배 육종 : 계통육종, 집단육종, 1개체1계통육종, 파생계통육종, 여교배 육종
타식성 작물	• 분리 육종 : 집단선발 / 계통집단선발 / 성군집단선발 　　　　　　 순환선발 / 상호순환선발 • 교배 육종 : F_1 육종
1대잡종(F_1) 육종	타식성 작물간 교배, 자식성 작물간 교배
배수체 육종	반수체(n), 3배체(3n), 4배체(4n), 콜히친 처리
돌연변이 육종	방사성 물질, 화학물질 처리
생물공학(BT) 육종	조직배양, 세포융합, 형질전환
영양번식 작물	감자, 고구마, 과수

① 도입 육종
  ㉠ 의미 : 외국 품종을 국내에 도입하여 적용하는 방법
  ㉡ 특징 : 식물검역과 적응성 검정을 해야 하고, 단기간에 신품종 확보됨
② 분리 육종(선발 육종)
  ㉠ 의미 : 인위교배 없이 재래종에서 우수한 특성을 가진 개체를 선발하여 유전적으로 고정시켜 새로운 품종으로 등록함
  ㉡ 특징 : 자가수정식물은 순계선발을, 타가수정식물은 집단선발을 실시함

③ 교배 육종(교잡 육종)
   ㉠ 의미 : 인공교배로 새로운 유전변이를 만들어 신품종을 육성하는 육종방법. 대부분 작물품종은 교배육종에 의하여 육성됨
   ㉡ 종류
      ⓐ 계통육종 : 인공교배를 1번 한 후 F_1을 만들고 F_2부터 매세대 개체선발과 선발개체의 계통재배 및 계통선발을 반복하면서 우량한 유전자형의 순계를 육성하는 육종방법
      ⓑ 집단육종 : 잡종 초기세대(F_2)에는 선발하지 않고, 후기세대($F_{5~6}$)에서 개체선발과 계통재배하여 순계를 육성하는 육종방법
      ⓒ 파생계통육종 : F_2에서 질적형질에 대하여 개체선발하여 파생계통을 만들고, F_5~F_6세대에 양적형질을 개체선발을 하는 육종방법
      ⓓ 여교배육종
         • 의미 : 양친 A와 B를 교배한 F_1을 양친 중 어느 하나와 다시 교배하는 육종방법으로, 우량품종의 한두 가지 결점을 개량하는데 효과적임
         • 성공 조건 : 만족할 만한 반복친이 있어야 하고, 여교배를 하는 동안 이전형질(유전자)의 특성이 변하지 않아야 하며, 여러번 교배한 후대에도 반복친의 특성이 충분히 회복되어야 함
④ 잡종강세 육종(1대잡종 육종법)
   ㉠ 의미 : 잡종강세가 큰 교배조합의 1대잡종(F_1)을 품종으로 육성하는 육종방법. 잡종강세가 큰 교배조합을 선발해야 하고, F_1종자를 대량생산할 수 있는 채종기술이 중요함
   ㉡ 잡종강세육종의 구비조건
      • 1대잡종품종(hybrid variety)은 수량이 높음
      • 균일한 생산물을 얻을 수 있음
      • 우성유전자를 이용하기 유리함
   ㉢ 1대잡종(F_1) 교배양식

교배양식		잡종강세의 발현도·균일도·생산력	종자생산량·환경적응성
단교배	A×B	1순위	5순위
변형단교배	(A×A')×B	2순위	4순위
3원교배	(A×B)×C	3순위	3순위
복교배	(A×B)×(C×D)	4순위	2순위
다계교배	A×B×C×D×…×N	5순위	1순위

   ㉣ 1대잡종종자의 채종

인공교배	호박·수박·오이·참외·멜론·가지·토마토·피망
자가불화합성 이용	무·순무·배추·양배추·브로콜리
웅성불임성 이용	옥수수·양파·파·상추·당근·고추·벼·밀·쑥갓

⑤ 배수체 육종
  ㉠ 의미 : 염색체수를 늘리거나 줄여서 생겨나는 변이를 신품종으로 육성함
  ㉡ 배수체 작성 : 콜히친 처리
  ㉢ 동질배수체 : 세포와 기관이 커지고 생리적으로 강하며, 함유성분이 변화하고, 생육·개화·성숙이 지연되며, 임성이 떨어지기 때문에 영양번식 수단으로 발달
  ㉣ 이질배수체 : 같은 게놈을 복수로 가지고 있어서 복2배체
  ㉤ 반수체 : 화분을 배양하여 게놈이 1개뿐인 반수체(n)는 연약하고 생육이 불량하며, 완전불임

⑥ 돌연변이 육종
  ㉠ 기존 품종에 돌연변이유발원(방사선, 화학물질 등)을 처리하여 특정한 형질만 변화하거나 새로운 형질이 나타난 변이체를 골라 신품종으로 육성
  ㉡ 돌연변이유발원(방사선) : X선·γ선·중성자·β선 등
  ㉢ 영양번식작물에 돌연변이 유발원을 처리하면 체세포돌연변이를 쉽게 얻을 수 있음.
    예 아조변이

03 | 유기 수도작(논벼)

(1) 벼 일반

① 재배벼의 식물학적 분류

학명 : *Oryza sativa*

계	문	아문	강	목	과	속	종	
식물	종자식물	피자식물	단자엽식물	영화	벼	벼 (*Oryza*)	아시아종(*O. sativa*)
							아프리카(*O. glaberrima*)

② 재배벼 용어

㉠ 수도(水稻)는 논에서 기르는 벼, 육도(陸稻)는 밭에서 기르는 벼
㉡ 벼(알벼) : 도정하기 전의 종실, 거칠다는 의미로 조곡(粗穀) 또는 정조(正租)
㉢ 정곡(현미, 벼알, 精穀)은 도정한 쌀, 쌀은 도정하고 난 후의 백미

③ 생태적 특성에 따라

	온대자포니카	열대자포니카	인디카
분포지역	우리나라·일본·중국 화북	인도네시아 자바섬	동남아시아·중국 남부
낟알모양	단원형(짧고 둥금)	대형	세장형
탈립정도(알떨림성)	어려움	어려움	쉬움
초장(키)	작음	큼	큼
분얼수(새끼치기)	중간	적음	많음
어린모 내냉성	강	중강	약
어린모 내건성	약	중강	강
아밀로스 함량	10~20%	20~25%	23~31%
조직감	끈기 있음	중간	퍼석퍼석함

④ 전분(녹말) 종류에 따라

메벼	찰벼
아밀로스가 13~32%, 나머지는 아밀로펙틴 배유는 반투명	아밀로펙틴이 100% 배유는 불투명

(2) 벼의 일생(life cycle)

① 볍씨 준비

취종	• 재배지역의 기후에 맞는 우량한 품종을 선택함
선종	• 볍씨가리기. 염수선을 통해 충실하게 등숙한 볍씨만 가려냄 • 염수선(소금물 가리기) – 메벼 : 비중 1.13(물 18ℓ + 소금 4.5kg) – 찰벼 : 비중 1.08(물 18ℓ + 소금 2.25kg) 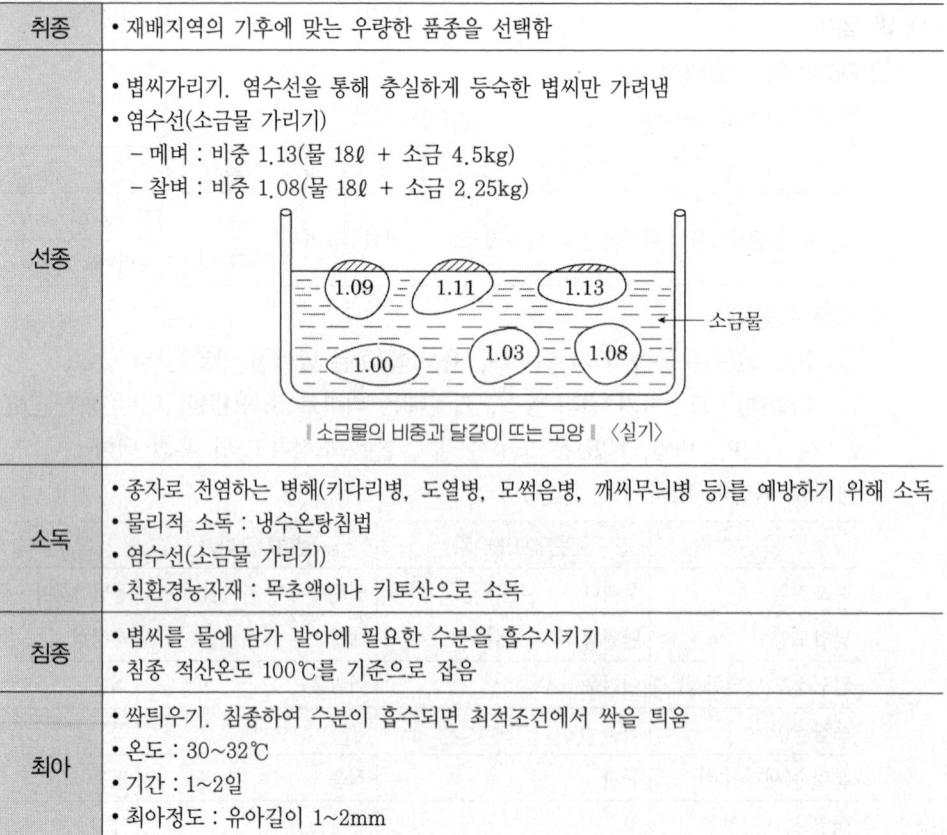 ┃소금물의 비중과 달걀이 뜨는 모양┃ 〈실기〉
소독	• 종자로 전염하는 병해(키다리병, 도열병, 모썩음병, 깨씨무늬병 등)를 예방하기 위해 소독 • 물리적 소독 : 냉수온탕침법 • 염수선(소금물 가리기) • 친환경농자재 : 목초액이나 키토산으로 소독
침종	• 볍씨를 물에 담가 발아에 필요한 수분을 흡수시키기 • 침종 적산온도 100℃를 기준으로 잡음
최아	• 싹틔우기. 침종하여 수분이 흡수되면 최적조건에서 싹을 틔움 • 온도 : 30~32℃ • 기간 : 1~2일 • 최아정도 : 유아길이 1~2mm

② 육묘 과정

- 중모 : 파종 → 출아(2일) → 녹화(2일) → 경화 및 육묘(26~31일) → 이앙
- 어린모 : 파종 → 출아(2일) → 녹화(2일) → 경화 및 육묘(4~6일) → 이앙

상토	• 상토는 점질이며, 배수와 보수력이 양호하고, 적당한 부식량을 지니며, 병균이 없어야 함 • 산도는 pH 4.5~5.5에서 모잘록병을 예방함, 황분말로 산도 조절 • 상토량은 육묘상자(60×30×3cm)에 4.5ℓ 정도
파종	• 지역별로 이앙일로부터 역산하여 30일 되는 날(중모 기준)
출아	• 파종 후 싹이 5~10mm 자라는 것 • 출아적온은 30~32℃
녹화	• 출아한 모에 엽록소가 형성되도록 광을 쪼여주는 과정 • 약광에서 1~2일간 녹화, 강광, 저온 조건에서 백화묘 발생함 • 녹화적온은 20~25℃
경화	• 녹화 이앙 직전까지 자연상태에 적응하는 과정 • 경화적온은 10~20℃

- 기계이앙용 묘의 특성

구 분	어린모(유묘)	치 묘	중 모
육묘일수(일)	8~10	20~25	30~35
소요 육묘상자(개/10a)	15	20	30
묘령(본잎수)	1.5~2.0	2.0~2.5	3.0~4.5
모 초장(키, cm)	5~10	10~15	15~20
파종량	200~220g/상자	150~180g/상자	100~130g/상자

③ 본답 준비

경운 (논갈이)	• 벼가 잘 자라도록 토양을 갈아주는 것 • 식토나 식양토에서 깊게, 사질토 및 습답에서는 얕게 경운함 • 심경할수록 유기물·비료를 많이 주어야 증수함
정지 (논써리기)	• 논두렁을 바르고, 지면을 편평하게 하기 위해 물을 대고 논써리기를 하는 것 • 효과 : 이앙 후 활착 양호, 제초, 누수를 막거나 배수를 촉진, 밑거름과 제초제 효과 증진

④ 물 관리

생육과정	물관리	물깊이(cm)	효 과
모내기때(이앙기)	얕게 댐	2~3	모가 얕게 이식됨
뿌리내림때 (착근기)	깊게 댐	5~7	몸살경감, 증산억제, 뿌리내림 촉진
새끼치기한창때 (유효분얼기)	얕게 댐	2~3	새끼치기 촉진
헛새끼치기때 (무효분얼기)	중간물떼기 출수 전 40~30일 5~10일간	0	무효분얼 억제, 유해물질 제거, 도복방지
배동받이때 (유수형성기)	물걸러대기 출수 전 30~출수기 (3일 물대기, 2일 물빼기)	2~4	뿌리활성 촉진, 유해물질 제거 촉진
이삭팰 때(출수기)	보통	3~4	수분(꽃가루받이) 촉진
여뭄때(등숙기)	얕게, 물걸러대기 출수 후 30~40일까지 (3일 물대기, 2일 물빼기)	3~4	여뭄 좋게 함, 뿌리활력 유지, 유해물질 제거
물떼기때 (완전낙수)	완전물떼기 출수 후 30~40일 전후	0	쌀품질 좋게 함, 농작업 편리

⑤ 환경 조건

토양	• 토양 개량방법 : 객토, 유기물 사용, 녹비작물 재배, 규산질 비료 사용 등 • 헤어리베치 : 파종량은 10a당 6~9kg, 10월 상순 이전에 파종 • 자운영 : 파종량은 10a당 4~5kg, 9월경에 파종 • 벼잎이 규질화되면 잎이 튼튼해지고, 광합성 증가, 과잉 증산 억제, 병해충 저항성 증가됨
광	• 광에너지가 강할수록 광합성 증가, 수량 증가 • 생육적온 범위에서 온도가 높고 광도가 높을수록 광합성이 증가 • 벼는 단일식물로서, 단일조건에서 출수가 빨라짐
온도	• 생육온도 : 최저 8~10, 최적 25~32, 최고 38℃ • 등숙적산온도 : 3500~4500℃ • 일교차가 클수록 분얼발생, 등숙에 유리
수분	• 벼는 물이 충분해야 활착 양호, 병·해충·잡초에 강해짐 • 연평균 강수량 1,000mm 이상 필요함
대기	• 연풍(가벼운 바람)은 군락 내부에 이산화탄소 공급, 증산을 촉진함

⑥ 수량구성요소

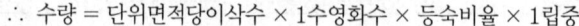

∴ 수량 = 단위면적당이삭수 × 1수영화수 × 등숙비율 × 1립중

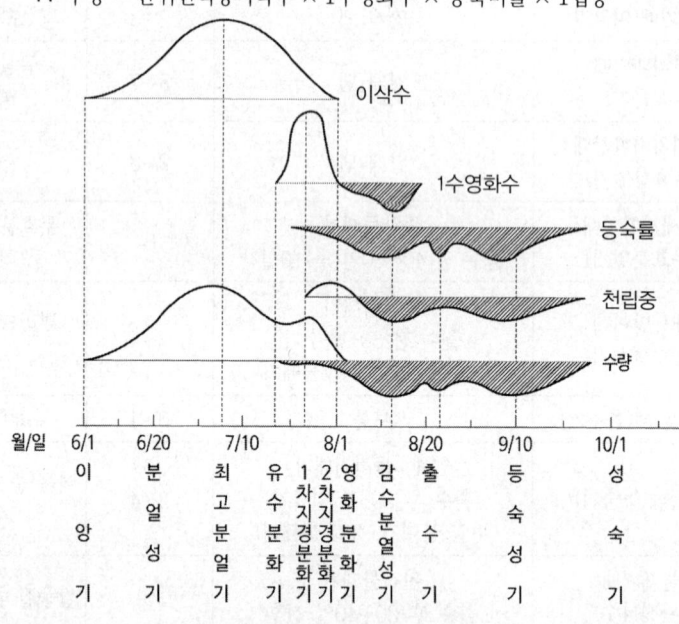

∥ 벼 수량구성요소 성립경과 모식도 ∥

• 상향의 사선이 없는 부분(⌒)이 클수록 수량 형성에 유리하게 작용함
• 하향의 사선부분(⌣)이 클수록 수량 형성에 불리하게 작용함

이삭수	㉠ m²당 이삭수(400~500개) : m²당 포기수 × 포기당 이삭수 ㉡ 포기당 이삭수 : 20포기의 평균이삭수, 대체로 15~20개
1수영화수	㉠ 평균이삭수를 가진 3포기 전체 영화수를 세고 이것을 이삭수로 나눈 것 ㉡ 온대자포니카 품종의 경우 대체로 80~100립
등숙비율 (등숙률)	㉠ 포기당 이삭수를 조사한 표본을 비중 1.06의 소금물에 담가서 가라앉은 종실수를 전체 영화수로 나눈 비율 ㉡ 온대자포니카형은 85%, 통일형은 80% 정도
1립중	㉠ 종실 1,000개 무게를 3회 측정하여 1,000으로 나눈 값 ㉡ 1립중은 너무 작기 때문에 보통 천립중으로 표시함 ㉢ 천립중은 현미 18~25g, 백미 17~24g 정도

(3) 논벼의 병해충

병균	사상균 (진균, 곰팡이)	키다리병, 도열병, 깨씨무늬병, 채소탄저병, 채소역병, 맥류깜부기병 등
	세균	흰잎마름병, 세균성벼알마름병, 채소무름병, 감자더뎅이병 등
	바이러스	줄무늬잎마름병, 검은줄오갈병, 오갈병, 담배모자이크병 등
해충	비래해충	벼멸구, 흰등멸구, 혹명나방, 멸강나방
	월동해충	애멸구, 이화명나방, 벼물바구미, 끝동매미충, 굴파리 등

(4) 친환경 쌀재배

① 다양한 친환경 농업

오리 농법	• 방사시기 : 3~4주령 새끼오리를 이앙 후 1~2주에서 출수 전까지 방사함(2개월) • 적정밀도 : 10a당 25~30마리 • 효과 : 잡초방제, 병충해 방제, 시비효과
왕우렁이 농법	• 구입시기 : 3개월 자란 20~30g 무게 • 방사시기 : 이앙 후 7일 • 방사량 : 10a당 5kg • 방사후 논관리 : 담수를 깊게 하고, 농약 사용을 금하며, 논둑 망울타리 관리와 조류 피해를 방지해야 함
쌀겨 농법	• 살포량 : 10a당 200kg • 효과 : 영양분 공급, 미생물 활동으로 용존산소 부족은 잡초 경감됨, 약산성이 되어 식미가 좋아짐, 등숙률이 높아짐
기타	참게농법, 새우농법, 당밀농법, 종이 멀칭 등

② 녹비작물 재배

㉠ 녹비작물 : 비료효과가 나타나는 작물

볏과(화본과)	보리, 호밀, 귀리, 옥수수
콩과(두과)	헤어리베치, 자운영, 클로버, 알팔파, 풋베기콩, 루핀

ⓒ 녹비작물의 요건
　　　• 생육기간이 짧고, 생육은 왕성하며, 재배관리 노력이 적어야 함
　　　• 토양 중에서 분해가 빨라야 함
　　　• 비료 요구가 적고, 비료성분의 함유량이 높고, 공중질소고정력이 높아야 함
　　　• 심근성으로 토양하층의 양분을 이용할 수 있어야 함
　　　• 각종 재해(병충해, 잡초, 한해, 습해, 냉해 등)에 강해야 함
　　ⓒ 녹비작물 효과 〈실기〉
　　　• 토양물리성(토양구조) 개선　　• 토양비옥도 증진
　　　• 토양수분 조절　　　　　　　• 유기물 공급
　　　• 공중질소고정(두과작물)　　　• 환경친화형 농업

04 | 유기 원예

1 원예

(1) 원예 개념

① 원예 의미
   ㉠ 농업의 한 분야로서, 노지나 시설 등 채소·과수·화훼 등의 원예작물을 집약적으로 생산하는 것
   ㉡ 원예작물 분류

채소 (vegetable)	• 채(菜) : 쉽게 채취할 수 있는 나물 • 소(蔬) : 소통을 원활히 하는 푸성귀, 남새 • 신선한 상태로 부식용과 간식용으로 쓰이는 초본성 작물
과수 (fruit trees)	• 생식 또는 가공하여 식용에 쓰이는 과실을 생산하는 목본성 식물
화훼 (flower)	• 화(花) : 꽃 또는 꽃을 관상하는 식물 • 훼(卉) : 관상 가치가 있는 풀이나 초목

② 원예작물의 특성
   ㉠ 재배적 특성
   - 원예작물의 종류가 많고 품종도 다양함
   - 재배방식이 다양함 예 노지재배, 시설재배, 토경재배, 수경재배 등
   - 병해충 피해가 많고, 방제가 비교적 어려움
   - 고도의 재배기술이 필요함
   ㉡ 상품적 특성
   - 신선도가 중요함
   - 변질·부패가 쉬워 이를 방지하기 위한 저장시설이 필요함
   ㉢ 경영적 특성
   - 재배가 집약적이고 수익성이 높음
   - 상당한 시설 투자와 많은 노동력이 필요함

(2) 원예작물 토양관리

① 시설토양(염류집적토양)의 관리 〈실기〉
   ㉠ 객토 및 환토 : CEC가 높은 양질의 산적토 등을 객토하거나, 염류집적 온실토양은 작물생육이 좋은 생육토로 환토함
   ㉡ 담수 세척 : 염류집적토양은 답전윤환으로 여름철 담수하여 과잉염류의 배제를 촉진하고 연작 피해를 경감시킴

- ⓒ 윤작 : 과잉염류에 의한 생육장해가 적은 작물을 선택하여 윤작함
- ⓔ 비종 선택과 시비량의 적정화 : 비종(비료종류) 선택을 잘 하고, 적정시비 하는 것도 염류집적을 방지함
- ⓜ 유기물 사용 : 퇴비·구비(쇠두엄)·녹비(풋거름) 등 유기질 비료를 적절히 사용하여 토양 보비력을 증대하여 염류장해를 방지하고, 입단화 촉진으로 통기성·통수성을 양호하게 하여 물리성을 개선함
- ⓑ 미량원소의 보급 : 시설원예토양에 결핍된 미량원소를 공급함

② 비옥도 향상 방법
  - ⓒ 농토 배양
    - ⓐ 토양의 물리성·화학성·생물성을 개량하여 작물뿌리생육을 원활히 할 수 있도록 토양환경을 정비해주는 것.
    - ⓑ 토양입단을 발달시켜 토양의 통기성·보수성·보비성 등이 개선됨
  - ⓛ 녹비작물 재배
    - ⓐ 호밀 재배 : 과수원에 10월에 15~20kg/10a 파종하여 이듬해 5월에 예초하면, 입단형성 등의 물리성 개선, 잡초 방제, 토양양분 유실방지 효과가 있음
    - ⓑ 헤어리베치 재배 : 질소생산능력이 뛰어나 뒷그루 작물에 대부분 질소를 공급하고 토양유실을 감소시킴. 시설내에서 과채류와 윤작, 과수원에서 초생재배, 고랭지에서 피복작물, 벼과 사료작물과 혼파 등으로 활용함
  - ⓒ 유기질 비료 사용
    - ⓐ 유기물 비료는 각종 영양분을 함유하고 있어 작물에게 양분을 공급함
    - ⓑ 유기물 비료 과다 시용하면, 병충해 발생의 원인이 될 수 있고, 토양염류의 과잉집적으로 품질 저하 우려됨
    - ⓒ 축종에 의한 차이

우분뇨	• 우분뇨는 유기물(섬유소, 리그닌), 칼륨 함량이 높고, 무기물은 낮음 → 토양유기물 증진 효과 • 작물에 시용시 돈분·계분보다 피해가 잘 나타나지 않음
돈분	• 돈분은 우분보다 유기물 함량은 낮고, 질산·인산은 더 높음 • 과다 시용시 염류집적으로 작물 장애 초래함
계분	• 계분은 질소, 인산, 칼슘 함량은 높고 분해가 빠르지만, 유기물은 낮아 토양개량 효과는 약함 • 과다 시용시 염류집적으로 작물 장애 발생함

2 시설 원예

(1) 시설원예 개념
① 의미
- 작물 생육에 알맞게 재배환경을 인위적으로 조절하는 모든 재배양식
- 유리온실, 비닐하우스, 바람막이, 터널 등

② 시설재배 목적
- 시설을 이용하여 작물의 생육기간을 연장함
- 불리한 조건에서 작물을 보호함
- 제한된 용수를 효율적으로 사용함
- 어린 작물이나 결과물을 해충이나 바이러스로부터 보호함

③ 시설의 입지조건
- 작물생육에 최적의 환경조건을 조성할 수 있어야 함
- 재배·시설의 관리작업이 편리하고 작업능률을 높일 수 있어야 함
- 내구성·역학성이 높아 다양한 기상조건에 견딜수 있어야 함
- 시설비가 낮고 구조가 간단해야 함
- 튼튼하고 오래 사용할 수 있도록 설계되어야 함

④ 시설의 환경특성

환경	특이성
토양	• 자연강우가 없기 때문에 비료 용탈이 적어 염류 농도가 높음 • 토양물리성이 나쁘며, 연작장해가 있음
수분	• 자연강우가 없기 때문에 인공관수를 해야 함 • 토양이 건조해지기 쉽고, 공중습도가 높음
공기	• 유해가스가 집적되며, 바람이 없어서 환기가 꼭 필요함 • 탄산가스농도가 광합성을 하는 낮에는 부족하고, 밤에는 높아짐
온도	• 일교차가 크고, 위치별 기온분포가 다름 • 지온은 높음
광선	• 시설의 피복자재에 따라 광량은 감소하고, 광질은 달라짐 • 골격자재로 인해 광분포가 불균일함

(2) 시설의 종류

	지붕모양	양지붕형, 연동형, 벤로형, 둥근지붕형, 외지붕형, 3/4지붕형
유리온실	골격자재	알루미늄합금, 철골식, 목골식
	지붕모양	터널형, 아치형, 지붕형
비닐온실	골격자재	철재, 목재, 죽재
	피복자재	플라스틱필름 : PE, PVC, EVA 플라스틱판 : FRP, FRA, Acryl, PC

① 유리온실

양지붕형 (양쪽지붕형)	• 양쪽 지붕의 길이가 같은 온실 • 광선이 사방으로 균일하게 입사하여 통풍이 잘 됨 • 측면과 천장에 환기창을 설치하기 때문에 환기가 잘 됨 • 과채류·화훼류 등 재배에 가장 널리 이용됨
연동형	• 양지붕형 온실을 여러 동 칸막이 없이 연결된 온실 • 건설비 저렴, 난방비 절감, 토지이용률 제고, 재배관리의 능률성 • 광분포가 불균일하고, 환기가 어렵고, 적설 피해에 약함
벤로형	• 네덜란드 벤로(Venlo)지역의 명칭에서 유래됨 • 양지붕형보다 처마가 높고 너비가 좁은 양지붕형을 여러개 연결함 • 골격률이 일반온실보다 12% 낮아서 시설비가 절감되고 투광률은 높음 • 골격률이 낮은 대신 유리는 3mm보다 두꺼운 4mm를 사용함 • 파프리카, 토마토, 오이 등 키가 큰 호온성 과채류 재배에 적합함
둥근지붕형	• 곡선 유리를 사용하여 지붕을 둥글게 만든 온실 • 내부 그늘이 덜 생기지만 가격은 비쌈 • 열대성 관상식물 재배 등 식물원의 전시용으로 많이 이용
외지붕형 (한쪽지붕형)	• 남쪽 면의 지붕만 있는 온실. 동서방향 • 북쪽 벽은 기존 건축물의 벽을 이용함 • 가정용, 소규모용으로 이용됨
3/4지붕형 (쓰리쿼터형)	• 남쪽 지붕이 3/4, 북쪽 지붕이 1/4인 온실. 동서방향 • 채광·보온성이 높아 고온성 원예작물인 멜론재배에 이용 • 가정용, 학교교육용으로 적합함

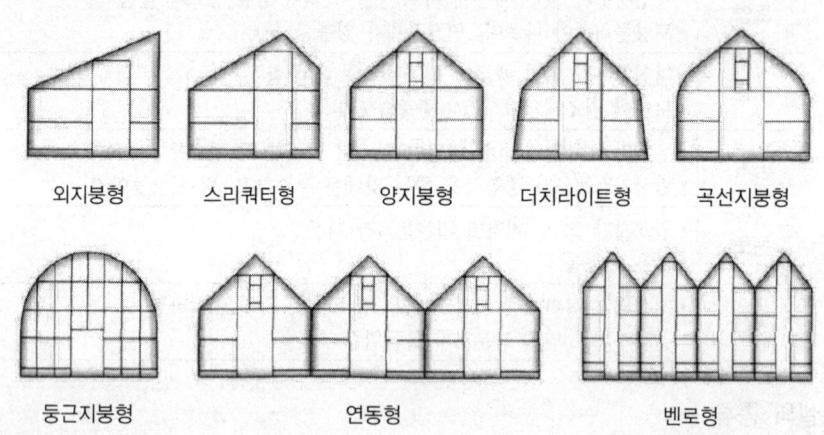

② 비닐온실(플라스틱하우스)

터널형	• 반원형. 시설재배 초기시설에서 사용 • 보온성이 크고, 내풍성이 높고, 광입사량이 많음 • 환기성이 낮고, 적설(積雪)에 약함

아치형	• 둥근지붕형 • 골격률이 낮아 투광률이 높고, 단동형·연동형 모두 설치가능 • 내풍성이고, 광입사량이 많고, 필름과 골격재가 잘 밀착됨 • 농촌진흥청에서 표준규격을 개발, 90년대 이후 보급형하우스로 보급
지붕형	• 양지붕형 유리온실과 같은 모양 • 바람이 세거나, 적설량이 많은 지대에서 적합함 • 측창·천창 설치와 개폐장치 설치가 쉽고, 통기성이 좋음 • 골격 자재비가 높음

> **참고** 아치형 vs 지붕형 비닐온실

	아치형	지붕형
광선 유입량	많음	
내풍성	강함	
필름·골격재 밀착도	높음	
재료비	낮음	
조립·해체	용이함	
시설 설치		용이함
환기 능력		높음
적설(積雪) 시		유리함

③ 특수 온실

비가림하우스	일정한 골격 위에 피복재를 씌워 자연강우를 차단함
공기하우스	2중필름 사이에 공기를 주입하여 그 공기압으로 형태를 유지하는 하우스
이동하우스	시설 전체를 레일 위에 두고 좌우로 이동하는 하우스
펠레트하우스	시설의 지붕과 벽에 8cm 간격을 만들어 야간에 발포 폴리스틸렌(펠레트)을 송풍기를 이용하여 충전시켜 보온효율을 높임

(3) 골격 자재

① 형강재 : 강재의 단면 형태에 따라 H, I, L, C형이 있음

H형강, I형강	온실 기둥, 트러스 등에 사용
L형강, C형강	서까래, 중도리, 중방 등에 사용
경량형 형강재	두께 3.2mm 이하로 유리온실·비닐온실에 사용
압연강재	대형 유리온실에 사용

② 철재 파이프(펜타이트 파이프)
  ㉠ 비닐온실에서 많이 사용
  ㉡ 두께 1.2mm 관으로 바깥지름이 22mm가 많이 쓰임
  ㉢ 녹 방지를 위해 아연 용융 도금처리하여 내구 연한이 긺

③ 경합금재
　　㉠ 유리온실에서 사용하며, 알루미늄이 주재료인 경합금속
　　㉡ 무게는 철재보다 1/3이며, 녹슬지 않음
　　㉢ 자재 형태가 다양하여, 시설형태도 다양하게 할 수 있음

(4) 피복 자재
　① 기초 피복재
　　기본 골격구조물 위에 고정하여 피복재

유리	• 판유리, 형판유리, 복층유리, 열선흡수유리 • 판유리 중 두께 3mm 투명유리가 피복재로 많이 이용
플라스틱	• 연질필름(0.05~0.2mm) : 폴리에틸렌(PE), 폴리염화비닐(PVC), 액정보호필름(EVA) • 반경질필름(0.175mm) : 경질염화비닐(PVC), 폴리에스테르(PET) • 경질판(2mm 이상) : FRP판, FRA판, PET판, PC판, MMA판

　② 추가 피복재
　　기초 피복재 안팎에서 보온, 차광, 보광, 방충용으로 추가로 사용되는 피복재
　　㉠ 보온용 : 연질필름, 반사필름, 부직포, 알루미늄스크린
　　㉡ 차광용 : 한랭사, 부직포, 네트, 알루미늄스크린
　　㉢ 보광용 : 반사필름(광합성 촉진)
　　㉣ 지면피복 : 연질필름(잡초방제, 지온 조절, 수분증발 방지)
　　㉤ 소형터널 : 연질필름, 한랭사, 부직포,
　　㉥ 시설외부 : 이엉, 거적, 매트

(5) 냉난방・관수 설비
　① 난방 설비

온풍 난방	• 전기나 연료의 연소에 의해 발생하는 열로 공기 온도를 높이는 방식 • 장점 : 단시간 가온이 가능하고, 설치가 쉽고, 가격이 저렴함 • 단점 : 건조하기 쉽고, 미작동시 기온이 급격히 낮아짐. 연소에 의한 가스장해 우려
온수 난방	• 보일러로 데운 온수를 시설 내 파이프나 방열관(라디에이터)으로 순환시켜 난방하는 방식 • 장점 : 대면적을 균일하게 난방 가능, 오래 지속됨 • 단점 : 가온하는데 시간이 걸리고, 설치비가 비쌈
증기 난방	• 보일러에서 만들어진 증기를 시설 내 방열기에 보내 난방하는 방식 • 장점 : 대규모 집단시설에 경제적이고, 방열관 설비작업이 불편하지 않음 • 단점 : 방열관 부근 고온장해 우려되고, 보온력이 낮아 운전이 중지되면 기온이 급강하됨
지중 난방	• 지중에 전열선, 파이프 매설을 하여 가온함
전열 난방	• 전열선과 전열온풍기를 이용한 난방 • 장점 : 설치비가 저렴하고 온도조절과 관리가 용이함 • 단점 : 정전시 보온성이 없고, 대규모 시설은 경제성이 전혀 없어서 소규모 가정용 온실 등에 사용함

난로 난방	• 석유, 연탄, 나무 등을 난로에 연소시켜 난로본체와 연통표면을 통해 방산되는 난방방식 • 장점 : 시설비가 저렴함 • 단점 : 관리의 자동화가 불가능하고, 독성가스 피해 및 고온건조가 우려되며, 기온분포가 불균일하고 안정성도 낮음

② 냉방 설비

팬앤드패드	한쪽 벽에 목모(부패가 잘 안되는 나무섬유)를 채운 패드를 설치하고, 패드를 지하수로 완전히 적신 후 반대쪽 벽에 환기팬을 작동하여 실내 공기를 외부로 배출하는 방식
팬앤드미스트	패드 대신 미스트(0.1mm 물방울) 분무실을 설치하고 외부공기가 이 분무실을 통과하는 동안 냉각되어 유입되는 냉방장치
팬앤드포그	포그(fog) 노즐을 사용하여 0.05mm의 세무(細霧)를 온실 내부에 뿌리고, 천장 환기팬을 통해 실내공기를 배출하여 실내를 냉각하는 방식
냉방 보조장치	• 차광 : 차광재(한랭사, 발)를 지붕 위에 설치 • 옥상 유수 : 지붕 위에 지하수를 흘러내리게 하여 냉각함 • 열선 흡수유리 : 열선을 흡수하는 유리를 피복함

③ 관수 설비

살수 장치	• 스프링클러 : 짧은 시간에 많은 양의 물을 넓은 면적에 살수함 • 소형 스프링클러 : 육묘상이나 엽채류 재배용으로 살수 • 유공 튜브 : 경질·연질 플라스틱필름에 지름 0.5~1mm 구멍을 뚫어 살수하는 방식
점적관수	플라스틱 튜브나 파이프에 분출공을 만들어 물이 방울방울 떨어지게 하는 방식
저면관수	벤치에 화분을 배열하고 베치 바닥에 물을 공급하여 화분 배수공을 통해 물이 스며 올라가는 방식
지중관수	지중(地中)에 매설한 급수 파이프에서 물이 스며나와 작물근계에 수분을 공급하는 방식
분무	온실 천장에 파이프라인을 가설하여 분무용 노즐을 통해 고압으로 분무함. 파종상 관수, 엽면관수, 농약살포, 가습 가능

(6) 양액재배(수경재배)

① 의미

㉠ 토양을 사용하지 않고 작물생육에 필요한 필수원소를 흡수율에 따라 적절한 농도로 용해시킨 양액(수용액)으로 작물을 재배하는 방식

㉡ 토경재배의 토양환경은 복잡하지만, 양액재배는 지하부 근권환경을 단순화하여 인위적으로 조절할 수 있음

② 양액재배 종류

수경	담액수경(DFT), 박막수경(NFT), 분무경
고형배지경	피트모스, 펄라이트, 암면, 모래

⊙ 수경

담액수경(DFT)	• 뿌리를 항상 양액 속에 담근 채로 재배하는 방식 • 산소공급기가 필요함 • DFT; nutrient film technique
박막수경(NFT)	• 플라스틱필름 베드 바닥에 양액을 흐르게 하는 순환형 방식 • 뿌리의 일부는 양액 속에, 나머지는 공중에 노출됨 • NFT; deep film technique
분무경	• 식물뿌리를 베드 내 공기 중에 노출된 채로 양액을 주기적으로 분사하여 재배하는 방식 • 산소 부족 우려는 없지만, 온도·습도 변화가 심함

ⓒ 고형배지경 : 토경과 수경의 중간적 성격

피트모스	• 이탄토, 습지식물이 퇴적된 유기질 토양을 배지로 이용함 • pH가 가장 낮음
펄라이트	• 펄라이트(진주암)를 1,000℃ 이상 가열하여 팽창시켜 만든 흰색 자갈모양이며, 무균·무취의 배지임

③ 양액재배의 장단점

장점	• 높은 생산성과 품질의 고급화가 가능함 • 무농약으로 청정한 재배가 가능함 • 생산시설의 자동화가 가능하여 생력화할 수 있음(노동력 절감) • 작물의 연작이 가능함 • 장소에 관계없이 공장형 식물재배가 가능함
단점	• 양액재배 시설설치로 초기 자본이 많이 필요함 • 전문적인 지식과 기술이 필요함 • 양액의 완충능이 없어서 pH나 EC 변화에 민감함 • 환경변화에 쉽게 대처하지 못함 • 병해가 발생하면 치명적인 손실을 초래함 • 폐자재의 활용이 어려움

(7) 식물공장(plant factory)

① 의미

⊙ 식물이 자라는 데 필요한 광, 온도, 습도, 이산화탄소, 양분 등의 환경을 인공적으로 만들어 건물 속에서 기상 조건에 구애받지 않고 연중 농작물을 안정적으로 생산할 수 있는 시설

ⓒ 완벽한 환경제어를 통해 작물을 공장의 제품처럼 생산하는 농업생산시스템

② 특징

장소	어느 곳이나 수직형으로 시설설치 가능함
작업환경	재배작업의 자동화와 생력화가 가능함
병충해	무균시설에서 완전방제가 가능함

재배	생장속도가 균일하고 빠름
생산성	단위면적당 생산성이 매우 높음, 계획된 생산과 출하가 가능함
품질	농약이나 화학비료를 사용하지 않는 품질 고급화가 가능함

③ 식물공장 종류

완전 제어형	태양광을 투과시키지 않고 인공조명(LED 등)으로만 재배
태양광 병용형	햇빛이 약할 때 태양광과 인공조명을 함께 사용
태양광 이용형	태양광만을 이용

④ 식물공장의 기계장치
  ㉠ 환경제어장치 : 인공조명장치, 온도조절장치, 습도조절장치, 이산화탄소발생장치, 환기창개폐장치 등
  ㉡ 수경재배장치 : 양액기
  ㉢ 식물생태 측정장치 : 생육측정기

3 과수 원예

(1) 과수 분류
  ① 꽃의 발육부분에 따라

진과 (참열매)	• 씨방(자방)이 발육하여 식용부위로 자란 열매 • 복숭아, 자두, 살구, 감, 감귤, 포도, 밤 등
위과 (헛열매)	• 씨방과 함께 꽃받침(꽃받기)이 발육하여 식용부위로 자란 열매 • 사과, 배, 모과, 비파, 무화과

② 과실의 구조에 따라

핵과류	• 씨방이 비대하여 과실을 이룬 것 • 식용부위는 씨방의 중과피에 해당 • 복숭아, 자두, 살구, 매실, 대추, 앵두
장과류	• 씨방이 발육하여 이루어진 과실 • 식용부위는 씨방의 외과피에 해당, 외과피는 과즙이 차있고, 씨는 과육 사이에서 핵을 이룸 • 포도, 구즈베리, 나무딸기, 무화과, 석류
준인과류	• 씨방이 발달하여 식용부위가 된 것 • 인과류와 과실모양은 비슷하나 씨방이 비대한 진과에 해당함 • 감, 감귤
인과류	• 꽃받침이 비대하여 과육부위가 식용으로 자란 과실 • 씨방은 과실 안쪽에 과심부를 이룸 • 사과, 배, 모과, 비파
각과류	• 씨방벽이 변하여 단단하고 두꺼운 껍데기 속에 들어있는 종자의 떡잎이 비대한 과실 • 밤, 호두, 개암, 은행, 아몬드

③ 재배지 기후에 따라

온대성 과수	• 연평균 기온 0~20℃ 지역에서 저온, 휴면 과정을 거쳐 결실하는 낙엽성 과수 • 사과, 배, 복숭아, 감, 포도, 대추 등
아열대성 과수	• 연평균 기온 17~20℃ 지역에서 자생하는 상록성 과수 • 감귤, 유자, 올리브, 비파
열대성 과수	• 적도 주변 저위도 지역에 자생하는 상록성 과수 • 바나나, 파인애플, 망고, 파파야, 아보카도

④ 나무 형태에 따라

교목성 과수	• 곧은 줄기가 1개로 줄기, 가지가 명확히 구분됨 • 사과, 배, 모과, 복숭아, 자두, 살구, 감귤, 레몬 등
관목성 과수	• 곧은 뿌리는 없고 줄기가 여러 갈래임 • 블루베리, 구즈베리, 나무딸기
덩굴성 과수	• 다른 물체에 감아 올라가는 과수 • 포도, 키위, 머루

⑤ 주요 과수의 품종

사과	조생종	조홍, 서광, 산사, 아오리
	중생종	홍로, 추광, 양광, 조나골드
	만생종	후지(부사), 홍옥, 화홍, 감홍, 국광
배	조생종	신수, 행수
	중생종	풍수, 황금, 신고
	만생종	추황, 금촌추
포도	캠벨얼리, 델라웨어, 거봉, 청수, 델리셔스, 샤인머스켓	
복숭아	유명, 백도, 창방조생	

⑥ 과수재배 적정 pH
- 산성 토양 : 밤나무, 복숭아나무, 비파나무
- 약산성 토양 : 사과나무, 배나무, 감나무, 감귤나무
- 중성~약알칼리성 토양 : 포도나무, 무화과나무

(2) 과수의 번식 : 영양번식

① 접목 개념
  ㉠ 2가지 식물체인 접수와 대목의 형성층을 접합시켜 하나의 식물체(독립개체)가 형성되는 것
  ㉡ 접수 : 품종이 확실하고, 병충해가 없어야 하며, 발육이 왕성한 1년생 가지가 좋음
  ㉢ 대목 : 생육이 왕성하고, 병충해와 환경조건에 강하며, 접수와 친화성이 좋아야 함. 대목은 토양적응성이 있고, 병해충 저항성이 있으며, 과수 수량과 품질을 높여주어야 함

② 접목 종류

눈접	• 당년에 자란 수목의 가지에서 1개의 눈을 채취하여 대목에 T자 모양의 칼금을 긋고 접눈을 끼워 형성층을 맞추어 접목하는 방법 • 8월 상순부터 9월 상순경 과수, 장미, 단풍나무 등에 이용
가지접	• 깎기접 : 접수는 눈이 2~3개, 길이가 5~6cm 되게 자른 다음 형성층을 노출시키고, 대목은 지상 5~6cm 높이에서 자르고 준비한 접수와 대목의 형성층을 잘 맞추어 결속시킴 • 짜개접, 혀접, 삽목접 등도 있음

③ 접목 효과·장점

품종 갱신, 묘목의 대량생산, 결과연한 단축, 수세 조절, 병해충 저항성 증대, 토양·환경 적응성 증대

④ 접목 단점
- 접목 기술이 요구하므로 숙련공이 필요함
- 접수와 대목간 생리관계를 알고 있어야 함
- 좋은 대목을 양성해야 하고, 휴면기간 동안 접수를 보존해야 함

(3) 과수 재배관리

① 묘목 준비
  ㉠ 과수는 종자번식보다 묘목으로 번식하고, 삽목묘보다 접목묘를 선호함
  ㉡ 좋은 묘목 : 품종과 대목이 명확한 것, 뿌리가 양호할 것, 병해충 피해가 없을 것, 웃자라지 않은 적당한 크기일 것

② 재식 방법
  ㉠ 재식시기
    - 가을심기 : 낙엽 후 ~ 땅이 얼기 전까지, 겨울이 따뜻하고 다습한 지역에서
    - 봄심기 : 땅이 해빙 후 ~ 눈트기 전까지, 겨울이 춥거나 건조한 지역에서
  ㉡ 재식거리 : 과실의 종류, 품종, 지형, 토양비옥도 등에 따라 달라짐
  ㉢ 재식배열 : 정방형, 장방형, 오점식, 정삼각형식

③ 적뢰, 적화, 적과
  ㉠ 목적 : 과수는 많은 양이 착화, 착과를 하기에 우수한 과실만 선택적으로 생산하기 위해
  ㉡ 효과 : 고품질 과실 생산, 해거리(격년마다 결과) 방지
  ㉢ 시기 : 적뢰는 꽃봉우리 때 제거함, 적화는 꽃 필 때 제거함, 적과는 수분 후 어린 열매일 때 제거함
  ㉣ 방법 : 인력이나 생장조절제 사용

④ 인공수분
  ㉠ 수분을 매개하는 곤충이 부족한 경우, 과수 자체 화분량이 부족한 경우, 다른 화분으로 수분되는 것이 결과가 좋은 경우 인공수분을 함

ⓒ 오전 9시 이전에 면봉, 붓, 분사기 등을 이용하여 인공수분함
⑤ 복대(봉지씌우기)
  ㉠ 목적 : 과실 품질 향상(착색 증진), 열과 방지(외관 보호), 병충해 방지
  ㉡ 방법 : 적과를 끝내고 어린 과실일 때 복대를 하고, 사과는 수확 전 20~30일 전에 제대(봉지벗기기)를 해야 착색이 잘 됨
⑥ 과수 낙과
  여러 가지 원인으로 과수가 떨어지는 현상
  ㉠ 낙과 종류

기계적 낙과	바람, 태풍, 병해충 등 외부 환경요인에 의한 낙과
생리적 낙과	• 생리적 원인으로 탈리층의 발달로 인한 낙과 • 원인 : 수정되지 않을 때, 배 발육이 정지될 때, 양수분 부족과 수광량이 불량할 때, • 질소/탄수화물 부족으로 인한 불균형일 때

  ㉡ 낙과 방지법

정지·전정	수광태세를 개선함, 병해충 관리
관수·배수	토양의 적절한 수분함량 관리
토양 관리	토양비옥도와 비료·병해충 관리
수분 조절	수분수 식재, 수분곤충 방사, 인공수분
생장조절제	사과 수확 전 2~3주에 옥신(NAA) 등을 살포

⑦ 과수원 토양 표면관리
  보통 유목(어린나무)은 청경법과 부초법을, 성목(자란나무)은 초생법을 선택함

청경재배 (청경법)	• 잡초나 목초 없이 토양표면을 깨끗이 관리하는 방법 • 장점 : 잡초와 양수분 경쟁이 없음, 해충의 잠복처가 없음 • 단점 : 토양침식, 표토의 수분증발, 제초 노력
멀칭재배 (부초법)	• 토양표면에 비닐, 짚 등으로 덮어서(멀칭) 관리하는 방법 • 장점 : 토양침식 방지, 토양수분 유지, 토양유기물 증대, 잡초발생 억제 • 단점 : 비용과 노동력이 들어감
<u>초생재배</u> (초생법) 〈실기〉	• 과수 아래 풀이나 목초를 재배하는 방법 • 장점 : 토양유실 방지, 제초 노력경감, 지력 증진 • 단점 : 과수와 풀의 양분 경쟁, 병충해 잠복지 제공

(4) 과수 수형
과수의 수형은 품종에 따라 재배방식, 생장형태, 대목 특성, 토지조건, 기상환경 등을 모두 고려하여 결정해야 함

① 수형의 종류

원추형 (주간형, 폐심형)	• 수형이 원추상태가 되도록 하는 정지법 • 장점 : 원가지와 원줄기의 결합이 강함, 밀식, 쉬운 전정기술 • 단점 : 수고가 너무 높아서 관리하기 불편하고, 풍해도 심하게 받으며, 아래쪽 가지가 광부족으로 발육이 불량해지기 쉽고, 과실의 품질도 불량해지기 쉬움 • 왜성사과나무, 양앵두나무	
배상형 (개심형)	• 짧은 원줄기 상에 3~4개의 원가지를 발달시켜 수형이 술잔모양으로 되게 하는 정지법 • 장점 : 편리한 관리, 용이한 가지 갱신, 통풍·투광이 좋음 • 단점 : 원가지 부담이 커서 가지가 늘어지기 쉽고, 결과수가 적어짐, 어려운 전정기술 • 배나무	
변칙주간형 (지연개심형)	• 원추형과 배상형의 절충형태, 처음에는 원추형으로 기르다가 뒤에 원줄기 선단을 잘라서 원가지가 바깥쪽으로 벌어지도록 하는 정지법 • 주간형의 단점인 높은 수고와 수관 내부의 광부족을 개선한 수형 • 사과나무·감나무·밤나무·서양배나무 등에 적용	
개심자연형	• 배상형의 단점을 개선한 수형으로, 짧은 원줄기에 2~4개의 원가지를 배치하고, 원가지는 곧게 키우되 비스듬히 사립(斜立)시킴으로써 결과부를 배상형의 경우보다 입체적으로 구성 • 수관 내부가 열려 있으므로 햇볕 투과가 양호하고, 과실 품질이 좋으며, 높이가 낮아 관리상 편리 • 배, 복숭아, 자두, 매실	
울타리형 정지법	• 가지를 2단 정도로 길게 직선으로 친 철사 등에 유인하여 결속 • 시설비가 적게 들고, 관리에 편리하나, 나무 수명이 짧아지고 수량도 적음 • 포도의 정지법으로 흔히 이용, 관상용 배나무·자두나무 등	
덕형 정지법	• 지상 1.8m 높이에 가로세로로 철선을 늘이고 결과부위를 평면으로 만들어 주는 수형 • 장점 : 풍해를 적게 받고 수량이 많음. • 단점 : 시설비와 작업노력이 많이 들고, 정지·전정이 안 되면 가지가 혼잡하여 과실의 품질저하, 병해충 발생증가 • 포도나무, 키위프루트에 많이 이용, 배나무	

② 정지·전정
  ㉠ 정지 : 과수의 수형을 조정하기 위해 줄기를 유인하고 절단하는 작업
  ㉡ 전정 : 과수 등의 가지를 절단하는 작업
  ㉢ 전정 목적 : 수형·수세 조절, 결실 조절, 과실품질 향상, 해거리 방지, 병해충 방제, 적화·적과 노력절감 등
  ㉣ 전정 방법

	갱신전정	오래된 가지를 새로운 가지로 갱신하기 위해서
목적	솎음전정	밀생한 가지를 솎기 위해서
	절단전정	가지 중간을 절단하여 튼튼한 나무의 골격으로 만들거나, 새가지를 여러 개 발생시켜 공간을 효율적 이용을 위해서

계절	겨울전정	내한성이 강한 것부터 휴면기간 동안 실시
	여름전정	생육기 중 수세 조절하기 위해
가지길이	장초전정	가지길이를 길게 남기고 자름
	단초전정	가지길이를 짧게 남기고 자름

③ 과수 결과습성

과수의 가지에 꽃눈이 착생하여 열매가 맺는 습성. 이러한 습성에 알맞게 전정을 해야 함

1년생 가지(당년지)에 결실하는 것	감·밤·포도·감귤·무화과·비파·호두 등
2년생 가지에 결실하는 것	복숭아·자두·양앵두·매실·살구 등 핵과류
3년생 가지에 결실하는 것	사과·배 등

(5) 과수의 저장

예냉(precooling)	• 청과물은 수확 직후에 온도를 신속히 낮추어 주는 예냉처리를 하면, 운송기간 중 신선도가 유지되고, 증산과 부패가 억제되며, 저장성이 높아짐
큐어링(curing) 〈실기〉	• 수확물의 상처에 유상조직인 코르크층을 발달시켜 병균의 침입을 방지하는 조치 • 고구마·감자 등 수분함량이 높은 작물들은 수확작업 중에 발생한 상처를 치유해야 안전저장이 가능함
CA저장	• 과실의 장기저장법으로 과실의 종류와 품종에 알맞게 CO_2 및 O_2의 농도를 인위적으로 조절하는 방법 • 산소농도는 낮게, 이산화탄소는 높게, 온도는 4℃ 정도로 낮게 유지 • 효과 : 호흡 억제, 에틸렌 생성 억제, 미생물 번식 억제, 과실 노화 방지
MA저장	• 플라스틱 필름으로 상품을 포장하는 방법 • 작물의 호흡에 의해 산소는 감소하고, 이산화탄소는 증가하여 포장 내부의 공기조성이 달라짐

참고 저장조건

고구마	큐어링 조건	수확 직후 30~33℃, 상대습도 90~95%, 3~6일간
	안전저장 조건	큐어링 후 13~15℃, 상대습도 85~90%
감자	큐어링 조건	수확 직후 10~15℃, 상대습도 100%, 2~3주간
	안전저장 조건	큐어링 후 3~4℃, 상대습도 85~90%
농산물 저장	예건	• 작물의 외피층을 건조시키고, 내부조직의 수분증발을 억제하며, 외엽조직세포의 팽압이 낮아지고, 마찰의 충격이나 상처가 감소함 • 양파, 마늘은 온도 30~35℃, 습도 65%로 예건

05 | 유기 축산

1 유기축산

(1) 유기축산
  ① 유기축산 개념
    ㉠ Codex 위원회의 정의 : 축산물의 생산과정에서 수정란 이식이나 유전자조작을 거치지 않은 가축에 각종 농약·화학비료를 사용하지 않고, 유전자조작을 거치지 않은 사료를 근간으로 인위적 합성첨가물(항생물질, 성장호르몬, 동물약품, 동물성사료)을 사용하지 않은 사료를 급여하고, 집약공장형 사육이 아니라 운동이나 휴식공간·방목초지가 겸비된 환경에서 자연적 방법으로 분뇨 처리와 환경이 제어된 사육·가공·유통·평가·표시된 가축의 사육체계와 그 축산물
    ㉡ 친환경 축산 : 자연환경 및 생태계를 보전하고 환경의 자연정화와 물질의 자연순환을 통해 지속가능한 축산업을 경영하는 일
    ㉢ 유기축산은 양질의 유기사료 제공, 적절한 사육공간, 적절한 사양관리체계, 스트레스를 최소화하는 질병예방과 건강증진을 위한 가축관리 등을 실시해야 함
  ② 유기축산 관련 용어

가축	소·말·면양·염소(유산양)·돼지·사슴·닭·오리·거위·칠면조·메추리·타조·꿩, 그 밖에 대통령령으로 정하는 동물(動物). 「축산법」 제2조 제1호에 따른 가축
사육장	가축사육을 목적으로 하는 축사시설이나 방목, 운동장
방사	축사 외의 공간에 방목장을 갖추고 방목장에서 가축이 자유롭게 돌아 다닐 수 있는 것
유기사료	유기농산물 및 비식용유기가공품 인증기준에 맞게 재배·생산된 사료
시유(시판우유)	원유를 소비자가 안전하게 음용할 수 있도록 단순살균 처리 한 것
총가소화영양분	(TDN; Total Digestible Nutrients), 사료가 가축의 대사작용에 이용되는 에너지, 에너지를 발생시킬 수 있는 유기물인 탄수화물, 단백질, 지방이 소화에 이용될 수 있는 양을 총합한 것
경축순환농법 (耕畜循環農法)	친환경농업을 실천하는 자가 경종과 축산을 겸업하면서 각각의 부산물을 작물재배 및 가축사육에 활용하고, 경종작물의 퇴비소요량에 맞게 가축사육 마리 수를 유지하는 형태의 농법
동물복지 (animal welfare)	가축의 특별한 행동양식을 고려하여 사육조건과 환경을 관리하며, 충분한 공간 및 정상적인 행동을 할 수 있는 기회를 제공하고 가축의 생리적 욕구를 충족하도록 신선한 공기와 자연광의 공급, 양질의 신선한 물과 사료를 공급하는 것(Codex 가이드라인)
동물용 의약품	동물질병의 예방·치료 및 진단을 위하여 사용하는 의약품
휴약기간	사육되는 가축에 대하여 그 생산물이 식용으로 사용하기 전에 동물용의약품의 사용을 제한하는 일정기간
유기축산물 질병 예방·관리 프로그램	가축의 사육 과정에서 인증기준에 따라 사용하는 예방백신, 구충제 및 치료용으로 사용하는 동물용의약품의 명칭, 사용 시기와 조건 및 사용 후 휴약기간 등에 대해 작성된 문서

③ 관행축산 vs 유기축산
  ㉠ 시설환경

구분	관행축산	유기축산
축산면적	• 밀집사육 가능	• 축종별 사육밀도기준 준수(유기가축 1마리당 갖추어야 하는 가축사육시설의 소요면적)
축사조건	• 시멘트바닥, 틈바닥, 깔짚 등 (규정 없음)	• 시멘트 구조 등의 바닥이 허용되지 않음
분뇨처리	• 정화·자원화 방법 • 축사면적에 준한 처리시설 마련(가축분뇨법에 준함)	• 자원화를 근간으로 한 처리방법(퇴비, 액비) • 가축분뇨의 관리 및 이용에 관한 법률에 준함
축사의 밀도	• 제한사육 가능	• 제한사육 불가능 • 자유로운 행동표출 및 운동이 가능해야 함 • 군사원칙 • 자유급여시설 마련
방목조건	• 규정사항 없음	• 축사면적의 2배 이상 방목지 확보

  ㉡ 가축관리

구분	관행축산	유기축산
가축번식	• 규정사항 없음	• 축종을 사용한 자연교배 권장(인공수정 허용) • 수정란이식, 번식호르몬, 유전공학을 이용한 번식기법은 불허 • 유전공학기법 불허
자급사료기반	• 비유기사료 급여 허용 • 항생제·성장촉진제·호르몬제 허용	• 유기사료 급여 기준 • 유전자변형농산물 불허 • 합성, 유전자조작 변형물질 불허 • 국제식품규격위원회나 농림축산식품부장관이 허용한 물질 사용
질병관리	• 구충제, 예방백신, 성장촉진제, 호르몬제 허용 • 정기적 약품투여 허용	• 구충제, 예방백신 허용 • 민간요법에 의한 환축치료 권장 • 정기적 약품투여 불허(환축의 경우 허용, 단 약품 투약기간의 2배 경과후 유기축산물로 인정) • 성장촉진제, 호르몬제 불허(단, 치료목적 호르몬은 허용)
사양관리 및 동물복지	• 밀집사육 허용 • 격리사육 허용 • 케이지사육 허용	• 물리적 거세 허용 • 단미, 단이, 부리자르기, 뿔자르기 불허(단, 필요시 예외 인정) • 밀집사육 불허 • 군사원칙(단, 임신말기, 포유기간은 예외) • 케이지사육 불허(단, 자돈의 경우 25kg까지 케이지사육 허용)

2 유기축산물 생산에 필요한 인증기준

「친환경농어업 육성 및 유기식품 등의 관리·지원에 관한 법률」제58조, 같은 법 시행령, 같은 법 시행규칙에 따른 유기식품등·무농약농산물·무농약원료가공식품의 인증 및 사후관리를 위하여 국립농산물품질관리원장에게 위임한 사항에 대하여 그 시행에 필요한 사항을 정함. [유기식품 및 무농약농산물 등의 인증에 관한 세부실시 요령, 별표 1]

심사 사항	인증기준
가. 일반	1) 경영관련 자료(「수의사법」 제12조의2제2항에 따른 수의사처방관리시스템에 등록된 처방전의 제공을 포함한다)와 축산물의 생산과정 등을 기록한 인증품 생산계획서 및 필요한 관련정보는 국립농산물품질관리원장 또는 인증기관이 심사 등을 위하여 요구하는 때에는 이를 제공하여야 한다. 2) 사육하고 있는 가축 중 일부만을 인증 받으려고 하는 경우 인증을 신청하지 않은 가축의 사육과정에서 사용한 동물용의약품 및 동물용의약품외품의 사용량과 해당 축산물의 생산량 및 출하처별 판매량(병행생산에 한함)에 관한 자료를 기록·보관하고 국립농산물품질관리원장 또는 인증기관이 요구하는 때에는 이를 제공하여야 한다. 3) 초식가축은 목초지에 접근할 수 있어야 하고, 그 밖의 가축은 기후와 토양이 허용되는 한 노천구역에서 자유롭게 방사할 수 있도록 하여야 한다. 4) 가축 사육두수는 해당 농가에서의 유기사료 확보능력, 가축의 건강, 영양균형 및 환경영향 등을 고려하여 적절히 정하여야 한다. 5) 가축의 생리적 요구에 필요한 적절한 사양관리체계로 스트레스를 최소화하면서 질병예방과 건강유지를 위한 가축관리를 하여야 한다. 6) 가축 질병방지를 위한 적절한 조치를 취하였음에도 불구하고 질병이 발생한 경우에는 가축의 건강과 복지유지를 위하여 수의사의 처방 및 감독 하에 치료용 동물용의약품을 사용할 수 있다. 7) 유기축산물 질병예방·관리 프로그램을 갖추고, 질병관리에 참여하는 종사자가 알 수 있도록 농장에 비치하여야 한다. 8) 생산자단체로 인증 받으려는 경우 인증신청서를 제출하기 이전에 다음 각 호의 요건을 모두 이행하고 관련 증명자료를 보관하여야 한다. 　가) 생산관리자는 소속 농가에게 인증기준에 적합하게 작성된 생산지침서를 제공하여야 한다. 　나) 생산관리자는 소속 농가의 인증품 생산과정이 인증기준에 적합한지에 대한 예비심사를 하고 심사한 결과를 별지 제5호의2서식에 기록하여야 하며, 인증기준에 적합하지 않은 농가는 인증신청에서 제외하여야 한다. 　다) 가)부터 나)까지의 업무를 수행하기 위해 국립농산물품질관리원장이 정하는 바에 따라 생산관리자를 1명 이상 지정하여야 한다. 9) 친환경농업에 관한 교육이수 증명자료는 인증을 신청한 날로부터 기산하여 최근 2년 이내에 이수한 것이어야 한다. 다만, 5년 이상 인증을 연속하여 유지하거나 최근 2년 이내에 친환경농업 교육 강사로 활동한 경력이 있는 경우에는 최근 4년 이내에 이수한 교육이수 증명자료를 인정한다.
나. 사육장 및 사육조건	1) 사육장(방목지를 포함한다), 목초지 및 사료작물 재배지는 주변으로부터의 오염우려가 없거나 오염을 방지할 수 있는 지역이어야 하고, 「토양환경보전법 시행규칙」별표 3에 따른 1지역의 토양오염 우려기준을 초과하지 아니하여야 하며, 방사형 사육장의 토양에서는 합성농약 성분이 검출되어서는 아니된다. 다만, 관행농업 과정에서 토양

에 축적된 합성농약 성분의 검출량이 0.01mg/kg 이하인 경우에는 예외를 인정한다.
2) 축사 및 방목에 대한 세부요건은 다음과 같다.
　가) 축사 조건
　　(1) 축사는 다음과 같이 가축의 생물적 및 행동적 욕구를 만족시킬 수 있어야 한다.
　　　(가) <u>사료와 음수는 접근이 용이할 것</u>
　　　(나) <u>공기순환, 온도·습도, 먼지 및 가스농도가 가축건강에 유해하지 아니한 수준 이내로 유지되어야 하고, 건축물은 적절한 단열·환기시설을 갖출 것</u>
　　　(다) <u>충분한 자연환기와 햇빛이 제공될 수 있을 것</u>
　　(2) 축사의 밀도조건은 다음 사항을 고려하여 (3)에 정하는 가축의 종류별 면적당 사육두수를 유지하여야 한다.
　　　(가) 가축의 품종·계통 및 연령을 고려하여 편안함과 복지를 제공할 수 있을 것
　　　(나) 축군의 크기와 성에 관한 가축의 행동적 욕구를 고려할 것
　　　(다) 자연스럽게 일어서서 앉고 돌고 활개 칠 수 있는 등 충분한 활동공간이 확보될 것
　　(3) 유기가축 1마리당 갖추어야 하는 가축사육시설의 소요면적(단위:㎡)은 다음과 같다.
　　　(가) 한·육우

시설형태	번식우	비육우	송아지
방사식	10㎡/마리	7.1㎡/마리	2.5㎡/마리

① 성우 1마리=육성우 2마리
② 성우(14개월령 이상), 육성우(6개월~14개월 미만), 송아지(6개월령 미만)
③ 포유중인 송아지는 마리수에서 제외

　　　(나) 젖소　　　　　　　　　　　　　　　　　　　　　　　(㎡/마리)

시설형태	경산우		초임우 (13~24월령)	육성우 (7~12월령)	송아지 (3~6월령)
	착유우	건유우			
깔짚	17.3	17.3	10.9	6.4	4.3
프리스톨	9.5	9.5	8.3	6.4	4.3

　　　(다) 돼지　　　　　　　　　　　　　　　　　　　　　　　(㎡/마리)

구분	웅돈	번식돈				비육돈			
		임신돈	분만돈	종부대기돈	후보돈	자돈 초기	자돈 후기	육성돈	비육돈
소요면적	10.4	3.1	4.0	3.1	3.1	0.2	0.3	1.0	1.5

① 자돈초기(20kg 미만), 자돈중기(20~30kg 미만), 육성돈(30~60kg 미만), 비육돈(60kg 이상)
② 포유중인 자돈은 마리수에서 제외

(라) 닭

구분	소요면적
산란 성계, 종계	0.22㎡/마리
산란 육성계	0.16㎡/마리
육계	0.1㎡/마리

① 성계 1마리 = 육성계 2마리 = 병아리 4마리
② 병아리(3주령 미만), 육성계(3주령~18주령 미만), 성계(18주령 이상)

(마) 오리

구분	소요면적
산란용 오리	0.55㎡/마리
육용 오리	0.3㎡/마리

① 성오리1마리 = 육성오리2마리 = 새끼오리4마리
② 산란용 : 성오리(18주령 이상), 육성오리(3주령~18주령 미만), 새끼오리(3주령 미만)
③ 육용오리 : 성오리(6주령 이상), 육성오리 : 3주령~6주령 미만, 새끼오리 : 3주령 미만

(바) 면양·염소[(유산양(乳山羊: 젖을 생산하기 위해 사육하는 염소)을 포함한다)

구분	소요면적
면양, 염소	1.3㎡/마리

(사) 사슴

구분	소요면적
꽃사슴	2.3㎡/마리
레드디어	4.6㎡/마리
엘크	9.2㎡/마리

(4) 축사·농기계 및 기구 등은 청결하게 유지하고 소독함으로써 교차감염과 질병감염체의 증식을 억제하여야 한다.
(5) 축사의 바닥은 부드러우면서도 미끄럽지 아니하고, 청결 및 건조하여야 하며, 충분한 휴식공간을 확보하여야 하고, 휴식공간에서는 건조깔짚을 깔아 줄 것
(6) 번식돈은 임신 말기 또는 포유기간을 제외하고는 군사를 하여야 하고, 자돈 및 육성돈은 케이지에서 사육하지 아니할 것. 다만, 자돈 압사 방지를 위하여 포유기간에는 모돈과 조기에 젖을 뗀 자돈의 생체중이 25킬로그램까지는 케이지에서 사육할 수 있다.
(7) 가금류의 축사는 짚·톱밥·모래 또는 야초와 같은 깔짚으로 채워진 건축공간이 제공되어야 하고, 가금의 크기와 수에 적합한 홰의 크기 및 높은 수면공간을 확보하여야 하며, 산란계는 산란상자를 설치하여야 한다.
(8) 산란계의 경우 자연일조시간을 포함하여 총 14시간을 넘지 않는 범위 내에서 인공광으로 일조시간을 연장할 수 있다.

나) 방목조건
　(1) 포유동물의 경우에는 가축의 생리적조건·기후조건 및 지면조건이 허용하는 한 언제든지 방목지 또는 운동장에 접근할 수 있어야 한다. 다만, 수소의 방목지 접근, 암소의 겨울철 운동장 접근 및 비육 말기에는 예외로 할 수 있다.
　(2) 반추가축은 가축의 종류별 생리 상태를 고려하여 가)(3)의 축사면적 2배 이상의 방목지 또는 운동장을 확보해야 한다. 다만, 충분한 자연환기와 햇빛이 제공되는 축사구조의 경우 축사시설면적의 2배 이상을 축사 내에 추가 확보하여 방목지 또는 운동장을 대신할 수 있다.
　(3) 가금류의 경우에는 다음 조건을 준수하여야 한다.
　　(가) <u>가금은 개방조건에서 사육되어야 하고, 기후조건이 허용하는 한 야외 방목장에 접근이 가능하여야 하며, 케이지에서 사육하지 아니할 것</u>
　　(나) 물오리류는 기후조건에 따라 가능한 시냇물·연못 또는 호수에 접근이 가능할 것
3) 합성농약 또는 합성농약 성분이 함유된 동물용의약외품 등의 자재는 축사 및 축사의 주변에 사용하지 아니하여야 한다.
4) 같은 축사 내에서 유기가축과 비유기가축을 번갈아 사육하여서는 아니 된다.
5) <u>유기가축과 비유기가축의 병행사육 시 다음의 사항을 준수하여야 한다.</u> 〈실기〉
　가) 유기가축과 비유기가축은 서로 독립된 축사(건축물)에서 사육하고 구별이 가능하도록 각 축사 입구에 표지판을 설치하고, 유기 가축과 비유기가축은 성장단계 또는 색깔 등 외관상 명확하게 구분될 수 있도록 하여야 한다.
　나) 일반 가축을 유기 가축 축사로 입식하여서는 아니 된다. 다만, 입식시기가 경과하지 않은 어린 가축은 예외를 인정한다.
　다) 유기가축과 비유기가축의 생산부터 출하까지 구분관리 계획을 마련하여 이행하여야 한다.
　라) 유기가축, 사료취급, 약품투여 등은 비유기가축과 구분하여 정확히 기록 관리하고 보관하여야 한다.
　마) 인증가축은 비유기 가축사료, 금지물질 저장, 사료공급·혼합 및 취급 지역에서 안전하게 격리되어야 한다.
6) 사육 관련 업무를 수행하는 모든 작업자는 가축의 종류별 특성에 따라 적절한 위생조치를 취하여야 한다.
　가) 사육장 입구의 발판 소독조에 대하여 정기적으로 관리하여야 한다.
　나) 관리인에 대한 주기적인 위생 및 방역교육을 실시하도록 노력하여야 한다.
　다) 젖소일 경우 출입 전후 착유자에 대한 위생관리를 하여야 한다.
7) 농장에서 사용하는 도구와 설비를 위생적으로 관리하여야 한다.
　가) 사료 보관장소는 정기적인 청소·소독을 하고, 사료저장용 용기, 자동급이기 및 운반용 도구는 청결하게 관리하여야 한다.
　나) 음수조 및 급수라인은 항상 청결하게 유지하고, 정기적으로 소독·관리하여야 한다.
　다) 젖소의 경우 착유실은 해충, 쥐 등의 침입을 방지하는 시설을 갖추고, 환기, 급수시설 및 수세시설 등은 청결하게 관리하여야 하며, 착유실·원유냉각기는 주기적으로 세척·소독하는 등 위생적으로 관리하여야 한다.
　라) 산란계의 경우 집란실은 해충, 쥐 등의 침입을 방지하는 시설을 갖추고, 환기시설 등은 청결하게 관리하여야 하며, 집란기·집란 라인은 주기적으로 세척·소독하는 등 위생적으로 관리하여야 한다.

다. 자급 사료 기반	8) 쥐 등 설치류로부터 가축이 피해를 입지 않도록 방제하는 경우 물리적 장치 또는 관련 법령에 따라 허가받은 제재를 사용하되 가축이나 사료에 접촉되지 않도록 관리하여야 한다.
다. 자급 사료 기반	1) 초식가축의 경우에는 가축 1마리당 목초지 또는 사료작물 재배지 면적을 확보하여야 한다. 이 경우 사료작물 재배지는 답리작 재배 및 임차·계약재배가 가능하다. 　가) 한·육우 : 목초지 2,475㎡ 또는 사료작물재배지 825㎡ 　나) 젖소 : 목초지 3,960㎡ 또는 사료작물재배지 1,320㎡ 　다) 면·산양 : 목초지 198㎡ 또는 사료작물재배지 66㎡ 　라) 사슴 : 목초지 660㎡ 또는 사료작물재배지 220㎡ 　다만, 가축의 종류별 가축의 생리적 상태, 지역 기상조건의 특수성 및 토양의 상태 등을 고려하여 외부에서 유기적으로 생산된 조사료(粗飼料, 생초나 건초 등의 거친 먹이를 말한다. 이하 같다)를 도입할 경우, 목초지 또는 사료작물재배지 면적을 일부 감할 수 있다. 이 경우 한·육우는 374㎡/마리, 젖소는 916㎡/마리 이상의 목초지 또는 사료작물재배지를 확보하여야 한다. 2) 국립농산물품질관리원장 또는 인증기관은 가축의 종류별 가축의 생리적 상태, 지역 기상조건의 특수성 및 토양의 상태 등을 고려하여 유기적으로 재배·생산된 조사료를 구입하여 급여하는 것을 인정할 수 있다. 3) 목초지 및 사료작물 재배지는 유기농산물의 재배·생산기준에 맞게 생산하여야 한다. 다만, 멸강충 등 긴급 병충해 방제를 위하여 일시적으로 합성농약을 사용할 수 있으며, 이 경우 국립농산물품질관리원장 또는 인증기관의 사전승인 또는 사후보고 등의 조치를 취하여야 한다. 4) 가축분뇨 퇴·액비를 사용하는 경우에는 완전히 부숙시켜서 사용하여야 하며, 이의 과다한 사용, 유실 및 용탈 등으로 인하여 환경오염을 유발하지 아니하도록 하여야 한다. 5) 산림 등 자연상태에서 자생하는 사료작물은 유기농산물 허용물질 외의 물질이 3년 이상 사용되지 아니한 것이 확인되고, 비식용유기가공품(유기사료)의 기준을 충족할 경우 유기사료작물로 인정할 수 있다.
라. 가축의 선택, 번식 방법 및 입식	1) 가축은 유기축산 농가의 여건 및 다음 사항을 고려하여 사육하기 적합한 품종 및 혈통을 골라야 한다. 　가) 산간지역·평야지역 및 해안지역 등 지역적인 조건에 적합할 것 　나) 가축의 종류별로 주요 가축전염병에 감염되지 아니하여야 하고, 특정 품종 및 계통에서 발견되는 스트레스증후군 및 습관성 유산 등의 건강상 문제점이 없을 것 　다) 품종별 특성을 유지하여야 하고, 내병성이 있을 것 2) <u>교배는 종축을 사용한 자연교배를 권장하되, 인공수정을 허용할 수 있다.</u> 3) 수정란 이식기법이나 번식호르몬 처리, 유전공학을 이용한 번식기법은 허용되지 아니한다. 4) 다른 농장에서 가축을 입식하려는 경우 해당 가축의 입식조건(입식시기 등)이 유기축산의 기준에 맞게 사육된 가축이어야 하며, 이를 입증할 자료를 인증기관에 제출하여 승인을 받아야 한다. 다만, 유기가축을 확보할 수 없는 경우에는 다음 각 호의 어느 하나의 방법으로 인증기관의 승인을 받아 일반 가축을 입식할 수 있다. 　가) 부화 직후의 가축 또는 젖을 뗀 직후의 가축인 경우(소를 가축 시장 등에서 입식하는 경우 출생 후 10개월 이내만 인정함) 　나) 원유 생산용 또는 알 생산용으로 육성축 또는 성축이 필요한 경우 　다) 번식용 수컷이 필요한 경우

		라) 가축전염병 발생에 따른 폐사로 새로운 가축을 입식하려는 경우
		마) 신규 인증을 신청한 농장(신청서를 제출한 날로부터 1년 이내에 인증을 유지한 농장은 제외함)에서 인증신청 당시 사육하고 있는 전체 가축을 전환하려는 경우
마. 전환기간	1) 일반농가가 유기축산으로 전환하거나 라목4) 단서에 따라 유기가축이 아닌 가축을 유기농장으로 입식하여 유기축산물을 생산·판매하려는 경우에는 규칙 별표4 제3호마목에서 정하고 있는 가축의 종류별 전환기간(최소 사육기간) 이상을 유기축산물 인증기준에 따라 사육하여야 한다.	

가축의 종류	생산물	전환기간 (최소 사육기간)
한우·육우	식육	입식 후 12개월
젖소	시유 (시판우유)	1) 착유우는 입식 후 3개월 2) 새끼를 낳지 않은 암소는 입식 후 6개월
면양·염소	식육	입식 후 5개월
	시유 (시판우유)	1) 착유양은 입식 후 3개월 2) 새끼를 낳지 않은 암양은 입식 후 6개월
돼지	식육	입식 후 5개월
육계	식육	입식 후 3주
산란계	알	입식 후 3개월
오리	식육	입식 후 6주
	알	입식 후 3개월
메추리	알	입식 후 3개월
사슴	식육	입식 후 12개월

	2) 전환기간은 인증기관의 감독이 시작된 시점부터 기산하며, 방목지·노천구역 및 운동장 등의 사육여건이 잘 갖추어지고 유기 사료의 급여가 100% 가능하여 유기축산물 인증기준에 맞게 사육한 사실이 객관적인 자료를 통해 인정되는 경우 1)의 전환기간 2/3 범위 내에서 유기 사육기간으로 인정할 수 있다.	
	3) 전환기간의 시작일은 사육형태에 따라 가축 개체별 또는 개체군별 또는 축사별로 기록 관리하여야 한다.	
	4) 전환기간이 충족되지 아니한 가축을 인증품으로 판매하여서는 아니 된다.	
	5) 1)에 전환기간이 설정되어 있지 아니한 가축은 해당 가축과 생육기간 및 사육방법이 비슷한 가축의 전환기간을 적용한다. 다만, 생육기간 및 사육방법이 비슷한 가축을 적용할 수 없을 경우 국립농산물품질관리원장이 별도 전환기간을 설정한다.	
	6) 동일 농장에서 가축·목초지 및 사료작물재배지가 동시에 전환 하는 경우에는 현재 사육되고 있는 가축에게 자체농장에서 생산된 사료를 급여하는 조건 하에서 목초지 및 사료작물 재배지의 전환기간은 [1년]으로 한다.	
바. 사료 및 영양 관리	1) 유기축산물의 생산을 위한 가축에게는 100% 유기사료를 급여하여야 하며, 유기사료 여부를 확인하여야 한다.	
	2) 유기축산물 생산과정 중 심각한 천재·지변, 극한 기후조건 등으로 인하여 1)에 따른 사료급여가 어려운 경우 [국립농산물품질관리원장] 또는 인증기관은 일정기간 동안 유기사료가 아닌 사료를 일정 비율로 급여하는 것을 허용할 수 있다.	

	3) 반추가축에게 담근먹이(사일리지)만 급여해서는 아니 되며, 생초나 건초 등 조사료도 급여하여야 한다. 또한 비반추 가축에게도 가능한 조사료 급여를 권장한다.
	4) 유전자변형농산물 또는 유전자변형농산물로부터 유래한 것이 함유되지 아니하여야 하나, 비의도적인 혼입은 「식품위생법」 제12조의2에 따라 식품의약품안전처장이 고시한 유전자변형식품등의 표시기준에 따라 유전자변형농산물로 표시하지 아니할 수 있는 함량의 1/10 이하여야 한다. 이 경우 '유전자변형농산물이 아닌 농산물을 구분 관리하였다'는 구분유통증명서류·정부증명서 또는 검사성적서를 갖추어야 한다.
	5) 유기배합사료 제조용 단미사료 및 보조사료는 규칙 별표1 제1호나목의 자재에 한해 사용하되 사용가능한 자재임을 입증할 수 있는 자료를 구비하고 사용하여야 한다.
	6) 다음에 해당되는 물질을 사료에 첨가해서는 아니 된다.
	   가) 가축의 대사기능 촉진을 위한 합성화합물
	   나) 반추가축에게 포유동물에서 유래한 사료(우유 및 유제품을 제외)는 어떠한 경우에도 첨가해서는 아니 된다.
	   다) 합성질소 또는 비단백태질소화합물
	   라) 항생제·합성항균제·성장촉진제, 구충제, 항콕시듐제 및 호르몬제
	   마) 그 밖에 인위적인 합성 및 유전자조작에 의해 제조·변형된 물질
	7) 「지하수의 수질보전 등에 관한 규칙」 제11조에 따른 생활용수 수질기준에 적합한 신선한 음수를 상시 급여할 수 있어야 한다.
	8) 합성농약 또는 합성농약 성분이 함유된 동물용의약외품 등의 자재를 사용하지 아니하여야 한다.

사. 동물복지 및 질병 관리	1) 가축의 질병은 다음과 같은 조치를 통하여 예방하여야 하며, 질병이 없는데도 동물용의약품을 투여해서는 아니 된다.
	   가) 가축의 품종과 계통의 적절한 선택
	   나) 질병발생 및 확산방지를 위한 사육장 위생관리
	   다) 생균제(효소제 포함), 비타민 및 무기물 급여를 통한 면역기능 증진
	   라) 지역적으로 발생되는 질병이나 기생충에 저항력이 있는 종 또는 품종의 선택
	2) 동물용의약품은 규칙 별표4 제3호에서 허용하는 경우에만 사용하고 농장에 비치되어 있는 유기축산물 질병·예방관리 프로그램에 따라 사용하여야 한다.
	3) 동물용의약품을 사용하는 경우 「수의사법」 제12조에 따른 수의사 처방전을 농장에 비치하여야 한다. 다만, 처방대상이 아닌 동물용의약품을 사용한 경우로 다음 각 호의 어느 하나에 해당하는 경우 예외를 인정한다.
	   가) 규칙 별표1 제1호나목5)에 따른 가축의 질병 예방 및 치료를 위해 사용 가능한 물질로 만들어진 동물용의약품임을 입증하는 자료를 비치하는 경우(사용가능 조건을 준수한 경우에 한함)
	   나) 「수의사법」 제12조에 따른 진단서를 비치한 경우(대상가축, 동물용의약품의 명칭·용법·용량이 기재된 경우에 한함)
	   다) 「가축전염병예방법」 제15조제1항에 따른 농림축산식품부장관, 시·도지사 또는 시장·군수·구청장의 동물용의약품 주사·투약 조치와 관련된 증명서를 비치한 경우
	4) 동물용의약품을 사용한 가축은 동물용의약품을 사용한 시점부터 마목1)의 전환기간(해당 약품의 휴약기간 2배가 전환기간보다 더 긴 경우 휴약기간의 2배 기간을 적용)이 지나야 유기축산물로 출하할 수 있다. 다만, 3)에 따라 동물용의약품을 사용한 가축은 휴약기간의 [2배]를 준수하여 유기축산물로 출하 할 수 있다.
	5) 생산성 촉진을 위해서 성장촉진제 및 호르몬제를 사용해서는 아니 된다. 다만, 수의사의 처방에 따라 치료목적으로만 사용하는 경우 「수의사법」 제12조에 따른 처방전

		또는 진단서(대상가축, 동물용의약품의 명칭·용법·용량이 기재된 경우에 한함)를 농장 내에 비치하여야 한다.
		6) 가축에 있어 꼬리 부분에 접착밴드 붙이기, 꼬리 자르기, 이빨 자르기, 부리 자르기 및 뿔 자르기와 같은 행위는 일반적으로 해서는 아니 된다. 다만, 안전 또는 축산물 생산을 목적으로 하거나 가축의 건강과 복지개선을 위하여 필요한 경우로서 국립농산물품질관리원장 또는 인증기관이 인정하는 경우는 이를 할 수 있다.
		7) 생산물의 품질향상과 전통적인 생산방법의 유지를 위하여 물리적 거세를 할 수 있다.
		8) 동물용의약품이나 동물용의약외품을 사용하는 경우 용법, 용량, 주의사항 등을 준수하여야 하며, 구입 및 사용내역 등에 대하여 기록·관리하여야 한다. 다만, 합성농약 성분이 함유된 물질은 사용할 수 없다.
	아. 운송·도축·가공과 정의 품질 관리	1) 살아있는 가축의 수송은 가축의 종류별 특성에 따라 적절한 위생조치를 취하고, 상처나 고통을 최소화하는 방법으로 조용하게 이루어져야 하며, 전기 자극이나 대증요법의 안정제를 사용해서는 아니 된다.
		2) 유기축산물의 수송, 도축, 가공과정의 품질관리를 위해 다음 사항이 포함된 품질관리 계획을 세워 이를 이행하여야 한다. 가) 수송방법, 도축방법, 가공방법, 인증품 표시방법 나) 인증을 받지 않은 축산물이 혼입되지 않도록 하는 구분 관리 방법
		3) 가축의 도축은 스트레스와 고통을 최소화하는 방법으로 이루어져야 하고, 오염방지 등을 위해 「축산물 위생관리법」 제9조에 따른 안전관리인증기준(HACCP)을 적용하는 도축장에서 실시되어야 한다.
		4) 농장 외부의 집유장, 축산물가공장, 식용란선별포장장, 식육포장처리장에 축산물의 취급을 의뢰하는 경우 취급자 인증을 받은 작업장에 의뢰 하여야 한다.
		5) 살아있는 가축의 저장 및 수송 시에는 청결을 유지하여야 하며, 외부로부터의 오염을 방지하여야 한다.
		6) 유기축산물로 출하되는 축산물에 동물용의약품 성분이 잔류되어서는 아니 된다. 다만, 사목2)부터 4)까지에 따라 동물용의약품을 사용한 경우 이를 허용하되, 「식품위생법」 제7조제1항에 따라 식품의약품안전처장이 고시한 동물용의약품 잔류 허용기준의 [10분의 1]을 초과하여 검출되지 아니하여야 한다.
		7) 방사선은 해충방제, 식품보존, 병원의 제거 또는 위생의 목적으로 사용할 수 없다. 다만, 이물탐지용 방사선(X선)은 제외한다.
		8) 유통 시 발생할 수 있는 유기축산물의 변성이나 부패방지를 위하여 임의로 합성물질을 첨가할 수 없다. 다만, 물리적 처리나 천연제제는 유기축산물의 화학적 변성이나 특성을 변화시키지 아니하는 범위에서 적절하게 이용할 수 있다.
		9) 알 생산물을 물로 세척하거나 소독하는 경우 규칙 별표1 제1호다목1)의 허용물질 중 과산화수소, 오존수, 이산화염소수, 차아염소산수를 사용할 수 있으나, 알 생산물에 잔류되지 않도록 관리계획을 수립하고 이행하여야 한다.
		10) 유기축산물 포장재는 「식품위생법」의 관련 규정에 적합하고 가급적 생물 분해성, 재생품 또는 재생이 가능한 자재를 사용하여 제작된 것을 사용하여야 한다.
		11) 인증품 출하 시 인증품의 표시기준에 따라 표시하여야 하며, 포장재의 제작 및 사용량에 관한 자료를 보관하여야 한다.
		12) 인증표시를 하지 않은 축산물을 인증품으로 판매할 수 없다. 다만, 2)의 품질관리 계획에 따라 계약된 유통자에게 살아있는 가축으로 판매하는 경우 납품서, 거래명세서 또는 보증서 등에 표시사항을 기재하여야 하며 동 자료를 보관하여야 한다.
		13) 인증품에 인증품이 아닌 제품을 혼합하거나 인증품이 아닌 제품을 인증품으로 광고하거나 판매하여서는 아니 된다.

	14) 가축의 도축 및 축산물의 저장·유통·포장 등의 취급과정에서 사용하는 도구와 설비가 위생적으로 관리되어야 하며, 축산물의 유기적 순수성이 유지되도록 관리하여야 한다. 15) 합성농약 성분은 검출되지 아니하여야 한다. 16) 다음 각 호에 해당하는 경우 유기축산물로 출하하기 전에 동물용의약품 성분 또는 농약성분의 잔류량 검사를 하고 그 검사결과를 인증기관에 제출하여야 한다. 　가) 가축의 털, 가축 분뇨, 사료 통 등에서 농약성분 또는 동물용의약품 성분이 검출된 경우 　나) 「축산물 위생관리법」 제19조에 따른 축산물 수거·검사 결과 동물용의약품 성분 또는 농약성분이 검출된 사실을 통보 받은 경우
자. 가축분뇨의 처리	1) 「가축분뇨의 관리 및 이용에 관한 법률(이하 "가축분뇨법"이라 한다)」에 따른 다음 각 호의 사항을 준수하여야 한다. 　가) 가축분뇨법 제10조에서 제13조의2까지와 제17조를 준수하여 환경오염을 방지하고, 가축사육 시 발생하는 가축분뇨는 완전히 부숙시킨 퇴비 또는 액비로 자원화하여 초지나 농경지에 환원함으로써 토양 및 식물과의 유기적 순환관계를 유지하여야 한다. 　나) 가축분뇨법 시행규칙 제4조제1항에 따른 가축분뇨배출시설 설치허가증 또는 시행규칙 제7조제3항에 따라 가축분뇨배출시설 설치신고증명서를 구비하여야 한다. 다만, 사육시설이 동 법령의 허가 또는 신고 대상이 아닌 경우에는 적용하지 아니한다. 2) 가축의 운동장에서는 가축의 분뇨가 외부로 배출되지 아니하도록 청결히 유지·관리하여야 한다. 3) 가축분뇨 퇴·액비는 표면수 오염을 일으키지 아니하는 수준으로 사용하되, 장마철에는 사용하지 아니하여야 한다.
차. 기타	1) 규칙 및 이 고시에서 정한 유기축산물의 인증기준은 인증 유효기간동안 상시적으로 준수하여야 하며, 이를 증명할 수 있는 자료를 구비하고, 국립농산물품질관리원장 또는 인증기관이 요구하는 때에는 관련 자료 제출 및 시료수거, 현장 확인, 정보의 제공(「수의사법」 제12조의2제2항에 따른 수의사처방관리시스템에 등록된 정보의 제공에 동의하는 것을 포함한다)에 협조하여야 한다.

참고　친환경축산물 인증기준 : 유기축산물 vs 무항생제축산물

심사기준	구비요건	
	유기축산물	무항생제축산물(축산법 시행규칙에 규정됨)
일반	• 기록을 보관하고 인증기관이 요구하면 보여주어야 함 • 초식가축 목초지 접근 • 최근 2년 이내 친환경교육 이수	• 기록을 보관하고 인증기관이 요구하면 보여주어야 함 • 교육이수자료는 2년 이내의 것 • 생산관리자는 인증품의 과정을 예비심사함

축사 및 사육조건	• 오염방지 및 사육밀도 유지 • 무항생제와 분리하여 사육 • 축사 주변에 합성농약이 함유된 자재를 사용하지 말 것 • 축사는 가축행동요구, 밀도, 소요면적 충족 • 축사밀도는 한육우 방사식에서는 번식우 10㎡, 비육우 7.1㎡, 송아지 2.5㎡, 젖소는 착유우는 깔짚우사 17.3㎡, 프리스톨 9.5㎡, 돼지는 웅돈 10.4㎡, 임신돈 3.1㎡, 육성돈 1.0㎡, 닭은 성계종계 0.22㎡ • 번식돈 군사 • 가금류 깔짚 제공 • 반추가축 축사면적 2배 운동장	• 온도, 습도, 가스농도가 가축의 건강에 유해하지 않은 상태, 적절한 단열, 보온, 환기 유지 • 면적당 적정 사육두수 유지 면양·염소 1/1.3㎡, 산란육성계(케이지) 1/0.075㎡, 난용메추리 1/0.0076㎡, 사슴; 꽃사슴 1/2.3㎡, 레드미어 1/4.6㎡, 엘크 1/9.2㎡ • 같은 축사 내에 무항생제 가축과 일반 가축을 함께 사육하지 말 것 • 동물의약품과 기타 의약품 구매 사용내역을 기록보관 • 젖소의 경우 착유실 청결유지, 위생적 관리
자급사료기반	• 초식가축의 경우 유기적 재배목초지(사료포) 확보 • 한육우 2457㎡ 또는 사료작물재배지 825㎡, 젖소 3960㎡ 또는 사료작물포 1320㎡	-

가축의 선택, 입식 및 번식방법	• 수정란이식기법, 번식호르몬처리, 유전공학 이용 번식기법 사용 불가
	• 유기가축을 확보할 수 없는 경우 다음 중 하나의 방법으로 인증기관의 승인을 받아 일반가축 입식 가능
	  ⓐ 부화 직후의 가축 또는 젖을 뗀 직후의 가축의 경우
	  ⓑ 원유, 알 생산용으로 육성축 성축이 필요한 경우
	  ⓒ 번식용 수컷이 필요한 경우
	  ⓓ 전염병 폐사로 새로운 가축을 입식하려는 경우
	• 유기가축 없을 시 대체방법 사용하여 일반가축 사용가능
		• 다른 농장에서 입식할 경우 무항생제 가축임을 인증할 수 있는 자료 구비(단, 아래 경우는 승인을 받아 입식 가능)
		  ⓐ 부화 직후의 가축 또는 젖을 뗀 가축
		  ⓑ 원유 생산용 또는 알 생산용으로 육성축 또는 성축이 필요한 경우
		  ⓒ 번식용 수컷이 필요한 경우
		  ⓓ 가축전염병 발생에 따른 폐사로 새로운 가축을 입식할 때
		  ⓔ 신규 인증을 신청한 경우

전환기간	• 한육우(식육) : 입식후 12개월 • 젖소(시유) 착유우 : 입식후 3개월 • 새끼를 낳지 않은 암소 : 입시후 6개월 • 돼지(식육) : 입식후 5개월 • 면양 : 시유의 경우 입식후 3개월 • 기타 : 육계 입식후 3주, 산란계 3개월, 오리(식육) 6주, 메추리알 3개월, 사슴(식육) 12개월	• 일반가축을 입식하는 경우 가축종류별 전환기간 이상을 사육할 것. 이 경우 전환기간의 2/3 이내에서 무항생제축산물 사육기간으로 인정할 수 있음

사료 및 영양관리	• 100% 유기사료로 급여할 것 • 반추가축에게 담금먹이 단용 금지 • 비반추가축도 조사료 급여 권장 • 유전자변형농산물 또는 이로부터 유래한 물질 공급 불가 • 합성화합물 첨가하지 말 것 • 생활용수에 적합한 물 공급 • 합성농약 성분이 함유된 동물의약품 사용금지 : 합성화합물, 비단백태질소화합물, 합성질소, 항생제, 합성항균제, 성장촉진제, 호르몬제 사용금지	• 동물의약품이 첨가된 사료 급여금지 • 사료 첨가금지 물질 　ⓐ 반추가축에 포유동물에서 유래한 사료(우유 및 유제품 제외) 　ⓑ 항생제, 합성항균제, 성장촉진제, 구충제, 항콕시듐제, 호르몬제 　ⓒ 합성착색제
동물복지 및 질병관리	• 질병이 없는 경우 동물용의약품 투여 금지 • 치료용 동물의약품은 전환(휴약)기간의 2배 이상을 사육한 후 출하 • 꼬리에 접착밴드, 꼬리, 이빨, 부리, 뿔을 자르지 않음 • 성장촉진제, 호르몬제 사용은 치료목적에만 한함 • 동물의약품을 사용하는 경우 수의사의 처방에 따라 사용	• 동물의약품·동물의약외품은 용량 준수하고 기록을 보관할 것 • 동물용의약품을 사용한 가축은 휴약기간의 2배 시간이 경과 후 출하 • 불가피 동물의약품을 사용할 시 그 기록을 보관하고 투약한 경우 인증기관에 보고할 것
운송·도축·가공과정의 품질관리	• 운송과정에서 충격과 상해 방지 • 저장, 유통, 포장 등의 취급과정에서 도구와 설비는 위생적으로 관리 • 합성농약성분은 검출되지 않을 것 • 인증품이 아닌 제품과 혼합하여 판매하지 말 것 • 도축은 안전관리기준(HACCP) 적용 도축장에서 실시	• 도축은 안전관리기준(HACCP) 적용한 도축장에서 실시 • 외부에 의뢰하는 경우 인증받은 작업자에게 의뢰할 것 • 출하 전 농약성분 잔류검사하고 그 결과를 인증기관에 제출(가축의 털, 분뇨, 사료 등에서 검출된 경우) • 합성물질을 첨가하지 않을 것
가축분뇨처리	• 분뇨의 자원화 • 오염수 외부로 배출 금지	• 배출시설로 허가된 사육시설에서 사육할 것 • 무처리 분뇨를 배출하지 말 것 • 처리내용을 기록·보관할 것
기타		• 자료는 준비하고 인증기관의 요구시 제출할 것

3 유기축산의 사료

(1) 유기축산 사료

① 유기사료 : 모든 원료사료의 생산·가공·제조에서 최종 배합사료의 제조시까지 반유기적 성분이 포함되지 않은 사료

② 사료의 분류
  ㉠ 영양가치에 따라

농후사료	곡류사료	• 탄수화물이 주성분이고, 가축과 사람의 식량으로 이용 • 에너지 함량이 높고, 부피가 적고, 조섬유 함량은 낮음
	강피류사료	• 곡류보다 단백질, 조섬유, 비타민B군, 인 함량이 높음 • 곡류보다 전분함량이 낮고, 에너지도 낮음
	• 조사료에 비해 단백질, 지방 함량이 비교적 많이 함유됨 • 곡류(보리, 밀, 옥수수, 수수 등), 밀기울, 대두박, 깻묵, 어분, 배합사료	
조사료	• 에너지 함량이 낮고, 용적이 크고, 조섬유 함량이 10% 이상 높으며, 반추가축에 만복감을 줌 • 반추동물(소·양·염소)에 주로 이용, 단위동물에는 급여 제한 • 가격이 저렴하며, 가소화성분이 작음 • 화본과목초(그래스류), 두과목초(알팔파·클로버), 고간류(볏짚·보리짚·밀짚·옥수수대), 건초, 생초, 사일리지(담근먹이), 청초	
보충사료	• 소량으로 필수영양소 충족, • 비타민, 소금, 골분, 호르몬제, 항생물질	

  ⓐ 건초 : 생초를 적기에 건조하여 건초를 만들면 반추가축에 섬유소, 에너지, 단백질, 비타민, 광물질 공급원이 됨. 자연건초 제조시 수분함량 14% 이하로 감소시킴
  ⓑ 사일리지 : 다즙성 재료를 저장할 목적으로 사일로에 담아 혐기상태가 되게하여 혐기성 유산발효를 시켜 유산의 농도를 높여 부패균·곰팡이 등 번식을 막아 저장하는 사료

사일리지 장점	• 생초를 다즙성 그대로 연중 저장할 수 있고, 건초를 만들 때보다 유리하게 이용됨 • 건초에 비해 사료 저장면적이 적고, 화재 위험이 없음 • 영양분 손실을 건초의 50~60% 감소시킬 수 있음 • 주어진 단위면적당 가장 많은 건물과 카로틴을 생산함 • 건초제조가 곤란한 악천후에도 제조 가능 • 가축사육의 기계화에 유리하고, 노동력이 적게 듦 • 잡초종자를 죽여 발아하지 못하게 함 • 가식(可食) 부분이 많고, 고기와 우유 등 생산물의 품질이 좋아짐
사일리지 단점	• 사일로의 건조, 커터 등 경비가 많이 들어감 • 첨가제를 사용하는 비용이 들어감 • 사일리지의 재료를 단시일 내에 수확·운반하여 제조해야 함 • 건초에 비해 비타민D 함량이 비교적 적음 • 수분함량이 많으므로 건초에 비해 3배의 중량을 취급해야 함

ⓒ 주성분에 따라

전분질 사료	곡물, 감자, 고구마
단백질 사료	단백질 20% 이상. 박류, 어류
지방질 사료	지방 15% 이상. 콩, 생쌀겨(생미강), 누에번데기
섬유질 사료	조섬유 20% 이상. 볏짚, 보릿겨, 야건초
무기질 사료	골분, 소금, 인산칼슘제, 무기물혼합제
비타민 사료	간유 분말, 발효 탈지유

ⓒ 배합에 따라

단미사료	배합사료에 혼합되는 각각의 원료사료
배합사료	여러 원료사료가 배합되어 가축영양에 적합하게 혼합된 사료

(2) 유기축산물 허용물질(친환경농어업법 시행규칙 [별표 1])
① 단미사료 : 사료로 직접 사용 or 배합사료원료로 사용 가능한 물질(「사료관리법」제11조)
② 보조사료 : 사료 품질저하 방지 or 사료효용을 높이기 위해 사료에 첨가하여 사용 가능한 물질
③ 축사 및 축사 주변, 농기계 및 기구의 소독제로 사용 가능한 물질
「동물용 의약품등 취급규칙」제5조에 따라 제조품목허가 또는 제조품목신고된 동물용 의약외품 중 별표4의 인증기준에서 사용이 금지된 성분을 포함하지 않은 물질을 사용할 것. 이 경우 가축 또는 사료에 접촉되지 않도록 사용해야 한다.

4 유기축산 질병관리

유기축산은 각종 호르몬제나 화학약품을 사용하지 않기 때문에 기존 수의학이 치료에 초점을 맞춘다면, 유기축산은 예방에 치중함

(1) 가축의 질병
① 가축질병의 분류

	제1종	제2종	제3종
소	우역, 우폐역, 가성우역, 구제역, 블루텅병, 럼프스킨병, 리프트계곡열	브루셀라병, 결핵병, 탄저, 기종저, 요네병, 소해면상뇌증	소감염성기관염
돼지	돼지열병(콜레라), 아프리카돼지열병, 돼지수포병	돼지오제스키병, 돼지일본뇌염, 돼지텟센병	돼지유행성설사
닭	고병원성조류인플루엔자(AI), 뉴캐슬병	가금콜레라	저병원성조류인플루엔자, 닭마이코플라즈마병

오리		오리바이러스성간염	
양·산양	양두	스크래피	
말	아프리카마역	구역, 말전염성빈혈	
사슴		사슴만성소모성질병	

- ㉠ 구제역 : 소, 돼지, 양, 염소 및 사슴 등 발이 둘로 갈라진 동물(우제류)에 감염되는 질병이며 입술, 혀 등에 물집(수포)가 생기며, 체온이 급격히 상승하고 식욕이 저하되는 질병, 발병 후 24시간 이내에 침을 심하게 흘리는 전염병
- ㉡ 아프리카돼지열병 : 돼지들이 한데 겹쳐있고, 급사하거나 비틀거지는 증상이며, 호흡곤란, 침울증상, 식욕감소, 복부와 피부말단부위에 충혈이 되는 증상에 해당되는 전염병
- ㉢ 광우병 : 소에서 나타나는 소 해면상 뇌증으로 뇌가 스펀지처럼 변형되어 뇌 신경장애를 일으키는 전염병
- ㉣ 인축공통감염병 : 동물과 사람에게 서로 전파되는 감염병

② 가축질병예방의 기본개요

가축의 사육 과정에서 인증기준에 따라 사용하는 예방백신, 구충제 및 치료용으로 사용하는 동물용의약품의 명칭, 사용 시기와 조건 및 사용 후 휴약기간 등에 대해 작성된 「유기축산물 질병 예방·관리 프로그램」을 따름

- ㉠ 분뇨나 기타 오염원에 오염되지 않은 식수로 적합한 물을 항상 섭취할 수 있도록 폐렴을 일으키는 병원체의 선염과 유기축의 탈수를 예방함
- ㉡ 과식이나 굶주림이 없도록 하고, 다양한 사료나 조사료를 급여하여 광물질 불균형이 발생하지 않도록 하여 광물질 관련 대사성 질병발생을 차단함
- ㉢ 갑작스런 사료 교체로 인한 설사, 산성증 등이 발생하지 않도록 대비함
- ㉣ 최소한 하루 8시간 방목이나 충분한 섭식시간을 주어 면역계의 억제를 방지함
- ㉤ 유기축이 매일 운동할 수 있도록 하여 비만을 예방하고 면역계 기능을 증진시켜야 함

(2) 가축의 질병 예방 및 치료를 위해 사용 가능한 물질(시행규칙, 별표 1)

① 공통조건
- ㉠ 유전자변형생물체 및 유전자변형생물체에서 유래한 원료는 사용하지 않을 것
- ㉡ 「약사법」 제85조 제6항에 따른 동물용의약품을 사용할 경우에는 수의사의 처방전을 갖추어 둘 것
- ㉢ 동물용의약품을 사용한 경우 휴약기간의 2배의 기간이 지난 후에 가축을 출하할 것

② 개별조건

번호	사용 가능 물질	사용 가능 조건
1	생균제, 효소제, 비타민, 무기물	가) 합성농약, 항생제, 항균제, 호르몬제 성분을 함유하지 않을 것 나) 가축의 면역기능 증진을 목적으로 사용할 것
2	예방백신	「가축전염병 예방법」에 따른 가축전염병을 예방하거나 퍼지는 것을 막기 위한 목적으로만 사용할 것
3	구충제	가축의 기생충 감염 예방을 목적으로만 사용할 것
4	포도당	가) 분만한 가축 등 영양보급이 필요한 가축에 대해서만 사용할 것 나) 합성농약 성분은 함유하지 않을 것
5	외용 소독제	상처의 치료가 필요한 가축에 대해서만 사용할 것
6	국부 마취제	외과적 치료가 필요한 가축에 대해서만 사용할 것
7	약초 등 천연 유래 물질	가) 가축의 면역기능의 증진 또는 치료 목적으로만 사용할 것 나) 합성농약 성분은 함유하지 않을 것 다) 인증품 생산계획서에 기록·관리하고 사용할 것

5 유기가공식품 제조·가공에 필요한 인증기준(세부실시요령, 별표 1)

심사 사항	인증기준
가. 일반	1) 경영관련 자료와 가공식품의 생산과정 등을 기록한 인증품 생산계획서 및 필요한 관련정보는 국립농산물품질관리원장 또는 인증기관이 심사 등을 위하여 요구하는 때에는 이를 제공하여야 한다. 2) 사업자는 유기식품의 취급 과정에서 대기, 물, 토양의 오염이 최소화되도록 문서화된 유기취급계획을 수립하여야 한다. 3) 원료의 수송 및 저장과정에서 유기생산물과 비유기생산물이 혼합되지 않도록 구분관리 하여야 한다. 4) 사업자는 유기식품의 가공 및 유통 과정에서 원료의 유기적 순수성을 훼손하지 않아야 한다. 5) 사업자는 유기생산물과 유기생산물이 아닌 생산물을 혼합하지 않아야 하며, 접촉되지 않도록 구분하여 취급하여야 한다. 6) 사업자는 유기생산물이 오염원에 의하여 오염되지 않도록 필요한 조치를 하여야 한다. 7) 친환경농업에 관한 교육이수 증명자료는 인증을 신청한 날로부터 기산하여 최근 2년 이내에 이수한 것이어야 한다. 다만, 5년 이상 인증을 연속하여 유지하거나 최근 2년 이내에 친환경농업 교육 강사로 활동한 경력이 있는 경우에는 최근 4년 이내에 이수한 교육이수 증명자료를 인정한다.
나. 가공원료	1) 유기가공에 사용할 수 있는 원료, 식품첨가물, 가공보조제 등은 모두 유기적으로 생산된 것으로 다음 각 호의 어느 하나에 해당되어야 한다. 　가) 법 제19조제1항에 따라 인증을 받은 유기식품 　나) 법 제25조에 따라 동등성 인정을 받은 유기가공식품 2) 1)에도 불구하고 다음의 요건에 따라 비유기 원료를 사용할 수 있다. 다만, 유기원료

와 같은 품목의 비유기 원료는 사용할 수 없다.
가) 95% 유기가공식품 : 상업적으로 유기원료를 조달할 수 없는 경우 제품에 인위적으로 첨가하는 소금과 물을 제외한 제품 중량의 5% 비율 내에서 비유기 원료(규칙 별표1 제1호다목에 따른 식품첨가물을 포함함)의 사용
나) 70% 유기가공식품 : 제품에 인위적으로 첨가하는 물과 소금을 제외한 제품 중량의 30% 비율 내에서 비유기 원료(규칙 별표1 제1호다목에 따른 식품첨가물을 포함함)의 사용

※ 유기원료 비율의 계산법

$$\frac{I_o}{G - WS} = \frac{I_o}{I_o + I_c + I_a} \geq 0.95(0.70)$$

G : 제품(포장재, 용기 제외)의 중량($G \equiv I_o + I_c + I_a + WS$)
I_o : 유기원료(유기농산물+유기축산물+유기수산물+유기가공식품)의 중량
I_c : 비유기 원료(유기인증 표시가 없는 원료)의 중량
I_a : 비유기 식품첨가물(가공보조제 제외)의 중량
WS : 인위적으로 첨가한 물과 소금의 중량

3) 2)의 단서 부분에 '유기원료와 같은 품목의 비유기 원료로 판단하는 기준은 아래 각 호와 같다.
가) 가공되지 않은 원료에 대해서는 명칭이 같으면 동일한 종류의 원료로 판단할 수 있다.
나) 단순 가공된 원료에 대해서는 해당 원료의 가공에 사용된 원료가 동일하면 명칭이 다르더라도 동일한 원료로 판단할 수 있다. 예를 들면, 옥수수분말과 옥수수전분, 토마토퓨레와 토마토페이스트는 동일한 원료로 볼 수 있다.
다) 실제 사용되는 유기원료와 비유기원료의 동일성 여부는 인증기관의 판단에 따른다.
4) 유기원료의 비율을 계산할 때에는 다음 각 호에 따른다.
가) 원료별로 단위가 달라 중량과 부피가 병존하는 때에는 최종 제품의 단위로 통일하여 계산한다.
나) 유기가공식품 인증을 받은 식품첨가물은 유기원료에 포함시켜 계산한다.
다) 계산 시 제외되는 물과 소금은 의도적으로 투입되는 것에 한하며, 가공되지 않은 원료에 원래 포함되어 있는 물과 소금은 함량 계산에 포함한다.
라) 농축, 희석 등 가공된 원료 또는 첨가물은 가공 이전의 상태로 환원한 중량 또는 부피로 계산한다.
마) 비유기원료 또는 식품첨가물이 포함된 유기가공식품을 원료로 사용하였을 때에는 해당 가공식품 중의 유기 비율만큼만 유기원료로 인정하여 계산한다.
5) 유전자변형생물체 및 유전자변형생물체 유래의 원료를 사용 할 수 없으며, 원료 또는 제품 및 시제품에 대한 검정결과 유전자변형생물체 성분이 검출되지 않아야 한다.
6) 유기가공식품 제조·가공에 사용된 원료가 유전자변형생물체 또는 유전자변형생물체 유래의 원료가 아니라는 것은 해당 가공원료의 공급자로부터 받은 다음 사항이 기재된 증빙서류로 확인한다.
가) 거래당사자, 품목, 거래량, 제조단위번호(인증품 관리번호)
나) 유전자변형생물체 또는 유전자변형생물체 유래의 원료가 아니라는 사실
7) 물과 소금을 사용할 수 있으며, 최종 제품의 유기성분 비율 산정 시 제외한다. 다만,

	「먹는물관리법」제5조에 의한 '먹는물 수질 및 검사 등에 관한 규칙' 제2조 관련 별표1의 수질 기준 및 「식품위생법」제7조에 따른 소금(식염)의 규격에 맞아야 한다. 8) 1)에도 불구하고 규칙 별표1 제1호다목의 허용물질을 식품첨가물 및 가공보조제로 사용할 수 있다. 다만, 그 사용이 불가피한 경우에 한하여 최소량을 사용하여야 한다. 9) 가공원료의 적합성 여부를 정기적으로 관리하고, 가공원료에 대한 납품서, 거래인증서, 보증서 또는 검사성적서 등 기준 적합성 확인에 필요한 증빙자료를 사업장 내에 비치·보관하여야 한다. 10) 사용원료 관리를 위해 주기적인 잔류물질 검사계획을 세우고 이를 이행하여야 하며, 인증기준에 부적합한 것으로 확인된 원료를 사용하여서는 아니 된다.
다. 가공방법	1) 기계적, 물리적, 생물학적 방법을 이용하되 모든 원료와 최종생산물의 유기적 순수성이 유지되도록 하여야 한다. 식품을 화학적으로 변형시키거나 반응시키는 일체의 첨가물, 보조제, 그 밖의 물질은 사용할 수 없다. 2) 1)의 '기계적, 물리적 방법'은 절단, 분쇄, 혼합, 성형, 가열, 냉각, 가압, 감압, 건조, 분리(여과, 원심분리, 압착, 증류), 절임, 훈연 등을 말하며, '생물학적 방법'은 발효, 숙성 등을 말한다. 3) 가공 및 취급과정에서 방사선은 해충방제, 식품보존, 병원의 제거 또는 위생의 목적으로 사용할 수 없다. 다만, 이물탐지용 방사선(X선)은 제외한다. 4) 추출을 위하여 물, 에탄올, 식물성 및 동물성 유지, 식초, 이산화탄소, 질소를 사용할 수 있다. 5) 여과를 위하여 석면을 포함하여 식품 및 환경에 부정적 영향을 미칠 수 있는 물질이나 기술을 사용할 수 없다. 6) 저장을 위하여 공기, 온도, 습도 등 환경을 조절할 수 있으며, 건조하여 저장할 수 있다.

라. 해충 및
병원균 관리
	1) 해충 및 병원균 관리를 위하여 규칙 별표1 제1호가목2)에서 정한 물질을 제외한 화학적인 방법이나 방사선 조사 방법을 사용할 수 없다.
	2) 해충 및 병원균 관리를 위하여 다음 사항을 우선적으로 조치하여야 한다.
	  가) 서식처 제거, 접근 경로의 차단, 천적의 활용 등 예방조치
	  나) 가)의 예방조치로 부족한 경우 물리적 장벽, 음파, 초음파, 빛, 자외선, 덫, 온도 관리, 성호르몬 처리 등을 활용한 기계적·물리적·생물학적 방법을 사용
	  다) 나)의 기계적·물리적·생물학적 방법으로 적절하게 방제되지 아니하는 경우 규칙 별표1 제1호가목2)에서 정한 물질을 사용
	3) 해충과 병원균 관리를 위해 장비 및 시설에 허용되지 않은 물질을 사용하지 않아야 하며, 허용되지 않은 물질이나 금지된 방법으로부터 유기식품을 보호하기 위해 격리 등의 충분한 예방 조치를 하여야 한다.

마. 세척 및 소독	1) 유기가공식품은 시설이나 설비 또는 원료의 세척, 살균, 소독에 사용된 물질을 함유하지 않아야 한다. 2) 사업자는 유기가공식품을 유기 생산, 제조·가공 또는 취급에 사용이 허용되지 않은 물질이나 해충, 병원균, 그 밖의 이물질로부터 보호하기 위하여 필요한 예방 조치를 하여야 한다. 3) 「먹는물관리법」제5조의 기준에 적합한 먹는물과 규칙 별표1 제1호다목에서 허용하는 식품첨가물 또는 가공보조제를 식품 표면이나 식품과 직접 접촉하는 표면의 세척제 및 소독제로 사용할 수 있다. 4) 세척제·소독제를 시설 및 장비에 사용하는 경우 유기식품의 유기적 순수성이 훼손되지 않도록 조치하여야 한다.

바. 포장	1) 포장재와 포장방법은 유기가공식품을 충분히 보호하면서 환경에 미치는 나쁜 영향을 최소화되도록 선정하여야 한다. 2) 포장재는 유기가공식품을 오염시키지 않는 것이어야 한다. 3) <u>합성살균제, 보존제, 훈증제 등을 함유하는 포장재, 용기 및 저장고는 사용할 수 없다.</u> 4) 유기가공식품의 유기적 순수성을 훼손할 수 있는 물질 등과 접촉한 재활용된 포장재나 그 밖의 용기는 사용할 수 없다.
사. 유기원료 및 가공식품의 수송 및 운반	1) 사업자는 환경에 미치는 나쁜 영향이 최소화되도록 원료나 가공식품의 수송 방법을 선택하여야 하며, 수송 과정에서 유기식품의 순수성이 훼손되지 않도록 필요한 조치를 하여야 한다. 2) 수송장비 및 운반용기의 세척, 소독을 위하여 허용되지 않은 물질을 사용할 수 없다. 3) 수송 또는 운반 과정에서 유기가공식품이 유기가공식품이 아닌 물질이나 허용되지 않은 물질과 접촉 또는 혼합되지 않도록 확실하게 구분하여 취급하여야 한다.
아. 기록·문서화 및 접근 보장	1) 사업자는 제조·가공 및 취급의 전반에 걸쳐 유기적 순수성을 유지할 수 있는 관리체계를 구축하기 위하여 필요한 만큼 문서화된 계획을 수립하여 실행하여야 하며, 문서화된 계획은 인증기관의 승인을 받아야 한다. 2) 사업자는 유기가공식품의 제조·가공 및 취급에 필요한 모든 유기원료, 식품첨가물, 가공보조제, 세척제, 그 밖의 사용 물질의 구매, 입고, 출고, 사용에 관한 기록을 작성하고 보존하여야 한다. 3) 사업자는 제조·가공, 포장, 보관·저장, 운반·수송, 판매, 그밖에 취급에 관한 유기적 관리지침을 문서화하여 실행하여야 한다. 4) 규칙 및 이 고시에서 정한 유기가공식품의 인증기준은 인증 유효기간동안 상시적으로 준수하여야 하며, 이를 증명할 수 있는 자료를 구비하고, 국립농산물품질관리원장 또는 인증기관이 요구하는 때에는 관련 자료 제출 및 시료수거, 현장 확인에 협조하여야 한다.
자. 생산물의 품질 관리 등	1) 합성농약 성분이나 동물용의약품 성분이 검출되거나 비인증품이 혼입되어 인증기준에 맞지 않은 사실을 알게 된 경우 해당 제품을 인증품으로 판매하지 않아야 하며, 해당 제품이 유통 중인 경우 인증표시를 제거하도록 필요한 조치를 하여야 한다. 2) 유기가공식품 인증사업자가 제조·가공 과정의 일부 또는 전부를 위탁하는 경우 수탁자도 유기가공식품 인증사업자이어야 하며 위·수탁업체 간에 위·수탁 계약 관계를 증빙하는 서류 등을 갖추어야 한다. 3) 인증품에 인증품이 아닌 제품을 혼합하거나 인증품이 아닌 제품을 인증품으로 광고하거나 판매하여서는 아니 된다.

6 유기식품 등 취급자(저장, 포장, 운송, 수입 또는 판매) (세부실시요령, 별표 1)

심사사항	인증기준
가. 일반	1) 경영관련 자료의 기록기간은 규칙 별표4 제2호마목에 따라 최근 1년 이상으로 하되, 신설된 사업장으로 농축산물·가공품의 취급기간이 1년 미만인 경우에는 인증심사가 가능한 범위 내에서 기록기간을 단축할 수 있다. 2) 작업기록을 통해 입고량, 재고량, 출하량에 대한 확인이 가능하여야 한다. (기초재고량+입고량=기말재고량+출고량)

		3) 규칙 및 이 고시에서 정한 재포장과정(취급자)의 인증기준을 준수하였음을 증명할 수 있는 자료를 구비하고, 국립농산물품질관리원장 또는 인증기관이 요구하는 때에는 이를 제공하여야 한다.
		4) 친환경농업에 관한 교육이수 증명자료는 인증을 신청한 날로부터 기산하여 최근 2년 이내에 이수한 것이어야 한다. 다만, 5년 이상 인증을 연속하여 유지하거나 최근 2년 이내에 친환경농업 교육 강사로 활동한 경력이 있는 경우에는 최근 4년 이내에 이수한 교육이수 증명자료를 인정한다.
나. 작업장 시설 기준		1) 작업장은 「식품위생법 시행규칙」 별표14 업종별시설기준 중 해당 업종에 해당하는 시설기준에 적합하여야 한다. 다만, 축산물에 대한 작업장은 「축산물 위생관리법」 제22조·제24조에 따른 영업의 허가·신고를 한 작업장으로 같은 법 제9조에 따른 안전관리인증기준(HACCP)을 적용하되, 축산물판매업은 안전관리인증기준을 적용하도록 권장한다.
		2) 1)에도 불구하고 업종별 시설기준이 정하여지지 않은 업종에 해당하는 작업장은 국립농산물품질관리원장이 정하는 시설기준에 적합하여야 한다.
		3) 작업장은 최근 1년간 인증기준 위반으로 인증취소처분을 받은 작업장(해당 작업장의 위치는 국립농산물품질관리원장이 친환경 인증관리 정보시스템으로 관리하여야 한다)이 아니어야 한다.
다. 원료관리		1) 원료 인증품(법 제25조에 따라 동등성을 인정받은 유기가공식품을 포함한다)을 구입하여 재포장하는 과정에서 인증품의 품질과 순도를 유지하여야 하며, 화학물질을 첨가하여서는 아니 된다.
		2) 원료의 사용 적합성 여부를 정기적으로 관리하고, 원료에 대한 납품서, 거래인증서, 보증서 또는 검사성적서 등 증빙자료를 사업장 내에 비치·보관하여야 한다.
		3) 사용원료 관리를 위해 주기적인 잔류물질 검사계획을 세우고 이를 이행하여야 하며, 인증기준에 부적합한 것으로 확인된 원료를 사용하여서는 아니 된다.
		4) 원재료 입고 시 유기식품등 및 무농약농산물·무농약원료가공식품의 표시사항을 확인하여야 하며, 규칙 별표6 제2호에 따라 공급자가 제공하는 납품서, 거래명세서 또는 보증서를 보관하여야 한다.
라. 취급방법		1) 작업장에 취급하는 농축산물 및 가공식품의 입고 및 출하에 관한 기록장을 비치하고, 기록·관리하는 등 이력추적관리가 가능하여야 한다.
		2) 인증품과 비인증품을 함께 취급하는 경우에는 다음 각 호의 요건을 모두 준수하여야 한다.
		가) 인증품을 취급하기 이전에 취급 작업장을 충분히 세척하여야 하며, 취급시간 또는 취급구역을 달리하여야 한다.
		나) 원료의 구매, 저장, 선별, 포장, 운송, 수입 등 취급 전 과정에서 인증품에 비인증품이 혼입되지 않도록 구분관리 계획을 세우고 이를 이행하여야 한다.
		다) 인증품과 비인증품 또는 같은 품목으로 인증종류가 다른 경우에는 같은 시간대에 같은 작업공간에서 재포장 하거나 포장되지 않은 상태로 같은 공간에 보관하여서는 아니 된다.
		3) 2)다)에도 불구하고 필요한 경우 유기농산물을 무농약농산물과 혼합할 수 있으며, 이 경우 혼합된 제품은 무농약농산물로 간주하며, 최종 제품은 무농약농산물로 표시하여야 한다.
		4) 저장·포장·운송·수입 등 취급과정의 일부를 다른 사업자에게 위탁하는 경우 위탁한 취급과정이 취급자 인증기준에 적합하여야 한다.

	5) 방사선은 해충방제, 식품보존, 병원의 제거 또는 위생의 목적으로 사용할 수 없다. 다만, 이물탐지용 방사선(X선)은 제외한다. 6) 인증품의 세척에 사용되는 용수는 「먹는물 수질기준 및 검사 등에 관한 규칙」 제2조에 따른 먹는물의 수질기준에 적합하여야 한다. 7) 병해충관리 및 방제를 위해서는 다음 사항을 우선적으로 조치하여야 한다. 　가) 병해충 서식처의 제거, 시설에의 접근방지 등 예방조치 　나) 가)의 예방조치로 부족한 경우 물리적 장벽, 음파, 초음파, 빛, 자외선, 덫, 온도관리, 성호르몬 처리 등을 활용한 기계적·물리적 및 생물학적 방법을 사용 　다) 나)의 기계적·물리적 및 생물학적인 방법으로 적절하게 방제되지 아니하는 경우에 규칙 별표1 제1호가목2)의 물질만을 사용할 수 있으나 인증품에는 직접 접촉되지 아니하도록 사용할 것 8) 작업장의 소독을 위해 자재를 사용한 경우에는 사용일자, 제품명, 방법, 목적 등을 기록·관리 하여야 한다. 9) 인증품 및 기구·설비를 세척·소독하는 경우 다음 각 호에 따른 물질을 사용 할 수 있으나 잔류되지 않도록 관리계획을 수립하여 이행하여야 한다. 　가) 인증품 : 규칙 별표1 제1호다목1)의 허용물질 중 이산화염소(기체-빵제조에 한함), 이산화염소수, 과산화수소, 오존수, 차아염소산수 사용 가능 　나) 기구·설비 : 규칙 별표1 제1호다목2)의 물질 사용 가능
마. 저장·포장· 　운송·수송	1) 생산물의 저장 및 수송 시 저장장소와 수송수단의 청결을 유지하여야 하며, 외부로부터의 오염을 방지하여야 한다. 2) 저장구역 또는 수송컨테이너에 대한 병해충 관리방법으로 물리적 장벽, 소리·초음파, 빛·자외선, 덫(페로몬 및 전기유혹 덫을 말한다), 온도조절, 대기조절(탄산가스·산소·질소의 조절을 말한다) 및 규조토를 이용할 수 있다. 3) 저장장소와 컨테이너가 규칙 별표1 제1호가목2)에 해당하지 아니하는 농약이나 다른 처방으로부터의 잠재적인 오염을 방지하여야 한다. 4) 생산물을 포장하지 아니한 상태로 일반농축산물과 함께 저장 또는 수송하는 경우에는 그 구별을 위하여 칸막이를 설치하는 등 다른 농축산물과의 혼합 또는 오염을 방지하기 위한 조치를 하여야 한다. 5) 원료 인증품의 수송, 저장 등의 과정(재포장을 위해 인증품의 포장을 뜯어내기 이전의 전 과정)에서 인증표시가 된 상태를 유지하여야 한다. 6) 라목4)에도 불구하고 인증의 종류가 다른 농산물을 혼합하여 포장하는 경우에는 각 인증의 종류 및 품목별 함량비율을 규칙 제18조·제45조 표시기준에 따라 표시할 수 있다. 7) 포장재는 「식품위생법」의 관련 규정에 적합하고 가급적 생물분해성, 재생품 또는 재생이 가능한 자재를 사용하여 제작된 것을 사용하여야 한다.
바. 생산물 등의 　품질관리 등	1) 합성농약 성분이나 동물용의약품 성분이 검출되거나 비인증품이 혼입되어 인증기준에 맞지 않은 사실을 알게 된 경우 해당제품을 인증품으로 판매하지 않아야 하며, 해당 제품이 유통 중인 경우 인증표시를 제거하도록 필요한 조치를 하여야 한다. 2) 허용되지 않는 물질은 시용하지 아니하여야 한다. 3) 출하한 농산물의 제조단위번호(인증품 관리번호) 또는 표준바코드 등 식별체계를 통해 농산물의 입고, 작업, 출하 등의 이력관리가 가능하여야 한다. 4) 인증품에 인증품이 아닌 제품을 혼합하거나 인증품이 아닌 제품을 인증품으로 광고하거나 판매하여서는 아니 된다.

> 5) 규칙 및 이 고시에서 정한 취급자(저장, 포장, 운송, 수입 또는 판매)의 인증기준은 인증유효기간동안 상시적으로 준수하여야 하며, 국립농산물품질관리원장 또는 인증기관이 요구하는 때에는 관련 자료 제출 및 시료수거, 현장 확인에 협조하여야 한다.

보충 인증심사의 절차 및 방법의 세부사항(세부실시요령 제7조제3항 관련, 별표 2)

1. 인증심사 일반

   가. 인증심사원의 지정
   1) 인증기관은 인증신청서를 접수한 때에는 1인 이상의 인증심사원을 지정하고, 그 인증심사원으로 하여금 인증심사를 하도록 하여야 한다.
   2) 인증기관은 인증심사원이 다음 각 호의 어느 하나에 해당되는 경우 해당 신청 건에 대한 인증심사원으로 지정하여서는 아니 된다.
      가) 자신이 신청인이거나 신청인 등과 민법 제777조 각 호에 해당하는 친족관계인 경우
      나) 신청인과 경제적인 이해관계가 있는 경우
      다) 기타 공정한 심사가 어렵다고 판단되는 경우
   3) 인증심사원은 신청인에 대해 공정한 인증심사를 할 수 없는 사정이 있는 경우 기피신청을 하여야 하며, 이 경우 인증기관의 장은 해당 인증심사원을 지체 없이 교체하여야 한다.
   4) 인증기관이 재심사 신청서를 접수하여 재심사를 결정한 때에는 재심사의 대상이 된 인증심사에 참여하지 않은 다른 인증심사원을 지정하고, 그 인증심사원으로 하여금 재심사를 하도록 하여야 한다.

   나. 서류심사
   1) 인증심사원은 신청인이 제출한 관련 자료가 인증기준에 적합한지에 대해 심사(이하 "서류심사"라 한다)하여야 한다.
   2) 서류심사는 신청서류와 인증기관에서 인증심사를 위해 요구한 서류로 신청인이 제출한 관련자료 전체(단체신청의 경우 구성원 전체의 자료)를 대상으로 한다.
   3) 서류심사과정에서 확인하여야 할 내용은 다음 각 호와 같다.
      가) 신청서류가 구비되어 있는지 여부
      나) 각 기재항목이 빠짐없이 모두 기재되어 있는지 여부와 기재되어 있는 내용이 인증기준에 적합 한지 여부
      다) 인증신청 품목을 재배·생산하는 규모에 따른 생산계획량 적정 여부
      라) 다른 신청인의 자료를 필사하는 등 사실과 다르게 작성한 자료인지 여부
      마) 신청필지가 최근 1년간 인증기준 위반으로 인증취소 또는 인증부적합 필지인지 여부
      바) 기타 현장 심사 시 확인이 필요한 사항의 점검
   4) 서류심사를 통해 과거의 생산내역과 앞으로의 생산계획이 인증 기준에 적합한지에 대해 확인할 수 있어야 한다.
   5) 인증심사원은 신청인이 제출한 관련 자료에 기재하여야 할 사항이 기재되어 있지 않거나 제출하여야 하는 자료가 누락된 경우 보완에 필요한 상당한 기간을 정하여 신청인에게 보완을 요구하여야 한다.
   6) 인증심사원은 <u>심사에 필요한 필수 서류</u>(인증신청서, <u>인증품 생산계획서</u> 또는 인증품 <u>제조·가공 및 취급계획서</u>, <u>경영 관련 자료</u> 등)를 제출받아야 하며, 서류심사를 완료하기 전까지 현장심사를 하여서는 아니 된다.

다. 현장심사
1) 인증심사원은 농장, 제조·가공 및 취급 작업장을 방문하고 신청인을 면담하여 생산, 제조·가공 및 취급 중인 농식품이 인증기준에 적합한지에 대하여 심사(이하 "현장심사"라 한다)하여야 한다.
2) <u>현장심사는 작물이 생육 중인 시기, 가축이 사육 중인 시기, 인증품을 제조·가공 또는 취급 중인 시기</u>(시제품 생산을 포함한다)에 실시하고 신청한 농산물, 축산물, 가공품의 생산이 완료되는 시기에는 현장심사를 할 수 없다.
3) 현장심사과정에서 확인하여야 하는 사항은 다음과 같다.
   가) 인증 신청한 내역과 생산 내역이 일치하는 지 여부
      (1) 인증 신청한 농산물이 재배되고 있는지, 재배면적이 일치하는 지
      (2) 인증 신청한 가축이 사육되고 있는지, 축사면적 등이 일치하는 지
      (3) 인증 신청한 생산, 제조·가공 또는 취급과정이 신청한 내역과 일치 하는 지
      (4) 인증 신청 시 제출한 경영 관련 자료는 신청인이 기록·보관하고 있는 실제 자료와 일치하는지
   나) 인증품 생산계획서 또는 인증품 제조·가공 및 취급계획서에 기재된 사항대로 생산, 제조·가공 또는 취급하고 있는지 여부
   다) 기록되어 있지 않은 물질 또는 금지물질을 보관·사용하고 있는지 여부
   라) 규정된 인증기준의 각 항목에 대해 인증기준에 적합한지 여부
   마) 생산관리자가 예비심사를 하였는 지와 예비심사한 내역이 적정한지
4) 인증심사원은 인증기준의 적합여부를 확인하기 위해 필요한 경우 다음의 5)에서 9)까지의 절차·방법에 따라 토양, 용수, 생산물(이하 생육 중인 작물체와 가공품을 포함한다) 등에 대한 조사·분석(이하 "검사"라 한다)을 실시한다.
5) 검사가 필요한 경우는 다음과 같다.
   가) 농림산물
      (1) 재배포장의 토양·용수 : 오염되었거나 오염될 우려가 있다고 판단되는 경우
         (가) 토양(중금속 등 토양오염물질), 용수 : 공장폐수유입지역, 원광석·고철야적지 주변지역, 금속제련소 주변지역, 폐기물적치·매립·소각지 주변지역, 금속광산 주변지역, 신청이전에 중금속 등 오염물질이 포함된 자재를 지속적으로 사용한 지역, 「토양환경보전법」에 따른 토양측정망 및 토양오염실태조사 결과 오염우려기준을 초과한 지역의 주변지역 등
         (나) 토양(잔류농약) : (2)에 해당되나 생산물을 수거할 수 없을 경우 또는 생산물 검사보다 토양 검사가 실효성이 높은 경우(토양에 직접 사용하는 농약 등)
         (다) 용수 : 최근 5년 이내에 검사가 이루어지지 않은 용수를 사용하는 경우(재배기간 동안 지속적으로 관개하거나 작물수확기에 생산물에 직접 관수하는 경우에 한함)
      (2) 생산물 : 최근 1년 이내에 농약이 검출된 경우, 합성농약으로 처리된 종자를 사용한 경우, 관행 재배지로부터 오염우려가 있는 경우, GMO의 혼입이 우려되는 경우, 서류심사 및 현장심사결과 농약사용이 의심되는 경우(합성농약을 구매한 내역이 있으나 그 사용처가 불분명한 경우 등), 단체심사 시 선정된 표본농가(전체 구성원을 심사한 경우에는 표본 농가수 이상을 무작위 추출하여 선정), 개인신청 농가(신규 신청, 갱신 신청농가는 3년 1회 이상 검사)

(3) 퇴비 : 유기축산물 인증 농장, 경축순환농법 실천 농장, 무항생제축산물 인증 농장 또는 동물복지축산농장 인증을 받지 아니한 농장에서 유래된 퇴비를 사용하는 경우(유기농산물에 한함)

나) 축산물

(1) 토양·용수 : 농림산물의 검사대상에 따르되 최근 5년 이내에 실시한 합성농약·중금속 검사성적이 없는 방사형 사육장의 토양 및 최근 5년 이내에 실시한 수질검사성적을 비치하지 않은 용수(「수도법」에 따른 수돗물을 이용하는 경우는 제외한다)

(2) 사료 : 사료에 동물용의약품·합성농약 성분이 함유된 자재의 사용 또는 GMO의 혼입·사용이 의심되는 경우

(3) 축산물[식육·시유(시판우유)·알·혈청]·가축분뇨·털 : 사육과정에서 동물용의약품 및 합성농약 성분 함유 자재를 사용하였거나 사용가능성이 있는 경우(동물용의약품 등을 구매한 내역이 있으나 그 사용처가 불분명한 경우 등), 단체심사 시 선정된 표본농가(전체 구성원을 심사한 경우에는 표본 농가수 이상을 무작위 추출하여 선정), 개인신청 농가(신규 신청, 갱신 신청농가는 3년 1회 이상 검사)

다) 제조·가공 및 취급자

(1) 용수 : 세척 또는 원료로 사용하는 경우로 최근 5년 이내에 실시한 수질검사성적을 비치하지 않은 경우(「수도법」에 따른 수돗물을 이용하는 경우는 제외함)

(2) 생산물 : 전용 생산라인이 없이 일반가공품과 병행 가공하는 경우(가공품), 취급시설에서 비 인증품을 병행하여 취급하는 경우(취급자), 기타 비인증품 또는 GMO의 혼입이 우려되는 경우

라) 가)에서 다)까지 검사가 필요한 경우라 하더라도 개별 법률에 따라 권한이 있는 관계 공무원 또는 조사원 등에 의해 조사되어 공증성이 확보된 검사성적으로 대체가 가능한 경우는 다음 각 호와 같다.

(1) 토양(잔류농약 제외)·용수 검사 : 최근 5년 이내의 검사성적

(2) 토양(잔류농약만 해당)·생산물·축산물(사료, 가축분뇨 등) 검사 : 최근 3개월 이내의 검사성적

6) 검사 항목은 다음과 같다.

가) 농림산물

(1) 재배포장의 토양

(가) 토양오염우려기준이 설정된 성분 중 해당지역에서 오염이 우려 되는 특정성분(특정성분을 한정할 수 없는 경우 카드뮴, 구리, 비소, 수은, 납, 6가크롬, 아연, 니켈을 검정함), 다만, 제주특별자치도의 경우「제주특별자치도 설치 및 국제자유도시 조성을 위한 특별법」제374조에 따른 토양오염우려기준에서 규정하고 있는 성분(해당 기준을 적용함)

(나) 토양에 잔류되는 합성농약 성분으로 국립농산물품질관리원장이 정하는 성분

(2) 용수 : 수역별로 농업용수(하천·호소의 경우 'Ⅳ' 등급을 의미함) 또는 먹는 물 기준이 설정된 성분

(3) 생산물 : 합성농약 성분으로 국립농산물품질관리원장이 정하는 성분, GMO

(4) 퇴비 : 합성농약 및 잔류항생 물질로 국립농산물품질관리원장이 정하는 성분, 퇴비의 중금속 검사성분(카드뮴, 구리, 비소, 수은, 납, 6가크롬, 아연, 니켈)
나) 축산물
　(1) 토양·용수 : 토양은 농림산물의 기준에 따르며, 용수는 생활용수 기준이 설정된 성분
　(2) 사료·축산물·가축분뇨·털 : 합성농약 성분과 동물용의약품 성분으로 국립농산물품질관리원장이 정하는 성분 또는 사용이 의심되는 성분과 GMO
다) 제조·가공 및 취급자
　(1) 용수 : 「먹는물관리법」제5조에 따라 먹는 물 기준이 설정된 성분
　(2) 생산물 : 합성농약과 동물용의약품 성분으로 국립농산물품질관리원장이 정하는 성분과 GMO 및 비인증품 유래물질(식품첨가물 등)
라) 가)에서 다)까지의 규정에도 불구하고, 용수는 해당 국가의 수질기준을 적용할 수 있다.

7) 국립농산물품질관리원장은 다음 각 호의 시험연구기관 중 6)에 대한 검사성적서를 발급하고자 하는 시험연구기관의 명칭, 소재지, 검정분야 등에 관한 정보를 친환경 인증관리 정보시스템에 등록·관리한다.
가) 「농수산물 품질관리법」제99조에 따른 검정기관 : 농축산물 및 그 가공품, 토양, 용수, 자재(비료, 축분, 깔짚, 털 등), 사료에 대한 검사
나) 「식품·의약품분야 시험·검사 등에 관한 법률」제6조제2항제2호에 따른 축산물 시험·검사기관: 축산물·사료·축산가공식품·가축분뇨에 대한 검사
다) 「토양환경보전법」제23조의2에 따른 토양오염조사기관 : 토양오염물질(잔류농약 제외)의 검사
라) 「먹는물관리법」제43조에 따른 검사기관 : 용수의 검사
마) 「식품·의약품분야 시험·검사 등에 관한 법률」제6조제2항제1호에 따른 식품 등 시험·검사기관 : 유기식품 등의 검사(GMO 검사 포함)
바) 「비료관리법」제4조의2에 따른 퇴비원료분석기관 및 시험연구기관 : 퇴비의 검사
사) 「사료관리법」제20조의2에 따른 사료시험검사기관, 같은 법 제22조에 따른 사료검정기관 : 사료의 검사
아) ISO/IEC 17025에 따라 공인을 받은 기관 : 공인된 분야
자) 관련법에 따라 검사업무를 수행하는 국가기관, 지방자치단체 또는 공공기관 : 법령에 따라 지정된 분야 또는 검사와 관련된 규정과 시설을 갖춘 분야
차) 외국인증기관의 경우 ISO/IEC 17025에 따라 공인을 받았거나, 해당국가의 관련법령에 따라 분석기관으로 지정·승인된 기관 : 공인되거나 법령에 따라 지정된 분야
카) 기타 새로운 검사 대상 및 잔류물질 등을 감안하여 국립농산물품질관리원장 정하는 시험연구기관

8) 검사성적서는 7)에서 정하고 있는 시험연구기관에서 발급하는 검사 내상별로 관련법령에서 정하는 공정시험방법을 적용하여 관련 법령에 따라 발급한 공인검사성적서 이어야 한다. 다만, 다음 각 호의 어느 하나에 해당되는 경우 공정시험방법 또는 공인검사성적서로 간주한다.
가) 공정시험방법에 관한 사항
　(1) 토양·가축분뇨·가공품 등 검사대상에 대한 공정시험방법이 정해지지 않은 경우

에는 식품의약품안전처장이 고시한 「농산물 등의 유해물질 분석법」을 준용하거나 국립농산물품질관리원장이 따로 시험방법을 적용할 수 있다.
(2) 국립농산물품질관리원장이 공정시험방법과 같은 수준의 유효성이 있는 것으로 인정하는 경우 해당 시험방법을 적용할 수 있다.
나) 공인검사성적서에 관한 사항
(1) 「정부조직법」에 따른 국가기관 또는 「지방자치법」에 따른 지방자치단체에서 관련 규정에 따라 발급하는 검사성적서
(2) 공인검사성적서를 발급할 수 있는 기관이 충분치 않는 분야에 한정하여 국립농산물품질관리원장이 해당 검사의 유효성을 인정한 기관이 발급한 검사성적서

9) 시료수거 방법은 다음 각 호와 같다.
가) 재배포장의 토양은 대상 모집단의 대표성이 확보될 수 있도록 Z자형 또는 W자형으로 최소한 [10개소] 이상의 수거지점을 선정하여 수거한다.
나) 6)의 검사 항목(토양은 제외한다)에 대한 시료수거는 모집단의 대표성이 확보될 수 있도록 재배포장 형태, 출하·집하 형태 또는 적재 상태·진열 형태 등을 고려하여 Z자형 또는 W자형으로 최소한 6개소 이상의 수거 지점을 선정하여 수거한다. 다만, 전단에 따른 수거가 어려울 경우 대표성이 확보될 수 있도록 검사대상을 달리 선정하여 수거하거나 외관 및 냄새 등 기타 상황을 판단하여 이상이 있는 것 또는 의심스러운 것을 우선 수거할 수 있다.
다) 시료수거는 신청인, 신청인 가족(단체인 경우에는 대표자나 생산관리자, 업체인 경우에는 근무하는 정규직원을 포함한다) 참여하에 인증심사원이 직접 수거하여야 한다. 다만, 다음 각 호의 경우에는 그 예외를 인정한다.
(1) 식육의 출하 전 생체잔류검사에서 인증심사원 참여하에 신청인 또는 수의사가 수거하는 경우
(2) 도축 후 식육잔류검사의 경우에는 시·도축산물위생검사기관의 축산물검사원 또는 자체검사원이 수거하는 경우
(3) 관계 공무원 등 국립농산물품질관리원장이 인정하는 사람이 수거하는 경우
라) 시료 수거량은 시험연구기관이 정한 양으로 한다.
마) 시료수거 과정에서 시료가 오염되지 않도록 적정한 시료수거 기구 및 용기를 사용한다.
바) 수거한 시료는 신청인, 신청인 가족(단체인 경우에는 대표자나 생산관리자, 업체인 경우에는 근무하는 정규직원을 포함한다) 참여하에 봉인 조치하고, 별지 제7호서식의 시료수거확인서를 작성한다.
사) 인증심사원은 검사의뢰서를 작성하여 수거한 시료와 함께 지체없이 검사기관에 송부하고, 친환경 인증관리 정보시스템에 등록하여야 한다.

10) 인증심사원은 서류심사와 현장심사를 마친 경우 다음 각 호의 서류를 2부씩 작성하여 당사자의 확인을 거쳐 상호 날인한 후 1부는 신청인에게 현장에서 교부하고, 1부는 인증기관에 제출하여야 한다.
가) 서류심사와 현장심사 과정에서 농장(포장) 소재지 주소, 재배면적, 사육면적, 사육두수 등 인증신청 사항 중 변경사항이 확인된 경우 수정사항을 기록한 서류
나) 심사(서류·현장) 과정에서 확인된 부적합 사항 및 우려 사항 등을 포함하여 기록한 심사결과 보고서 또는 요약보고서

라. 추가심사・보완심사
  1) 인증심사원은 다음 각 호와 같은 경우로 인증기준에 규정된 심사사항을 확인하지 못한 경우 추가심사를 실시하여야 한다.
    가) 검사가 필요한 경우에 해당되나 재배여건, 생육시기 등으로 검사를 실시하지 못한 경우
    나) 신청인이 제시한 이행계획 중 실제 이행여부에 대한 확인이 필요한 경우
    다) 기타 인증기준의 적합여부에 대한 추가 확인이 필요한 경우
  2) 국립농산물품질관리원장은 다음 각 호의 사유가 발생하는 경우 이 고시에 따른 심사방법을 보완하여 인증 심사를 하게 할 수 있다. 이 경우 인증심사원은 보완된 심사방법을 따라야 한다.
    가) 가축전염병 발생으로 방역조치를 위해 현장심사를 보완할 필요가 있는 경우
    나) 식품 등으로 인하여 국민건강에 중대한 위해가 발생하거나 발생할 우려가 있어 그 피해를 사전에 예방하거나 최소화하기 위하여 심사방법을 보완할 필요가 있는 경우
마. 심사결과보고
  1) 인증심사원은 인증심사를 완료한 때에는 별지 제8호・제9호서식 또는 별지 제10호서식의 인증심사 결과 보고서에 인증심사서류와 별지 제11호 서식의 인증기준 예외적용 내역을 첨부하여 사무소장 또는 인증기관에 제출하여야 한다.
  2) 인증심사원은 인증심사 결과 보고서와 인증심사서류에 인증기준의 모든 구비요건에 대한 서류심사와 현장심사 결과를 사실대로 기재하여야 하며 심사과정에서 확인한 증빙서류를 첨부한다.
  3) 현장심사 과정에서 검사를 실시한 때에는 시료수거확인서와 검사성적서를 심사결과 보고서에 반드시 첨부하여야 한다.
바. 심사결과의 판정
  1) 인증기관은 인증심사원으로부터 인증심사결과를 보고 받은 때에는 인증기준에 따라 적합여부를 판정하여야 한다.
  2) 인증기관은 인증심사 적합여부를 판정하기 위하여「유기식품 및 무농약농산물 등의 인증기관 지정・운영 요령」별표1 제3호다목1)에 따라 지정된 인증심의관에게 인증기준에 따라 심의하도록 하여야 한다. 이 경우 인증심의관은 공정한 심의를 위해 제1호가목 2)와 3)을 적용한다.
  3) 인증기관은 심사결과 보고를 통해 인증기준의 모든 항목에 적합한 것으로 확인된 경우에만 적합으로 판정하고, 적합여부를 확인할 수 없는 경우 인증심사원에게 라목에 따른 추가심사와 인증심의관에게 2)에 따라 추가심의를 하게 한 후 적합여부를 판정한다.

PART 2

필기 기출문제
(객관식)

PBT 2014~2016년
CBT 2017년 이후

2014년 제1회 유기농업기능사 필기 기출문제

01 기지현상의 대책으로 옳지 않은 것은?
① 토양소독을 한다.   ② 연작한다.
③ 담수한다.   ④ 새 흙으로 객토한다.

해설 기지 대책
- 윤작(돌려짓기) 및 답전윤환
- 객토(客土) 및 환토(換土)
- 유기물 시용과 합리적 시비
- 지력 배양
- 담수 : 유독물질 흘려보내기
- 심경(깊이갈이)이나 심토반전
- 접목
- 토양 소독

02 Vavilov는 식물의 지리적 기원을 탐구하는데 큰 업적을 남긴 사람이다. 그에 대한 설명으로 옳지 않은 것은?
① 농경의 최초 발상지는 기후가 온화한 산간부 중 관개수를 쉽게 얻을 수 있는 곳으로 추정하였다.
② 1883년에 '재배식물의 기원'을 저술하였다.
③ 지리적 미분법을 적용하여 유전적 변이가 가장 많은 지역을 그 작물의 기원중심지라고 하였다.
④ Vavilov의 연구결과는 식물종의 유전자중심설로 정리되었다.

해설

Vavilov (1951)	• 식물종의 유전자중심설(gene center theory) : 우성유전자들의 분포중심지를 원산지로 추정 • 농경의 최초 발상지는 기후가 온화한 산간부 중 관개수를 쉽게 얻을 수 있는 산간지로 추정 • 작물의 기원중심지 : 식물의 지리적 미분법을 적용하여 유전적 변이가 가장 많은 지역을 찾아냄 • Vavilov의 작물 기원지 : ⓐ 중국, ⓑ 인도·동남아시아, ⓒ 중앙아시아, ⓓ 코카서스·중동, ⓔ 지중해 연안, ⓕ 중앙아프리카, ⓖ 멕시코·중앙아메리카, ⓗ 남아메리카로 구분

정답 01.② 02.②

03 춘화처리에 대한 설명으로 옳지 않은 것은?
① 춘화처리 하는 동안 및 후에도 산소와 수분공급이 있어야 춘화처리효과가 유지된다.
② 춘파성이 높은 품종보다 추파성이 높은 품종의 식물이 춘화요구도가 적다.
③ 국화과 식물에서는 저온처리 대신 지베렐린을 처리하면 춘화처리와 같은 효과를 얻을 수 있다.
④ 춘화처리의 효과를 얻기 위한 저온처리 온도는 작물에 따라 다르나 일반적으로 0~10℃가 유효하다.

 춘파성이 높은 품종보다 추파성이 높은 품종의 식물이 춘화요구도가 크다.

04 작물에 발생되는 병의 방제방법에 대한 설명으로 옳은 것은?
① 병원체의 종류에 따라 방제방법이 다르다.
② 곰팡이에 의한 병은 화학적 방제가 곤란하다.
③ 바이러스에 의한 병은 화학적 방제가 비교적 쉽다.
④ 식물병은 생물학적 방법으로는 방제가 곤란하다.

 ② 바이러스에 의한 병은 화학적 방제가 곤란하다.
③ 곰팡이에 의한 병은 화학적 방제가 비교적 쉽다.
④ 식물병은 생물학적 방법으로 다양하게 방제가 가능하다.

05 유축(有畜)농업 또는 혼동(混同)농업과 비슷한 뜻으로 식량과 사료를 서로 균형있게 생산하는 농업을 가리키는 것은?
① 포경(圃耕)   ② 곡경(穀耕)
③ 원경(園耕)   ④ 소경(疎耕)

소경	• 원시적 약탈농업에 가까운 재배형식. 이동 경작 • 아프리카 중남부, 동남아의 열대섬 등에서 실시
식경	• 식민지적 농업(기업적 농업)으로서 식민지나 미개지에서 주로 구미인이 경영하는 방식 • 대상작물은 커피, 사탕수수, 고무나무, 담배, 차 등
곡경	• 곡류 위주의 농경으로 넓은 면적에 걸쳐서 곡류가 주로 재배되는 형식 • 유럽·미국·호주 등의 밀재배, 미국의 옥수수재배, 동남아의 벼재배
포경	• 식량과 사료를 균형있게 생산하는 재배형식 • 유축농업, 혼동농업과 유사한 의미
원경	• 원예적 농경형태로 가장 집약적인 재배형식 • 원예지대나 도시근교에서 발달하는 형태

정답 03.② 04.① 05.①

06 생물학적 방제법에 속하는 것은?

① 윤작
② 병원미생물의 사용
③ 온도처리
④ 소토 및 유살 처리

 유기농업의 병해충 방제

경종적·생태적 방제	• 대항식물과 저항성(내병성) 품종 또는 대목 • 윤작, 토양개량, 작기변경, 질소시비 감비 등
물리적·기계적 방제	• 봉지씌우기, 비가림재배 • 온탕침법, 태양열소독, 화염소독, 증기소독 • 페로몬 유인교살, 네트망 설치 등
화학적 방제	• 합성농약 : 저독성·저성분 약제, 이분해성·선택성 약제, 생력형 제제 • 생화학농약 : 천연물질, 보르도액, 황가루, 식물추출액(님, 제충국, 쿠아시아, 라이아니아) • 천연살충성분 : 로테논, 라이아니아, 피레트린, 아자디라크틴
생물학적 방제	• 미생물농약 : 미생물 자체이용(길항미생물), 천적미생물, 천적곤충 • 천연물질 : 활성물질

07 양분의 흡수 및 체내이동과 가장 관련이 깊은 환경요인은?

① 빛
② 수분
③ 공기
④ 토양

 무기양분은 물에 이온형태로 녹아 식물뿌리가 흡수되고 체내로 이동한다.

08 벼에서 관수해(冠水害)에 가장 민감한 시기는?

① 유수형성기
② 수잉기
③ 유효분얼기
④ 이앙기

 분얼 초기는 침수피해가 작지만, 수잉기~출수개화기에는 커진다.

09 빛이 있으면 싹이 잘 트지만 빛이 없는 조건에서는 싹이 트지 않는 종자는?

① 토마토
② 가지
③ 담배
④ 호박

호광성 종자	담배, 상추, 우엉, 뽕나무, 피튜니아, 셀러리, 차조기, 금어초, 디기탈리스, 베고니아, 캐나다블루그래스, 켄터키블루그래스, 버뮤다그래스, 스탠더드그래스, 벤트그래스
혐광성 종자	가지, 토마토, 수박, 호박, 오이, 무, 파, 양파, 수세미

정답 06.② 07.② 08.② 09.③

10 일반적인 육묘재배의 목적으로 거리가 먼 것은?
① 조기수확 ② 집약관리
③ 추대촉진 ④ 종자절약

 육묘의 목적(필요성) : 재해 방지, 토지이용도 증대, 조기 수확, 집약관리, 추대 방지, 종자 절약, 용수 절약, 직파가 불리한 경우

11 습해의 방지 대책으로 가장 거리가 먼 것은?
① 배수
② 객토
③ 미숙유기물의 시용
④ 과산화석회의 시용

 습해 대책 : 배수, 정지, 토양개량, 내습성 작물·품종 선택, 과산화석회 시용, 미숙유기물과 황산근 비료 시용 금지

12 바람에 의한 피해(풍해)의 종류 중 생리적 장해의 양상이 아닌 것은?
① 기계적 상해 시 호흡이 증대하여 체내 양분의 소모가 증대하고, 상처가 건조하면 광산화반응에 의하여 고사한다.
② 벼의 경우 수분과 수정이 저하되어 불임립이 발생한다.
③ 풍속이 강하고 공기가 건조하면 증산량이 커져서 식물체가 건조하며 벼의 경우 백수현상이 나타난다.
④ 냉풍은 작물의 체온을 저하시키고 심하면 냉해를 유발한다.

 풍해

기계적 장해	• 벼와 맥류에서는 도복·수발아·부패립 등을 발생 • 벼에서 수분·수정이 저해되어 불임립 발생, 상처를 통해 목도열병 등 발생 • 과수에서는 절손·열상·낙과 등을 유발함
생리적 장해	• 상처가 나면 호흡 증대, 체내 양분 소모 증가, 상처부위가 건조하면 광산화반응을 일으켜 고사 • 강풍과 공기가 건조하면 증산량 증가, 식물체 건조피해. 뿌리의 흡수기능이 약화되었을 때 건조가 더욱 심하며, 벼의 백수 발생 • 풍속이 2~4m/s 이상 강해지면 기공이 닫혀 CO_2 흡수가 감소되어 광합성 감퇴

정답 10.③ 11.③ 12.②

13 맥류나 벼를 재배할 때 성숙기의 강우에 의해 발생하는 수발아 현상을 막기 위한 대책이 아닌 것은?

① 벼의 경우 유효분얼초기에 3~5cm 깊이로 물을 깊게 대어주고 생장조절제인 세리타드 입제를 살포한다.
② 밀보다는 성숙기가 빠른 보리를 재배한다.
③ 조숙종이 만숙종보다 수발아 위험이 적고 휴면기간이 길어 수발아에 대한 위험이 낮다.
④ 도복이 되지 않도록 재배관리를 잘 한다.

 수발아 대책
- 출수 후 발아억제제를 살포하면 수발아가 억제
- 조기수확 : 벼·보리는 수확 7일 전에 건조제를 저녁 때 경엽에 살포함
- 작물의 선택 : 맥류에서 보리가 밀보다 성숙기가 빠르므로, 성숙기에 비를 맞는 경우가 적어서 수발아의 위험이 낮음
- 품종의 선택
  - 맥류는 만숙종보다 조숙종의 수확기가 빠르므로 수발아의 위험이 낮음
  - 숙기가 같더라도 휴면기간이 긴 품종은 수발아가 낮음

14 다음 작물에서 요수량이 가장 적은 작물은?

① 수수 ② 감자
③ 밀   ④ 보리

작물	요수량	작물	요수량
흰명아주	948	감자	499
호박	834	호밀	634
오이	713	보리	523
앨펄퍼	831	밀	455, 481, 550
클로버	799	옥수수	361
완두	788	수수	285, 287, 380
		기장	274

15 농작물에 영향을 끼칠 우려가 있는 유해가스가 아닌 것은?

① 아황산가스 ② 불화수소
③ 이산화질소 ④ 이산화탄소

작물에 해를 끼치는 유해가스 : 아황산가스, 불화수소, 이산화질소, 암모니아가스, 오존가스, 염소계 가스, PAN

정답 13.① 14.① 15.④

16 경운에 대한 설명으로 옳지 않은 것은?
① 경토를 부드럽게 하고 토양의 물리적 성질을 개선하며 잡초를 없애주는 역할을 한다.
② 유기물의 분해를 촉진하고 토양통기를 조장한다.
③ 해충을 경감시킨다.
④ 천경(9~12cm)은 식질토양, 벼의 조식재배 시 유리하다.

해설 식질토양, 조식재배에서는 심경을 실시한다.
누수답, 사질답, 습답, 만식재배에서는 심경이 불리하다.

17 도복의 양상과 피해에 대한 설명으로 옳지 않은 것은?
① 질소 다비에 의한 증수재배의 경우 발생하기 쉽다.
② 좌절도복이 만곡도복보다 피해가 크다.
③ 양분의 이동을 저해시킨다.
④ 수량은 떨어지지만 품질에는 영향을 미치지 않는다.

해설 도복 유발조건 : 밀식, 질소 과용, 칼리 및 규산 부족, 병충해, 비바람, 키 큰 품종
도복 피해양상 : 품질 손상, 수량 감소, 수확작업의 불편, 간작물에 대한 피해

18 고립상태의 광합성 특성으로 옳지 않은 것은?
① 생육적온까지 온도가 상승할 때 광합성속도는 증가되고 광포화점은 낮아진다.
② 이산화탄소 농도가 상승하여 이산화탄소 포화점까지 광포화점이 높아진다.
③ 온도, CO_2 등이 제한요인이 아닐 때 C_4식물은 C_3식물보다 광합성률이 2배에 달한다.
④ 냉량한 지대보다는 온난한 지대에서 더욱 강한 일사가 요구된다.

해설 온난한 지대보다는 냉량한 지대에서 더욱 강한 일사가 요구된다.

19 휴한지에 재배하면 지력의 유지·증진에 가장 효과가 있는 작물은?
① 클로버   ② 밀
③ 보리   ④ 고구마

해설 휴한작물(fallow crop)
작부체계에서 휴한하는 대신 클로버와 같은 콩과식물을 재배하면 지력이 좋아지는 작물

 16.④ 17.④ 18.④ 19.①

20 밭 관개시 재배상의 유의점으로 옳지 않은 것은?

① 관개를 하면 비료의 이용효과를 높일 수 있어 다비재배가 유리하다.
② 가능한 한 수익성이 높은 작물은 밀식할 수 있다.
③ 식질토양에서는 휴립재배보다 평휴재배를 실시한다.
④ 다비재배에 따라 내도복성 품종을 재배한다.

해설 밭 관개시 유의점
- 가장 수익성이 높은 작물을 선택 가능
- 관개를 하면 비료 이용효과를 높일 수 있으므로 다비재배가 유리함. 특히 밭토양의 질소는 질산태이며, 관개수에 따라 용탈되기 쉬우므로 시비량을 늘리고 여러 번 분시해야 함
- 다비재배에서 도복이 유발되므로 내도복성 품종을 선택
- 수분이 충분하면 다비밀식 등 다수확재배를 위해 재식밀도를 높임
- 관개와 다비재배를 하면 병충해·잡초의 발생이 많아지기 때문에 병충해 방제·제초를 방제해야 함
- 식질토양은 휴립·중경 등으로 관개수의 침투를 도모해야 하며, 비닐멀칭 등을 설치하여 지면증발을 억제하여 관개수 효율을 높이는 조처를 취함

21 토양미생물 중 황세균의 최적 pH는?

① 2.0~4.0　　② 4.0~6.0
③ 6.8~7.3　　④ 7.0~8.0

해설

종류	황세균	질산균·아질산균·근류균	단생질소고정균·질산환원균(탈질균)
최적 pH	2.0~4.0	7.0 전후	7.0~8.0

22 토양의 입자밀도가 2.65인 토양에 퇴비를 주어 용적밀도를 1.325에서 1.06으로 낮추었다. 다음 중 바르게 설명한 것은?

① 토양의 공극이 25%에서 30%로 증가하였다.
② 토양의 공극이 50%에서 60%로 증가하였다.
③ 토양의 고상이 25%에서 30%로 증가하였다.
④ 토양의 고상이 50%에서 60%로 증가하였다.

해설 용적밀도와 공극률은 반비례 관계이다. 용적밀도가 감소했다면 공극률은 증가해야 한다.

퇴비 사용 전 공극률 $= 1 - \dfrac{1.325}{2.65} = 0.5 = 50\%$

23 작물의 생육에 가장 적합하다고 생각되는 토양구조는?
① 판상구조 ② 입상구조
③ 주상구조 ④ 괴상구조

입상구조	유기물이 많은 표층토에서 발달하고, 입단이 일반적으로 구상(spherical)을 나타남. 작물생육에 가장 적합함
판상구조	접시같은 모양 또는 평배열의 토괴(ped)로 구성된 구조
괴상구조	대개 6면체로 되어 있으며, 입단 간 거리가 5~50mm로 떨어져 있음
각주상구조	단위구조의 수직길이가 수평길이보다 긴 기둥모양이며, 수평면이 평탄하고 각진 모서리를 가진 구조
원주상구조	기둥모양의 주상구조이지만 수평면이 둥글게 발달한 구조

24 점토광물에 대한 설명으로 옳은 것은?
① 석고, 탄산염, 석영 등 점토 크기 분획의 광물들도 점토광물이다.
② 토양에서 점토광물은 입경이 0.002mm 이하인 입자이므로 표면적이 매우 적다.
③ 결정질 점토광물은 규산 4면체판과 알루미나 8면체판의 겹쳐있는 구조를 가지고 있다.
④ 규산판과 알루미나판이 하나씩 겹쳐져 있으면 2 : 1형 점토광물이라고 한다.

① 석고와 탄산염은 점토광물을 구성하지 않고, 석영은 1차점토광물에 해당된다.
② 토양에서 점토광물은 입경이 0.002mm 이하인 입자이므로 표면적이 매우 크다.
④ 규산판과 알루미나판이 하나씩 겹쳐져 있으면 1 : 1형 점토광물이라고 한다.

25 우리나라 시설재배시 토양에서 흔히 발생되는 문제점이 아닌 것은?
① 연작으로 인한 특정 병해의 발생이 많다.
② EC가 높고 염류집적 현상이 많이 발생한다.
③ 토양의 환원이 심하여 황화수소의 피해가 많다.
④ 특정 양분의 집적 또는 부족으로 영양생리장해가 많이 발생한다.

논토양은 토양의 환원이 심하여 황화수소의 피해가 많다.

26 논토양의 일반적 특성은?
① 유기물의 분해가 밭토양보다 빨라서 부식함량이 적다.
② 담수하면 산화층과 환원층으로 구분된다.
③ 담수하면 토양의 pH가 산성토양은 낮아지고 알칼리성 토양은 높아진다.
④ 유기물의 존재는 담수토양의 산화환원전위를 높이는 결과가 된다.

정답 23.② 24.③ 25.③ 26.②

해설 ① 논토양은 산소가 부족하여 유기물 분해가 밭토양보다 느리다.
③ 담수하면 토양의 pH가 산성토양은 높아지고 알칼리성 토양은 낮아져서 중성에 가까워진다.
④ 유기물의 존재는 담수토양의 산화환원전위를 낮추는 결과가 된다.

27 우리나라의 전 국토의 2/3가 화강암 또는 화강편마암으로 구성되어 있다. 이러한 종류의 암석은 토양생성과정 인자 중 어느 것에 해당하는가?
① 기후
② 지형
③ 풍화기간
④ 모재

해설 **우리나라 토양의 모재**
㉠ 우리나라 전 국토의 2/3 이상이 선캄브리아시대 화강암·화강편마암으로 모래질이 많고 산성을 띠어 비옥도가 낮다.
㉡ 영남 내륙은 중생대의 경상계에 속하는 혈암·사암·역암 등 퇴적암류가 널리 분포한다.
㉢ 충북 단양, 강원도 삼척·대화, 경북 문경·울진, 황해도 서흥·신막, 평남 덕천·성천 등지에 석회암이 비교적 넓게 분포한다.
㉣ 제주도·울릉도 도서와 철원평야 등지에는 화산성 퇴적물이나 현무암질 모재가 국지적으로 분포한다.
㉤ 영일만 일대는 제3기층에 기인된 연암(반고결암)이나 융기해성토지대와, 해안에는 사구 등의 풍적모재도 일부 분포한다.

28 염기포화도에 대한 설명으로 옳지 않은 것은?
① pH와 비례적인 상관관계가 있다.
② 염기포화도가 증가하면 완충력도 증가하는 경향이다.
③ (교환성염기의 총량/양이온교환용량)×100 이다.
④ 우리나라 논토양의 염기포화도는 대략 80% 내외이다.

해설 우리나라 논토양의 염기포화도는 대략 50% 내외이다.

29 식물이 자라기에 가장 알맞은 수분상태는?
① 위조점에 있을 때
② 포장용수량에 이르렀을 때
③ 중력수가 있을 때
④ 최대용수량에 이르렀을 때

해설 식물이 자라기에 가장 알맞은 수분상태는 포장용수량(pF 2.5) 상태이다.
최대용수량 pF 0, 위조점 pF 4.2, 흡습계수 pF 4.5

30 토양에서 탈질작용이 느려지는 조건은?

① pH 5 이하의 산성토양
② 유기물 함량이 많은 토양
③ 투수가 불량한 토양
④ 산소가 부족한 토양

 탈질(denitrification)
- 탈질 : 토양 중 NO_3^- 가 미생물 작용에 의해 N_2 가스로 변하여 대기 중으로 휘산(토양 중의 질소가 손실)하는 현상
- 탈질작용 미생물 : Pseudomonas · Bacillus · micrococcus · Achromobacter 등
- 일반적으로 탈질현상이 일어나는 경우 : 유기물과 NO_3^- 이 풍부하고, 온도가 25~35℃이며, pH가 중성, 토양에 산소가 부족(10% 미만)할 때(환원조건)

31 다음 영농활동 중 토양미생물의 밀도와 활력에 가장 긍정적인 효과를 가져다 줄 수 있는 것은?

① 유기물 시용
② 상하경 재배
③ 농약살포
④ 무비료재배

 토양미생물의 에너지원은 유기물이기 때문에 토양에 유기물을 시용하면 토양미생물의 활력이 높아진다.

32 운적토는 풍화물이 중력, 풍력, 수력, 빙하력 등에 의하여 다른 곳으로 운반되어 퇴적하여 생성된 토양이다. 다음 중 운적토양이 아닌 것은?

① 붕적토
② 선상퇴토
③ 이탄토
④ 수적토

① 붕적토 : 중력에 의해 운반퇴적된 토양
② 선상퇴토 : 급경사지에서 토사가 쓸려 내려와 부채꼴 모양의 완경사지를 형성한 토양
③ 이탄토 : 습지나 얕은 호수에 식물유기물이 쌓여 생성된 토양
④ 수적토 : 물에 의해 운반퇴적된 토양

33 용적비중(가비중) 1.3인 토양의 10a당 작토(깊이 10cm)의 무게는?

① 약 13톤
② 약 130톤
③ 약 1,300톤
④ 약 13,000톤

토양 부피 : $1,000m^2 × 0.1m = 100m^3$
질량 = 밀도 × 부피 = $1.3Mg/m^3 × 100m^3 = 130Mg(ton)$

정답 30.① 31.① 32.③ 33.②

34 토양의 입단구조 형성 및 유지에 유리하게 작용하는 것은?
① 옥수수를 계속 재배한다.
② 논에 물을 대어 써레질을 한다.
③ 퇴비를 사용하여 유기물 함량을 높인다.
④ 경운을 자주 한다.

> **해설** 토양 입단 형성 : 유기물 시용, 석회 시용, 토양 피복, 두과작물 재배, 토양개량제 처리

35 식물과 공생관계를 가지는 것은?
① 사상균 ② 효모
③ 선충 ④ 균근균

> **해설** 균근균(mycorrhizal fungi)
> ㉠ 균근(사상균 뿌리라는 뜻)은 사상균과 식물뿌리와의 공생관계를 형성함
> ㉡ 근권 확장 : 균근균의 균사는 감염된 뿌리로부터 5~15cm까지 토양 중으로 연장하여 자라므로 뿌리털이 도달하지 못하는 작은 공극까지 도달함
> ㉢ 양분 흡수 촉진 : 유효도가 낮게 존재하는 인산 같은 토양양분을 식물 흡수를 촉진함
> ㉣ 수분흡수를 증가시켜 한발(건조)에 대한 저항성을 높임
> ㉤ 병원성 균과 경합하여 병원균이나 선충으로부터 식물을 보호함
> ㉥ 균근균의 균사는 토양을 입단화하여 통기성과 투수성을 증가시킴

36 토양 공극에 대한 설명으로 옳지 않은 것은?
① 공극은 공기의 유통과 토양수분의 저장 및 이동통로가 된다.
② 입단 내에 존재하는 토성공극은 양분의 저장에 이용된다.
③ 퇴비의 사용은 토양의 공극량을 증대시킨다.
④ 큰 공극과 작은 공극이 함께 발달되어야 한다.

> **해설** 토양 공극
> ㉠ 공극 종류
>   • 토성공극은 토양입자 사이에 발달함
>   • 구조공극은 토양입단 사이에 발달함
>   • 특수공극(또는 생물공극)은 식물 뿌리·소동물의 활동 및 유기물 분해시 발생하는 가스에 의하여 생성됨
> ㉡ 일반적으로 토성공극은 작고, 구조공극은 크며, 특수공극은 생물크기에 따라 달라진다.
> ㉢ 토성공극은 물을 보유하는 성질을 지니며, 구조공극·특수공극은 공기 통로로 작용한다.

정답 34.③ 35.④ 36.②

37 토양의 무기성분 중 가장 많은 성분은?

① 산화철(Fe_2O_3) ② 규산(SiO_2)
③ 석회(CaO) ④ 고토(MgO)

 암석(토양)의 구성 원소
O 46.7% > Si 27.7% > Al 8.1% > Fe 5% > Ca 3.7% > Na 2.8% > K 2.1% > Mg 2.1% 순

38 물에 의한 토양의 침식과정이 아닌 것은?

① 우격침식 ② 면상침식
③ 선상침식 ④ 협곡침식

- 우격침식 : 빗방울이 지표를 타격하여 입단이 파괴되어 침식
- 면상침식(평면침식) : 지하로 침투하지 못하고 지표면을 흐르면서 침식
- 세류침식(우곡침식) : 경사지에서 지면이 작은 침식구를 형성하는 침식
- 협곡침식(계곡침식) : 경사지에서 세류가 합쳐진 큰 도랑을 형성하는 침식

39 토성분석 시 사용되는 토양의 입자크기는 얼마 이하를 말하는가?

① 2.5mm ② 2.0mm
③ 1.0mm ④ 0.5mm

 토양은 모래, 미사, 점토로 구성된다.

점토 (clay)	미사 (silt)	모래(sand)					자갈 (gravel)
		극세사 (very fine)	세사 (fine)	중간사 (medium)	조사 (coarse)	극조사 (very coarse)	
0.002	0.05	0.1	0.25	0.5	1.0	2.0(mm)	

40 지렁이가 가장 잘 생육할 수 있는 토양환경은?

① 배수가 어려운 과습토양 ② pH 3 이하의 산성토양
③ 통기성이 양호한 유기물 토양 ④ 토양온도가 18 ~ 25℃인 토양

지렁이 서식상에 영향을 주는 토양환경요인
㉠ 공기가 잘 통하는 습한 지역을 좋아하지만, 물이 잘 빠지지 않은 과습한 지역은 지렁이의 개체수를 현저히 감소시킨다.
㉡ 신선하거나 거의 분해가 되지 않은 유기물의 시용은 지렁이의 개체수를 증가시킨다. 따라서 수확 후 유기물을 회수하지 말아야 한다.

정답 37.② 38.③ 39.② 40.③

ⓒ 약산성(pH 5.5)~약알칼리성(pH 8.5) 토양에서 지렁이의 개체수가 많다. 특히, 지렁이는 Ca을 좋아하여 spodosol 토양은 지렁이 개체수가 적지만, mollisol 토양에는 많다.
ⓔ 지렁이 생육에 적합한 토양온도는 10℃ 부근이다. 지렁이 활성은 봄이나 가을에 왕성하다.
ⓜ 두더지·생쥐·일부 진드기·노린재 같은 포식자는 지렁이의 개체수를 감소시킨다.
ⓑ 과다한 암모니아태 질소(NH_4^+-N)는 지렁이 개체수를 감소시킨다.
ⓢ 농약의 과다한 사용은 지렁이 개체수가 감소된다.
ⓞ 경작지의 잦은 경운은 지렁이 개체수를 현저히 감소시킨다.

41 토양입자의 입단화(粒團化)를 촉진시키는 것은?

① Na^+
② Ca^{2+}
③ K^+
④ NH_4^+

해설 토양 입단 형성 : 유기물 시용, 석회(Ca^{2+}) 시용, 토양 피복, 두과작물 재배, 토양개량제 처리

42 정부에서 친환경농업원년을 선포한 년도는?

① 1991년도
② 1994년도
③ 1997년도
④ 1998년도

해설 유기농업 관련 정부정책

1991	유기농업발전기획단 설치(농림부)
1997	환경농업육성법 제정
1998	친환경농업 원년 선포
1999	친환경농업 직접지불제 도입
2001	친환경농업육성 5개년계획 수립 친환경유기농업기획단 설치(농진청)
2013	친환경농어업 육성 및 유기식품 등의 관리·지원에 관한 법률 개정

43 유기농업에서는 화학비료를 대신하여 유기물을 사용하는데, 유기물의 사용 효과가 아닌 것은?

① 토양완충능 증대
② 미생물의 번식조장
③ 보수 및 보비력 증대
④ 지온 감소 및 염류 집적

해설 토양유기물의 기능
토양의 보비력·보수력 증대, 토양입단형성 촉진, 토양의 완충능력 증대, 양이온치환용량(CEC) 증가, 식물양분 공급, 성장촉진물질 발생

정답 41.② 42.④ 43.④

44 품종의 특성유지방법이 아닌 것은?
① 영양번식에 의한 보존재배
② 격리재배
③ 원원종재배
④ 집단재배

 품종의 특성유지방법 : 주보존, 격리재배, 개체집단선발, 계통집단선발

45 우량종자의 증식체계로 옳은 것은?
① 기본식물 → 원원종 → 원종 → 보급종
② 기본식물 → 원종 → 원원종 → 보급종
③ 원원종 → 원종 → 기본식물 → 보급종
④ 원원종 → 원종 → 보급종 → 기본식물

기본식물	• 신품종 증식의 기본이 되는 종자로 육종가들이 직접 생산하거나, 육종가의 관리 하에서 생산함. • 국립시험연구기관에서 생산
원원종	• 기본식물을 증식하여 생산한 종자 • 각 도 농업기술원에서 생산
원종	• 원원종을 재배하여 채종한 종자 • 각 도 농산물 원종장에서 생산
보급종	• 원종을 증식한 것, 농가에 보급할 종자 • 국립종자원(종자공급소), 시·군 및 농업단체 등에서 생산

46 유기축산물 인증기준에 따른 유기사료급여에 대한 설명으로 옳지 않은 것은?
① 천재지변의 경우 유기사료가 아닌 일정기간 동안 일정비율로 급여하는 것을 허용할 수 있다.
② 사료를 급여할 때 유전자변형 농산물이 함유되지 않아야 한다.
③ 유기배합사료 제조용 단미사료용 곡물류는 유기농산물 인증을 받은 것에 한한다.
④ 반추가축에게는 사일리지만 급여한다.

유기가축 사료 및 영양 관리
㉠ 유기축산물의 생산을 위한 가축에게는 100% 유기사료를 급여하여야 하며, 유기사료 여부를 확인하여야 한다.
㉡ 유기축산물 생산과정 중 심각한 천재·지변, 극한 기후조건 등으로 인하여 ㉠에 따른 사료급여가 어려운 경우 국립농산물품질관리원장 또는 인증기관은 일정기간 동안 유기사료가 아닌 사료를 일정 비율로 급여하는 것을 허용할 수 있다.
㉢ 반추가축에게 담근먹이(사일리지)만 급여해서는 아니 되며, 생초나 건초 등 조사료도 급여하여야 한다. 또한 비반추 가축에게도 가능한 조사료 급여를 권장한다.
㉣ 유전자변형농산물 또는 유전자변형농산물로부터 유래한 것이 함유되지 아니하여야 하나, 비의도적인 혼입은 「식품위생법」 제12조의2에 따라 식품의약품안전처장이 고시한 유전자변형식품 등의 표시기준에 따라 유전자변형농산물로 표시하지 아니할 수 있는 함량의 1/10 이하여야 한다. 이 경우 '유전자변형농산물이 아닌 농산물을 구분 관리하였다'는 구분유통증명서류·정부 증명서 또는 검사성적서를 갖추어야 한다.

정답 44.④ 45.① 46.④

⑩ 유기배합사료 제조용 단미사료 및 보조사료는 친환경농어업법 시행규칙 별표1 제1호 나목의 자재에 한해 사용하되 사용가능한 자재임을 입증할 수 있는 자료를 구비하고 사용하여야 한다.
ⓑ 다음에 해당되는 물질을 사료에 첨가해서는 아니 된다.
  ⓐ 가축의 대사기능 촉진을 위한 합성화합물
  ⓑ 반추가축에게 포유동물에서 유래한 사료(우유 및 유제품을 제외)
  ⓒ 합성질소 또는 비단백태질소화합물
  ⓓ 항생제·합성항균제·성장촉진제, 구충제, 항콕시듐제 및 호르몬제
  ⓔ 그 밖에 인위적인 합성 및 유전자조작에 의해 제조·변형된 물질
㈆ 「지하수의 수질보전 등에 관한 규칙」 제11조에 따른 생활용수 수질기준에 적합한 신선한 음수를 상시 급여할 수 있어야 한다.
◎ 합성농약 또는 합성농약 성분이 함유된 동물용의약외품 등의 자재를 사용하지 아니하여야 한다.

47 노포크(Norfork)식 윤작법에 해당되는 것은?

① 알팔파 - 클로버 - 밀 - 보리
② 밀 - 순무 - 보리 - 클로버
③ 밀 - 휴한 - 순무
④ 밀 - 보리 - 휴한

 노포크(Norfork)식 윤작

연차	1년	2년	3년	4년
작물	밀	순무	보리	클로버
생산물	식량	중경	사료	녹비
지력	수탈	증강(다비)	수탈	증강(질소고정)
잡초	증가	경감	증가	경감(피복)

48 과수원에 부는 적당한 바람과 생육과의 관계에 대한 설명으로 옳지 않은 것은?

① 양분흡수를 촉진한다.
② 동해발생을 촉진한다.
③ 광합성을 촉진한다.
④ 증산작용을 촉진한다.

 연풍 효과
증산 및 양분흡수 촉진, 광합성 촉진, 수정·결실 촉진, 병해 경감, 수확물 건조

49 퇴비의 부숙도 검사방법이 아닌 것은?

① 관능적 방법
② 탄질비 판정법
③ 물리적 방법
④ 종자 발아법

퇴비의 부숙도 검사방법
• 관능적 방법 : 색, 냄새, 촉감, 형태, 수분함량
• 화학적 방법 : 탄질률
• 생물학적 방법 : 지렁이법, 종자발아법

정답 47.② 48.② 49.③

50 유기재배 시 작물의 병해충 제어법으로 가장 적합하지 않은 것은?
① 화학적 토양 소독법　　② 토양 소독법
③ 생물적 방제법　　　　　④ 경종적 재배법

 유기농업의 병해충 방제

경종적·생태적 방제	• 대항식물과 저항성(내병성) 품종 또는 대목 • 윤작, 토양개량, 작기변경, 질소시비 감비 등
물리적·기계적 방제	• 봉지씌우기, 비가림재배 • 온탕침법, 태양열소독, 화염소독, 증기소독 • 페로몬 유인교살, 네트망 설치 등
화학적 방제	• 합성농약 : 저독성·저성분 약제, 이분해성·선택성 약제, 생력형 제제 • 생화학농약 : 천연물질, 보르도액, 황가루, 식물추출액(님, 제충국, 쿠아시아, 라이아니아) • 천연살충성분 : 로테논, 라이아니아, 피레트린, 아자디라크틴
생물학적 방제	• 미생물농약 : 미생물 자체이용(길항미생물), 천적미생물, 천적곤충 • 천연물질 : 활성물질

51 과수의 전정방법(剪定方法)에 대한 설명으로 옳은 것은?
① 단초전정(短梢剪定)은 주로 포도나무에서 이루어지는데 결과 모지를 전정할 때 남기는 마디 수는 대개 4~6개 이다.
② 갱신전정(更新剪定)은 정부우세현상(頂部優勢現想)으로 결과 모지가 원줄기로부터 멀어져 착과되는 과실의 품질이 불량할 때 이용하는 전정방법이다.
③ 세부전정(細部剪定)은 생장이 느리고 연약한 가지, 품질이 불량한 과실을 착생시키는 가지를 제거하는 방법이다.
④ 큰 가지전정(太枝剪定)은 생장이 느리고 외부에 가지가 과다하게 밀생하며 가지가 오래되어 생산이 감소할 때 제거하는 방법이다.

 ① 장초전정, ③ 솎음전정, ④ 잔가지전정

52 답전윤환 체계로 논을 밭으로 이용할 때 유기물이 분해되어 무기태질소가 증가하는 현상은?
① 산화작용　　　　　② 환원작용
③ 건토효과　　　　　④ 윤작효과

건토효과 : 흙을 한번 충분히 건조시키면 유기물이 분해되어 작물에 대한 비료분의 공급이 많아지는 현상. 건토효과는 밭보다 논에서 효과적이다.

정답　50.①　51.②　52.③

53 다음 중 C/N율이 가장 높은 것은?

① 톱밥
② 옥수수 대와 잎
③ 클로버 잔유물
④ 박테리아, 방사상균 등 미생물

재료	C	N	C/N율
톱밥	46	0.1	400
보리짚·밀짚	47.0	0.65	72
볏짚	42.2	0.63	67
감자	44.0	1.50	29
낙엽	49.0	2.00	25
쌀겨	37.0	1.70	22
자운영	44.0	2.70	16
앨펄퍼	40.0	3.00	13
면실박	16.0	5.00	3.2
콩깻묵	17.0	7.00	2.4
곰팡이	50	5.0	10
방사상균	50	8.5	6
세균	50	12.5	4

54 유기식품 등의 인증기준 등에서 유기농산물 재배시 기록 보관해야 하는 경영 관련 자료로 옳지 않은 것은?

① 농산물 재배포장에 투입된 토양개량용 자재, 작물생육용 자재, 병해충관리용 자재 등 농자재 사용 내용을 기록한 자료
② 유기합성 농약 및 화학비료의 구매·사용·보관에 관한 사항을 기록한 자료
③ 유전자변형종자의 구입·보관·사용을 기록한 자료
④ 농산물의 생산량 및 출하처별 판매량을 기록한 자료

유기농업에서 유전자변형종자는 사용하지 않는다.

55 윤작의 효과로 거리가 먼 것은?

① 자연재해나 시장변동의 위험을 분산시킨다.
② 지력을 유지하고 증진시킨다.
③ 토지 이용률을 높인다.
④ 풍수해를 예방한다.

윤작의 효과
지력의 유지 증진, 기지 경감, 토양의 물리성 개선, 병해충 및 잡초 발생 억제, 작물의 수량 증대

정답 53.① 54.③ 55.④

56 품종육성의 효과로 기대하기 어려운 것은?

① 품질개선　　　　　　② 지력증진
③ 재배지역의 확대　　　④ 수량증가

 품종육종의 효과
작물의 생산성·품질·저항성·적응성 등 재배·이용상 중요한 형질의 유전능력을 개량한 우량 품종을 육성함으로써 식량증산, 농업의 안정화와 경영합리화, 농업관련 산업발전에 큰 몫을 담당

57 유기재배 과수의 토양표면 관리법으로 가장 거리가 먼 것은?

① 청경법　　　　　　② 초생법
③ 부초법　　　　　　④ 플라스틱 멀칭법

 과수원 토양 표면관리
보통 유목(어린나무)은 청경법과 부초법을, 성목(자란나무)은 초생법을 선택한다.

58 유기축산물 생산을 위한 사육장 조건으로 옳지 않은 것은?

① 축사·농기계 및 기구 등은 청결하게 유지한다.
② 충분한 환기와 채광이 되는 케이지에서 사육한다.
③ 사료와 음수는 접근이 용이해야 한다.
④ 축사 바닥은 부드러우면서도 미끄럽지 않아야 한다.

 축사 조건
㉠ 축사는 다음과 같이 가축의 생물적 및 행동적 욕구를 만족시킬 수 있어야 한다.
　ⓐ 사료와 음수는 접근이 용이할 것
　ⓑ 공기순환, 온도·습도, 먼지 및 가스농도가 가축건강에 유해하지 아니한 수준 이내로 유지되어야 하고, 건축물은 적절한 단열·환기시설을 갖출 것
　ⓒ 충분한 자연환기와 햇빛이 제공될 수 있을 것
㉡ 축사의 밀도조건은 다음 사항을 고려하여 가축의 종류별 면적당 사육두수를 유지하여야 한다.
　ⓐ 가축의 품종·계통 및 연령을 고려하여 편안함과 복지를 제공할 수 있을 것
　ⓑ 축군의 크기와 성에 관한 가축의 행동적 욕구를 고려할 것
　ⓒ 자연스럽게 일어서서 앉고 돌고 활개 칠 수 있는 등 충분한 활동공간이 확보될 것
㉢ 축사·농기계 및 기구 등은 청결하게 유지하고 소독함으로써 교차감염과 질병감염체의 증식을 억제하여야 한다.
㉣ 축사의 바닥은 부드러우면서도 미끄럽지 아니하고, 청결 및 건조하여야 하며, 충분한 휴식공간을 확보하여야 하고, 휴식공간에서는 건조깔짚을 깔아 줄 것
㉤ 번식돈은 임신 말기 또는 포유기간을 제외하고는 군사를 하여야 하고, 자돈 및 육성돈은 케이지에서 사육하지 아니할 것. 다만, 자돈 압사 방지를 위하여 포유기간에는 모돈과 조기에 젖을 땐 자돈의 생체중이 25킬로그램까지는 케이지에서 사육할 수 있다.

정답 56.② 57.④ 58.②

ⓑ 가금류의 축사는 짚·톱밥·모래 또는 야초와 같은 깔짚으로 채워진 건축공간이 제공되어야 하고, 가금의 크기와 수에 적합한 홰의 크기 및 높은 수면공간을 확보하여야 하며, 산란계는 산란상자를 설치하여야 한다.
ⓢ 산란계의 경우 자연일조시간을 포함하여 총 14시간을 넘지 않는 범위 내에서 인공광으로 일조시간을 연장할 수 있다.

59 예방관리에도 불구하고 가축의 질병이 발생한 경우 수의사의 처방 하에 질병을 치료할 수 있다. 이 경우 동물용의약품을 사용한 가축은 해당약품 휴약기간의 최소 몇 배가 지나야만 유기축산물로 인정할 수 있는가?

① 2배 ② 3배
③ 4배 ④ 5배

 동물용의약품을 사용한 가축은 동물용의약품을 사용한 시점부터 마목1)의 전환기간(해당 약품의 휴약기간 2배가 전환기간보다 더 긴 경우 휴약기간의 2배 기간을 적용)이 지나야 유기축산물로 출하할 수 있다.

60 한 포장에서 연작을 하지 않고 몇 가지 작물을 특정한 순서로 규칙적으로 반복하여 재배하는 것은?

① 돌려짓기 ② 답전윤환
③ 간작 ④ 교호작

윤작(돌려짓기)	한 포장에서 연작을 하지 않고 몇 가지 작물을 특정한 순서로 규칙적으로 반복하여 재배하는 것
답전윤환	논을 몇 해마다 담수한 논상태(2~3년)와 배수한 밭상태(2~3년)로 돌려가면서 이용하는 것
간작(사이짓기)	한 가지 작물이 생육하고 있는 줄사이(조간, 고랑사이)에 다른 작물을 재배하는 것
교호작(엇갈아짓기)	생육기간이 비슷한 작물들을 교호로 재배하는 방식
혼작(섞어짓기)	생육기간이 거의 같은 2종류 이상의 작물을 동시에 같은 포장에 섞어서 재배하는 것
주위작(둘레짓기)	포장의 주위에 포장 내의 작물과 다른 작물들을 재배하는 것

정답 59.① 60.①

2014년 제2회 유기농업기능사 필기 기출문제

01 대기 중의 약한 바람이 작물생육에 피해를 주는 사항과 가장 거리가 먼 것은?
① 광합성을 억제한다.
② 잡초씨나 병균을 전파시킨다.
③ 건조할 때 더욱 건조를 조장한다.
④ 냉풍은 냉해를 유발할 수 있다.

> **해설** 연풍
> • 장점 : 증산 및 양분흡수 촉진, 광합성 촉진, 수정·결실 촉진, 병해 경감, 수확물 건조
> • 해점 : 잡초의 종자 및 병균 전파, 냉풍은 냉해 유발, 건조시기에 더욱 건조를 조장

02 유효질소 10kg이 필요한 겨울에 요소로 질소질비료를 시용한다면 필요한 요소량은?(단, 요소비료의 흡수율은 83%, 요소의 질소함유량은 46%로 가정한다)
① 약 13.1kg
② 약 26.2kg
③ 약 34.2kg
④ 약 48.5kg

> **해설** 질소함유율을 고려한 요소량 = 10kg/0.46 = 21.7kg
> 요소흡수율을 고려한 요소량 = 21.7kg/0.83 = 26.2kg

03 잡초의 방제는 예방과 제거로 구분할 수 있는데 예방의 방법으로 가장 거리가 먼 것은?
① 답전윤환 실시
② 제초제의 사용
③ 방목 실시
④ 플라스틱 필름으로 포장 피복

> **해설** 잡초방제의 예방은 사전 대책이고, 제거는 사후 대책이다. 제초제 사용은 사후 대책에 해당한다.

04 녹식물체 버널리제이션(green plant vernalization) 처리효과가 가장 큰 식물은?
① 추파맥류
② 완두
③ 양배추
④ 봄올무

정답 01.① 02.② 03.② 04.③

종자버널리제이션 (종자춘화)	• 최아종자를 버널리제이션 하는 것 • 종자춘화 효과가 가장 큰 식물(종자춘화형 식물) : 추파맥류·완두·잠두·무·배추·봄올무 등
녹체버널리제이션 (녹체춘화)	• 식물이 일정한 크기에 달한 녹체기에 버널리제이션하는 것 • 녹체춘화 효과가 가장 큰 식물(녹체춘화형 식물) : 양배추·양파·당근·사리풀 등

05 질소비료의 흡수형태에 대한 설명으로 옳은 것은?

① 식물이 주로 흡수하는 질소의 형태는 논토양에서는 NH_4^+, 밭토양에서는 NO_3^- 이온의 형태이다.
② 식물이 흡수하는 인산의 형태는 PO_4^-와 PO_3^- 형태이다.
③ 암모니아태질소는 양이온이기 때문에 토양에 흡착되지 않아 쉽게 용탈이 된다.
④ 질산태질소는 음이온으로 토양에 잘 흡착이 되어 용탈이 되지 않는다.

② 식물이 흡수하는 인산의 형태는 $H_2PO_4^-$와 $H_2PO_4^{2-}$ 형태이다.
③ 질산태질소는 양이온이기 때문에 토양에 흡착되지 않아 쉽게 용탈이 된다.
④ 암모니아태질소는 음이온으로 토양에 잘 흡착이 되어 용탈이 되지 않는다.

06 대체로 저온에 강한 작물로만 나열된 것은?

① 보리, 밀
② 고구마, 감자
③ 배, 담배
④ 고추, 포도

보리, 밀, 호밀, 귀리 등 월동작물은 저온에 강한 작물이다.

07 수해(水害)의 요인과 작용에 대한 설명으로 옳지 않은 것은?

① 벼에 있어 수잉기 - 출수 개화기에 특히 피해가 크다.
② 수온이 높을수록 호흡기질의 소모가 많아 피해가 크다.
③ 흙탕물과 고인물은 흐르는 물보다 산소가 적고 온도가 높아 피해가 크다.
④ 벼, 수수, 기장, 옥수수 등 화본과 작물이 침수에 가장 약하다.

침수에 강한 작물 : 화본과 작물, 화본과 목초, 땅콩
침수에 약한 작물 : 두과 작물, 감자, 고구마, 채소류

정답 05.① 06.① 07.④

08 다음 중 가장 집약적으로 곡류 이외에 채소, 과수 등에 재배에 이용되는 형식은?

① 원경   ② 포경
③ 곡경   ④ 소경

소경	• 원시적 약탈농업에 가까운 재배형식. 이동 경작 • 아프리카 중남부, 동남아의 열대섬 등에서 실시
식경	• 식민지적 농업(기업적 농업)으로서 식민지나 미개지에서 주로 구미인이 경영하는 방식 • 대상작물은 커피, 사탕수수, 고무나무, 담배, 차 등
곡경	• 곡류 위주의 농경으로 넓은 면적에 걸쳐서 곡류가 주로 재배되는 형식 • 유럽·미국·호주 등의 밀재배, 미국의 옥수수재배, 동남아의 벼재배
포경	• 식량과 사료를 균형있게 생산하는 재배형식 • 유축농업, 혼동농업과 유사한 의미
원경	• 원예적 농경형태로 가장 집약적인 재배형식 • 원예지대나 도시근교에서 발달하는 형태

09 계란노른자와 식용유를 섞어 병충해를 방제하였다. 계란노른자의 역할로 옳은 것은?

① 살충제   ② 살균제
③ 유화제   ④ pH조절제

계란노른자는 물과 기름을 섞이게 하는 유화제 역할을 한다.

10 작물의 분류방법 중 식용작물, 공예작물, 약용작물, 기호작물, 사료작물 등으로 분류하는 것은?

① 식물학적 분류
② 생태적 분류
③ 용도에 따른 분
④ 작부방식에 따른 분류

• 용도에 따른 분류 : 식용작물, 공예작물, 약용작물, 기호작물, 사료작물
• 식물학적 분류 : 화본과, 두과, 배추과, 가지과, 박과 식물
• 생태적 분류 : 생존연한, 생육계절, 생육적온, 생육형, 저항성에 따른 분류
• 작부방식에 따른 분류 : 논작물, 밭작물, 앞잡물, 뒷작물, 중경작물, 휴한작물, 윤작작물, 동반작물, 대파작물, 구황작물

정답   08.① 09.③ 10.③

11 광합성 작용에 가장 효과적인 광은?

① 백색광 ② 황색광
③ 적색광 ④ 녹색광

해설 광합성에 효과적인 광 : 청색광(450nm), 적색광(660nm)

12 10a의 밭에 종자를 파종하고자 한다. 일반적으로 파종량(L)이 가장 많은 작물은?

① 오이 ② 팥
③ 맥류 ④ 당근

해설

작물	10a당 파종량(L)
벼	6~8
맥류	10~20
옥수수	2.6
메밀	7~15
콩	7~9
녹두	2~3
땅콩	9~18
감자	150~200

13 벼 등 화곡류가 등숙기에 비, 바람에 의해서 쓰러지는 것을 도복이라고 한다. 도복에 대한 설명으로 옳지 않은 것은?

① 키가 작은 품종일수록 도복이 심하다.
② 밀식, 질소다용, 규산부족 등은 도복을 유발한다.
③ 벼 재배시 벼멸구, 문고병이 많이 발생되면 도복이 심하다.
④ 벼는 마지막 논김을 맬 때 배토를 하면 도복이 경감된다.

해설 키가 크고 줄기가 약한 품종일수록, 이삭이 무거울수록, 근계의 발달 정도가 빈약할수록 도복이 심하다.

14 농경의 발상지와 거리가 먼 것은?

① 큰 강의 유역 ② 산간부
③ 내륙지대 ④ 해안지대

해설 **농경의 발상지**
큰 강의 유역(De Candolle), 산간부(N.T. Vavilov), 해안지대(P. Dettweiler)

정답 11.③ 12.③ 13.① 14.③

15 작물의 파종과 관련된 설명으로 옳은 것은?

① 선종이란 파종 전 우량한 종자를 가려내는 것을 말한다.
② 추파맥류의 경우 추파성 정도가 낮은 품종은 조파(일찍파종)를 한다.
③ 감온성이 높고 감광성이 둔한 하두형 콩은 늦은 봄에 파종을 한다.
④ 파종량이 많을 경우 잡초 발생이 많아지고, 토양수분과 비료 이용도가 낮아져 성숙이 늦어진다.

② 추파맥류의 경우 추파성 정도가 높은 품종은 조파(일찍파종)를 한다.
③ 감온성이 높고 감광성이 둔한 하두형 콩은 이른 봄에 파종을 한다.
④ 파종량이 적은 경우 잡초발생이 많아지고, 토양수분과 비료 이용도가 낮아져 성숙이 늦어진다. 파종량이 많으면 과번무해서 수광태세가 나빠지고 식물체가 연약해져서 도복, 병충해, 한해가 조장된다.

16 작물이 주로 이용하는 토양수분의 형태는?

① 흡습수　　② 모관수
③ 중력수　　④ 결합수

결합수	• pF 7.0 이상, 점토광물에 결합되어 있는 수분으로 토양에서 분리시킬 수 없음
흡습수	• pF 4.5~7, 건토를 공기 중에 두면 분자간 인력에 의해 수증기가 토양 표면에 흡착된 수분으로 토양입자 표면에 피막상으로 흡착된 수분 • (31~10,000기압), 작물에 흡수·이용되지 못함(작물의 흡수압은 5~14기압)
모관수	• 토양공극 내에서 표면장력 때문에 중력에 저항하여 유지되는 수분 • pF 2.7~4.5, 작물이 주로 이용하는 수분
중력수	• pF 0~2.7, 포장용수량 이상의 수분으로 중력에 의하여 비모관공극을 통해 흘러내리는 물

17 수광태세가 가장 불량한 벼의 초형은?

① 키가 너무 크거나 작지 않다.
② 상위엽이 늘어져 있다.
③ 분얼이 조금 개산형이다.
④ 각 잎이 공간적으로 되도록 균일하게 분포한다.

수광태세가 좋은 벼의 초형	• 키가 적당해야 함(너무 크거나 작지 않아야 함) • 분얼이 약간 개산형(gathered type)인 것이 좋음 • 벼 잎의 분포가 공간적으로 균일한 것이 좋음 • 잎이 약간 좁으며, 너무 얇지 않고, 상위엽이 직립한 것이 좋음

정답　15.①　16.②　17.②

18 작물의 건물 1g을 생산하는데 소비된 수분량은?

① 요수량
② 증산능률
③ 수분소비량
④ 건물축적량

해설
- 증산능률 : 작물의 일정량의 수분을 증산하여 축적된 건물량
- 요수량 : 작물의 건물 1(g)을 생산하는 데 소비된 수분량(g)

19 저장 중 종자의 발아력이 감소되는 원인이 아닌 것은?

① 종자소독
② 효소의 활력 저하
③ 저장양분 감소
④ 원형질 단백질 응고

저장 중 종자의 발아력상실 (퇴화) 원인	• 주 원인은 원형질단백의 응고 • 효소의 활력저하와, 저장양분의 소모 • 효소의 분해와 불활성, 가수분해효소의 형성과 활성, 유해물질의 축적, 발아유도기구의 분해, 리보솜 분리의 저해, 지질의 자동산화, 균의 침입, 기능상 구조변화 등

20 공기가 과습한 상태일 때 작물에 나타나는 증상이 아닌 것은?

① 증산이 적어진다.
② 병균의 발생빈도가 낮아진다.
③ 식물체의 조직이 약해진다.
④ 도복이 많아진다.

해설 공기 습도가 높아지면 병균 발생빈도가 높아진다.

21 논토양과 밭토양에 대한 설명으로 옳지 않은 것은?

① 밭토양은 불포화 수분상태로 논에 비해 공기가 잘 소통된다.
② 특이산성 논토양은 물에 잠긴 기간이 길수록 토양 pH가 올라간다.
③ 물에 잠긴 논토양은 산화층과 환원층으로 토층이 분화한다.
④ 밭토양에서 철은 환원되기 쉬우므로 토양은 회색을 띤다.

해설 논토양에서 철은 환원되기 쉬우므로 토양은 회색을 띤다.

정답 18.① 19.① 20.② 21.④

22 유기물이 다음 중 가장 많이 퇴적되어 생성된 토양은?

① 이탄토　　② 붕적토
③ 선상퇴토　　④ 하성충적토

 이탄토
습지나 얕은 호수에 식물유기물이 쌓여 생성된 토양

23 토양의 포장용수량에 대한 설명으로 옳은 것은?

① 모관수만이 남아 있을 때의 수분함량을 말하며 수분장력은 대략 15기압으로서 밭작물이 자라기에 적합한 상태를 말한다.
② 모관수만이 남아 있을 때의 수분함량을 말하며 수분장력은 대략 31기압으로서 밭작물이 자라기에 적합한 상태를 말한다.
③ 토양이 물로 포화되었을 때의 수분함량이며 수분장력은 대략 1/3기압으로서 벼가 자라기에 적합한 수분상태를 말한다.
④ 물로 포화된 토양에서 중력수가 제거되었을 때의 수분함량을 말하며, 이때의 수분장력은 대략 1/3기압으로서 밭작물이 자라기에 적합한 상태를 말한다.

포장용수량 (최소용수량)	• pF는 2.5~2.7(1/3~1/2기압) • 수분이 포화된 상태의 토양에서 증발을 방지하면서 중력수를 완전히 배제하고 남은 수분상태 • 지하수위가 낮고 투수성이 중간인 포장에서 강우 또는 관개후 만 1일쯤의 수분상태

24 토양미생물인 사상균에 대한 설명으로 옳지 않은 것은?

① 균사로 번식하며 유기물 분해로 양분을 획득한다.
② 호기성이며 통기가 잘되지 않으면 번식이 억제된다.
③ 다른 미생물에 비해 산성토양에서 잘 적응하지 못한다.
④ 토양 입단 발달에 기여한다.

사상균은 다른 미생물에 비해 산성토양에서 잘 적응한다.

25 규산의 함량에 따른 산성암이 아닌 것은?

① 현무암　　② 화강암
③ 유문암　　④ 석영반암

정답　22.①　23.④　24.③　25.①

화산암	현무암	안산암	유문암
반심성암	휘록암	섬록반암	석영반암
심성암	반려암	섬록암	화강암
	염기성암	중성암	산성암

26 일시적 전하(잠시적 전하)의 설명으로 옳은 것은?

① 동형치환으로 생긴 전하
② 광물결정 변두리에 존재하는 전하
③ 부식의 전하
④ 수산기(OH^-)증가로 생긴 전하

- 영구전하 : 토양 pH의 영향을 받지 않는 전하. Si사면체와 Al팔면체에서 일어나는 동형치환과, 광물결정 변두리에서 결합에 관여하지 않는 여분의 음전하 때문에 생성되는 전하
- 일시적 저하 : 변두리 전하(절단면에서 OH^-가 외부로 노출되는 음전하), 금속산화물, 알로판

27 부식의 음전하 생성 원인이 되는 주요한 작용기는?

① R-COOH
② Si-$(OH)_4$
③ $Al(OH)_3$
④ $Fe(OH)_2$

부식이 가지는 음전하의 약 55%가 carboxyl(R-COOH)기의 해리에 의한 것이다.

28 질소와 인산에 의한 토양의 오염원으로 가장 거리가 먼 것은?

① 광산폐수
② 공장폐수
③ 축산폐수
④ 가정하수

유기성 공장폐수, 농업배수(질소질비료·인산질비료), 가정하수 중의 질산염·인산염의 유입으로 수계(강과 호소)에서 부영양화가 일어난다.

정답 26.④ 27.① 28.①

29 밭의 CEC(양이온 교환용량)를 높이려고 한다. 다음 중 CEC를 가장 크게 증가시키는 물질은?

① 부식(토양유기물)의 시용
② 카올리나이트(Kaolinite)의 시용
③ 몬모리오나이트(Montmorillonite)의 시용
④ 석양토의 객토

해설

구분	CEC(cmol$_c$/kg)
kaolinite	2~15
montmorillonite	80~150
dioctahedral vermiculite	10~150
trioctahedral vermiculite	100~200
illite	20~40
chlorite	10~40
allophane	100~800

30 토양에 집적되어 solonetz화 토양의 염류집적을 나타내는 것은?

① Ca
② Mg
③ K
④ Na

해설 solonetz화 토양(알칼리 토양)
염류토양의 Na염이 첨가 또는 세탈작용으로 형성된 토양

31 토양의 색에 대한 설명으로 옳지 않은 것은?

① 토색을 보면 토양의 풍화과정이나 성질을 파악하는데 큰 도움이 된다.
② 착색재료로는 주로 산화철은 적색, 부식은 흑색/갈색을 나타낸다.
③ 신선한 유기물은 녹색, 적철광은 적색, 황철광은 황색을 나타낸다.
④ 토색 표시법은 Munsell의 토색첩을 기준으로 하며, 3속성을 나타내고 있다.

해설 유기물은 흑갈색, 적철광은 적갈색, 황철광은 담황색을 나타낸다.

32 습답(고논)의 일반적인 특성에 대한 설명으로 옳지 않은 것은?

① 배수시설이 필요하다.
② 양분부족으로 추락현상이 발생되기 쉽다.
③ 물이 많아 벼 재배에 유리하다.
④ 환원성 유해물질이 생성되기 쉽다.

정답 29.① 30.④ 31.③ 32.③

해설 습답은 지하수위가 높고, 연중 습하여 건조되지 않으며, 침투 수분량은 적어서 유기물 분해도 잘 안되기 때문에 미숙유기물이 집적되고, 유기물이 혐기적으로 분해하여 유기산(의산, 초산, 낙산)이 작토에 축적되어 뿌리의 생장과 흡수작용에 장해가 나타난다.

33 물에 의한 토양침식의 방지책으로 가장 적당하지 않은 것은?
① 초생대 대상재배법
② 토양개량제 사용
③ 지표면의 피복
④ 상하경재배

해설 **토양침식 대책**
지표면 피복, 토양 개량, 부초 및 초생대 설치·등고선재배·등고선대상재배·승수로 설치, 보전 경운 등

34 토양온도에 대한 설명으로 옳지 않은 것은?
① 토양온도는 토양생성작용, 토양미생물의 활동, 식물생육에 중요한 요소이다.
② 토양온도는 토양유기물의 분해속도와 양에 미치는 영향이 매우 커서 열대토양의 유기물 함량이 높은 이유가 된다.
③ 토양비열은 토양 1g을 1℃ 올리는 데 소용되는 열량으로, 물이 1이고 무기성분은 더 낮다.
④ 토양의 열원은 주로 태양광선이며 습윤열, 유기물 분해열 등이다.

해설 열대토양은 토양온도가 높아서 미생물 활성이 높아 유기물 분해가 왕성하여 토양유기물 함량이 낮아진다.

35 토양유기물의 특징에 대한 설명으로 옳지 않은 것은?
① 토양유기물은 미생물의 작용을 통하여 직접 또는 간접적으로 토양입단 형성에 기여한다.
② 토양유기물은 포장용수량 수분함량이 낮아, 사질토에서 유효수분의 공급력을 적게 한다.
③ 토양유기물은 질소 고정과 질소 순환에 기여하는 미생물의 활동을 위한 탄소원이다.
④ 토양유기물은 완충능력이 크고, 전체 양이온교환용량의 30 ~ 70%를 기여한다.

해설 **토양유기물의 기능**
토양의 보비력·보수력 증대, 토양입단형성 촉진, 토양의 완충능력 증대, 양이온치환용량(CEC) 증가, 식물양분 공급, 성장촉진물질 발생

정답 33.④ 34.② 35.②

36 용적밀도가 다음 중 가장 큰 토성은?
① 사양토   ② 양토
③ 식양토   ④ 식토

> • 용적밀도 크기순서 : 사토 > 사양토 > 양토 > 식양토 > 식토
> • 용적밀도가 커지면 공극량은 작아진다.

37 밭토양에 비하여 논토양의 철(Fe)과 망간(Mn) 성분이 유실되어 부족하기 쉬운데 그 이유로 가장 적합한 것은?
① 철(Fe)과 망간(Mn) 성분이 논토양에 더 적게 함유되어 있기 때문이다.
② 논토양은 벼 재배기간 중 담수상태로 유지되기 때문이다.
③ 철(Fe)과 망간(Mn) 성분은 벼에 의해 흡수 이용되기 때문이다.
④ 철(Fe)과 망간(Mn) 성분은 미량요소이기 때문이다.

> 논토양의 담수환원 조건에서 Fe과 Mn은 용해도가 높아지는 Fe^{2+}, Mn^{2+}로 전환되어 토양에서 용탈이 잘 일어난다.

38 개간지토양의 일반적인 특징으로 옳은 것은?
① pH가 높아서 미량원소가 결핍될 수도 있다.
② 유효인산의 농도가 낮은 척박한 토양이다.
③ 작토는 환원상태이지만 심토가 산화상태이다.
④ 황산염이 집적되어 pH가 매우 낮은 토양이다.

> 개간지토양의 일반적으로 대부분의 무기양분이 부족하고, 유효인산 농도도 낮으며, pH는 산성을 띤다.

39 토양의 질소 순환작용에 작용과 반대작용으로 바르게 짝지어져 있는 것은?
① 질산환원작용 – 질소고정작용   ② 질산화작용 – 질산환원작용
③ 암모늄화작용 – 질산환원작용   ④ 질소고정작용 – 유기화작용

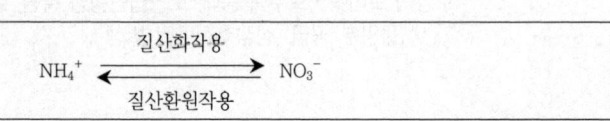

40 모래, 미사, 점토의 상대적 함량비로 분류하며, 흙의 촉감을 나타내는 용어는?
① 토색 ② 토양온도
③ 토성 ④ 토양공기

41 벼에 규소(Si)가 부족했을 때 나타나는 주요 현상은?
① 황백화, 괴사, 조기낙엽 등의 증세가 나타난다.
② 줄기, 잎이 연약하여 병원균에 대한 저항력이 감소한다.
③ 수정과 결실이 나빠진다.
④ 뿌리나 분얼의 생장점이 붉게 변하여 죽게 된다.

해설 규소 역할
- 표피조직의 세포막에 침적되어 규질화 되면, 잎이 직립화되어 수광태세를 좋게 하며, 병에 대한 저항성을 높이고, 증산을 억제하여 한해(旱害)를 줄임
- 불량한 환경에 대한 적응능력이 커지고, 도복 저항성도 강해짐

42 유기 농후사료 중심의 유기축산의 문제점으로 거리가 먼 것은?
① 국내에서 생산이 어려워 대부분 수입에 의존
② 고비용 유기농후 사료 구입에 의한 생산비용 증대
③ 열등한 축산물 품질 초래
④ 물질순환의 문제 야기

해설 농후사료는 단백질, 지방 함량이 비교적 많이 함유되어 있어 축산물의 품질을 높일 수 있다.

43 과수의 심경시기로 가장 알맞은 것은?
① 휴면기 ② 개화기
③ 결실기 ④ 생육절정기

해설 과수의 심경은 낙엽기에 하는 것이 알맞다.

44 종자갱신을 하여야 할 이유로 부적당한 것은?
① 자연교잡 ② 돌연변이
③ 재배 중 다른 계통의 혼입 ④ 토양의 산성화

해설 품종은 세대를 거듭할수록 자연교잡, 돌연변이, 다른 계통의 혼입 등으로 유전적으로 품종 고유 특징을 상실해 가기 때문에 작물마다 일정주기로 종자를 갱신해야 한다.

정답 40.③ 41.② 42.③ 43.① 44.④

45 자식성 작물의 육종방법과 거리가 먼 것은?
① 순계선발
② 교잡육종
③ 여교잡육종
④ 집단합성

자식성 작물	• 분리 육종 : 순계선발 • 교배 육종 : 계통육종, 집단육종, 1개체1계통육종, 파생계통육종, 여교배 육종
타식성 작물	• 분리 육종 : 집단선발 / 계통집단선발 / 성군집단선발 / 순환선발 / 상호순환선발 • 교배 육종 : F₁ 육종

46 과실에 봉지씌우기를 하는 목적과 가장 거리가 먼 것은?
① 당도 증가
② 과실의 외관 보호
③ 농약오염 방지
④ 병해충으로 과실 보호

 복대(봉지씌우기)
• 장점 : 과실의 외관 보호, 농약오염 방지, 병해충으로 과실 보호, 열과 방지
• 단점 : 많은 노동력 소요, 착색 불량 우려, 비타민C 함량 감소

47 복숭아의 줄기와 가지를 주로 가해하는 해충은?
① 유리나방
② 굴나방
③ 명나방
④ 심식나방

 굴나방은 잎을 가해하고, 명나방과 심식나방은 과실을 가해한다.

48 TDN은 무엇을 기준으로 한 영양소 표시법인가?
① 영양소 관리
② 영양소 소화율
③ 영양소 희귀성
④ 영양소 독성물질

TDN(총가소화 영양분)
에너지를 발생할 수 있는 능력을 지닌 탄수화물, 단백질, 지방이 소화 이용될 수 있는 양을 총합한 것

49 유기복합비료의 중량이 25kg이고, 성분함량이 N-P-K(22-22-11)일 때, 비료의 질소함량은?
① 3.5kg
② 5.5kg
③ 8.5kg
④ 11.5kg

정답 45.④ 46.① 47.① 48.② 49.②

> **해설** 복합비료 25kg 중에 N 함량은 22%가 포함되어 있다.
> 비료의 질소량 = 25×0.22 = 5.5kg

50 친환경농업이 출현하게 된 배경으로 옳지 않은 것은?

① 세계의 농업정책이 증산위주에서 소비자와 교역중심으로 전환되어가고 있는 추세이다.
② 국제적으로 공업부분은 규제를 강화하고 있는 반면 농업부분은 규제를 다소 완화하고 있는 추세이다.
③ 대부분의 국가가 친환경농법의 정착을 유도하고 있는 추세이다.
④ 농약을 과다하게 사용함에 따라 천적이 감소되어가는 추세이다.

> **해설** **친환경농업 출현 배경(국제 요인)**
> 지구환경 악화로 환경에 대한 세계인과 세계기구의 관심 증가
> ㉠ 국제경제협력개발기구(OECD)에서 각국 농업환경정책을 평가해 농업생산 및 무역과의 연계논의 강화
> ㉡ 국제식품규격위원회(CAC)에서 Codex 가이드라인 확정으로 국가 간 모든 식품교역에서 지켜야 할 의무를 규정함
> ㉢ WTO, OECD, UN 등 국제기구에서 환경파괴적 방법으로 생산된 농산물 무역을 규제하려는 움직임
> ㉣ 기후변화방지협약, 생물다양성협약, 산림의정서 등 지구환경보호를 위한 국제협약이 발효됨

51 벼의 유묘로부터 생장단계의 진행순서가 바르게 나열된 것은?

① 유묘기 → 활착기 → 이앙기 → 유효분얼기
② 유묘기 → 이앙기 → 활착기 → 유효분얼기
③ 유묘기 → 활착기 → 유효분얼기 → 이앙기
④ 유묘기 → 유효분얼기 → 이앙기 → 활착기

> **해설** **벼의 생장단계**
> 파종 → 유묘기 → 이앙기 → 활착기 → 유효분얼기 → 무효분얼기 → 유수형성기 → 수잉기 → 출수개화기 → 등숙기

52 친환경농산물에 해당되지 않는 것은?

① 천연우수농산물
② 무농약농산물
③ 무항생제축산물
④ 유기농산물

> **해설**
> • 유기재배 : 유기농산물, 무농약농산물
> • 유기축산 : 유기축산물, 무항생제축산물

정답 50.② 51.② 52.①

53 유기축산물의 경우 사료 중 NPN을 사용할 수 없게 되었다. NPN은 무엇을 말하는가?
① 에너지 사료 ② 비단백태질소화합물
③ 골분 ④ 탈지분유

 NPN : nonprotein nitrogen

54 벼 재배 시 도복현상이 발생했는데 다음 중에서 일어날 수 있는 현상은?
① 벼가 튼튼하게 자란다.
② 병해충 발생이 없어진다.
③ 병해충이 발생하며, 쓰러질 염려가 있다.
④ 품질이 우수해 진다.

 도복 피해
품질 손상, 수량 감소, 수확작업 불편, 간작물에 대한 피해

55 토양의 지력을 증진시키는 방법이 아닌 것은?
① 초생재배법으로 지력을 증진시킨다.
② 완숙퇴비를 사용한다.
③ 토양미생물을 증진시킨다.
④ 생톱밥을 넣어 지력을 증진시킨다.

생톱밥은 탄질률이 높아서 일시적인 질소기아현상이 일어나서 작물생육에 불리할 수 있다.

56 하나 또는 몇 개의 병원균과 해충에 대하여 대항할 수 있는 기주의 능력을 무엇이라 하는가?
① 민감성 ② 저항성
③ 병회피 ④ 감수성

① 민감성 : 병원균에 대해 민감하게 반응하는 기주의 특성
② 저항성 : 병원균과 해충에 대하여 대항할 수 있는 기주의 능력
③ 병회피 : 기주가 병원균을 회피하는 특성
④ 감수성 : 병원균이나 해충의 자극을 수용하는 특성

정답 53.② 54.③ 55.④ 56.②

57 자연생태계와 비교했을 때 농업생태계의 특징이 아닌 것은?
① 종의 다양성이 낮다. ② 안정성이 높다.
③ 지속기간이 짧다. ④ 인간 의존적이다.

구 분	자연생태계	농업생태계
계의 형태	닫힌 시스템	열린 시스템
생물종의 다양성, 안정성	높음	낮음
영양물질의 순환	폐쇄적이고 복잡함	개방적이고 간단함
물질 생산성	장기간에 걸쳐 낮음	단기간으로 높은 경향

58 다음 중 포식성 천적에 해당하는 것은?
① 기생벌 ② 세균
③ 무당벌레 ④ 선충

천적 곤충
- 포식성 곤충 : 사마귀, 무당벌레, 포식성응애류, 풀잠자리, 팔라시스이리응애, 꽃등에
- 기생성 곤충 : 고치벌, 꼬마벌, 맵시벌, 침파리, 진딧물

59 시설 내의 약광 조건에서 작물을 재배하는 방법으로 옳은 것은?
① 재식 간격을 좁히는 것이 매우 유리하다.
② 엽채류를 재배하는 것이 아주 불리하다.
③ 덩굴성 작물은 직립재배보다는 포복재배하는 것이 유리하다.
④ 온도를 높게 관리하고 내음성 작물보다는 내양성 작물을 선택하는 것이 유리하다.

시설 내 약광에서 재배하는 방법
- 재식 간격을 넓히는 것이 수광에 유리하다.
- 엽채류를 재배하는 것이 유리하다.
- 덩굴성 작물은 직립재배보다는 포복재배하는 것이 유리하다.
- 온도를 적절하게 관리하고 내양성 작물보다는 내음성 작물을 선택하는 것이 유리하다.

정답 57.② 58.③ 59.③

60 유기농업의 목표로 보기 어려운 것은?
① 환경보전과 생태계 보호
② 농업생태계의 건강 증진
③ 화학비료・농약의 최소사용
④ 생물학적 순환의 원활화

 유기농업의 기본 목적
- 현대 농업기술이 가져온 환경오염을 회피하는 것
- 장기적으로 토양비옥도를 유지하는 것
- 농가 단위에서 유래되는 유기성 재생자원의 최대한 이용
- 폐쇄적 농업시스템 속에서 적당한 것을 취하고 지역 내 자원에 의존하는 것
- 적정 수준의 작물・축산 수량과 인간 영양
- 전체 가축에게 심리적 필요성과 윤리적 원칙에 적합한 사양조건 제공
- 전체적으로 자연환경과의 공생과 보호하는 자세
- 농업생산자에게 정당한 보수지급과 일에 대한 만족감을 제공하는 것

정답 60.③

2014년 제3회 유기농업기능사 필기 기출문제

01 작물생육과 온도에 대한 설명으로 옳지 않은 것은?
① 최적온도는 작물생육이 가장 왕성한 온도이다.
② 적산온도는 적기적작의 지표가 되어 농업상 매우 유효한 자료이다.
③ 유효온도의 범위는 20~30℃이다.
④ 저온저항성의 형성과정을 하드닝(hardening)이라 한다.

> **해설** 유효온도는 작물마다 다양하다.
> **유효온도** : 기본온도와 유효고온한계온도 범위 내의 온도

02 기지현상을 경감하거나 방지하는 방법으로 옳은 것은?
① 연작
② 담수
③ 다비
④ 무경운

> **해설** **기지 대책** : 윤작, 답전윤환, 담수, 유독물질 흘려보내기, 접목, 토양 소독, 지력 배양, 객토 및 환토

03 화성유도의 주요 요인과 가장 거리가 먼 것은?
① 토양양분
② 식물호르몬
③ 광
④ 영양상태

> **해설**
>
> | 화성유도 내적 요인 | • 영양상태, 특히 C/N율로 대표되는 동화생산물의 양적 관계
• 식물호르몬, 특히 옥신(auxin)과 지베렐린(gibberellin)의 체내수준관계 |
> |---|---|
> | 화성유도 외적 요인 | • 광조건, 특히 일장효과의 관계
• 온도조건, 특히 버널리제이션(vernalization)과 감온성의 관계 |

04 작물의 습해 대책으로 옳지 않은 것은?
① 습답에서는 휴립재배한다.
② 객토나 심경을 한다.
③ 생 볏짚을 사용한다.
④ 내습성 작물을 재배한다.

> **해설** **습해 대책**
> 배수, 정지, 토양개량, 내습성 작물・품종 선택, 과산화석회 사용, 미숙유기물과 황산근 비료 사용 금지

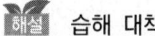 01.③ 02.② 03.① 04.③

05 배수가 잘 안 되는 습한 토양에 가장 적합한 작물은?
① 당근
② 양파
③ 토마토
④ 미나리

| 작물의 내습성 | 골풀·미나리·택사·연·벼 > 밭벼·옥수수·율무 > 토란 > 유채·고구마 > 보리·밀 > 감자·고추 > 토마토·메밀 > 파·양파·당근·자운영 |

06 토양공기 조성을 개선하는 방법으로 거리가 먼 것은?
① 심경
② 입단조성
③ 객토
④ 빈번한 경운

토양통기 촉진책
- 저습지의 지반을 높이고 배수(명거배수·암거배수)를 조장
- 유기물·석회·토양개량제 등을 시용하여 토양입단을 조성
- 지반이 단단한 토양은 심경(深耕)을 실시함
- 식질토성을 개량하기 위해 세사 등으로 객토(客土)를 함

07 야간조파에 가장 효과적인 광의 파장의 범위로 적합한 것은?
① 300~380nm
② 400~480nm
③ 500~580nm
④ 600~680nm

단일식물의 개화 억제를 위한 야간조파에 적색광(660nm 부근)이 효과적이다.

08 벼에 있어 차광 시 단위면적당 이삭수가 가장 크게 감소되는 시기는?
① 분얼기
② 유수분화기
③ 출수기
④ 유숙기

유수분화 초기의 차광	• 단위면적당 수수(이삭수) 감소
생식세포 감수분열기의 차광	• 영화가 퇴화 되어 1수영화수가 감소 • 영의 크기가 작아져서 1립중도 감소
유숙기의 차광	• 동화양분의 부족으로 인해 등숙비율과 1립중이 감소

정답 05.④ 06.④ 07.④ 08.②

09 작물 충해를 줄이는 방법으로 가장 거리가 먼 것은?
① 무당벌레와 같은 천적이 많게 해준다.
② 해충 유인등만 설치하고 포획하지 않는다.
③ 황색 끈끈이를 설치한다.
④ 혼식재배를 한다.

해설 해충 유인등으로 포획하고 유살해야 한다.
해충 방제법

경종적 방제	토지 선정, 품종 선택, 종자 선택, 윤작, 재배양식의 변경, 혼식, 생육시기의 조절, 시비법의 개선, 정결한 관리, 수확물의 건조, 중간기주식물 제거
물리적 방제	담수, 포살, 유살, 채란, 소각, 흙태우기, 차단, 온도처리 등

10 2012년 기준 우리나라 식량자급률(사료용 포함, %)로 가장 적합한 것은?
① 11.6%　　② 23.6%
③ 33.5%　　④ 44.5%

 식량자급률

total(%)	쌀	보리쌀	밀	옥수수	두류	서류	기타
26.7(2009년)	98	41.1	0.5	1.0	8.4	98.5	7.6
22.6(2013년)	89	24	0.5	1.0	9.7	98	9.7

11 공기 중 이산화탄소의 농도에 관여하는 요인이 아닌 것은?
① 계절　　② 암거
③ 바람　　④ 식생

해설 이산화탄소의 농도에 관여하는 요인 : 계절, 식생, 바람, 미숙유기물 시용, 지면과의 거리

12 식물의 분화과정을 순서대로 옳게 나열한 것은?
① 유전적 변이 – 도태와 적응 – 순화 – 격리
② 도태와 적응 – 유전적 변이 – 순화 – 격리
③ 순화 – 격리 – 유전적 변이 – 도태와 적응
④ 적응 – 순화 – 유전적 변이 – 도태와 적응

정답　09.②　10.②　11.②　12.①

13 이론적인 단위면적당 시비량을 계산하기 위해 필요한 요소가 아닌 것은?
① 비료요소 흡수량
② 목표수량
③ 천연공급량
④ 비료요소 흡수율

해설 시비량 = $\dfrac{\text{비료요소흡수량} - \text{천연공급량}}{\text{비료요소의 흡수율}}$

14 일반적으로 작물 생육에 가장 알맞은 토양의 최적함수량은?
① 40~50%
② 50~60%
③ 70~80%
④ 80~90%

해설 작물 생육에 가장 알맞은 토양의 최적함수량은 최대용수량의 60~80%의 범위이다.

15 작물의 병 발생원인으로 가장 거리가 먼 것은?
① 잦은 강우
② 비가림 재배
③ 연작 재배
④ 밀식 재배

해설 작물의 발병 요인 : 고온, 다습, 잦은 강우, 밀식, 질소 다비, 연작 재배
봉지씌우기나 비가림 재배를 하면 병해충을 경감시킬 수 있다.

16 추락현상이 나타나는 논이 아닌 것은?
① 노후화답
② 누수답
③ 유기물이 많은 저습답
④ 건답

해설 추락현상은 노후답, 누수가 심해 양분의 보유력이 적은 사질답이나 역질답, 유기물이 과다하게 집적되는 습답에서도 나타난다.

17 비료의 3요소로 옳게 나열된 것은?
① 질소(N), 인(P), 칼슘(Ca)
② 질소(N), 인(P), 칼륨(K)
③ 질소(N), 칼륨(K), 칼슘(Ca)
④ 인(P), 칼륨(K), 칼슘(Ca)

해설 비료 3요소 : N, P, K
비료 4요소 : N, P, K, Ca
비료 5요소 : N, P, K, Ca, 부식

정답 13.② 14.③ 15.② 16.④ 17.②

18 친환경적 잡초방제 방법으로 거리가 먼 것은?

① 이랑피복   ② 윤작
③ 벼 재배 시 우렁이 이용   ④ GMO 종자 이용

생태적·경종적 방제법	경운법(춘경, 추경), 윤작, 답전윤환재배, 2모작, 육묘이식재배, 피복작물 재배 등
물리적 방제법	손제초, 경운, 정지, 중경제초 및 배토, 예취, 피복, 소각·소토, 담수, 배수 등
생물적 방제법	오리, 우렁이, 양어, 초어 등 상호대립 억제작용성의 식물을 이용한 방제(타감작용) 예 메밀짚·호밀·귀리·헤어리베치

19 분류상 구황작물이 아닌 것은?

① 조   ② 고구마
③ 벼   ④ 기장

해설 **구황작물** : 조·피·기장·메밀·고구마·감자 등

20 기온의 일변화가 작물의 생육에 미치는 영향으로 옳지 않은 것은?

① 기온의 일변화가 어느 정도 클 때 동화물질의 축적이 많아진다.
② 밤의 기온이 어느 정도 높아서 변온이 작을 때 대체로 생장이 빠르다.
③ 고구마는 항온보다 변온에서 괴근의 발달이 현저히 촉진되고, 감자도 밤의 기온이 저하되는 변온이 괴경의 발달에 이롭다.
④ 화훼 등 일반 작물은 기온의 일변화가 작아 밤의 기온이 비교적 높은 것이 개화를 촉진시키고, 화기도 커진다.

해설 화훼 등 일반 작물은 기온의 일변화가 커서 밤의 기온이 비교적 낮은 것이 개화를 촉진시키고, 화기도 커진다.

21 화성암은 규산함량에 따라 산성암, 중성암, 염기성암으로 분류된다. 염기성암에 속하지 않는 암석은?

① 반려암   ② 화강암
③ 휘록암   ④ 현무암

화산암	현무암	안산암	유문암
반심성암	휘록암	섬록반암	석영반암
심성암	반려암	섬록암	화강암
	염기성암	중성암	산성암

정답 18.④ 19.③ 20.④ 21.②

22 토양 풍식에 대한 설명으로 옳은 것은?

① 바람의 세기가 같으면 온대습윤지방에서의 풍식은 건조 또는 반건조 지방보다 심하다.
② 우리나라에서는 풍식작용이 거의 일어나지 않는다.
③ 피해가 가장 심한 풍식은 토양입자가 도약(跳躍), 운반(運搬)되는 것이다.
④ 매년 5월 초순에 만주와 몽고에서 우리나라로 날아오는 모래먼지는 풍식의 모형이 아니다.

 ① 바람의 세기가 같으면 온대습윤지방보다 건조 또는 반건조 지방에서 풍식이 심하다.
② 우리나라도 봄철 건조한 황사에 의한 풍식작용이 나타난다.
④ 매년 5월 초순에 만주와 몽고에서 우리나라로 날아오는 모래먼지는 풍식 모형이다.

23 토양에 사용한 유기물의 역할로 옳지 않은 것은?

① 양이온교환용량을 증가시킨다.
② 수분보유량을 증가시킨다.
③ 유기산이 발생하여 토양입단을 파괴한다.
④ 분해되어 작물에 질소를 공급한다.

 토양유기물의 기능
토양의 보비력·보수력 증대, 토양입단형성 촉진, 토양의 완충능력 증대, 양이온치환용량(CEC) 증가, 식물양분 공급, 성장촉진물질 발생

24 토양 소동물 중 작물생육에 적합한 토양조건의 지표로 볼 수 있는 것은?

① 선충
② 지렁이
③ 개미
④ 지네

 지렁이(earthworm)는 토양을 비옥하게 형성하는 중요한 지표이다.

25 일반적으로 작물을 재배하기에 적합한 토양의 연결로 옳지 않은 것은?

① 논벼 – 식토
② 밭벼 – 식양토
③ 복숭아 – 식토
④ 콩 – 식양토

 작물재배에 적합한 토양

식토	논벼, 완두
식양토	밭벼, 옥수수, 콩, 팥, 호박, 시금치, 연근, 배
사양토	감자, 고구마, 조, 땅콩, 사과, 복숭아, 포도, 제충국

정답 22.③ 23.③ 24.② 25.③

26 우리나라에 분포되어 있지 않은 토양목은?

① 인셉티솔(Inceptisol) ② 엔티솔(Entisol)
③ 젤리솔(Gelisol) ④ 몰리솔(Molisol)

해설 젤리솔(Gelisol)은 한대지역의 영구동결토양에서 나타난다.

27 토양의 구조 중 입단의 세로축보다 가로축의 길이가 길고, 딱딱하여 토양의 투수성과 통기성을 나쁘게 하는 것은?

① 주상구조 ② 괴상구조
③ 구상구조 ④ 판상구조

해설

입상구조	유기물이 많은 표층토에서 발달하고, 입단이 일반적으로 구상(spherical)을 나타남
판상구조	접시같은 모양 또는 평배열의 토괴(ped)로 구성된 구조
괴상구조	대개 6면체로 되어 있으며, 입단 간 거리가 5~50mm로 떨어져 있음
각주상구조	단위구조의 수직길이가 수평길이보다 긴 기둥모양이며, 수평면이 평탄하고 각진 모서리를 가진 구조
원주상구조	기둥모양의 주상구조이지만 수평면이 둥글게 발달한 구조

28 염해지 토양의 경우 바닷물의 영향을 받아 염류함량이 많으며, 이에 벼의 생육도 불량하다. 일반적인 염해지 토양의 전기전도도(dS/m)는?

① 2~4 ② 5~10
③ 10~20 ④ 30~40

해설 일반적인 염해지 토양의 전기전도도는 30~40dS/m로 매우 높다.

29 토양의 형태론적 분류에서 석회가 세탈되고, Al과 Fe가 하층에 집적된 토양에 해당되는 토양목은?

① Uitisol ② Aridisol
③ Andisol ④ Alfisol

해설

Alfisol (완숙토)	• 표층에서 용탈된 점토가 B층에 집적되는 특징을 가짐 • argillic 차표층이 Alfisol의 주요 감식토층이 되며, 염기포화도가 35% 이상 • Mollisol과 유사한 수분조건에서 발달하지만 온도가 높아 표층에 유기물이 집적되지 못함

정답 26.③ 27.④ 28.④ 29.④

30 단위무게당 비표면적이 가장 큰 토양입자는?
① 조사 　　　　　　　　　② 중간사
③ 극세사 　　　　　　　　④ 미사

구분		입자 지름(mm)	비표면적(㎠/g)
모래 (sand)	극조사	1.0~2.0	11
	조사	0.5~1.0	23
	중간사	0.25~0.5	45
	세사	0.10~0.25	91
	극세사	0.05~0.10	227
미사(silt)		0.002~0.05	454
점토(clay)		<0.002	9,000,000

31 논토양과 밭토양에 대한 설명으로 옳지 않은 것은?
① 습답에서는 특수성분 결핍토양이 존재할 수 있다.
② 새로 개간한 밭토양은 인산흡수계수의 5%, 논토양은 인산흡수계수의 2% 사용으로 기경지와 유사한 작물수량을 얻을 수 있다.
③ 밭토양에서는 유기물함량이 지나치게 높으면 작물생육에 해를 끼칠 수 있어 임계유기물함량 이상 유기물을 시용해서는 안된다.
④ 우리나라 밭토양은 여름철 고온다우의 영향을 받아 염기의 용탈이 많아서 pH가 평균 5.7의 산성토양이다.

해설 밭토양에서 유기물함량이 지나치게 높으면 작물생육에 해를 끼칠 수 있다.

32 토양미생물에 대한 설명으로 옳은 것은?
① 토양미생물은 세균, 사상균, 방선균, 조류 등이 있다.
② 세균은 토양미생물 중에서 수(서식수/m^2)가 가장 적다.
③ 방선균은 다세포로 되어 있고 균사를 갖고 있다.
④ 사상균은 산성에 약하여 pH가 5 이하가 되면 활동이 중지된다.

해설 ② 세균은 토양미생물 중에서 수(서식수/m^2)가 가장 많다.
　　　 ③ 방선균은 원핵세포로 되어 있고 균사를 갖고 있다.
　　　 ④ 사상균은 산성에 강하여 산성토양에서도 유기물을 분해한다.

정답 30.④ 31.③ 32.①

33. 토성에 대한 설명으로 옳지 않은 것은?
① 토양의 산성 정도를 나타내는 지표이다.
② 토양의 보수성이나 통기성을 결정하는 특성이다.
③ 토양의 비표면적과 보비력을 결정하는 특성이다.
④ 작물의 병해 발생에 영향을 미친다.

해설 토양의 산성 정도를 나타내는 지표는 토양반응인 pH이다.

34. 작물의 생육에 대한 산성토양의 해(害)작용이 아닌 것은?
① H^+에 의하여 수분 흡수력이 저하된다.
② 중금속의 유효도가 증가되어 식물에 광독작용이 나타난다.
③ Al이온의 유효도가 증가되고 인산이 해리되어 인산유효가 증가된다.
④ 유용미생물이 감소하고 토양생물의 활성이 감퇴된다.

해설 산성에서 Al이온의 유효도가 증가되어 작물에 해롭고, 인산의 유효도는 감소된다.

35. 토양의 pH가 낮을수록 유효도가 증가되는 성분은?
① 인산   ② 망간
③ 몰리브덴   ④ 붕소

해설 산성조건에서 Al, Fe, Cu, Zn, Mn 이온들의 유효도가 증가한다.

36. 토양생성작용에 대한 설명으로 옳지 않은 것은?
① 습윤한 지역에서는 지하수위가 낮으면 유기물 분해가 잘 된다.
② 고온 다습한 지역은 철 또는 알루미늄 집적 토양생성이 잘 된다.
③ 습윤하고 배수가 양호한 지역은 규반비가 낮은 토양생성이 잘 된다.
④ 건조한 지역에서는 지하수위가 높을수록 산성 토양생성이 잘 된다.

해설 건조한 지역에서는 지하수위가 높을수록 알칼리성 토양이 잘 생성된다.

정답 33.① 34.③ 35.② 36.④

37 토성을 결정할 때 자갈과 모래로 구분되는 분류 기준(지름)은?
① 5mm ② 2mm
③ 1mm ④ 0.5mm

 입경 구별 기준

점토 (clay)	미사 (silt)	모래(sand)					자갈 (gravel)
		극세사 (very fine)	세사 (fine)	중간사 (medium)	조사 (coarse)	극조사 (very coarse)	

0.002 0.05 0.1 0.25 0.5 1.0 2.0(mm)

38 대기의 공기 조성에 비하여 토양공기에 특히 많은 성분은?
① 이산화탄소(CO_2) ② 산소(O_2)
③ 질소(N_2) ④ 아르곤(Ar)

종류	N_2(%)	O_2(%)	CO_2(%)	상대습도(%)
대기	79	20.93	0.033~0.035	30~90
토양공기	75~80	10~21	0.1~10	95~100

39 토양미생물 중 뿌리의 유효면적을 증가시킴으로서 수분과 양분 특히 인산의 흡수이용 증대에 관여하는 것은?
① 근류균 ② 균근균
③ 황세균 ④ 남조류

 균근균이 식물에게 주는 유익한 점
㉠ 균근균의 균사는 근권을 확장하여 높은 양분흡수율을 갖게 된다.
㉡ 균근균은 인산유효도를 높이고, 과량의 염류와 독성 금속이온의 흡수를 억제한다.
㉢ 식물의 수분흡수를 증가시켜 한발(旱魃)에 대한 저항성을 높여 준다.
㉣ 병원성 균과 경합하여 병원균이나 선충으로부터 식물을 보호하기도 한다.
㉤ 균근균의 균사는 토양을 입단화하여 통기성과 투수성을 증가시킨다.

40 토양미생물의 활동에 영향을 미치는 조건으로 영향이 가장 적은 것은?
① 영양분 ② 토양온도
③ 토양 pH ④ 점토함량

정답 37.② 38.① 39.② 40.④

토양미생물 활동에 영향을 미치는 조건
- 온도 : 토양온도가 20~30℃가 적절
- 수분 : 토양수분 함량이 적절해야 미생물의 활동이 왕성함(최대용수량의 약 60%)
- pH : 토양반응이 일반적으로 중성~미산성이야 적절(세균과 방사상균), 사상균은 산성에도 강해 낮은 pH에서도 번식 가능
- 통기 : 토양통기가 양호해야 함. 특히 호기성 세균은 더욱 중요함
- 유기물 : 토양유기물은 미생물의 영양원으로서 충분해야 좋음
- 깊이 : 심토로 갈수록 미생물 수는 감소함

41 유기배합사료 제조용 물질 중 보조사료로서 생균제에 해당되지 않는 것은?

① 바실러스코아그란스(B. coagulans)
② 아시도필루스(L. acidophilus)
③ 키시라나아제(β-4-xylanase)
④ 비피도박테리움슈도롱검(B. pseudolongum)

 키시라나아제(β-4-xylanase)는 효소제에 해당한다.

42 포도재배 시 화진현상(꽃떨이현상) 예방방법으로 거리가 먼 것은?

① 붕소를 시비한다.
② 질소질을 많이 준다.
③ 칼슘을 충분하게 준다.
④ 개화 5~7일 전에 생장점을 적심한다.

 조기 낙엽, 질소 과용, 과다 결실 등은 화진현상을 더욱 조장한다.

43 지력에 따라 차이가 있으나 일반적으로 녹비작물 네마장황(클로타라리아)의 10g당 적정 파종량은?

① 10~100g
② 1~2kg
③ 6~8kg
④ 10~20kg

녹비작물의 10g당 적정 파종량
네마장황(클로타라리아) : 6~8kg/10a
헤어리베치 : 4~5kg/10a
자운영 : 4~5kg/10a

정답 41.③ 42.② 43.③

44. 유기농업의 원예작물이 주로 이용하는 토양수분의 형태는?

① 모세관수 ② 결합수
③ 중력수   ④ 흡습수

결합수	• pF 7.0 이상, 점토광물에 결합되어 있는 수분으로 토양에서 분리시킬 수 없음
흡습수	• pF 4.5~7, 건토를 공기 중에 두면 분자간 인력에 의해 수증기가 토양 표면에 흡착된 수분으로 토양입자 표면에 피막상으로 흡착된 수분 • (31~10,000기압), 작물에 흡수·이용되지 못함(작물의 흡수압은 5~14기압)
모관수	• 토양공극 내에서 표면장력 때문에 중력에 저항하여 유지되는 수분 • pF 2.7~4.5, 작물이 주로 이용하는 수분
중력수	• pF 0~2.7, 포장용수량 이상의 수분으로 중력에 의하여 비모관공극을 통해 흘러내리는 물

45. 유기배합사료 제조용 자재 중 보조사료가 아닌 것은?

① 활성탄   ② 올리고당
③ 요소   ④ 비타민A

사료의 품질저하 방지 또는 사료의 효용을 높이기 위해 사료에 첨가하여 사용 가능한 물질(보조사료)

천연 결착제, 천연 유화제, 천연 향미제, 천연 착색제, 올리고당, 규산염제

천연 보존제	산미제, 항응고제, 항산화제, 항곰팡이제
효소제	당분해효소, 지방분해효소, 인분해효소, 단백질분해효소
미생물제제	유익균, 유익곰팡이, 유익효모, 박테리오파지
천연 추출제	초목 추출물, 종자 추출물, 세포벽 추출물, 동물 추출물, 그 밖의 추출물
아미노산제	아민초산, DL-알라닌, 염산L-라이신, 황산L-라이신, L-글루타민산나트륨, 2-디아미노-2-하이드록시메치오닌, DL-트립토판, L-트립토판, DL메치오닌 및 L-트레오닌과 그 혼합물
비타민제 (프로비타민 포함)	비타민A, 프로비타민A, 비타민B1, 비타민B2, 비타민B6, 비타민B12, 비타민C, 비타민D, 비타민D2, 비타민D3, 비타민E, 비타민K, 판토텐산, 이노시톨, 콜린, 나이아신, 바이오틴, 엽산과 그 유사체 및 혼합물
완충제	산화마그네슘, 탄산나트륨(소다회), 중조(탄산수소나트륨·중탄산나트륨)

46. 교배 방법의 표현으로 옳지 않은 것은?

① 단교배 : A × B
② 여교배 : (A × B) × A
③ 삼원교배 : (A × B) × C
④ 복교배 : A × B × C × D

복교배 : (A × B) × (C × D)
다계교배 : A × B × C × D…

정답 44.① 45.③ 46.④

47 관행축산과 비교하여 유기축산에서 더 중요시 하는 축사의 조건은?

① 온습도 유지 ② 적당한 환기
③ 적절한 단열 ④ 충분한 공간

해설) 관행축산과 비교하여 유기축산은 충분한 공간을 확보해준다.

48 유기농업 벼농사에서 이용할 수 있는 종자처리 방법이 아닌 것은?

① 온수에 종자를 침지하는 온탕소독 ② 마늘가루 같은 식물체 종자 코팅
③ 길항작용 곰팡이 분의처리 ④ 종자소독약에 종자 침지

해설) 유기농업에서는 소독약을 사용하지 않는다.

49 생물적 방제와 가장 거리가 먼 것은?

① 자가 액비제조 이용 ② 천적 곤충의 이용
③ 천적 미생물의 이용 ④ 식물의 타감작용 이용

해설) **유기농업의 병해충 방제**

경종적·생태적 방제	• 대항식물과 저항성(내병성) 품종 또는 대목 • 윤작, 토양개량, 작기변경, 질소시비 감비 등
물리적·기계적 방제	• 봉지씌우기, 비가림재배 • 온탕침법, 태양열소독, 화염소독, 증기소독 • 페로몬 유인교살, 네트망 설치 등
화학적 방제	• 합성농약 : 저독성·저성분 약제, 이분해성·선택성 약제, 생력형 제제 • 생화학농약 : 천연물질, 보르도액, 황가루, 식물추출액(님, 제충국, 쿠아시아, 라이아니아) • 천연살충성분 : 로테논, 라이아니아, 피레트린, 아자디라크틴
생물학적 방제	• 미생물농약 : 미생물 자체이용(길항미생물), 천적미생물, 천적곤충 • 천연물질 : 활성물질

50 딸기의 우량 품종 특성을 유지하기 위한 가장 좋은 방법은?

① 자연적으로 교잡된 종자를 사용한다.
② 재배했던 식물의 종자를 사용한다.
③ 영양번식으로 증식한다.
④ 저온으로 저장된 종자는 퇴화되어 사용하지 않는다.

해설) 영양번식을 하면 모주의 유전적 특성을 그대로 유지할 수 있다.

정답) 47.④ 48.④ 49.① 50.③

51 녹비작물의 효과에 해당되지 않는 것은?

① 토양유기물 함량 증가
② 작물 내병성 증가
③ 후기성분의 유효도 증가
④ 토양미생물 활동 증가

 녹비작물 효과
- 토양물리성(토양구조) 개선
- 토양비옥도 증진
- 토양수분 조절
- 유기물 공급
- 공중질소고정(두과작물)
- 환경친화형 농업

52 유기식품에 해당하지 않는 것은?

① 유기가공식품
② 유기임산물
③ 유기농자재
④ 유기축산물

유기식품	유기적인 방법으로 생산된 유기농수산물과 유기가공식품
유기농업자재	유기농축산물을 생산, 제조·가공 또는 취급하는 과정에서 사용할 수 있는 허용물질을 원료 또는 재료로 하여 만든 제품

53 농업이 환경에 미치는 긍정적 영향으로 거리가 먼 것은?

① 비료 및 농약 남용
② 국토 보전
③ 보건 휴양
④ 물 환경 보전

 농업이 환경에 미치는 긍정적 영향
국토 보전, 대기 보전, 홍수 조절, 보건 휴양, 물 환경 보전, 생물상 보전, 국민보건증진에 기여

54 화학합성 비료의 장·단점에 대한 설명으로 옳지 않은 것은?

① 근류균과 균근균을 증가시킨다.
② 질소비료의 과용은 식물조직의 연질화로 병해충에 예민해진다.
③ 질소고정 뿌리혹박테리아의 성장을 위축시킨다.
④ 토양 내 미생물상을 고갈시킨다.

해설 화학합성 비료의 사용은 근류균과 균근균을 감소시킨다.

정답 51.② 52.③ 53.① 54.①

55 우량 과수 묘목의 구비조건이 아닌 것은?
① 품종의 정확성
② 대목의 확실성
③ 근군의 양호성
④ 묘목의 도장성

해설 묘목이 도장하면 불리하다.

56 유기농업의 기여 항목으로 가장 거리가 먼 것은?
① 국민보건의 증진
② 생산 증진
③ 경쟁력 강화
④ 환경 보전

해설 유기농업은 지속가능한 적정 수준의 생산을 지향한다.

57 저항성 품종의 장점이 아닌 것은?
① 농약의존도를 낮춘다.
② 저항성이 영원히 지속된다.
③ 작물의 생산성을 향상시킨다.
④ 환경 및 생태계에 도움이 된다.

해설 품종의 저항성은 다음 세대로 갈수록 변이가 발생하여 약화된다.

58 시설재배 토양의 문제점이 아닌 것은?
① 염류농도가 높다.
② 토양 pH는 밭토양보다 낮다.
③ 미량원소가 결핍되기 쉽다.
④ 연작장해가 많이 발생한다.

해설 시설재배토양은 염류가 집적되어 알칼리성을 띠는 경향이 있다.

59 친환경농업 형태와 가장 거리가 먼 것은?
① 지속적농업
② 고투입농업
③ 대체농업
④ 자연농법

해설 친환경농업 형태 : 자연농업, 환경친화형 유기농업, 생명과학 기술형 유기농업, 생태농업, 저투입·지속적 농업, 정밀농업

정답 55.④ 56.② 57.② 58.② 59.②

60 국가별 전체 경지면적 대비 유기농경지 비중이 다음 중 가장 높은 국가는?
① 쿠바
② 스위스
③ 오스트리아
④ 포클랜드 제도

- 유기농경지 비중 : 포클랜드 제도 36.3%, 리히텐슈타인 30.9%, 오스트리아 19.4%, 스웨덴 16.4%, 스위스 12.7%
- 유기농경지 면적 : 호주 > 아르헨티나 > 미국 > 중국 > 스페인

정답 60.④

2015년 제1회 유기농업기능사 필기 기출문제

01 풍건상태일 때 토양의 pF 값은?
① 약 4   ② 약 5
③ 약 6   ④ 약 7

건토상태	pF ≒ 7
풍건상태	pF ≒ 6
흡습계수	pF는 4.5(31기압)
영구위조점	pF는 4.2(15기압) 정도
초기위조점	pF는 3.9(8기압) 정도
포장용수량=최소용수량	pF는 2.5~2.7(1/3~1/2기압)
최대용수량	pF는 0

02 빛과 작물의 생리작용에 대한 설명으로 옳지 않은 것은?
① 광이 조사(照射)되면 온도가 상승하여 증산이 조장된다.
② 광합성에 의하여 호흡기질이 생성된다.
③ 식물의 한쪽에 광을 조사하면 반대쪽의 옥신 농도가 낮아진다.
④ 녹색식물은 광을 받으면 엽록소 생성이 촉진된다.

해설 식물의 한쪽에 광을 조사하면 반대쪽의 옥신 농도가 높아진다.

03 다음의 여러 가지 파종방법 중에서 노동력이 가장 적게 소요되는 것은?
① 적파   ② 점뿌림
③ 골뿌림   ④ 흩어뿌림

산 파 (흩어뿌림)	• 답리작 맥류·메밀·목초·자운영 등은 주로 산파를 하며, 산파를 하는 것이 수량도 많고, 노력이 절감됨 • 단점 : 산파를 하면 종자 소요량이 많아지고, 통기 및 투광이 나빠지며, 도복하기 쉽고 제초 및 병충해 방제 등의 관리작업이 불편
조 파 (골뿌림)	• 맥류처럼 개체가 차지하는 평면공간이 넓지 않은 작물에 적용 • 이점 : 골사이가 비어 있으므로 양수분 공급이 좋고, 통풍·투광도 잘되며, 관리작업도 편리하여 생육이 건실함

정답 01.③ 02.③ 03.④

점파 (점뿌림)	• 두류·감자 등과 같이 개체가 평면공간으로 상당히 퍼지는 작물에 적용 • 노력은 다소 많이 들지만, 종자량이 적게 들고, 통풍 및 투광이 좋고, 건실하며 균일한 생육을 도모
적파	• 목초·맥류 등과 같이 개체가 평면으로 좁게 퍼지는 작물을 집약적으로 재배할 때 적용 • 적파는 조파나 산파보다는 노력이 많이 들지만, 수분·비료분·수광·통풍 등의 환경조건이 좋아지므로 생육이 더욱 건실하고 양호

04 다음 중 종자의 수명이 가장 짧은 것은?
① 나팔꽃　　② 백일홍
③ 데이지　　④ 베고니아

	단명종자(1~2년)	상명종자(3~5년)	장명종자(5년 이상)
화훼	팬지, 스타티스, 베고니아, 일일초, 콜레옵시스	피튜니아, 카네이션, 시클라멘, 알리섬, 색비름, 공작초	나팔꽃, 접시꽃, 백일홍, 스톡, 데이지

05 참외밭의 둘레에 옥수수를 심는 경우의 작부체계는?
① 간작　　② 혼작
③ 교호작　　④ 주위작

 주위작
포장의 주위에 포장 내의 작물과 다른 작물들을 재배하는 것. 참외·수박밭 둘레에 옥수수·수수 등을 심으면 방풍효과가 나타난다.

06 작물의 유전적인 유연관계의 구명 방법으로 가장 거리가 먼 것은?
① 교잡에 의한 방법　　② 염색체에 의한 방법
③ 면역학적 방법　　④ 생물학적 방법

 작물의 유전적 유연관계 탐구방법
교잡에 의한 방법, 염색체에 의한 방법, DNA 분석법, 전기영동법, 면역학적 방법

07 작물의 생육과 관련된 3대 주요 온도가 아닌 것은?
① 최저온도　　② 평균온도
③ 최적온도　　④ 최고온도

 작물의 주요온도 : 최저온도, 최적온도, 최고온도

정답 04.④　05.④　06.④　07.②

08 고립 상태에서 온도와 CO_2 농도가 제한조건이 아닐 때 광포화점이 가장 높은 작물은?
① 옥수수
② 콩
③ 벼
④ 감자

해설 옥수수와 같은 C4 식물의 광포화점이 C3 식물보다 더 높다.

09 우리나라의 농업이 국내외 농업환경 변화에 부응하여 지속적으로 발전하기 위해 해결해야 하는 당면과제로 적합하지 않은 것은?
① 생산성 향상과 품질 고급화
② 종류 및 작형의 단순화와 저장성 향상
③ 유통구조 개선과 국제 경쟁력 강화
④ 저투입·지속적 농업의 실천과 농산물 수출 강화

해설 **우리나라 농업의 당면과제**
생산성 향상, 품질 고급화, 저투입·지속적 농업의 실천, 농산물 수출 강화, 유통구조 개선, 국제 경쟁력 강화, 종류 및 작형의 다양화, 저장성 향상, 해외농업 개발

10 생력재배의 효과로 볼 수 없는 것은?
① 노동투하시간의 절감
② 단위수량의 증대
③ 작부체계의 개선
④ 농구비(農具費) 절감

해설 **생력재배 효과**
노동투하 시간의 절감, 단위수량의 증대, 작부체계의 개선과 재배면적의 증대, 농업경영의 개선

11 철, 망간, 칼륨, 칼슘 등이 작토층에서 용탈되어 결핍된 논토양은?
① 습답
② 노후답
③ 중점토답
④ 염류집적답

해설 **노후답**
Fe, Mn, P, K, Ca, Mg, Si 등이 작토에서 용탈되어 결핍된 논토양을 말하며, 특수성분결핍토나 퇴화염토 등은 노후답에 해당된다.

12 다음 작물의 춘화처리 온도와 처리기간이 옳은 것은?

① 추파맥류 : 최아종자를 7±3℃에서 30~60일
② 배추 : 최아종자를 3±1℃에서 20일
③ 콩 : 최아종자를 33±2℃에서 20~30일
④ 시금치 : 최아종자를 1±1℃에서 32일

해설 춘화처리 온도

일반 작물	ⓐ 추파맥류 : 최아종자를 0~3℃에 30~60일 ⓑ 벼 : 최아종자를 37℃에 10~20일 ⓒ 옥수수 : 최아종자를 20~30℃에 10~15일 ⓓ 수수 : 최아종자를 20~30℃에 10~15일 ⓔ 콩 : 최아종자를 20~25℃에 10~15일
채소	ⓐ 배추 : 최아종자를 −2~1℃에 33일 ⓑ 포두련배추 : 최아종자를 2℃에 10~40일 ⓒ 결구배추 : 최아종자를 3℃에 15~20일 ⓓ 궁중무 : 최아종자를 2℃에 10~40일 또는 1~5.5℃에 5~15일 ⓔ 시금치 : 최아종자를 1±1℃에 32일 ⓕ 봄무 : 최아종자를 0℃부근에 15일 이상 또는 5℃에 13일 ⓖ 미농조생무 : 최아종자를 3℃에 15~20일 또는 3~8℃(특히 5℃)에 15일

13 다음 설명하는 생장조절제는?

- 화본과 작물 재배시 쌍떡잎 초본 잡초에 제초효과가 있다.
- 저농도에서는 세포의 신장을 촉진하나 고농도에서는 생장이 억제된다.

① Gibberellin ② Auxin
③ Cytokinin ④ ABA

식물생장조절물질	생육 반응
옥신류	발근 촉진, 접목의 활착 촉진, 가지의 굴곡 유도, 낙과 방지(탈리현상 억제), 단위결과, 제초제로 이용, 자엽초·shoot 세포신장, 정부우세(측아생장 억제), 줄기의 부정근 형성, 형성층 분열, 에틸렌 생성
지베렐린	휴면타파, 종자 발아, 절간신장, 경엽 신장촉진, 개화 조절
시토키닌	종자 발아촉진, 세포분열, 잎과 자엽초의 세포 확대, 정부생장 억제(측아생장 촉진), 잎의 노화 억제
에틸렌	종자 발아촉진, 정아우세 타파, 생장 억제, 개화 촉진, 탈리(낙엽) 촉진, 수평 생장, 잎과 꽃의 노화, 육상식물의 줄기 비대생장과 수생식물의 줄기신장
아브시스산(ABA)	휴면 유도, 종자 발아 억제, 잎의 노화, 탈리(낙엽) 촉진, 기공 폐쇄

정답 12.④ 13.②

14 종자의 퇴화원인 중 품종의 균일성과 순도에 가장 크게 영향을 미치는 것은?

① 생리적 퇴화 ② 유전적 퇴화
③ 병리적 퇴화 ④ 재배적 퇴화

 균일성이나 순도 같은 품종의 특성은 유전자의 지배를 받는다.

15 다음 중 작물의 동사점이 가장 낮은 작물은?

① 복숭아 ② 겨울철 평지
③ 감귤 ④ 겨울철 시금치

 작물의 동사온도

① 고추·고구마·감자·뽕나무·포도나무 등의 잎	-0.7~-1.85℃
② 배나무	-2~-2.5℃(만개기), -2~-2.5℃(유과기)
③ 복숭아나무	-3.5℃(만개기), -3℃(유과기)
④ 감나무 맹아기	-2.5~-3℃
⑤ 포도나무 맹아전엽기	-3.5~-4℃
⑥ 감귤 수목	-7~-8℃(3~4시간)
⑦ 매화나무	-8~-9℃(만개기), -4~-5℃(유과기)
⑧ 겨울철의 귀리	-14℃
⑨ 겨울철의 유채·잠두	-15℃
⑩ 겨울철의 보리·밀·시금치	-17℃
⑪ 수목의 휴면아	-18~-27℃
⑫ 조균류	-190℃에서 13시간 이상
⑬ 효모	-190℃에서 6개월 이상
⑭ 건조종자의 어떤 것	-250℃에서 6시간 이상

정답 14.② 15.④

16 식물의 일장감응에 따른 분류(9형) 중 옳은 것은?
① II식물 : 고추, 메밀, 토마토
② LL식물 : 앵초, 시네라리아, 딸기
③ SS식물 : 시금치, 봄보리
④ SL식물 : 코스모스, 나팔꽃, 콩(만생종)

분류	명칭	화아분화 전	화아분화 후	종류
장일 식물	LL 식물	장일성	장일성	시금치, 봄보리
	LI 식물	장일성	중일성	*Phlox paniculata*, 사탕무
	IL 식물	중일성	장일성	밀
	LS 식물	장일성	단일성	*Boltonia, Physostegia*
	II 식물	중일성	중일성	벼(조생종), 고추, 토마토, 메밀
	SL 식물	단일성	장일성	앵초(프리뮬러), 시네라리아, 딸기
단일 식물	IS 식물	중일성	단일성	소빈국
	SI 식물	단일성	중일성	벼(만생종), 도꼬마리
	SS 식물	단일성	단일성	콩(만생종), 코스모스, 나팔꽃

17 화곡류(禾穀類)를 미곡, 맥류, 잡곡으로 구분할 때 다음 중 맥류에 속하는 것은?
① 조
② 귀리
③ 기장
④ 메밀

- 맥류 : 보리, 밀, 호밀, 귀리
- 잡곡 : 옥수수, 수수, 조, 피, 기장, 율무, 메밀

18 벼에서 피해가 가장 심한 냉해의 형태로 옳은 것은?
① 지연형 냉해
② 장해형 냉해
③ 혼합형 냉해
④ 병해형 냉해

혼합형 냉해 : 지연형 + 장해형 + 병해형 냉해가 혼합하여 발생하기 때문에 피해가 가장 크다.

19 작물의 요수량을 나타낸 것은?
① 건물 1g을 생산하는데 소비된 수분량(kg)
② 생체 1g을 생산하는데 소비된 수분량(kg)
③ 건물 1g을 생산하는데 소비된 수분량(g)
④ 생체 1g을 생산하는데 소비된 수분량(g)

요수량 : 건물 1g을 생산하는데 소비된 수분량(g)
증산계수 : 건물 1g을 생산하는데 소비된 증산량(g)

정답 16.① 17.② 18.③ 19.③

20 비료사용량이 한계이상으로 많아지면 작물의 수량이 감소되는 현상을 설명한 법칙은?

① 최소 수량의 법칙 ② 수확절감의 법칙
③ 다수확의 법칙 ④ 최대 수량의 법칙

> 해설 수확절감의 법칙=수확체감의 법칙=수량점감의 법칙

21 신토양분류법의 분류체계에서 가장 하위 단위는 어느 것인가?

① 목 ② 속
③ 통 ④ 상

> 해설 토양분류단위 : 목-아목-대군-아군-속-통
> 토양통 : 토양분류의 가장 기본단위

22 논토양에서 탈질현상이 나타나는 층은?

① 산화층 ② 환원층
③ A층 ④ B층

> 해설 논토양의 산화층에서 호기적 반응인 암모니아화작용, 질산화작용이 나타남
> 논토양의 환원층에서 혐기적 반응인 탈질작용이 나타남

23 다음 중 토양유실량이 가장 큰 작물은?

① 옥수수 ② 참깨
③ 콩 ④ 고구마

> 해설 작물별 토양유실량(단위 : ton/10a)
>
> | 구분 | 나지(기준) | 옥수수 | 옥수수-보리 | 고추 | 참깨 | 감자-콩 | 콩-보리 | 목초 |
> |---|---|---|---|---|---|---|---|---|
> | 토양유실량 | 12.8 | 5.4 | 5.1 | 4.6 | 3.8 | 3.7 | 3.1 | 0.9 |

24 하천이나 호수의 부영양화로 조류가 많이 발생되는 현상과 관련이 깊은 토양오염물질은?

① 비소 ② 수은
③ 인산 ④ 세슘

> 해설 질산염·인산염의 유입으로 수계(강과 호소)에서 부영양화가 일어난다. N와 P 중 P은 부영양화의 제한인자(limiting factor)로 작용한다.

정답 20.② 21.③ 22.② 23.① 24.③

25 우리나라 밭토양에 가장 많이 분포되어 있는 토성은?
① 식질 ② 식양질
③ 사양질 ④ 사질

26 사질의 논토양을 객토할 경우 가장 알맞은 객토 재료는?
① 점토 함량이 많은 토양 ② 부식 함량이 많은 토양
③ 규산 함량이 많은 토양 ④ 산화철 함량이 많은 토양

 사질답은 점토함량이 15%가 되도록 점토가 많은 식토로 객토해야 한다.

27 토양미생물의 수를 나타내는 단위는?
① ppm ② cfu
③ mole ④ pH

해설 cfu : 미생물 개체수를 측정하는 집락형성수(colony forming units, cfu)
ppm : 1/1,000,000
mole : 화학에서 입자의 수를 세는 단위
pH : 수소 이온 농도 측정단위

28 빗방울의 타격에 의한 침식형태는?
① 입단파괴침식 ② 우곡침식
③ 평면침식 ④ 계곡침식

해설 ① 입단파괴침식 : 빗방울 타격으로 토양입자가 비산되어 침식
② 우곡침식 : 경사지에서 지면이 작은 침식구를 형성하는 침식(세류침식)
③ 평면침식 : 지하로 침투하지 못하고 지표면을 흐르면서 침식(면상침식)
④ 계곡침식 : 경사지에서 세류가 합쳐진 큰 도랑을 형성하는 침식(협곡침식)

29 토양 중의 입자밀도가 동일할 때 공극률이 가장 큰 용적밀도는?
① 1.15g/cm³ ② 1.25g/cm³
③ 1.35g/cm³ ④ 1.45g/cm³

 공극률은 용적밀도가 낮을수록 커진다.
$$공극률 = 1 - \frac{용적밀도}{입자밀도}$$

정답 25.② 26.① 27.② 28.① 29.①

30 다음 중 2 : 1형 격자광물을 가장 잘 설명한 것은?

① 규산판 1개와 알루미나판 1개로 형성
② 규산판 2개와 알루미나판 1개로 형성
③ 규산판 1개와 알루미나판 2개로 형성
④ 규산판 2개와 알루미나판 2개로 형성

해설) 2:1층상 규산염광물은 2개 규소사면체층 사이에 1개 알루미늄팔면체층이 결합하여 단위구조(unit structure)를 나타낸다.

31 논 작토층이 환원되어 하층부에 적갈색의 집적층이 생기는 현상을 가진 논을 칭하는 용어는?

① 글레이화
② 라테라이트화
③ 특이산성화
④ 포드졸화

해설) 포드졸화작용(podzolization)
㉠ 습윤한 한대지방의 침엽수림 아래는 온도가 낮아 미생물 활동이 느리므로 표토에 유기물이 집적되며, 이 토양용액은 풀브산(fulvic acid)과 같은 강산성을 띠는 수용성 저분자 부식물질을 많이 함유한다.
㉡ 염기성 이온(K^+, Mg^{2+}, Na^+, Ca^{2+})이 먼저 용탈되고, 토양이 산성을 띠므로 Fe·Al 등이 가용화되어 하층에 이동하여 집적되어 용탈층은 석영과 규산이 남아 회백색을 띤 토층이 생성되고, 집적층은 적갈색을 띤 Fe 집적층이 생성된다.

32 화성암으로 옳은 것은?

① 사암
② 안산암
③ 혈암
④ 석회암

해설) 화성암

화산암	현무암	안산암	유문암
반심성암	휘록암	섬록반암	석영반암
심성암	반려암	섬록암	화강암
	염기성암 (감람석, 휘석, 사장석)	중성암 (휘석, 각섬석, 운모, 사장석)	산성암 (각섬석, 운모, 장석, 석영)

33 Hydrometer법에 따라 토성을 조사한 결과 모래 34%, 미사 35%였다. 조사한 이 토양의 토성이 식양토일 때 점토함량은 얼마인가?

① 21%
② 31%
③ 35%
④ 38%

해설) 토성(100%) = 모래 + 미사 + 점토 = 34 + 35 + 점토
점토 = 31%

정답 30.② 31.④ 32.② 33.②

34 산성토양의 개량 및 재배대책 방법이 아닌 것은?
① 석회 시용 ② 유기물 시용
③ 내산성 작물재배 ④ 적황색토 객토

> **해설** 산성토양의 대책
> • 석회질 비료 시용 : 생석회, 소석회, 탄산석회 등 알칼리성 물질 공급
> • 유기물 시용 : 부식 증대, 완충능 증대, 미생물 증가, 토양 물리화학성 개선
> • 용성인비 시용, 산성비료 시용 금지, 내산성 작물 재배 등

 35 다음 중 USDA 법에 의한 점토 입자크기는?
① 2mm 이상 ② 0.2mm 이하
③ 0.02mm 이하 ④ 0.002mm 이하

> **해설** 입경 구별 기준
>
> | 점토 (clay) | 미사 (silt) | 모래(sand) | | | | | 자갈 (gravel) |
> |---|---|---|---|---|---|---|---|
> | | | 극세사 (very fine) | 세사 (fine) | 중간사 (medium) | 조사 (coarse) | 극조사 (very coarse) | |
> | 0.002 | 0.05 | 0.1 | 0.25 | 0.5 | 1.0 | 2.0(mm) | |

 36 식물이 다량으로 요구하는 필수영양소가 아닌 것은?
① Fe ② K
③ Mg ④ S

> **해설** 작물 필수원소
>
> | 다량원소 | 탄소(C)·산소(O)·수소(H)·질소(N)·인(P)·칼륨(K)·칼슘(Ca)·마그네슘(Mg)·황(S) |
> |---|---|
> | 미량원소 | 철(Fe)·구리(Cu)·아연(Zn)·망간(Mn)·몰리브덴(Mo)·붕소(B)·염소(Cl) |

 37 우리나라 토양에 가장 많이 분포한다고 알려진 점토광물은?
① 카올리나이트 ② 일라이트
③ 버미큘라이트 ④ 몬모릴로나이트

> **해설** 카올리나이트 특징
> 우리나라 주된 점토광물, 1:1형 비팽창형 광물, 비치환성, 낮은 음전하, 낮은 비표면적

정답 34.④ 35.④ 36.① 37.①

38 용탈층에서 이화학적으로 용탈·분리되어 내려오는 여러 가지 물질이 침전·집적되는 토양 층위는?

① 유기물층　　② 모재층
③ 집적층　　　④ 암반

 집적층(B층)
용탈층에서 이화학적으로 용탈·분리되어 내려오는 여러 가지 물질이 침전·집적되는 토양 층위

39 토양을 담수하면 환원되어 독성이 높아지는 중금속은?

① As　　② Cd
③ Pb　　④ Ni

 As(비소)는 산화상태(As^{5+})보다 담수환원상태(As^{3+})가 높은 독성(높은 용해도)을 나타낸다. 밭상태보다 논상태에서 유해작용이 크다.

40 논토양의 환원층에서 진행되는 화학반응으로 옳은 것은?

① $Mn^{4+} \rightarrow Mn^{2+}$　　② $H_2S \rightarrow SO_4^{2-}$
③ $Fe^{2+} \rightarrow Fe^{3+}$　　④ $NH_4^+ \rightarrow NO_3^-$

	탄소	질소	황	철	망간
산화	CO_2	NO_3^-	SO_4^{2-}	Fe^{3+}	Mn^{4+}
환원	CH_4	N_2, NH_3	S, H_2S	Fe^{2+}	Mn^{3+}, Mn^{2+}

41 유기농업에서 병해충 방제와 잡초 방제 수단으로 이용되는 방법이 아닌 것은?

① 저항성 품종　　② 윤작 체계
③ 제초제 사용　　④ 기계적 방제

 유기농업은 합성농약이나 제초제 사용을 금한다.

42 배추과의 신품종 종자를 채종하기 위한 수확적기로 옳은 것은?

① 갈숙기　　② 황숙기
③ 녹숙기　　④ 고숙기

배추과 성숙단계 : 백숙기 – 녹숙기 – 갈숙기 – 고숙기
갈숙기에서 종자 채종을 한다.

정답 38.③ 39.① 40.① 41.③ 42.①

43 엽록소를 형성하고 잎의 색이 녹색을 띠는데 필요하며, 단백질 합성을 위한 아미노산의 구성성분은?

① 질소
② 인산
③ 칼륨
④ 규산

> 해설 질소는 엽록소, 단백질(효소), 아미노산, 핵산, 세포막(인지질) 등의 구성성분이다.

44 쌀겨를 이용한 논잡초 방제에 대한 설명으로 옳지 않은 것은?

① 이슬이 말랐을 때 쌀겨를 사용한다.
② 살포면적이 넓으면 쌀겨를 펠렛으로 만들어 사용한다.
③ 쌀겨를 뿌리면 논주변에 악취가 발생한다.
④ 쌀겨는 잡초종자의 발아를 완전 억제한다.

> 해설 논잡초 방제를 위한 쌀겨농법은 잡초의 적정밀도 이하로 낮추는 생물학적 방제법이다.

45 내설(비닐하우스 등)의 환기효과라고 볼 수 없는 것은?

① 실내온도를 낮추어 준다.
② 공중습도를 높여준다.
③ 탄산가스를 공급한다.
④ 유해가스를 배출한다.

> 해설 시설하우스를 환기시키면 실내온도, 공중습도, 유해가스를 낮출 수 있고, 탄산가스를 내부로 유입시킬 수 있다.

46 세계에서 유기농업이 가장 발달한 유럽 유기농업의 특징에 대한 설명으로 옳지 않은 것은?

① 농지면적당 가축사육규모의 자유
② 가급적 유기질 비료의 지급
③ 외국으로부터의 사료의존 지양
④ 환경보전적인 기능 수행

> 해설 유럽 유기농업의 특징
> • 농지면적당 가축사육규모의 상한 설정
> • 가급적 유기질 비료의 지급
> • 외국으로부터의 사료의존 지양
> • 환경보전적인 기능 수행

정답 43.① 44.④ 45.② 46.①

47 다음 중 IFOAM이란?

① 국제유기농업운동연맹
② 무역의 기술적 장애에 관한 협정
③ 위생식품검역 적용에 관한 협정
④ 국제유기식품 규정

> IFOAM(International Federation of Organic Agriculture Movements) : 국제유기농업운동연맹

48 다음 유기농업이 추구하는 내용에 관한 설명으로 가장 옳은 것은?

① 환경생태계 교란의 최적화
② 합성화학물질 사용의 최소화
③ 토양활성화와 토양단립구조의 최적화
④ 생물학적 생산성의 최적화

> 유기농업 기본 목적
> • 현대 농업기술이 가져온 환경오염을 회피하는 것
> • 장기적으로 토양비옥도를 유지하는 것
> • 농가 단위에서 유래되는 유기성 재생자원의 최대한 이용
> • 폐쇄적 농업시스템 속에서 적당한 것을 취하고 지역 내 자원에 의존하는 것
> • 적정 수준의 작물·축산 수량과 인간 영양
> • 전체 가축에게 심리적 필요성과 윤리적 원칙에 적합한 사양조건 제공
> • 전체적으로 자연환경과의 공생과 보호하는 자세
> • 농업생산자에게 정당한 보수지급과 일에 대한 만족감을 제공하는 것

49 과수재배에서 바람의 장점이 아닌 것은?

① 상엽을 흔들어 하엽도 햇볕을 쬐게 한다.
② 이산화탄소의 공급을 원활하게 하여 광합성을 왕성하게 한다.
③ 증산작용을 촉진시켜 양분과 수분의 흡수 상승을 돕는다.
④ 고온 다습한 시기에 병충해의 발생이 많아지게 한다.

> 연풍은 병충해 발생, 잡초종자 전파 등의 해점도 존재한다.

50 토양 피복(mulching)의 목적이 아닌 것은?

① 토양 내 수분 유지
② 병해충 발생 방지
③ 미생물 활동 촉진
④ 온도 유지

> 멀칭 효과
> 한해 경감, 동해 경감, 토양 보호, 작물생육 촉진, 잡초발생 억제, 과실 품질 향상

정답 47.① 48.④ 49.④ 50.②

51 일반적인 퇴비의 기능으로 가장 거리가 먼 것은?
① 작물에 영양분 공급
② 작물생장 토양의 이화학성 개선
③ 토양 중 생물의 활성 유지 및 증진
④ 속성재배 효과 및 살충 효과

 퇴비의 기능
- 작물에 영양분 공급
- 작물생장 토양의 이화학성 개선
- 토양 중 생물의 활성 유지 및 증진
- 보습능력 향상 및 완충작용 증진

52 집약축산에 의한 농업환경오염으로 가장 거리가 먼 것은?
① 메탄가스 발생 오염
② 토양 생태계 오염
③ 수중 생태계 오염
④ 이산화탄소 발생 오염

 집약축산의 오염
- 메탄가스·암모니아가스 발생으로 공기오염
- 가축분뇨로 인한 토양생태계 오염
- 지표수의 부영양화에 따른 수중생태계 오염
- 항생물질이나 호르몬제 과다사용으로 인체의 면역기능 저하

53 소의 제1종 가축전염병으로 법정전염병은?
① 전염성 위장염
② 추백리
③ 광견병
④ 구제역

 가축전염병

	제1종	제2종
소	우역, 우폐역, 가성우역, 구제역, 불루텅병, 럼프스킨병, 리프트계곡열	브루셀라병, 결핵병, 탄저, 기종저, 요네병, 소해면상뇌증
돼지	돼지열병(콜레라), 아프리카돼지열병, 돼지수포병	돼지오제스키병, 돼지일본뇌염, 돼지텟센병
닭	고병원성조류인플루엔자(AI), 뉴캐슬병	가금콜레라

정답 51.④ 52.④ 53.④

54 유기축산에 대한 설명으로 옳지 않은 것은?

① 양질의 유기사료 공급
② 가축의 생리적 욕구 존중
③ 유전공학을 이용한 번식기법 사용
④ 환경과 가축간의 조화로운 관계 발전

해설 유전자변형농산물 또는 유전자변형농산물로부터 유래한 것이 함유되지 아니하여야 한다.

55 유기농업에서 예방적 잡초제어방법이 아닌 것은?

① 윤작
② 동물방목
③ 완숙퇴비 사용
④ 두과작물 재배

해설 동물방목은 생물학적 잡초방제법에 해당한다.

56 여교배육종에 대한 기호 표시로서 옳은 것은?

① (A×A)×C
② ((A×B)×B)×B
③ (A×B)×C
④ (A×B)×(C×D)

해설 ③ 삼원교배, ④ 복교배

57 지력이 감퇴하는 원인이 아닌 것은?

① 토양의 산성화
② 토양의 영양 불균형화
③ 특수비료의 과다사용
④ 부식의 시용

해설 토양에 부식을 시용하면 토양의 물리화학적 성질이 개선되어 토양비옥도가 높아진다.

58 다음의 조건에 맞는 육종법은?

- 현재 재배되고 있는 품종이 가지고 있는 소수형질을 개량할 때 쓰인다.
- 우수한 특성이 있으나 내병성 등의 한두 가지 결점이 있을 때 육종하는 방법이다.
- 비교적 짧은 세대에 걸쳐 육종개량이 가능하다.

① 계통분리육종법
② 순계분리육종법
③ 여교배(잡)육종법
④ 도입육종법

정답 54.③ 55.② 56.② 57.④ 58.③

59 밭토양의 시비효과 및 비옥도 증진을 위한 두과녹비작물로 가장 적당한 것은?
① 헤어리베치 ② 밭벼
③ 옥수수 ④ 수단그라스

해설 두과녹비작물 : 자운영, 헤어리베치, 클로버, 루핀

60 윤작의 효과가 아닌 것은?
① 지력의 유지・증강 ② 토양구조 개선
③ 병해충 경감 ④ 잡초의 번성

해설 윤작의 효과
지력의 유지 증진, 기지 경감, 토양의 물리성 개선, 병해충 및 잡초 발생 억제, 작물의 수량 증대

정답 59.① 60.④

2015년 제2회 유기농업기능사 필기 기출문제

01 작물의 일반분류에서 섬유작물(fiber crops)에 속하지 않는 것은?
① 목화, 삼
② 고리버들, 제충국
③ 모시풀, 아마
④ 케나프, 닥나무

- 섬유작물(fiber crop) : 목화·삼·모시풀·아마·양마(케나프)·어저귀·왕골·수세미·닥나무·고리버들
- 약료작물 : 제충국, 인삼, 박하, 호프

02 지온상승효과가 가장 우수한 멀칭필름(피복비닐)의 색은?
① 투명
② 녹색
③ 흑색
④ 적색

투명필름	멀칭용 플라스틱필름 중에서 모든 광을 잘 투과시키며, 지온상승의 효과가 크나, 잡초의 발생이 많아짐
흑색필름	모든 광을 잘 흡수하는 흑색필름은 잡초 발생을 억제, 지온이 높을 때 지온을 낮춤
녹색필름	• 녹색광과 적외광을 잘 투과시키고 청색광과 적색광을 강하게 흡수하며 잡초를 거의 억제함 • 지온상승 효과는 투명필름과 흑색필름의 중간 수준

03 작물의 특징에 대한 설명으로 옳지 않은 것은?
① 이용성과 경제성이 높다.
② 일종의 기형식물을 이용하는 것이다.
③ 야생식물보다 생존력이 강하고 수량성이 높다.
④ 인간과 작물은 생존에 있어 공생관계를 이룬다.

작물은 야생식물보다 생존력이 약하고 수량성은 높다.

정답 01.② 02.① 03.③

04 수분이 포화된 상태의 토양에서 증발을 방지하면서 중력수를 완전히 배제하고 남은 수분상태를 말하며, 작물이 생육하는데 가장 알맞은 수분 조건은?

① 포화용수량
② 흡습용수량
③ 최대용수량
④ 포장용수량

 포장용수량
pF 2.5, 수분이 포화된 상태의 토양에서 증발을 방지하면서 중력수를 완전히 배제하고 남은 수분 상태

05 접목재배의 특징이 아닌 것은?

① 수세 회복
② 병해충 저항성 증대
③ 환경 적응성 약화
④ 종자번식이 어려운 작물 번식수단

 접목의 이점
환경 적응성 증대, 병해충 저항성 증대, 수세 회복, 종자번식이 어려운 작물 번식수단, 결과연한 단축, 결과 향상

06 작물의 흡수와 관련된 설명 중 옳은 것은?

① 식물체의 줄기를 자른 곳에서 물이 배출되는 일비현상은 뿌리세포의 근압에 의한 능동적 흡수에 의해 일어난다.
② 능동적 흡수는 뿌리를 통해 흡수되는 물이 주로 세포벽을 통하여 집단류에 의해 뿌리 내부로 이동 하는 것을 말한다.
③ 뿌리를 통한 물의 흡수경로에서 심플라스트 경로는 식물의 죽어있는 세포벽과 세포간극을 통하여 수분이 이동되는 경로이다.
④ 잎의 가장자리에 있는 수공에서 물이 나오는 일액현상은 근압에 의하여 일어나는 수동적 흡수이다.

② 수동적 흡수는 뿌리를 통해 흡수되는 물이 주로 세포벽을 통하여 집단류에 의해 뿌리 내부로 이동하는 것을 말한다.
③ 뿌리를 통한 물의 흡수경로에서 아포플라스트 경로는 식물의 죽어있는 세포벽과 세포간극을 통하여 수분이 이동되는 경로이다.
④ 잎의 가장자리에 있는 수공에서 물이 나오는 일액현상은 근압에 의하여 일어나는 능동적 흡수이다.

정답 04.④ 05.③ 06.①

07 남부지방에서 가을에서 겨울 동안 들깨 재배시설에 야간 조명을 실시하는 이유는?
① 꽃을 피워 종자를 생산하기 위하여
② 관광객에게 볼거리를 제공하기 위하여
③ 개화를 억제하여 잎을 계속 따기 위하여
④ 광합성 시간을 늘려 종자 수량을 높이기 위하여

해설 들깨는 단일식물이며, 단일식물에 야간조파를 실시하면 개화를 억제하고 영양생장을 지속하여 깻잎을 수확할 수 있다.

08 경운의 필요성에 대한 설명으로 옳지 않은 것은?
① 잡초 발생 억제
② 해충 발생 증가
③ 토양의 물리성 개선
④ 비료, 농약의 시용효과 증대

해설 **경운효과**
토양 물리성 개선, 토양 화학성 개선, 잡초 경감, 땅속의 해충 경감

09 풍해의 생리적 기구가 아닌 것은?
① 기공폐쇄
② 호흡 증가
③ 광합성 저하
④ 독성물질의 생성

해설 **풍해의 생리적 장해**
기공 폐쇄와 광합성 감퇴, 상처에 의한 호흡 증대, 체내 양분 소모, 공기 건조하면 증산량 증가

10 관개 방법을 지표관개, 살수관개, 지하관개로 구분할 때 지표관개 방법에 해당되지 않는 것은?
① 일류관개
② 보더관개
③ 수반법
④ 스프링클러관개

해설 **관개 방법**

살수 관개	다공관 관개, 스프링클러 관개, 물방울 관개
지표 관개	전면관개(원류관개) : 일류관개, 보더관개, 수반법 고랑관개
지하 관개	개거법, 암거법, 압입법

정답 07.③ 08.② 09.④ 10.④

11 작물의 장해형 냉해에 관한 설명으로 가장 옳은 것은?
① 냉온으로 인하여 생육이 지연되어 후기등숙이 불량해진다.
② 생육초기부터 출수기에 걸쳐 냉온으로 인하여 생육이 부진하고 지연된다.
③ 냉온 하에서 작물의 증산작용이나 광합성이 부진하여 특정병해의 발생이 조장된다.
④ 유수형성기부터 개화기부터, 특히 생식세포의 감수분열기의 냉온으로 인하여 정상적인 생식기관이 형성되지 못한다.

 ①② 지연형 냉해, ③ 병해형 냉해

12 작물의 재배기술 중 제초에 대한 설명으로 옳지 않은 것은?
① 제초제는 생리작용에 따라 선택성과 비선택성으로 분류한다.
② 2,4-D(이사디)는 대표적인 비선택성 제초제이다.
③ 제초제는 작용성에 따라 접촉성과 이행성으로 분류한다.
④ 제초제는 잡초의 생리기능을 교란시켜 세포원형질을 파괴 또는 분리시켜 고사하게 한다.

선택성 여부에 따라	선택성 제초제	• 2,4-D, butachlor, bentazon • 2,4-D는 광엽잡초에만 선택적으로 작용함
	비선택성 제초제	• glyphosate, paraquat(gramoxone), glufosinate, bialaphos, sulfosate 등
이행성 여부에 따라	접촉형 제초제	• paraquat, diquat 등
	이행성 제초제	• bentazon, glyphosate 등

13 광합성에 조사광량이 높아도 광합성 속도가 증대하지 않게 된 것을 뜻하는 것은?
① 광포화 ② 보상점
③ 진정광합성 ④ 외견상광합성

광보상점	• 외견상광합성속도가 0이 되는 조사광량
광포화점	• 조사광량이 증가하여 광포화가 최대가 되는 점의 조사광량 • 광포화 : 보상점을 넘어서 조사광량이 높아짐에 따라 광합성속도가 증대하며, 어느 한계에 이르면 그 이상 조사광량이 높아도 광합성속도는 더 이상 증가하지 않고 최대가 되는 상태
진정광합성(총광합성)	• 호흡을 고려하지 않고 본 순수한 광합성(총광합성)
외견상광합성(순광합성)	• 호흡으로 소모된 유기물(CO_2 방출)을 빼고 외견상으로 나타난 광합성

정답 11.④ 12.② 13.①

14 대기의 조성과 작물의 생육에 대한 설명으로 옳은 것은?

① 대기 중 질소의 함량비는 약 79%이다.
② 대기 중 산소의 함량비는 약 46%이다.
③ 콩과작물의 근류균은 혐기성세균이다.
④ 대기의 산소농도가 낮아지면 C3 작물의 광호흡이 커진다.

② 대기 중 산소의 함량비는 약 21%이다.
③ 콩과작물의 근류균은 호기성세균이다.
④ 대기의 산소농도가 높아지면 C3 작물의 광호흡이 커진다.

15 발아억제물질에 해당하지 않는 것은?

① 암모니아　　　　　　② 질산염
③ 시안화수소　　　　　④ ABA

발아촉진물질	지베렐린(GA) · 시토키닌(cytokinin) · 에틸렌(ethylene) · 질산염(KNO_3) · 과산화수소(H_2O_2) · thiourea 등
발아억제물질	ABA · 암모니아(NH_3) · 시안화수소(HCN) · phenolic compound · coumarin 등

16 작물을 재배할 때 도복의 피해 양상이 아닌 것은?

① 수량감소　　　　　　② 품질저하
③ 수발아 방지　　　　　④ 수확작업 곤란

• 도복 유발조건 : 밀식, 질소 과용, 칼리 및 규산 부족, 병충해, 비바람, 키 큰 품종
• 도복 피해양상 : 품질 손상, 수량 감소, 수확작업의 불편, 간작물에 대한 피해

17 대기 중의 이산화탄소와 작물의 생리작용에 대한 설명으로 옳지 않은 것은?

① 이산화탄소의 농도와 온도가 높아질수록 동화량은 증가한다.
② 광합성 속도에는 이산화탄소 농도뿐만 아니라 광의 강도도 관계한다.
③ 광합성은 온도, 광도, 인산화탄소의 농도가 증가함에 따라 계속 증대한다.
④ 광합성에 의한 유기물의 생성속도와 호흡에 의한 유기물의 소모속도가 같아지는 이산화탄소 농도를 이산화탄소 보상점이라고 한다.

• 광합성은 온도, 광도, 이산화탄소 농도가 영향을 준다.
• 온도는 최적온도까지 광합성이 증가하다가 그 이후부터는 도리어 감소한다.
• 광도와 이산화탄소 농도는 높아질수록 광합성이 증가하다가 포화점에 도달하면 더 이상 광합성이 증가하지 않는다.

정답　14.①　15.②　16.③　17.③

18 적응된 유전형들이 안정 상태를 유지하려면 적응형 상호간에 유전적 교섭이 생기지 말아야 하는데, 다음 중 생리적 격리의 설명으로 옳은 것은?
① 지리적으로 멀리 떨어져 있어 유전적 교섭이 방지되는 것
② 개화기의 차이, 교잡불임 등의 원인에 의하여 유전적 교섭이 방지되는 것
③ 돌연변이에 의해서 생리적으로 격리되는 것
④ 생리적 특성이 강하여 유전적 교섭이 방지되는 것

지리적 격리	지리적으로 멀리 떨어져 있어서 상호간 유전적 교섭이 방지되는 것
생리적 격리	개화기의 차이, 교잡불임 등의 생리적 원인에 의하여 같은 장소에 있으면서도 유전적 교섭이 방지되는 것

19 작물의 생육에 있어 광합성에 영향을 주는 적색광의 파장은?
① 300nm   ② 450nm
③ 550nm   ④ 670nm

 광합성에 유효한 파장
청색광(450nm), 적색광(670nm)

20 대기의 질소를 고정시켜 지력을 증진시키는 작물은?
① 화곡류   ② 두류
③ 근채류   ④ 과채류

해설 두류는 공기 중의 질소를 고정하여 지력을 높여준다.

21 일반적인 논토양에서 25℃에서의 전기전도도는 얼마인가?
① 1~2dS/m   ② 2~4dS/m
③ 5~7dS/m   ④ 8~9dS/m

해설 일반적인 논토양의 전기전도도(EC)는 2~4dS/m, 염류토양은 4dS/m를 초과한다.

정답 18.② 19.④ 20.② 21.②

22 적색 또는 회색 포드졸 토양의 주요 점토광물이며, 우리나라 토양의 점토광물 중 대부분을 차지하는 것은?

① 카올리나이트
② 일라이트
③ 몬모릴로나이트
④ 버미큘라이트

> **해설** 카올리나이트 특징
> 우리나라 주된 점토광물, 1:1형 비팽창형 광물, 비치환성, 낮은 음전하, 낮은 비표면적

23 우리나라 토양이 대체로 산성인 이유로 옳지 않은 것은?

① 화강암 모재
② 여름의 많은 강우
③ 산성비
④ 석회 시용

> **해설** 석회를 시용하면 산성토양을 중화시키는 작용을 한다.

24 토양의 생성과 발달에 관여하는 5가지 요인에 해당하지 않는 것은?

① 모재
② 식생
③ 압력
④ 지형

> **해설** 토양생성인자
> 모재, 기후, 생물, 지형, 시간

25 유효수분이 보유되어 있는 것으로서 보수역할을 주로 담당하는 공극은?

① 대공극
② 기상공극
③ 모관공극
④ 배수공극

> **해설** 모관공극(소공극) : 보수력, 보비력 높음
> 비모관공극(대공극) : 통기성, 배수성 높음

정답 22.① 23.④ 24.③ 25.③

26 다음을 설명하는 모암은?

- 어두운 색을 띠며 미세한 세립질의 염기성암으로 산화철이 많이 포함되어 있다.
- 풍화되어 토양으로 전환되며 황적색의 중점식토로 되고 장석은 석회질로 전환된다.

① 화강암 ② 석회암
③ 현무암 ④ 석영조면암

 현무암(basalt)
- 암색을 띠는 세립질의 치밀한 염기성암이다.
- 산화철이 풍부한 황적색의 중점식토로 되며, 장석은 석회질로 된다.
- 제주도·철원평야에서 흔히 보이는 어두운 색의 다공성 암석이다.

27 pH 2~4의 낮은 조건에서도 잘 생육하는 세균의 종류는?

① 황세균 ② 질산균
③ 아질산균 ④ 탈질균

종류	황세균	질산균·아질산균·근류균	단생질소고정균·질산환원균(탈질균)
최적 pH	2.0~4.0	7.0 전후	7.0~8.0

28 토양생성 요인 중 지형, 모재 및 시간 등의 영향이 뚜렷하게 나타나는 토양은?

① 성대성 토양 ② 간대성 토양
③ 무대성 토양 ④ 열대성 토양

 성대성 토양 생성인자 : 기후, 식생
간대성 토양 생성인자 : 모재, 지형, 시간

29 토양학에서 토성의 의미로 가장 적합한 것은?

① 토양의 성질 ② 토양의 화학적 성질
③ 입경구분에 의한 토양의 분류 ④ 토양반응

토성
입경구분(모래, 미사, 점토)에 따른 토양의 분류

정답 26.③ 27.① 28.② 29.③

30 에너지를 얻는 수단에 따른 분류에서 타급영양(유기영양) 세균이 아닌 것은?

① 암모니아화성균
② 섬유소분해균
③ 근류균
④ 질산화성균

자급영양세균	• 광합성자급 : 녹조류, 남조류 • 화학자급 : 질산화세균, 황산화세균, 철산화세균
타급영양세균	• 공생질소고정균(근류균) • 단생질소고정균 • 암모니아화균

31 토양의 수분을 분류할 때 토양수분 함량이 가장 적은 상태는?

① 결합수(combined water)
② 흡습수(hygroscopic water)
③ 모세관수(capillary water)
④ 중력수(gravitational water)

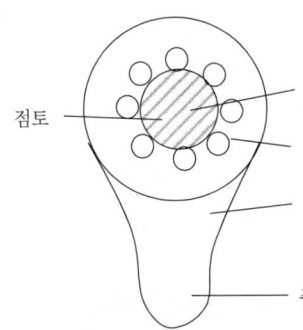

- 결합수 : pF 7.0 이상, 토양에서 분리 불가능
- 흡습수 : pF 4.5~7.0, 토양 입자 피막상에 흡착된 수분
- 모관수 : pF 2.7~4.5, 중력에 저항하여 유지되는 수분
- 중력수 : pF 0~2.7, 흘러내리는 물

32 양이온치환용량(CEC)이 10cmol(+)/kg인 어떤 토양의 치환성염기의 합계가 6.5cmol(+)/kg라고 할 때, 이 토양의 염기포화도는?

① 13%
② 26%
③ 65%
④ 85%

염기포화도 = $\dfrac{치환성염기}{CEC}$ = $\dfrac{6.5}{10}$ = 0.65 = 65%

정답 30.④ 31.① 32.③

33. 이따이이따이(Itai-Itai)병과 연관이 있는 중금속은?
① 피씨비(PCB) ② 카드뮴(Cd)
③ 크롬(Cr) ④ 셀레늄(Se)

 Cd(카드뮴) : 이따이이따이(Itai-Itai)병
Hg(수은) : 미나마타병

34. 토양 구조의 발달에 불리하게 작용하는 요인은?
① 석회물질의 시용 ② 퇴비의 시용
③ 토양의 피복 관리 ④ 빈번한 경운

 토양 입단 형성 : 유기물 시용, 석회 시용, 토양 피복, 두과작물 재배, 토양개량제 처리
토양 입단 파괴 : Na 처리, 잦은 경운, 입단의 팽창과 수축, 비와 바람

35. 다음 음이온 중 치환순서가 가장 빠른 이온은?
① PO_4^{2-} ② SO_4^-
③ Cl^- ④ NO_3^-

토양교질에 흡착된 선택적 흡착순위(상대적 농도)
인산 > 규산 > 몰리브덴산 > 황산 > 염소 > 질산(P > Si > Mo > S > Cl > NO_3^-)

36. 다음 중 단위 무게당 가장 많은 양의 음전하를 함유한 광물은?
① 카올리나이트 ② 몬모릴로나이트
③ 일라이트 ④ 클로라이트

구분	CEC(cmol$_c$/kg)
kaolinite	2~15
montmorillonite	80~150
dioctahedral vermiculite	10~150
trioctahedral vermiculite	100~200
illite	20~40
chlorite	10~40
allophane	100~800

정답 33.② 34.④ 35.① 36.②

37 시설재배지 토양관리의 문제점이 아닌 것은?
① 염류집적이 잘 일어난다. ② 연작장해가 발생되기 쉽다.
③ 양분용탈이 잘 일어난다. ④ 양분 불균형이 발생되기 쉽다.

해설 시설 내 토양은 양분의 용탈이 일어나지 못하여 염류가 집적된다.

38 우리나라 밭토양이 가장 많이 분포되어 있는 지형은?
① 곡간지 ② 산악지
③ 구릉지 ④ 평탄지

해설 우리나라 밭토양은 곡간지가 가장 많다.

39 미생물은 활성이 가장 최적인 온도에 따라서 구분할 수 있다. 미생물의 생육적온이 15℃ 부근인 미생물은 어떤 분류에 포함되는가?
① 저온성 미생물 ② 중온성 미생물
③ 고온성 미생물 ④ 혐기성 미생물

해설 생육적온에 따른 세균분류
- 고온성균(thermophile) : 40~50℃에서 생육과 활성이 높지만, Thermus aquaticus 같이 온천에서 발견되는 세균은 100℃ 부근에서도 생육이 가능하다.
- 중온세균(mesophile) : 15~35℃이 생육적온이다.
- 저온성균(psychrophile) : 15℃ 이하가 생육적온이다.

40 토양 내 유기물의 분해와 관련이 있는 효소는?
① 탈수소효소 ② 인산가수분해효소
③ 단백질가수분해효소 ④ 요소분해효소

해설 토양미생물의 효소 활성
㉠ 탈수소효소(dehydrogenase) : 유기물의 분해와 관련이 있다.
㉡ 인산가수분해효소(phosphatase) : 유기태 인산을 유효화시킨다.
㉢ 단백질가수분해효소(protease) : 단백질을 분해하여 아미노산을 생성한다.

정답 37.③ 38.① 39.① 40.①

41 다음 중 연작의 피해가 가장 큰 작물은?
① 수수 ② 고구마
③ 양파 ④ 사탕무

연작의 해가 적은 작물	벼·맥류·옥수수·수수·사탕수수·조·고구마·무·순무·양배추·꽃양배추·당근·연·뽕나무·아스파라거스·토당귀·미나리·딸기·목화·삼·양파·담배·호박 등
1년 휴작이 필요한 작물	콩·파·쪽파·생강·시금치 등
2년 휴작이 필요한 작물	마·감자·잠두·오이·땅콩 등
3년 휴작이 필요한 작물	쑥갓·토란·참외·강낭콩 등
5~7년 휴작이 필요한 작물	토마토·고추·가지·수박·완두·레드클로버·우엉·사탕무 등
10년 이상 휴작이 필요한 작물	아마·인삼 등

42 다음 중 산성토양에서 잘 자라는 과수는?
① 무화과나무 ② 포도나무
③ 감나무 ④ 밤나무

과수재배 적정 pH
- 산성 토양 : 밤나무, 복숭아나무, 비파나무
- 약산성 토양 : 사과나무, 배나무, 감나무, 감귤나무
- 중성~약알칼리성 토양 : 포도나무, 무화과나무

43 유기한우 생산을 위해서는 사료 공급 요인들이 충족되어야 한다. 유기한우 생산 충족 사항은?
① 전체 사료의 100%를 유기사료로 급여한다.
② GMO 곡물사료를 공급한다.
③ 가축 질병예방을 위하여 항생제를 주기적으로 사용한다.
④ 활동이 제한되는 공장식 밀식 사육을 실시한다.

유기가축 사료 및 영양 관리
㉠ 유기축산물의 생산을 위한 가축에게는 100% 유기사료를 급여하여야 하며, 유기사료 여부를 확인하여야 한다.
㉡ 유기축산물 생산과정 중 심각한 천재·지변, 극한 기후조건 등으로 인하여 ㉠에 따른 사료급여가 어려운 경우 국립농산물품질관리원장 또는 인증기관은 일정기간 동안 유기사료가 아닌 사료를 일정 비율로 급여하는 것을 허용할 수 있다.
㉢ 반추가축에게 담근먹이(사일리지)만 급여해서는 아니 되며, 생초나 건초 등 조사료도 급여하여야 한다. 또한 비반추 가축에게도 가능한 조사료 급여를 권장한다.

정답 41.④ 42.④ 43.①

ⓔ 유전자변형농산물 또는 유전자변형농산물로부터 유래한 것이 함유되지 아니하여야 하나, 비의도적인 혼입은 「식품위생법」 제12조의2에 따라 식품의약품안전처장이 고시한 유전자변형식품 등의 표시기준에 따라 유전자변형농산물로 표시하지 아니할 수 있는 함량의 1/10 이하여야 한다. 이 경우 '유전자변형농산물이 아닌 농산물을 구분 관리하였다'는 구분유통증명서류·정부증명서 또는 검사성적서를 갖추어야 한다.
ⓜ 유기배합사료 제조용 단미사료 및 보조사료는 친환경농어업법 시행규칙 별표1 제1호 나목의 자재에 한해 사용하되 사용가능한 자재임을 입증할 수 있는 자료를 구비하고 사용하여야 한다.
ⓗ 다음에 해당되는 물질을 사료에 첨가해서는 아니 된다.
　ⓐ 가축의 대사기능 촉진을 위한 합성화합물
　ⓑ 반추가축에게 포유동물에서 유래한 사료(우유 및 유제품을 제외)
　ⓒ 합성질소 또는 비단백태질소화합물
　ⓓ 항생제·합성항균제·성장촉진제, 구충제, 항콕시듐제 및 호르몬제
　ⓔ 그 밖에 인위적인 합성 및 유전자조작에 의해 제조·변형된 물질
ⓢ 「지하수의 수질보전 등에 관한 규칙」 제11조에 따른 생활용수 수질기준에 적합한 신선한 음수를 상시 급여할 수 있어야 한다.
ⓞ 합성농약 또는 합성농약 성분이 함유된 동물용의약외품 등의 자재를 사용하지 아니하여야 한다.

44 우리나라 반추가축의 유기사료 수급에 관한 문제로 부적당한 것은?

① 목초의 생산기반을 확장해야 한다.
② 유기목초 종자 및 생산기술을 수립해야 한다.
③ 초지 접근성 및 유기방목 기술을 수립해야 한다.
④ 조사료보다는 농후사료의 자급기반을 확충해야 한다.

해설 반추가축에게 담근먹이(사일리지)만 급여해서는 아니 되며, 생초나 건초 등 조사료도 급여하여야 한다. 또한 비반추 가축에게도 가능한 조사료 급여를 권장한다.

45 다음 중 호광성 종자는?

① 토마토　　　　　　　　② 가지
③ 상추　　　　　　　　　④ 호박

해설

호광성 종자	담배, 상추, 우엉, 뽕나무, 피튜니아, 셀러리, 차조기, 금어초, 디기탈리스, 베고니아, 캐나다블루그래스, 켄터키블루그래스, 버뮤다그래스, 스탠더드그래스, 벤트그래스
혐광성 종자	가지, 토마토, 수박, 호박, 오이, 무, 파, 양파, 수세미
광무관계종자	화곡류 대부분, 콩과작물 대부분, 옥수수

정답 44.④ 45.③

46 벼의 종자 증식 체계로 옳은 것은?
① 원원종 – 원종 – 기본식물 – 보급종
② 원종 – 원원종 – 기본식물 – 보급종
③ 원원종 – 원종 – 보급종 – 기본식물
④ 기본식물 – 원원종 – 원종 – 보급종

47 유기농업에서 토양비옥도를 유지, 증대시키는 방법이 아닌 것은?
① 작물 윤작 및 간작
② 녹비 및 피복작물 재배
③ 가축의 순환적 방목
④ 경운작업의 최대화

토양비옥도 유지수단	• 콩과작물, 녹비작물, 심근성작물의 윤작재배 • 규정된 가축사양 두수에서 생산되는 국산 분뇨·퇴비 등 유기물질의 토양혼입 • 퇴비효과나 토양개량을 위해 사용하는 각종 자재는 위 두 조치에도 불구하고 부족한 양분공급을 위한 경우에는 사용가능 • 집약축산농가와 공장식 집약축산농가의 축산분뇨 사용금지

48 토양의 비옥도 유지 및 증진 방법으로 옳지 않은 것은?
① 토양 침식을 막는다.
② 토양의 통기성 및 투수성을 좋게 한다.
③ 유기물을 공급하여 유용미생물의 활성을 높인다.
④ 단일 작목 작부체계를 유지시킨다.

해설 콩과작물, 녹비작물, 심근성작물 등의 윤작 재배체계를 갖춘다.

49 유기농업에서 벼의 병해충 방제법 중 경종적 방제법이 아닌 것은?
① 답전윤환   ② 저항성 품종 이용
③ 적절한 윤작   ④ 천적 이용

정답 46.④ 47.④ 48.④ 49.④

해설 유기농의 병해충 방제

경종적·생태적 방제	• 대항식물과 저항성(내병성) 품종 또는 대목 • 윤작, 답전윤환, 토양개량, 작기변경, 질소시비 감비 등
물리적·기계적 방제	• 봉지씌우기, 비가림재배 • 온탕침법, 태양열소독, 화염소독, 증기소독 • 페로몬 유인교살, 네트망 설치 등
화학적 방제	• 합성농약 : 저독성·저성분 약제, 이분해성·선택성 약제, 생력형 제제 • 생화학농약 : 천연물질, 보르도액, 황가루, 식물추출액(님, 제충국, 쿠아시아, 라이아니아) • 천연살충성분 : 로테논, 라이아니아, 피레트린, 아자디라크틴
생물학적 방제	• 미생물농약 : 미생물 자체이용(길항미생물), 천적미생물, 천적곤충 • 천연물질 : 활성물질

50 볍씨의 종자선별 방법 중 까락이 없는 몽근메벼를 염수선할 때 가장 적당한 비중은?

① 1.03　　　　　　② 1.08
③ 1.10　　　　　　④ 1.13

해설 종자 염수선 비중

작물	비중	소금(kg)
밀, 호밀, 쌀보리	1.22	
메벼무망종, 겉보리	1.13	4.5
메벼유망종	1.10	3.0
찰벼, 밭벼	1.08	2.25

51 과수육종이 다른 작물에 비해 불리한 점이 아닌 것은?

① 과수는 품종육성기간이 길다.　　② 과수는 넓은 재배면적이 필요하다.
③ 과수는 타가수정을 한다.　　　　④ 과수는 영양번식을 한다.

해설 과수가 영양번식을 할 수 있기 때문에 결과연한 단축, 대량 번식 등에 유리하다.

52 입으로 전염되며 패혈증, 설사(백리변), 독혈증의 증상을 보이는 돼지의 질병은?

① 대장균증　　　　② 장독혈증
③ 살모넬라증　　　④ 콜레라

해설 돼지 대장균증은 입으로 전염되며 패혈증, 설사(백리변), 독혈증의 증상을 보인다.

정답　50.④　51.④　52.①

53 다음 중 토양에 다량 사용했을 때, 질소기아 현상을 가장 심하게 나타낼 수 있는 유기물은?

① 알팔파 ② 녹비
③ 보릿짚 ④ 감자

해설 질소기아현상은 C/N율이 30 이상일 때 발생한다.

재료	C/N율
보리짚	72
밀짚	72
볏짚	67
감자	29
낙엽	25
쌀겨	22
자운영	16
앨펄퍼	13
면실박	3.2
콩깻묵	2.4

54 다음 중 농약살포의 문제점이 아닌 것은?

① 생태계가 파괴된다. ② 익충을 보호한다.
③ 식품이 오염된다. ④ 병해충의 저항성이 증대된다.

해설 살균제, 살충제, 제초제 등 농약은 자연생태계를 파괴하는 문제가 발생한다.

55 유기과수원의 토양관리 중 유기물 사용의 효과가 아닌 것은?

① 토양을 홑알구조로 한다.
② 토양의 보수력을 증가한다.
③ 토양의 물리성을 개선한다.
④ 토양미생물이나 작물의 생육에 필요한 영양분을 공급한다.

해설 유기물을 토양에 사용하면 토양의 입단(떼알)구조를 형성한다.

56 다음 중 식물의 기원지로 옳게 짝지어지지 않은 것은?

① 사탕수수 – 인도 ② 매화 – 일본
③ 가지 – 인도 ④ 자운영 – 중국

정답 53.③ 54.② 55.① 56.②

중국 지역	6조보리·조·피·메밀·콩·팥·인삼·배추·자운영·동양배·감·복숭아·매화 등
인도·동남아시아 지역	벼·참깨·사탕수수·모시풀·왕골·오이·박·가지·생강 등
중앙아시아 지역	귀리·기장·완두·삼·당근·양파·무화과 등
코카서스·중동 지역	2조보리·보통밀·호밀·유채(평지)·아마·마늘·시금치·사과·서양배·포도 등
지중해 연안 지역	완두·유채·사탕무·양귀비·화이트클로버·티머시·오처드그래스·무·순무·우엉·양배추·상추 등
중앙아프리카 지역	진주조·수수·강두(광저기)·수박·참외 등
멕시코·중앙아메리카 지역	옥수수·강낭콩·고구마·해바라기·호박 등
남아메리카 지역	감자·땅콩·담배·토마토·고추 등

57 농림축산식품부 소관 친환경농어업 육성 및 유기식품 등의 관리 지원에 관한 법률 시행 규칙에서 정한 친환경농산물 종류로 옳지 않은 것은?

① 유기농산물
② 안전농산물
③ 무농약농산물
④ 무항생제축산물

- **유기재배** : 유기농산물, 무농약농산물
- **유기축산** : 유기축산물, 무항생제축산물

58 사과를 유기농법으로 재배하는데 어린 잎 가장자리가 위쪽으로 뒤틀리고 새가지 선단에서 막 전개되는 잎은 황화되며 심한 경우에는 새가지 정단부위가 말라죽어가고 있다. 무엇이 부족한가?

① 질소
② 인산
③ 칼리
④ 칼슘

 칼슘은 식물체내 이동성이 낮아서 결핍시 정단부위에서 결핍증이 나타난다.
사과나무에서 칼슘이 결핍되면 어린 잎 가장자리가 위쪽으로 뒤틀리고 새가지 선단에서 막 전개되는 잎은 황화되며 새가지 정단부위가 말라죽어간다.

59 경사지에 비해 평지 과수원이 갖는 장점이라고 볼 수 없는 것은?

① 토양이 깊고 비옥하다.
② 보습력이 높다.
③ 기계화가 용이하다.
④ 배수가 용이하다.

정답 57.② 58.④ 59.④

	평지	경사지
장점	• 과원관리가 용이함 • 기계화·생력화가 용이함	• 배수가 양호함 • 일조량이 증가함
단점	• 장마철 과습 피해 우려 • 서리 피해 우려	• 과원관리가 어려움 • 기계화 작업이 불편함 • 토양유실이 많음

60 신품종 종자의 우수성이 저하되는 품종퇴화의 원인이 아닌 것은?
① 인공적
② 유전적
③ 생리적
④ 병리적

 품종퇴화 원인
유전적 퇴화, 생리적 퇴화, 병리적 퇴화

61 유기농업에서 소각(burning)을 권장하지 않는 이유로 옳지 않은 것은?
① 소각함으로써 익충과 토양생물체에 피해를 준다.
② 많은 양의 탄소, 질소 그리고 황이 가스형태로 손실된다.
③ 소각 후에 잡초나 병충해가 더 많이 나타난다.
④ 재가 함유하고 있는 양분은 빗물에 쉽게 씻겨 유실된다.

 유기농업에서 소각을 권장하지 않는 이유
• 토양유기물로 활용할 재료가 감소하기 때문
• 소각함으로써 익충과 토양생물체에 피해를 주기 때문
• 많은 양의 탄소, 질소, 황이 가스형태로 손실되기 때문
• 재가 함유하고 있는 양분은 빗물에 쉽게 씻겨 유실되기 때문

정답 60.① 61.③

2015년 제3회 유기농업기능사 필기 기출문제

01 생력기계화재배를 통해 단위면적당 수량을 늘릴 수 있는데 그 주된 이유가 아닌 것은?
① 지력의 증진
② 노동력 증가
③ 적기·적작업
④ 재배방식의 개선

해설) 생력기계화재배를 통해 단위면적당 수량증대 이유 : 지력 증진, 적기·적작업, 재배방식의 개선

02 고온으로 발생된 해(害) 작용이 아닌 것은?
① 위조의 억제
② 황백화 현상
③ 당분 감소
④ 암모니아 축적

해설) 열해 기구 : 증산 과다, 유기물의 과잉 소모, 질소대사의 이상(암모니아 축적), 철분 침전

03 엽면시비가 효과적인 경우가 아닌 것은?
① 작물의 필요량이 적은 무기양분을 사용할 경우
② 토양 조건이 나빠 무기양분의 흡수가 어려운 경우
③ 시비를 원하지 않는 작물과 같이 재배할 경우
④ 부족한 무기성분을 서서히 회복시킬 경우

해설) 엽면시비의 이용 : 급속한 영양회복, 품질 향상, 미량요소의 공급, 뿌리의 흡수력이 약해졌을 경우, 토양시비가 곤란한 경우, 비료분의 유실방지, 노력 절약

04 토양 구조의 입단화와 가장 관련이 깊은 것은?
① 세균(bacteria)
② 방선균(Actinomycetes)
③ 선충류(Nematoda)
④ 균근균(Mycorrhizae)의 균사

해설) 대부분 작물과 공생하여 살아가는 균근균은 균사와 끈적한 단백질인 글로멀린(glomulin)을 생성하여 큰 입단을 생성시킨다.

정답 01.② 02.① 03.④ 04.④

05 종자춘화형 식물이 아닌 것은?
① 추파맥류　　　　　　　　② 완두
③ 양배추　　　　　　　　　④ 봄올무

종자버널리제이션 (종자춘화)	• 최아종자를 버널리제이션 하는 것 • 종자춘화 효과가 가장 큰 식물(종자춘화형 식물) : 추파맥류・완두・잠두・무・배추・봄올무 등
녹체버널리제이션 (녹체춘화)	• 식물이 일정한 크기에 달한 녹체기에 버널리제이션하는 것 • 녹체춘화 효과가 가장 큰 식물(녹체춘화형 식물) : 양배추・양파・당근・사리풀 등

06 작물의 분화 및 발달과 관련된 용어의 설명으로 옳지 않은 것은?
① 작물이 원래의 것과 다른 여러 갈래로 갈라지는 현상을 작물의 분화라고 한다.
② 작물의 환경이나 생존경쟁에서 견디지 못해 죽게 되는 것을 순화라고 한다.
③ 작물이 점차 높은 단계로 발달해 가는 현상을 작물의 진화라고 한다.
④ 작물이 환경에 잘 견디어 내는 것을 적응이라 한다.

• 도태 : 작물의 환경이나 생존경쟁에서 견디지 못해 죽게 되는 것
• 순화 : 적응한 것들이 오래 생육하게 되면 그 생태조건에 좀더 잘 적응하게 되는 것

07 개방된 토수로에 투수하여 이것이 침투해서 모관상승을 통하여 근권에 공급되게 하는 방법은?
① 암거법　　　　　　　　　② 압입법
③ 수반법　　　　　　　　　④ 개거법

개거법	• 개방된 토수로에 투수하여 이것이 침투해서 모관상승을 통하여 근권에 공급되게 하는 방법 • 지하수위가 낮지 않은 사질토 지대에서 이용
암거법	• 지하에 토관・목관・콘크리트관・플라스틱관 등을 배치하여 통수(通水)하고, 간극으로부터 스며 오르게 하는 방법
압입법	• 뿌리가 깊은 과수 주변에 구멍을 뚫고, 물을 주입하거나 기계적으로 압입하는 방법
살수관개법	• 다공관 관개 : 파이프에 직접 작은 구멍을 내어 살수하는 방법 • 스프링클러 관개 : 스프링클러를 이용하여 살수하는 방법

정답　05.③　06.②　07.④

08 윤작방식은 지방 실적에 따라서 다양하게 발달되지만, 대체로 다음과 같은 원리가 포함되는데 옳지 않은 것은?

① 주작물이 특수하더라도 식량과 사료의 생산이 병행되는 것이 좋다.
② 지력유지를 통하여 콩과작물이나 다비작물을 포함한다.
③ 토양보호를 위해서 피복작물을 심지 않는다.
④ 토지이용도를 높이기 위하여 여름작물과 겨울작물을 결합한다.

윤작시 고려사항	• 주작물은 지역사정에 따라 선택함 • 토지이용도를 높이기 위하여 여름작물과 겨울작물 결합 • 이용성과 수익성이 높은 작물을 선택(평야지-수도, 산간지-감자) • 용도의 균형을 위해서 주작물이 특수하더라도 식량과 사료의 생산을 병행함 • 지력유지를 위하여 콩과작물이나 다비작물을 반드시 포함함 • 잡초경감을 위해서 중경작물이나 피복작물을 포함함 • 토양보호를 위하여 피복작물을 포함함 • 기지현상을 회피하도록 작물을 배치(벼과작물, 콩과작물, 근경작물의 교대배치)

09 작물의 분화과정이 옳은 것은?

① 유전적 변이 → 고립 → 도태와 적응
② 유전적 변이 → 도태와 적응 → 고립
③ 도태와 적응 → 고립 → 유전적 변이
④ 도태와 적응 → 유전적 변이 → 고립

작물의 분화과정 : 유전적 변이 → 도태와 적응 → 순화 → 고립(격리)

10 토양의 양이온치환용량 증대효과에 대한 설명 중 옳지 않은 것은?

① NH_4^+, K^+, Ca^{2+} 등의 비료성분을 흡착, 보유하는 힘이 커진다.
② 비료를 많이 주어도 일시적 과잉흡수가 억제된다.
③ 토양의 완충능력이 커진다.
④ 비료성분의 용탈을 조장한다.

양이온치환용량(CEC)가 증대되면 보비력이 커져서 양분용탈이 감소된다.

11 인산질 비료에 대하여 설명한 것이다. 옳지 않은 것은?

① 유기질 인산비료에는 동물 뼈, 물고기 뼈 등이 있다.
② 용성인비는 수용성 인산을 함유하며, 작물에 속히 흡수된다.
③ 무기질 인산비료의 중요한 원료는 인광석이다.
④ 과인산석회는 대부분이 수용성이고 속효성이다.

용성인비	• 구용성 인산을 함유하며, 작물에 속히 흡수되지 못하므로 과인산석회 등과 병용하는 것이 유리함 • 토양 중 고정은 적으며, Ca · Mg · Si 등을 함유하는 염기성 비료이기 때문에 산성토양을 개량함

12 일정한 한계일장이 없고, 대단히 넓은 범위의 일장조건에서 개화하는 식물은?

① 중성식물 ② 장일식물
③ 단일식물 ④ 정일식물

장일식물	• 장일상태(보통 16~18시간 조명)에서 화성이 유도 · 촉진되는 식물
단일식물	• 단일상태(보통 8~10시간 조명)에서 화성이 유도 · 촉진되는 식물
중성식물 (중일식물)	• 일정한 한계일장이 없고, 매우 넓은 범위의 일장에서 화성이 유도(화성이 일장의 영향을 받지 않음)되는 식물
중간식물 (정일식물)	• 좁은 범위의 특정한 일장에서만 화성이 유도되며, 2개의 뚜렷한 한계일장이 존재하는 식물

13 지리적 미분법을 적용하여 작물의 기원을 탐색한 학자는?

① Vavilov ② De Candolle
③ Ookuma ④ Hellriegel

Vavilov (1951)	• 식물종의 유전자중심설(gene center theory) : 우성유전자들의 분포중심지를 원산지로 추정 • 작물의 기원중심지 : 식물의 지리적 미분법을 적용하여 유전적 변이가 가장 많은 지역을 찾아냄 • Vavilov의 작물 기원지 : ⓐ 중국, ⓑ 인도 · 동남아시아, ⓒ 중앙아시아, ⓓ 코카서스 · 중동, ⓔ 지중해 연안, ⓕ 중앙아프리카, ⓖ 멕시코 · 중앙아메리카, ⓗ 남아메리카로 구분

정답 11.② 12.① 13.①

14 다음 중 벼를 재배할 때 풍해에 의해 발생하는 백수현상을 유발하는 풍속, 공기습도의 범위에 대한 설명으로 가장 옳은 것은?

① 백수현상은 풍속이 크고 공기습도가 높을 때 심하다.
② 백수현상은 풍속이 적고 공기습도가 높을 때 심하다.
③ 백수현상은 공기습도 60%, 풍속 10m/sec의 조건에서 발생한다.
④ 백수현상은 공기습도 80%, 풍속 20m/sec의 조건에서 발생한다.

> 해설 벼의 경우 습도 60%에서 풍속 10m/s에서 백수가 발생하지만, 습도 80%에서는 풍속 20m/s에서도 백수가 발생하지 않는다.

15 작물에 유익한 토양미생물의 활동이 아닌 것은?

① 유기물의 분해　　　　　　② 유리질소의 고정
③ 길항작용　　　　　　　　　④ 탈질작용

> 해설 **미생물의 유익작용** : 공중질소고정, 유기물의 암모늄화, 질산화 작용, 길항작용, 유기물 분해, 무기물의 산화·가용화, 무기물 유실경감, 근권 형성, 균근 형성, 입단 형성

16 다음은 작물의 내동성에 관여하는 요인이다. 내용이 옳지 않은 것은?

① 원형질의 수분투과성 : 원형질의 수분투과성이 크면 세포내 결빙을 적게 하여 내동성을 증대시킨다.
② 지방함량 : 지방과 수분이 공존할 때 빙점강화도가 작아지므로 지유함량이 높은 것이 내동성이 강하다.
③ 전분함량 : 전분함량이 많으면 내동성은 저하된다.
④ 세포의 수분함량 : 자유수가 많아지면 세포의 결빙을 조장하여 내동성이 저하된다.

> 해설 지방과 수분이 공존할 때 빙점강화도가 높아지므로 지유함량이 높은 것이 내동성이 강하다.

17 다음은 멀칭의 이용성이다. 내용이 옳지 않은 것은?

① 동해 : 맥류 등 월동작물을 퇴비 등으로 덮어주면 동해가 경감된다.
② 한해 : 멀칭을 하면 토양수분의 증발이 억제되어 가뭄의 피해가 경감된다.
③ 생육 : 보온효과가 크기 때문에 보통재배의 경우보다 생육이 늦어져 만식재배에 널리 이용된다.
④ 토양 : 수식 등의 토양 침식이 경감되거나 방지된다.

> 해설 멀칭을 하면 보온효과가 크기 때문에 보통재배의 경우보다 생육이 빨라져 조식재배에 널리 이용된다.

정답 14.③ 15.④ 16.② 17.③

18 작물의 동상해에 대한 응급대책으로 옳지 않은 것은?

① 저녁에 충분히 관개한다.
② 중유, 나뭇가지 등에 석유를 부은 것 등을 연소시킨다.
③ 이랑을 낮추어 뿌림골을 얕게 한다.
④ 거적으로 잘 덮어준다.

> **해설** 동상해에 대한 응급대책 : 송풍법, 살수빙결법, 피복법, 관개법, 발연법, 연소법
> 동상해의 일반 재배적 대책
> • K 비료를 증시, 종자 위에 퇴비 사용(맥류)
> • 적기 파종, 한지에서 파종량을 늘림(맥류)
> • 웃자라거나 서릿발이 발생시 답압(맥류)
> • 보온 재배(채소·꽃 등)
> • 이랑을 높게 세워 뿌림골을 깊게 파종(고휴구파, 맥류)

19 다음 중 작물 혼파의 이점으로 가장 적절하지 않은 것은?

① 산초량(産草量)이 억제된다.
② 가축의 영양상 유리하다.
③ 비료성분을 효율적으로 이용할 수 있다.
④ 지상, 지하를 입체적으로 이용할 수 있다.

> **해설** 혼파의 이점 : 토양 비료성분의 효율적 이용, 공간의 효율적 이용, 질소질 비료의 절약, 잡초의 경감, 산초량의 평준화, 가축영양상의 이점, 건초 제조상의 이점

20 대기 습도가 높으면 나타나는 현상으로 옳지 않은 것은?

① 증산의 증가　　　② 병원균번식 조장
③ 도복의 발생　　　④ 탈곡·건조작업 불편

> **해설** 대기가 건조할 때 증산이 촉진된다.

21 단위면적당 생물체량이 가장 많은 토양미생물로 맞는 것은?

① 사상균　　　② 방선균
③ 세균　　　　④ 조류

정답　18.③　19.①　20.①　21.①

구분	개체수(/g)	생물체량(kg/ha)
조류	$10^4 \sim 10^5$	$10 \sim 500$
사상균	$10^5 \sim 10^6$	$1,000 \sim 15,000$
방선균	$10^7 \sim 10^8$	$400 \sim 5,000$
세균	$10^8 \sim 10^9$	$400 \sim 5,000$

22 호기적 조건에서 단독으로 질소고정작용을 하는 토양미생물속(屬)은?

① 아조토박터(Azotobacter)

② 클로스트리디움(Clostridium)

③ 리조비움(Rhizobium)

④ 프랑키아(Frankia)

질소고정세균

비공생	• 호기성 : Azotobacter, Beijerinckia와 Derxia • 미호기성 : Azospririllum, Bacillus, Klebsiella • 편성혐기성 : Clostridium, Desulfovibrio, Desulfomaculum • 광합성세균 : cyanobacteria(남조류)
공생	• Rhizobium, Bradyrhizobium

23 토양이 자연의 힘으로 다른 곳으로 이동하여 생성된 토양 중 중력의 힘에 의해 이동하여 생긴 토양은?

① 정적토 ② 붕적토
③ 빙하토 ④ 풍적토

붕적토	중력에 의해 이동하여 퇴적된 토양
빙하토	빙하에 의해 이동하여 퇴적된 토양
충적토	물에 의해 이동하여 퇴적된 토양
풍적토	바람에 의해 이동하여 퇴적된 토양
잔적토(정적토)	그 자리에 잔류하여 퇴적된 토양

24 식물체에 흡수되는 무기물의 형태로 옳지 않은 것은?

① NO_3^- ② H_2PO_4
③ B   ④ Cl^-

정답 22.① 23.② 24.③

원소	흡수형태
C	HCO_3^-, CO_3^{2-}, CO_2
H	H_2O
O	O_2, H_2O
N	NO_3^-, NH_4^+
P	$H_2PO_4^-$, HPO_4^{2-}
K	K^+
Ca	Ca^{2+}
Mg	Mg^{2+}
S	SO_4^{2-}, SO_2
Fe	Fe^{2+}, Fe^{3+}, chelate
Cu	Cu^{2+}, chelate
Zn	Zn^{2+}, chelate
Mn	Mn^{2+}, chelate
Mo	MoO_4^{2-}, chelate
B	H_3BO_3
Cl	Cl^-

25 토양입자의 크기가 갖는 의미로 옳지 않은 것은?

① 토양의 모래·미사, 점토함량을 알면 토양의 물리적 성질에 대한 많은 정보를 알 수 있다.
② 모래함량이 많은 토양은 배수성과 투수성이 크지만 양분을 보유하는 힘이 약하다.
③ 미사가 많은 토양은 배수성과 양분보유능이 매우 크다.
④ 점토가 많은 토양은 양분과 수분을 보유하는 힘은 강하지만 배수성은 매우 나빠진다.

 미사 입자는 모래보다 더 많은 물을 간직할 수 있으며 배수 특성은 모래보다 불량하다. 가소성·점착성을 가지지 못하지만, 미사 표면에 점토입자가 흡착되면서 약간의 가소성·응집성을 나타낸다.

26 토양단면에서 O층에 해당되는 것은?

① 모재층
② 집적층
③ 용탈층
④ 유기물층

① 모재층은 C층, ② 집적층층은 B층, ③ 용탈층은 E층

27 실화삭용이 일어나는 장소와 과정이 옳은 것은?

① 환원층, $NH_4^+ \rightarrow NO_3^- \rightarrow NO_2^-$
② 환원층, $NH_4^+ \rightarrow NO_2^- \rightarrow NO_3^-$
③ 산화층, $NO_3^- \rightarrow NO_2^- \rightarrow NH_4^+$
④ 산화층, $NH_4^+ \rightarrow NO_2^- \rightarrow NO_3^-$

정답 25.③ 26.④ 27.④

해설 질화작용은 호기적 조건에서 아질산균, 질산균이 암모늄태질소를 질산태질소로 산화시키는 작용이다.

28 식물영양소를 토양용액으로부터 식물의 뿌리표면으로 공급하는 대표적인 기작으로 옳지 않은 것은?
① 흡습계수
② 뿌리차단
③ 집단류
④ 확산

해설 토양용액에서 식물 뿌리표면으로 양분공급 기작 : 집단류 · 확산 · 뿌리차단

29 큰 토양입자가 토양표면을 구르거나 미끄러지며 이동하는 것은?
① 부유
② 약동
③ 포행
④ 비산

해설

부유	• 가는모래 크기의 토양입자나 그보다 작은 입자가 공중에 떠서 토양표면과 평행하게 멀리 이동하는 것
약동	• 대개 바람에 의하여 지름 0.1~0.5mm의 토양입자가 지표면에서 30cm 이하의 높이로 비교적 짧은 거리를 구르거나 튀는 모양으로 이동하는 것 • 풍식에 의한 이동량의 50~90%를 차지
포행	• 입자 크기는 약 1.0mm 이상인 토양입자가 토양표면을 구르거나 미끄러지며 이동하는 것

30 토양의 용적밀도를 측정하는 가장 큰 이유는?
① 토양의 산성 정도를 알기 위해
② 토양의 구조발달 정도를 알기 위해
③ 토양의 양이온교환용량 정도를 알기 위해
④ 토양의 산화환원 정도를 알기 위해

해설 토양의 용적밀도를 알면 토양의 구조발달 정도를 미루어 짐작할 수 있다.

31 밭토양과 비교하여 신개간지토양의 특성으로 옳지 않은 것은?
① 산성이 강하다.
② 석회 함량이 높다.
③ 유기물 함량이 낮다.
④ 유효인산 함량이 낮다.

해설 신개간지토양은 유기물이 거의 없고 산성이 강하며 유효인산 및 석회 함량도 낮다.

정답 28.① 29.③ 30.② 31.②

32 토양을 분석한 결과 양이온교환용량은 10cmol$_c$/kg이었고, Ca 4.0cmol$_c$/kg, Mg 1.5cmol$_c$/kg, K 0.5cmol$_c$/kg, 및 Al 1.0cmol$_c$/kg이었다면 이 토양의 염기포화도(Base saturation)는?

① 40%
② 50%
③ 60%
④ 70%

해설
$$염기포화도(\%) = \frac{교환성\ 염기의\ 총량(cmol_c/kg)}{양이온교환용량(cmol_c/kg)} \times 100$$
$$= \frac{4.0+1.5+0.5}{10} \times 100 = 60\%$$

33 토양 공극에 대한 설명으로 옳은 것은?
① 토양무게는 공극량이 적을수록 가볍다.
② 다양한 용기에 채워진 젖은 토양무게를 알면 공극량을 계산할 수가 있다.
③ 물과 공기의 유통은 공극의 양보다 공극의 크기에 따라 주로 지배된다.
④ 모래질 토양은 공극량이 많고 공극의 크기가 작아서 공기의 유통과 물의 이동이 빠르다.

해설
① 토양무게는 공극량이 클수록 가볍다.
② 공극량을 계산하려면 용적을 알수 있는 용기와 건토무게를 측정할 수 있어야 한다.
④ 모래질 토양은 공극량은 적지만 공극의 크기가 커서 공기의 유통과 물의 이동이 빠르다.

34 논토양에서 물로 담수될 때 철의 변환에 따른 설명으로 옳은 것은?
① Fe^{3+}에서 Fe^{2+}로 되면서 해리도가 증가한다.
② Fe^{2+}에서 Fe^{3+}로 되면서 해리도가 증가한다.
③ Fe^{3+}에서 Fe^{2+}로 되면서 해리도가 감소한다.
④ Fe^{2+}에서 Fe^{3+}로 되면서 해리도가 감소한다.

해설 담수 환원조건에서 Fe은 Fe^{3+}에서 Fe^{2+}로 환원되면서 해리도가 증가한다.

35 ( )안에 알맞은 내용은?

집단류란 물의 ( )으로 ( )과(와) 대비되는 개념이다.

① 포화현상, 비산
② 대류현상, 확산
③ 기화현상, 수증기
④ 불포화현상, 비산

정답 32.③ 33.③ 34.① 35.②

집단류는 물의 대류현상으로 확산과 대비되는 개념이다. 식물의 증산작용으로 잎·줄기·뿌리·토양 사이에 연속적인 수분퍼텐셜 기울기가 형성되며 토양수는 식물이 자라는 동안 뿌리 쪽으로 집단류 형태로 이동하여 흡수된다.

36 토양 구조에 대한 설명으로 옳은 것은?
① 판상구조는 배수와 통기성이 양호하며 뿌리의 발달이 원활한 심층토에서 주로 발달한다.
② 주상구조는 모재의 특성을 그대로 간직하고 있는 것이 특징이며, 물이나 빙하의 아래에 위치하기도 한다.
③ 괴상구조는 건조 또는 반건조지역의 심층토에 주로 지표면과 수직한 형태로 발달한다.
④ 구상구조는 주로 유기물이 많은 표층토에서 발달한다.

 ① 괴상구조는 배수와 통기성이 양호하며 뿌리의 발달이 원활한 심층토에서 주로 발달한다.
② 판상구조는 모재의 특성을 그대로 간직하고 있는 것이 특징이며, 물이나 빙하의 아래에 위치하기도 한다.
③ 각주상구조는 건조 또는 반건조지역의 심층토에 주로 지표면과 수직한 형태로 발달한다.

37 다음 중 토양유실 예측공식에 포함되지 않는 것은?
① 토양관리인자   ② 강우인자
③ 평지인자   ④ 작물인자

 토양유실예측공식(USLE, universal soil loss equation)

$A = R \times K \times LS \times C \times P$
A : 연간 토양유실량
① R : 강우인자, ② K : 토양침식성인자, ③ LS : 경사도와 경사장인자,
④ C : 작부인자, ⑤ P : 토양관리인자

38 이 성분을 많이 흡수한 벼는 도복과 도열병에 강해지고 증수의 효과가 있다. 이 원소는?
① Ca   ② Si
③ Mg   ④ Mn

| Si (규소) | • 모든 작물의 필수원소는 아니지만, 화곡류에는 함량이 매우 높음
• 표피조직의 세포막에 침적되어 규질화 되면, 잎이 직립화되어 수광태세를 좋게 하며, 병에 대한 저항성을 높이고, 증산을 억제하여 한해(旱害)를 줄임
• 불량한 환경에 대한 적응능력이 커지고, 도복 저항성도 강해짐
• 줄기·잎으로부터 종실로 P과 Ca이 이전되도록 조장하고, Mn의 엽내 분포를 균일하게 함 |

정답 36.④ 37.③ 38.②

39 Kaolinite에 대한 설명으로 옳지 않은 것은?

① 동형치환이 거의 일어나지 않는다.
② 다른 층상의 규산염광물들에 비하여 상당히 적은 음전하를 가진다.
③ 1 : 1층들 사이의 표면이 노출되지 않기 때문에 작은 비표면적을 가진다.
④ 우리나라 토양에서는 나타나지 않는 점토광물이다.

> 해설 Kaolinite는 우리나라 토양에서 가장 많은 점토광물이다.

40 대표적인 혼층형 광물로서 2 : 1 : 1의 비팽창형 광물은?

① chlorite
② vermiculite
③ illite
④ montmorillonite

> 해설
>
> | | | |
> |---|---|---|
> | 1:1형 광물 | 비팽창형 | kaolinite, halloysite, |
> | 2:1형 광물 | 비팽창형 | illite |
> | | 팽창형 | montmorillonite, saponite, nontronite, vermiculite, beidellite |
> | 혼합형 광물 (2:1:1형) | 규칙 혼층형 | chlorite |

41 친환경농축산물의 분류에 속하는 것은?

① 천연농산물
② 무공해농산물
③ 바이오농산물
④ 무농약농산물

> 해설 **친환경농축산물 종류**
>
> | | |
> |---|---|
> | 농산물 | 유기농산물, 무농약농산물 |
> | 축산물 | 유기축산물, 무항생제축산물 |

42 퇴비제조 과정에서 재료가 거무스름하고 불쾌한 냄새가 나는 이유에 해당되는 것은?

① 퇴비더미 구조와 통기가 거의 희박하기 때문이다.
② C/N율이 높기 때문이다.
③ 퇴비재료가 건조하기 때문이다.
④ 퇴비재료가 잘 섞였기 때문이다.

> 해설 퇴비더미의 통기성이 나쁘면 혐기성 미생물이 번식하여 재료가 거무스름하고 불쾌한 냄새가 난다.

정답 39.④ 40.① 41.④ 42.①

43 초생재배의 장점이 아닌 것은?
① 토양의 단립화   ② 토양침식 방지
③ 제초노력 경감   ④ 지력증진

 초생재배 장점
토양유실 방지, 제초 노력경감, 지력 증진, 토양의 입단화

44 무경운의 장점으로 옳지 않은 것은?
① 토양구조 개선   ② 토양유기물 유지
③ 토양생명체 활동에 도움   ④ 토양침식 증가

 무경운 장점
토양유기물 유지, 토양생명체 활동에 도움, 토양구조 개선, 토양침식 억제

45 시설의 일반적인 피복방법이 아닌 것은?
① 외면피복   ② 커튼피복
③ 원피복   ④ 다중피복

 시설의 일반적인 피복방법
외면피복, 다중피복, 차광피복, 커튼피복

46 유기축산물에서 축사조건에 해당되지 않는 것은?
① 공기순환, 온·습도, 먼지 및 가스농도가 가축건강에 유해하지 아니한 수준 이내로 유지되어야 할 것
② 충분한 자연환기와 햇빛이 제공될 수 있을 것
③ 건축물은 적절한 단열·환기 시설을 갖출 것
④ 사료와 음수는 거리를 둘 것

축사 조건
㉠ 축사는 다음과 같이 가축의 생물적 및 행동적 욕구를 만족시킬 수 있어야 한다.
  ⓐ 사료와 음수는 접근이 용이할 것
  ⓑ 공기순환, 온도·습도, 먼지 및 가스농도가 가축건강에 유해하지 아니한 수준 이내로 유지되어야 하고, 건축물은 적절한 단열·환기시설을 갖출 것
  ⓒ 충분한 자연환기와 햇빛이 제공될 수 있을 것

정답 43.① 44.④ 45.③ 46.④

ⓒ 축사의 밀도조건은 다음 사항을 고려하여 가축의 종류별 면적당 사육두수를 유지하여야 한다.
　　　ⓐ 가축의 품종·계통 및 연령을 고려하여 편안함과 복지를 제공할 수 있을 것
　　　ⓑ 축군의 크기와 성에 관한 가축의 행동적 욕구를 고려할 것
　　　ⓒ 자연스럽게 일어서서 앉고 돌고 활개 칠 수 있는 등 충분한 활동공간이 확보될 것
　ⓒ 축사·농기계 및 기구 등은 청결하게 유지하고 소독함으로써 교차감염과 질병감염체의 증식을 억제하여야 한다.
　ⓔ 축사의 바닥은 부드러우면서도 미끄럽지 아니하고, 청결 및 건조하여야 하며, 충분한 휴식공간을 확보하여야 하고, 휴식공간에서는 건조깔짚을 깔아 줄 것
　ⓜ 번식돈은 임신 말기 또는 포유기간을 제외하고는 군사를 하여야 하고, 자돈 및 육성돈은 케이지에서 사육하지 아니할 것. 다만, 자돈 압사 방지를 위하여 포유기간에는 모돈과 조기에 젖을 뗀 자돈의 생체중이 25킬로그램까지는 케이지에서 사육할 수 있다.
　ⓑ 가금류의 축사는 짚·톱밥·모래 또는 야초와 같은 깔짚으로 채워진 건축공간이 제공되어야 하고, 가금의 크기와 수에 적합한 홰의 크기 및 높은 수면공간을 확보하여야 하며, 산란계는 산란상자를 설치하여야 한다.
　ⓢ 산란계의 경우 자연일조시간을 포함하여 총 14시간을 넘지 않는 범위 내에서 인공광으로 일조시간을 연장할 수 있다.

47 다음은 토양의 유기물 함량을 증가시키는 방법이다. 내용이 옳지 않은 것은?
① 퇴비시용 : 대단히 효과적인 유기물 함량 유지 증진방법이다.
② 윤작체계 : 토양유기물을 공급할 수 있는 작물을 재배하여야 한다.
③ 식물 잔재 잔류 : 재배포장에 남겨두어 유기물 자원으로 이용한다.
④ 유기축분의 시용 : 질소함량이 낮아 분해속도를 촉진시킨다.

　해설　유기축분은 질소함량이 높아 유기물의 분해속도를 촉진시킨다.

48 다음은 유기농업의 병해충 제어법 중 경종적 방제법이다. 내용이 옳지 않은 것은?
① 품종의 선택 : 병충해 저항성이 높은 품종을 선택하여 재배하는 것이 중요하다.
② 윤작 : 해충의 밀도를 크게 나누어 토양전염병을 경감시킬 수 있다.
③ 시비법 개선 : 최적시비는 작물체의 건강성을 향상시켜 병충해에 대한 저항성을 높인다.
④ 생육기의 조절 : 밀의 수확기를 늦추면 녹병의 피해가 적어진다.

　해설　밀 수확기를 빠르게 하면 녹병(수병)의 피해가 감소한다.

정답　47.④　48.④

49 유기사료를 가장 바르게 설명한 것은?
① 비식용유기가공품 인증기준에 맞게 재배·생산된 사료를 말한다.
② 배합사료를 구성하는 사료로 사료의 맛을 좋게 하는 첨가사료이다.
③ 혼합사료를 만드는 보조사료이다.
④ 혼합사료의 혼합이 잘 되게 하는 첨가제이다.

 유기사료
비식용유기가공품의 인증기준에 맞게 제조·가공 또는 취급된 사료

50 유기배합사료 제조용 물질 중 단미사료의 곡물부산물(강피류)에 포함되지 않는 것은?
① 쌀겨   ② 옥수수피
③ 타피오카   ④ 곡쇄류

곡물 부산물 (강피류)	곡쇄류·밀기울·말분·보릿겨·쌀겨·쌀겨탈지·옥수수피·수수겨·조겨·두류피·낙화생피·면실피·귀리겨·아몬드피 및 해바라기피

51 농업환경의 오염 경로로 옳지 않은 것은?
① 화학비료 과다사용   ② 합성농약 과다사용
③ 집약적인 축산   ④ 퇴비사용

 적절한 퇴비사용은 토양을 비옥하게 한다.

52 다음 중 배 품종명은?
① 후지   ② 신고
③ 홍옥   ④ 델리셔스

주요 과수의 품종

사과	조생종	조홍, 서광, 산사, 아오리
	중생종	홍로, 추광, 양광, 조나골드
	만생종	후지(부사), 홍옥, 화홍, 감홍, 국광
배	조생종	신수, 행수
	중생종	풍수, 황금, 신고
	만생종	추황, 금촌추
포도		캠벨얼리, 델라웨어, 거봉, 청수, 델리셔스, 샤인머스켓
복숭아		유명, 백도, 창방조생

정답 49.① 50.③ 51.④ 52.②

53 유기농업 벼농사에서 이삭의 등숙립(登熟粒)이 몇 % 이상일 때 벼를 수확해야 하는가?
① 100%
② 90%
③ 80%
④ 70%

 벼 이삭의 등숙립(登熟粒)이 90% 이상일 때 수확한다.

54 유기농업의 목표가 아닌 것은?
① 농가단위에서 유래되는 유기성 재생자원의 최대한 이용
② 인간과 자원에 적절한 보상을 제공하기 위한 인공 조절
③ 적정 수준의 작물과 인간영양
④ 적정 축산 수량과 인간영양

 유기농업 기본 목적
- 현대 농업기술이 가져온 환경오염을 회피하는 것
- 장기적으로 토양비옥도를 유지하는 것
- 농가 단위에서 유래되는 유기성 재생자원의 최대한 이용
- 폐쇄적 농업시스템 속에서 적당한 것을 취하고 지역 내 자원에 의존하는 것
- 적정 수준의 작물·축산 수량과 인간 영양
- 전체 가축에게 심리적 필요성과 윤리적 원칙에 적합한 사양조건 제공
- 전체적으로 자연환경과의 공생과 보호하는 자세
- 농업생산자에게 정당한 보수지급과 일에 대한 만족감을 제공하는 것

55 다음 중 붕소의 일반적인 결핍이 아닌 것은?
① 사탕무의 속썩음병
② 샐러리의 줄기쪼김병
③ 사과의 적진병
④ 담배의 끝마름병

붕소 결핍
㉠ 샐러리의 줄기쪼김병, 담배의 끝마름병, 사과의 축과병, 사탕무의 속썩음병, 순무의 갈색속썩음병, 꽃양배추의 갈색병, 앨팰퍼의 황색병 유발
㉡ 수정·결실이 불량, 콩과작물은 뿌리혹(根瘤) 형성과 질소고정에 방해
㉢ 분열조직의 급성 괴사(壞死, necrosis)

정답 53.② 54.② 55.③

56 인과류에 속하는 과수는?

① 비파 ② 살구
③ 호두 ④ 귤

- 인과류 : 사과·배·비파 등(꽃받침이 발달)
- 핵과류 : 복숭아·자두·살구·앵두·양앵두 등(중과피가 발달)
- 장과류 : 포도·딸기·무화과 등(외과피가 발달)
- 견과류(각과류) : 밤·호두 등(씨의 자엽이 발달)
- 준인과류 : 감·귤 등(자방이 발달)

57 퇴비화 과정에서 숙성단계의 특징이 아닌 것은?

① 퇴비더미는 무기물과 부식산, 항생물질로 구성된다.
② 붉은두엄벌레와 그 밖의 토양생물이 퇴비더미 내에서 서식하기 시작한다.
③ 장기간 보관하게 되면 비료로써의 가치는 떨어지지만, 토양개량제로써의 능력은 향상된다.
④ 발열과정에서보다 많은 양의 수분을 요구한다.

- 퇴비화 과정 : 발열단계 → 감열단계 → 숙성단계
- 퇴비화의 숙성단계로 갈수록 수분함량은 감소한다.

58 다음 중 적산온도가 가장 높은 작물은?

① 벼 ② 담배
③ 메밀 ④ 조

작물의 적산온도

여름작물 (단위 : ℃)	목화(4,500~5,500), 벼(3,500~4,500), 담배(3,200~3,600), 옥수수(2,370~3,000), 수수(2,500~3,000), 조(1,800~3,000), 콩(2,500~3,000), 메밀(1,000~1,200)
겨울작물	추파맥류(1,700~2,300℃)
봄작물	아마(1,600~1,850℃), 봄보리(1,600~1,900℃), 감자(1,300~3,000), 완두(2,100~2,800)

정답 56.① 57.④ 58.①

59 벼 생육의 최적온도는?
① 25~28℃
② 30~32℃
③ 35~38℃
④ 40℃ 이상

 작물의 주요온도

작물	최저온도	최적온도	최고온도
호밀	1~2	25	30
보리	3~4.5	20	28~30
밀	3~3.5	25	30~32
귀리	4~5	25	30
옥수수	8~10	30~32	40~44
벼	10~12	30~32	36~38
콩	10	18~20	35
완두	1~2	30	35

60 작물이나 과수의 순지르기 효과가 아닌 것은?
① 생장을 억제시킨다.
② 곁가지의 발생을 많게 한다.
③ 개화나 착과수를 적게 한다.
④ 목화나 두류에서도 효과가 있다.

적심(순지르기)	• 원줄기나 원가지의 순을 질러서 생장을 억제하고 곁가지 발생을 많게 하여 개화·착과·착립을 조장하는 것 • 과수·과채류·목화·두류 등에서 실시 • 꽃이 핀 뒤에 담배 순을 지르면 잎의 성숙이 촉진

정답 59.② 60.③

2016년 제1회 유기농업기능사 필기 기출문제

01 비료로 만들어진 원료에 따라 분류한 것이다. 다음 중 옳지 않은 것은?
① 식물성 비료 : 퇴비, 구비
② 무기질 비료 : 요소, 염화칼륨
③ 동물성 비료 : 어분, 골분
④ 인산질 비료 : 유안, 초안

해설 급원에 따른 분류

무기질 비료	요소·황산암모늄·과인산석회·염화칼륨 등
유기질 비료	• 동물성 비료 : 어분·골분·계분 등 • 식물성 비료 : 퇴비·구비·깻묵 등

성분에 따른 분류
• 질소질 비료 : 요소·질산암모늄(질안 or 초안)·염화암모늄(염안)·황산암모늄(유안)·석회질소 등
• 인산질 비료 : 과인산석회(과석)·중과인산석회(중과석)·용성인비·용과린·토머스인비 등
• 칼리질 비료 : 염화칼륨·황산칼륨 등

02 토양의 노후답의 특징이 아닌 것은?
① 작토 환원층에서 칼슘이 많을 때에는 벼 뿌리가 적갈색인 산화칼슘의 두꺼운 피막을 형성한다.
② Fe, K, Ca, Mg, Si, P등이 작토에서 용탈되어 결핍된 논토양이다.
③ 담수 하의 작토의 환원층에서 철분, 망간이 환원되어 녹기 쉬운 형태로 된다.
④ 담수 하의 작토의 환원층에서 황산염이 환원되어 황화수소가 생성된다.

해설 작토 환원층에서 철분이 많을 때는 벼 뿌리가 적갈색 산화철의 두꺼운 피막을 형성하여 노후답에서 나타나는 황화수소의 피해를 경감시킨다.

03 진딧물 피해를 입고 있는 고추밭에 꽃등에를 이용해서 방제하는 방법은?
① 경종적 방제법
② 물리적 방제법
③ 화학적 방제법
④ 생물학적 방제법

해설 천적 곤충을 이용하는 것이 대표적인 생물학적 방제이다.

정답 01.④ 02.① 03.④

04 재배식물의 기원을 식물종의 유전자 중심설로 구명한 학자는?
① De Candolle
② Liebig
③ Mendel
④ Vavilov

 Vavilov 연구
식물종의 유전자중심설(gene center theory)을 주창함. 우성유전자들의 분포중심지를 원산지로 추정하기 때문에 우성유전자중심설이라고도 함
① De Candolle : '재배식물의 기원' 저술하고, 돌연변이설을 발표함
② Liebig : 무기영양설과 최소율 법칙을 주장함
③ Mendel : 유전법칙을 발견함

05 오존(O_3) 발생의 가장 큰 원인이 되는 물질은?
① CO_2
② HF
③ NO_2
④ SO_2

 오존가스는 NO_2가 자외선 하에서 광산화되어 생성된다.

06 작물의 내습성에 관여하는 요인에 대한 설명으로 옳지 않은 것은?
① 근계가 얕게 발달하거나, 습해를 받았을 때 부정근의 발생력이 큰 것은 내습성이 약하다.
② 뿌리조직이 목화한 것은 환원성 유해물질의 침입을 막아서 내습성을 강하게 한다.
③ 벼는 밭작물인 보리에 비해 잎, 줄기, 뿌리에 통기계가 발달하여 담수조건에서도 뿌리로의 산소공급능력이 뛰어나다.
④ 뿌리가 황화수소, 아산화철 등에 대하여 저항성이 큰 것은 내습성이 강하다.

 작물의 내습성
㉠ 뿌리조직이 목화(木化)되면 환원성 유해물질의 침입을 막아 내습성이 강해짐
㉡ 근계가 얕게 발달하거나, 습해를 받았을 때 부정근의 발생력이 큰 것은 내습성이 강함
㉢ 환원성 유해물질인 황화수소(H_2S)·아산화철(FeO) 등에 대하여 뿌리의 저항성이 큰 것은 내습성이 강함
㉣ 경엽에서 뿌리로 O_2를 공급하는 능력(파생통기조직)이 크면 내습성에 강함

07 다음 중 작물의 기원지가 중국인 것은?
① 쑥갓
② 호박
③ 가지
④ 순무

정답 04.④ 05.③ 06.① 07.①

중국 지역	6조보리·조·피·메밀·콩·팥·인삼·배추·자운영·동양배·감·복숭아·미나리·쑥갓 등
인도·동남아시아 지역	벼·참깨·사탕수수·모시풀·왕골·오이·박·가지·생강 등
중앙아시아 지역	귀리·기장·완두·삼·당근·양파·무화과 등
코카서스·중동 지역	2조보리·보통밀·호밀·유채(평지)·아마·마늘·시금치·사과·서양배·포도 등
지중해 연안 지역	완두·유채·사탕무·양귀비·화이트클로버·티머시·오처드그래스·무·순무·우엉·양배추·상추 등
중앙아프리카 지역	진주조·수수·강두(광저기)·수박·참외 등
멕시코·중앙아메리카 지역	옥수수·강낭콩·고구마·해바라기·호박 등
남아메리카 지역	감자·땅콩·담배·토마토·고추 등

08 식물의 화성유도에 있어서 주요 요인이 아닌 것은?

① 식물호르몬 ② 영양상태
③ 수분 ④ 광

 화성유도 요인

내적 요인	• 영양상태, 특히 C/N율로 대표되는 동화생산물의 양적 관계 • 식물호르몬, 특히 옥신(auxin)과 지베렐린(gibberellin)의 체내수준관계
외적 요인	• 광조건, 특히 일장효과의 관계 • 온도조건, 특히 버널리제이션(vernalization)과 감온성의 관계

09 작물생육 필수원소에 해당하는 것은?

① Al ② Zn
③ Na ④ Co

 작물 필수원소

다량원소	탄소(C)·산소(O)·수소(H)·질소(N)·인(P)·칼륨(K)·칼슘(Ca)·마그네슘(Mg)·황(S)
미량원소	철(Fe)·구리(Cu)·아연(Zn)·망간(Mn)·몰리브덴(Mo)·붕소(B)·염소(Cl)

10 다음 중 도복방지에 효과적인 원소는?

① 질소 ② 마그네슘
③ 인 ④ 아연

 도복에 대한 시비 대책으로 N 시비를 피하고, K·P·Si·Ca은 충분히 시용한다.

정답 08.③ 09.② 10.③

11 토양의 3상과 거리가 먼 것은?
① 토양입자 ② 물
③ 공기 ④ 미생물

 토양 3상
고상(토양입자), 액상(물), 기상(공기)

12 작물의 내동성에 대한 생리적인 요인으로 옳은 것은?
① 원형질의 수분투과성이 큰 것이 내동성을 감소시킨다.
② 원형질의 친수성 콜로이드가 많으면 내동성이 감소한다.
③ 전분함량이 많으면 내동성이 증대한다.
④ 원형질단백질에 -SH가 많은 것은 -SS가 많은 것보다 내동성이 높다.

 ① 원형질의 수분투과성이 큰 것이 내동성을 증대시킨다.
② 원형질의 친수성 콜로이드가 많으면 내동성이 증대된다.
③ 전분함량이 많으면 내동성이 감소한다.

13 재배환경에 따른 이산화탄소의 농도 분포에 관한 설명으로 옳지 않은 것은?
① 식생이 무성한 곳의 이산화탄소 농도는 여름보다 겨울이 높다.
② 식생이 무성하면 지표면이 상층면보다 낮다.
③ 미숙 유기물시용으로 탄소농도는 증가한다.
④ 식생이 무성한 지표에서 떨어진 공기층은 이산화탄소 농도가 낮아진다.

식생이 무성하면 이산화탄소는 지표면이 상층면보다 높게 나타난다.

14 토양 중 유기물 시용 시 질소기아현상이 가장 많이 나타날 수 있는 조건은?
① 탄질률 1~5 ② 탄질률 5~10
③ 탄질률 10~20 ④ 탄질률 30 이상

탄질률이 30 이상이면 질소기아현상이 나타난다.

정답 11.④ 12.④ 13.② 14.④

15 도복의 유발요인으로 거리가 먼 것은?

① 밀식 ② 품종
③ 병충해 ④ 배수

 도복 유발조건
밀식, 질소 과용, 칼리 및 규산 부족, 병충해, 비바람, 키 큰 품종

16 다음 중 밭에서 한해를 줄일 수 있는 재배적 방법으로 옳지 않은 것은?

① 뿌림골을 높게 한다. ② 재식밀도를 성기게 한다.
③ 질소를 적게 준다. ④ 내건성 품종을 재배한다.

밭작물에 대한 재배대책	• 뿌림골(播溝)을 낮추고, 뿌림골을 좁히거나 재식밀도를 성기게 함 • N의 과용은 삼가고, P·K·퇴비를 증시(增施)함 • 봄철 보리·밀밭이 건조할 때 답압(踏壓) 실시(모세관 현상을 유도하기 위해) • 내건성 작물과 품종을 선택하고, 토양수분의 보류력을 높임

17 대기의 주요성분 농도가 5~10% 이하 또는 90% 이상이면 호흡에 지장을 초래하는 성분은?

① N_2 ② O_2
③ CO ④ CO_2

산소농도와 호흡작용	• 대기 중 21%의 산소농도는 작물 재배에는 지장이 없고, 작물 호흡작용에 알맞음 • 산소농도가 5~10% 이하이거나 90% 이상이면 호흡 장애 발생 • 대기 산소농도가 낮아지면 특히 C3 식물에서 광호흡이 작아짐

18 토양의 유효수분 범위로 옳은 것은?

① 포장용수량 ~ 초기위조점
② 포장용수량 ~ 영구위조점
③ 최대용수량 ~ 초기위조점
④ 최대용수량 ~ 영구위조점

토양의 유효수분
포장용수량(pF 2.5) ~ 영구위조점(pF 4.2)

정답 15.④ 16.① 17.② 18.②

19 작물의 생존연한에 따른 분류로 옳지 않은 것은?

① 1년생작물 ② 2년생작물
③ 월년생작물 ④ 3년생작물

생존연한에 따른 분류	• 1년생 작물(annual crop) : 여름작물 • 월년생 작물(winter annual crop) : 가을보리 · 가을밀 등 • 2년생 작물(biennial crop) : 무 · 사탕무 등 • 다년생 작물(perennial crop) : 호프 · 아스파라거스 · 영년목초류 등

20 배수의 효과로 옳지 않은 것은?

① 습해와 수해를 방지한다.
② 토양의 성질을 개선하여 작물의 생육을 촉진한다.
③ 경지 이용도를 낮게 한다.
④ 농작업을 용이하게 하고, 기계화를 촉진한다.

배수 효과	• 습해 · 수해를 방지하고, 토양 성질을 개선하여 작물의 생육을 촉진 • 농작업을 용이하게 하고, 기계화를 촉진 • 1모작 논을 2 · 3모작 논으로 하여 경지이용도를 제고함

21 토양침식에 가장 큰 영향을 끼치는 인자는?

① 강우 ② 온도
③ 눈 ④ 바람

22 개간지 미숙 밭토양의 개량 방법과 가장 거리가 먼 것은?

① 유기물 증시 ② 석회 증시
③ 인산 증시 ④ 철, 아연 증시

 개간지 미숙 밭토양의 개량 방법
유기물 시용, 석회 시용, 인산 시용

정답 19.④ 20.③ 21.① 22.④

23 다음 중 다면체를 이루고 그 각도는 비교적 둥글며 밭토양과 산림의 하층토에 많이 분포하는 토양구조는?

① 입상 ② 괴상
③ 과립상 ④ 판상

입상구조	• 유기물이 많은 표층토에서 발달하고, 입단이 일반적으로 구상(spherical)을 나타남
판상구조	• 접시같은 모양 또는 평배열의 토괴(ped)로 구성된 구조
괴상구조	• 대개 6면체로 되어 있으며, 입단 간 거리가 5~50mm로 떨어져 있음 • 배수와 통기성이 양호하며 뿌리 발달이 원활한 심층토에서 주로 발달하며, 점토가 많고 수축팽창이 일어나는 심토에서 발달함
각주상구조	• 단위구조의 수직길이가 수평길이보다 긴 기둥모양이며, 수평면이 평탄하고 각진 모서리를 가진 구조
원주상구조	• 기둥모양의 주상구조이지만 수평면이 둥글게 발달한 구조

24 토양 내 세균에 대한 설명으로 옳지 않은 것은?

① 생명체로서 가장 원시적인 형태이다.
② 단순한 대사작용에 관여하고 있다.
③ 물질순환작용에서 핵심적인 역할을 한다.
④ 식물에 병을 일으키기도 한다.

 세균은 종류와 개체수가 가장 많고 다양한 환경에 적응하는 다양한 대사작용에 관여한다.

25 토양미생물 중 자급영양세균에 해당되지 않는 세균은?

① 질산화성균 ② 황세균
③ 철세균 ④ 암모니아화성균

구분	탄소원	에너지원	대표적인 미생물군
광합성자급영양생물 (Photoautotrophs)	CO_2	빛	green bacteria, cyanobacteria, purple bacteria
화학자급영양생물 (Chemoautotrophs)	CO_2	무기물	질화세균(Nitrosomonas · Nitrosococcus · Nitrospira · Nitrobacter · Nitrocystis), 황산화세균, 수소산화세균, 철산화세균(Leptothrix ochracea)
화학종속영양생물 (Chemoheterotrophs)	유기물	유기물	부생성 세균, 대부분의 공생 세균

정답 23.② 24.② 25.④

26 우리나라 밭토양의 특성으로 옳지 않은 것은?

① 곡간지나 산록지와 같은 경사지에 많이 분포되어 있다.
② 세립질과 역질토양이 많다.
③ 저위생산성인 토양이 많다.
④ 토양화학성이 양호하다.

> 해설 우리나라 밭토양 : 보통밭은 41.9%에 불과함. 사질밭(23.3)·미숙밭(17.5)·중점밭(14.0)·화산회밭(2.2)·고원밭(1.1) 등 생산력이 떨어지는 밭이 58%를 차지한다.

27 다른 생물과 공생하여 공중질소를 고정하는 토양세균은?

① 아조토박터속　　② 클로스트리디움속
③ 리조비움속　　④ 바실러스속

> 해설 질소고정세균

비공생	• 호기성 : Azotobacter, Beijerinckia와 Derxia, Frankia • 미호기성 : Azospririllum, Bacillus, Klebsiella • 편성혐기성 : Clostridium, Desulfovibrio, Desulfomaculum • 광합성세균 : cyanobacteria(남조류)
공생	• Rhizobium, Bradyrhizobium

28 다음 중 공극량이 가장 적은 토양은?

① 용적밀도가 높은 토양　　② 수분이 많은 토양
③ 공기가 많은 토양　　④ 경도가 낮은 토양

> 해설 • 공극 : 토양의 기상+액상
> • 공극량이 적은 토양은 고상이 높은 토양, 잘 다져진 용적밀도가 높은 토양이다.

29 15° 이상인 경사지의 토양보전 방법으로 옳은 것은?

① 등고선 재배　　② 계단식 개간
③ 초생대 설치　　④ 승수구 설치

> 해설 • 경사도 5° 이내 : 등고선 재배
> • 경사도 5~15° : 초생대 설치, 승수구 설치
> • 경사도 15° 이상 : 계단식 개간

정답 26.④ 27.③ 28.① 29.②

30 ( )안에 알맞은 내용은?

> 풍화물이 중력으로 말미암아 경사지에서 미끄러 내려저 된 것이 ( )이다.

① 잔적토　　　　　　　　② 수적토
③ 붕적토　　　　　　　　④ 선상퇴토

붕적토	중력에 의해 이동하여 퇴적된 토양
빙하토	빙하에 의해 이동하여 퇴적된 토양
충적토	물에 의해 이동하여 퇴적된 토양
풍적토	바람에 의해 이동하여 퇴적된 토양
잔적토	그 자리에 잔류하여 퇴적된 토양
선상퇴토	급경사지에서 토사가 쓸려 내려와 부채꼴 모양의 완경사지를 형성한 토양

31 토양단면의 골격을 이루는 기본토층 중 무기물층은?

① O층　　　　　　　　② E층
③ C층　　　　　　　　④ A층

해설 ① O층 : 유기물층, ② E층 : 용탈층, ③ C층 : 모재층

32 화강암의 화학적 조성을 분석하였다. 가장 많은 무기성분은?

① 산화철　　　　　　　　② 반토
③ 규산　　　　　　　　　④ 석회

해설 화강암은 산성암이며, 산성암은 규산 함량이 66% 이상으로 구성된다.

33 밭토양의 유형별 분류에 속하지 않는 것은?

① 고원밭　　　　　　　　② 미숙밭
③ 특이중성밭　　　　　　④ 화산회밭

• 밭토양 : 보통밭, 사질밭, 미숙밭, 중점밭, 화산회밭, 고원밭
• 논토양 : 보통답, 사질답, 습답, 미숙답, 염해답, 특이산성답

정답 30.③ 31.④ 32.③ 33.③

34 시설재배 토양의 연작장해에 대한 피해 내용이 아닌 것은?
① 토양 이화학성의 악화
② 답전윤환
③ 선충피해
④ 토양 전염성병균

> 해설 답전윤환은 시설재배지 연작장해의 대책이다.

35 토양을 구성하는 주요 점토광물은 결정격자형에 따라 그 형태가 다르다. 다음 중 1 : 1형(비팽창형)에 속하는 점토광물은?
① illite
② montmorillonite
③ kaolinite
④ vermiculite

> 해설

1:1형 광물	비팽창형	kaolinite, halloysite,
2:1형 광물	비팽창형	illite
	팽창형	montmorillonite, saponite, nontronite, vermiculite, beidellite
혼합형 광물 (2:1:1형)	규칙 혼층형	chlorite

36 인산의 고정에 해당되지 않은 것은?
① Fe-P 인산염으로 침전에 의한 고정
② 중성토양에 의한 고정
③ 점토광물에 의한 고정
④ 교질상 Al에 의한 고정

> 해설 인산은 중성에서 유효도가 가장 높다. 산성에서는 Fe · Al과 결합하여 불용화되고, 알칼리성에서는 Ca과 결합하여 불용화된다.

37 물감의 색소, 직물이나 피혁 공장의 폐기수 등에 함유되어 있는 토양오염 물질로 밭상태에서 보다는 논상태에서 해작용이 큰 물질은?
① 비소
② 시안
③ 페놀
④ 아연

> 해설 As(비소)는 밭상태인 산화상태(As^{5+})보다 논상태인 환원상태(As^{3+})에서 높은 독성을 나타낸다.

정답 34.② 35.③ 36.② 37.①

38 식물영양성분인 철(Fe)의 유효도에 대한 설명으로 옳은 것은?
① 중성에서 가장 높다.
② 염기성일수록 높다.
③ pH 와는 무관하다.
④ 산성에서 높다.

해설 Fe은 산성조건에서, 환원조건(Fe^{2+})에서 가용도가 높아진다.

39 다음 산화환원전위의 설명 중 옳은 것은?
① 산화반응은 전자를 얻는 반응이다.
② 산화반응과 환원반응은 동시에 일어난다.
③ 산화환원전위의 기준반응은 수수와 산소가 물이 되는 반응이다.
④ 산화환원반응의 단위는 dS m1이다.

해설 ① 산화반응은 전자를 잃고, 전자와 수소를 얻는 반응이다.
③ 산화환원전위의 기준반응은 전극표면과 용액 사이에서 전자가 이동하려는 전위차 반응이다.
④ 산화환원반응의 단위는 volt이다.

40 다음 중 점토가 가장 많이 들어 있는 토양은?
① 식양토
② 식토
③ 양토
④ 사양토

해설 점토 함량 : 식토 > 식양토 > 양토 > 사양토 > 사토

41 볍씨 소독으로 방제하기 곤란한 병은?
① 잎집무늬마름병
② 깨씨무늬병
③ 키다리병
④ 도열병

해설 • 종자전염병 : 키다리병, 도열병, 모썩음병, 깨씨무늬병
• 종자전염병은 볍씨 소독으로 방제할 수 있다.

42 다음 중 유기농업이 소비자의 관심을 끄는 주된 이유는?
① 모양이 좋기 때문에
② 안전한 농산물이기 때문에
③ 가격이 저렴하기 때문에
④ 사시사철 이용할 수 있기 때문에

정답 38.④ 39.② 40.② 41.① 42.②

43 유기농산물의 토양개량과 작물생육을 위하여 사용이 가능한 물질이 아닌 것은?
① 지렁이 또는 곤충으로부터 온 부식토
② 사람의 배설물
③ 화학공장 부산물로 만든 비료
④ 석회석 등 자연에서 유래한 탄산칼슘

해설 토양개량과 작물생육을 위해 사용가능한 물질

번호	사용 가능 물질
1	가) 농장 및 가금류의 퇴구비 나) 퇴비화된 가축배설물 다) 건조된 농장 퇴비 및 탈수한 가금류의 퇴구비 라) 가축분뇨를 발효시킨 액상의 물질
2	식물 또는 식물 잔류물로 만든 퇴비
3	버섯재배 및 지렁이 양식에서 생긴 퇴비
4	지렁이 또는 곤충으로부터 온 부식토
5	식품 및 섬유공장의 유기적 부산물
6	유기농장 부산물로 만든 비료
7	혈분·육분·골분·깃털분 등 도축장과 수산물 가공공장에서 나온 동물부산물
8	대두박, 쌀겨 유박, 깻묵 등 식물성 유박류
9	제당산업의 부산물(당밀, 비나스, 식품등급의 설탕, 포도당)
10	유기농업에서 유래한 재료를 가공하는 산업의 부산물
12	사람의 배설물(오줌만인 경우는 제외한다), 오줌
13	벌레 등 자연적으로 생긴 유기체
14	구아노(Guano: 바닷새, 박쥐 등의 배설물)
15	짚, 왕겨, 쌀겨 및 산야초
16	가) 톱밥, 나무껍질 및 목재 부스러기 나) 나무 숯 및 나뭇재
17	가) 황산칼륨, 랑베이나이트(해수의 증발로 생성된 암염) 또는 광물염 나) 석회소다 염화물 다) 석회질 마그네슘 암석 라) 마그네슘 암석 마) 사리염(황산마그네슘) 및 천연석고(황산칼슘) 바) 석회석 등 자연에서 유래한 탄산칼슘 사) 점토광물(벤토나이트·펄라이트·제올라이트·일라이트 등) 아) 질석(Vermiculite: 풍화한 흑운모) 자) 붕소·철·망간·구리·몰리브덴 및 아연 등 미량원소
18	칼륨암석 및 채굴된 칼륨염, 천연 인광석 및 인산알루미늄칼슘, 자연암석분말·분쇄석 또는 그 용액, 광물을 제련하고 남은 찌꺼기, 염화나트륨(소금) 및 해수, 목초액, 키토산, 미생물 및 미생물 추출물, 이탄(Peat), 토탄Peat moss), 토탄 추출물, 해조류, 해조류 추출물, 해조류 퇴적물, 황, 주정 찌꺼기(Stillage) 및 그 추출물(암모니아 주정 찌꺼기는 제외), 클로렐라(담수녹조) 및 그 추출물

정답 43.③

44 다음 중 농장동물의 생명유지와 생산활동에 영향을 미치는 생활환경 요인으로 가장 거리가 먼 것은?

① 온도, 습도 등 열 환경 인자
② 품종, 혈통 등 유전정보
③ 빛, 소리 등 물리적 환경 인자
④ 공기, 산소 등 화학적 환경 인자

해설 농장동물의 생활환경 요인 : 온도, 습도, 공기, 빛, 소리 등

45 유기 벼 종자의 발아에 필수 조건이 아닌 것은?

① 산소
② 온도
③ 광선
④ 수분

해설
- 벼 종자의 발아에 필수 조건 : 수분, 온도, 산소
- 볍씨는 광무관계 종자이므로 광과 관계없다.

46 우리나라가 지정한 제1종 가축전염병이 아닌 것은?

① 구제역
② 돼지열병
③ 브루셀라병
④ 고병원성조류인플루엔자

해설 가축전염병

	제1종	제2종	제3종
소	우역, 우폐역, 가성우역, 구제역, 블루텅병, 럼프스킨병, 리프트계곡열	브루셀라병, 결핵병, 탄저, 기종저, 요네병, 소해면상뇌증	소감염성기관염
돼지	돼지열병(콜레라), 아프리카돼지열병, 돼지수포병	돼지오제스키병, 돼지일본뇌염, 돼지텟센병	돼지유행성설사
닭	고병원성조류인플루엔자(AI), 뉴캐슬병	가금콜레라	저병원성조류인플루엔자, 닭마이코플라즈마병

47 녹비작물이 갖추어야 할 조건으로 옳지 않은 것은?

① 생육이 왕성하고 재배가 쉬워야 한다.
② 천근성으로 상층의 양분을 이용할 수 있어야 한다.
③ 비료성분의 함유량이 높으며, 유리질소고정력이 강해야 한다.
④ 줄기, 잎이 유연하여 토양 주에서 분해가 빠른 것이어야 한다.

해설 녹비작물은 심근성으로 토양하층의 양분을 이용할 수 있어야 한다.

정답 44.② 45.③ 46.③ 47.②

48 보기는 유기축산과 관련된 기술이다. 이중 맞는 것은 모두 몇 개항인가?

- 가축복지를 고려해야 한다.
- 가능하면 자연교배를 한다.
- 내병성 가축을 사육한다.
- 약초를 이용하여 치료를 할 수 있다.

① 한 개
② 두 개
③ 세 개
④ 네 개

49 다음 중 전환기간을 거쳐 유기가축으로 생산하고자 하는데 전환기간으로 옳지 않은 것은?
① 육우 송아지식육의 경우 6개월령 미만의 송아지 입식 후 6개월
② 젖소 시유의 경우 착육우는 90일
③ 식육 오리의 경우 입식 후 출하 시까지(최소 6주)
④ 돼지 식육의 경우 입식 후 출사 시까지(최소 3개월)

가축의 종류	생산물	전환기간(최소 사육기간)
한우·육우	식육	입식 후 12개월
젖소	시유 (시판우유)	1) 착유우는 입식 후 3개월 2) 새끼를 낳지 않은 암소는 입식 후 6개월
면양·염소	식육	입식 후 5개월
	시유 (시판우유)	1) 착유양은 입식 후 3개월 2) 새끼를 낳지 않은 암양은 입식 후 6개월
돼지	식육	입식 후 5개월
육계	식육	입식 후 3주
산란계	알	입식 후 3개월
오리	식육	입식 후 6주
	알	입식 후 3개월
메추리	알	입식 후 3개월
사슴	식육	입식 후 12개월

정답 48.④ 49.④

50 유기농업에서의 병해충 방제를 위한 방법으로써 가장 거리가 먼 것은?

① 저항성품종 이용
② 화학합성농약 이용
③ 천적 이용
④ 담배잎 추출액 사용

 유기농의 병해충 방제

경종적·생태적 방제	• 대항식물과 저항성(내병성) 품종 또는 대목 • 윤작, 토양개량, 작기변경, 질소시비 감비 등
물리적·기계적 방제	• 봉지씌우기, 비가림재배 • 온탕침법, 태양열소독, 화염소독, 증기소독 • 페로몬 유인교살, 네트망 설치 등
화학적 방제	• 합성농약 : 저독성·저성분 약제, 이분해성·선택성 약제, 생력형 제제 • 생화학농약 : 천연물질, 보르도액, 황가루, 식물추출액(님, 제충국, 쿠아시아, 라이아니아) • 천연살충성분 : 로테논, 라이아니아, 피레트린, 아자디라크틴
생물학적 방제	• 미생물농약 : 미생물 자체이용(길항미생물), 천적미생물, 천적곤충 • 천연물질 : 활성물질

51 다음 중 경사지의 토양 유실을 줄이기 위한 재배방법 중 가장 적당하지 않은 것은?

① 등고선 재배
② 초생대 재배
③ 부초 재배
④ 경운 재배

 경운은 오히려 토양유실을 조장한다.

52 친환경농수산물로 인증된 종류와 명칭에 포함되지 않는 것은?

① 유기농수산물
② 무농약농산물
③ 무항생제축산물
④ 고품질천연농산물

 친환경농축산물 종류

농산물	유기농산물, 무농약농산물
축산물	유기축산물, 무항생제축산물

53 유기배합사료 제조용 보조사료 중 완충제에 속하지 않는 것은?

① 벤토나이트
② 산화마그네슘
③ 중조
④ 산화마그네슘혼합물

완충제	산화마그네슘, 탄산나트륨(소다회), 중조(탄산수소나트륨·중탄산나트륨)

정답 50.② 51.④ 52.④ 53.①

54 병해충 관리를 위하여 사용할 수 있는 물질이 아닌 것은?
① 데리스
② 중조
③ 제충국
④ 젤라틴

> **해설** **병해충 관리 사용가능물질** : 제충국 추출물, 데리스(Derris) 추출물, 쿠아시아(Quassia) 추출물, 라이아니아(Ryania) 추출물, 님(Neem) 추출물, 해수 및 천일염, 젤라틴(Gelatine), 난황(卵黃, 계란노른자 포함), 식초 등 천연산, 누룩곰팡이속(Aspergillus spp.)의 발효 생산물, 목초액, 담배잎차(순수 니코틴은 제외한다), 키토산, 밀랍(Beeswax) 및 프로폴리스(Propolis), 동·식물성 오일, 해조류·해조류가루·해조류추출액, 인지질(Lecithin), 카제인(유단백질), 버섯 추출액, 클로렐라(담수녹조) 및 그 추출물, 천연식물(약초 등)에서 추출한 제재(담배는 제외), 식물성 퇴비발효 추출액, 구리염, 보르도액, 수산화동, 산염화동, 부르고뉴액, 생석회(산화칼슘) 및 소석회(수산화칼슘), 석회보르도액 및 석회유황합제, 에틸렌, 규산염 및 벤토나이트, 규산나트륨, 규조토, 맥반석 등 광물질 가루, 인산철, 파라핀 오일, 중탄산나트륨 및 중탄산칼륨, 과망간산칼륨, 황, 미생물 및 미생물 추출물, 천적, 성 유인물질(페로몬), 메타알데하이드, 이산화탄소 및 질소가스, 비누(Potassium Soaps), 에틸알콜, 허브식물 및 기피식물, 기계유, 웅성불임곤충

55 다음 중 ㉠, ㉡, ㉢, ㉣의 알맞은 내용은?

- 조생종은 생육기간이 (㉠).
- 만생종은 생육기간이 (㉡).
- 조생종은 감광성에 비하여 감온성이 상대적으로 (㉢).
- 만생종을 감온성보다 감광성이 (㉣).

① ㉠ 길다, ㉡ 짧다, ㉢ 작다, ㉣ 작다
② ㉠ 길다, ㉡ 길다, ㉢ 크다, ㉣ 작다
③ ㉠ 짧다, ㉡ 길다, ㉢ 크다, ㉣ 크다
④ ㉠ 짧다, ㉡ 길다, ㉢ 작다, ㉣ 작다

56 다음 중 여러 개의 품종이나 계통을 교배하는 방법은?
① 다계교배
② 순계선발
③ 돌연변이
④ 배수성육종

> **해설** **다계교배 방식** : A×B×C×D×E…

정답 54.② 55.③ 56.①

57 벼가 영년 연작이 가능한 이유로 가장 옳은 것은?

① 생육기간이 짧기 때문에
② 담수조건에서 재배하기 때문에
③ 연작에 견디는 품종적 특성 때문에
④ 다양한 종류의 비료를 사용하기 때문에

해설 담수 조건에서는 연작을 하여도 기지현상이 나타나지 않는다.

58 지붕형 온실과 아치형 온실을 비교 설명한 것 중 옳지 않은 것은?

① 적설시 지붕형이 아치형보다 유리하다.
② 광선의 유입은 지붕형이 아치형보다 많다.
③ 재료비는 지붕형이 아치형보다 많이 소요된다.
④ 천장의 환기능력은 지붕형이 아치형보다 높다.

해설 아치형 vs 지붕형 비닐온실

	아치형	지붕형
광선 유입량	많음	
내풍성	강함	
필름·골격재 밀착도	높음	
재료비	낮음	
조립·해체	용이함	
시설 설치		용이함
환기 능력		높음
적설(積雪) 시		유리함

59 화본과 목초의 첫 번째 예취 적기는?

① 분얼기 이전
② 분얼기 ~ 수잉기
③ 수잉기 ~ 출수기
④ 출수기 이후

60 우량품종의 구비조건이 아닌 것은?

① 조산성
② 균일성
③ 우수성
④ 영속성

해설 우량품종 구비조건 : 우수성, 영속성, 균일성, 광지역성

정답 57.② 58.② 59.③ 60.①

2016년 제2회 유기농업기능사 필기 기출문제

01 다음에서 설명한 것은?

- 단백질, 아미노산, 효소 등의 구성성분으로 엽록소의 형성에 관여한다.
- 체내 이동성이 낮다.
- 결핍증세는 새 조직에서 먼저 나타난다.

① Fe ② Mg
③ Mn ④ S

S (황;黃)	• S은 단백질·효소·아미노산 등의 구성성분, 엽록소 형성에 관여 • 황의 요구도가 크고 함량이 많은 작물 : 양배추, 양파, 파, 마늘, 아스파라거스 등 • 결핍 ⓐ 체내 이동성이 낮아서 결핍증은 새 조직에서 먼저 나타남 ⓑ 단백질 생성이 억제, 생육억제와 황백화, 세포분열이 억제 ⓒ 콩과작물에서 근류균에 의한 질소고정 감소

02 다음 중 카드뮴 중금속에 내성이 가장 작은 것은?

① 콩 ② 밭벼
③ 옥수수 ④ 밀

  중금속에 대한 내성정도

금속명	내성 큼	내성 작음
Ni	보리, 밀, 호밀	사탕무, 귀리
Mn	보리, 밀, 호밀, 귀리, 감자	강낭콩, 양배추
Zn, Cd	밭벼, 밀, 호밀, 옥수수	오이, 콩
Cd	옥수수	무, 해바라기
Zn	당근, 파, 셀러리	시금치

03 다음 중 유료작물이면서 섬유작물인 것은?

① 아마 ② 감자
③ 호프 ④ 녹두

- 유료작물(oil crop) : 참깨·들깨·아주까리·유채·해바라기·땅콩·콩·아마·목화 등
- 섬유작물(fiber crop) : 목화·삼·모시풀·아마·양마(케나프)·어저귀·왕골·수세미·닥나무·고리버들 등

정답 01.④ 02.① 03.①

04 산성토양에 가장 약한 작물은?
① 땅콩
② 알팔파
③ 봄무
④ 수박

해설 산성토양에 대한 적응성

극히 강한 것	벼·밭벼·호밀·귀리·기장·땅콩·감자·토란·아마·봄무·루핀·수박 등
강한 것	밀·옥수수·수수·조·메밀·고구마·목화·담배·당근·오이·호박·딸기·토마토·베치·포도 등
약간 강한 것	유채·피·무 등
약한 것	클로버·완두·가지·고추·상추·양배추·근대·삼·겨자
가장 약한 것	콩·팥·자운영·앨펄퍼·시금치·사탕무·셀러리·부추·양파 등

05 다음 중 ㉠, ㉡, ㉢에 알맞은 내용은?

- 옥수수, 수수 등을 재배하면 잡초가 크게 경감되는데 이를 (㉠)이라고 한다.
- 작부체계에서 휴한하는 대신 클로버와 같은 콩과식물을 재배하면 지력이 좋아지는데, 이를 (㉡)이라고 한다.
- 조, 피, 기장 등은 기후가 불순한 흉년에도 비교적 안전한 수확을 얻을 수 있는데, 이를 (㉢)이라고 한다.

① ㉠ 중경작물, ㉡ 휴한작물, ㉢ 구황작물
② ㉠ 대파작물, ㉡ 중경작물, ㉢ 휴한작물
③ ㉠ 휴한작물, ㉡ 대파작물, ㉢ 중경작물
④ ㉠ 중경작물, ㉡ 구황작물, ㉢ 휴한작물

06 냉해에 대한 설명으로 옳지 않은 것은?
① 물질의 동화와 전류가 저해된다.
② 암모니아의 축적이 적어진다.
③ 질소, 인산, 칼리, 규산, 마그네슘 등의 양분흡수가 저해된다.
④ 원형질유동이 감퇴·정지하여 모든 대사기능이 저해된다.

해설

냉해 기구	· 물질의 동화와 전류가 저해 · 질소동화가 저해되어 암모니아의 축적 증가 · N·P·K·Si·Mg 등의 양분흡수가 저해 · 호흡이 감퇴하여 원형질유동이 감퇴·정지 → 모든 대사기능이 저해

정답 04.② 05.① 06.②

07 다음 중 인과류인 것은?

① 자두 ② 양앵두
③ 무화과 ④ 비파

과수 분류	• 인과류 : 배·사과·비파 등(꽃받침이 발달) • 핵과류 : 복숭아·자두·살구·앵두·양앵두 등(중과피가 발달) • 장과류 : 포도·딸기·무화과 등(외과피가 발달) • 견과류(각과류) : 밤·호두 등(씨의 자엽이 발달) • 준인과류 : 감·귤 등(자방이 발달)

08 다음 중 하고현상의 대책으로 옳지 않은 것은?

① 관개 ② 혼파
③ 약한 정도의 방목 ④ 북방형 목초의 봄철 생산량 증대

- 하고 원인 : 고온, 건조, 장일, 잡초, 병충해
- 하고 대책 : 관개, 혼파, 스프링플러시 억제, 방목·채초의 조절, 우량초종 선택

09 다음 중 최저온도가 1~2°C인 작물은?

① 벼 ② 완두
③ 담배 ④ 오이

작물의 주요온도

작물	최저온도	최적온도	최고온도
호밀	1~2	25	30
보리	3~4.5	20	28~30
밀	3~3.5	25	30~32
귀리	4~5	25	30
옥수수	8~10	30~32	40~44
벼	10~12	30~32	36~38
콩	10	18~20	35
완두	1~2	30	35
삼	1~2	35	45
사탕무	4~5	25	28~30
담배	13~14	28	35
박	15	20~32	45
오이	12	33~34	40
멜론	12~15	35	40

정답 07.④ 08.④ 09.②

10 다음 중 토성을 구분하는 기준은?
① 모래와 물의 함량비율
② 부식의 함량비율
③ 모래, 부식, 점토, 석회의 함량비율
④ 모래, 미사, 점토의 함량비율

11 다음 비료 중 화학적·생리적 반응이 모두 염기성인 것은?
① 유안
② 황산가리
③ 과인산석회
④ 용성인비

화학적 반응	화학적 산성비료	과인산석회·중과인산석회
	화학적 중성비료	요소·질산암모늄(초안)·염화암모늄·황산암모늄(유안)·염화칼륨·황산칼륨·콩깻묵·어박
	화학적 염기성비료	석회질소·용성인비·나뭇재·토머스인비
생리적 반응	생리적 산성비료	염화암모늄·황산암모늄(유안)·염화칼륨·황산칼륨
	생리적 중성비료	요소·질산암모늄·과인산석회·중과인산석회·석회질소
	생리적 염기성비료	석회질소·용성인비·나뭇재·칠레초석·토머스인비·퇴비·구비

12 다음 중 요수량이 가장 작은 것은?
① 호박
② 완두
③ 클로버
④ 수수

작물	요수량	작물	요수량
흰명아주	948	감자	499
호박	834	호밀	634
오이	713	보리	523
앨펄퍼	831	밀	455, 481, 550
클로버	799	옥수수	361
완두	788	수수	285, 287, 380
		기장	274

13 광합성의 반응식으로 옳은 것은?
① $3H_2O + 6CO_2 \rightarrow C_6H_{12}O_6 + 6H_2O + 6CO_2$
② $6H_2O + 6CO_2 \rightarrow C_6H_{12}O_6 + 6H_2O + 6H_2S$
③ $6H_2O + 6CO_2 \rightarrow C_6H_{12}O_6 + 6H_2O + 6O_2$
④ $3H_2O + 6CO_2 \rightarrow C_6H_{12}O_6 + 6H_2O + 6H_2S$

정답 10.④ 11.④ 12.④ 13.③

14 내건성에 강한 작물에 대한 특성으로 옳지 않은 것은?
① 왜소하고 잎이 작다.
② 다육화의 경향이 있다.
③ 원형질막의 글리세린 투과성이 작다.
④ 탈수될 때 원형질의 응집이 덜하다.

 내건성 작물은 원형질막의 수분, 요소, 글리세린 투과성이 크다.

15 다음 중 점토광물에 결합되어 있어 분리시킬 수 없는 수분은?
① 중력수　　　　　　　　② 모관수
③ 흡습수　　　　　　　　④ 결합수

결합수	• pF 7.0 이상, 점토광물에 결합되어 있는 수분으로 토양에서 분리시킬 수 없음
흡습수	• pF 4.5~7, 건토를 공기 중에 두면 분자간 인력에 의해 수증기가 토양 표면에 흡착된 수분으로 토양입자 표면에 피막상으로 흡착된 수분 • (31~10,000기압), 작물에 흡수·이용되지 못함(작물의 흡수압은 5~14기압)
모관수	• 토양공극 내에서 표면장력 때문에 중력에 저항하여 유지되는 수분 • pF 2.7~4.5, 작물이 주로 이용하는 수분
중력수	• pF 0~2.7, 포장용수량 이상의 수분으로 중력에 의하여 비모관공극을 통해 흘러내리는 물
지하수	• 지하에 정체하여 모관수의 근원이 되는 물

16 다음 중 파종된 종자의 약 40%가 발아한 날을 무엇이라 하는가?
① 발아기　　　　　　　　② 발아시
③ 발아전　　　　　　　　④ 발아세

• 발아시(發芽始) : 발아한 것이 처음 나타난 날
• 발아기(發芽期) : 파종된 종자의 약 40%가 발아한 날
• 발아전(發芽揃) : 대부분(80% 이상)이 발아한 날
• 발아세 : 치상 후 일정 기간(예 72시간)까지의 발아율

정답　14.③　15.④　16.①

17 다음 중 이산화탄소의 일반적인 대기조성의 함량은?
① 약 3.5ppm
② 약 35ppm
③ 약 350ppm
④ 약 3,500ppm

해설 대기 중 이산화탄소 농도 : 0.035% = 350ppm

18 다음 중 여름에 온도가 높아져 논토양에 산소가 부족하여 SO_4^-가 황화수소로 환원되어 무기양분의 흡수장애가 일어나는데, 가장 크게 억제되는 순서부터 옳게 나열한 것은?
① 인 > 규소 > 망간 > 마그네슘
② 인 > 망간 > 규소 > 마그네슘
③ 마그네슘 > 망간 > 규소 > 인
④ 마그네슘 > 규소 > 망간 > 인

해설 H_2S에 의한 흡수 장해
P > K > Si > NH_4^+ > Mn > H_2O > Mg > Ca

19 다음 중 작물의 기원지가 중국에 해당하는 것은?
① 수박
② 호박
③ 가지
④ 미나리

중국 지역	6조보리・조・피・메밀・콩・팥・인삼・배추・자운영・동양배・감・복숭아・미나리・쑥갓 등
인도・동남아시아 지역	벼・참깨・사탕수수・모시풀・왕골・오이・박・가지・생강 등
중앙아시아 지역	귀리・기장・완두・삼・당근・양파・무화과 등
코카서스・중동 지역	2조보리・보통밀・호밀・유채(평지)・아마・마늘・시금치・사과・서양배・포도 등
지중해 연안 지역	완두・유채・사탕무・양귀비・화이트클로버・티머시・오처드그래스・무・순무・우엉・양배추・상추 등
중앙아프리카 지역	진주조・수수・강두(광저기)・수박・참외 등
멕시코・중앙아메리카 지역	옥수수・강낭콩・고구마・해바라기・호박 등
남아메리카 지역	감자・땅콩・담배・토마토・고추 등

정답 17.③ 18.① 19.④

20. C3식물과 C4식물의 차이에 대한 설명으로 옳지 않은 것은?

① CO_2 보상점은 C3식물이 더 높다.
② 광합성산물 전류속도는 C4식물이 더 높다.
③ C3식물은 엽육세포가 발달되어 있다.
④ C3식물의 내건성이 상대적으로 더 높다.

해설

특 성	C_3 식물	C_4 식물
잎조직 구조	엽육세포으로 분화하거나, 내용이 같은 엽록유세포에 엽록체가 많이 포함되어 광합성이 이곳에서 이루어지며, 유관속초세포는 별로 발달하지 않음.	유관속초세포가 매우 발달하여 다량의 엽록체를 포함하고, 그 유관속초세포의 주변에는 엽육세포(다량의 엽록체 포함)가 방사상으로 배열되어, kranz 구조를 보이는 특징이 있음.
광합성적정온도(℃)	15~25℃	30~47℃
최대광합성능력	15~40	35~80
광합성산물 전류속도	소	대
건물생산량	22±0.3	39±17
광호흡	있음	유관속초세포에만 있음
광포화점	최대일사의 1/4~1/2	최대일사 이상으로 강광조건에서 높은 광합성률을 보임
CO_2 보상점(ppm)	30~70	0~10
내건성	약	강
증산율	450~950 (다습조건에 적응)	250~350 (고온에 적응)
작 물	벼, 보리, 밀, 담배	옥수수, 수수, 사탕수수, 기장, 진주조, 피, 수단그래스, 버뮤다그래스, 명아주

21. 논토양이 환원상태로 되는 이유로 거리가 먼 것은?

① 물에 잠겨 있어 산소의 공급이 원활하지 않기 때문이다.
② 철·망간 등의 양분이 용탈되기 때문이다.
③ 미생물의 호흡 등으로 산소가 소모되고 산소공급이 잘 이루어지지 않기 때문이다.
④ 유기물의 분해과정에서 산소 소모가 많기 때문이다.

해설 토양 환원의 원인은 산소 부족 때문이다.

22. 다음 중 토양에 서식하며 토양으로부터 양분과 에너지원을 얻으며 특히 배설물이 토양입단 증가에 영향을 주는 것은?

① 사상균   ② 지렁이
③ 박테리아   ④ 방사상균

정답 20.④ 21.② 22.②

해설 지렁이 역할
㉠ 지렁이는 토양 속에 수많은 통로를 만들어 토양의 배수성·통기성 증대시킨다.
㉡ 지렁이가 분비하는 점액물질은 토양구조를 개선하고 영양분이 풍부하기 때문에 미생물 활성을 높인다.
㉢ 지렁이가 하루에 먹는 양은 자신 몸무게의 2~30배에 해당된다.
㉣ 분변토(cast, 지렁이 배설물)는 안정된 입단을 이룬다.
㉤ 지렁이 사체는 쉽게 분해되어 식물의 영양분으로 다시 이용된다.

23 치환성염기(교환성염기)로 볼 수 없는 것은?
① K^+
② Ca^{2+}
③ Mg^{2+}
④ H^+

해설 치환성 염기 : Ca^{2+}, Mg^{2+}, K^+, Na^+, NH_4^+

24 산성토양을 개량하기 위한 물질과 가장 거리가 먼 것은?
① H_2CO_3
② $MgCO_3$
③ CaO
④ MgO

해설 HCl(염산), H_2SO_4(황산), H_2CO_3(탄산) 등은 토양을 산성화 시킨다.

25 지렁이에 대한 설명으로 옳은 것은?
① spodosol 토양에 개체수가 많다.
② 상대적으로 여름에 활동이 왕성하다.
③ 과습한 지역은 지렁이 개체수를 증가시킨다.
④ 거의 분해되지 않은 유기물의 시용은 개체수를 증가시킨다.

해설 지렁이 서식상에 영향을 주는 토양환경요인
㉠ 공기가 잘 통하는 습한 지역을 좋아하지만, 물이 잘 빠지지 않은 과습한 지역은 지렁이의 개체수를 현저히 감소시킨다.
㉡ 신선하거나 거의 분해가 되지 않은 유기물의 시용은 지렁이의 개체수를 증가시킨다. 따라서 수확 후 유기물을 회수하지 말아야 한다.
㉢ 약산성(pH 5.5)~약알칼리성(pH 8.5) 토양에서 지렁이의 개체수가 많다. 특히, 지렁이는 Ca을 좋아하여 spodosol 토양은 지렁이 개체수가 적지만, mollisol 토양에는 많다.
㉣ 지렁이 생육에 적합한 토양온도는 10℃ 부근이다. 지렁이 활성은 봄이나 가을에 왕성하다.
㉤ 두더지·생쥐·일부 진드기·노린재 같은 포식자는 지렁이의 개체수를 감소시킨다.
㉥ 과다한 암모니아태 질소(NH_4^+-N)는 지렁이 개체수를 감소시킨다.
㉦ 농약의 과다한 사용은 지렁이 개체수가 감소된다.
㉧ 경작지의 잦은 경운은 지렁이 개체수를 현저히 감소시킨다.

정답 23.④ 24.① 25.④

26 다음에서 설명하는 것은?

- 배수와 통기성이 양호하며 뿌리의 발달이 원활한 심토층에서 주로 발달한다.
- 입단의 모양은 불규칙하지만 대개 6면체로 되어 있으며, 입단 간 거리가 5~50mm로 떨어져 있다.

① 원주상 구조 ② 판상 구조
③ 각주상 구조 ④ 괴상 구조

① 원주상 구조 : 원주상 구조는 기둥모양의 주상구조이지만 수평면이 둥글게 발달한 구조
② 판상 구조 : 접시같은 모양 또는 평배열의 토괴(ped)로 구성된 구조
③ 각주상 구조 : 단위구조의 수직길이가 수평길이보다 긴 기둥모양이며, 수평면이 평탄하고 각진 모서리를 가진 구조

27 암모니아산화균에 해당하는 것은?

① Nitrosomonas ② Micromonospora
③ Nocardia ④ Streptomyces

암모니아로부터의 질산생성(nitrification) 과정
- 1단계 : $NH_3 \rightarrow NO_2^-$, 암모니아산화균(ammonia oxidizer)
  예 Nitrosomonas · Nitrosococcus · Nitrosospira 등
- 2단계 : $NO_2^- \rightarrow NO_3^-$, 아질산산화균(nitrite oxidizer)
  예 Nitrobacter · Nitrocystis 등

28 토양이 알칼리성을 나타낼 때 용해도가 높아져 작물의 과잉 흡수를 나타낼 수 있는 성분은?

① Mo ② Cu
③ Zn ④ H

pH와 식물양분의 가급도

강산성	• P, Ca, Mg, B, Mo : 가급도가 감소되어 작물생육에 불리 • Al, Fe, Cu, Zn, Mn : 용해도가 증가하여 작물생육에 불리(이온 자체의 독성 때문)
강알칼리성	• N, Fe, Mn, B : 용해도가 감소되어 작물생육에 불리 • Mo과 B는 pH 8.5 이상에서는 용해도가 증가하는 특징이 있음

29 토양의 산화환원전위 값으로 알 수 있는 것은?

① 토양의 공기유통과 배수상태 ② 토양산성 개량에 필요한 석회소요량
③ 토양의 완충능 ④ 토양의 양이온 흡착력

정답 26.④ 27.① 28.① 29.①

해설 토양의 통기성과 배수성은 토양의 산화환원계에 영향을 주는데, O_2가 충분히 공급되지 않는 토양은 O_2 대신 다른 전자수용체를 이용한다. 이렇게 환원이 진행됨에 따라 $NO_3 \cdot Fe \cdot Mn$ 화합물이 환원되고, 토양의 Eh가 크게 낮아진다.

30 토양 생물에 대한 설명으로 옳지 않은 것은?
① 사상균은 1ha 당 생물체량이 1,000~15,000kg에 달한다.
② 원핵생물인 세균은 생명체로서 가장 원시적인 형태이다.
③ 조류는 유기물의 분해자로서 가장 중요하다.
④ 선충, 곰팡이 등이 있다.

해설 조류는 CO_2를 이용하여 광합성을 하여 O_2를 방출하고 유기물을 생산하는 생산자이다.

31 토양미생물의 활동 조건에 대한 설명으로 옳지 않은 것은?
① 방선균은 건조한 환경에서 포자를 만들어 잠복한다.
② 세균은 산성에 강하고, 곰팡이는 산성에서 약해진다.
③ 미생물 활동에 알맞은 pH는 대체로 7부근이다.
④ 대부분의 방선균은 호기성균이다.

해설 곰팡이는 비교적 산성에 강하고, 세균은 산성에서 약해진다.

32 토양의 입경조성에 따른 토양의 분류를 뜻하는 것은?
① 토양의 화학성
② 토성
③ 토양통
④ 토양의 반응

해설 **토성** : 모래 · 미사 · 점토입자의 비율(입경조성)

33 다음 중 흐르는 물에 의하여 이동되어 퇴적된 모재는?
① 잔적모재
② 붕적모재
③ 풍적모재
④ 충적모재

해설
• 잔적모재는 잔류하여 퇴적된 모재
• 붕적모재는 중력에 의해 붕괴되어 생성된 모재
• 풍적모재는 바람에 의해 생성된 모재

정답 30.③ 31.② 32.② 33.④

34 토양 pH가 4~7일 때 가장 많은 인산 형태는?

① PO_3^{3-}
② HPO_4^{2-}
③ $H_2PO_4^-$
④ H_3PO_4

> **해설** 토양용액 pH에 따른 P의 형태
> • pH 7.22 이하 : $H_2PO_4^-$이 주종을 차지
> • pH 7.22 : $H_2PO_4^-$과 HPO_4^{2-} 농도가 비슷해짐
> • pH 7.22 이상 : HPO_4^{2-}이 주종을 차지

35 다음 중 점토에 대한 설명으로 옳지 않은 것은?

① 점토는 2차 광물이다.
② 교질의 특성과 함께 표면전하를 가진다.
③ 화학적 특성을 결정하는데 있어서 중요하다.
④ 점토의 광물조성은 단순하다.

> **해설** 점토의 광물조성은 대단히 다양하다.

36 토양수분 위조점에서 기압(bar)은 약 얼마인가?

① -5
② -15
③ -31
④ -35

> **해설** pH와 수주의 높이 및 기압과의 관계
>
> | pF (log H) | 수주 높이 H (cm) | 기압 (bar) | Mpa | 토양수분항수 |
> |---|---|---|---|---|
> | 7.0 | 10,000,000 | -10,000 | -1,000 | 건토상태 |
> | 4.5 | 31,000 | -31 | -3.1 | 흡습계수 |
> | 4.2 | 15,000 | -15 | -1.5 | 영구위조점 |
> | 4.0 | 10,000 | -10 | -1.0 | 초기위조점 |
> | 3.0 | 1,000 | -1 | -0.1 | 대기압 상태 |
> | 2.5 | 310 | -0.31 | -0.031 | 최소용수량 (포장용수량, 수분당량) |
> | 0 | 1 | -0.001 | | 최대용수량 (포화용수량) |

정답 34.③ 35.④ 36.②

37 토양에 첨가한 유기물 성분 중에서 미생물에 의해 가장 느리게 분해되는 것은?

① 당류
② 단백질
③ 헤미셀룰로스
④ 리그닌

 식물구성성분 분해속도

```
당분, 단순단백질, 녹말(starch)     ↑
              미가공 단백질       빠른 분해
   헤미셀룰로오스(hemicellulose)
         셀룰로오스(cellulose)
                  지방 및 왁스     매우 느린 분해
       페놀화합물, 리그닌(lignin)   ↓
```

38 토양의 기지 정도에 따라 연작의 해가 적은 작물은?

① 토란
② 참외
③ 고구마
④ 강낭콩

연작의 해가 적은 작물	벼·맥류·옥수수·수수·사탕수수·조·고구마·무·순무·양배추·꽃양배추·당근·연·뽕나무·아스파라거스·토당귀·미나리·딸기·목화·삼·양파·담배·호박 등
1년 휴작이 필요한 작물	콩·파·쪽파·생강·시금치 등
2년 휴작이 필요한 작물	마·감자·잠두·오이·땅콩 등
3년 휴작이 필요한 작물	쑥갓·토란·참외·강낭콩 등
5~7년 휴작이 필요한 작물	토마토·고추·가지·수박·완두·레드클로버·우엉·사탕무 등
10년 이상 휴작이 필요한 작물	아마·인삼 등

39 토양의 입단화에 좋지 않은 영향을 미치는 것은?

① 유기물 시용
② 석회 시용
③ 칠레초석 시용
④ krillium 시용

- 토양 입단 형성 : 유기물 시용, 석회 시용, 콩과작물 재배, 토양 멀칭, 토양개량제(PVA, krillium 등) 시용
- 칠레초석($NaNO_3$)는 나트륨을 포함하여 입단을 파괴한다.

정답 37.④ 38.③ 39.③

40 토양이 산성화될 때 발생되는 생물학적 영향으로 옳지 않은 것은?
① 알루미늄 독성으로 인해 식물의 뿌리 신장을 저해한다.
② 철의 과잉흡수로 벼의 잎에 갈색의 반점이 생긴다.
③ 망간독성으로 인해 식물 잎의 만곡현상을 야기한다.
④ 칼륨의 과잉흡수로 인해 줄기가 연약해 진다.

> **해설** 토양이 산성화 되면 Al, Fe, Cu, Zn, Mn 등의 용해도가 증가하여 작물생육에 불리하고, P, Ca, Mg, B, Mo 등의 가급도가 감소되어 작물생육에 불리하다.

41 굴광현상에 가장 유효한 광은?
① 적색광
② 자외선
③ 청색광
④ 자색광

> **해설** 굴광현상은 청색광에서 나타난다.

42 월년생 작물로만 이루어진 것은?
① 호프, 벼
② 아스파라거스, 대두
③ 가을밀, 가을보리
④ 호프, 옥수수

> **해설** 월년생 작물(winter annual crop) : 가을에 파종하여 그 다음해 초여름에 성숙하는 작물. ≒겨울작물
> 예 가을보리·가을밀 등

43 지하에 토관·목관·콘크리트관 등을 배치하여 통수하고, 간극으로부터 스며 오르게 하는 방법은?
① 개거법
② 암거법
③ 압입법
④ 살수관개법

> **해설**
>
> | | |
> |---|---|
> | 개거법 | • 개방된 토수로에 투수하여 이것이 침투해서 모관상승을 통하여 근권에 공급되게 하는 방법
• 지하수위가 낮지 않은 사질토 지대에서 이용 |
> | 암거법 | • 지하에 토관·목관·콘크리트관·플라스틱관 등을 배치하여 통수(通水)하고, 간극으로부터 스며 오르게 하는 방법 |
> | 압입법 | • 뿌리가 깊은 과수 주변에 구멍을 뚫고, 물을 주입하거나 기계적으로 압입하는 방법 |
> | 살수관개법 | • 다공관 관개 : 파이프에 직접 작은 구멍을 내어 살수하는 방법
• 스프링클러 관개 : 스프링클러를 이용하여 살수하는 방법 |

정답 40.④ 41.③ 42.③ 43.②

44 경사지에서 수식성 작물을 재배할 때 등고선으로 일정한 간격을 두고 적당한 폭의 목초대를 두어 토양침식을 크게 덜 수 있는 방법은?

① 조림재배
② 초생재배
③ 단구식재배
④ 대상재배

45 한 종류의 작물이 생육하고 있는 이랑 사이나 포기 사이에 한정된 기간동안 다른 작물을 파종하거나 심어서 재배하는 것은?

① 교호작
② 간작
③ 난혼작
④ 주위작

간작(사이짓기)	한 가지 작물이 생육하고 있는 줄사이(조간, 고랑사이)에 다른 작물을 재배하는 것
교호작(엇갈아짓기)	생육기간이 비슷한 작물들을 교호로 재배하는 방식
혼작(섞어짓기)	생육기간이 거의 같은 2종류 이상의 작물을 동시에 같은 포장에 섞어서 재배하는 것
주위작(둘레짓기)	포장의 주위에 포장 내의 작물과 다른 작물들을 재배하는 것

46 식물체의 유체가 토양 속에 들어가면 미생물 분해가 일어나는데, 가장 먼저 일어나는 순서로 옳은 것은?

① 헤미셀룰로오스 > 당류 > 리그닌 > 셀룰로오스
② 리그닌 > 당류 > 헤미셀룰로오스 > 셀룰로오스
③ 당류 > 헤미셀룰로오스 > 셀룰로오스 > 리그닌
④ 셀룰로오스 > 당류 > 헤미셀룰로오스 > 리그닌

미생물 분해가 가장 빠른 순 : 당분, 단순단백질, 녹말 > 미가공 단백질 > 헤미셀룰로오스 > 셀룰로오스 > 지방 및 왁스 > 페놀화합물, 리그닌

47 광에너지를 효율적으로 이용할 수 있는 이상적인 옥수수 초형에 해당하지 않는 것은?

① 상위엽은 직립한다.
② 상위엽에서 밑으로 내려오면서 약간씩 경사를 더하여 하위엽에서 수평이 된다.
③ 숫이삭이 작고 잎혀가 없다.
④ 암이삭은 두 개인 것보다 한 개인 것이 밀식에 적응한다.

정답 44.④ 45.② 46.③ 47.④

해설		
수광에 유리한 옥수수의 초형	• 수(♂)이삭이 작고 잎혀가 없는 것이 좋음 • 암(♀)이삭이 1개보다 2개인 것이 더욱 밀식에 적응함 • 상위엽은 직립하고, 점차 아래잎으로 갈수록 약간씩 기울어 하위엽은 수평이 되는 것이 좋음	

48 연작장해에 대한 설명으로 옳지 않은 것은?
① 특정 작물이 선호하는 양분의 수탈이 이루어진다.
② 작물의 생장이 지연된다.
③ 수도작은 연작장해가 크게 일어난다.
④ 수확량이 감소한다.

> 해설 수도(논벼)는 연작장해가 나타나지 않는다.

49 과수의 내습성이 가장 큰 순서부터 옳게 나열된 것은?
① 감 > 포도 > 무화과 > 올리브
② 포도 > 무화과 > 감 > 올리브
③ 올리브 > 포도 > 감 > 무화과
④ 무화과 > 포도 > 감 > 올리브

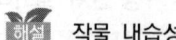 작물 내습성

작물의 내습성	골풀·미나리·택사·연·벼 > 밭벼·옥수수·율무 > 토란 > 유채·고구마 > 보리·밀 > 감자·고추 > 토마토·메밀 > 파·양파·당근·자운영
채소의 내습성	양상추·양배추·토마토·가지·오이 > 시금치·우엉·무 > 당근·꽃양배추·멜론·피망
과수의 내습성	올리브 > 포도 > 밀감 > 감·배 > 밤·복숭아·무화과

50 식물체의 조직 내에 결빙이 생기지 않는 범위의 저온에서 작물이 받게 되는 피해는?
① 동해　　　　　　② 냉해
③ 습해　　　　　　④ 수해

51 1년생 또는 다년생의 목초를 인위적으로 재배하거나, 자연적으로 성장한 잡초를 그대로 이용하는 방법은?
① 청경법　　　　　② 멀칭법
③ 초생법　　　　　④ 절충법

정답 48.③ 49.③ 50.② 51.③

52 다음 중 광의 파장이 400nm인 광은?

① 적색광 ② 청색광
③ 자색광 ④ 근적외광

 적색광은 660nm 부근, 청색광은 450nm 부근, 근적외광은 700~800nm

53 작물이 생육하는데 알맞은 토양은?

① 질소, 인산 등 비료성분이 많은 염류집적토양
② 단립(單粒)구조가 많은 토양
③ 수분을 많이 함유한 식토
④ 유기물이 적당하고 작토층이 깊은 토양

 ① 질소, 인산, 칼륨 등 비료성분이 적절한 토양
② 입단구조가 많은 토양
③ 수분을 적절하게 함유한 양토

54 다음 중 요수량이 가장 큰 식물은?

① 기장 ② 알팔파
③ 보리 ④ 옥수수

작물	요수량	작물	요수량
흰명아주	948	감자	499
호박	834	호밀	634
오이	713	보리	523
앨펄퍼	831	밀	455, 481, 550
클로버	799	옥수수	361
완두	788	수수	285, 287, 380
		기장	274

55 작물의 필수원소는 아니나 샐러리, 사탕무 등에 시용효과가 있는 것은?

① 나트륨 ② 질소
③ 황 ④ 구리

Na (나트륨)	• 필수원소는 아니지만, 양배추·샐러리·사탕무·순무·목화·근대에서 시용효과가 인정됨 • C4식물에서 Na 요구도가 높음 • Na은 K과 배타적 관계이지만, 제한적으로 K을 대신하는 기능을 가짐

정답 52.③ 53.④ 54.② 55.①

56 다음 중 1년 휴작을 요하는 작물로만 이루어진 것은?

① 가지, 고추 ② 완두, 토마토
③ 수박, 사탕무 ④ 시금치, 생강

연작의 해가 적은 작물	벼·맥류·옥수수·수수·사탕수수·조·고구마·무·순무·양배추·꽃양배추·당근·연·뽕나무·아스파라거스·토당귀·미나리·딸기·목화·삼·양파·담배·호박 등
1년 휴작이 필요한 작물	콩·파·쪽파·생강·시금치 등
2년 휴작이 필요한 작물	마·감자·잠두·오이·땅콩 등
3년 휴작이 필요한 작물	쑥갓·토란·참외·강낭콩 등
5~7년 휴작이 필요한 작물	토마토·고추·가지·수박·완두·레드클로버·우엉·사탕무 등
10년 이상 휴작이 필요한 작물	아마·인삼 등

57 연풍의 특성에 해당하지 않는 것은?

① 작물 주위의 습기를 배제하여 증산작용을 조장함으로써 양분흡수를 증대시킨다.
② 잎을 동요시켜 그늘진 잎의 일사를 조장함으로써 광합성을 증대시킨다.
③ 건조할 때에는 건조상태를 억제한다.
④ 잡초의 씨나 병균을 전파한다.

연풍의 해점	• 잡초의 종자, 병균 전파, 냉풍은 냉해 유발 • 건조시기에 더욱 건조를 조장

58 다음 중 환경보전 및 지속가능한 생태농업을 추구하는 농업 형태는?

① 관행농업 ② 상업농업
③ 전업농업 ④ 유기농업

 유기농업
합성농약, 화학비료, 항생·항균제 등 화학적으로 합성된 농자재를 일절 사용하지 않고, 유기질 비료, 자연산 광물, 생물 자원 등에서 파생된 물질만 사용하는 농업

59 이랑을 세우고 이랑 위에 파종하는 방식은?

① 휴립휴파법 ② 휴립구파법
③ 평휴법   ④ 성휴법

평휴법	• 이랑과 고랑의 높이를 같게 하는 방식
휴립구파법	• 이랑을 세우고 낮은 골에 파종하는 방식
휴립휴파법	• 이랑을 세우고 이랑에 파종하는 방식
성휴법	• 이랑을 보통보다 넓고 크게 만드는 방법

60 좁은 범위의 일장에서만 화성이 유도·촉진되며 2개의 한계일장이 있는 것은?

① 장일식물 ② 단일식물
③ 정일식물 ④ 중성식물

 중간식물(정일식물)
　좁은 범위의 특정한 일장에서만 화성이 유도되며, 2개의 뚜렷한 한계일장이 존재하는 식물

2016년 제3회 유기농업기능사 필기 기출문제

01 잎의 가장자리에 있는 수공에서 물이 나오는 현상은?
① 일액현상
② 일비현상
③ 증산작용
④ Apoplast

> 해설
> • 일비현상 : 줄기를 절단하거나 도관부에 구멍을 내면 다량의 수액이 배출되는 현상
> • Apoplast : 세포벽과 세포 사이 공간을 통해 물이 이동하는 현상

02 작물이 받는 냉해의 종류가 아닌 것은?
① 생태형 냉해
② 지연형 냉해
③ 병해형 냉해
④ 장해형 냉해

> 해설
> 냉해의 종류
> 지연형 냉해, 장해형 냉해, 병해형 냉해

03 장일식물로만 바르게 나열된 것은?
① 도꼬마리, 국화
② 들깨, 콩
③ 시금치, 담배
④ 양파, 상추

> 해설
>
> | 장일식물 | 맥류·감자·시금치·양파·무·배추·상추·아마·티머시·양귀비·아주까리·자운영·클로버·알팔파·베치·완두 등 |
> |---|---|
> | 단일식물 | 벼·옥수수·조·기장·콩·담배·참깨·들깨·목화·나팔꽃·국화·샐비어(salvia)·도꼬마리·코스모스 등 |
> | 중성식물 | 강낭콩·가지·고추·토마토·당근·셀러리 등 |

정답 01.① 02.① 03.④

04 수해에 대한 설명으로 옳지 않은 것은?
① 수해를 예방하기 위해 볏과 목초 피, 수수 등 침수에 강한 작물을 선택한다.
② 수온이 높으면 호흡기질의 소모가 빨라 피해가 크다.
③ 벼의 침수피해는 수잉기보다 분얼 초기에 심하다.
④ 질소질비료를 많이 주면 관수해가 커진다.

해설 벼의 침수피해는 수잉기에 가장 심하다.

05 토양입단 형성에 알맞은 방법이 아닌 것은?
① 유기물 시용
② 석회 시용
③ 토양의 피복
④ 질산나트륨 시용

해설
• 토양 입단 형성 : 유기물 시용, 석회 시용, 토양 피복, 두과작물 재배, 토양개량제 처리
• 토양 입단 파괴 : Na 처리, 잦은 경운, 입단의 팽창과 수축, 비와 바람

06 포장동화능력을 지배하는 요인으로만 옳게 나열한 것은?
① 엽면적, 광포화점, 광보상점
② 총엽면적, 수광능률, 평균동화능력
③ 광량, 광의 강도, 엽면적
④ 착색도, 광량, 엽면적

해설 포장동화능력=총엽면적×수광능률×평균동화능력

07 지력을 향상시키는 방법이 아닌 것은?
① 토심을 깊게 한다.
② 단립(團粒)구조를 만든다.
③ 토양 pH는 중성으로 만든다.
④ 토성은 사양토~식양토로 만든다.

해설 토양이 단립이 아니라 입단구조일 때 지력이 높아진다.

08 광합성에 가장 유효한 반응은?
① 녹색광
② 황색광
③ 자색광
④ 적색광

해설 광합성에 가장 유효한 광파장 : 청색광, 적색광

정답 04.③ 05.④ 06.② 07.② 08.④

09 작물의 적산온도에 대한 설명으로 옳지 않은 것은?
   ① 작물의 생육시기와 생육기간에 따라 차이가 있다.
   ② 작물의 생육이 가능한 범위의 온도를 나타낸다.
   ③ 작물이 일생을 마치는데 소요되는 총온량을 표시한다.
   ④ 작물의 발아로부터 성숙에 이르기까지의 0℃ 이상의 일평균 기온을 합산한 온도이다.

   해설
   • 적산온도 : 작물이 일생을 마치는데 소요되는 총온량
   • 유효온도 : 작물의 생육이 가능한 범위의 온도

10 식물의 굴광현상에 가장 유효한 광은?
   ① 자색광   ② 청색광
   ③ 적색광   ④ 적외선

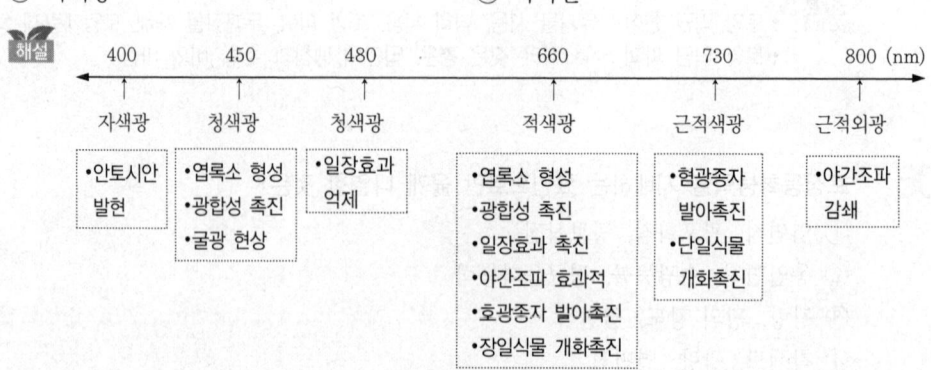

∥ 광 파장과 작물반응 ∥

11 작물의 요수량에 관한 설명으로 옳지 않은 것은?
   ① 작물의 건물 1g을 생산하는데 소비된 수분량이다.
   ② 증산계수 또는 증산능률이라고도 한다.
   ③ 요수량이 작은 작물이 가뭄에 강하다.
   ④ 작물별로 수분의 절대소비량을 표기하는 것은 아니다.

   해설 요수량은 증산계수와 같은 개념이지만, 증산능률과는 상반된 개념이다.
   요수량≒증산계수=1/증산능률

정답 09.② 10.② 11.②

12 작물수량을 증가시키는 3대 조건이 아닌 것은?
① 유전성이 좋은 품종 선택   ② 알맞은 재배환경
③ 적합한 재배기술   ④ 상품성이 우수한 작물 선택

해설 작물수량 요인
유전성, 재배환경, 재배기술

13 뿌리에서 가장 왕성하게 수분 흡수가 일어나는 부위는?
① 근모부   ② 뿌리골무
③ 생장점   ④ 신장부

해설 뿌리골무는 생장점을 보호하고, 생장점은 세포가 분열하며, 신장부는 세포가 신장하는 부위이다.

14 탄산시비의 목적으로 가장 적합한 것은?
① 호흡작용의 증대   ② 증산작용의 증대
③ 광합성의 증대   ④ 비료흡수의 촉진

해설 탄산시비는 온실 내의 이산화탄소 농도를 높여 광합성을 촉진하는 것을 목적으로 한다.

15 식물의 필수양분 중 미량원소가 아닌 것은?
① Fe   ② B
③ N   ④ Cl

해설

다량원소 (macro nutrient elements)	탄소(C)·산소(O)·수소(H)·질소(N)·인(P)·칼륨(K)·칼슘(Ca)·마그네슘(Mg)·황(S)
미량원소 (micro nutrient elements)	철(Fe)·구리(Cu)·아연(Zn)·망간(Mn)·몰리브덴(Mo)·붕소(B)·염소(Cl)

16 토양 속에서 작물뿌리가 수분을 흡수 하는 기구를 나타낸 관계식으로 옳은 것은?(a : 세포의 삼투압, m : 세포의 팽압(막압), t : 토양의 수분보유력, a′ : 토양용액의 삼투압)
① $(a-m)-(t+a')$ ② $(a-m)+(t+a')$
③ $(a+m)-(t+a')$ ④ $(a+m)+(t+a')$

해설 작물 뿌리가 토양으로부터 수분을 흡수하는 것은 DPD와 SMS사이의 압력 차이로 이루어진다.
DPD−SMS(DPD′)=$(a-m)-(a'+t)$

정답 12.④ 13.① 14.③ 15.③ 16.①

17 고추와 토마토의 일장 감응형은?

① 장일성　　　　　　　② 중일성
③ 단일성　　　　　　　④ 정일성

 중성식물(중일식물)
강낭콩·가지·고추·토마토·당근·셀러리 등

18 식물이 주로 이용하는 토양수분의 형태는?

① 결합수　　　　　　　② 흡습수
③ 지하수　　　　　　　④ 모관수

결합수	• 점토광물에 결합되어 있는 수분으로 토양에서 분리시킬 수 없음 • pF 7.0 이상, 작물이 흡수할 수 없음
흡습수	• 건토를 공기 중에 두면 분자간 인력에 의해 수증기가 토양 표면에 흡착된 수분으로 토양입자 표면에 피막상으로 흡착된 수분 • pF 4.5~7(31~10,000기압), 작물에 흡수·이용되지 못함(작물의 흡수압은 5~14기압)
모관수	• 토양공극 내에서 표면장력 때문에 중력에 저항하여 유지되는 수분, 모관현상에 의하여 지하수가 모관공극을 상승하여 공급됨 • pF 2.7~4.5, 작물이 주로 이용하는 수분
중력수	• 포장용수량 이상의 수분으로 중력에 의하여 비모관공극을 통해 흘러내리는 물 • pF 0~2.7, 작물에 용이하게 이용되지만, 곧 근권 아래로 내려간 수분은 직접 이용되지 못함
지하수	• 지하에 정체하여 모관수의 근원이 되는 물 • 지하수위가 낮으면 토양이 건조해지고, 수위가 높으면 과습해짐

19 식물의 분류 중 (　)안에 들어 갈 용어는?

문 → (　　) → 목 → 과 → 속

① 종　　　　　　　② 강
③ 계통　　　　　　④ 아목

 식물분류단위
계 → 문 → 강 → 목 → 과 → 속 → 종

정답　17.② 18.④ 19.②

20 작물의 분화과정을 옳게 나열한 것은?
① 변이발생 → 순화 → 격리 → 도태
② 변이발생 → 격리 → 적응 → 도태
③ 변이발생 → 도태 → 격리 → 적응
④ 변이발생 → 도태 → 순화 → 격리

> 작물 분화과정
> 변이발생 → 도태 → 적응 → 순화 → 격리·고립

21 다음 중 토양의 양분보유력을 가장 증대시킬 수 있는 영농방법은?
① 부식질 유기물의 시용
② 질소비료의 시용
③ 모래의 객토
④ 경운의 실시

> 토양의 양분보유력을 높이려면 CEC가 높아지면 되는데, CEC는 부식과 점토 함량이 증가하면 된다.

22 화성암을 구성하는 주요 광물이 아닌 것은?
① 방해석
② 각섬석
③ 석영
④ 운모

> 화성암을 구성하는 주요 광물
> 감람석, 휘석, 각섬석, 운모, 장석, 석영

23 지하수위가 높은 저습지나 배수 불량지에서 환원상태가 발달하면서 청회색을 띠는 토층이 발달하는 토양생성작용은?
① podzolization
② salinization
③ alkalization
④ gleyzation

> ① podzolization : 한랭습윤한 침엽수림에서 토양표층에서는 Fe·Al이 용탈되어 표백층이 되고, 그 아래층은 Fe·Al이 집적된 적갈색 집적층을 갖는 토양
> ② salinization : 염류화 작용. 표토에 가용성 염류가 집적되는 현상
> ③ alkalization : 알칼리화 작용. 토양에 Na 이온이 증가되어 나타나는 현상
> ④ gleyzation : 지하수위가 높은 저습지나 배수 불량지에서 환원상태가 발달하면서 청회색을 띠는 토층

정답 20.④ 21.① 22.① 23.④

24 토양 속 $NH_4^+ \rightarrow NO_3^-$는 무슨 작용인가?

① 암모니아화작용 ② 질산화작용
③ 탈질작용 ④ 유기화작용

 유기물 →① NH_4^+ →② NO_3^- →③ N_2
①은 암모니아화 작용, ②는 질산화 작용, ③은 탈질작용

25 논토양과 밭토양의 차이점으로 옳지 않은 것은?

① 논토양은 무기양분의 천연공급량이 많다.
② 논토양은 유기물 분해가 빨라 부식함량이 적다.
③ 밭토양은 통기상태가 양호하며 산화상태이다.
④ 밭토양은 산성화가 심하여 인산 유효도가 낮다.

 논토양은 유기물 분해가 느리고, 밭토양은 유기물 분해가 빠르다.

구 분	밭토양	논토양
양분의 존재 형태의 차이	• 호기성균의 산화작용으로 암모니아는 질산으로 변화. • Fe^{2+}은 Fe^{3+}으로, 황은 SO_4^{2-}으로 변화	• 혐기성 균의 활동으로 질산은 질소가스(N_2)로 변화. • Fe^{3+}은 Fe^{2+}으로, SO_4^{2-}은 S 또는 H_2S로 변화 • $NO_3 \rightarrow NO \rightarrow N_2O \rightarrow N_2$
토양의 색깔	황갈색이나 적갈색	청회색이나 회색
산화환원상태	표면이 항상 대기와 접촉하고 있어 산화상태	담수상태의 논은 산소의 공급이 매우 적고, 유기물을 분해하는 미생물이 산소를 소비하므로, 환원상태가 더욱 조장됨
산화물과 환원물의 존재	산화물(NO_3, SO_4)이 존재	환원물(N_2, H_2S)이 존재
양분 유실과 천연공급	빗물로 인한 양분의 유실이 많음	관개수에 녹아 들어오는 양분의 천연공급이 많음
토양 pH	대개 산성을 나타냄	담수시 중성을 나타냄
산화환원전위	밭토양의 Eh는 논보다 높음 (0.6V 정도)	논토양에서 Eh(산화환원전위, mV)는 여름에 환원이 심할수록 작아짐

정답 24.② 25.②

26. 저위생산지 개량방법으로 옳은 것은?
① 습답은 점토가 많은 산적토를 객토한다.
② 누수답은 암거배수 등으로 배수개선을 한다.
③ 노후화답을 개량하기 위해 석고를 시용한다.
④ 미숙답은 심경하고 다량의 볏짚을 시용한다.

> 해설
> ① 누수답은 점토가 많은 산적토를 객토한다.
> ② 습답은 암거배수 등으로 배수개선을 한다.
> ③ 노후화답을 개량하기 위해 석회를 시용하지만, 황을 포함하는 석고는 피한다(무황산근 비료 시용).

27. 토양유기물의 탄질률에 다른 질소의 행동으로 옳지 않은 것은?
① 탄질률이 높은 유기물을 주면 질소의 공급효과가 높다.
② 시용하는 유기물의 탄질률이 높으면 질소가 일시적으로 결핍된다.
③ 콩과식물을 재배하면 질소의 공급에 유리하다.
④ 토양유기물의 분해는 탄질률에 따라 크게 달라진다.

> 해설
> 탄질률이 높은 유기물을 주면 토양 중에 질소가 결핍되어 식물뿌리와 미생물간 질소 쟁탈을 위한 경쟁을 하게되어 질소기아현상이 나타난다.

28. 토양의 환원상태를 촉진하지 않는 것은?
① 미숙퇴비 살포
② 투수성 불량
③ 토양의 수분 건조
④ 미생물 활동 증가

> 해설
> 토양 환원의 주원인은 토양산소의 결핍 때문이다. 토양이 건조하면 산소 공급이 원활하여 산화상태가 된다.

29. 토양단면에서 용탈흔적이 가장 명료한 토층은?
① O층
② E층
③ A층
④ C층

> 해설
> 토양단면 : O(유기물층) − A − E − B − C − R
> O층은 유기물층, A층은 무기물층, E층은 용탈층, B층은 집적층, C층은 모재층, R층은 모암층

정답 26.④ 27.① 28.③ 29.②

30 토양 중 인산에 대한 설명으로 옳은 것은?

① 토양 pH가 5~6의 범위에서는 $H_2PO_4^-$의 형태로 존재한다.
② 토양 pH가 중성보다 낮아질수록 용해도가 증가한다.
③ 토양 pH가 8이상의 범위에서는 H_3PO_4의 형태로 존재한다.
④ CEC가 클수록 흡착되는 양이 많아진다.

 토양용액 pH에 따른 P의 형태
• pH 7.22 이하 : $H_2PO_4^-$이 주종을 차지
• pH 7.22 : $H_2PO_4^-$과 HPO_4^{2-} 농도가 비슷해짐
• pH 7.22 이상 : HPO_4^{2-}이 주종을 차지

31 토양오염에 대한 설명으로 옳지 않은 것은?

① 질소와 인산비료의 과다시용은 토양오염을 유발할 수 있다.
② 농경지 농약의 살포는 토양오염을 유발할 수 있다.
③ 일반적으로 중금속의 흡착은 pH가 높을수록 적어진다.
④ 방사성 물질은 비점오염원이다.

 토양 pH가 높아지면 CEC가 증대되어 토양교질이 중금속과 결합할 수 있어서 토양오염을 줄일 수 있다.

32 토양오염원을 분류할 때 비점오염원에 해당하는 것은?

① 산성비
② 대단위 가축사육장
③ 유독물저장시설
④ 폐기물매립지

점오염원	폐기물매립지·대단위 가축사육장·산업지역·건설지역·운영 중인 광산·송유관·유류 및 유독물저장시설(유류 및 유독물저장시설만이 토양환경보전법의 관리대상) 등
비점오염원	농약 및 화학비료의 장기간 연용(농경지에서 유출되는 영양물질), 휴·폐광산의 광미나 폐석으로부터 유출되는 중금속, 산성비, 방사성 물질 등

33 시설재배 토양에서 염류농도를 감소시키는 방법으로 옳지 않은 것은?

① 담수에 의한 제염
② 제염작물 재배
③ 객토 및 암거배수에 의한 토양개량
④ 돈분퇴비의 시용

 시설재배지 염류농도 관리
객토, 담수 세척, 윤작, 합리적 시비, 유기물 시용, 심경, 피복제거, 수수·옥수수 등 흡비작물(제염작물) 재배 및 내염성 작물 선택

정답 30.① 31.③ 32.① 33.④

34 토양미생물에 대한 설명으로 옳지 않은 것은?
① 균근류는 통기성과 투수성을 증가시킨다.
② 화학종속영양세균의 주 에너지원은 빛이다.
③ 토양유기물을 분해시켜 부식으로 만든다.
④ 조류는 광합성을 하고 산소를 방출한다.

 광합성종속영양생물의 주에너지원은 빛이고, 화학종속영양생물의 주에너지는 유기물이다.

구분	탄소원	에너지원
광합성자급영양생물	CO_2	빛
화학자급영양생물	CO_2	무기물
화학종속영양생물	유기물	유기물

35 수평배열의 토괴로 구성된 구조이며, 투수성에 가장 불리한 토양구조는?
① 판상   ② 입상
③ 주상   ④ 괴상

토양구조	구상(입상)	판상	괴상	주상
수분침투성	양호	불량	양호	양호
배수성	최상	불량	중간	양호
통기성	최상	불량	중간	양호

36 토양오염 우려기준 물질에 포함되지 않는 것은?
① Cd   ② Al
③ Hg   ④ As

 토양오염 우려기준 물질
수은(Hg), 카드뮴(Cd), 6가크롬(Cr^{6+}), 비소(As), 니켈(Ni), 구리(Cu), 납(Pb), 아연(Zn), 불소(F), 유기인화합물, 폴리클로리네이티드비페닐(PCB), 시안(CN) 등

정답 34.② 35.① 36.②

37 다음 중 공생질소고정균은?

① Azotobacter
② Rhizobium
③ Beijerinckia
④ Derxia

 질소고정균

비공생	• 호기성 : Azotobacter, Beijerinckia와 Derxia, Frankia • 미호기성 : Azosprirllum, Bacillus, Klebsiella • 편성혐기성 : Clostridium, Desulfovibrio, Desulfomaculum • 광합성세균 : cyanobacteria(남조류)
공생	• Rhizobium, Bradyrhizobium

38 피복작물에 의한 토양보전 효과로 볼 수 있는 것은?

① 토양의 유실 증가
② 토양 투수력 감소
③ 빗방울의 토양 타격강도 증가
④ 유거수량의 감소

 피복작물은 토양유실을 감소시키고, 토양투수력을 증가시키며, 빗방울의 토양타격강도는 낮추어 주고, 유거수량 또한 감소시켜 토양을 보전하는 효과가 있다.

39 물에 의한 침식을 가장 받기 쉬운 토성은?

① 식토
② 양토
③ 사토
④ 사양토

 식토는 배수성과 투수성이 나빠 유거량이 증가하여 침식에 취약하다.

40 토양 침식에 영향을 주는 요인에 대한 설명으로 옳지 않은 것은?

① 내수성이 입단이 적고 투수성이 나쁜 토양이 침식되기 쉽다.
② 경사도가 크고 경사길이가 길수록 침식이 많이 일어난다.
③ 강우량이 강우강도보다 토양 침식에 대한 영향이 크다.
④ 작물의 종류, 경운 시기와 방법에 따라 침식량이 다르다.

강우량보다 강우강도가 토양침식에 대한 영향이 크다.

정답 37.② 38.④ 39.① 40.③

41 유기농법 생산체계의 목표가 아닌 것은?
① 작물 및 축산물 생산성 최대화를 추구한다.
② 토양미생물의 활동을 촉진하는 농업을 추구한다.
③ 생물의 다양성을 증진하는데 목표를 둔다.
④ 자원이나 물질의 재활용을 극대화한다.

해설 유기농법은 생산성의 최대화가 아니라 적정화를 목표로 한다.

42 다음 중 자가불화합성을 이용하는 것으로만 나열된 것은?
① 당근, 상추   ② 고추, 쑥갓
③ 양파, 옥수수   ④ 무, 양배추

해설 1대잡종종자의 채종

인공교배	호박·수박·오이·참외·멜론·가지·토마토·피망
자가불화합성 이용	무·순무·배추·양배추·브로콜리
웅성불임성 이용	옥수수·양파·파·상추·당근·고추·벼·밀·쑥갓

43 유기농업에서 이용할 수 있는 식물추출자재가 아닌 것은?
① 님   ② 제충국
③ 바이오밥   ④ 카보후란

해설 카보후란은 농약 성분이다.
병해충 관리를 위한 식물추출물 : 제충국, 님, 데리스 쿠아시아, 라이아니아, 바이오밥

44 다음 중 포식성 곤충에 해당하는 것은?
① 팔라시스이리응애   ② 침파리
③ 고치벌   ④ 꼬마벌

해설 천적 곤충
• 포식성 곤충 : 사마귀, 무당벌레, 포식성응애류, 풀잠자리, 팔라시스이리응애, 꽃등에
• 기생성 곤충 : 고치벌, 꼬마벌, 맵시벌, 침파리, 진딧물

정답 41.① 42.④ 43.④ 44.①

45 유기축산물의 축사 및 방목에 대한 요건으로 옳지 않은 것은?
① 축사·농기계 및 기구 등은 청결하게 유지하고 소독함으로써 교차감염과 질병감염체의 증식을 억제하여야 한다.
② 축사의 바닥은 부드러우면서도 미끄럽지 아니하고, 청결 및 건조하여야 하며, 충분한 휴식 공간을 확보하여야 하고, 휴식 공간에소는 건조깔짚을 깔아 주어야 한다.
③ 가금류의 축사는 짚·톱밥·모래 또는 야초와 같은 깔짚으로 채워진 건축공간이 제공되어야 하며, 산란계는 산란상자를 설치하여야 한다.
④ 번식돈은 임신 말기 또는 포유기간을 제외하고는 군사를 하여야 하고, 자돈 및 육성돈은 케이지에서 사육하지 아니할 것, 다만, 자돈 압사 방지를 위하여 포유기간에는 모돈과 조기 육한 자돈의 생체중이 50킬로그램까지는 케이지에서 사육할 수 있다.

> 해설 │ 자돈 압사 방지를 위하여 포유기간에는 모돈과 조기에 젖을 뗀 자돈의 생체중이 25킬로그램까지는 케이지에서 사육할 수 있다.

46 다음 중 시설의 토양관리에서 객토를 실시하는 이유로 거리가 먼 것은?
① 미량원소의 공급 ② 토양침식 효과
③ 염류집적의 제거 ④ 토양물리성 개선

> 해설 │ 시설의 토양관리에서 객토의 효과 : 토양물리성 개선, 염류집적의 제거, 미량원소의 공급

47 고구마 수확물의 상처에 유상조직인 코르크층을 발달시켜 병균의 침입을 방지하는 조치는?
① 예냉 ② 큐어링
③ CA ④ 프라이밍

① 예냉 : 원예작물을 수확 직후 서늘한 곳에 보관하여 온도는 낮추는 것
③ CA저장 : 대기의 산소농도를 낮추고, 이산화탄소농도를 높여 저장하는 방법
④ 프라이밍 : 종자파종 전에 수분을 가하여 종자발아에 필요한 생리적 준비를 갖춰 발아속도와 균일성을 높이는 처리

정답 45.④ 46.② 47.②

48 (A × B) × C와 같이 F1과 제3품종을 교배하는 것은?

① 다계교배 ② 복교배
③ 3원교배 ④ 단교배

해설
① 다계교배 : A×B×C×D×E
② 복교배 : (A×B)×(C×D)
④ 단교배 : A×B

49 산도(pH)가 중성인 토양은?

① pH 3~4 ② pH 4~5
③ pH 6~7 ④ pH 9~10

해설 토양 ph 7일 때가 중성이고, 이보다 낮으면 산성, 높으면 알칼리성이다.

50 다음 중 병해충 방제를 위한 경종적 방제법에 해당하지 않는 것은?

① 과실에 봉지를 씌워서 차단 ② 토지의 선정
③ 품종의 선택 ④ 생육시기의 조절

해설 병충해 방제법

경종적 방제	토지 선정, 품종 선택, 종자 선택, 윤작, 재배양식의 변경, 혼식, 생육시기의 조절, 시비법의 개선, 정결한 관리, 수확물의 건조, 중간기주식물 제거
물리적 방제	담수, 포살, 유살, 채란, 소각, 흙태우기, 차단, 온도처리 등

51 인공교배하여 F1을 만들고 F2부터 매세대 개체선발과 계통재배 및 계통선발을 반복하면서 유량한 유전자형의 순계를 육성하는 육종방법은?

① 파생계통육종 ② 계통육종
③ 여교배육종 ④ 집단육종

정답 48.③ 49.③ 50.① 51.②

52 일반농가가 유기축산으로 전환할 때 전환시간으로 옳지 않은 것은?
① 식육 생산용 한우는 입식 후 3개월 이상
② 식육 생산용 젖소는 90일 이상
③ 식육 생산용 돼지는 최소 5개월 이상
④ 알 생산용 산란계는 입식 후 3개월 이상

가축의 종류	생산물	전환기간(최소 사육기간)
한우·육우	식육	입식 후 12개월
젖소	시유 (시판우유)	1) 착유우는 입식 후 3개월 2) 새끼를 낳지 않은 암소는 입식 후 6개월
면양·염소	식육	입식 후 5개월
	시유 (시판우유)	1) 착유양은 입식 후 3개월 2) 새끼를 낳지 않은 암양은 입식 후 6개월
돼지	식육	입식 후 5개월
육계	식육	입식 후 3주
산란계	알	입식 후 3개월
오리	식육	입식 후 6주
	알	입식 후 3개월
메추리	알	입식 후 3개월
사슴	식육	입식 후 12개월

53 시설 내의 환경특이성에 관한 설명으로 옳지 않은 것은?
① 토양이 건조해지기 쉽다.
② 공중습도가 높다.
③ 탄산가스가 높다.
④ 광분포가 불균일하다.

 시설 내 환경특이성

환경	특이성
토양	염류 농도가 높고, 토양물리성이 나쁘며, 연작장해가 있음
수분	토양이 건조해지기 쉽고, 공중습도가 높으며, 인공관수를 함
공기	탄산가스가 부족하고, 유해가스가 집적되며, 바람이 없음
온도	일교차가 크고, 위치별 분포가 다르며, 지온이 높음
광선	광질이 다르고, 광량이 감소하며, 광분포가 불균일함

정답 52.① 53.③

54 한 포장 내에서 위치에 따라 종자, 비료, 농약 등을 달리함으로써 환경문제를 최소화하면서 생산성을 최대로 하려는 농업은?

① 자연농업　　　　　　　　② 생태농업
③ 정밀농업　　　　　　　　④ 유기농업

자연농업	• 무농약, 무비료, 무제초, 무경운 등 4대 원칙에 입각한 유기농업이며, 지력을 토대로 자연의 물질순환 원리에 따르는 농업.
환경친화형 유기농업	• 자연 생태계의 물질순환체계의 균형을 유지시키며 인간과 자연 속의 생물이 공생·공존하는 자연농법
생태농업	• 지역폐쇄시스템에서 작물양분종합관리(INM)와 병해충종합관리기술(IPM)을 이용하여 생태계 균형유지에 중점을 두는 농업

55 다음 중 작물의 요수량이 가장 큰 것은?

① 옥수수　　　　　　　　② 클로버
③ 보리　　　　　　　　　④ 기장

작물	요수량	작물	요수량
흰명아주	948	감자	499
호박	834	호밀	634
오이	713	보리	523
앨펄퍼	831	밀	455,481,550
클로버	799	옥수수	361
완두	788	수수	285,287,380
		기장	274

56 유기사료에 첨가해도 되는 것은?

① 가축의 대사기능 촉진을 위한 합성화합물
② 비단백태질소화합물
③ 성장촉진제
④ 순도 99% 이상인 골분

유기사료첨가 금지물
- 가축의 대사기능 촉진을 위한 합성화합물
- 반추가축에게 포유동물에서 유래한 사료(우유 및 유제품을 제외)
- 합성질소 또는 비단백태질소화합물
- 항생제·합성항균제·성장촉진제, 구충제, 항콕시듐제 및 호르몬제
- 그 밖에 인위적인 합성 및 유전자조작에 의해 제조·변형된 물질

정답　54.③　55.②　56.④

57 경축순환농업으로 사육하지 않은 농장에서 유래한 퇴비를 유기농업에 사용할 수 있는 충족조건은?

① 퇴비화 과정에서 퇴비더미가 35~50℃를 유지하면서 10일간 이상 경과되어야 한다.
② 퇴비화 과정에서 퇴비더미가 55~75℃를 유지하면서 15일간 이상 경과되어야 한다.
③ 퇴비화 과정에서 퇴비더미가 80~95℃를 유지하면서 10일간 이상 경과되어야 한다.
④ 퇴비화 과정에서 퇴비더미가 80~95℃를 유지하면서 15일간 이상 경과되어야 한다.

해설 퇴비화 과정에서 퇴비더미 온도는 55~75℃가 적절하다.

58 병해충종합관리의 기본 개념을 실현하기 위한 기본원칙으로 옳지 않은 것은?

① 한 가지 방법으로 모든 것을 해결하려는 생각은 버린다.
② 병해충 발생이 경제적으로 피해가 되는 밀도에서만 방제한다.
③ 병해충의 개체군을 박멸해야 한다.
④ 농업생태계에서 병해충군의 자연조절기능을 적극적으로 활용한다.

해설 병해충종합관리(IPM)의 목적은 병해충의 박멸이 아니라 작물생산에 피해를 주지 않을 정도의 적정수준으로 유지하는 것이다.

59 유기농에서 예방적 잡초제어의 방법으로 적절하지 못한 것은?

① 초생재배 ② 윤작
③ 파종밀도 조절 ④ 무경운

해설 친환경적 제초방법
경운(춘경, 추경), 정지, 윤작, 답전윤환재배, 2모작, 육묘이식재배, 피복작물 재배 등

정답 57.② 58.③ 59.④

60 유기축산물의 유기배합사료 중 식물성 단백질류에 해당하는 것으로만 나열된 것은?

① 옥수수, 보리
② 밀, 수수
③ 호밀, 귀리
④ 들깻묵, 아마박

 유기배합사료

구분	사용 가능 물질
식물성	곡류(곡물), 곡물부산물류(강피류), 박류(단백질류), 서류, 식품가공부산물류, 조류(藻類), 섬유질류, 제약부산물류, 유지류, 전분류, 콩류, 견과·종실류, 과실류, 채소류, 버섯류, 그 밖의 식물류
동물성	단백질류, 낙농가공부산물류
	곤충류, 플랑크톤류
	무기물류
	유지류
광물성	식염류, 인산염류 및 칼슘염류, 다량광물질류, 혼합광물질류

정답 60.④

2017~2022년 유기농업기능사 필기 복원문제(CBT)

01 | 작물재배

01 유축(有畜)농업 또는 혼동(混同)농업과 비슷한 뜻으로 식량과 사료를 서로 균형있게 생산하는 농업을 가리키는 것은?
① 포경 ② 곡경
③ 원경 ④ 소경

소경	• 원시적 약탈농업에 가까운 재배형식, 이동 경작 • 아프리카 중남부, 동남아의 열대섬 등에서 실시
식경	• 식민지적 농업(기업적 농업)으로서 식민지나 미개지에서 주로 구미인이 경영하는 방식 • 대상작물은 커피, 사탕수수, 고무나무, 담배, 차 등
곡경	• 곡류 위주의 농경으로 넓은 면적에 걸쳐서 곡류가 주로 재배되는 형식 • 유럽·미국·호주 등의 밀재배, 미국의 옥수수재배, 동남아의 벼재배
포경	• 식량과 사료를 균형있게 생산하는 재배형식 • 유축농업, 혼동농업과 유사한 의미
원경	• 원예적 농경형태로 가장 집약적인 재배형식 • 원예지대나 도시근교에서 발달하는 형태

02 작물이 분화하는데 마지막으로 일어나는 것은?
① 적응 ② 유전적 변이
③ 격절 ④ 순화

해설 식물 분화과정 : 유전적 변이 → 도태·적응 → 순화 → 고립(격절)

03 식물의 진화과정에서 나타나는 생리적 격리에 대한 설명이 옳은 것은?
① 지리적으로 멀리 떨어져 있어 유전적 교섭이 방지되는 것
② 개화기의 차이, 교잡 불임 등의 원인에 의하여 유전적 교섭이 방지되는 것
③ 돌연변이에 의해서 생리적으로 격리되는 것
④ 생리적 특성이 강하여 유전적 교섭이 방지되는 것

정답 01.① 02.③ 03.②

지리적 격리	지리적으로 멀리 떨어져 있어서 상호간 유전적 교섭이 방지되는 것
생리적 격리	개화기의 차이, 교잡불임 등의 생리적 원인에 의하여 같은 장소에 있으면서도 유전적 교섭이 방지되는 것

04 Vavilov는 식물의 지리적 기원을 탐구하는데 큰 업적을 남긴 사람이다. 그에 대한 설명으로 옳지 않은 것은?

① 농경의 최초 발상지는 기후가 온화한 산간부 중 관개수를 쉽게 얻을 수 있는 곳으로 추정하였다.
② 1883년에 '재배식물의 기원'을 저술하였다.
③ 지리적 미분법을 적용하여 유전적 변이가 가장 많은 지역을 그 작물의 기원중심지라고 하였다.
④ Vavilov의 연구결과는 식물종의 유전자중심설로 정리되었다.

 '재배식물의 기원'은 De Candolle가 저술하였다.

Vavilov (1951)	• 식물종의 유전자중심설(gene center theory) : 우성유전자들의 분포중심지를 원산지로 추정 • 농경의 최초 발상지는 기후가 온화한 산간부 중 관개수를 쉽게 얻을 수 있는 산간지로 추정 • 작물의 기원중심지 : 식물의 지리적 미분법을 적용하여 유전적 변이가 가장 많은 지역을 찾아냄

05 작물의 기원지가 우리나라인 작물은?

① 인삼 ② 참개
③ 담배 ④ 옥수수

작물의 기원지

중국 지역	6조보리·조·피·메밀·콩·팥·감·인삼·배추·자운영·동양배·복숭아 등 (특히, 팥·감·인삼은 우리나라가 기원지임)
인도·동남아시아 지역 (인더스 문명)	벼·참깨·사탕수수·모시풀·왕골·오이·박·가지·생강 등
중앙아시아 지역	귀리·기장·완두·삼·당근·양파·무화과 등
코카서스·중동 지역 (메소포타미아 문명)	2조보리·보통밀·호밀·유채(평지)·아마·마늘·시금치·사과·서양배·포도 등
지중해 연안 지역	완두·유채·무·순무·사탕무·양배추·상추·양귀비·화이트클로버·티머시·오처드그래스·우엉 등

정답 04.② 05.①

06 다음 중 인과류에 속하는 과수는?

① 비파 ② 살구
③ 호두 ④ 귤

- 인과류 : 사과·배·비파 등(꽃받침이 발달)
- 핵과류 : 복숭아·자두·살구·앵두·양앵두 등(중과피가 발달)
- 장과류 : 포도·딸기·무화과 등(외과피가 발달)
- 견과류(각과류) : 밤·호두 등(씨의 자엽이 발달)
- 준인과류 : 감·귤 등(자방이 발달)

07 작물의 일반 분류에서 섬유 작물(fiber crops)에 속하지 않는 것은?

① 목화, 삼 ② 고리버들, 제충국
③ 모시풀, 아마 ④ 케나프, 닥나무

섬유작물(fiber crop)
목화·삼·모시풀·아마·양마(케나프)·어저귀·왕골·수세미·닥나무·고리버들 등

08 분류상 구황작물이 아닌 것은?

① 조 ② 고구마
③ 벼 ④ 기장

구황작물(emergency crop)
조·피·기장·메밀·고구마·감자 등

09 다음 중 내염성이 약한 작물은?

① 사탕무 ② 수수
③ 양배추 ④ 양란

작물의 내염성 정도

강	유채, 목화, 순무, 사탕무, 양배추, 라이그래스, 수수
약	베치, 완두, 녹두, 가지, 감자, 고구마, 셀러리, 사과, 배, 복숭아, 살구, 귤, 레몬, 양란

정답 06.① 07.② 08.③ 09.④

10 다음 중 내염성이 약한 작물은?

① 사탕무 ② 수수
③ 양배추 ④ 콩

 작물의 내염성 정도

강	유채, 목화, 순무, 사탕무, 양배추, 라이그래스, 수수
약	베치, 콩, 완두, 녹두, 가지, 감자, 고구마, 셀러리, 사과, 배, 복숭아, 살구, 귤, 레몬, 양란

11 녹비 작물로 알맞은 것은?

① 수수 ② 동부
③ 해바라기 ④ 호밀

- 벼과 녹비작물 : 호밀, 귀리, 보리 등
- 콩과 녹비작물 : 헤어리베치, 자운영, 클로버, 알팔파, 루핀 등

12 다음 중 두과 녹비작물로만 짝지어진 것은?

① 유채, 귀리 ② 수수, 수단그라스
③ 자운영, 헤어리베치 ④ 조, 옥수수

- 벼과 녹비작물 : 호밀, 귀리, 보리 등
- 콩과 녹비작물 : 헤어리베치, 자운영, 클로버, 알팔파, 루핀 등

13 식물분류학상 브로콜리, 갓 등이 속하는 과(科)는?

① 국화과 ② 배추과
③ 백합과 ④ 생강과

배추과(십자화과)	무, 배추, 양배추, 유채, 갓, 브로콜리, 콜리플라워, 겨자, 고추냉이
국화과	국화, 상추, 양상추, 우엉, 민들레, 머위, 곰취
백합과	백합, 파, 양파, 마늘, 부추, 달래, 튤립, 아스파라거스
생강과	생강, 강황

정답 10.④ 11.④ 12.③ 13.②

14 피튜니아가 속해있는 과(科)는?
① 국화과   ② 가지과
③ 앵초과   ④ 아욱과

- 국화과 : 상추, 근대, 케일 등
- 가지과 : 가지, 고추, 토마토, 파프리카, 감자, 피튜니아 등
- 앵초과 : 앵초, 기생꽃, 까치수염, 봄맞이 등
- 아욱과 : 목화, 무궁화, 접시꽃, 어저귀 등

15 다음 중 경작지 전체를 3등분하여 매년 1/3씩 경작지를 휴한(休閑)하는 작부 방식은?
① 3포식 농법   ② 4포식 농법
③ 자유 경작 농법   ④ 노포크식 농법

 3포식 농법
경작지의 2/3에는 추파 또는 춘파 곡류를 심고, 1/3은 휴한하면서 해마다 휴한지를 이동하여 경작지 전체를 3년에 한 번씩 휴한하는 방식

16 휴한지에 재배하면 지력의 유지·증진에 가장 효과가 있는 작물은?
① 클로버   ② 밀
③ 보리   ④ 고구마

 휴한지에 두과작물을 재배하면 지력이 증진된다.

17 단명 종자에 해당되지 않는 것은?
① 수박   ② 파
③ 당근   ④ 베고니아

작물별 종자 수명

	단명종자(1~2년)	상명종자(3~5년)	장명종자(5년 이상)
농작물	콩, 땅콩, 옥수수, 기장, 메밀, 목화, 해바라기	벼, 보리, 밀, 귀리, 완두, 유채, 페스큐, 켄터키블루그래스, 목화	클로버, 앨펄퍼, 베치, 사탕무
채소	강낭콩, 양파, 파, 상추, 당근, 고추	무, 배추, 양배추, 꽃양배추, 방울다기양배추, 호박, 멜론, 시금치, 우엉	가지, 토마토, 수박, 비트
화훼	팬지, 스타티스, 베고니아, 일일초, 콜레옵시스	피튜니아, 카네이션, 시클라멘, 알리섬, 색비름, 공작초	나팔꽃, 접시꽃, 백일홍, 스토크, 데이지

정답 14.② 15.① 16.① 17.①

18 알뿌리 형태가 구슬 줄기가 아닌 것은?
① 토란
② 생강
③ 크로커스
④ 시클라멘

해설
- 구슬줄기(구경) : 글라디올러스, 프리지아, 크로커스, 토란, 생강
- 덩이줄기(괴경) : 시클라멘, 칼라디움, 칼라, 베고니아

19 다음 중 괴경을 이용하여 번식하는 작물은?
① 고추
② 감자
③ 고구마
④ 마늘

해설 고추는 종자번식, 고구마는 괴근번식, 마늘은 인경이나 주아번식

20 작물의 생육에 있어 광합성에 영향을 주는 적색광의 파장은?
① 330nm
② 450nm
③ 550nm
④ 670nm

해설 **광합성 유효파장** : 청색광(430~460nm), 적색광(630~680nm)

21 광합성의 명반응이 일어나는 장소로 알맞은 것은?
① 엽록체 내막
② 스트로마
③ 기질
④ 틸라코이드

해설 광합성의 명반응은 틸라코이드막(그라나)에서, 암반응은 스트로마에서 발생한다.

22 재배환경 중 온도에 대한 설명이 맞는 것은?
① 작물 생육이 가능한 범위의 온도를 유효온도라고 한다.
② 작물의 생육단계 중 생식 생장기간 동안에 소요되는 총 온도량을 적산 온도라고 한다.
③ 온도가 1℃ 상승하는데 따르는 이화학적 반응이나 생리작용의 증가 배수를 온도계수라고 한다.
④ 일변화는 작물의 결실을 저해한다.

정답 18.④ 19.② 20.④ 21.④ 22.①

② 작물의 생육단계 중 전생육기간 동안에 소요되는 총 온도량을 적산온도라고 한다.
③ 온도가 10℃ 상승하는데 따르는 이화학적 반응이나 생리작용의 증가 배수를 온도계수라고 한다.
④ 기온의 일변화(일교차)는 작물의 결실을 촉진한다.

23 다음 중 적산온도가 가장 높은 작물은?
① 메밀
② 아마
③ 조
④ 벼(만생종)

 작물별 적산온도

여름작물 (단위 : ℃)	목화(4,500~5,500), 벼(3,500~4,500), 담배(3,200~3,600), 옥수수(2,370~3,000), 수수(2,500~3,000), 조(1,800~3,000), 콩(2,500~3,000), 메밀(1,000~1,200)
겨울작물	추파맥류(1,700~2,300℃)
봄작물	아마(1,600~1,850℃), 봄보리(1,600~1,900℃), 감자(1,300~3,000), 완두(2,100~2,800)

24 대기 중의 이산화탄소와 작물의 생리 작용에 대한 설명으로 옳지 않은 것은?
① 이산화탄소의 농도와 온도가 높아질수록 동화량은 증가한다.
② 광합성 속도에는 이산화탄소 농도뿐만 아니라 광의 강도도 관계한다.
③ 광합성은 온도, 광도, 이산화탄소의 농도가 증가함에 따라 계속 증대한다.
④ 광합성에 의한 유기물의 생성 속도와 호흡에 의한 유기물의 소모 속도가 같아지는 이산화탄소 농도를 이산화탄소 보상점이라고 한다.

 광합성은 최적온도, 광포화점, 이산화탄소포화점까지만 증가한다. 최적온도보다 높아지면 오히려 광합성은 감소한다.

25 작물의 광합성에 필요한 요소들 중 이산화탄소의 대기 중 함량은?
① 약 0.03%
② 약 0.3%
③ 약 3%
④ 약 30%

대기와 토양의 공기조성

종류	N_2(%)	O_2(%)	CO_2(%)	상대습도(%)
대기	79	20.93	0.033~0.035	30~90
토양공기	75~80	10~21	0.1~10	95~100

26 춘화처리에 대한 설명으로 옳지 않은 것은?

① 춘화처리 하는 동안 및 후에도 산소와 수분 공급이 있어야 춘화처리효과가 유지된다.
② 춘파성이 높은 품종보다 추파성이 높은 품종의 식물의 춘화요구도가 적다.
③ 국화과 식물에서는 저온처리 대신 지베렐린을 처리하면 춘화처리와 같은 효과를 얻을 수 있다.
④ 춘화처리의 효과를 얻기 위한 저온처리 온도는 작물에 따라 다르나 일반적으로 0 ~ 10℃가 유효하다.

해설 춘파성보다 추파성이 높은 식물의 춘화요구도가 크다.

27 좁은 범위의 일장에서만 화성이 유도·촉진되며 2개의 한계일장이 있는 것은?

① 장일식물 ② 단일식물
③ 정일식물 ④ 중성식물

 중간식물(정일식물)
좁은 범위의 특정한 일장에서만 화성이 유도되며, 2개의 뚜렷한 한계일장이 존재하는 식물

28 다음 중 벼 종자가 저온(0℃ 이하)에서 발아하지 못하는 경우의 휴면 현상을 무엇이라 하는가?

① 자발 휴면 ② 타발 휴면
③ 진정 휴면 ④ 배 휴면

진정휴면 (자발적 휴면)	종자·겨울눈·비늘줄기·덩이줄기·덩이뿌리·알뿌리·구근경 등에서 발아·생육의 외적 조건은 적합하지만 내적 원인에 의하여 유발되는 휴면
강제휴면 (타발적 휴면)	외적 조건(환경)이 부적당하기 때문에 유발되는 휴면 토양 중의 잡초 종자는 광선과 산소 부족으로 휴면상태를 지속하는 경우

29 기온의 일변화가 작물의 생육에 미치는 영향으로 옳지 않은 것은?

① 기온의 일변화가 어느 정도 클 때 동화 물질의 축적이 많아진다.
② 밤의 기온이 어느 정도 높아서 변온이 작을 때 대체로 생장이 빠르다.
③ 고구마는 항온보다 변온에서 괴근의 발달이 현저히 촉진되고, 감자도 밤의 기온이 저하되는 변온에서 괴경의 발달이 이롭다.
④ 화훼 등 일반 작물은 기온의 일변화가 작아 밤의 기온이 비교적 높은 것이 개화를 촉진시키고 화기도 커진다.

정답 26.② 27.③ 28.② 29.④

일반 작물은 기온의 일변화가 커서 밤의 기온이 비교적 낮은 것이 개화를 촉진시키고 화기도 커진다.

30 녹식물체 버널리제이션(green plant vernalization)처리 효과가 가장 큰 식물은?
① 추파맥류　　　　　　　　② 완두
③ 양배추　　　　　　　　　④ 배추

종자버널리제이션 (종자춘화)	• 최아종자를 버널리제이션 하는 것 • 종자춘화 효과가 가장 큰 식물(종자춘화형 식물) : 추파맥류·완두·잠두·무·배추·봄올무 등
녹체버널리제이션 (녹체춘화)	• 식물이 일정한 크기에 달한 녹체기에 버널리제이션하는 것 • 녹체춘화 효과가 가장 큰 식물(녹체춘화형 식물) : 양배추·양파·당근·사리풀 등

31 다음 작물의 춘화처리 온도와 처리기간이 옳은 것은?
① 추파맥류 : 최아 종자를 7±3℃에서 30~60일
② 배추 : 최아 종자를 3±1℃에서 20일
③ 콩 : 최아 종자를 33±2℃에서 20~30일
④ 시금치 : 최아 종자를 1±1℃에서 32일

 ① 추파맥류 : 최아 종자를 0~3℃에서 30~60일
② 배추 : 최아 종자를 −2~1℃에서 33일
③ 콩 : 최아 종자를 20~25℃에 10~15일

32 화성유도에 관여하는 요인으로 부적절한 것은?
① C/N율　　　　　　　　② 광
③ 온도　　　　　　　　　④ 수분

화성유도 요인

내적 요인	• 영양상태, 특히 C/N율로 대표되는 동화생산물의 양적 관계 • 식물호르몬, 특히 옥신(auxin)과 지베렐린(gibberellin)의 체내수준관계
외적 요인	• 광조건, 특히 일장효과의 관계 • 온도조건, 특히 버널리제이션(vernalization)과 감온성의 관계

정답　30.③　31.④　32.④

33. 다음 중 요수량이 가장 큰 식물은?
① 기장
② 알팔파
③ 보리
④ 옥수수

작물	요수량	작물	요수량
흰명아주	948	감자	499
호박	834	호밀	634
오이	713	보리	523
앨펄퍼	831	밀	455, 481, 550
클로버	799	옥수수	361
완두	788	수수	285, 287, 380
		기장	274

34. 다음 중 요수량이 가장 작은 작물은?
① 수수
② 메밀
③ 콩
④ 보리

요수량 : 식물이 건물 1g 생산하는데 소요되는 수분량

35. 작물의 일정량의 수분이 증산되고 축적된 건물량을 무엇이라 하는가?
① 증산능률
② 요수량
③ 수분 소비량
④ 건물 축적

- **증산능률** : 작물의 일정량의 수분을 증산하여 축적된 건물량
- **요수량** : 작물의 건물 1(g)을 생산하는 데 소비된 수분량(g)

36. 가을보리를 봄에 씨뿌리기를 하려면 어떤 조치를 해주어야 하는가?
① 저온 처리
② 고온 처리
③ 단일 처리
④ 장일 처리

추파성 맥류의 춘파 시에는 저온처리(버널리제이션)를 해야 출수개화 할 수 있다.

정답 33.② 34.① 35.① 36.①

37 식물의 일장 감응에 따른 분류(9형) 중 옳은 것은?

① II 식물 : 고추, 메밀, 토마토
② LL식물 : 앵초, 시네라리아, 딸기
③ SI식물 : 딸기, 프리뮬러
④ SL식물 : 코스모스, 나팔꽃 콩(만생종)

분류	명칭	화아분화 전	화아분화 후	종류
장일 식물	LL 식물	장일성	장일성	시금치, 봄보리
	LI 식물	장일성	중일성	*Phlox paniculata*, 사탕무
	IL 식물	중일성	장일성	밀
	LS 식물	장일성	단일성	*Boltonia*, *Physostegia*
	II 식물	중일성	중일성	벼(조생종), 고추, 토마토, 메밀
	SL 식물	단일성	장일성	앵초(프리뮬러), 시네라리아, 딸기
단일 식물	IS 식물	중일성	단일성	소빈국
	SI 식물	단일성	중일성	벼(만생종), 도꼬마리
	SS 식물	단일성	단일성	콩(만생종), 코스모스, 나팔꽃

38 가을 국화를 재배할 때 꽃눈 분화를 유도시켜 개화를 촉진시키려면 어떤 재배를 해야 하는가?

① 전조재배　　② 억제재배
③ 차광재배　　④ 촉성재배

해설　가을국화는 단일식물이므로, 단일처리(차광)를 통해 개화를 촉진시킨다.

39 광중단(night break)에 의하여 개화를 조절하는 경우는?

① 단일성 식물의 개화를 억제하기 위하여
② 장일성 식물의 개화를 억제하기 위하여
③ 단일성 식물의 개화를 촉진하기 위하여
④ 중일성 식물의 주년 재배를 하기 위하여

해설　단일식물은 광중단(야간조파)를 통해 개화를 억제·지연시킬 수 있다.

40 국화 억제재배를 위한 전등 조명 방법 중 가장 효과적인 조명 시간은?

① 16:00 ~ 19:00(늦은 오후)　② 23:00 ~ 02:00(한밤 중)
③ 05:00 ~ 07:00(새벽)　　　④ 09:00 ~ 12:00(오전 중)

해설　국화 야간조파는 한밤 중에 실시한다.

정답　37.① 38.③ 39.① 40.②

41 남부지방에서 가을에서 겨울 동안 들깨 재배시설에 야간 조명을 실시하는 이유는?

① 꽃을 피워 종자를 생산하기 위하여
② 관광객에게 볼거리를 제공하기 위하여
③ 개화를 억제하여 잎을 계속 따기 위하여
④ 광합성 시간을 늘려 종자 수량을 높이기 위하여

> 해설 들깨는 단일식물이며, 단일식물에 야간조파를 실시하면 개화를 억제하고 영양생장을 지속하여 깻잎을 수확할 수 있다.

42 관개방법을 지표 관개, 살수 관개, 지하 관개로 구분할 때 지표 관개 방법에 해당하지 않는 것은?

① 일류 관개
② 보더 관개
③ 수반법
④ 스프링클러 관개

 관개 방법

살수 관개	다공관 관개, 스프링클러 관개, 물방울 관개
지표 관개	-전면관개(원류관개) : 일류관개, 보더관개, 수반법 -고랑관개
지하 관개	개거법, 암거법, 압입법

43 대기습도가 높으면 나타나는 현상으로 옳지 않은 것은?

① 증산의 증가
② 병원균 번식 조장
③ 도복의 발생
④ 탈곡·건조작업 불편

> 해설 대기습도가 높으면 식물체의 증산은 감소한다.

44 대기의 조성과 작물의 생육에 대한 설명으로 옳은 것은?

① 대기 중 질소의 함량비는 약 79%이다.
② 대기 중 산소의 함량비는 약 46%이다.
③ 콩과작물의 근류균은 혐기성 세균이다.
④ 대기의 산소 농도가 낮아지면 C3 작물의 광호흡이 커진다.

> 해설 ② 대기 중 산소의 함량비는 약 21%이다.
> ③ 콩과작물의 근류균은 호기성 질소고정세균이다.
> ④ 대기의 산소 농도가 높아지면 C3 작물의 광호흡이 커진다.

정답 41.③ 42.④ 43.① 44.①

45 벼 모내기부터 낙수까지 m²당 엽면 증산량이 480mm, 수면 증발량이 400mm, 지하 침투량이 500mm이고 유효 우량이 375mm일 때, 10a에 필요한 용수량은 얼마인가?
① 약 500kl
② 약 1,000kl
③ 약 1,500kl
④ 약 2,000kl

 용수량 = (엽면증산량 + 수면증발량 + 지하침투량) − 유효우량
= (480 + 400 + 500) − 375 = 1,005mm/m² = 1,005ℓ
10a당 용수량 = 1,005kℓ

46 변온에 대한 작물의 생육반응에 대한 설명으로 옳지 않은 것은?
① 맥류 등 화곡류는 밤온도가 낮아 변온이 클 때 개화를 촉진한다.
② 밤온도가 어느 정도 높아 밤낮의 온도차가 적으면 동화 양분의 소모가 왕성하여 빨리 자란다.
③ 감자, 고구마에 있어 주야간 변온은 괴경, 괴근의 비대를 촉진한다.
④ 종자의 발아에는 정온에 비해 이화학성을 촉진하여 효율적이다.

 맥류에서는 밤 기온이 높아서 변온이 작은 것이 출수·개화를 촉진한다.

47 춘화현상의 감응부위로 가장 알맞은 것은?
① 생장점
② 잎
③ 줄기
④ 뿌리

 춘화현상의 감응부위는 생장점이고, 일장효과의 감응부위는 성숙잎이다.

48 다음 중 장일성 식물이 아닌 것은?
① 상추
② 양파
③ 감자
④ 코스모스

장일식물	맥류·감자·시금치·양파·무·배추·상추·아마·티머시·양귀비·아주까리·자운영·클로버·알팔파·베치·완두 등
단일식물	벼·옥수수·조·기장·콩·담배·참깨·들깨·목화·나팔꽃·국화·샐비어(salvia)·도꼬마리·코스모스 등
중성식물	강낭콩·가지·고추·토마토·당근·셀러리 등

정답 45.② 46.① 47.① 48.④

49 단일 처리를 하여 개화시기를 앞당길 수 있는 화초는?
① 국화
② 장미
③ 메리골드
④ 카네이션

> 해설 단일식물은 단일 처리를 하여 개화시기를 앞당길 수 있다.

50 줄기를 절단하거나 도관부에 구멍을 내면 다량의 수액이 배출되는 현상을 무엇이라 하는가?
① 일비현상
② 일액현상
③ 증산작용
④ Apoplast

> 해설 일비현상
> 줄기를 절단하거나 도관부에 구멍을 내면 다량의 수액이 배출되는 현상

51 야간 조파에 가장 효과적이 광파장의 범위로 적합한 것은?
① 300~380nm
② 400~480nm
③ 500~580nm
④ 600~680nm

> 해설 야간조파는 적색광(660nm)이 효과적이고, 야간조파 감쇄는 근적외광(800nm)이 효과적이다.

52 다음 중 ㉠, ㉡에 알맞은 것은?

> 호광성인 상추 종자에 650nm 부근의 (㉠)의 조사 직후 (㉡)을 4분간 조사하면 발아율이 6%로 된다.

① ㉠ 근적외광, ㉡ 자색광
② ㉠ 적색광, ㉡ 청색광
③ ㉠ 근적외광, ㉡ 적색광
④ ㉠ 적색광, ㉡ 근적외광

> 해설 상추(Lactuca sativa, 호광성 종자)는 암중 흡수 발아시 14%의 발아율을 나타내지만, 1분간 650nm 의 적색광(R)을 조사하면 70%의 발아율을 보임. 적색광 조사 직후 700~800nm의 근적외광(FR)을 4분간 조사하면 적색광 조사효과가 감쇄되어 발아율은 다시 7%로 낮아진다.

53 포장동화능력을 지배하는 요인으로만 옳게 나열한 것은?
① 엽면적, 광포화점, 광보상점
② 총엽면적, 수광능률, 평균동화능력
③ 광량, 광의 강도, 엽면적
④ 착색도, 광량, 엽면적

> 해설 포장동화능력 = 총엽면적×수광능률×평균동화능력

정답 49.① 50.① 51.④ 52.④ 53.②

54 광합성의 반응식으로 옳은 것은?

① $6H_2O + 6CO_2 \rightarrow C_6H_{12}O_6 + 6H_2O + 6CO_2$
② $6H_2O + 6CO_2 \rightarrow C_6H_{12}O_6 + 6H_2O + 6H_2S$
③ $12H_2O + 6CO_2 \rightarrow C_6H_{12}O_6 + 6H_2O + 6O_2$
④ $3H_2O + 6CO_2 \rightarrow C_6H_{12}O_6 + 6H_2O + 6H_2S$

55 광합성 효율이 좋은 C4식물에 해당하는 것은?

① 벼
② 감자
③ 고구마
④ 사탕수수

> **해설** C4식물
> 옥수수, 수수, 사탕수수, 조, 피, 기장, 수단그래스, 버뮤다그래스, 명아주

56 광합성 양식에 있어서 C4식물에 대한 설명으로 가장 거리가 먼 것은?

① 광호흡을 하지 않거나 극히 작게 한다.
② 유관속초세포가 발달되어 있다.
③ CO_2 보상점은 낮으나 포화점이 높다.
④ 벼, 콩 및 보리가 C4식물에 해당된다.

> **해설** C4식물 : 옥수수, 수수, 조, 피, 기장, 수단그래스, 버뮤다그래스, 명아주
> 대부분의 작물은 C3식물이다.

57 피토크롬(phytochrome)의 설명으로 옳지 않은 것은?

① 광흡수색소로써 일장효과에 관여한다.
② Pr은 호광성종자의 발아를 억제한다.
③ 피토크롬은 적색광과 근적외광을 가역적으로 흡수할 수 있다.
④ 굴광현상에 관여하는 물질이다.

> **해설** 굴광현상은 440nm 부근의 청색광에 의해 유도된다.

정답 54.③ 55.④ 56.④ 57.④

58 다음 중 하고현상을 일으키지 않는 목초는?
① 알팔파 ② 브롬그래스
③ 수단그래스 ④ 스위트클로버

 하고현상은 한지형 목초(앨팰퍼, 브롬그래스, 스위트클로버, 레드클로버 등)에서 발생한다. 수단그래스, 수수 등은 난지형 목초이다.

59 다음 중 T/R율에 관한 설명으로 옳은 것은?
① 감자나 고구마의 경우 파종기나 이식기가 늦어질수록 T/R율이 감소한다.
② 일사가 적어지면 T/R율이 감소한다.
③ 질소를 다량사용하면 T/R율이 감소한다.
④ 토양함수량이 감소하면 T/R율이 감소한다.

 ① 감자나 고구마의 경우 파종기나 이식기가 늦어질수록 T/R율이 증가한다.
② 일사가 적어지면 T/R율이 증가한다.
③ 질소를 다량사용하면 T/R율이 증가한다.

60 기지현상의 원인이라고 볼 수 없는 것은?
① C.E.C의 증대 ② 토양 중 염류집적
③ 양분의 소모 ④ 토양선충의 피해

 기지현상 원인
토양선충의 피해, 토양전염의 병해, 토양 중의 염류집적, 토양물리성의 악화, 토양비료분의 소모, 잡초의 번성, 유독물질의 축적

61 기지현상의 대책으로 옳지 않은 것은?
① 토양을 소독한다. ② 연작한다.
③ 돌려짓기 한다. ④ 객토 및 환토를 한다.

 기지 대책
• 윤작(돌려짓기) 및 답전윤환
• 객토(客土) 및 환토(換土)
• 유기물 사용과 합리적 시비
• 지력 배양
• 담수 : 유독물질 흘려보내기
• 심경(깊이갈이)이나 심토반전
• 접목
• 토양 소독

62 다음 중 연작의 피해가 가장 큰 작물은?
① 수수　　　　　　　② 고구마
③ 양파　　　　　　　④ 사탕무

연작의 해가 적은 작물	벼·맥류·옥수수·수수·사탕수수·조·고구마·무·순무·양배추·꽃양배추·당근·연·뽕나무·아스파라거스·토당귀·미나리·딸기·목화·삼·양파·담배·호박 등
1년 휴작이 필요한 작물	콩·파·쪽파·생강·시금치 등
2년 휴작이 필요한 작물	마·감자·잠두·오이·땅콩 등
3년 휴작이 필요한 작물	쑥갓·토란·참외·강낭콩 등
5~7년 휴작이 필요한 작물	수박·가지·고추·토마토·완두·레드클로버·우엉·사탕무 등
10년 이상 휴작이 필요한 작물	아마·인삼 등

63 다음 중 1년 휴작을 요구하는 작물로만 이루어진 것은?
① 가지, 고추　　　　② 완두, 토마토
③ 수박, 사탕무　　　④ 시금치, 생강

1년 휴작이 필요한 작물	콩·파·쪽파·생강·시금치 등

64 다음 중 토마토를 연작 재배하면 나타나는 병해는?
① 갈반병　　　　　　② 탄저병
③ 바이러스병　　　　④ 풋마름병

연작시 **토양전염병** : 아마(잘록병)·완두(잘록병)·백합(잘록병)·목화(잘록병)·강낭콩(탄저병)·사탕무(뿌리썩음병·갈색무늬병)·인삼(뿌리썩음병)·수박(덩굴쪼김병)·가지(풋마름병)·토마토(풋마름병) 등

65 생육기간이 비슷한 작물들을 교호로 재배하는 방식으로 콩 2이랑에 옥수수 1이랑을 재배하는 작부체계는?
① 혼작　　　　　　　② 교호작
③ 간작　　　　　　　④ 주위작

간 작(사이짓기)	한 가지 작물이 생육하고 있는 줄사이(조간, 고랑사이)에 다른 작물을 재배하는 것
교호작(엇갈아짓기)	생육기간이 비슷한 작물들을 교호로 재배하는 방식
혼 작(섞어짓기)	생육기간이 거의 같은 2종류 이상의 작물을 동시에 같은 포장에 섞어서 재배하는 것
주위작(둘레짓기)	포장의 주위에 포장 내의 작물과 다른 작물들을 재배하는 것

정답 62.④ 63.④ 64.④ 65.②

66 참외밭의 둘레에 옥수수를 심는 경우의 작부체계는?
① 간작　　　　　　　　② 혼작
③ 교호작　　　　　　　④ 주위작

 주위작
포장의 주위에 포장 내의 작물과 다른 작물들을 재배하는 것. 참외·수박밭 둘레에 옥수수·수수 등을 심으면 방풍효과가 나타난다.

67 다음 중 물리적 종자 소독 방법이 아닌 것은?
① 냉수온탕침법　　　　② 건열처리
③ 온탕침법　　　　　　④ 분의 소독법

- 물리적 소독 : 냉수온탕침법, 온탕침법, 건열처리
- 화학적 소독 : 분의소독법, 침지소독법

68 유기 벼 종자의 발아에 필수 조건이 아닌 것은?
① 산소　　　　　　　　② 온도
③ 광선　　　　　　　　④ 수분

- 벼 종자의 발아에 필수 조건 : 수분, 온도, 산소
- 볍씨는 광무관계 종자이므로 광과 관계없다.

69 일반적으로 볍씨 발아의 최적온도는?
① 8~13℃　　　　　　② 15~20℃
③ 30~34℃　　　　　　④ 40~44℃

 대부분 작물종자의 발아 최적온도는 30℃ 내외이다. 저온성 작물은 대개 25~30℃, 고온성 작물은 30~35℃ 선에 걸쳐 있다.

70 어떤 종자표본의 발아율이 80%이고 순도가 90%일 경우 종자의 진가(용가)는?
① 90　　　　　　　　　② 85
③ 80　　　　　　　　　④ 72

 진가(용가) $= \dfrac{발아율 \times 순도}{100} = \dfrac{80 \times 90}{100} = 72\%$

정답　66.④　67.④　68.③　69.③　70.④

71. 종자 활력을 검사하려고 할 때 테트라졸륨 용액에 종자를 담그면 씨눈 부분에만 변색이 되는 작물이 아닌 것은?

① 벼
② 옥수수
③ 보리
④ 콩

 테트라졸륨 용액에서 볏과 작물은 씨눈(배)에서만 적색으로 변색이 나타나고, 두과 작물인 콩은 자엽 전체에서 적색으로 변색이 된다.

72. 지하발아형 종자가 아닌 것은?

① 콩, 양파
② 완두, 귀리
③ 보리, 상추
④ 옥수수, 팥

구분	배유 식물	무배유 식물
지상자엽형	메밀, 양파, 피마자, 마디풀	콩, 땅콩, 덩굴강낭콩, 오이
지하자엽형	벼, 보리, 밀, 옥수수, 자주닭개비	완두, 잠두, 팥, 붉은강낭콩, 상추

73. 다음 중 녹지삽을 하는 작물로 알맞은 것은?

① 산세베리아
② 땅두릅나무
③ 카네이션
④ 포도나무

엽삽	베고니아·펠라고늄·차나무 등
근삽	땅두릅나무·자두나무·앵두나무·사과나무·감나무·오동나무 등
지삽	• 녹지삽 : 카네이션·펠라고늄·콜리우스피튜니아(피튜니아)·동백나무 • 단아삽 : 포도나무 • 신초삽 : 인과류·핵과류·감귤류 등 • 경지삽 : 포도나무·무화과나무 등

74. 작물의 파종과 관련된 설명으로 옳은 것은?

① 선종이란 파종 전 우량한 종자를 가려내는 것을 말한다.
② 추파맥류의 경우 추파성 정도가 낮은 품종은 조파(일찍 파종)를 한다.
③ 감온성이 높고 감광성이 둔한 하두형 콩은 늦은 봄에 파종을 한다.
④ 파종량이 많을 경우 잡초 발생이 많아지고 토양수분과 비료 이용도가 낮아져 성숙이 늦어진다.

정답 71.④ 72.① 73.③ 74.①

해설 ② 추파맥류의 경우 추파성 정도가 높은 품종은 조파(일찍 파종)를 한다.
③ 감온성이 높고 감광성이 둔한 하두형 콩은 이른 봄에 파종을 한다.
④ 파종량이 많을 경우 잡초 발생이 적어지고 토양수분과 비료 이용도가 높아져 성숙이 빨라진다.

75 옥수수를 300평에 심으려고 할 때 소요되는 종자개수는?(단, 1주 1종자 파종, 파종간격 30cm, 이랑간격 90cm)

① 2,660
② 3,660
③ 5,640
④ 6,450

해설 1평 = 3.3㎡, 300평 = 1,000㎡
1주의 면적 : 0.3m × 0.9m = 0.27㎡
종자개수 : $\dfrac{1000}{0.27}$ = 3,660개

76 휘묻이 방법 중 흙속에 매몰시켜서 발근하는 것이 아닌 것은?

① 당목취법
② 선취법
③ 파상취목법
④ 고취법

해설 고취법은 공중에서 수태, 점토 등으로 싸서 발근시키는 번식법이다.

77 다음 중 발아억제물질에 해당하지 않는 것은?

① 암모니아
② 질산염
③ 시안화수소
④ ABA

해설
발아촉진물질	지베렐린(GA) · 시토키닌(cytokinin) · 에틸렌(ethylene) · 질산염(KNO₃) · 과산화수소(H₂O₂) · thiourea 등
발아억제물질	ABA · 암모니아(NH₃) · 시안화수소(HCN) · phenolic compound · coumarin 등

78 다음의 여러 가지 파종방법 중에서 노동력이 가장 적게 소요되는 것은?

① 적파(摘播)
② 점뿌림(點播)
③ 골뿌림(條播)
④ 흩어뿌림(散播)

정답 75.② 76.④ 77.② 78.④

산 파 (흩어뿌림)	• 포장 전면에 종자를 흩어 뿌리는 방법, 노력이 절감됨 • 목초·자운영 등은 주로 산파를 하며, 산파를 하는 것이 수량도 많음 • 메밀도 파종기가 늦어지면 산파를 하고, 답리작 맥류는 파종노력을 절감하기 위하여 산파를 실시 • 단점 : 산파를 하면 종자 소요량이 많아지고, 통기 및 투광이 나빠지며, 도복하기 쉽고 제초 및 병충해 방제 등의 관리작업이 불편

79 지온 상승효과가 가장 우수한 멀칭 필름(피복비닐)의 색은?
① 투명 ② 녹색
③ 흑색 ④ 적색

 멀칭용 플라스틱필름 중에서 투명필름은 모든 광을 잘 투과시키며, 지온상승의 효과가 크나, 잡초의 발생이 많아짐

80 경운의 필요성에 대한 설명으로 옳지 않은 것은?
① 잡초 발생 억제
② 해충 발생 증가
③ 토양 물리성 개선
④ 비료, 농약의 시용효과 증대

 경운효과
토양 물리성 개선, 토양 화학성 개선, 잡초 경감, 땅속의 해충 경감

81 이랑을 세우고 이랑 위에 파종하는 방식은?
① 휴립휴파법 ② 휴립구파법
③ 평휴법 ④ 성휴법

평휴법	• 이랑과 고랑의 높이를 같게 하는 방식
휴립구파법	• 이랑을 세우고 낮은 골에 파종하는 방식
휴립휴파법	• 이랑을 세우고 이랑에 파종하는 방식
성휴법	• 이랑을 보통보다 넓고 크게 만드는 방법

정답 79.① 80.② 81.①

82 작휴법에 대한 설명으로 옳지 않은 것은?

① 성휴법은 이랑과 고랑사이의 높이를 같게 하는 방식이다.
② 휴립구파법은 이랑을 세우고 낮은 골에 파종하는 방식이다.
③ 휴립휴파법은 이랑을 세우고 이랑에 파종하는 방식이다.
④ 평휴법은 건조해와 습해가 동시에 완화된다.

성휴법 (盛畦法)	• 이랑을 보통보다 넓고 크게 만드는 방법 • 파종이 편리하고 생육 초기의 건조해와 장마철의 습해방지 효과적 • 맥류 답리작재배에서 성휴법 목적은 파종노력을 절감하려는 것이며, 내한성·내도복성·내병성 등이 큰 품종들을 선택해야 함

83 바이러스의 전염을 막기 위해 고랭지인 대관령에서 생산하는 작물은?

① 고구마　　② 사과
③ 감자　　　④ 딸기

해설 진딧물에 의한 바이러스 전염을 예방하기 위해 고랭지에서 감자를 재배한다.

84 벼 재배 시 발생하는 추락 현상에 대한 설명으로 옳은 것은?

① 개답의 역사가 짧고 유기물 함량이 낮은 미숙답에서 주로 발생한다.
② 모래함량이 많고 용탈이 심한 사질답에서 주로 발생한다.
③ 개답의 역사가 짧은 간척지로 염분농도가 높은 염해답에서 주로 발생한다.
④ 황화철이 부족하여 무기양분흡수가 저해되는 노후화답에서 주로 발생한다.

추락현상
Fe이 적고 벼 뿌리가 회백색을 보일 때는 H_2S가 벼 뿌리를 상하게 하여 양분흡수가 억제되면 늦여름이나 초가을부터 벼잎이 아래서부터 위로 마르고, 깨씨무늬병이 많이 발생하여 수량이 떨어지는 현상

85 작물생육 필수 원소에 해당하는 것은?

① Al, Fe　　② Zn, Mo
③ Na, Si　　④ Co, K

작물 필수원소

다량원소	탄소(C)·산소(O)·수소(H)·질소(N)·인(P)·칼륨(K)·칼슘(Ca)·마그네슘(Mg)·황(S)
미량원소	철(Fe)·구리(Cu)·아연(Zn)·망간(Mn)·몰리브덴(Mo)·붕소(B)·염소(Cl)

정답　82.①　83.③　84.④　85.②

86 작물에 광합성과 수분 상실의 제어 역할을 하고, 결핍되면 생장점이 말라죽고, 줄기가 약해지며 조기낙엽 현상을 일으키는 필수원소는?

① K
② P
③ Mg
④ N

해설 K(칼륨)
- 여러 가지 효소반응의 활성제(activator)로서 작용, 체내 구성물질은 아님
- K은 특정 화합물보다는 이온화하기 쉬운 형태로 뿌리·잎의 선단, 생장점에 다량 함유
- 광합성, 탄수화물·단백질 형성, 세포 내의 수분공급, 증산에 따른 수분상실을 조절하여 세포의 팽압을 유지하게 하는 기능에 관여
- 광합성을 촉진하므로 일조가 부족한 때에 비효가 큼
- 결핍 : 줄기 연약, 잎의 끝이나 둘레가 황화현상, 생장점이 고사, 하위엽의 낙엽, 결실이 저조함

87 식물체의 붕소 결핍 증상이 아닌 것은?

① 분열 조직이 괴사한다.
② 식물의 키가 커져서 도복하기 쉽다.
③ 알팔파의 황색병이 발생한다.
④ 사탕무의 속썩음병이 발생한다.

해설 붕소결핍증상
- 샐러리의 줄기쪼김병, 담배의 끝마름병, 사과의 축과병, 사탕무의 속썩음병, 순무이 갈색속썩음병, 꽃양배추의 갈색병, 앨팰퍼의 황색병 유발
- 수정·결실이 불량, 콩과작물은 뿌리혹(根瘤) 형성과 질소고정에 방해
- 분열조직의 급성 괴사(壞死, necrosis)

88 규산에 대한 설명으로 옳지 않은 것은?

① 벼, 보리 등 외떡잎식물에서 많이 흡수되며, 엽실에 침적되어 규질화세포를 형성한다.
② 규질화된 잎은 도열병균이 침입하기 어려우며, 각피증산이 촉진된다.
③ 규소가 잎에 축적되면 잎을 직립하게 하여 수광태세가 좋아지고 도복을 방지한다.
④ 규소가 물관에 축적되면 증산이 심할 때 받는 압력에 견디게 해준다.

해설 규질화된 잎은 도열병균이 침입하기 어려우며, 각피증산이 억제된다.

정답 86.① 87.② 88.②

89 생리적 중성비료인 것은?

① 황산칼륨　　　　　　② 염화칼륨
③ 석회질소　　　　　　④ 용성인비

생리적 산성비료	염화암모늄 · 황산암모늄(유안) · 염화칼륨 · 황산칼륨
생리적 중성비료	요소 · 질산암모늄 · 과인산석회 · 중과인산석회 · 석회질소
생리적 염기성비료	용성인비 · 나뭇재 · 칠레초석 · 토머스인비 · 퇴비 · 구비

90 질소비료의 흡수 형태에 대한 설명으로 옳은 것은?

① 식물이 주로 흡수하는 질소의 형태는 논토양에서는 NH_4^+, 밭토양에서는 NO_3^- 이온의 형태이다.
② 식물이 흡수하는 인산의 형태는 PO_4^-와 PO_3^- 형태이다.
③ 암모니아태질소는 양이온이기 때문에 토양에 흡착되지 않아 쉽게 용탈이 된다.
④ 질산태질소는 음이온으로 토양에 잘 흡착이 되어 용탈이 되지 않는다.

② 식물이 흡수하는 인산의 형태는 HPO_4^{2-}와 $H_2PO_4^-$ 형태이다.
③ 질산태질소는 양이온이기 때문에 토양에 흡착되지 않아 쉽게 용탈이 된다.
④ 암모니아태질소는 음이온으로 토양에 잘 흡착이 되어 용탈이 되지 않는다.

91 인산의 고정에 해당되지 않은 것은?

① Fe-P 인산염으로 침전에 의한 고정　　② 중성토양에 의한 고정
③ 점토광물에 의한 고정　　　　　　　　④ 교질상 Al에 의한 고정

인산은 중성에서 유효도가 가장 높다. 산성에서는 Fe · Al과 결합하여 불용화되고, 알칼리성에서는 Ca과 결합하여 불용화된다.

92 Mg와 Ca을 동시에 공급할 수 있는 석회비료는?

① 생석회　　　　　　② 석회석
③ 소석회　　　　　　④ 석회고토

석회는 Ca을, 고토는 Mg를 포함하는 비료이다.

93 질소 6kg/10a을 퇴비로 주려 할 때 시비해야 할 퇴비의 양은?(단, 퇴비 내 질소함량은 4%이다.)

① 100kg/10a
② 150kg/10a
③ 240kg/10a
④ 300kg/10a

 퇴비의 질소함량은 4%, 10a당 질소시용량은 6kg일 때

시비할 퇴비량 = $\dfrac{6kg}{0.04}$ = 150kg

94 논에 요소비료를 15kg을 주었다. 이 논에 들어간 질소의 유효성분 함유량은 몇 kg인가?

① 3.0kg
② 6.9kg
③ 8.3kg
④ 9.0kg

 요소에 함유되어있는 질소함량은 46%이다.
요소 15kg의 질소함량 : 15kg × 0.46 = 6.9kg

95 유효 질소 20kg이 필요한 겨울에 요소로 질소질비료를 시용한다면 필요한 요소량은?(단, 요소비료의 흡수율은 85%, 요소의 질소 함유량은 46%로 가정한다.)

① 약 21.1kg
② 약 23.2kg
③ 약 34.2kg
④ 약 51.1kg

 시용할 요소량 = $\dfrac{20}{0.46}$ ≒ 43kg

흡수율을 고려한 요소량 = $\dfrac{43}{0.85}$ ≒ 51kg

96 엽삽이 잘 되는 식물로만 이루어진 것은?

① 베고니아, 산세베리아
② 국화, 땅두릅
③ 자두나무, 앵두나무
④ 카네이션, 펠라고늄

엽삽	베고니아 · 펠라고늄 · 차나무 등
근삽	땅두릅나무 · 자두나무 · 앵두나무 · 사과나무 · 감나무 · 오동나무 등
지삽	• 녹지삽 : 카네이션 · 펠라고늄 · 콜리우스피튜니아(피튜니아) · 동백나무 • 단아삽 : 포도나무 • 신초삽 : 인과류 · 핵과류 · 감귤류 등 • 경지삽 : 포도나무 · 무화과나무 등

정답 93.② 94.② 95.④ 96.①

97 암발아 종자에 속하는 것은?
① 양파
② 담배
③ 베고니아
④ 상추

- 호광성 종자(광발아) : 담배, 상추, 우엉, 뽕나무, 피튜니아, 셀러리, 차조기, 금어초, 디지탈리스, 베고니아, 그래스류(캐나다블루그래스, 켄터키블루그래스, 버뮤다그래스, 스탠더드그래스, 벤트그래스)
- 혐광성 종자(암발아) : 가지, 토마토, 수박, 호박, 오이, 수세미, 무, 파, 양파

98 인공 영양번식에서 환상박피 처리를 하는 번식법으로 가장 적절한 것은?
① 삽목
② 취목
③ 복접
④ 지접

 취목 중에서 고취법
- 고무나무와 같은 관상수목에서 높은 곳에서 발근시키는 방법
- 발근시키고자 하는 부분에 미리 절상·환상박피를 해두면 효과적

99 경운에 대한 설명으로 옳지 않은 것은?
① 경토를 부드럽게 하고 토양의 물리적 성질을 개선하며 잡초를 없애주는 역할을 한다.
② 유기물의 분해를 촉진하고 토양 통기를 조장한다.
③ 해충을 경감시킨다.
④ 천경(9~12 cm)은 식질토양, 벼의 조식재배 시 유리하다.

- 식질토양, 조식재배에서는 심경을 실시한다.
- 누수답, 사질답, 습답, 만식재배에서는 심경이 불리하다.

100 담수, 피복 및 소각 등을 이용하여 방제하는 방법은?
① 법적 방제
② 물리적 방제
③ 재배적 방제
④ 화학적 방제

 병충해 방제 유형

경종적 방제	토지 선정, 품종 선택, 종자 선택, 윤작, 재배양식의 변경, 혼식, 생육시기의 조절, 시비법의 개선, 정결한 관리, 수확물의 건조, 중간기주식물 제거
물리적 방제	담수, 포살, 유살, 채란, 소각, 흙태우기, 차단, 온도처리 등
화학적 방제	살균제, 살충제, 유인제, 기피제, 화학불임제
생물학적 방제	기생성 곤충, 포식성 곤충, 병원미생물, 길항미생물 등
법적 방제	식물 검역

정답 97.① 98.② 99.④ 100.②

101 다음 설명하는 주요 해충은?

- 작물에 붙어 흡즙하면 식물체 양분이 부족하게 되며, 침샘에서 분비되는 독성물질이 엽록소를 파괴하여 잎이 위축되거나 황화하면서 생육이 저해된다.
- 바이러스 병을 매개하여 피해가 크다.
- 적합한 환경에서 알 → 약충 → 3회 탈피 → 성충으로 한 세대를 마치는데 5~8일이 소요된다.

① 응애 ② 선충
③ 진딧물 ④ 온실가루이

102 주로 논에서 발생하는 잡초는?

① 알방동사니 ② 강아지풀
③ 바랭이 ④ 쇠비름

구분		1년생	다년생
논잡초	벼과잡초	강피, 돌피, 물피	나도겨풀
	방동사니과	올챙이고랭이, 알방동사니	너도방동사니, 올방개, 매자기, 쇠털골
	광엽잡초	사마귀풀, 자귀풀, 가막사리, 여뀌, 여뀌바늘, 물달개비, 물옥잠	생이가래, 개구리밥, 올미, 가래, 벗풀, 보풀

103 우리나라 맥류재배 포장에서 나타나는 광엽월년생 잡초가 아닌 것은?

① 바랭이 ② 벼룩나물
③ 냉이 ④ 갈퀴덩굴

구분		1년생	다년생
밭잡초	벼과	바랭이, 둑새풀(2년생), 강아지풀, 돌피, 미국개기장	참새피, 띠
	방동사니과	참방동사니, 금방동사니	향부자
	광엽잡초	명아주, 개비름, 쇠비름, 여뀌, 깨풀, 냉이(2년생), 개갓냉이(2년생), 망초(2년생), 개망초(2년생), 별꽃(2년생), 꽃다지(2년생), 속속이풀(2년생)	쑥, 씀바귀, 민들레, 토끼풀, 메꽃, 쇠뜨기

104 답전 윤환 체계로 논을 밭으로 이용할 때 유기물이 분해되어 무기태질소가 증가하는 현상은?

① 산화 작용 ② 환원 작용
③ 건토 효과 ④ 윤작 효과

정답 101.③ 102.① 103.① 104.③

건토효과
흙을 한번 충분히 건조시키면 유기물이 분해되어 작물에 대한 비료분의 공급이 많아지는 현상. 건토효과는 밭보다 논에서 효과적이다.

105 생력재배의 효과로 볼 수 없는 것은?

① 노동투하시간의 절감
② 단위수량의 증대
③ 작부체계의 개선
④ 농구비(農具費) 절감

 생력재배 효과
노동투하 시간의 절감, 단위수량의 증대, 작부체계의 개선과 재배면적의 증대, 농업경영의 개선

106 고구마, 감자 등의 수확물의 상처에 유상조직인 코르크층을 발달시켜 병균의 침입을 방지하는 조치는?

① 예냉
② 큐어링
③ CA
④ 프라이밍

 ① 예냉 : 원예작물을 수확 직후 서늘한 곳에 보관하여 온도는 낮추는 것
③ CA저장 : 대기의 산소농도를 낮추고, 이산화탄소농도를 높여 저장하는 방법
④ 프라이밍 : 종자파종 전에 수분을 가하여 종자발아에 필요한 생리적 준비를 갖춰 발아속도와 균일성을 높이는 처리

107 식용감자와 고구마의 저장 온도 범위로 가장 적합한 것은?

① 감자 1~4℃, 고구마 5~10℃
② 감자 1~4℃, 고구마 12~15℃
③ 감자 12~15℃, 고구마 1~4℃
④ 감자 5~10℃, 고구마 1~4℃

108 저온 피해인 냉해의 종류가 아닌 것은?

① 지연형 냉해
② 장해형 냉해
③ 한해형 냉해
④ 병해형 냉해

냉해 종류 : 지연형 냉해, 장해형 냉해, 병해형 냉해, 종합형 냉해

정답) 105.④ 106.② 107.② 108.③

109 작물의 장해형 냉해에 관한 설명으로 가장 옳은 것은?
① 냉온으로 인하여 생육이 지연되어 후기 등숙이 불량해진다.
② 생육초기부터 출수기에 걸쳐 냉온으로 인하여 생육이 부진하고 지연된다.
③ 냉온 하에서 작물의 증산작용이나 광합성이 부진하여 특정 병해의 발생이 조장된다.
④ 유수 형성기부터 개화기까지, 특히 생식세포의 감수 분열기의 냉온으로 인하여 정상적인 생식기관이 형성되지 못한다.

해설 ①, ②는 지연형 냉해, ③은 병해형 냉해

110 내건성에 강한 작물에 대한 특성으로 옳지 않은 것은?
① 왜소하고 잎이 작다.
② 다육화의 경향이 있다.
③ 원형질막의 글리세린 투과성이 작다.
④ 탈수될 때 원형질의 응집이 덜하다.

해설 내건성 작물은 원형질막의 수분, 요소, 글리세린 투과성이 크다.

111 작물의 내건성이 높은 특성으로 옳지 않은 것은?
① 표면적/체적의 비가 작으며 왜소하고 잎이 작다.
② 뿌리가 깊고, 지상부보다 근군의 발달이 좋다.
③ 저수능력이 작고, 다육화 경향이 있다.
④ 기동세포가 발달하여 탈수되면 잎이 말려서 표면적이 축소된다.

해설 내건성이 높은 식물은 저수능력이 크고, 다육화 경향이 있다.

112 작물의 열해의 주요 기구가 아닌 것은?
① 유기물의 과잉소모
② 철분의 침전
③ 증산과다
④ 암모니아의 과잉소모

해설 열해의 주요 기구
철분 침전, 증산 과다, 유기물의 과잉소모, 질소대사의 이상

정답 109.④ 110.③ 111.③ 112.④

113 습해의 방지 대책으로 가장 거리가 먼 것은?

① 배수
② 객토
③ 미숙 유기물의 시용
④ 과산화석회의 시용

해설 습해 방지대책

배수, 정지, 토양개량, 내습성 작물·품종 선택, 과산화석회 시용, 미숙유기물과 황산근 비료 사용 금지

114 수해의 사전대책으로 옳지 않은 것은?

① 경사지와 경작지의 토양을 보호한다.
② 질소 과용을 피한다.
③ 작물의 종류나 품종의 선택에 유의한다.
④ 경지정리를 가급적 피한다.

해설 수해 사전 대책
- 치산·치수를 잘할 것(수해 기본대책)
- 경사지·경작지의 토양보호
- 경지정리를 통해서 배수 도모
- 수해상습지는 수해에 견디는 작물과 품종을 선택
- 파종기 또는 이식기를 조절해서 수해를 회피
- 질소의 다용시비 회피

115 배수의 효과로 옳지 않은 것은?

① 습해와 수해를 방지한다.
② 토양의 성질을 개선하여 작물의 생육을 촉진한다.
③ 경지 이용도를 낮게 한다.
④ 농작업을 용이하게 하고, 기계화를 촉진한다.

해설 배수 효과
- 습해·수해를 방지하고, 토양 성질을 개선하여 작물의 생육을 촉진
- 농작업을 용이하게 하고, 기계화를 촉진
- 1모작 논을 2·3모작 논으로 하여 경지이용도를 제고함

정답 113.③ 114.④ 115.③

116 작물을 재배할 때 도복의 피해 양상이 아닌 것은?
① 수량감소 ② 품질저하
③ 수발아 방지 ④ 수확작업 곤란

해설
- 도복 유발조건 : 밀식, 질소 과용, 칼리 및 규산 부족, 병충해, 비바람, 키 큰 품종
- 도복 피해양상 : 품질 손상, 수량 감소, 수확작업의 불편, 간작물에 대한 피해

117 맥류나 벼를 재배할 때 성숙기의 강우에 의해 발생하는 수발아 현상을 막기 위한 대책이 아닌 것은?
① 벼의 경우 유효분얼 초기에 3~5cm 깊이로 물을 깊게 대어주고 생장조절제인 세리타드 입제를 살포한다.
② 밀보다는 성숙기가 빠른 보리를 재배한다.
③ 조숙종이 만숙종보다 수발아 위험이 적고 휴면기간이 길어 수발아에 대한 위험이 낮다.
④ 도복이 되지 않도록 재배관리를 잘한다.

해설 **수발아 대책**
도복 방지, 발아억제제 살포, 조기 수확, 조숙성 품종과 작물 선택

정답 116.③ 117.①

02 | 토양관리

118 토양의 3상에 속하지 않는 것은?
① 액상
② 기상
③ 고상
④ 주상

119 화성암을 구성하는 주요 광물이 아닌 것은?
① 십자석
② 각섬석
③ 석영
④ 장석

> **해설** 6대 조암광물
> 감람석, 휘석, 각섬석, 운모, 장석, 석영

120 화성암을 산성암, 중성암, 염기성암으로 구별할 때 기준이 되는 성분은?
① 칼슘
② 칼륨
③ 규산
④ 마그네슘

> **해설** 규산(SiO_2) 함량이 52% 미만은 염기성암, 52~66%에서는 중성암, 66% 이상은 산성암이다.

121 우리나라의 주요 광물인 화강암의 생성 위치와 규산 함량이 바르게 짝지어진 것은?
① 생성 위치-심성암, 규산 함량-66% 이상
② 생성 위치-심성암, 규산 함량-55% 이하
③ 생성 위치-반심성암, 규산 함량-66% 이상
④ 생성 위치-반심성암, 규산 함량-55% 이하

> **해설**
>
> | 생성 깊이 | | 얕음 ↑ ↓ 깊음 | | |
> |---|---|---|---|---|
> | | 화산암 | 현무암 | 안산암 | 유문암 |
> | | 반심성암 | 휘록암 | 섬록반암 | 석영반암 |
> | | 심성암 | 반려암 | 섬록암 | 화강암 |
> | | | 염기성암 | 중성암 | 산성암 |
> | | | ←52% | 66%→ | |
>
> 규산(SiO_2) 함량

정답 118.④ 119.① 120.③ 121.①

122 토양 생성 요인 중 지형, 모재 및 시간 등의 영향이 뚜렷하게 나타나는 토양은?
① 성대성 토양
② 간대성 토양
③ 무대성 토양
④ 열대성 토양

- 성대성 토양 인자 : 기후, 식생
- 간대성 토양 인자 : 모재, 지형, 시간

123 토양생성인자 중 가장 광범위하게 영향을 끼치는 인자는?
① 기후
② 식생
③ 모재
④ 지형

기후	• 토양생성 요인 중 가장 중요하고, 기후 요인 중 강수량과 온도가 중요함 • 강수량이 많을수록, 온도가 높을수록 풍화속도가 빠름

124 우리나라의 전 국토의 2/3가 화강암 또는 화강편마암으로 구성되어 있다. 이러한 종류의 암석은 토양 생성과정 인자 중 어느 것에 해당하는가?
① 기후
② 지형
③ 풍화기간
④ 모재

 우리나라 토양의 모재
㉠ 우리나라 전 국토의 2/3 이상이 선캄브리아시대 화강암·화강편마암으로 모래질이 많고 산성을 띠어 비옥도가 낮다.
㉡ 영남 내륙은 중생대의 경상계에 속하는 혈암·사암·역암 등 퇴적암류가 널리 분포한다.
㉢ 충북 단양, 강원도 삼척·대화, 경북 문경·울진, 황해도 서흥·신막, 평남 덕천·성천 등지에 석회암이 비교적 넓게 분포한다.
㉣ 제주도·울릉도 도서와 철원평야 등지에는 화산성 퇴적물이나 현무암질 모재가 국지적으로 분포한다.
㉤ 영일만 일대는 제3기층에 기인된 연암(반고결암)이나 융기해성토지대와, 해안에는 사구 등의 풍적모재도 일부 분포한다.

125 우리나라 산간지 토양으로 형성되는 형태는?
① 잔적토
② 붕적토
③ 빙적토
④ 사구

우리나라 구릉지 등 경사가 완만한 지형에서 잔적토 형태로 퇴적된다.

정답 122.② 123.① 124.④ 125.①

126 우리나라 논토양의 퇴적 양식은 어떤 것이 많은가?
① 충적토 ② 붕적토
③ 잔적토 ④ 풍적토

해설 우리나라 논토양은 하성충적토가 가장 많다.

127 석회암 지대의 천연동굴은 사람이 많이 드나들면 호흡 때문에 훼손이 심화될 수 있다. 천연동굴의 훼손과 가장 관계가 깊은 풍화작용은?
① 가수 분해(hydrolysis) ② 산화 작용(oxidation)
③ 탄산화 작용(carbonation) ④ 수화 작용(hydration)

해설 암석의 화학적 풍화

용해	용질(녹아 들어가는 물질)이 용매(녹이는 물질) 속으로 확산되어 섞이는 현상. 소금이나 설탕이 물에 녹아 들어가는 현상
가수분해	물은 일부가 활성 H^+과 OH^-로 해리되어 있으므로 규산염에 대하여 H_2O 자체는 유력한 가수분해제로 작용함
수화작용	무수물(無水物)이 함수물(含水物)로 되는 작용. 수화와 탈수의 반복은 암석 풍화를 조장함
산성화	토양 내 질산(HNO_3)·황산(H_2SO_4)·탄산(H_2CO_3)·유기산(-COOH)에서 배출되는 H^+은 풍화작용을 조장함
산화작용	환원조건 하에서 형성된 암석광물은 공기와 접촉하면 O_2에 의해 산화되어 풍화작용이 진행됨
탄산화작용	토양속 이산화탄소는 토양수분에 용해되어 중탄산을 만들고 암석의 풍화를 조장함

128 암석의 물리적 풍화작용 요인으로 볼 수 없는 것은?
① 공기 ② 물
③ 온도 ④ 용해

해설
- 암석의 물리적 풍화 요인 : 온도, 물, 바람, 빙하, 동식물
- 암석의 화학적 풍화 요인 : 용해, 가수분해, 수화작용, 산화작용, 산성화, 탄산화 작용

129 생물적 풍화작용에 해당하는 것은?
① 동물에 의한 충격 ② 킬레이트화
③ 수화작용 ④ 산화작용

해설 암석의 생물적 풍화 요인 : 동물, 식물, 미생물

정답 126.① 127.③ 128.④ 129.①

130 지하수위가 높은 저습지나 배수 불량지에서 환원상태가 발달하면서 청회색을 띠는 토층이 발달하는 토양생성작용은?

① podzolization
② salinization
③ alkalization
④ gleyzation

해설 ① podzolization : 한랭습윤한 침엽수림에서 토양표층에서는 Fe·Al이 용탈되어 표백층이 되고, 그 아래층은 Fe·Al이 집적된 적갈색 집적층을 갖는 토양
② salinization : 염류화 작용. 표토에 가용성 염류가 집적되는 현상
③ alkalization : 알칼리화 작용. 토양에 Na 이온이 증가되어 나타나는 현상

131 한랭습윤지역에 생성된 포드졸 토양의 설명으로 옳은 것은?

① 용탈층에는 규산이 남고, 집적층에는 Fe 및 Al이 집적된다.
② 용탈층에는 Fe 및 Al이 남고, 집적층에는 염기가 집적된다.
③ 용탈층에는 염기가 남고, 집적층에는 규산이 집적된다.
④ 용탈층에는 염기가 남고, 집적층에는 Fe 및 Al이 집적된다.

해설 포드졸 토양은 염기성 이온(K^+, Mg^{2+}, Na^+, Ca^{2+})이 먼저 용탈되고, 토양이 산성을 띠므로 Fe·Al 등이 가용화되어 하층에 이동하여 집적된다.
ⓐ 용탈층 : 과용탈상태가 되어 심하면 석영과 규산이 남아 회백색을 띤 토층(albic horizon)이 생성됨
ⓑ 집적층 : 흑갈색 부식(humus)이 집적되고 적갈색을 띤 Fe 집적층이 생성되는 등 층위분화가 명료한 podzol 토양이 생성됨

132 토양층위에 대한 설명으로 옳지 않은 것은?

① E층 : 규반염점토와 철, 알루미늄의 산화물 등이 용탈되며 최대용탈층이라고도 부른다.
② B층 : A층에서 용탈된 물질이 집적된다.
③ C층 : 토양생성작용을 거의 받지 않는 모재층이다.
④ O층 : 유기물 층위로 보통 A층 아래에 위치한다.

해설 O층 : 유기물 층위로 보통 A층 위에 위치한다.

133 토양 단면에서 식물조직이 분명한 유기물층은?

① L층
② F층
③ H층
④ A층

해설 유기물층
- L층 : 부식되지 않은 낙엽층
- F층 : 식물조직이 분명한 유기물층
- H층 : 식물조직이 불분명한 유기물층

134 토양목 중 토양발달의 최종단계에 속하여 가장 풍화가 많이 진행된 토양으로 Fe · Al 산화물이 많은 토양은?
① Mollisols ② Oxisols
③ Ultisols ④ Entisols

Entisol (미숙토)	• Entisol은 토양의 발달과정이 거의 진행되지 않은 토양 • Entisol은 기후조건에 관계없이 풍화에 대한 저항성이 매우 강한 모재로 된 토양이나 최근 형성된 모재의 토양에서 나타날 수 있고, 계속적인 침식으로 토층 발달이 현저히 어려운 경사지형에서도 나타남
Mollisol (암연토)	• Mollisol은 표층에 유기물이 많이 축적되어 있고, Ca이 풍부한 토양 • 주로 steppe이나 prairie식생 하에서 발달하고, 염기의 공급이 많은 암갈색이나 검은색이 나타남
Ultisol (과숙토)	• Ultisol은 온난 습윤한 열대 또는 아열대지역에서 Alfisol의 경우보다 더 강한 풍화 및 용탈작용이 일어나는 조건에서 발달함 • 점토광물은 심한 풍화현상으로 인하여 주로 kaolinite와 Fe · Al 산화물로 되어 있음
Oxisol (과분해토)	• Oxisol은 풍화와 용탈이 매우 심하게 일어나는 고온 다습한 열대기후지역에서 발달함 • 토양의 광물조성은 주로 kaolinite · 석영 · Fe과 Al 산화물이며, 양이온교환용량과 치환성염기의 함량이 적음 • Oxisol은 Fe산화물의 영향으로 일반적으로 적색 또는 황색을 띠며, 양분보유량이 적어 비옥도도 낮음

135 토양의 물리적 성질이 아닌 것은?
① 토성 ② 토양온도
③ 토양색 ④ 토양반응

해설 토양의 물리적 성질
토성 · 밀도 · 구조(입단) · 공극률 · 수분함량 · 견지도 · 색 · 온도 등

136 다음 토양 중 일반적으로 용적밀도가 작고, 공극량이 큰 토성은?
① 사토 ② 사양토
③ 양토 ④ 식토

해설 사토 → 사양토 → 양토 → 식양토 → 식토로 갈수록 용적밀도가 작고, 공극량이 크다.

정답 134.② 135.④ 136.④

137. 다음 중 공극량이 가장 적은 토양은?
① 용적밀도가 높은 토양
② 수분이 많은 토양
③ 공기가 많은 토양
④ 경도가 낮은 토양

- 공극 : 토양의 기상+액상
- 공극량이 적은 토양은 고상이 높은 토양, 잘 다져진 용적밀도가 높은 토양이다.

138. 작물 재배에 적합한 모래 참흙(사양토)의 점토 함량(%)으로 가장 적합한 것은?(단, 세토 중의 점토 함량으로 한다.)
① 12.5 이하
② 12.5 ~ 25.0
③ 25.0 ~ 37.5
④ 37.5 ~ 50.0

토성의 종류	점토 함량
사토	12.5% 이하
사양토	12.5~25.0%
양토	25.0~37.5%
식양토	37.5~50.0%
식토	50% 이상

139. 토양의 평균적인 입자밀도는?
① $0.7g/cm^3$
② $1.5g/cm^3$
③ $2.65g/cm^3$
④ $5.4g/cm^3$

토양의 평균 입자밀도는 $2.65g/cm^3$, 평균 용적밀도는 $1.3g/cm^3$ 정도이다.

140. 용적비중(가비중) 1.3인 토양의 10a당 작토(깊이 10cm)의 무게는?
① 약 13톤
② 약 130톤
③ 약 1,300톤
④ 약 13,000톤

토양 부피 : $1,000m^2 \times 0.1m = 100m^3$
질량 = 밀도 × 부피 = $1.3Mg/m^3 \times 100m^3 = 130Mg(ton)$

141
다음 표의 10a의 경작토양에서 10cm 깊이의 건조토양의 무게는 얼마인가?

10cm 깊이의 10a의 부피	용적밀도
100m³	1.20g·cm⁻³

① 100,000kg ② 120,000kg
③ 140,000kg ④ 160,000kg

 경작토양의 건토무게 = 부피 × 용적밀도
= 100m³ × 1.2g·cm⁻³ = 100m³ × 1.2Mg·m⁻³
= 120Mg = 120,000kg

142
다음 토양 중 일반적으로 용적밀도가 크고, 공극량이 작은 토성은?

① 사토
② 사양토
③ 양토
④ 식토

토양	용적밀도	공극량
사토	1.6	40%
사양토	1.5	43%
양토	1.4	47%
식양토	1.2	55%
식토	1.1	58%

143
부피 밀도가 1.5g/㎤이고 알갱이 밀도가 2.6g/㎤인 토양의 공극률은?

① 약 35% ② 약 42%
③ 약 52% ④ 약 65%

 공극률 = 1 − 용적밀도/입자밀도 = 1 − $\frac{1.5}{2.6}$ = 0.42

144
토양 공기에 대한 설명으로 가장 적절하지 않은 것은?

① 토양 공기의 조성은 대기의 조성과 동일하다.
② 토양공기 유통의 중요한 기작은 확산작용이다.
③ 토양 중 산소는 미생물의 분포에 큰 영향을 준다.
④ 토양 중 통기성은 토양 내 양분의 화학성에 영향을 준다.

토양공기는 대기와 비교하여 산소는 낮고, 이산화탄소는 높다.

정답 141.② 142.① 143.② 144.①

145 토양이 건조하여 딱딱하게 굳어지는 성질을 무엇이라 하는가?
① 이쇄성
② 소성
③ 수화성
④ 강성

해설 토양의 견지성
수분이 너무 많으면 유동성·점성을 가지고, 습윤한 상태에서는 소성을 가지며, 수분함량이 감소하여 소성을 잃으면 부스러지기 쉽고(이쇄성), 더욱 건조하면 입자들이 응집되고 단단해진다(강성).

146 Munsell 표기법에 의한 토양색이 7.5R 7/2일 때 채도를 나타내는 기호로 옳은 것은?
① 7.5
② R
③ 7
④ 2

해설 7.5R은 색상, 7은 명도, 2는 채도를 의미한다.

147 토양의 색에 대한 설명으로 옳지 않은 것은?
① 토색을 보면 토양의 풍화과정이나 성질을 파악하는데 큰 도움이 된다.
② 착색재료로는 주로 산화철은 적색, 부식은 흑색/갈색을 나타낸다.
③ 신선한 유기물은 녹색, 적철광은 적색, 황철광은 황색을 나타낸다.
④ 토색 표시법은 Munsell의 표준토색첩을 기준으로 하며, 3속성을 나타내고 있다.

해설 유기물은 흑갈색, 적철광은 적갈색, 황철광은 담황색을 나타낸다.

148 입단구조의 생성에 대한 설명으로 가장 거리가 먼 것은?
① 양이온이 점토 입자와 점토 입자 사이에 흡착되어 입단을 형성한다.
② 유기 물질의 수산기나 카르복실기가 점토 광물과 결합하여 입단을 형성한다.
③ 식물뿌리가 완전히 분해되면서 생기는 탄산에 의하여 입단을 형성한다.
④ 폴리비닐, 크릴리움 등은 입자를 접착시켜 입단을 형성한다.

해설 미생물은 식물뿌리 등 유기물 분해를 촉진시키고, 이때 생성되는 점액성 물질이 입단형성을 도와준다.

정답 145.④ 146.④ 147.③ 148.③

149 다음에서 설명하는 것은?

- 배수와 통기성이 양호하며 뿌리의 발달이 원활한 심토층에서 주로 발달한다.
- 입단의 모양은 불규칙하지만 대개 6면체로 되어 있으며, 입단 간 거리가 5~50mm로 떨어져 있다.

① 원주상 구조 ② 판상 구조
③ 각주상 구조 ④ 괴상 구조

 괴상구조는 배수와 통기성이 양호하며 뿌리 발달이 원활한 심층토에서 주로 발달하며, 점토가 많고 수축팽창이 일어나는 심토에서 발달한다.

150 질소화합물이 토양 중에서 $NO_3^- \rightarrow NO_2^- \rightarrow N_2O, N_2$와 같은 순서로 질소의 형태가 바뀌는 작용을 무엇이라 하는가?

① 암모니아 산화작용 ② 탈질작용
③ 질산화작용 ④ 질소고정작용

해설 탈질작용(denitrification, 환원 과정)
질산(음이온)은 토양입자(음이온)에 흡착되지 않고, 환원층으로 용탈되면 탈질균(혐기성균)의 작용으로 환원되어 가스태질소(N_2)로 바뀌어, 대기 중으로 휘산됨

151 암모니아화작용에 대한 설명으로 옳은 것만 모두 고른 것은?

㉠ 유기태질소가 토양미생물로 분해되어 무기태질소인 암모니아가 되는 작용이다.
㉡ 이 작용을 일으키는 주요 미생물은 세균과 곰팡이다.
㉢ 이 작용은 40~60℃에서 왕성하게 일어난다.
㉣ 암모니아태질소(NH_4^+-N)는 주로 토양의 콜로이드에 흡착되기 어려워서 쉽게 용탈된다.

① ㉠, ㉣ ② ㉠, ㉡
③ ㉠, ㉡, ㉢ ④ ㉠, ㉡, ㉢, ㉣

해설 ㉣ 암모니아태질소(NH_4^+-N)는 주로 토양의 콜로이드에 흡착되어 쉽게 용탈되지 않는다.

152 유기재배 시 작물생육에 크게 영향을 미치는 토양공기 조성에 관한 설명 중 알맞은 것은?
① 토양공기의 갱신은 바람의 이동 영향이 가장 크다.
② 토양공기는 대기와 교환되므로 이산화탄소 농도가 감소한다.
③ 토양공기 중 이산화탄소는 식물뿌리 호흡에 의해 발생된다.
④ 토양공기 중 산소는 혐기성 미생물에 의해 소비된다.

정답 149.④ 150.② 151.③ 152.③

① 토양공기의 갱신은 통기성이 중요한데, 토양통기성의 가장 중요 인자는 토성·토양구조·수분 함량 등이다.
② 토양공기는 대기와 교환되는데, 산소는 토양으로 확산되고 이산화탄소는 대기로 확산된다. 토양내 식물뿌리와 토양미생물 호흡으로 이산화탄소 농도가 증가한다.
④ 토양공기 중 산소는 호기성 미생물에 의해 소비된다.

153 식물에 이용되는 유효수분으로 토양입자 사이의 작은 공극 안에 표면장력에 의하여 흡수·유지되어 있는 토양수는?
① 중력수 ② 모세관수
③ 흡습수 ④ 결합수

결합수	• 점토광물에 결합되어 있는 수분으로 토양에서 분리시킬 수 없음 • pF 7.0 이상, 작물이 흡수할 수 없음
흡습수	• 건토를 공기 중에 두면 분자간 인력에 의해 수증기가 토양 표면에 흡착된 수분으로 토양입자 표면에 피막상으로 흡착된 수분 • pF 4.5~7(31~10,000기압), 작물에 흡수·이용되지 못함(작물의 흡수압은 5~14기압)
모관수	• 토양공극 내에서 표면장력 때문에 중력에 저항하여 유지되는 수분, 모관현상에 의하여 지하수가 모관공극을 상승하여 공급됨 • pF 2.7~4.5, 작물이 주로 이용하는 수분
중력수	• 포장용수량 이상의 수분으로 중력에 의하여 비모관공극을 통해 흘러내리는 물 • pF 0~2.7, 작물에 용이하게 이용되지만, 곧 근권 아래로 내려간 수분은 직접 이용되지 못함

154 토양의 유효수분 범위로 옳은 것은?
① 포장용수량 ~ 초기위조점 ② 포장용수량 ~ 영구위조점
③ 최대용수량 ~ 초기위조점 ④ 최대용수량 ~ 영구위조점

 토양의 유효수분
포장용수량(pF 2.5) ~ 영구위조점(pF 4.2)

155 토양의 수분장력을 표시하는 방법은?
① pF   ② EC
③ pH   ④ g

pF(potential force) : 토양수분장력, 토양입자가 수분을 흡착하려는 힘

정답 153.② 154.② 155.①

156 풍건 상태일 때 토양의 pF값은?

① 약 4.0   ② 약 5.0
③ 약 6.0   ④ 약 7.0

건토상태	• pF≒7
풍건상태	• pF≒6
흡습계수	• pF는 4.5(31기압)
영구위조점	• pF는 4.2(15기압) 정도
초기위조점	• pF는 3.9(8기압) 정도
포장용수량=최소용수량	• pF는 2.5~2.7(1/3~1/2기압)
최대용수량	• pF는 0

157 젖은 토양에 중력의 1,000배의 원심력을 작용시킬 경우 잔류하는 수분상태는?

① 수분 당량   ② 위조계수
③ 최대요수량   ④ 흡습계수

 **수분당량**
젖은 토양에 중력의 1,000배의 원심력을 작용시킬 경우 잔류하는 수분상태

158 ( )안에 알맞은 내용은?

> 집단류란 물의 ( )으로 ( )과(와) 대비되는 개념이다.

① 포화현상, 비산   ② 대류현상, 확산
③ 기화현상, 수증기   ④ 불포화현상, 비산

- 집단류 : 물의 대류현상으로 확산과 대비되는 개념이며, 식물의 증산작용으로 잎·줄기·뿌리·토양 사이에 연속적인 수분퍼텐셜 기울기가 형성되며 토양수는 식물이 자라는 동안 뿌리 쪽으로 집단류 형태로 이동하여 흡수된다.
- 확산 : 불규칙적인 열운동에 의하여 이온이 높은 농도에서 낮은 농도 쪽으로 이동하는 현상

159 다음 중 산성 토양의 pH는?

① pH 4   ② pH 7
③ pH 9   ④ pH 12

 pH 7보다 낮아지면 산성이고, 높아지면 알칼리성이다.

정답 156.③ 157.① 158.② 159.①

160 다음 중 토양 반응(pH)과 가장 밀접한 관계가 있는 것은?
① 토성
② 토색
③ 염기포화도
④ 양이온치환용량

해설
- 염기는 토양을 알칼리성으로 만들려는 경향이 있는 이온들이다.
- 염기포화도가 높으면 알칼리성 경향이고, 낮으면 산성(낮은 pH) 경향이 나타난다.
- 염기포화도와 대별되는 개념으로 산성포화도(수소 이온농도 비율)가 있다.

161 석회로 산성토양을 중화했을 때 결핍되기 가장 쉬운 영양성분은?
① 몰리브덴
② 마그네슘
③ 질소
④ 망간

해설 철, 구리, 아연, 망간 등 금속이온은 알칼리성 쪽으로 갈수록 용해도가 감소한다.

162 담수된 논토양의 환원층에서 진행되는 화학반응으로 옳은 것은?
① $S \rightarrow H_2S$
② $CH_4 \rightarrow CO_2$
③ $Fe^{2+} \rightarrow Fe^{3+}$
④ $NH_4 \rightarrow NO_3$

해설

원소	산화(밭) 상태	환원(논) 상태
C	CO_2	CH_4, 유기산류
N	NO_3^-	N_2, NH_4
Mn	Mn^{4+}, Mn^{3+}	Mn^{2+}
Fe	Fe^{3+}	Fe^{2+}
S	SO_4^{2-}	H_2S, S
P	H_2PO_4, $AlPO_4$	$Fe(H_2PO_4)_2$, $Ca(H_2PO_4)_2$
Eh	높음	낮음

163 토양온도에 대한 설명으로 옳지 않은 것은?
① 토양온도는 토양 생성 작용, 토양미생물의 활동, 식물 생육에 중요한 요소이다.
② 토양온도는 토양유기물의 분해속도와 양에 미치는 영향이 매우 커서 열대토양의 유기물 함량이 높은 이유가 된다.
③ 토양 비열은 토양 1g을 1℃ 올리는데 소요되는 열량으로, 물이 1이고 무기성분은 더 낮다.
④ 토양의 열원은 주로 태양광선이며 습윤열, 유기물 분해열 등이다.

해설 열대토양은 다습하고 온도가 높아 미생물활성이 높고 유기물 분해가 많아서 오히려 유기물 함량이 낮다.

정답 160.③ 161.④ 162.① 163.②

164 논토양과 밭토양에 대한 설명으로 옳지 않은 것은?

① 습답에서는 특수성분결핍 토양이 존재할 수 있다.
② 새로 개간한 밭토양은 인산 흡수 계수의 5%, 논토양은 인산 흡수 계수의 2% 사용으로 기경지와 유사한 작물 수량을 얻을 수 있다.
③ 밭토양에서는 유기물 함량이 지나치게 높으면 작물생육에 해를 끼칠 수 있어 임계 유기물 함량 이상 유기물을 사용해서는 안된다.
④ 우리나라 밭토양은 여름철 고온 다우의 영향을 받아 염기의 용탈이 많아서 pH가 평균 5.7의 산성토양이다.

해설 논토양에서는 유기물 함량이 지나치게 높으면 작물생육에 해를 끼칠 수 있다.

165 유기농업에서 칼리질 화학비료 대신 사용할 수 있는 자재는?

① 석회석 ② 고령토
③ 일라이트 ④ 제올라이트

해설 일라이트는 칼륨을 많이 함유하고 있는 점토광물이다.

166 점토광물 중 규산층과 알루미나층이 1 : 1의 비율로 결합된 것으로 보통 고령도(高嶺土)라고 불리는 것은?

① 카올리나이트 ② 일라이트
③ 몬모릴로나이트 ④ 버미큘라이트

해설 **kaolin**
규소사면체층과 알루미늄팔면체층이 1:1로 결합된 광물로서 kaolinite · halloysite 등이 있다.

167 적색 또는 회색 포드졸 토양의 주요 점토광물이며, 우리나라 토양의 점토광물 중 대부분을 차지하는 것은?

① 카올리나이트 ② 일라이트
③ 몬모릴로나이트 ④ 버미큘라이트

해설 **카올리나이트 특징**
우리나라 주된 점토광물, 1:1형 비팽창형 광물, 비치환성, 낮은 음전하, 낮은 비표면적

정답 164.③ 165.③ 166.① 167.①

168 다음 중 단위 무게당 가장 많은 양의 음전하를 함유한 광물은?

① kaolinite(카올리나이트) ② montmorillonite(몬모릴로나이트)
③ illite(일라이트) ④ chlorite(클로라이트)

구분	비표면적(m^2/g)	CEC($cmol_c/kg$)
kaolinite	7~30	2~15
montmorillonite	600~800	80~150
dioctahedral vermiculite	50~800	10~150
trioctahedral vermiculite	600~800	100~200
illite	–	20~40
chlorite	70~150	10~40
allophane	100~800	100~800

169 토양의 CEC에 대한 설명이 옳은 것은?

① 토양수분용량 ② 토양산도용량
③ 유기물용량 ④ 양이온교환용량

 양이온교환용량(CEC) : 일정량의 토양이나 교질물이 양이온을 흡착·교환할 수 있는 능력. CEC는 토양교질의 음전하 크기와 비례함

170 토양 내 미생물의 바이오매스량(ha당 생체량)이 가장 큰 것은?

① 세균 ② 방선균
③ 사상균 ④ 조류

구분		개체수(/g)	생물체량(kg/ha)
대형동물군	지렁이	–	100~1,500
중형동물군	진드기	1~10	5~150
	톡토기	1~10	5~150
미소동물군	선충	10^4~10^5	10~150
	원생동물	10^1~10^2	20~200
미소식물군	조류	10^4~10^5	10~500
	사상균	10^5~10^6	1,000~15,000
	방선균	10^7~10^8	400~5,000
	세균	10^8~10^9	400~5,000

정답 168.② 169.④ 170.③

171 식물의 미소식물군 중 독립영양생물에 속하는 것은?

① 황조류 ② 곰팡이
③ 이끼 ④ 방선균

동물	대형동물군	생쥐·두더지·지렁이·개미·거미·노래기·쥐며느리·갑충	
	중형동물군	진드기·톡토기	
	미소동물군	선형동물	선충
		원생동물	아메바·편모충·섬모충
식물	대형식물군	식물의 뿌리·이끼	
	미소식물군	독립영양생물	녹조류·규조류·황조류
		종속영양생물	사상균(효모·곰팡이·버섯)·방선균
		독립 및 종속영양생물	세균·남조류

172 다음 토양미생물 중 흙냄새와 가장 관련있는 것은?

① 곰팡이 ② 근균
③ 방선균 ④ 세균

토양미생물 중 흙냄새와 가장 관련있는 것은 방선균이다.

173 다음 중 토양에 서식하며 토양으로부터 양분과 에너지원을 얻으며 특히 배설물이 토양입단 증가에 영향을 주는 것은?

① 사상균 ② 지렁이
③ 박테리아 ④ 방사상균

 지렁이 역할
㉠ 지렁이는 토양 속에 수많은 통로를 만들어 토양의 배수성·통기성 증대시킨다.
㉡ 지렁이가 분비하는 점액물질은 토양구조를 개선하고 영양분이 풍부하기 때문에 미생물 활성을 높인다.
㉢ 지렁이가 하루에 먹는 양은 자신 몸무게의 2~30배에 해당된다.
㉣ 분변토(cast, 지렁이 배설물)는 안정된 입단을 이룬다.
㉤ 지렁이 사체는 쉽게 분해되어 식물의 영양분으로 다시 이용된다.

정답 171.① 172.③ 173.②

174 토양 소동물 중에서 선형동물로 가장 많은 수로 존재하면서 식물 뿌리에 피해를 입히는 것은?
① 두더지 ② 진드기
③ 지렁이 ④ 선충

 선충(nematode)
㉠ 선충은 원생동물 다음으로 토양에 가장 많으며, 토양 1m²당 백만 마리 이상 존재함
㉡ 토양선충의 90%가 토양 깊이 15cm 내에 서식함. 선충은 토양미생물 개체 밀도를 조절함
㉢ 선충군락은 pH가 중성이며, 유기물이 풍부한 환경에 많지만, 특히 식물 뿌리 근처에서 밀도가 높음

175 토양 생물에 대한 설명으로 옳지 않은 것은?
① 사상균은 1ha당 생물체량이 1,000~15,000kg에 달한다.
② 원핵생물인 세균은 생명체로써 가장 원시적인 형태이다.
③ 조류는 유기물의 분해자로서 가장 중요하다.
④ 선충, 곰팡이 등이 있다.

해설 조류는 유기물 생산자이고, 사상균·방선균·세균은 분해자로 작용한다.

176 작물생육에 대한 토양미생물의 유익작용이 아닌 것은?
① 근류균에 의하여 유리 질소를 고정한다.
② 유기물에 있는 질소를 암모니아로 분해한다.
③ 불용화된 무기성분을 가용화한다.
④ 황산염의 환원으로 토양산도를 조절한다.

 미생물의 유익작용
공중질소고정, 유기물의 암모늄화, 질산화 작용, 길항작용, 유기물 분해, 무기물의 산화·가용화, 무기물 유실경감, 근권 형성, 균근 형성, 입단 형성

177 토양미생물에 대한 설명으로 옳은 것은?
① 세균은 물질순환작용을 하며 다양한 대사작용에 관여한다.
② 세균은 토양미생물 중에서 수(서식수/m²)가 가장 적다.
③ 방선균은 다세포로 되어 있고 균사를 갖고 있다.
④ 사상균은 산성에 약하여 pH가 5 이하가 되면 활동이 중지된다.

정답 174.④ 175.③ 176.④ 177.①

해설 ② 세균은 토양미생물 중에서 수(서식수/㎡)가 가장 많다.
③ 방선균은 단세포로 되어 있고 균사를 갖고 있다.
④ 사상균은 산성에 강하다.

178 다른 생물과 공생하여 공중질소를 고정하는 토양세균은?
① 아조토박터(Azotobacter)속
② 클로스트리디움(Clostridium)속
③ 리조비움(Rhizobium)속
④ 바실러스(Bacillus)속

해설 질소고정세균

비공생	• 호기성 : Azotobacter, Beijerinckia와 Derxia, Frankia • 미호기성 : Azospririllum, Bacillus, Klebsiella • 편성혐기성 : Clostridium, Desulfovibrio, Desulfomaculum • 광합성세균 : cyanobacteria(남조류)
공생	• Rhizobium, Bradyrhizobium

179 암모니아산화균에 해당하는 것은?
① Nitrosomonas
② Micromonospora
③ Nocardia
④ Streptomyces

해설 암모니아로부터의 질산생성(nitrification) 과정
• 1단계 : $NH_3 \rightarrow NO_2^-$, 암모니아산화균(ammonia oxidizer)
  예 Nitrosomonas · Nitrosococcus · Nitrosospira 등
• 2단계 : $NO_2^- \rightarrow NO_3^-$, 아질산산화균(nitrite oxidizer)
  예 Nitrobacter · Nitrocystis 등

180 토양미생물의 활동에 영향을 미치는 조건으로 영향이 가장 적은 것은?
① 영양분
② 토양온도
③ 토양 pH
④ 점토 함량

해설 토양미생물 활동조건 : 온도, 수분, pH, 통기, 유기물, 토양깊이

181 pH 7~8.2의 조건에서도 잘 생육하는 세균의 종류는?
① 탈질균
② 질산균
③ 아질산균
④ 황세균

	질산균·아질산균·근류균	단생질소고정균·질산환원균(탈질균)
최적 pH	7.0 전후	7.0~8.0

182 균근(mycorrhizae)의 특징에 대한 설명으로 옳지 않은 것은?
① 대부분이 세균으로 식물뿌리와 공생
② 외생균근은 주로 수목과 공생
③ 내생균근은 주로 밭작물과 공생
④ 내외생균근은 균근 안에 균사망 형성

해설 균근은 세균이 아니라 사상균이다.

183 토양 내 유기물의 분해와 관련이 있는 효소는?
① 탈수소 효소
② 인산 가수 분해 효소
③ 단백질 가수 분해 효소
④ 요소 분해 효소

해설 **토양미생물의 효소 활성**
㉠ 탈수소효소(dehydrogenase) : 유기물의 분해와 관련이 있다.
㉡ 인산가수분해효소(phosphatase) : 유기태 인산을 유효화시킨다.
㉢ 단백질가수분해효소(protease) : 단백질을 분해하여 아미노산을 생성한다.

184 유기물을 많이 사용한 토양의 보비력이 높은 이유는?
① 유기물이 공극을 막아 비료의 유실을 막아주기 때문에
② 유기물이 토양의 점토 종류를 변화시키기 때문에
③ 유기물은 식물이 비료를 흡수하는 것을 막아주기 때문에
④ 유기물은 전기적으로 비료를 흡착하는 능력이 크기 때문에

 유기물(부식)은 음전하를 띠기 때문에 치환성양이온을 흡착하는 능력이 크다.

185 다음 중 혐기성 단독 토양 세균은?
① 아조토박터(Azotobacter)속
② 클로스트리디움(Clostridium)속
③ 리조비움(Rhizobium)속
④ 바실러스(Bacillus)속

정답 182.① 183.① 184.④ 185.②

해설 질소고정세균

비공생	• 호기성 : Azotobacter, Beijerinckia와 Derxia, Frankia • 미호기성 : Azospririllum, Bacillus, Klebsiella • 편성혐기성 : Clostridium, Desulfovibrio, Desulfomaculum • 광합성세균 : cyanobacteria(남조류)
공생	• Rhizobium, Bradyrhizobium

186 다음 중 공생질소고정균은?

① Azotobacter ② Rhizobium
③ Beijerinckia ④ Derxia

 공생질소고정균 : Rhizobium, Bradyrhizobium

187 미생물의 수를 나타내는 단위는?

① cfu ② ppm
③ mole ④ pH

해설
• cfu : 미생물 개체수를 측정하는 집락형성수(colony forming units, cfu)
• ppm : 1/1,000,000
• mole : 화학에서 입자의 수를 세는 단위
• pH : 수소 이온 농도 측정단위

188 토양을 가열 소독할 때 적당한 온도와 가열 시간은?

① 60℃, 30분 ② 60℃, 60분
③ 100℃, 30분 ④ 100℃, 60분

 토양 소독(소토법)
철판에 상토를 넣고 60℃, 30분 가열 소독하는 방법

189 다음 중 양이온친환용량이 가장 큰 것은?

① 부식(humus) ② 카올리나이트(kaolinite)
③ 몬모릴로나이트(montmorillonite) ④ 버미큘라이트(vermiculite)

정답 186.② 187.① 188.① 189.①

토양콜로이드	CEC(cmol$_c$/kg)
sesquioxides	0~3
kaolinite	3~15
함수 운모(hydrous mica) = illite	25~40
smectites(montmorillonite)	60~100
vermiculite	80~150
부식(humus)	100~300

190 부식의 음전하 생성 원인이 되는 주요한 작용기는?
① R-COOH
② Si-(OH)$_4$
③ Al(OH)$_3$
④ Fe(OH)$_2$

 부식이 가지는 음전하의 약 55%가 carboxyl(R-COOH)기의 해리에 의한 것이다.

191 일시적 전하(잠시적 전하)의 설명으로 옳은 것은?
① 동형치환으로 생긴 전하
② 광물결정 변두리에 존재하는 전하
③ 토양 pH 영향을 받지 않는 전하
④ 수산기(OH$^-$) 증가로 생긴 전하

• 엉구전하 : 토양 pH의 영향을 받지 않는 전하. Si사면체와 Al팔면체에서 일어나는 동형치환과, 광물결정 변두리에서 결합에 관여하지 않는 여분의 음전하 때문에 생성되는 전하
• 일시적 저하 : 변두리 전하(절단면에서 OH$^-$가 외부로 노출되는 음전하), 금속산화물, 알로판

192 양이온 침입력이 가장 큰 것은?
① Na$^+$
② NH$_4^+$
③ Ca^{2+}
④ H$^+$

 양이온의 흡착 세기(침입력)
H$^+$ > Al(OH)$_2^+$ > Ca^{2+} = Mg^{2+} > NH$_4^+$ = K$^+$ > Na$^+$ 순

193 다음 중 음이온 치환순서가 가장 빠른 이온은?
① PO$_4^{2-}$
② SO$_4^-$
③ Cl$^-$
④ NO$_3^-$

정답 190.① 191.④ 192.④ 193.①

토양교질에 흡착된 선택적 흡착순위
인산 > 규산 > 몰리브덴산 > 황산 > 염소 > 질산

194 다음 중 음이온 치환순서가 가장 느린 이온은?
① NO_3^-
② SO_4^-
③ SiO_4^{4-}
④ PO_4^{2-}

 토양교질에 흡착된 선택적 흡착순위(상대적 농도)
인산 > 규산 > 몰리브덴산 > 황산 > 염소 > 질산(P > Si > Mo > S > Cl > NO_3^-)

195 토양용액 중 유리양이온들의 농도가 모두 일정할 때 확산이중층 내부로 치환 침입력이 가장 낮은 양이온은?
① Al^{3+}
② Ca^{2+}
③ Na^+
④ K^+

양이온 교환침입력
$H^+ > Al(OH)_2^+ > Ca^{2+} = Mg^{2+} > NH_4^+ = K^+ > Na^+$ 순

196 질소고정능력이 없는 미생물은?
① 클로스트리듐
② 니트로박터
③ 근류균
④ 남조류

질소고정세균

비공생	• 호기성 : Azotobacter, Beijerinckia와 Derxia, Frankia • 미호기성 : Azospririllum, Bacillus, Klebsiella • 편성혐기성 : Clostridium, Desulfovibrio, Desulfomaculum • 광합성세균 : cyanobacteria(남조류)
공생	• 근류균 : Rhizobium, Bradyrhizobium

정답 194.① 195.③ 196.②

197 토양의 유기교질물의 기능으로 옳은 것은?
① 염기치환용량이 커지고, 인산을 고정시켜 환경오염이 덜 되게 한다.
② 염기포화도를 낮아지게 하여 pH를 높인다.
③ pH를 높이면 유기물의 각 기(基)에서 H^+ 해리가 더욱 잘 일어나 음전하의 보유량(CEC)이 높아진다.
④ 유기교질물은 토양 중에서 음이온들의 흡착을 도와준다.

 ① 염기치환용량이 커지고, 유효인산의 고정을 억제하고 가용도를 높여준다.
② 염기포화도를 높아지게 하여 pH를 높인다.
④ 유기교질물은 토양 중에서 양이온들의 흡착을 도와준다.

198 다음 중 산성에 강한 작물로 알맞은 것은?
① 보리
② 귀리
③ 시금치
④ 양파

 산성토양에 대한 적응성

극히 강한 것	벼・밭벼・호밀・귀리・기장・땅콩・감자・토란・아마・봄무・루핀・수박 등
강한 것	밀・옥수수・수수・조・메밀・고구마・목화・담배・당근・오이・호박・딸기・토마토・베치・포도 등
약간 강한 것	유채・피・무 등
약한 것	클로버・완두・가지・고추・상추・양배추・근대・삼・겨자
가장 약한 것	콩・팥・자운영・앨펄퍼・시금치・사탕무・셀러리・부추・양파 등

199 토양에 첨가한 유기물 성분 중에서 미생물에 의해 가장 느리게 분해되는 것은?
① 당류
② 단백질
③ 헤미셀룰로스
④ 리그닌

 식물구성성분 분해속도

```
당분, 단순단백질, 녹말(starch)     ↑
         미가공 단백질              빠른 분해
    헤미셀룰로오스(hemicellulose)
        셀룰로오스(cellulose)
            지방 및 왁스            매우 느린 분해
       페놀화합물, 리그닌(lignin)    ↓
```

200 다음에서 설명하는 부식의 성분은?

> 토양 중 부식의 주요부분을 이루고 있고, 양이온교환용량이 200~600cmol$_c$/kg으로 매우 높으며, 1가의 양이온과 결합한 염은 수용성이지만, Ca^{2+}, Mg^{2+}, Fe^{3+}, Al^{3+} 등과 같은 다가이온과 결합한 염은 물에 용해되기 어렵다.

① 부식회(humin) ② 풀브산(fulvic acid)
③ 히마토멜란산(hymatomelanic acid) ④ 부식산(humic acid)

풀브산 (fulvic acid)	• 풀브산은 알칼리(NaOH)용액으로 추출한 후, pH 1~2로 산성화시켰을 때 침전되지 않고 용액에 남아 있는 물질, 무정형 • 분자량의 80%가 1,000g/mol보다 적음 • 구성 : C 49%, O 45%, H 5%, N 2%, S 2%, P 0.3%
부식산 (humic acid)	• 부식산은 알칼리(NaOH)에는 용해되지만, 산(pH 1~2)에는 침전되는 물질, 무정형 • 분자량의 80%가 100,000g/mol 이상 • 구성 : C 50~60%, O 30~35%, H 3~5%, N 1.5~6%, S 1%, P 0.3%
부식회 (humin)	• 부식회는 알칼리(NaOH) 용액으로 추출되지 않고 남아 있는 화합물

201 시설재배지의 토양 관리를 위해 토양의 비전도도(EC)를 측정한다. 다음 중 가장 큰 이유가 되는 것은?

① 토양 염류 집적 정도의 평가
② 토양 완충능 정도의 평가
③ 토양 염기포화도의 평가
④ 토양 산화 환원 정도의 평가

시설재배에서 문제가 되는 염류집적 정도를 알아보기 위해 EC를 측정한다.

202 논에 녹비작물을 재배한 후 풋거름으로 넣으면 기포가 발생하는 원인은 무엇인가?

① 메탄가스 용해도가 매우 낮기 때문에 발생한다.
② 메탄가스 용해도가 매우 높기 때문에 발생한다.
③ 이산화탄소 발생량이 매우 작기 때문에 발생된다.
④ 이산화탄소 용해도가 매우 높기 때문에 발생된다.

논상태에서 녹비작물을 풋거름으로 넣으면 산소 공급이 잘 이루어지지 않는 환원상태이므로 메탄가스가 발생하여 기포가 생긴다.

정답 200.④ 201.① 202.①

203 다음 중 퇴비의 유익한 점으로 옳지 않은 것은?

① 부피가 감소하여 취급이 편리하다.
② 탄소 이외의 양분 용탈없이 좁은 공간에서 안전하게 보관이 가능하다.
③ 원료 유기물에 비하여 탄질률이 낮아서 함유하고 있는 질소가 토양용액으로 쉽게 방출되기 때문에 탄질률이 높은 유기물의 분해를 돕는다.
④ 탄질률이 30을 넘는 유기물은 탄질률이 높아져 토양에 투입해도 질소기아가 일어나지 않는다.

 탄질률이 30을 넘는 유기물을 토양에 투입하면 질소기아현상이 일어난다.

204 퇴비화 과정에서 숙성 단계의 특징이 아닌 것은?

① 퇴비더미는 무기물과 부식산, 항생물질로 구성된다.
② 붉은두엄벌레와 그 밖의 토양생물이 퇴비더미 내에서 서식하기 시작한다.
③ 장기간 보관하게 되면 비료로서의 가치는 떨어지지만, 토양개량제로서의 능력은 향상된다.
④ 발열 과정에서보다 많은 양의 수분을 요구한다.

발열단계	• 세균에 의한 유기물 분해과정에서 방출되는 에너지 때문에 퇴비더미 온도가 60~70℃까지 상승함 • 고온은 2~3주간 지속됨 • 병원균·잡초종자가 사멸함 • 산소가 공급되어야 세균번식이 유리함
감열단계	• 온도가 서서히 45~25℃까지 낮아짐 • 곰팡이가 번식하여 분해하기 어려운 섬유질, 목질부가 분해됨
숙성단계	• 부피는 절반으로 감소하고, 짙은 흑갈색을 나타내고, 잘 부스러짐 • 무기물, 부식산, 항생물질로 구성되며, 붉은두엄벌레와 같은 다양한 토양생물이 서식함

205 퇴비의 부숙도 검사방법이 아닌 것은?

① 물리적 방법
② 관능적 방법
③ 화학적 방법
④ 종자발아법

 퇴비의 부숙도 검사방법
• 관능적 방법 : 색, 냄새, 촉감, 형태, 수분함량
• 화학적 방법 : 탄질률
• 생물학적 방법 : 지렁이법, 종자발아법

정답 203.④ 204.④ 205.①

206 물에 의해 일어나는 기계적 풍화 작용에 속하지 않는 것은?

① 침식 작용　　② 운반 작용
③ 퇴적 작용　　④ 합성 작용

 수식의 3단계
토괴에서 토양입자의 분산탈리(침식) → 입자의 이동 → 운반입자의 퇴적

207 물에 의한 침식을 가장 받기 쉬운 토성은?

① 식토　　② 양토
③ 사토　　④ 사양토

 식토는 투수성이 나빠서 물에 의해 유거량이 많다.

208 토양의 풍식 작용에서 토양입자의 이동과 관계가 없는 것은?

① 약동(saltation)　　② 포행(soil creep)
③ 부유(suspension)　　④ 산사태 이동(sliding movement)

 토양 풍식 양상
포행(큰 입자), 약동(작은 입자), 부유(미세입자)

209 피복작물에 의한 토양보전 효과로 볼 수 있는 것은?

① 토양의 유실 증가　　② 토양 투수력 감소
③ 빗방울의 토양 타격강도 증가　　④ 유거수량의 감소

 피복작물은 토양유실을 감소시키고, 토양투수력을 증가시키며, 빗방울의 토양타격강도는 낮추어 주고, 유거수량 또한 감소시켜 토양을 보전하는 효과가 있다.

210 토양이 물이나 바람에 유실되면 유기농업에서는 상당한 손실이다. 토양침식을 막기 위한 수단으로 옳지 않은 것은?

① 경사도가 5도 이상인 비탈에서는 등고선을 따라 띠 모양으로 번갈아 재배한다.
② 유기물 사용이 많아지면 입단구조가 되어 유실이 적어진다.
③ 경사지에서는 이랑방향과 경사지 방향이 같도록 재배한다.
④ 경사도가 15도 이상인 곳은 초지를 조성하는 것이 바람직하다.

경사지에서는 이랑방향과 경사지 방향이 직각이 되도록 재배한다.

정답 206.④ 207.① 208.④ 209.④ 210.③

211 질소와 인산에 의한 토양의 오염원으로 가장 거리가 먼 것은?
① 광산폐수 ② 공장폐수
③ 축산폐수 ④ 가정하수

해설: 유기성 공장폐수, 농업배수(질소질비료·인산질비료), 가정하수 중의 질산염·인산염의 유입으로 수계(강과 호소)에서 부영양화가 일어난다.

212 토양을 담수하면 환원되어 독성이 높아지는 중금속은?
① As ② Cd
③ Pb ④ Ni

해설: As(비소)는 산화상태(As^{5+})보다 환원상태(As^{3+})에서 높은 독성을 나타낸다.

213 이따이이따이(Itai-Itai)병과 연관이 있는 중금속은?
① 피씨비(PCB) ② 카드뮴(Cd)
③ 크롬(Cr) ④ 셀레늄(Se)

해설: Cd(카드뮴) : 이따이이따이(Itai-Itai)병
Hg(수은) : 미나마타병

214 다음 중 토양과 비교적 오랫동안 잔류되는 농약은?
① 유기염소계 살충제 ② 지방족계 제초제
③ 유기인계 살충제 ④ 요소계 살충제

해설: 유기염소계 화합물은 토양에 가장 오래 잔류하는 오염물질이며, 지하수오염에 가장 심각하고 폭넓게 펴져 있다.

215 논토양이 환원 상태로 되는 이유로 거리가 먼 것은?
① 물에 잠겨 있어 산소의 공급이 원활하지 않기 때문이다.
② 철·망간 등의 양분이 용탈되기 때문이다.
③ 미생물의 호흡 등으로 산소가 소모되고 산소공급이 잘 이루어지지 않기 때문이다.
④ 유기물의 분해과정에서 산소 소모가 많기 때문이다.

해설: 토양 환원의 원인은 산소 부족 때문이다.

정답 211.① 212.① 213.② 214.③ 215.②

216 다음 중 습답의 특징이 아닌 것은?

① 환원 상태
② 토양 색깔의 회색화
③ 추락 현상
④ 중금속 다량 용출

해설 습답의 특징 : 높은 지하수위, 환원 상태, 청회색 토양, 추락현상

217 추락현상이 나타나는 논이 아닌 것은?

① 노후화답
② 누수답
③ 유기물이 많은 저습답
④ 건답

해설 추락현상은 노후답, 누수가 심해 양분의 보유력이 적은 사질답이나 역질답, 유기물이 과다하게 집적되는 습답에서도 나타난다.

218 노후화답의 특징이 아닌 것은?

① 작토층의 철은 미생물에 의해 환원되어 Fe^{2+}로 되어 용탈한다.
② 작토층 아래층의 철과 망간은 산화되어 용해도가 감소되고 Fe^{3+}와 Mn^{4+}형태로 침전한다.
③ 황화수소(H_2S)가 발생한다.
④ 규산함량이 증가된다.

해설 노후답은 Fe, Mn, P, K, Ca, Mg, Si 등이 작토에서 용탈되어 결핍된 논토양을 말한다.

219 노후화답의 재배적 대책으로 옳지 않은 것은?

① 저항성 품종을 선택한다.
② 조기재배하여 일찍 수확하면 추락현상을 피할 수 있다.
③ 황산근 비료를 시용한다.
④ 엽면시비를 하여 후기 영양부족을 보완한다.

해설

노후답 재배대책	• 조기재배 : 조생종을 조기 수확할 수 있게 재배하면 추락이 감소 • 무황산근 비료의 시용 : 황화수소의 발생원이 되는 황산근 비료 금지 • 덧거름 중점의 시비, 완효성 비료의 시용, 입상 및 고형비료의 시용 • 후기영양의 결핍상태가 보일 때 엽면시비를 함 • 황화수소(H_2S)에 저항성이 강한 품종의 선택

정답 216.④ 217.④ 218.④ 219.③

220 저위생산지 개량방법으로 옳은 것은?
① 습답은 점토가 많은 산적토를 객토한다.
② 누수답은 암거배수 등으로 배수개선을 한다.
③ 노후화답을 개량하기 위해 석고를 시용한다.
④ 미숙답은 심경하고 다량의 볏짚을 시용한다.

① 누수답은 점토가 많은 산적토를 객토한다.
② 습답은 암거배수 등으로 배수개선을 한다.
③ 노후화답을 개량하기 위해 석회를 시용하지만, 황을 포함하는 석고는 피한다(무황산근 비료 시용).

221 다음 중 간척지인 염해토양 개량에 적합한 물질은?
① 석고   ② 나트륨
③ 질소   ④ 염소

간척지 개량방법	• 염생식물을 재배하여 염분을 흡수하게 한 다음 제거 • 석회(Ca) 시용하여 산성을 중화하고, 염분을 용탈시킴 • **토양 물리성 개량** : 석고 · 생고 · 토양개량제 등을 시용 • 관수 · 배수시설을 하여 염분과 황산을 제거(담수법, 명거법, 여과법)

222 밭토양의 유형별 분류에 속하지 않는 것은?
① 고원밭   ② 미숙밭
③ 특이중성밭   ④ 화산회밭

• 밭토양 : 보통밭, 사질밭, 미숙밭, 중점밭, 화산회밭, 고원밭
• 논토양 : 보통답, 사질답, 습답, 미숙답, 염해답, 특이산성답

223 우리나라 밭토양에 대한 설명으로 옳지 않은 것은?
① 토양 화학성이 양호하다.
② 곡간지, 산록지 같은 경사지에 많이 분포되어있다.
③ 토양유실과 지력이 낮은 저위생산지가 많다.
④ 세립질과 역질토양이 많다.

우리나라 밭토양
보통밭은 41.9%에 불과함, 사질밭(23.3) · 미숙밭(17.5) · 중점밭(14.0) · 화산회밭(2.2) · 고원밭(1.1) 등 생산력이 떨어지는 밭이 58%를 차지한다.

정답 220.④ 221.① 222.③ 223.①

224 우리나라 밭토양의 특징과 거리가 먼 것은?

① 밭토양은 경사지에 분포하고 있어 논토양보다 침식이 많다.
② 밭토양은 인산의 불용화가 논토양보다 심하지 않아 인산유효도가 높다.
③ 밭토양은 양분유실이 많아 논토양보다 양분 의존도가 높다.
④ 밭토양은 논토양에 비하여 양분의 천연공급량이 낮다.

해설 논토양은 인산의 불용화가 밭토양보다 심하지 않아 인산유효도가 높다.

225 유기농업발전기획단이 설치된 연대는?

① 1970년대　　② 1980년대
③ 1990년대　　④ 2000년대

해설 유기농업 발전단계

	년대	주요 운동	관련 단체
도입 단계	1970	운동차원 접근	정농회(1976) 한국유기농업협회(1978)
확산 단계	1980	종교적 차원 생활협동조합 차원	한국유기농업생산자소비단체연합회(1980) 한살림(1989)
발전 단계	1990	학문적 차원 실용적 차원	한국유기농업학회(1990) 학회지 발간(1992) 유기농업발전기획단 설치(농림부, 1991)

정답　224.②　225.③

03 | 유기농업

226 피자식물의 중복수정에 관한 내용이다. 배와 배유에 관한 내용으로 옳은 것은?
① 배(2n)는 웅핵 + 난핵, 배유(2n)는 웅핵 + 극핵
② 배(2n)는 웅핵 + 난핵, 배유(3n)는 웅핵 + 극핵
③ 배(3n)는 웅핵 + 난핵, 배유(2n)는 웅핵 + 극핵
④ 배(3n)는 웅핵 + 난핵, 배유(3n)는 웅핵 + 극핵

 웅핵(n)+난핵(n)이 수정되어 배(2n)가 되고, 웅핵(n)+극핵(2n)이 수정되어 배유(3n)가 된다.

227 딴 꽃가루받이(타가수분)를 하는 작물은?
① 벼
② 밀
③ 보리
④ 아스파라거스

- 자가수정 작물 : 벼·보리·밀·콩·완두·담배·토마토·가지·참깨·복숭아
- 타가수정 작물 : 옥수수·호밀·메밀·율무·딸기·양파·마늘·시금치·호프·아스파라거스(시금치·호프·아스파라거스는 자웅이주)

228 작물의 채종 체계 중 마지막 채종 단계는?
① 보급종
② 원종
③ 원원종
④ 생산종

 채종단계
기본식물 → 원원종 → 원종 → 보급종

229 신품종의 품종보호 등록에 필요한 구비조건이 아닌 것은?
① 구별성
② 균일성
③ 안정성
④ 유용성

신품종의 보호품종의 구비조건
신규성, 안정성, 구별성, 균일성, 품종 고유명칭

정답 226.② 227.④ 228.① 229.④

230 배추과의 신품종 종자를 채종하기 위한 수확 적기로 옳은 것은?

① 갈숙기 ② 황숙기
③ 녹숙기 ④ 고숙기

- 배추과 성숙단계 : 백숙기–녹숙기–갈숙기–고숙기
- 갈숙기에서 종자 채종을 한다.

231 다음 중 자가불화합성을 이용하는 것으로만 나열된 것은?

① 당근, 상추 ② 고추, 쑥갓
③ 양파, 옥수수 ④ 무, 양배추

1대잡종 종자의 채종

자가불화합성 이용	무·순무·배추·양배추·브로콜리
웅성불임성 이용	옥수수·양파·파·상추·당근·고추·벼·밀·쑥갓

232 교배 방법의 표현으로 옳지 않은 것은?

① 단교배 : A × B ② 여교배 : (A × B) × A
③ 삼원 교배 : (A × B) × C ④ 복교배 : A × B × C × D

복교배
(A × B) × (C × D)

233 육성한 품종을 세대별로 유지하면서 증식, 보급하는 4단계의 설명으로 옳지 않은 것은?

① 기본식물은 육종가에 의해 생산된 종자이다.
② 원원종은 보급 종자의 생산을 위해 증식하는 종자이다.
③ 원종은 원원종에서 생산된 종자이다.
④ 보급종은 원종에서 생산되는 종이다.

원원종은 원종을 생산하기 위해 증식하는 종자이다.

정답 230.① 231.④ 232.④ 233.②

234 다음 중 품종의 형질과 특성에 대한 설명으로 맞는 것은?

① 품종의 형질이 다른 품종과 구별되는 특징을 특성이라고 표현한다.
② 작물의 형태적·생태적·생리적 요소는 특성으로 표현된다.
③ 작물 키의 장간·단간, 숙기의 조생·만생은 품종의 형질로 표현된다.
④ 작물의 생산성·품질·저항성·적응성 등은 품종의 특성으로 표현된다.

해설
- 형질(character) : 작물의 형태적·생태적·생리적 요소
  예 작물의 키, 숙기(출수기), 초형
- 특성(characteristic) : 품종의 형질이 다른 품종과 구별되는 특징
  예 키의 장간·단간, 숙기의 조생·만생, 수수형·수중형
- 작물의 재배·이용상 중요한 형질은 생산성·품질·저항성·적응성 등으로 나눌 수 있으며, 품종에 따라 고유한 특성을 지님

235 품종의 퇴화 원인은 3가지로 분류할 때 해당하지 않는 것은?

① 유전적 퇴화 ② 생리적 퇴화
③ 병리적 퇴화 ④ 영양적 퇴화

236 멘델(Mendel)의 법칙과 거리가 먼 것은?

① 분리의 법칙 ② 독립의 법칙
③ 우성의 법칙 ④ 최소의 법칙

 멘델의 법칙 : 우성의 법칙, 분리의 법칙, 독립의 법칙

237 자식성 작물의 육종방법과 거리가 먼 것은?

① 순계선발 ② 교잡육종
③ 여교잡육종 ④ 집단합성

자식성 작물	• 분리 육종 : 순계선발 • 교배 육종 : 계통육종, 집단육종, 1개체1계통육종, 파생계통육종, 여교배 육종
타식성 작물	• 분리 육종 : 집단선발 / 계통집단선발 / 성군집단선발 / 순환선발 / 상호순환선발 • 교배 육종 : F_1 육종

정답 234.① 235.④ 236.④ 237.④

238 다음 중 조건에 맞는 육종법은?

- 현재 재배되고 있는 품종이 가지고 있는 소수 형질을 개량할 때 쓰인다.
- 우수한 특성이 있으나 내병성 등의 한두 가지 결점이 있을 때 육종하는 방법이다.
- 비교적 짧은 세대에 걸쳐 육종개량이 가능하다.

① 계통분리육종법 ② 순계분리육종법
③ 여교배(잡)육종법 ④ 도입육종법

239 포마토(토마토+감자)를 만드는 신품종 육성방법은?

① 형질전환 ② 핵치환
③ 조직배양 ④ 세포융합

해설 세포융합을 통해 포마토를 육성하였다.

240 벼의 일생 중 물을 가장 많이 필요로 하는 시기는?

① 수잉기 ② 유숙기
③ 황숙기 ④ 고숙기

해설 수잉기는 출수 15일전부터 출수 직전까지의 기간으로, 생리적으로 수분을 가장 많이 필요한 시기이다.

241 벼를 논에 재배할 경우 발생되는 주요 잡초가 아닌 것은?

① 방동사니, 강피 ② 망초, 쇠비름
③ 가래, 물피 ④ 물달개비, 개구리밥

해설

	구분	1년생	다년생
논잡초	볏 과	강피, 물피, 돌피	나도겨풀
	방동사니과	올챙이고랭이, 알방동사니	너도방동사니, 올방개, 매자기, 쇠털골
	광엽잡초	사마귀풀, 자귀풀, 가막사리, 여뀌, 여뀌바늘, 물달개비, 물옥잠	생이가래, 개구리밥, 올미, 가래, 벗풀

정답 238.③ 239.④ 240.① 241.②

242 벼 기계 이앙용 중묘의 육묘 과정으로 옳은 것은?
① 파종 → 출아 → 녹화 → 경화
② 파종 → 녹화 → 경화 → 출아
③ 출아 → 파종 → 녹화 → 경화
④ 녹화 → 경화 → 파종 → 출아

243 십자화과 작물의 성숙과정으로 옳은 것은?
① 녹숙기 → 백숙기 → 갈숙기 → 고숙기
② 백숙기 → 녹숙기 → 갈숙기 → 고숙기
③ 녹숙기 → 백숙기 → 고숙기 → 갈숙기
④ 백숙기 → 녹숙기 → 고숙기 → 갈숙기

 십자화과(배추과) 등숙과정 : 백숙기 → 녹숙기 → 갈숙기 → 고숙기
화본과(벼과) 등숙과정 : 유숙기 → 호숙기 → 황숙기 → 완숙기 → 고숙기

244 호냉성 채소에 해당하는 것은?
① 수박
② 멜론
③ 오이
④ 딸기

 호냉성 채소 : 마늘, 양파, 딸기, 시금치, 배추과 등

245 지형을 고려하여 과수원을 조성하는 방법을 설명한 것으로 옳은 것은?
① 평탄지에 과수원을 조성하고자 할 때는 지하수위와 두둑을 낮추는 것이 유리하다.
② 경사지에 과수원을 조성하고자 할 때는 경사 각도를 낮추고, 수평 배수로를 설치하는 것이 유리하다.
③ 논에 과수원을 조성하고자 할 때는 경반층을 확보하는 것이 유리하다.
④ 경사지에 과수원을 조성하고자 할 때는 재식열, 또는 중간의 작업로에 따라 집수구를 설치하는 것이 유리하다.

 ① 평탄지에 과수원을 조성하고자 할 때는 지하수위와 두둑을 높이는 것이 유리하다.
② 경사지에 과수원을 조성하고자 할 때는 경사 각도를 낮추고, 수직 배수로를 설치하는 것이 유리하다.
③ 논에 과수원을 조성하고자 할 때는 경반층을 파쇄하는 것이 유리하다.

정답 242.① 243.② 244.④ 245.④

246 딸기 시설재배에서 천적인 칠레이리응애를 방사하는 목적은?

① 해충인 응애를 잡기 위하여
② 해충인 진딧물을 잡기 위하여
③ 수분을 도와주기 위하여
④ 꿀벌의 일을 도와주기 위하여

해충	천적 곤충
진딧물	무당벌레, 풀잠자리, 콜레마니진디벌, 진디혹파리, 기생벌
응애류	칠레이리응애, 꼬마무당벌레, 캘리포니쿠스이리응애
총채벌레	애꽃노린재, 이리응애류
잎굴파리	굴파리 좀벌, 잎굴파리 좀벌
온실가루이	온실가루이좀벌, 카탈리네무당벌레
가루깍지벌레	무당벌레, 기생벌
나방류	알좀벌, 명충알벌

247 다음 중 포식성 곤충에 해당하는 것은?

① 팔라시스이리응애
② 침파리
③ 고치벌
④ 꼬마벌

 천적 곤충
- 포식성 곤충 : 사마귀, 무당벌레, 포식성응애류, 풀잠자리, 팔라시스이리응애, 꽃등에
- 기생성 곤충 : 고치벌, 꼬마벌, 맵시벌, 침파리, 진딧물

248 녹비작물이 갖추어야 할 조건으로 옳지 않은 것은?

① 생육이 왕성하고 재배가 쉬워야 한다.
② 천근성으로 상층의 양분을 이용할 수 있어야 한다.
③ 비료 성분의 함유량이 높으며, 유리 질소 고정력이 강해야 한다.
④ 줄기, 잎이 유연하여 토양 중에서 분해가 빠른 것이어야 한다.

 녹비작물이 심근성일 때 작토층을 깊게 만들어서 유리하다.

249 1m²당 이삭수가 300개, 1이삭당 평균영화수가 100개, 등숙률 80%, 1,000알의 무게가 20g일 경우 1m²당 벼의 수량은?

① 240g
② 300g
③ 480g
④ 600g

벼의 수량 = 이삭수×영화수×등숙률×1립중 = 300×100×0.8×0.02g = 480g

정답 246.① 247.① 248.② 249.③

250 다음 중 산성 토양에서 잘 자라는 과수는?

① 무화과나무 ② 포도나무
③ 감나무 ④ 밤나무

 과수재배 적정 pH
- 산성 토양 : 밤나무, 복숭아나무, 비파나무
- 약산성 토양 : 사과나무, 배나무, 감나무, 감귤나무
- 중성~약알칼리성 토양 : 포도나무, 무화과나무

251 다음 과실비대에 영향을 끼치는 요인 중 온도와 관련한 설명으로 옳은 것은?

① 기온은 개화 후 일정기간 동안은 과실의 초기 생장 속도에 크게 영향이 미치지 않지만 성숙기에는 크게 영향을 끼친다.
② 생장 적온에 달할 때까지 온도가 높아짐에 따라 과실의 생장속도도 점차 빨라지나 생장 적온을 넘은 이후부터는 과실의 생장 속도는 더욱 빨라지는 경향이 있다.
③ 사과의 경우, 세포 분열이 왕성한 주간에 가온을 하면 세포수가 증가하게 된다.
④ 야간에 가온을 하면 과실의 세포 비대가 오히려 저하되는 경향을 나타낸다.

해설 ① 기온은 개화 후 일정기간 동안은 과실의 초기 생장 속도에 크게 영향이 미친다.
② 생장 적온을 넘은 이후부터는 과실의 생장 속도는 더욱 느려지는 경향이 있다.
④ 야간에 가온을 하면 과실의 세포 비대가 증가되는 경향을 나타낸다.

252 핵과(核果)류 과수로만 나열된 것은?

① 복숭아, 대추 ② 비파, 배
③ 포도, 복숭아 ④ 개암, 사과

- 인과류 : 사과·배·비파 등(꽃받침이 발달)
- 핵과류 : 복숭아·자두·살구·앵두·양앵두 등(중과피가 발달)
- 장과류 : 포도·딸기·무화과 등(외과피가 발달)
- 견과류(각과류) : 밤·호두 등(씨의 자엽이 발달)
- 준인과류 : 감·귤 등(자방이 발달)

253 과수의 내한성을 증진시키는 방법으로 옳은 것은?

① 적절한 결실 관리 ② 적엽 처리
③ 환상 박피 처리 ④ 부초 재배

해설 **과수 내한성 대책** : 적절한 결실 조절, 적절한 시비, 잎의 보호, 정지와 전정, 내한성이 강한 대목, 과수줄기 짚으로 싸주기, 방풍림 설치, 지접부에 높게 유기물로 덮어주기

정답 250.④ 251.③ 252.① 253.①

254 포도 재배 시 화진 현상(꽃떨이 현상) 예방방법으로 거리가 먼 것은?

① 붕소를 시비한다. ② 질소질을 많이 준다.
③ 칼슘을 충분하게 준다. ④ 개화 5~7일 전에 생장점을 적심한다.

 질소비료를 과용하면 화진현상이 더 심해진다.
　　＊화진현상 : 포도송이의 심한 탈립으로 상품가치가 떨어지는 현상

255 다음 중 포도 품종명은?

① 델라웨어 ② 신고
③ 홍옥 ④ 후지

 주요 과수의 품종

사과	조생종	조홍, 서광, 산사, 아오리
	중생종	홍로, 추광, 양광, 조나골드
	만생종	후지(부사), 홍옥, 화홍, 감홍, 국광
배	조생종	신수, 행수
	중생종	풍수, 황금, 신고
	만생종	추황, 금촌추
포도		캠벨얼리, 델라웨어, 거봉, 청수, 샤인머스켓
복숭아		유명, 백도, 창방조생

256 재배 환경이 과실의 저장력에 미치는 영향으로 옳지 않은 것은?

① 북부지방에서 생산된 과실은 남부지방에서 생산된 과실보다 저장력이 강하다.
② 습지에서 생산된 과실은 건조지에서 생산된 과실보다 저장력이 강하다.
③ 질소질비료를 많이 준 과실은 적게 준 과실보다 저장력이 떨어진다.
④ 만생종의 경우 늦게 수확한 품질도 좋고 착색도 두드러지게 향상된다.

습지에서 생산된 과실은 건조지보다 수분함량이 많아 저장력이 약하다.

257 과수의 결과습성 중 3년생 가지에 결실하는 과실을 고른 것은?

① 무화과, 비파 ② 사과, 배
③ 살구, 복숭아 ④ 감귤, 포도

정답　254.②　255.①　256.②　257.②

과수 결과습성

1년생 가지에 결실하는 것	감·밤·포도·감귤·무화과·비파·호두 등
2년생 가지에 결실하는 것	복숭아·자두·양앵두·매실·살구 등
3년생 가지에 결실하는 것	사과·배 등

258 TDN은 무엇을 기준으로 한 영양소 표시법인가?
① 영양소 관리　　② 영양소 소화율
③ 영양소 희귀성　　④ 영양소 독성물질

 TDN(총가소화 영양분)
에너지를 발생할 수 있는 능력을 지닌 탄수화물, 단백질 지방이 소화 이용될 수 있는 양을 총합한 것

259 지력에 따라 차이가 있으나 일반적으로 녹비작물 자운영의 10a당 적정 파종량은?
① 1~2kg　　② 4~5kg
③ 6~8kg　　④ 10~20kg

260 녹비작물의 효과에 해당되지 않는 것은?
① 토양유기물 함량 증가　　② 작물 내병성 증가
③ 후기성분의 유효도 증가　　④ 토양미생물 활동 증가

해설 녹비작물 효과
- 유기물 함량 증가 : 질소 및 유기질 비료 절감
- 토양 비옥도 증진 : 토양의 지력증진
- 토양 구조 개량 : 심토의 성질개선
- 후기성분의 유효도 증가
- 토양미생물 활동 증가

261 우리나라 비닐온실 골격자재로 가장 많이 사용되는 것은?
① 철재파이프　　② 경합금재
③ 죽재　　④ 목재

해설 비닐온실은 철재파이프를, 유리온실은 경합금재를 가장 많이 사용한다.

정답　258.②　259.②　260.②　261.①

262. 시설 재배에서 피복자재로 가장 많이 쓰이는 것은?

① PMMA ② EVA
③ PVA ④ PE

해설)
플라스틱	• 연질필름(0.05~0.2mm) : 폴리에틸렌(PE), 폴리염화비닐(PVC), 액정보호필름(EVA) • 반경질필름(0.175mm) : 경질염화비닐(PVC), 폴리에스테르(PET) • 경질판(2mm 이상) : FRP판, FRA판, PET판, PC판, MMA판

263. 피복 자재 중 두께가 0.2mm 이상인 플라스틱 피복재로 알맞은 것은?

① 경질판 ② 경질필름
③ 연질피름 ④ 한랭사

해설) 경질판(2mm 이상) : FRP판, FRA판, PET판, PC판, MMA판

264. 추가피복재에 해당하는 것은?

① 연질필름 ② 경질필름
③ 유리 ④ 한랭사

해설)
기초피복재	연질필름, 경질필름, 경질판, 유리
추가피복재	부직포, 알루미늄스크린, 한랭사, 거적

265. 시설원예에서 빛 투과량을 증대시켜야 생산량을 증대시킬 수 있다. 하우스 내 광량을 증대시키는 방법에 해당하지 않는 것은?

① 골조율을 높인다.
② 시설방향을 조절한다.
③ 반사광 이용시설을 한다.
④ 피복 자재를 신중히 선택한다.

해설) 골조율을 낮추어야 투광량이 증대된다.

266 형광등과 LED의 차이점에 대한 설명으로 옳은 것은?
① 형광등은 시간이 지날수록 빛의 밝기가 밝아진다.
② LED가 형광등보다 빛의 밝기가 낮다.
③ 형광등보다 LED가 수명이 길다.
④ LED가 소비전력이 높기 때문에 가성비가 낮다.

> 해설 ① 형광등은 시간이 지날수록 빛의 밝기가 감소한다.
> ② LED가 형광등보다 빛의 밝기가 높다.
> ④ LED가 소비전력이 낮기 때문에 가성비가 높다.

267 보기에서 설명하는 것으로 옳은 것은?

• 각종 금속 융화물이 증기압 중에 방전함으로써 금속 특유의 발광을 나타내는 현상을 이용한 등이다.
• 적색광과 원적색광의 에너지 분포가 자연광과 비슷하다.

① 형광등　　　　　　　　　② 수은등
③ 백열등　　　　　　　　　④ 메탈할라이드등

268 다음 벤로(Venlo)형 온실에 대한 설명으로 옳지 않은 것은?
① 양지붕 연동형 온실의 결점을 개선한 온실이다.
② 지붕이 높고 골격률이 높아 시설비가 많이 든다.
③ 환기창의 면적이 넓으므로 환기능률이 높은 장점이 있다.
④ 벤로형 온실의 골격률은 12%이다.

> 해설 골격률이 낮아서 시설비가 절감된다.

벤로형 유리온실	• 네덜란드 벤로(Venlo)지역의 명칭에서 유래됨 • 양지붕형보다 처마가 높고 너비가 좁은 양지붕형을 여러개 연결함 • 골격률이 일반온실보다 12% 낮아서 시설비가 절감되고 투광률은 높음 • 골격률이 낮은 대신 유리는 3mm보다 두꺼운 4mm를 사용함 • 파프리카, 토마토, 오이 등 키가 큰 호온성 과채류 재배에 적합함

269 가정에서 취미나 연구실용으로 사용하기에 적합한 온실은?
① 외지붕형　　　　　　　　② 벤로형
③ 양쪽지붕형　　　　　　　④ 둥근지붕형

외지붕형 (한쪽지붕형)	• 남쪽 면의 지붕만 있는 온실. 동서방향 • 북쪽 벽은 기존 건축물의 벽을 이용함 • 가정용, 소규모용으로 이용됨

270 수경재배 시 배지의 종류 중 산도(pH)가 가장 낮은 것은?
① 버미큘라이트 ② 펄라이트
③ 피트모스 ④ 훈탄

271 시설재배 토양에서 염류 농도를 감소시키는 방법으로 옳지 않은 것은?
① 담수에 의한 제염 ② 제염 작물 재배
③ 객토 및 암거 배수에 의한 토양 개량 ④ 돈분 퇴비의 사용

> **염류집적의 대책**
> 담수, 담수 벼재배, 합리적 시비, 강우, 객토, 심경, 유기물 사용, 흡비작물 재배

272 시설하우스의 염류집적 대책으로 옳지 않은 것은?
① 담수에 의한 제염 ② 유기물 시용
③ 제염작물 재배 ④ 강우의 차단

273 시설 내의 환경특이성에 관한 설명으로 옳지 않은 것은?
① 토양이 건조해지기 쉽다. ② 공중 습도가 높다.
③ 탄산가스가 높다. ④ 광분포가 불균일하다.

> **시설 내 환경특이성**
>
> | 환경 | 특이성 |
> |---|---|
> | 토양 | 염류 농도가 높고, 토양물리성이 나쁘며, 연작장해가 있음 |
> | 수분 | 토양이 건조해지기 쉽고, 공중습도가 높으며, 인공관수를 함 |
> | 공기 | 탄산가스가 부족하고, 유해가스가 집적되며, 바람이 없음 |
> | 온도 | 일교차가 크고, 위치별 분포가 다르며, 지온이 높음 |
> | 광선 | 광질이 다르고, 광량이 감소하며, 광분포가 불균일함 |

정답 270.③ 271.④ 272.④ 273.③

274 시설하우스 완전제어형의 개선방향으로 적당하지 않은 것은?

① 건설비 절감
② 운전비용 최소화
③ 전력비 절감
④ 비효율적인 램프 개발

 완전제어형 온실은 태양광을 전혀 사용하지 않는 효율적인 LED를 사용한다.

275 지름 0.05mm의 세무가 시설 내로 유입되면 순간적으로 기화가 일어나 실내공기를 냉각시키는 방법은?

① 팬 앤드 미스트 방법
② 팬 앤드 패드 방법
③ 팬 앤드 포그 방법
④ 작물체 분무 냉각 방법

팬과 패드	한쪽 벽에 목모(부패가 잘 안되는 나무섬유)를 채운 패드를 설치하고, 패드를 완전히 적신 후 반대쪽 벽에 환기팬을 작동하여 실내 공기를 외부로 배출하는 방식
팬과 포그	포그(fog) 노즐을 사용하여 0.05mm의 세무(細霧)를 온실 내부에 뿌리고, 천장 환기팬을 통해 실내공기를 배출하여 실내를 냉각하는 방식
팬 앤드 미스트	0.1mm 세무를 온실 내부에 뿌리는 방식

276 수경재배의 분류에서 고형배지경이면서, 무기배지경에 해당하는 것으로만 나열된 것은?

① 모세관수경, 분무수경
② 분무경, 훈탄경
③ 담액수경, 박막수경
④ 암면경, 사경

 양액재배 종류

수경	담액수경(DFT), 박막수경(NFT), 분무경
고형배지경	• 유기배지 : 피트모스, 펄라이트 • 무기배재 : 암면, 모래

277 시설원예의 난방방식 종류와 그 특징에 대한 설명으로 옳은 것은?

① 난로난방은 일산화탄소(CO)와 아황산가스(SO_2)의 장해를 일으키기 쉬우며 어디까지나 보조난방으로서의 가치만이 인정되고 있다.
② 난로난방이란 연탄·석유 등을 사용하여 난로본체와 연통표면을 통하여 방사되는 열로 난방하는 방식을 말하는데, 이는 시설비가 적게 들며 시설 내에 기온분포를 균일하게 유지시키는 등의 장점이 있는 난방방식이다.
③ 전열난방은 온도조절이 용이하며, 취급이 편리하나 시설비가 많이 드는 단점이 있다.
④ 전열난방은 보온성이 높고 실용규모의 시설에서도 경제성이 높은 편이다.

정답 274.④ 275.③ 276.④ 277.①

② 난로난방이란 연탄·석유 등을 사용하여 난로본체와 연통표면을 통하여 방산되는 열로 난방하는 방식을 말하는데, 이는 시설비가 적게 들지만 시설 내에 기온분포를 불균일하고 안정도가 낮은 단점이 있다.
③ 전열난방은 온도조절이 용이하며, 취급이 편리하고 시설비가 적게 들지만, 정진시에는 보온성이 전혀 없고 소규모 가정용 온실 등에 이용된다.
④ 온수난방은 보온성이 높고 넓은 면적의 실용규모의 시설에서도 경제성이 높은 편이다.

278 과일이나 채소의 신선도 유지를 위한 가스치환 방법은 공기를 주로 어떤 성분으로 바꾸어 포장하는가?

① 산소, 질소
② 산소, 일산화탄소
③ 일산화탄소, 헬륨
④ 질소, 이산화탄소

원예작물 신선도를 유지하기 위해 이산화탄소 농도가 높아지면 호흡을 감소시키고, 질소를 주입하여 산소농도를 낮추어 준다.

279 CA저장에 대한 설명 중 옳은 것은?

① CA저장을 하면 작물체내 에틸렌 발생이 증가하게 된다.
② 지나치게 낮은 산소농도에서는 혐기적 호흡의 결과 이취발생을 유발할 수 있다.
③ 고동노 산소와 저농도 이산화탄소로 대기를 조성하여 작물의 호흡을 억제시키는 저장방법이다.
④ 작물의 호흡에 의한 산소 소비와 이산화탄소 방출로써 적절한 대기가 조성되도록 하는 저장방법이다.

① CA저장을 하면 작물체내 에틸렌 발생이 감소하게 된다.
③ 저농도 산소와 고농도 이산화탄소로 대기를 조성하여 작물의 호흡을 억제시키는 저장방법이다.
④는 MA저장 방법을 설명한 것이다.

280 유기농업 생산체계의 목표가 아닌 것은?

① 작물 및 축산물 생산성 최대화를 추구한다.
② 토양미생물의 활동을 촉진하는 농업을 추구한다.
③ 생물의 다양성을 증진하는데 목표를 둔다.
④ 자원이나 물질의 재활용을 극대화한다.

유기작물 및 축산물은 적정 생산성을 추구한다.

정답 278.④ 279.② 280.①

281 유기농업을 위한 토양 관리와 관련이 없는 것은?
① 퇴비를 적절히 투입한다. ② 윤작을 실시한다.
③ 휴경을 해서는 안 된다. ④ 침식을 예방한다.

토양비옥도 유지수단	• 콩과작물, 녹비작물, 심근성작물의 윤작재배 • 규정된 가축사양 두수에서 생산되는 국산 분뇨·퇴비 등 유기물질의 토양혼입 • 퇴비효과나 토양개량을 위해 사용하는 각종 자재는 위 두 조치에도 불구하고 부족한 양분공급을 위한 경우에는 사용가능 • 집약축산농가와 공장식 집약축산농가의 축산분뇨 사용금지

282 무농약농산물 재배의 경우 화학비료의 사용 규정으로 맞는 것은?
① 화학비료는 농촌진흥청장 국립종자원장 또는 농업기술센터 소장이 재배포장별로 권장하는 성분량의 1/2이하 사용, 유기합성농약 1/2이하를 사용한다.
② 화학비료는 농촌진흥청장 국립종자원장 또는 농업기술센터 소장이 재배포장별로 권장하는 성분량은 마음껏 사용할 수 있다.
③ 화학비료는 농촌진흥청장 국립종자원장 또는 농업기술센터 소장이 재배포장별로 권장하는 성분량의 1/3이하를 사용한다.
④ 화학비료는 농촌진흥청장 국립종자원장 또는 농업기술센터 소장이 재배포장별로 권장하는 성분량의 1/2이하 사용, 유기합성농약 1/3이하를 사용한다.

해설 무농약농산물 기준
무농약, 화학비료 1/3 이하 사용

283 유기 재배용 종자 선정 시 사용이 절대 금지된 것은?
① 내병성이 강한 품종 ② 유전자 변형 품종
③ 유기 재배된 종자 ④ 일반종자

해설 친환경 재배에서 종자는 유기종자 사용을 원칙으로 하나, 유기종자를 구할 수 없을 때는 일반종자를 사용할 수 있다. 유전자변형종자는 사용할 수 없다.

284 유기농림산물의 인증기준에서 규정한 재배 방법에 대한 설명으로 옳지 않은 것은?
① 화학 비료의 사용은 금지한다. ② 유기 합성 농약의 사용은 금지한다.
③ 심근성 작물 재배는 금지한다. ④ 두과작물의 재배는 허용한다.

 심근성 작물재배를 통해 작토층을 깊게 할 수 있다.

정답 281.③ 282.③ 283.② 284.③

285 병해충 관리를 위하여 사용할 수 있는 물질이 아닌 것은?

① 데리스 ② 중조
③ 제충국 ④ 젤라틴

해설 병해충 관리 사용가능물질 : 제충국 추출물, 데리스 추출물, 쿠아시아 추출물, 라이아니아 추출물, 님 추출물, 해수 및 천일염, 젤라틴, 난황, 식초 등 천연산, 누룩곰팡이속 발효 생산물, 목초액, 담배잎차(순수 니코틴은 제외한다), 키토산 등

286 병해충 관리를 위해 사용이 가능한 유기농 자재 중 식물에서 얻은 것은?

① 목초액 ② 보르도액
③ 규조토 ④ 유황

해설 목초액은 숯을 구울 때 그 부산물로 목초액이 생산된다.

287 병해충 관리를 위해서 식물에서 추출한 유기농 자재는?

① 데리스 ② 파라핀유
③ 보르도액 ④ 벤토나이트

해설 **병해충 관리를 위한 식물추출물** : 제충국, 님, 데리스 쿠아시아, 라이아니아

288 다음 중 보르도액과 혼용하여 사용할 수 없는 약제는?

① 석회황합제 ② 황산아연
③ 수산화황 ④ 황산마그네슘

해설 보르도액은 석회황합제, 유기인계약제, 기계유유제 등과 혼용하지 않는다.

289 유기축산물 인증 기준에서 가축복지를 고려한 사육조건에 해당하지 않는 것은?

① 축사바닥은 딱딱하고 건조할 것 ② 충분한 휴식 공간을 확보할 것
③ 사료와 음수는 접근이 용이할 것 ④ 축사는 청결하게 유지하고 소독할 것

해설 축사의 바닥은 부드러우면서도 미끄럽지 아니하고, 청결 및 건조하여야 하며, 충분한 휴식공간을 확보하여야 하고, 휴식공간에서는 건조깔짚을 깔아 주어야 한다.

정답 285.② 286.① 287.① 288.① 289.①

290 일반 농가가 유기 축산으로 전환할 때 전환 기간으로 옳지 않은 것은?

① 식육 생산용 한우는 입식 후 12개월 이상
② 식육 생산용 젖소는 90일 이상
③ 식육 생산용 돼지는 최소 3개월 이상
④ 알 생산용 산란계는 입식 후 3개월 이상

가축의 종류	생산물	전환기간(최소 사육기간)
한우·육우	식육	입식 후 12개월
젖소	시유 (시판우유)	1) 착유우는 입식 후 3개월 2) 새끼를 낳지 않은 암소는 입식 후 6개월
면양·염소	식육	입식 후 5개월
	시유 (시판우유)	1) 착유양은 입식 후 3개월 2) 새끼를 낳지 않은 암양은 입식 후 6개월
돼지	식육	입식 후 5개월
육계	식육	입식 후 3주
산란계	알	입식 후 3개월
오리	식육	입식 후 6주
	알	입식 후 3개월
메추리	알	입식 후 3개월
사슴	식육	입식 후 12개월

291 유기배합사료 제조용 자재 중 보조사료가 아닌 것은?

① 활성탄 ② 올리고당
③ 요소 ④ 비타민A

 유기배합사료 제조용 자재 중 보조사료

	천연 결착제, 천연 유화제, 천연 향미제, 천연 착색제, 올리고당, 규산염제
천연 보존제	산미제, 항응고제(활성탄), 항산화제, 항곰팡이제
효소제	당분해효소, 지방분해효소, 인분해효소, 단백질분해효소
미생물제제	유익균, 유익곰팡이, 유익효모, 박테리오파지
천연 추출제	초목 추출물, 종자 추출물, 세포벽 추출물, 동물 추출물, 그 밖의 추출물
아미노산제	아민초산, DL-알라닌, 염산L-라이신, 황산L-라이신, L-글루타민산나트륨, 2-디아미노-2-하이드록시메치오닌, DL-트립토판, L-트립토판, DL메치오닌 및 L-트레오닌과 그 혼합물
비타민제 (프로비타민 포함)	비타민A, 프로비타민A, 비타민B1, 비타민B2, 비타민B6, 비타민B12, 비타민C, 비타민D, 비타민D2, 비타민D3, 비타민E, 비타민K, 판토텐산, 이노시톨, 콜린, 나이아신, 바이오틴, 엽산과 그 유사체 및 혼합물
완충제	산화마그네슘, 탄산나트륨(소다회), 중조(탄산수소나트륨·중탄산나트륨)

292 다음 중 완충제로 알맞은 것은?
① 중조
② DL-알라닌
③ 판토텐산
④ 이노시톨

완충제	산화마그네슘, 탄산나트륨(소다회), 중조(탄산수소나트륨·중탄산나트륨)

293 현재 사육되고 있는 가축이 자체 농장에서 생산된 사료를 급여하는 조건에서 목초지 및 사료작물 재배지의 전환 기간의 기준은?
① 1년
② 2년
③ 3년
④ 4년

동일 농장에서 가축·목초지 및 사료작물재배지가 동시에 전환 하는 경우에는 현재 사육되고 있는 가축에게 자체농장에서 생산된 사료를 급여하는 조건 하에서 목초지 및 사료작물 재배지의 전환기간은 1년으로 한다.

294 소의 제1종 가축전염병으로 법정 전염병은?
① 전염성 위장염
② 부루셀라병
③ 광견병
④ 구제역

 가축전염병

	제1종	제2종	제3종
소	우역, 우폐역, 가성우역, 구제역, 불루텅병, 럼프스킨병, 리프트계곡열	브루셀라병, 결핵병, 탄저, 기종저, 요네병, 소해면상뇌증	소감염성기관염
돼지	돼지열병(콜레라), 아프리카돼지열병, 돼지수포병	돼지오제스키병, 돼지일본뇌염, 돼지텟센병	돼지유행성설사
닭	고병원성조류인플루엔자(AI), 뉴캐슬병	가금콜레라	저병원성조류인플루엔자, 닭마이크로플라즈마병

정답 292.① 293.① 294.④

295 "유기농어업자재" 용어의 뜻으로 옳은 것은?
① 유기농수산물을 생산, 제조·가공 또는 취급하는 과정에서 사용할 수 있는 허용물질을 원료 또는 재료로 하여 만든 제품을 말한다.
② 유기식품, 무농약수산물 등을 생산, 제조·가공 또는 취급하는 모든 과정에서 사용한 것으로서 농림축산식품부령 또는 해양수산부령으로 정하는 물질을 말한다.
③ 무농약농산물, 무항생제축산물, 무항생제수산물 및 활성처리제비사용 수산물을 말한다.
④ 유기적인 방법으로 생산된 유기농수산물과 유기가공식품을 말한다.

해설 ② 허용물질, ③ 친환경농수산물, ④ 유기식품

296 유기축산물 인증 기준에 따른 유기 사료 급여에 대한 설명으로 옳지 않은 것은?
① 천재지변의 경우 유기 사료가 아닌 사료를 일정기간 동안 일정비율로 급여하는 것을 허용할 수 있다.
② 사료를 급여할 때 유전자 변형 농산물이 함유되지 않아야 한다.
③ 유기 배합 사료 제조용 단미사료용 곡물류는 유기농산물 인증을 받은 것에 한한다.
④ 반추가축에게는 사일리지만 급여한다.

 반추가축에게 담근먹이(사일리지)만 급여해서는 아니 되며, 생초나 건초 등 조사료도 급여하여야 한다. 또한 비반추 가축에게도 가능한 조사료 급여를 권장한다.

297 유기가축의 사료에 첨가할 수 있는 물질에 대한 설명으로 옳은 것은?
① 가축의 대사기능 촉진을 위한 합성 화합물
② 천연의 것으로 나트륨, 유황, 철
③ 합성질소 또는 비단백태질소화합물
④ 성장촉진제, 구충제, 항콕시듐제 및 호르몬제

해설 유기사료첨가 금지물
- 가축의 대사기능 촉진을 위한 합성화합물
- 반추가축에게 포유동물에서 유래한 사료(우유 및 유제품을 제외)
- 합성질소 또는 비단백태질소화합물
- 항생제·합성항균제·성장촉진제, 구충제, 항콕시듐제 및 호르몬제
- 그 밖에 인위적인 합성 및 유전자조작에 의해 제조·변형된 물질

정답 295.① 296.④ 297.②

298. 유기식품 등의 인증기준 등에서 유기농산물 재배시 기록 보관해야 하는 경영 관련 자료로 옳지 않은 것은?
① 농산물 재배포장에 투입된 토양개량용 자재, 작물생육용 자재, 병해충관리용 자재 등 농자재 사용 내용을 기록한 자료
② 유기합성 농약 및 화학비료의 구매·사용·보관에 관한 사항을 기록한 자료
③ 유전자변형종자의 구입·보관·사용을 기록한 자료
④ 농산물의 생산량 및 출하처별 판매량을 기록한 자료

해설 유기농업에서 유전자변형종자는 사용하지 않는다.

PART 3

실기 문제
(필답형)

01 기출·예상문제
02 최신 기출문제

01 기출·예상문제

01 | 작물재배

01
작물의 수량 3요소를 쓰시오.

정답
유전성, 환경, 재배기술

02
유기농산물 재배를 위한 작부체계의 종류 3가지를 쓰시오.

정답
윤작, 혼작, 간작, 교호작, 주위작, 답전윤환, 자유작

03
작부체계에 대한 설명이다. 보기에서 알맞은 용어를 선택하시오.

[보기] 간작, 혼작, 주위작, 답전윤환, 연작

가. 생육시기를 달리하거나 일정기간 겹쳐지는 작물을 이용한다.
나. 생육시기가 같거나, 비슷한 작물을 이용한다.

정답
가. 간작, 나. 혼작

해설

간작	전작-후작(상작-하작) 관계가 뚜렷하다. 예 보리+콩, 보리+팥, 보리+목화, 보리+고구마
혼작	전작-후작 관계가 뚜렷한 경우와 뚜렷하지 않은 경우가 있다. 예 콩+수수, 콩+옥수수, 콩+고구마, 목화+참깨

04
다음에서 해당되는 작물을 쓰시오.

> 가. 보리와 콩으로 맥 간작을 할 때 주작물과 부작물
> 나. 여름에 수확하고 난혼작이 가능한 사료작물 2가지

정답
가. 주작물 - 보리, 부작물 - 콩
나. 헤어리베치, 보리

05
연작에 대한 피해와 대책을 1가지씩 쓰시오.

정답
- 피해 : 토양 병해충이 번성한다.
  잡초가 번성한다.
  작물의 비료성분이 소모된다.
- 대책 : 윤작한다.
  토양을 소독한다.
  객토 및 환토한다.

06
연작에 의한 기지현상의 원인 2가지를 쓰시오.

정답
- 토양 속 비료의 소모
- 토양 속의 염류 집적
- 잡초의 번성
- 유독 물질의 축적
- 토양 선충 및 전염병 피해

07

지속적으로 연작을 할 때 작물의 생육이 뚜렷하게 나빠지는 현상과 그 대책 2가지를 쓰시오.

정답
- 현상 : 기지
- 대책

윤작(=돌려짓기)	답전윤환 재배
담수	토양 소독
유독물질의 제거	객토 및 환토
지력 배양과 결핍성분의 보급	접목

08

연작의 피해가 적은 작물과 심한 작물을 보기에서 3가지씩 선택하시오.

> 벼, 인삼, 고구마, 호박, 아마, 수박

정답

가. 연작의 피해가 적은 작물 : 벼, 고구마, 호박
나. 연작의 피해가 심한 작물 : 아마, 인삼, 수박

연작의 해가 적은 작물	벼·맥류·옥수수·수수·사탕수수·조·고구마·무·순무·양배추·꽃양배추·당근·연·뽕나무·아스파라거스·토당귀·미나리·딸기·목화·삼·양파·담배·호박 등
1년 휴작이 필요한 작물	콩·파·쪽파·생강·시금치 등
2년 휴작이 필요한 작물	마·감자·잠두·오이·땅콩 등
3년 휴작이 필요한 작물	쑥갓·토란·참외·강낭콩 등
5~7년 휴작이 필요한 작물	수박·가지·고추·토마토·완두·레드클로버·우엉·사탕무
10년 이상 휴작이 필요한 작물	아마·인삼 등

09
윤작의 효과 3가지를 쓰시오.

정답
지력의 유지 증진, 기지 경감, 토양의 물리성 개선, 병해충 및 잡초 발생 억제, 작물의 수량 증대

10
윤작의 작물 재배체계에 대한 설명이다. 보기에서 빈칸에 알맞은 말을 쓰시오.

[보기] 식량작물, 콩과작물, 피복작물, 여름작물, 휴한작물, 녹비작물

가. 용도의 균형을 위해 (　　)과 사료작물 생산을 번갈아 가며 재배한다.
나. 지력유지를 위해 (　　)이나 다비작물이 포함된다.
다. 잡초 경감을 위해 중경작물이나 (　　)이 포함한다.
라. 토지 이용도를 높이기 위해 (　　)과 겨울작물을 결합한다.

정답
가. 식량작물
나. 콩과작물
다. 피복작물
라. 여름작물

11

윤작에 의한 토양비옥도가 유지 및 증가된다. 다음 빈칸에 알맞은 말을 쓰시오.

[보기] 식량작물, 콩과작물, 피복작물, 심근성 작물, 여름작물, 휴한작물, 다비작물

가. (　　)에 의한 질소고정으로 토양 내에 질소가 증가한다.
나. (　　)에 의해서 잔비효과가 나타난다.
다. (　　)에 의한 토양 물리성이 개선된다.

정답
가. 콩과작물, 나. 다비작물, 라. 심근성 작물

12

혼작과 혼파의 장점과 단점을 각각 1개씩 쓰시오.

정답
- 장점 :
  - 토양 비료성분의 효율적 이용
  - 공간의 효율적 이용
  - 질소질 비료의 절약
  - 잡초의 경감
  - 산초량의 평준화
  - 가축영양상의 이점
  - 건초 제조상의 이점
- 단점 :
  - 파종작업, 시비, 병충해 방제, 수확 등 관리 작업이 불편하다.
  - 생육장해를 초래할 가능성이 있다.
  - 양분끼리 경합될 수 있다.

13
답전윤환 재배의 정의와 장점을 쓰시오.

정답
- 정의 : 논 또는 밭을 논 상태와 밭 상태로 몇 해씩 돌려가면서 벼와 밭작물을 재배하는 방식
- 장점
  - 토양의 통기성, 투수성 등 물리적 성질을 개선한다.
  - 기지현상을 감소시킨다.
  - 병충해를 방지한다.

14
답전윤환의 효과 2가지를 쓰시오.

정답
- 지력이 유지·증진된다.
- 기지가 회피된다.
- 잡초발생이 억제된다.
- 토양이 보호된다.
- 작물의 수량이 증가된다.

1 재배 환경

15
광합성 과정을 화학식으로 쓰시오.

정답
$12H_2O + 6CO_2 \rightarrow C_6H_{12}O_6 + 6O_2 + 6H_2O$

16
굴광현상에 가장 유효한 파장은?

정답
440~480mm

17
작물 발아에서 성숙까지의 일평균 기온을 합산한 온도를 무엇이라 하는가?

정답
적산온도

18
온도가 10℃ 상승하는데 따르는 이화학적 반응이나 생리작용의 증가 배수를 무엇이라 하는가?

정답
온도계수 또는 Q10

19
하고현상에 대한 대책 2가지를 쓰시오.

정답
- 봄철에 일찍 방목하거나 채종하고 추비를 늦게 준다.
- 고온 건조기에 관개를 한다.
- 하고현상이 강한 우량품종 선택한다.
- 하고현상에 강한 품종과 혼파한다.

20
냉해의 종류 3가지를 쓰시오.

정답
자연형 냉해, 장해형 냉해, 병해형 냉해

21
다음 설명에 맞는 대기성분을 고르라.

> 질소, 산소, 이산화탄소

가. 작물 호흡시 사용되고, 이취가 발생된다.
 (   )
나. 작물 호흡시 방출되고, 광합성시 사용된다.
 (   )
다. 과자봉지 포장에 이용하고, 무색무취이다.
 (   )

정답
가. 산소, 나. 이산화탄소, 다. 질소

22
화성의 내적요인과 외적요인 2가지씩 쓰시오.

정답
- 내적요인
  - 영양상태 : C/N율
  - 식물호르몬 : 옥신과 지베렐린의 체내 수준관계
- 외적요인
  - 광조건 : 일장과의 관계
  - 온도조건 : 버널리제이션(춘화처리)과 감온성의 관계

23
다음 빈칸에 알맞은 말을 쓰시오.

> 생육기간 중 종자, 녹식물의 식물이 온도에 의하여 꽃눈이 촉진되는 현상을 (   )라고 한다.

정답
버널리제이션(춘화처리)

24
생육전환에 대한 설명으로 빈칸에 알맞은 말을 쓰시오.

> 가. 춘화처리의 감응부위는 (　　)과 종자의 배이다.
> 나. 일장현상의 감응부위는 (　　)이다.

정답
가. 생장점, 나. 잎

25
보기에서 종자 춘화형, 녹식물 춘화형 작물을 각각 선택하시오.

> [보기] 무, 배추, 순무, 우엉, 국화, 스토크, 봄무, 추파 맥류, 완두, 잠두, 양배추, 양파, 당근

정답
- 종자 춘화형 : 무, 배추, 순무, 추파 맥류, 완두, 잠두
- 녹식물 춘화형 : 양배추, 양파, 당근, 우엉, 국화, 스토크

2 유기재배 기술

26
종자발아 조건을 쓰시오.

정답
- 3대 조건 : 수분, 온도, 산소
- 4대 조건 : 수분, 온도, 산소, 빛

27
종자의 발아과정을 순서대로 쓰시오.

효소의 활성화, 배의 생장개시, 유묘의 출아, 종피의 파열, 종자의 수분흡수

정답
종자의 수분흡수 → 효소의 활성화 → 배의 생장개시 → 종피의 파열 → 유묘의 출아

28
다음 빈칸에 알맞은 말을 쓰시오.

메벼의 염수선 비중은 (　　)이며, 물 18L에 소금 (　　)kg이다.

정답
1.13,　4.5

29

염수선 전 볍씨의 무게는 100g이고, 침전된 볍씨는 78g, 뜬 볍씨 눈 30g일 때 이 종자의 수분흡수량과 수분흡수율을 계산하시오.

정답
- 수분흡수량
  = (뜬 볍씨 + 침전된 볍씨) − 염수선 전 볍씨무게
  = (30+78)−100 = 8g
- 수분흡수율 = (수분흡수량/염수선전 무게)×100
  = (8/100)×100 = 8%

30

볍씨 염수선의 효과 2가지를 쓰시오.

정답
- 충실하게 잘 익은 벼 종자를 골라낼 수 있다.
- 발아력이 양호하고 건실한 모로 자랄 수 있다.

31

벼의 키다리병과 보리의 깜부기병을 예방하는 물리적 종자소독법을 쓰시오.

정답
냉수온탕침법(종자를 냉수에 담갔다가 50~55℃의 따뜻한 물에 담근 다음 건져내는 방법)

32
경운의 효과 2가지를 쓰시오.

정답
- 토양의 물리성 개선(통기성 개선, 배수성 향상)
- 파종 및 이식 작업 용이
- 잡초 해충 발생 억제
- 비료 농약 사용효과 증가

33
유기농업에서 토양 피복(멀칭) 효과 2가지를 쓰시오.

정답
- 잡초발생을 억제해준다.
- 토양의 건조를 방지한다(가뭄의 피해 경감한다. 토양수분을 유지한다).
- 토양온도의 급격한 변화를 완화한다(지온을 조절한다).
- 동해나 서릿발 피해를 경감한다.
- 토양구조와 양분 이용률을 향상시킨다(비료 성분의 유실을 방지한다).
- 토양 침식을 방지한다(토양유실을 방지한다).
- 반사광을 이용한 과실 착색을 촉진한다.

34
멀칭필름의 종류와 효과에 대한 설명이다. 보기에서 적절한 용어를 선택하시오.

> 투명 플라스틱 필름, 흑색 플라스틱 필름, 알루미늄 필름

가. 과일의 착색을 돕는다. ( )
나. 지온을 높여서 발아를 돕는다. ( )
다. 잡초 발생을 억제한다. ( )

정답
가. 알루미늄 필름
나. 투명 플라스틱 필름
다. 흑색 플라스틱 필름

35
배토의 효과 2가지를 쓰시오.

정답
- 신근(=새뿌리) 발생의 조장, 도복(=쓰러짐)의 경감
- 덩이줄기의 발육 조장, 잡초 방제

36
중경의 효과와 피해 1가지를 쓰시오.

정답
- 효과 : 발아의 조장, 토양 통기성 증가, 토양 수분의 증발경감, 비료효과(비효)의 증진, 잡초 제거
- 피해 : 단근, 풍식의 피해

37
중경의 장점 3가지를 쓰시오.

정답
- 토양의 통기성을 증대한다.
- 비료효과가 증진된다.
- 토양수분의 증발을 억제한다.
- 발아를 조장한다.
- 잡초방제를 할 수 있다.

38
접목의 장점과 단점 1가지를 쓰시오.

정답
- 장점
  - 접수의 고유의 특성을 지속적으로 계승한다.
  - 개화결실을 촉진한다.
  - 종자결실이 되지 않는 수종의 번식법이다.
  - 수세를 조절 및 수형을 변화시킬 수 있다.
  - 병충해에 강하며, 토양 적응성이 높아진다.
- 단점
  - 접목의 기술이 필요하므로 숙련기술이 필요하다.
  - 접수와 대목간의 생리적 관계를 알아야 한다.
  - 좋은 대목의 양성과 접수의 보존 등의 단점이 있다.

39
박과채소류 접목육묘의 특징 3가지를 쓰시오.

정답
- 흡비력이 강해진다.
- 토양 전염성 병의 발생이 적어진다.
- 불량 환경에 대한 내성이 증대된다.

40
녹비작물을 벼과와 콩과로 구분하시오.

귀리, 자운영, 클로버, 알팔파, 옥수수, 보리, 호밀, 헤어리베치, 풋베기콩, 풋베기완두, 루핀

정답
- 벼과(화본과작물) : 귀리, 옥수수, 보리, 호밀
- 콩과(두과작물) : 헤어리베치, 자운영, 클로버, 알팔파, 풋베기콩, 풋베기완두, 루핀

41
녹비작물의 효과 3가지를 쓰시오.

정답
- 유기물 함량 증가 : 질소 및 유기질 비료 절감
- 토양 비옥도 증진 : 토양의 지력증진
- 토양 구조 개량 : 심토의 성질개선

42
녹비작물의 조건 3가지를 쓰시오.

정답
- 생육이 왕성하고 재배가 쉬워야 한다.
- 심근성으로 하층의 양분을 이용할 수 있어야 한다.
- 비료성분의 함유량이 높으며 유리질소의 고정력이 강하다.
- 줄기와 잎이 유연하여 토양 속에서 분해가 빠르다.
- 녹비작물 재배 시에 화학비료를 사용하지 않아도 되는 식물이어야 한다.

43
논에서 답리작으로 사용 가능한 두과녹비작물 2가지를 쓰시오.

정답
자운영, 헤어리베치, 클로버, 루핀

44
유기농 녹비작물인 자운영의 파종시기, 파종량, 파종방법을 쓰시오.

정답
- 파종시기 : 8월 하순에서 9월 중순 사이에 벼가 있는 논
- 파종량 : 3~4kg/10a
- 파종방법 : 종토접종

45
유기농 녹비작물인 헤어리베치의 파종시기, 파종량, 파종방법을 쓰시오.

정답
- 파종시기 : 10월 초순 벼 베기 10일전 벼가 서있는 상태에서 산파
- 파종량 : 6~9kg/10a
- 파종방법 : 종토접종

46
식물 생장을 촉진하는 옥신의 효능 2가지를 쓰시오.

정답
- 발근촉진, 접목에서의 활착촉진, 가지의 굴곡유도
- 개화촉진, 적화 및 적과 착과증대
- 과실의 비대촉진, 과실의 성숙촉진
- 고동노의 제초제 효과

47
작물의 삽목 후 발근을 크게 증가시키는 호르몬을 쓰시오.

정답
옥신

48
다음 빈칸에 알맞은 말을 쓰시오.

> 지베렐린, 옥신, 시토키닌, 에틸렌

> ( ) 호르몬은 종자를 휴면타파하고 호광성 종자의 암발아를 유도한다.

정답
지베렐린

49
덜 익은 바나나, 떫은 감 등의 엽록소 분해, 착색증진, 연화 등을 촉진시켜 상품가치를 향상시키는 물질을 쓰시오.

정답
에틸렌

50
보기 중 병해충 방제 시 재배적 방제법을 쓰시오.

> [보기] 윤작, 중경제초기, 중간기주식물 제거, 생육시기 조절, 우렁이 농법

정답
윤작, 중간기주식물 제거, 생육시기 조절

51
작물의 필수원소 17가지를 쓰시오.

정답
- 다량원소(9가지) : C, H, O, N, P, K, Ca, Mg, S
- 미량원소(8가지) : Fe, Cu, Zn, Mn, Mo, B, Cl, Ni

52
질소고정능력(kg/10a)이 큰 순서대로 쓰시오.

> 스위트클로버, 콩, 알팔파, 대두, 완두, 땅콩

정답
알팔파 > 스위트클로버 > 대두 > 완두 > 땅콩
해설
10a당 알팔파 22kg, 스위트클로버 15kg, 헤어리베치 14kg, 대두 11.3kg, 완두 8.3kg, 땅콩 4.8kg

53
비료 3요소를 쓰시오.

정답
질소(N), 인산(P), 칼륨(K)

54
보기에서 설명하는 원소는 무엇인가?

> 미량원소 중 이 원소는 작물의 세포확장에 많이 쓰이며, 이것이 부족하면 새순이 멎고 오이에서는 열매가 가로, 세로가 잘록해지고 그 부분의 속이 비어 잘 부러진다.

정답
B(붕소)

55
산성토양을 개량할 때 사용할 수 있는 석회물질 3가지를 쓰시오.

정답
생석회, 소석회, 탄산석회, 고토석회

56
엽면시비의 정의와 효과를 쓰시오.

정답
- 정의 : 액체 비료 혹은 비료를 물에 타서 작물 잎에 살포하는 방법
- 효과 : 급속한 영양 회복, 작물의 품질 향상, 비료분의 유실 방지

3 퇴비 제조

57
퇴비 시용효과 3가지를 쓰시오.

정답
- 토양 내 부식함량을 증가시킨다.
- 유기물의 양분을 공급한다.
- 토양 물리성, 화학성, 생물성을 개선한다.

58
고온 발효된 퇴비의 장점 3가지를 쓰시오.

정답
- 유효화된 양분의 증가
- 유해병원균 및 잡초종자의 사멸
- 악취의 발생감소
- 질소성분의 유효화
- 퇴비 부피의 관리 및 취급성 용이

59
다음 설명 중 ( )에 알맞은 말을 쓰시오.

> 유기·무항생제 사료 기준에 맞지 아니하는 사료를 먹인 농장 및 겨울순환농법으로 사육하지 아니한 농장에서 유래된 퇴비는 퇴비화 과정에서 퇴비더미가 ( )℃를 유지하는 기간이 ( )일 이상 되어야 하고, 이 기간 동안 ( )회 이상 뒤집어야 한다.

정답
55~75, 15, 5

60

퇴비 제조 조건에 대한 설명으로 ( )에 알맞은 말을 쓰시오.

- 퇴비의 최종 탄질비를 ( )로 조절함으로써 토양 중에서 급격한 분해 일시적인 작물의 질소가 부족한 질소기아현상을 방지한다.
- pH는 미생물의 생육이나 퇴비화 과정 중의 물질변화에 영향을 미치는 중요한 요인이다. 퇴비화에 적합한 pH는 ( )정도로서 대부분의 퇴비 원료의 pH도 이 범위에 있다.
- 퇴비 더미에 공기(산소) 공급은 ( ) 미생물이 살도록 하는 데 필수적이다.

정답

20~30, 6.5~8.0, 호기성

* 퇴비 제조시 주요인자 : 탄질비 20~30, pH 6.5~8.0, 통기성, 입자크기, 수분함량 60~70%, 온도 45~65℃

61

퇴비화 구비조건에 대한 설명으로 빈칸에 알맞은 말을 쓰시오.

퇴비원료의 함수율은 ( )%, 탄질비는 ( )으로 조절하고 공기를 일당 50m³/ton을 공급해주며, 퇴비 더미의 온도가 ( )℃가 넘지 않도록 교반하여 준다.

정답

60, 20~30, 70

62
보기에서 퇴비제조 순서를 나열하고, 질소 함량을 높이는 방법을 쓰시오.

[보기] 원료준비, 후숙, 뒤집기와 퇴적, 원료혼합

가. 퇴비제조 순서 :
나. 질소 함량을 높이는 방법 :

정답
가. 원료준비 → 원료혼합 → 뒤집기와 퇴적 → 후숙
나. 가축분을 투입. 단백질 등 분해되기 위한 질소화합물을 함유하고 있는 계분·계분·녹비작물 등을 투입

63
퇴비화 3단계 과정을 설명한 것이다. 빈칸에 알맞은 말을 쓰시오.

가. 1단계 : 퇴비 원료중 (   ), 아미노산 등 이분해성 유기물의 분해
나. 2단계 : (   ), 헤미셀룰로오스, 펙틴 등이 분해되는 단계
다. 3단계 : (   ) 같은 난분해성 유기물만 남게 되어 분해속도가 느려지고 퇴비 온도도 40℃로 낮아진다. 방선균이 관여하고 숙성기간을 필요로 한다.

정답
가. 당, 나. 셀룰로오스, 다. 리그닌

64
퇴비 부숙도 검사방법 3가지를 쓰시오.

정답
- 관능적 검사 : 형태, 색깔, 냄새, 촉각
- 화학적 검사 : 탄질률 검사, pH검사, 질산태질소 측정, 온도측정
- 생물학적 검사 : 지렁이법, 발아시험법, 유식물시험법

65
퇴비의 생물학적 검사방법 중 지렁이법에 대해 설명하시오.

정답
퇴비를 시험관에 담고 지렁이를 넣어 지렁이의 생리적 감각, 즉 퇴적물에 대한 기피 행동을 관찰함으로써 퇴적물의 부숙도를 판정하는 방법이다. 완숙퇴비는 지렁이 활력이 높지만, 부숙퇴비는 지렁이가 활력이 낮아지거나 죽게 된다.

66
퇴비의 생물학적 검사방법 중 발아시험법에 대해 설명하시오.

정답
톱밥, 수피 등의 목질자재에는 페놀성 물질이 함유되어 있으므로 미숙의 목질자재 퇴비에서 추출한 용액에 오이, 배추 등의 종자를 파종하여 발아력으로 부숙도를 판정하는 방법이다.

67

가축분 퇴비의 부숙도 간이 감별법을 설명한 것이다. 옳은 것을 선택하시오.

> 가. 황갈색이 흑갈색보다 부숙도가 (높다/낮다).
> 나. 형상이나 형태를 알 수 없으면 부숙도가 (높다/낮다).
> 다. 악취가 원료냄새가 강하면 퇴비냄새가 나는 것보다 부숙도가 (높다/낮다).
> 라. 수분이 50% 전후 손으로 움켜쥐어 손가락 사이로 물기가 스미지 않으면 수분 70%보다 부숙도가 (높다/낮다).
> 마. 부숙 중 최고온도는 50~60℃가 70℃ 이상보다 부숙도가 (높다/낮다).
> 바. 뒤집기 횟수는 2회 이하보다 7회 이상이 부숙도가 (높다/낮다).

정답

가. 낮다, 나. 높다, 다. 낮다, 라. 높다, 마. 낮다, 바. 높다

해설

퇴비 부숙도 비교

	미숙퇴비	중숙퇴비	완숙퇴비
발효기간	1주 이내	1개월 이내	3개월 이상
색깔	노란갈색	갈색	암갈색~흑색
냄새(악취)	많이 발생	약간 발생	흙냄새
수분함량	70%	60%	50%
최고온도	50℃ 이하	50~60℃	60~70℃ 이상
뒤집기 횟수	2회 이하	3~6회	10회 이상
유해가스 발생정도	많이 발생	약간 발생	거의 없음
파리, 구더기 발생정도	많음	보통	없음
유효미생물	혐기성미생물	분해미생물	유용미생물
잡초종자	남아있음	절반 사멸	사멸
굼벵이, 지렁이 생존정도	생존 불가	일부 생존	다수 생존
유해물질의 분해정도	미분해	약간 분해	대부분 분해
가축분 내 항생제 분해정도	미분해	약간 분해	대부분 분해
산도	산성	중산성	중성~알칼리성
작물에 대한 안정성	낮음	보통	높음
취급 및 보관성	불량	보통	양호
생리활성물질	별로 없음	보통	많음
양이온치환용량(부식함량)	낮음	보통	높음
비료성분(질소)	원료 상태	약간 유실	약간 유실
비료성분의 연간 이용률	50%(속효성)	40%(중간)	30%(지효성)

68
다음 보기에서 농림부산물 퇴비원료로 알맞은 것 고르시오.

[보기] 볏짚, 계분, 미강, 구비, 소석회, 주정, 두부, 버섯 폐배지, 한약재 찌꺼기, 폐수처리 오니

정답
볏짚, 미강, 버섯 폐배지, 한약재 찌꺼기

해설
〈사용 가능한 퇴비 원료〉
- 농림축산부산물 : 짚류, 왕겨, 미강, 녹비, 농작물 잔사, 낙엽, 수피, 톱밥, 목편, 부엽토, 야생초, 폐사료, 한약재찌꺼기, 버섯폐배지, 이탄, 토탄, 잔디예초물, 가축의 알과 껍질 등(담배 제외)
- 수산부산물 : 어분, 어묵찌꺼기, 해초찌꺼기, 게껍질, 해산물도소매장 부산물포
- 인·축분뇨 등 동물의 분뇨 : 인분뇨 처리잔사, 우분뇨, 돈분뇨, 계분, 구비
- 음식물류 폐기물
- 식음료품 제조업·유통업·판매업에서 발생하는 동식물성 잔재물 : 도축, 과실 및 야채, 배합사료, 두부, 주정, 주류(소주, 탁주 등), 청량음료, 다류 등
- 미생물 : 토양미생물제제
- 광물질 : 소석회, 석회석, 석회고토, 생석회, 패화석, 제오라이트

69
흡수성, 통기성이 좋기 때문에 함수율이 높은 재료의 퇴비화 보조제로 활용되고 탄질률이 500~1,000 정도인 임산부산물의 대표적 퇴비 재료를 보기에서 찾아 쓰시오.

산야초 톱밥 볏집 왕겨

정답
톱밥

70
퇴비 수분조절제로 사용하는 재료를 쓰시오.

| 톱밥, 숯, 왕겨, 파쇄목, 제올라이트, 펄라이트, 질석 |

정답
톱밥, 왕겨, 파쇄목, 제올라이트

71
다음 빈칸에 알맞은 말을 쓰시오.

| 퇴비 제조시 자연 퇴적식은 (　　)cm, 기계식 퇴비화 장치는 (　　)cm 정도가 적당하다. |

정답
60, 200

72
부숙되지 않은 퇴비를 토양에 시비 시 문제점 2가지를 쓰시오.

정답
- 유해가스 발생으로 작물생육이 저해된다.
- 질소기아현상 발생으로 토양 내 양분이 불균형하다.
- 토양 산성화로 인해서 작물의 생육이 억제된다.

4 작물재해(Stress)

73
유기농업의 병충해 방제법으로 알맞지 않은 것을 고르시오.

> 경종적 방제법, 생물학적 방제법, IPM, 기계적 방제법, 화학적 방제법

정답
화학적 방제법

74
작물, 병해충, 천적에 대한 지식을 기초로 각종 방제기술을 병해충 발생을 경제적 피해수준 이하로 감소시키거나 유지하기 위한 관리체계를 쓰시오.

정답
병해충종합관리(IPM)

75
다음 보기에서 설명하는 것은?

> * 여러 가지 대체방법을 적용하는 해충관리기술
> * 경제성과 환경보호가 보장될 수 있는 해충 방제
> * 경제적인 방제 기술 적용
> * 생물학적, 경종법적, 화학적 기술 모두 조합적용

정답
병해충 종합관리(IPM)

76
다음 보기에서 설명하는 해충은?

* 거미류
* 잎 뒷면에서 즙액을 빨아 먹는다.
* 살비제를 사용하여 제거한다.

정답
응애

77
다음 보기에서 설명하는 해충은?

* 잎 뒷면에 붙어서 즙액 빨아먹는 흰색 작은 나방
* 화이트플라이(white fly)
* 배설물로 인해 그을음병이 나타난다.

정답
온실가루이

78
다음 해충의 천적 2가지를 쓰시오.

가. 총채벌레   (   )
나. 온실가루이 (   )

정답
가. 오리이리응애, 애꽃노린재
나. 온실가루이좀벌, 카탈리네무당벌레

79
다음 보기의 천적곤충 중 포식성과 기생성을 선택하시오.

팔라시스이리응애, 침파리, 꼬마벌, 맵시벌, 사마귀, 무당벌레, 포식성응애류, 풀잠자리, 고치벌, 진딧물, 꽃등에

정답
- 포식성 : 사마귀, 무당벌레, 포식성응애류, 풀잠자리, 팔라시스이리응애, 꽃등에
- 기생성 : 고치벌, 꼬마벌, 맵시벌, 침파리, 진딧물

80
천적을 이용한 병해충 방제에 이용되는 천적의 종류를 쓰시오.

풀잠자리, 세균, 무당벌레, 기생벌, 곰팡이, 기생파리

가. 기생성 곤충 :
나. 포식성 곤충 :
다. 병원성 미생물 :

정답
가. 기생파리, 기생벌
나. 무당벌레, 풀잠자리
다. 곰팡이, 세균

81
진딧물의 천적 3가지를 쓰시오.

정답
진디혹파리, 무당벌레, 콜레마니진디벌, 호리꽃등에

해설

해충	천적 곤충
진딧물	무당벌레, 풀잠자리, 콜레마니진디벌, 진디혹파리, 기생벌
응애류	칠레이리응애, 꼬마무당벌레, 캘리포니쿠스이리응애
총채벌레	애꽃노린재, 이리응애류
잎굴파리	굴파리 좀벌, 잎굴파리 좀벌
온실가루이	온실가루이좀벌, 카탈리네무당벌레
가루깍지벌레	무당벌레, 기생벌
나방류	알좀벌, 명충알벌

82
천적을 활용한 병충해의 생물학적 방제법의 장·단점을 쓰시오.

정답
- 장점 : 농약 잔류 문제가 없다. 약제 저항성 문제가 없다.
- 단점 : 대상 해충이 제한적이다. 비용이 다소 많이 든다.

83
성페로몬의 장점 2가지를 쓰시오.

정답
- 자연적으로 발생한 물질이기 때문에 친환경적이다.
- 작물과 인축에 무독하다.
- 유용곤충 피해가 없다.
- 특정 종에만 영향을 미치는 종 특이적이다.

84
도복의 대책 2가지를 쓰시오.

정답
내도복성 품종 선택, 재식밀도 조절, 질소시비 금지, 규산 및 칼륨 시비, 배토, 답압

85
잡초의 피해 증상 3가지를 쓰시오.

정답
- 작물과의 광·양수분 경합
- 병해충 서식지
- 작물의 품질 저하

해설
작물과 경합, 작물수량 감소, 작물품질 저하, 병해충 서식지, 작물과 상호대립억제작용(타감작용), 미관 손상 등

86
잡초의 피해와 유용성 1개씩 쓰시오.

정답
- 피해 : 작물과의 경합, 병충해 서식지, 유해물질 분비(알레로파시)
- 유용성 : 토양침식 방지, 토양 물리환경 개선, 가축 사료로 이용

87
다음 보기에서 논 잡초만 선택하시오.

> 강아지풀, 강피, 명아주, 여뀌, 쇠비름, 올방개

정답
강피, 여뀌, 올방개

구분		1년생	다년생
논 잡초	벼과	강피, 물피, 돌피	나도겨풀
	방동사니과	올챙이고랭이, 알방동사니	너도방동사니, 올방개, 매자기, 쇠털골
	광엽잡초	사마귀풀, 자귀풀, 가막사리, 여뀌, 여뀌바늘, 물달개비, 물옥잠	생이가래, 개구리밥, 올미, 가래, 벗풀
밭 잡초	벼과	바랭이, 둑새풀(2년생), 강아지풀, 돌피, 미국개기장	참새피, 띠
	방동사니과	참방동사니, 금방동사니	향부자
	광엽잡초	명아주, 개비름, 쇠비름, 여뀌, 깨풀냉이(2년생), 개갓냉이(2년생), 망초(2년생), 개망초(2년생), 별꽃(2년생), 꽃다지(2년생), 속속이풀(2년생)	쑥, 씀바귀, 민들레, 토끼풀, 메꽃, 쇠뜨기

02 | 토양관리

88
토양을 구성하는 토양 3상과 4성분을 쓰시오.

정답
- 3상 : 고상, 액상, 기상
- 4성분 : 무기물, 유기물, 수분, 공기

89
토양 3상의 이상적인 구성비를 쓰시오.

정답
고상 : 액상 : 기상 = 50 : 25 : 25

90
토양의 공극에 해당하는 것을 쓰시오.

정답
액상 + 기상

91
[보기]의 조암광물에 대한 설명을 쓰시오.

[보기] 석영, 장석, 운모, 감람석, 휘석, 각섬석

가. 화강암의 조암광물 중 가장 모래로 되기 쉬운 것 :
나. 지각을 구성하는 광물 중 함량이 가장 많은 것 :

정답
가. 석영.
나. 장석

92
화성암의 분류에 대한 설명으로 빈칸에 알맞은 말을 쓰시오.

화성암은 (가)원소의 함량에 따라 산성암, 중성암, 염기성암으로 구분되며, 세부적인 표는 다음과 같다.

구분	산성암 (65~75%)	중성암 (55~65%)	염기성암 (40~55%)
심성암	(나)	섬록암	반려암
반심성암	석영반암	섬록반암	휘록암
화산암	유문암	안산암	(다)

정답
가. 규소
나. 화강암
다. 현무암

93
토양을 생성하는 인자 5가지를 쓰고, 그 중에서 가장 큰 영향을 주는 인자를 쓰시오.

정답
- 5가지 인자 : 모재, 기후, 지형, 식생, 시간
- 가장 큰 영향을 주는 것 : 기후

94
보기 중 가장 알맞은 말을 쓰시오.

[보기] 회색화, 포드졸화, 이탄토

가. 한랭습윤지대의 침엽수림, 논의 노후화답(　)
나. 배수가 좋지 못한 토양에서 환원상태가 되어 청회색, 회녹색 (　)
다. 이끼류 등 습생식물이 추운 늪지대에 퇴적된 것 (　)

정답
가. 포드졸화
나. 회색화
다. 이탄토

95
보기 중 가장 알맞은 말을 쓰시오.

[보기] 라토졸화, 염류화, 글레이화

가. 열대우림 기후, 고온다습한 환경에 유기물이 분해되어 염기용출된 상태 (　)
나. 냉량 또는 한랭습윤, 배수가 좋지 못한 토양에서 환원 상태 (　)
다. 토양층에 탄산칼슘을 주로 하는 각종 염류가 집적된 상태 (　)

정답
가. 라토졸화
나. 글레이화
다. 염류화

96
다음은 토양분류의 단위이다. 빈칸에 알맞은 말을 쓰시오.

> 가. 생성론적 분류 : 목 → 아목 → 대토양군 → 속 → 통 → 구 → ( )
> 나. 형태론적 분류 : 목 → 아목 → 대군 → 아군 → 속 → ( )

정답
가. 상
나. 통

97
토양통에 대한 설명하시오.

정답
토양을 분류하는 최하위의 기본 단위

98
토양의 층위를 구분하시오.

정답
- O층(유기물층)
- A층(용탈층)
- B층(집적층)
- C층(모재층)
- R층(암반층)

1 토양의 특성

99
[보기] 중 토양의 물리적 성질만 고르시오.

[보기] 토양반응(pH), 토성, 토양입자, 토양색, 유기물함량, 양이온교환용량(CEC)

정답
- 물리적 성질 : 토성, 토양입자, 토양색, 토양온도

해설
- 화학적 성질 : 토양반응(pH), 유기물함량, 양이온교환용량(CEC)

100
토양 입자크기에 따른 토양을 분류하였다. 빈칸을 채우시오.

명칭	입자크기
( )	2.0mm 이상
모래	2.0mm~0.02mm
미사	0.02mm~0.002mm
점토	( ) 이하

정답
가. 자갈
나. 0.002mm

101
다음 토성 구분 삼각도를 보고 토성을 쓰시오.

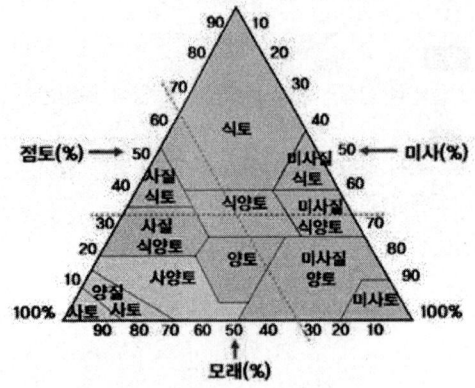

가. 미사 30%, 모래 50%인 토성
나. 모래 40%, 미사 30%, 점토 30%인 토성

정답
가. 양토
나. 식양토

102
다음은 점토 함량에 따른 토양 분류이다. 빈칸에 알맞은 말을 쓰시오.

토성의 종류	점토 함량
( )	12.5% 이하
사양토	12.5~25.0%
양토	( )
식양토	37.5~50.0%
( )	50% 이상

정답
가. 사토
나. 식토
다. 25.0~37.5

103
토양의 입자크기를 순서대로 나열하시오.

미사, 점토, 세사, 자갈, 조사

정답
자갈 > 조사 > 세사 > 미사 > 점토

104
통기성, 배수성(투수성)이 큰 순서대로 나열하시오.

식토, 양토, 사양토, 사토, 식양토

정답
사토 > 사양토 > 양토 > 식양토 > 식토

105
토성 중 보수력이 많은 순서대로 나열하시오.

식토, 양토, 사양토, 사토, 식양토

정답
식토 > 식양토 > 양토 > 사양토 > 사토

106
토양의 입단 구조화 방법 2가지를 쓰시오.

정답
- 유기물, 석회를 넣는다.
- 토양 피복, 윤작 등 작부체계를 개선한다.
- 인공토양개량제를 첨가한다.
- 자운영, 앨팰퍼, 헤어리베치 등 콩과 작물 및 녹비 작물을 재배한다.

107
토양의 통기성을 증가시키는 방법 2가지를 쓰시오.

정답
- 토양의 입단구조를 증가시킨다.
- 수분이 많은 토양에는 배수를 한다.
- 식토질 토양에는 사토를 넣는다.
- 답전윤환으로 재배한다.

108
토양 용적밀도가 $1.5g/cm^3$이고 입자밀도가 $2.6g/cm^3$일 때 토양의 공극률은?

정답
$$공극률 = (1 - \frac{용적밀도}{입자밀도}) \times 100$$
$$= (1 - 1.5/2.6) \times 100$$
$$= 42.3\%$$

109
토양색 먼셀표기법인 5R 5/7에서 7이 나타내는 것은?

정답
채도

해설
5R 5/7에서 5R은 색상, 5는 명도, 7은 채도

110
토양이 건조하여 딱딱하게 굳어지는 성질을 보기에서 고르시오.

| 이쇄성, 소성, 수화성, 강성 |

정답
강성

해설
- 강성 또는 견결성 : 토양이 건조하여 딱딱하게 굳어지는 성질
- 이쇄성 : 토양이 강성과 소성을 가지는 수분함량의 중간 정도의 수분을 함유하고 있는 조건에서 토양에 힘을 가하면 쉽게 부스러지는 성질
- 소성(가소성) : 물체에 힘을 가하면 물체가 파괴되지 않고 단지 모양만 변화되고, 힘을 제거하면 다시 원래 상태로 돌아가지 않는 성질

111
다음 토양수분에서 작물이 주로 이용하는 수분과 수분함량이 많은 순으로 나열하시오.

> 흡습수, 결합수, 지하수, 중력수, 모관수

정답
- 작물이 주로 이용하는 토양수분
  모관수(pF 2.5~4.5)
- 수분이 많은 순
  지하수 > 중력수 > 모관수 > 흡습수 > 결합수

112
식물에 이용되는 유효수분으로서 토양입자 사이 작은 공극 안에 표면장력에 의하여 흡수·유지되는 토양수를 쓰시오.

정답
모세관수(모관수)

113
식물이 흡수하고 이용할 수 있는 수분과 그 범위를 쓰시오.

정답
- 수분 : 유효수분
- 범위 : 포장용수량 ~ 영구위조점

114
토양수분 측정하는 도구를 설명한 것이다. 가장 알맞은 말을 쓰시오.

> 토양수분퍼텐셜 측정방법 중 ( )이/가 측정하는 것은 토양 수분의 매트릭퍼텐셜로서 포장에서 쓰이는 방법이다. ( )는/은 다공성 세라믹컵, 진공압력계 등으로 구성되었다.

정답
텐시오미터(토양수분장력계)

115
보기의 빈칸에 알맞은 말을 쓰시오.

- ( )은 토양교질의 작용으로 양이온을 흡착하는 능력을 말한다.
- ( )이 크면 토양의 유효양분의 보유량이 크다고 할 수 있다.

정답
양이온치환용량

116
양이온치환용량(CEC)이 $10\,cmol_{(+)}/kg$인 어떤 토양의 치환성염기의 합계가 $6.5\,cmol_{(+)}/kg$라면, 이 토양의 염기포화도는?

정답

$$염기포화도 = \frac{치환성염기}{CEC} \times 100$$
$$= \frac{6.5}{10} \times 100$$
$$= 65\%$$

117

토양을 분석한 결과 양이온교환용량은 10cmol$_c$/kg 이었고, Ca 4.0cmol$_c$/kg, Mg 1.5cmol$_c$/kg, K 0.5cmol$_c$/kg, Al 1.0cmol$_c$/kg이었다면, 이 토양의 염기포화도는?

정답

$$염기포화도 = \frac{치환성염기}{CEC} \times 100$$
$$= \frac{4+1.5+0.5}{10} \times 100$$
$$= 60\%$$

118

다음은 토양산도 측정방법에 대한 설명이다. 빈칸에 알맞은 말을 쓰시오.

> 토양산도 측정방법은 토양과 증류수를 (　) 비율로 섞어 측정한다.

정답
1 : 5

119

보기 중 pH 3 이하의 산도를 선택하시오.

[보기] 강산성, 약산성, 중성, 약알칼리성, 강알칼리성

정답
강산성

120
다음 보기 중 알맞은 용어를 선택하시오.

[보기] Kaoilinite, Illite, Montmorillonnite

가. 고령토, 포드졸화 토양 주요 광물, 1 : 1 격자형 (　　)
나. 산성백토, 칼륨이 많은 규반염 광물 (　　)
다. 가수운모 2 : 1 격자형 (　　)

정답
가. Kaoilinite
나. Illite
다. Montmorillonnite

121
양이온치환용량이 높은 순으로 나열하시오.

카올리나이트, 일라이트, 버미큘라이트, 부식

정답
부식 > 버미큘라이트 > 일라이트 > 카올리나이트

122
토양검정의 의미를 쓰시오.

정답
작물 재배 전에 토양의 양분 상태를 미리 파악하여 작물이 필요로 하는 양분을 적정량 파악하기 위한 방법

123
토양검정 항목 2가지를 쓰시오.

정답
산도(pH), 전기전도도(EC), 유기물(OM), 유효인산, 치환성칼륨(K), 치환성칼슘(Ca), 치환성마그네슘(Mg), 유효규산, 석회소요량

124
토양시료를 채취할 때 사용하는 도구를 쓰시오.

정답
오우거(Soil auger)

125
토양검정용 시료를 채취하는 시기를 쓰시오.

정답
작물을 심기 전 or 한해 농사를 마무리하고 농한기

126
다음은 토양검정용 시료 채취요령을 설명한 것이다. 빈칸을 채우시오.

> 토양 시료 채취는 표토를 ( )cm 정도 걷어서 작물 잔사 등 이물질을 제거하고 한 필지 내에서 ( )점 이상의 지점을 고루 선정하여 채토량이 ( )kg 정도가 되도록 한다.

정답
1, 10, 1~2

127
토양시료를 채취할 때 얕게 파는 순서대로 나열하시오.

> 사과나무, 벼, 샐러리

정답
샐러리, 벼, 사과나무

해설
사과나무는 가지 끝 안쪽 10cm 지점의 토양 20~30cm 깊이에서 채취, 논작물(벼)은 18cm 깊이에서 채취, 밭작물(샐러리)은 15cm 깊이에서 채취

128
보기의 빈칸에 공통으로 쓰일 적절한 용어를 쓰시오.

> - ( )은 나의 논밭의 토양 특성 정보와 적합한 비료 사용량을 추천해주는 농촌진흥청의 토양환경정보 시스템이다.
> - ( )에서는 토양과 농업환경, 흙사랑, 토양환경지도, 비료사용 처방서 등 다양한 토양관련 정보를 제공하고 있다.

정답
흙토람

2 토양 생물 · 유기물

129
농업상 토양미생물의 종류를 쓰시오.

정답
조류, 사상균, 방선균, 세균 등(유산균, 효모, 유익곰팡이, 광합성세균, 바실루스, 트리코데르마, 슈도모나스, 질소고정균 등)

130
토양미생물의 유익작용 3가지를 쓰시오.

정답
토양구조의 입단화(보비력, 보수력 증가), 가용성 무기영양성분의 동화와 유실감소, 인산의 가급태화

131
다음 설명에 알맞은 용어를 고르시오.

| 유산균, 방선균, 광합성세균 |

가. 산소가 부족하여도 당류를 분해하여 젖산을 만드는 혐기성 미생물이다. 토양의 통기성을 높이며 각종 유기산을 생산한다. (　　)
나. 병원성 곰팡이의 천적 미생물로 항생물질을 생산한다. 고유한 흙의 냄새가 나타난다. (　　)
다. 천연비료를 생산하고 유해물질을 청소하는 기능을 한다. 항균성 물질을 생산하고 유해균을 억제한다. (　　)

정답
가. 유산균
나. 방선균
다. 광합성세균

132
토양유기물의 기능 3가지를 쓰시오.

정답
토양의 보비력·보수력 증대, 토양입단형성 촉진, 토양의 완충능력 증대, 양이온치환용량(CEC) 증가, 식물양분 공급, 성장촉진물질 발생

133
토양의 유기물 유지방법 3가지를 쓰시오.

정답
재배작물의 환원, 녹비작물이나 콩과작물 재배, 토양침식 방지, 초생재배

134
토양의 보전방법 3가지를 쓰시오.

정답
유기물 시용, 석회 시용, 적절한 관수와 배수 관리, 침식 방지 및 토양피복 관리

135
다음 보기는 유기물 분해순서를 나열한 것이다. 빈칸에 알맞은 것을 쓰시오.

[보기] ( ), 전분, 단백질 > 헤미셀룰로스 > 셀룰로스 > ( )

정답
당, 리그닌

136
다음 보기에서 설명하는 물질을 쓰시오.

식물의 구성성분 중 토양에 들어가 미생물이 생성하는 다른 화합물들과 결합하여 토양부식을 이루는 물질

정답
리그닌

137
토양부식 중 알칼리 불용부로서 전체 부식의 20~30%를 차지하고, 무기성분과 매우 강하게 결합되어 있으며, 분해되지 않는 물질을 보기에서 고르시오.

[보기] ligin, humin, humic acid, fulvic acid

정답
humin

해설

부식회 (humin)	부식산 (humic acid)	풀브산 (fulvic acid)
• 알카리용액에 비가용성 • 고도로 축합된 물질 • 점토와 복합체 형성	• 알카리용액에 가용성 • 산처리에서 비가용성 • 암갈색 및 흑색의 고분자물질 (<300,000)	• 알카리용액에 가용성 • 산처리에서 가용성 • 황적색의 저분자 물질(2,000~50,000)

138

토양 중 부식의 주요 부분을 이루고 양이온교환용량이 200~600cmol/kg으로 매우 높으며 1가의 양이온과 결합한 염은 수용성이지만, Ca^{2+}, Mg^{2+}, Fe^{3+}, Al^{3+} 등과 같은 다가이온과 결합하면 물에 용해되기 어려운 것을 보기에서 고르시오.

[보기] ligin, humin, humic acid, fulvic acid

정답
humic acid

139

토양유기물을 증진하기 위한 방법을 보기에서 고르시오.

[보기] 과다한 무기질소, 피복작물, 관행경운, 식물잔재 토양환원, 높은 온도와 햇빛노출

정답
피복작물, 식물잔재 토양환원

해설
토양유기물 증진방법 : 피복작물, 식물잔재 토양환원, 녹비작물, 보전경운, 퇴구비 사용, 윤작, 침식방지 등

140

C/N이 30 이상 높아지면 발생하는 현상을 쓰시오.

정답
질소기아현상

3 토양관리

141
논을 담수하면 산화층과 환원층으로 나눠지는 현상을 쓰시오.

정답
토층분화

142
논의 담수효과 3가지를 쓰시오.

정답
양분의 천연공급, 온도조절, 잡초억제, 토양침식방지

143
논특성에 대한 설명으로 옳은 것을 선택하시오.

가. Fe, Mn, Ca 등이 작토에서 용탈되어 결핍된 논토양을 (노후화답/ 습답)이라고 한다.
나. 누수와 투수가 심하고 수온과 지온이 낮다. 한해를 입기 쉬우며 양분의 함량이 적어 보비력이 낮아서 토양이 척박한 논토양을 (퇴화염토답/ 중정토답/ 사력질답)이라고 한다.

정답
가. 노후화답
나. 사력질답

144
습답 개량방법 3가지를 쓰시오.

정답
- 배수를 하여 지하수위를 낮춘다.
- 암거배수(투수, 유해물질 배제)한다.
- 객토를 하여 철분 등을 공급한다.
- 석회와 규산석회를 사용한다.
- 휴립재배(이랑재배)한다.

145
노후화답 재배대책 2가지를 쓰시오.

정답
- 저항성 품종 재배 : 황화수소에 강한 품종
- 조기재배 : 빨리 재배하여 추락현상을 덜 오게 한다.
- 무황산근 비료를 뿌린다.
- 추비(덧거름) 중점 시비
- 엽면시비 : 작물 재배 후기 결핍상태일 때 시비한다.

146
사력질답 개량방법 2가지를 쓰시오.

정답
- 점토로 객토
- 유기물 시용→ 완충능 증대, 토양구조 조절
- 녹비작물을 재배→ 귀리, 호밀재배로 누수 경감
- 비료 분시→ 유실을 적게 또는 고형비료 사용

147
논토양 지력향상 방법 3가지를 쓰시오.

정답
- 심경, 객토 : 보비력 향상 및 부조한 양분 증대
- 유기물시용, 석회시용 : 토양구조의 입단화 조성, CEC 증대, 보수보비력 증가
- 결핍성분 보급 : 아연, 규산 시비
- 건토효과 발생 : 암모니아 생성촉진 처리

148
시설토양의 문제점 3가지를 쓰시오.

정답
- 과다시비와 염류집적
- 산성토양
- 토양수분의 부족 및 과다

149
시설토양의 관리방법 3가지를 쓰시오.

정답
담수세척, 객토 또는 환토, 비료의 선택, 윤작 시비량의 적정화, 퇴비 녹비 등 유기물의 적량시용

150
토양의 염류장해 원인 2가지를 쓰시오.

정답
- 다비재배
- 강우가 차단되어 염류 농도가 지나치게 높을 때
- 표면을 관수할 때
- 양분흡수를 억제될 때

151
토양염류장해의 대책 3가지를 쓰시오.

정답
- 합리적 시비(시비관리시스템 활용), 심경과 객토 실시
- 담수 처리 관수처리
- 흡비작물 재배

152
토양관리방법에 대한 설명으로 빈칸에 알맞은 말을 쓰시오.

| 콩과작물, 녹비작물, 석회시용, 제올라이트 |

가. 산성토양, 산도조절	( )
나. 양이온치환용량	( )
다. 질소고정	( )

정답
가. 석회시용
나. 제올라이트
다. 콩과작물, 녹비작물

03 | 유기농업

1 친환경농어업법 관계 법규

153
다음에서 설명하는 것은?

생물의 다양성을 증진하고, 토양의 비옥도를 유지하여 환경을 건강하게 보전하기 위하여 허용 물질을 최소한으로 사용하고, 제19조 제2항의 인증 기준에 따라 유기 식품 및 비식용 유기 가공품(이하 "유기 식품 등"이라 한다)을 생산, 제조 가공 또는 취급하는 일련의 활동과 그 과정을 말한다.

정답
유기(organic)

154
다음에서 설명하는 것은?

식물이 다른 식물에 분비하는 화학물질로 식물의 생육에 영향을 주며 잡초의 방제수단으로 이용되기도 한다.

정답
타감작용

155

다음 ( )에 공통으로 들어갈 용어는?

( )는 천적을 증식, 유지하는데 이용되는 식물이다. 쌍자엽과 단자엽 식물은 서로 간에 발생하는 해충상이 다르다. 딸기시설 재배에서 ( )는 보리이다.

정답
뱅커플랜트

156

다음 빈칸을 채우시오.

( )은 육종적·재배적·생물적 방제법을 동원하여 농약의 사용량을 줄이면서 병해충이나 잡초를 방제하는 것으로 종합적 방제라고 하고, 환경 친화적인 방법으로 경제적 피해수준 이하로 관리하는 병해충 종합적 관리이다.

정답
IPM

157

다음 빈칸을 채우시오.

( )은 토양 정보 및 시비량 파종량 등 농자재의 투입의 정량화를 파악하여 환경오염을 줄여서 지속적인 농업생산을 체계적으로 확인할 수 있는 농법

정답
정밀농업

158
다음에서 설명하는 것은?

> 유기식품 등, 무농약 농수산물 등 또는 유기 농어업 자재를 생산, 제조 가공 또는 취급하는 모든 과정에서 사용 가능한 것으로 농림축산식품부령 또는 해양수산부령으로 정하는 물질을 말한다.

정답
허용물질

159
농산물(식품)의 농약잔류허용량 지정을 고시하는 기관은?

정답
식품의약품안전처

160
표는 친환경 농업육성법의 친환경 농산물 종류에 따른 화학비료와 유기합성 농약 사용기준에 대한 사항이다. 다음 빈칸을 채우시오.

구분	유기농산물	무농약농산물
화학비료	(가)	권장량의 (다)이하
유기합성농약	(나)	(라)

정답
(가) × , (나) × , (다) 1/3 , (라) ×

161
다음 빈칸을 채우시오.

> 생산물이 유기농산물인 경우 유기합성농약의 잔류허용기준은 식품의약품안전처장이 고시한 식품공전의 농약잔류허용기준 및 적용방법에 의한 (   )분의 1이하여야 한다.

정답
20

162
유기농업 원칙 3가지를 쓰시오.

정답
- 영양가 높은 식품을 충분히 생산한다.
- 장기적으로 토양비옥도를 유지한다.
- 자연계를 지배하려하지 않고 협력한다.
- 생물학적 순환을 촉진하고 개선한다.
- 가축의 복지를 충족시킬 수 있는 생활조건을 만들어준다.
- 농업기술로 발생할 수 있는 모든 형태의 오염을 피한다.
- 자연적으로 조직된 농업체계 내 갱신이 가능한 자원을 최대한으로 이용한다.
- 유기물질이나 영양소와 관련하여 가능한 폐쇄된 체계 내에서 일한다.

163
다음 친환경 인증표시가 옳은 것만 고르시오.

> 유기재배딸기, 유기농부사, 유기농홀스타인, 무항생제 사육 한우

정답
유기재배딸기, 무항생제 사육 한우

164
친환경 인증 농산물은 도형 또는 문자의 표시를 할 수 있다. 유기농산물로 인증을 받은 감자의 경우 문자로 표시할 수 있는 방법 4가지를 쓰시오.

정답
유기농산물, 유기재배농산물, 유기농감자, 유기재배감자

165
친환경 인증 농산물은 도형 또는 문자의 표시를 할 수 있다. 무항생제로 인증을 받은 한우의 경우 문자로 표시할 수 있는 방법 4가지를 쓰시오.

정답
무항생제, 무항생제축산물, 무항생제 한우, 무항생제 사육 한우

166

친환경 농업육성법에서 정한 유기농림산물 인증을 받기 위해서는 인증을 받고자하는 농산물 재배포장의 비료 농약 등 영농자재 사용에 관한 자료와 농산물의 생산량에 관한 자료 등을 기록한 영농관련자료를 몇 년 이상 보관해야 하며, 또 현행 유기농림산물의 인증유효기간은 몇 년인지 쓰시오.

정답
- 영농관련자료 보관 : 2년 이상
- 인증의 유효기간 : 1년

167

「친환경농축산물 및 유기식품 등의 인증에 관한 세부실시 요령」상 유기농산물의 인증기준에 관한 규정에 대한 설명으로 다음 빈칸을 채우시오.

> 재배포장의 토양에 대해서는 매년 (   )회 이상의 검정을 실시하여 토양비옥도가 유지 개선되고 염류가 과도하게 집적되지 아니하도록 노력하여야 한다.

정답
1

168

[보기]에서 (   )에 들어갈 용어를 선택하시오.

> [보기] 유기농어업자재, 유기가공식품, 무항생제축산물, 유기식품

> 유기농산물을 생산, 제조, 가공 또는 취급하는 과정에서 사용할 수 있는 허용물질을 원료 또는 재료로 하여 만든 제품을 (   )라 한다.

정답
유기농어업자재

169
다음 빈칸에 알맞은 것을 [보기]에서 고르시오.

[보기] 화학비료, 친환경비료, 유기합성농약, 친환경 농약, 두과작물, 천근성 작물, 심근성 작물, 벼과작물, 녹비작물, 환금성 작물

유기농산물은 (　)와 (　)을 일절 사용하지 않고, 장기간의 적절한 윤작 계획에 의한 (　), 녹비작물 또는 심근성작물을 재배해야 한다.

정답
화학비료, 유기합성농약, 두과작물

170
다음 빈칸을 채우시오.

표시 도형의 색상은 (　)을 기본 색상으로 하되, 포장재의 색깔 등을 고려하여 빨간색, 파란색, 또는 검정색으로 할 수 있다.

정답
녹색

171
친환경 농산물의 표시방법 중 토양이 아닌 시설 또는 배지에서 작물을 재배하되, 생육에 필요한 양분을 외부에서 공급하거나 외부에서 공급하지 아니하고 자연용수에 용존한 물질에 의존하여 재배한 농산물을 별도로 표시할 때 쓰는 것은?

정답
양액재배농산물 또는 수경재배농산물

172
친환경농산물에 대한 설명으로 빈칸을 채우시오.

가. 유기농산물은 유기합성농약과 화학비료를 일절 사용하지 않고 재배한다. 유기농산물의 전환기간은 다년생 작물은 최초 수확 전 ( )년으로 한다.
나. 무농약농산물은 유기합성농약을 일절 사용하지 않고, 화학비료는 권장 시비량의 ( ) 이내 사용한다.

정답
3, 1/3

173
친환경축산물에 대한 설명으로 빈칸을 채우시오.

가. 유기축산물 : 유기축산물은 유기농산물의 재배 생산 기준에 맞게 생산된 ( )를 급여하면서 인증 기준을 지켜 생산한 축산물
나. 무항생제축산물 : 무항생제 축산물은 항생제, 합성항균제, 호르몬제가 첨가되지 않은 ( )를 급여하면서 인증 기준을 지켜 생산한 축산물

정답
유기사료, 일반사료

174
유기농산물의 재배포장의 토양 설명으로 옳은 것은?

유기농산물의 재배포장의 토양은 주변으로부터 오염 우려가 없거나 오염을 방지할 수 있어야 하고 (토양환경보전법/유기농업법) 시행 규칙 별표3에 따른 1지역의 토양오염우려기준을 초과하지 아니하며, (합성농약/유기농약)이 검출되어서는 안 된다.

정답
토양환경보전법, 합성농약

175
유기가공식품 포장의 구비조건 빈칸 넣기

- 포장재와 포장방법은 유기가공식품을 충분히 보호하면서 환경에 미치는 나쁜 영향을 최소화되도록 선정하여야 한다.
- 포장재는 유기가공식품을 오염시키지 않는 것이어야 한다.
- (　　), (　　), (　　) 등을 함유하는 포장재, 용기 및 저장고는 사용할 수 없다.
- 유기가공식품의 유기적 순수성을 훼손할 수 있는 물질 등과 접촉한 재활용된 포장재나 그 밖의 용기는 사용할 수 없다.

정답
합성살균제, 보존제, 훈증제

2 유기농업자재

176
유기농업자재 공시 대상 3가지를 쓰시오.

정답
- 토양 개량용 유기농업자재
- 작물 생육용 유기농업자재
- 병해충 관리용 유기농업자재

토양 개량과 작물 생육용 자재	퇴구비, 부식토, 미강유박, 대두박, 면실박, 깻묵, 골분, 구아노, 톱밥, 왕겨, 이탄, 피트모스, 해조류, 클로렐라, 염화나트륨 및 해수, 점토광물(펄라이트, 벤토나이트, 제올라이트, 일라이트, 버미큘라이트(질석), 자연암석분말, 인광석, 인산칼슘, 칼륨암석, 황산칼륨, 랑베나이트, 석회석 유래 탄산칼슘, 철, 구리, 아연, 망간, 몰리브덴, 붕소
병해충 관리용 자재	제충국, 데리스, 쿠아시아, 라이아니아, 님, 젤라틴, 카제인, 난황, 천적, 성페로몬, 해조류, 클로렐라, 에틸렌, 에틸알콜, 식초, 목초액, 키토산, 식물오일, 카제인, 젤라틴, 파라핀오일, 황, 생석회(산화칼슘), 소석회(수산화칼슘), 과망간산칼륨, 규산나트륨, 규조토, 구리염, 보르도액, 비누, 해수 및 천일염
유기 배합 사료 제조용 자재	**단미사료**: • 곡물류: 쌀겨, 보리, 밀, 옥수수유, 메밀 • 곡물부산물(강피류): 면실피, • 박류: 대두박, 면실박, 깻묵 • 인산염류: 인산제1칼슘, 인산제2칼슘, 천일염, **보조사료**: • 비타민, 아미노산제, 효소제, 미생물제 규산염제, 산화마그네슘, 중조(탄산수소나트륨)

177
[보기]의 친환경자재 중 병충해방제를 위한 2가지를 쓰시오.

[보기] 구아노, 제충국, 키토산, DL알라닌, 벤토나이트

정답
제충국, 키토산

178
[보기]의 친환경자재 중 2가지씩 나열하시오.

[보기] 식초, 톱밥, 황산마그네슘, 인산2칼슘, 과망간산칼륨, 밀

가. 토양개량과 작물생육을 위하여 사용이 가능한 자재 :
나. 병해충 관리를 위하여 사용이 가능한 자재 :
다. 유기축산물 및 비식용유기가공품 :

정답
가. 톱밥, 황산마그네슘
나. 식초, 과망간산칼륨
다. 밀, 인산2칼슘

179
유기축산물 및 비식용유기가공품 중 완충제에 해당되는 것 3가지를 쓰시오.

정답
산화마그네슘, 탄산나트륨(소다회), 중조(탄산수소나트륨, 중탄산나트륨)

180

유기농산물의 병해충 관리를 위해 사용 가능한 물질인 보르도액에 대한 설명으로 빈칸을 채우시오.

- 보르도액의 유효성분은 (　　)와 (　　)이다.
- 조제 후 시간이 지나면 살균력이 떨어진다.
- 석회유황합제, 기계유제, 송지합제 등과 혼합하여 사용할 수 있다. 에스테르제와 같은 알칼리에 의해 분해가 용이한 약제와의 혼합 사용은 피한다.

정답
황산구리, 생석회

181

단미사료 중 근괴류에 해당되는 것 3가지를 쓰시오.

정답
고구마, 감자, 돼지감자, 타피오카, 무, 당근

182

병해충 관리에 이용될 수 있는 식물성 추출물 중 피레트린을 함유한 제제를 추출할 수 있는 식물은?

정답
제충국

183
유기농산물의 병해충관리에 이용되는 콩과식물 데리스의 추출성분은?

정답
로테논(rotenone)

184
인도 멀구슬나무에서 추출되며, 해충발생을 억제하는 유기농자재의 주성분은?

정답
아자디락틴(Azadirachtin)

185
다음에서 설명하는 것은?

* 진주암을 1,000℃의 고열로 가열하여 부풀렸다.
* 무균상태이며, 알칼리성이다.
* 수경재배 배지로 이용된다.
* 입자가 마찰로 부서지기 쉽다.

정답
펄라이트

186
사료의 품질저하 방지 또는 사료의 효용을 높이기 위해 사료에 첨가하여 사용 가능한 물질 중 천연보존제에 해당하는 것은?

> 유인균, 어골회, 아민초산, 산미제

정답
산미제

해설
- 천연보존제 : 산미제, 항응고제, 항산화제, 항곰팡이제

187
관련법에 따른 토양개량과 작물생육을 위하여 사용이 가능한 물질 중 '사람의 배설물'의 사용 가능 조건은(오줌만 있는 경우 제외)?

> 고온발효의 경우 (   )℃ 이상에서 (   )일 이상 발효된 것, 또는 저온발효의 경우 (   )개월 이상 발효된 것일 것.

정답
50, 7, 6

188
다음 빈칸을 채우시오.

> 「친환경농어업 육성 및 유기식품 등의 관리·지원에 관한 법률」상 유기농어업자재 공시의 유효기간은 공시를 받은 날로부터 (   )년이다.

정답
3

3 유기축산

189
친환경축산물의 종류 2가지를 쓰시오.

정답
유기축산물, 무항생제축산물

190
다음 빈칸에 알맞은 말을 쓰시오.

유기축산물이란 (　)퍼센트 비식용유기가공품(유기사료)을 급여하고 일정한 인증기준을 지켜 사육한 축산물을 말한다.

정답
100

191
다음 빈칸에 알맞은 말을 쓰시오.

(　　　)이란 항생제, 합성항균제, 호르몬제 등이 포함되지 않은 사료를 급여하고 일정한 인증기준을 지켜 사육한 축산물을 말한다.

정답
무항생제축산물

192
소에서 나타나는 소 해면상 뇌증으로 뇌가 스펀지처럼 변형되어 뇌 신경장애를 일으키는 전염병은?

정답
광우병

193
소, 돼지, 양, 염소 및 사슴 등 발이 둘로 갈라진 동물(우제류)에 감염되는 질병이며 입술, 혀 등에 물집(수포)가 생기며, 체온이 급격히 상승하고 식욕이 저하되는 질병, 발병 후 24시간 이내에 침을 심하게 흘리는 전염병은?

정답
구제역

194
돼지들이 한데 겹쳐있고, 급사하거나 비틀러지는 증상이며, 호흡곤란, 침울증상, 식욕감소, 복부와 피부말단부위에 충혈이 되는 증상에 해당되는 전염병은?

정답
아프리카돼지열병

195
동물과 사람에게 서로 전파되는 감염병은?

정답
인축공통감염병

196
식용으로 사용되는 축산물 등을 생산하는 동물에 대하여 식용으로 사용하기 전에 동물용의약품을 일정기간 사용을 금지하는 기간을 무엇이라 하는가?

정답
휴약기간

197
다음 빈칸에 알맞은 말을 쓰시오.

( )이란 친환경 농업을 실천하는 자가 경종과 축산을 겸업하면서 각각의 부산물을 작물 재배 및 가축사육에 활용하고, 경종작물의 퇴비 소요량에 맞게 가축 사육 마리수를 유지하는 형태의 농법을 말한다.

정답
경축순환법

198
다음에서 설명하는 용어는?

* 사료의 에너지함량을 나타내는 단위이다.
* 유기물로서 에너지를 발생할 수 있는 능력을 지닌 탄수화물, 단백질, 지방이 소화 이용될 수 있는 양을 총합한 것이다.

정답
가소화영양소총량(TDN)

199
다음 빈칸에 알맞은 말을 쓰시오.

조사료는 볏짚, 건초, 엔실리지(사일리지) 등 조섬유 함량이 (   )% 이상이고 거칠며 값이 싼 사료이다.

정답
10

200
다음 빈칸에 알맞은 말을 쓰시오.

동물용의약품을 사용한 가축은(구충제를 사용한 가축을 포함한다.) 해당 약품 휴약기간의 (   )배가 지나야 유기축산물로 인정할 수 있다.

정답
2

201
유기축산에서 가능한 번식방법에 해당되는 것은?

정답
자연교배, 인공수정

202
다음 중 유기사료와 제조에 사용되는 원료와 보조사료에 해당되는 것을 고르시오.

견과류, 합성화학물, 버섯, 비단백태질소화합물, 가공부산물, 성장촉진제

정답
견과류, 버섯, 가공부산물

해설
〈유기사료 첨가 금지물질〉
- 가축의 대사기능 촉진을 위한 합성화합물
- 반추가축에게 포유동물에서 유래한 사료(우유 및 유제품은 제외)
- 합성질소 또는 비단백태질소화합물
- 항생제, 합성항균제, 성장촉진제, 구충제, 항콕시듐제, 호르몬제
- 그 외 인위적인 합성 및 유전자조작에 의해 제조된 물질

203
동물복지에 포함되는 조건 3가지를 쓰시오.

정답
- 신선한 물
- 영양적으로 균형적인 사료 공급
- 그늘집과 안전한 쉼터 제공
- 이동의 자유, 습성 표현의 자유
- 질병으로부터 치료, 보호
- 정중한 관리 및 운송
- 고상한 도살

204
친환경 농업육성법 규정에 의한 유기축산에서 가축의 복지를 위해 고려되어야 할 사육장 구비조건 5가지를 쓰시오.

정답
- 충분한 활동면적이 확보되어 있을 것
- 충분한 환기 및 채광으로 쾌적한 환경이 조성될 것
- 청결하고 위생적인 시설이 확보되어 있을 것
- 신선한 음수를 상시 급여할 수 있을 것
- 혹한·혹서 및 강우로부터 가축을 보호할 수 있을 것

205

「농림축산식품부 소관 친환경농어업 육성 및 유기식품 등의 관리·지원에 관한 법률 시행규칙」에 의한 유기축산물의 인증기준에서 생산물의 품질향상과 전통적인 생산방법의 유지를 위하여 허용되는 행위를 쓰시오. (단, 국립농산물품질관리원장이 고시로 정하는 경우를 제외한다.)

> 가축의 꼬리 부분에 접착밴드 붙이기, 꼬리 자르기, 성장촉진제, 이빨 자르기, 부리 자르기, 뿔 자르기, 물리적 거세

정답
성장촉진제, 물리적 거세

206
다음 빈칸에 알맞은 말을 쓰시오.

> 유기축산물로 출하되는 축산물에 동물용의약품이 잔류되어서는 아니된다. 다만, 법령에서 허용하여 사용한 경우는 허용하되 식품의약품안전처장이 고시한 식품공전의 동물용의약품 잔류허용기준의 (   )분의 1 이하여야 한다.

정답
10

207
일반농가에서 유기축산으로의 전환기간을 쓰시오.

구분	생산물	최소사육기간
한·육우	식육	입식 후 출하 시까지 최소 (　) 개월 이상
산양	시유	착유양은 (　) 일

정답
12, 90

해설

가축의 종류	생산물	전환기간 (최소 사육기간)
한우·육우	식육	입식 후 12개월
젖소	시유 (시판우유)	1) 착유우는 입식 후 3개월 2) 새끼를 낳지 않은 암소는 입식 후 6개월
면양·염소	식육	입식 후 5개월
	시유 (시판우유)	1) 착유양은 입식 후 3개월 2) 새끼를 낳지 않은 암양은 입식 후 6개월
돼지	식육	입식 후 5개월
육계	식육	입식 후 3주
산란계	알	입식 후 3개월
오리	식육	입식 후 6주
	알	입식 후 3개월
메추리	알	입식 후 3개월
사슴	식육	입식 후 12개월

208
유기생산물의 생산을 위한 가축에 대한 알맞은 설명을 고르시오.

유기생산물의 생산을 위한 가축에게는 (100% / 50%) 비식용유기가공식품을 급여하여야 하며, 사료 급여가 어려운 경우에는 (국립농산물품질관리원장 / 식품의 약품안전처장) 또는 인증기관의 장은 일정기간 동안 유기사료가 아닌 사료를 일정비율로 급여하는 것을 허용할 수 있다. (비반추 / 반추) 가축에게 담근먹이만 급여해서는 안된다.

정답
100%, 국립농산물품질관리원장, 반추

209

「친환경축산물 및 유기식품 등의 인증에 관한 세부실시 요령」상 유기 농산물 인증기준의 세부사항에서 가축분뇨 퇴비에 대한 내용으로 옳은 것은?

> 가. 퇴비의 유해성분 함량은 비료 공정규격설정 및 지정에 관한 고시에서 정한 퇴비규격에 적합하여야 한다. 경축순환농법으로 사육하지 아니한 농장에서 유래된 가축분뇨 퇴비는 (항생물질/ 오염물질)이 포함되지 아니하여야 한다.
> 나. 가축분뇨 퇴·액비는 표면수 오염을 일으키지 아니하는 수준으로 사용하되, (장마철/ 가뭄철)에는 사용하지 아니하여야 한다.

정답
항생물질, 장마철

210

「농림축산식품부 소관 친환경농어업 육성 및 유기식품 등의 관리·지원에 관한 법률 시행규칙」상 유기축산물 생산 과정 중 '사료의 품질저하 방지 또는 사료의 효용을 높이기 위해 사료에 첨가하여 사용 가능한 물질'에 해당하지 않는 것을 [보기]에서 고르시오.(단, 사용가능 조건을 모두 만족한다.)

> [보기] 당 분해효소, 항응고제, 박테리오파지, 규조토

정답
규조토(병해충 관리용 사용가능물질)

해설
사료의 품질저하 방지 또는 사료의 효용을 높이기 위해 사료에 첨가하여 사용 가능한 물질(보조사료)

천연 결착제	
천연 유화제	
천연 보존제	산미제, 항응고제, 항산화제, 항곰팡이제
효소제	당분해효소, 지방분해효소, 인분해효소, 단백질분해효소
미생물제제	유익균, 유익곰팡이, 유익효모, 박테리오파지
천연 항미제	
천연 착색제	
천연 추출제	초목 추출물, 종자 추출물, 세포벽 추출물, 동물 추출물, 그 밖의 추출물
올리고당	
규산염제	
아미노산제	아민초산, DL-알라닌, 염산L-라이신, 황산L-라이신, L-글루타민산나트륨, 2-디아미노-2-하이드록시메치오닌, DL-트립토판, L-트립토판, DL메치오닌 및 L-트레오닌과 그 혼합물
비타민제 (프로비타민 포함)	비타민A, 프로비타민A, 비타민B1, 비타민B2, 비타민B6, 비타민B12, 비타민C, 비타민D, 비타민D2, 비타민D3, 비타민E, 비타민K, 판토텐산, 이노시톨, 콜린, 나이아신, 바이오틴, 엽산과 그 유사체 및 혼합물
완충제	산화마그네슘, 탄소나트륨(소다회), 중조(탄산수소나트륨·중탄산나트륨)

4 유기가공식품

211
유기식품에 대한 설명 알맞은 것은?

유기식품은 (유기농축산물 / 유기식품)과 (유기가공식품 / 비식용유기가공품)을 말한다.

정답
유기농축산물, 유기가공식품

212
유기가공식품의 인증기준에 대한 설명이다. 빈칸에 알맞은 말을 쓰시오.

상업적으로 유기원료를 조달할 수 없는 경우 제품에 인위적으로 첨가하는 소금과 물을 제외한 제품 중량의 ( )% 비율 내에서 비유기 원료를 사용할 수 있다.

정답
5

213
유기식품의 인증기준에 대한 설명이다. 빈칸에 알맞은 말을 쓰시오.

유기식품인증의 유효기간은 인증을 받은 날부터 ( )년으로 하며 인증갱신 및 인증품 유효기간을 연장 받으려는 자는 품질관리원장 또는 인증기관의 장에게 해당 인증 유효기간이 끝나는 날의 ( )개월 전까지 인증신청서 및 관련서류를 첨부하여 제출하여야 한다.

정답
1, 2

214
유기식품의 가공원료에 대한 설명이다. 빈칸에 알맞은 말을 쓰시오.

* 유기가공에 사용할 수 있는 원료, (   ), 가공보조제 등은 모두 유기적으로 생산될 것이어야 한다.
* 원료 또는 제품 및 시제품에 대한 검정결과 (   ) 성분이 검출되지 않아야 한다.

정답
식품첨가물, 유전자변형생물체

215
유기가공식품 가공 시 생물학적 방법 2가지를 쓰시오.

정답
발효, 숙성

216
유기가공 식품의 추출을 위해 사용이 가능한 것을 선택하시오.

질소, 황산, 물, 식초, 펙틴, 카나우비왁스

정답
질소, 물, 식초

해설
- 황산 : 설탕가공 중의 산도조절제
- 펙틴 : 식물성 제품, 유제품
- 가나우바 왁스 : 이형제
- 유기가공식품 추출시 사용가능한 물질 : 물, 에탄올, 식물성·동물성 유지, 식초, 이산화탄소, 질소

217

수확 후 관리방법으로 유기농산물 세척 또는 소독에 사용 가능한 허용 물질을 선택하시오.

[보기] 과산화수소수, 글리세린, 오존수, 젤라틴, 이산화염소수, 차아염소산수, 카제인

정답

과산화수소수, 오존수, 이산화염소수, 차아염소산수

해설
- 글리세린 : 식품첨가물 사용시 허용
- 젤라틴 : 포도주, 과일 및 채소 가공
- 카제인 : 포도주 가공

218

유기가공식품 제조 시 식품첨가물로 사용 가능한 것을 선택하시오.

비타민C, 규조토, 구연산칼슘, 퀼라야 추출물, 밀납, 수산화칼륨, 염화칼륨

정답

모두 가능

과산화수소, 구아검, 구연산, 구연산삼나트륨, 구연산칼륨, 구연산칼슘, 규조토, 글리세린, 퀼라야 추출물, 레시틴, 로커스트콩검, 무수아황산, 밀납, 백도토, 벤토나이트, 비타민 C, DL-사과산, 산소, 산탄검, 수산화나트륨, 수산화칼륨, 수산화칼슘, 아라비아검, 알긴산, 알긴산나트륨, 알긴산칼륨, 염화마그네슘, 염화칼륨, 염화칼슘, 오존수, 이산화규소, 이산화염소(수), 차아염소산수, 이산화탄소, 인산나트륨, 젖산, 젖산칼슘, 제일인산칼륨, 제이인산칼륨, 조제해수, 염화마그네슘, 젤라틴, 젤란검, L-주석산, L-주석산, 나트륨, L-주석산, 수소칼륨, 주정(발효주정), 질소, 카나우바왁스, 카라기난, 카라야검, 카제인, 탄닌산, 탄산나트륨, 탄산수소나트륨, 세스퀴탄산나트륨, 탄산마그네슘, 탄산암모늄, 탄산수소암모늄, 탄산칼륨, 탄산칼슘, d-토코페롤(혼합형), 트라가칸스검, 퍼라이트, 펙틴, 활성탄, 황산, 황산칼슘, 천연향료, 효소제, 영양강화제 및 강화제

219

유기가공 식품 제조 시 응고제로 사용하는 것을 선택하시오.

> 벤토나이트, 염화마그네슘, 염화칼슘, 조제해수염화마그네슘, 수산화칼슘, 황산칼슘

정답
염화마그네슘, 염화칼슘, 조제해수염화마그네슘, 황산칼슘

해설
벤토나이트–여과보조제, 수산화칼슘–산도조절제

220

종자갱신의 증시체계 빈칸을 채우시오.

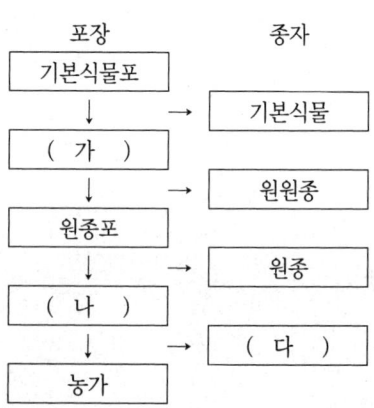

정답
(가)원원종포, (나)채종포, (다)보급종

221
우량품종 조건 3가지를 쓰시오.

정답
우수성, 영속성, 균일성, 광지역성

해설
- 신품종 조건 : 안전성, 구별성, 균일성
- 보호품종 조건 : 신규성, 안전성, 구별성, 균일성, 고유명칭

222
오리농법에 대한 설명으로 빈칸을 채우시오.

가. 방사시기 : 이앙 후 (　)주부터 ~ 출수 전까지 (2개월)
나. 방사밀도 : 10a당 (　)마리
다. 오리농법의 장점 : (　　　　)

정답
가. 1~2
나. 25~30
다. 잡초 및 병해충을 방제한다. 토양에 산소를 공급한다. 질소시비량이 절약된다.

223
우렁이 농법에 대한 설명으로 빈칸을 채우시오.

우렁이 농법 시 우렁이는 이앙 후 (　)일째 넣는 것이 가장 효과적이며 우렁이를 넣는 양은 1,000m²에 약 (　)kg 넣는 것이 가장 효과적이다.

정답
7, 5

224
미생물의 유익작용과 유해작용 3가지를 쓰시오.

정답
- 유익작용 : – 유기물의 분해자
  – 유리질소의 고정
  – 생장촉진 물질의 생성
- 유해작용
  – 병을 유발(잘록병, 뿌리썩음병, 풋마름병, 무름병, 더뎅이병)
  – 선충의 직접 피해
  – 식물과 미생물의 양분 쟁탈

225
미생물 농약의 장점과 단점 2가지를 쓰시오.

정답
- 장점 : 환경오염에 대한 우려가 적다.
  생태계에 대한 영향이 적다.
- 단점 : 약효 발현효과가 적다.
  적용범위가 소수로 한정되어 있다.

226
토양에 서식하며 토양으로부터 양분과 에너지원을 얻으며 특히 배설물이 토양입단 증가에 영향을 미치는 생물은?

정답
지렁이

227
지렁이의 토양개량효과 3가지를 쓰시오.

정답
- 균사물질을 뿜어 유용 미생물들의 번식을 촉진한다.
- 토양 속으로 들어가 공극이 생겨 토양 통기성 증진으로 유용양분 증가 및 보수력, 보비력이 증가한다.
- 양이온치환용량 증가로 토양입단을 형성시킨다.

228
과수원 토양관리방법에 대한 설명을 보기에서 찾아 쓰시오.

[보기] 청경법, 초생법, 부초법

가. 잡초, 풀이 없이 깨끗한 토양 상태로 관리하는 방법이다.
나. 풀을 재배하는 방법으로 경사지 과수원에서 토양침식을 방지하는 방법이다.
다. 토양 표면에 비닐, 짚 등 다양한 멀칭재료로 표면을 덮어서 관리하는 방법이다.

정답
가. 청경법
나. 초생법
다. 부초법

229
다음 빈칸에 공통으로 들어갈 알맞은 말을 쓰시오.

( )은 수확 직후부터 유통 전까지 서늘한 곳에 보관하여 식히는 것이며, 저장, 수송 중의 부패를 적게 한다. 수확 후 농산물의 온도가 빠른 시간 내에 낮아져서 호흡이 억제되어 내외적 품질을 오래 유지한다. 수분함량이 많은 채소에 효과적인 ( )은 청과물의 호흡 속도를 줄여서 품질을 유지하는 가장 좋은 방법이다.

정답
예냉

230
다음 설명의 농산물 보관방법은 무엇인가?

* 작물의 외피층을 건조시키고, 내부조직의 수분증발을 억제한다.
* 외엽조직세포의 팽압이 낮아진다. 마찰의 충격 상처가 적어진다.
* 양파, 마늘은 온도 30~35℃, 습도 65%로 한다.

정답
예건

231
수분함량이 높은 작물의 수확작업 중 발생한 상처에 유상조직인 코르크층을 발달시켜 병균의 침입을 방지하는 조치를 무엇이라 하는가?

정답
큐어링

232
감자와 고구마의 큐어링 온도와 습도

	감자	고구마
큐어링 예비 저장	온도 : (가)℃ 습도 : 85~90% 날짜 : 10~15일	온도 : (나)℃ 습도 : 85% 날짜 : 4일~7일
본 저장	1~4℃, 90~95%	12~15℃, 85~90%

정답
가. 10~15
나. 30~33

233
CA 저장에 대해 설명하시오.

정답
대기조성을 인공적으로 산소농도는 낮게, 이산화탄소는 높게 조절한 저장환경에서 과수를 저장하여 품질 보전 효과를 높이는 저장법이다.

해설

CA 저장	• 과실의 장기저장법으로 과실의 종류와 품종에 알맞게 CO_2 및 O_2의 농도를 인위적으로 조절하는 방법 • 산소농도는 낮게, 이산화탄소는 높게, 온도는 4℃ 정도로 낮게 유지 • 효과 : 호흡 억제, 에틸렌 생성 억제, 미생물 번식 억제, 과실 노화 방지

234
다음 설명을 읽고 ( ) 안의 알맞은 내용을 선택하여 ○표 하시오.

> 바나나, 사과 등을 장기 보관하기 위해서 이산화탄소 농도는 (높게/낮게), 산소 농도는 (높게/낮게) 해야 과일이 신선한다.

정답
높게, 낮게

235
MA 저장에 대해 설명하시오.

정답
작물의 호흡에 의해 산소농도는 감소하고, 이산화탄소는 증가하여 포장 내부의 공기조성이 달라지는데, 포장 내 적절한 대기가 조성되도록 하는 특수한 플라스틱 필름을 이용한 저장 방법이다.

02 최신 기출문제

2021년 제1회

01 답전윤환재배를 정의하고, 장점 1가지를 쓰시오.

정답
- 정의 : 논 또는 밭을 논 상태와 밭 상태로 몇 해씩 돌려가면서 벼와 밭작물을 재배하는 방식
- 장점
  - 토양의 통기성, 투수성 등 물리적 성질을 개선한다.
  - 기지현상을 감소시킨다.
  - 지력이 증강된다.
  - 잡초발생이 감소된다.
  - 벼 수량이 증가한다.

02 유기농업에서 토양 피복(멀칭) 효과 2가지를 쓰시오.

정답
- 잡초발생을 억제해준다.
- 토양의 건조를 방지한다(가뭄의 피해 경감한다. 토양수분을 유지한다).
- 토양온도의 급격한 변화를 완화한다(지온을 조절한다).
- 동해나 서릿발 피해를 경감한다.
- 토양구조와 양분 이용률을 향상시킨다(비료 성분의 유실을 방지한다).
- 토양 침식을 방지한다(토양유실을 방지한다).
- 반사광을 이용한 과실 착색을 촉진한다.

03
다음 보기에서 설명에 맞는 대기성분을 고르라.

[보기] 질소, 산소, 이산화탄소

가. 작물 호흡시 사용된다. (   )
나. 식물의 광합성시 사용된다. (   )
다. 과자봉지 포장에 이용하고, 무색무취이다. (   )

정답
가. 산소
나. 이산화탄소
다. 질소

04
키위, 바나나와 감의 숙성을 위해 사용할 물질을 보기에서 선택하시오.

[보기] 아이오딘 에틸렌 ABA 티오황산

정답
에틸렌

05
흡수성, 통기성이 좋기 때문에 함수율이 높은 재료의 퇴비화 보조제로 활용되고 탄질률이 500~1,000 정도인 임산부산물의 대표적 퇴비 재료를 보기에서 찾아 쓰시오.

산야초   톱밥   볏집   왕겨

정답
톱밥

해설
톱밥의 탄질율은 500~1,000, 왕겨는 76, 볏집은 67, 산야초는 29 이다.

06
보기에서 퇴비제조 순서를 나열하고, 질소 함량을 높이는 방법 1가지를 쓰시오.

[보기] 원료준비, 후숙, 뒤집기와 퇴적, 원료혼합

가. 퇴비제조 순서 :
나. 질소 함량을 높이는 방법 :

정답
가. 원료준비 → 원료혼합 → 뒤집기와 퇴적 → 후숙
나. 가축분을 투입. 단배질 등 분해되기 위한 질소화합물을 함유하고 있는 계분·계분·녹비작물 등을 투입

07
천적을 이용한 병해충 방제에 이용되는 천적의 종류를 쓰시오.

풀잠자리, 세균, 무당벌레, 기생벌, 곰팡이, 기생파리

가. 기생성 곤충 :
나. 포식성 곤충 :
다. 병원성 미생물 :

정답
가. 기생파리, 기생벌
나. 무당벌레, 풀잠자리
다. 곰팡이, 세균

08
통기성, 배수성(투수성)이 큰 순서대로 나열하시오.

식토, 양토, 사양토, 사토, 식양토

정답
사토 > 사양토 > 양토 > 식양토 > 식토

09
다음 중 설명이 알맞은 것끼리 서로 연결하시오.

가. 한랭습윤지대의 침엽수림, 논의 노후화답	• 회색화
나. 배수가 좋지 못한 토양에서 환원상태가 되어 청회색, 회녹색	• 포드졸화
다. 이끼류 등 습생식물이 추운 늪지대에 퇴적된 것	• 이탄토

정답
가. – 포드졸화
나. – 회색화
다. – 이탄토

10
토양부식 중 알칼리 불용부로서 전체 부식의 20~30%를 차지하고, 무기성분과 매우 강하게 결합되어 있으며, 분해되지 않는 물질을 보기에서 고르시오.

| ligin | humin | I-MCP | STS |

정답
humin

해설

부식회 (humin)	부식산 (humic acid)	풀브산 (fulvic acid)
• 알카리용액에 비가용성 • 고도로 축합된 물질 • 점토와 복합체 형성	• 알카리용액에 가용성 • 산처리에서 비가용성 • 암갈색 및 흑색의 고분자물질 (<300,000)	• 알카리용액에 가용성 • 산처리에서 가용성 • 황적색의 저분자물질 (2,000~50,000)

11
보기 중 토양반응이 pH 7 미만의 산도를 선택하시오.

[보기] 산성, 중성, 약알칼리성, 강알칼리성

정답
산성

12
다음 중 설명이 옳은 것끼리 서로 연결하시오.

가. 양이온치환용량	•	• 석회시용
나. 질소고정	•	• 녹비작물
다. 산도조절	•	• 제올라이트

정답
가. – 제올라이트
나. – 녹비작물
다. – 석회시용

13
오리농법의 장점 2가지를 쓰시오.

정답
- 병해충 및 잡초를 방제한다.
- 질소시비량이 절약된다.
- 토양에 산소를 공급한다.

14

유기농산물을 생산, 제조, 가공 또는 취급하는 과정에서 사용할 수 있는 허용물질을 원료 또는 재료로 하여 만든 제품을 [보기]에서 선택하시오.

[보기] 유기농어업자재, 유기가공식품, 무항생제축산물, 유기식품

정답
유기농어업자재

15

유기농산물의 전환기간에 대한 설명이다. ( ) 안에 적합한 내용을 쓰시오.

유기농산물은 유기합성농약과 화학비료를 일절 사용하지 않고 재배한다. 유기농산물의 전환기간은 다년생 작물은 최초 수확 전 ( )년으로 한다.

정답
3

16

[보기]의 친환경자재 중 병충해방제를 위한 자재 2가지를 쓰시오.

[보기] 활성탄, 제충국, 펄라이트, 키토산, 볏짚, 벤토나이트

정답
제충국, 키토산

해설

병해충 관리용 자재	제충국, 데리스, 쿠아시아, 라이아니아, 님, 젤라틴, 카제인, 난황, 천적, 성페로몬, 해조류, 클로렐라
	에틸렌, 에틸알콜, 식초, 목초액, 키토산, 식물오일, 카제인, 젤라틴, 파라핀오일, 황, 생석회(산화칼슘), 소석회(수산화칼슘), 과망간산칼륨, 규산나트륨, 규조토 구리염, 보르도액, 비누, 해수 및 천일염

17
다음 중 유기축산물 및 비식용유기가공품의 사료로 직접 사용되거나 배합사료의 원료로 사용 가능한 물질을 보기에서 3가지를 선택하시오.

| 성장촉진제 | 식품가공부산물 | 합성화합물 |
| 버섯 | 견과류 | 비단백태질소화합물 |

정답
식품가공부산물, 버섯, 견과류

18
다음 빈칸에 알맞은 말을 보기에서 찾아 쓰시오.

유기축산물로 출하되는 축산물에 동물용의약품이 잔류되어서는 아니된다. 다만, 법령에서 허용하여 사용한 경우는 허용하되 식품의약품안전처장이 고시한 식품공전의 동물용의약품 잔류허용기준의 ( )분의 1 이하여야 한다.

[보기] 10, 20, 50, 100

정답
10

19
다음 유기축산 사료급여에 대한 설명이다. ( ) 안에 알맞은 내용을 골라 O표 하시오.

> 유기축산물의 생산을 위한 가축에게는 (100% / 50%) 비식용유기가공식품을 급여하여야 하며, 사료 급여가 어려운 경우에는 (국립농산물품질관리원장 / 식품의약품안전처장) 또는 인증기관의 장은 일정기간 동안 유기사료가 아닌 사료를 일정비율로 급여하는 것을 허용할 수 있다. (비반추 / 반추) 가축에게 담근먹이만 급여하여서는 아니된다.

정답
100%, 국립농산물품질관리원장, 반추

20
다음 설명을 읽고 ( ) 안의 알맞은 내용을 선택하여 O표 하시오.

> 바나나, 사과 등을 장기간 보관하기 위해서 이산화탄소 농도는 (높게/ 낮게), 산소 농도는 (높게/ 낮게) 해야 과일이 신선한다.

정답
높게, 낮게

해설
CA 저장은 인위적으로 이산화탄소 농도는 높게, 산소 농도는 낮게 조절하여 호흡과 증산을 낮추어 농산물을 안전하게 저장하는 방법이다.

2021년 제 2 회

01
답전윤환의 효과 2가지를 쓰시오.

정답
- 토양의 통기성, 투수성 등 물리적 성질을 개선한다.
- 기지현상을 감소시킨다.
- 지력이 증강된다.
- 잡초발생이 감소된다.
- 벼 수량이 증가한다.

02
질소고정능력(kg/10a)이 큰 순서대로 쓰시오.

스위트클로버, 콩, 알팔파, 대두, 완두, 땅콩

정답
알팔파 > 스위트클로버 > 대두 > 완두 > 땅콩

해설
10a당 알팔파 30kg, 스위트클로버 16kg, 헤어리베치 14kg, 대두 12kg, 완두 8.3kg, 땅콩 4.8kg

03
다음 보기에서 녹비작물 중 두과작물만 고르시오.

[보기] 클로버, 귀리, 헤어리베치, 옥수수, 자운영

정답
클로버, 헤어리베치, 자운영

04
보기에서 타감작용이 큰 식물 3가지를 고르시오.

[보기]
오이 완두 헤어리베치 감자 고추 메밀 담배

정답
완두, 헤어리베치, 메밀

05
다음 중 설명이 옳은 것끼리 서로 연결하시오.

가. 진디혹파리	•		•	응애
나. 칠레이리응애	•		•	총채벌레
다. 애꽃노린재	•		•	진딧물

정답
가. – 진딧물
나. – 응애
다. – 총채벌레

06
성페로몬의 특징 2가지를 쓰시오.

정답
- 자연적으로 발생한 물질이기 때문에 친환경적이다.
- 작물과 인축에 무독하다.
- 미량으로도 효과가 크다.
- 유용곤충 피해가 없다.
- 특정 종에만 영향을 미치는 종 특이적이다.

07
농산물에 상처 등으로 병원균이 침입하여 저장 중 부패하는 것을 방지하기 위하여 처리하는 것을 무엇이라 하는가?

정답
큐어링

08

다음은 광합성균, 고초균, 유산균에 대한 설명이다. 각 설명에 대한 세균을 쓰시오.

> 가. 유기물 분해능력이 우수하고 살균·살충 작용효과가 있으며, 고온에서 스스로 보호막을 만든다. 30~70℃에서 가장 잘 증식하며 50~56℃의 고온에서도 잘 생존하지만 120℃ 증기 속에서는 15분이면 사멸한다.
>
> 나. 유기물을 분해하여 젖산, 비타민, 핵산, 각종 효소 등을 분비하며, 토양개량 및 작물생육을 촉진하는 효과가 있다.
>
> 다. 빛에너지를 이용하여 동화작용을 하는 세균으로서, 광합성균의 광합성 색소는 식물 클로로필과 같은 마그네슘 포르피린인데 아세틸기를 갖고 있다. 유해가스를 유용물질로 전환시키고 악취제거에 효과적이다.

정답

가. – 고초균(Bacillus균)
나. – 유산균
다. – 광합성균

09

토양의 유기물 함량(%)을 측정하는 과정과 구하는 공식을 쓰시오.

정답

가. 유기물 함량(%)을 측정하는 과정
  채취한 토양시료 건조 → 건조된 토양의 무게 측정 → 토양을 소각하여 유기물을 제거 → 유기물이 제거된 토양무게 측정

나. 유기물 함량
$$= \frac{\text{채취한 토양의 무게} - \text{유기물을 소각한 토양}}{\text{채취한 토양의 무게}} \times 100$$

10
토양시료를 채취할 때 깊게 파는 순서대로 나열하시오.

> 사과나무, 벼, 상추

정답
사과나무, 벼, 상추

해설
사과나무는 가지 끝 안쪽 10cm 지점의 토양 20~30cm 깊이에서 채취, 논작물(벼)은 18cm 깊이에서 채취, 밭작물(상추)은 15cm 깊이에서 채취

11
토양의 유기물 유지방법 3가지를 쓰시오.

정답
재배작물의 환원, 녹비작물이나 콩과작물 재배, 토양침식 방지, 초생재배

12
다음 보기에서 유기물 분해순서가 빠른 성분부터 차례대로 나열하시오.

> [보기] 리그닌 전분 헤미셀룰로스 셀룰로스

정답
전분, 헤미셀룰로스, 셀룰로스, 리그닌

13

다음은 퇴비화 단계를 설명한 것이다. 그 단계의 이름을 쓰고, 순서대로 나열하시오.

> 가. 온도가 서서히 45~25℃까지 낮아지고, 곰팡이가 번식하여 분해하기 어려운 섬유질, 목질부가 분해되는 단계
> 나. 부피는 절반으로 감소하고, 짙은 흑갈색을 나타내고, 잘 부스러지며, 두엄벌레와 같은 다양한 토양생물이 서식하는 단계
> 다. 세균에 의한 유기물 분해과정에서 방출되는 에너지 때문에 온도가 60~70℃까지 상승하는 단계

정답

- 단계이름: 가. 감열단계
  나. 숙성단계
  다. 발열단계
- 순서: 발열 → 감열 → 숙성

발열단계	• 세균에 의한 유기물 분해과정에서 방출되는 에너지 때문에 퇴비더미 온도가 60~70℃까지 상승함 • 고온은 2~3주간 지속됨 • 병원균·잡초종자가 사멸함 • 산소가 공급되어야 세균번식이 유리함
감열단계	• 온도가 서서히 45~25℃까지 낮아짐 • 곰팡이가 번식하여 분해하기 어려운 섬유질, 목질부가 분해됨
숙성단계	• 부피는 절반으로 감소하고, 짙은 흑갈색을 나타내고, 잘 부스러짐 • 무기물, 부식산, 항생물질로 구성되며, 두엄벌레와 같은 다양한 토양생물이 서식함

14

퇴비 부숙도의 육안적 판정법에 따라 보기의 문장을 ○, ×로 표시하시오.

> 가. 퇴비 색깔이 황색이 흑색보다 부숙도가 높다.
> 나. 형상이나 형태가 남아 있으면 부숙도가 낮다.
> 다. 강제통기가 많을수록 부숙도가 낮다.
> 라. 수분함량이 50% 전후이며, 손으로 움켜쥐어 손가락 사이로 물기가 스미지 않으면 부숙도가 낮다.

정답

가. ×   나. ○   다. ×   라. ×

15
퇴비의 생물학적 검사방법 중 지렁이법에 대해 설명하시오.

정답
퇴비를 시험관에 담고 지렁이를 넣어 지렁이의 생리적 감각, 즉 퇴적물에 대한 기피 행동을 관찰함으로써 퇴적물의 부숙도를 판정하는 방법이다. 완숙퇴비는 지렁이 활력이 높지만, 부숙퇴비는 지렁이가 활력이 낮아지거나 죽게 된다.

16
다음 보기 중 유기농재배를 위한 퇴비용 농업자재로 사용가능한 것 2가지를 고르시오.

[보기]	유기합성농약	병원성 미생물
	부숙된 분뇨	항생제, 호르몬제, 합성항균제
	화학비료	음식물류 제조 폐기물 물질

정답
부숙된 분뇨, 음식물류 제조 폐기물 물질

해설
퇴비원료로 가능한 물질
- 농림축산부산물 : 짚류, 왕겨, 미강, 녹비, 농작물 잔사, 낙엽, 수피, 톱밥, 목편, 부엽토, 야생초, 폐사료, 한약재찌꺼기, 버섯폐배지, 이탄, 토탄, 잔디예초물, 가축의 알과 껍질 등(담배 제외)
- 수산부산물 : 어분, 어묵찌꺼기, 해초찌꺼기, 게껍질, 해산물도소매장 부산물포
- 인·축분뇨 등 동물의 분뇨 : 인분뇨 처리잔사, 우분뇨, 돈분뇨, 계분, 구비
- 음식물류 폐기물
- 식음료품 제조업·유통업·판매업에서 발생하는 동식물성 잔재물 : 도축, 과실 및 야채, 배합사료, 두부, 주정 주류(소주, 탁주 등), 청량음료, 다류 등
- 미생물 : 토양미생물제제
- 광물질 : 소석회, 석회석, 석회고토, 생석회, 패화석, 제오라이트

17

토양의 3상에 대한 설명이다. ( ) 안에 알맞은 내용을 쓰시오.

> 토양은 광물입자인 유기물로 구성된 (가), 액체로 채워진 (나), 기체로 채워진 (다) 상태로 구성되어 있다.

정답
가. 고상, 나. 액상, 다. 기상

18

다음 보기에서 설명하는 용어를 쓰시오.

> 가. 비식용유기가공품의 인증기준에 맞게 제조·가공 또는 취급된 사료
> 나. 사육되는 가축에 대해 그 생산물이 식용으로 사용되기 전에 동물용의약품의 사용을 제한하는 일정 기간
> 다. 토양을 이용하지 않고 통제된 시설공간에서 빛(LED, 형광등), 온도, 수분 및 양분 등을 인공적으로 투입해 작물을 재배하는 시설

정답
가. 유기사료, 나. 휴약기간, 다. 식물공장

19

관련법에 따른 토양개량과 작물생육을 위하여 사용이 가능한 물질 중 '사람의 배설물'의 사용 가능 조건은(오줌만 있는 경우 제외)?

- 고온발효의 경우 (　)℃ 이상에서 (　)일 이상 발효된 것
- 저온발효의 경우 (　)개월 이상 발효된 것일 것

정답

50, 7, 6

20

다음 보기에서 유기배합사료 제조물질 중 완충제, 아미노산제, 비타민제를 각각 2가지씩 쓰시오

[보기] 중조　　　판토텐산　　아민초산
　　　황산L-라이신　엽산　　　탄산나트륨

정답

완충제 : 중조, 탄산나트륨
아미노산제 : 아민초산, 황산L-라이신
비타민제 : 엽산, 판토텐산

해설

아미노산제	아민초산, DL-알라닌, 염산L-라이신, 황산L-라이신, L-글루타민산나트륨, 2-디아미노-2-하이드록시메치오닌, DL-트립토판, L-트립토판, DL메치오닌 및 L-트레오닌과 그 혼합물
비타민제 (프로비타민 포함)	비타민A, 프로비타민A, 비타민B1, 비타민B2, 비타민B6, 비타민B12, 비타민C, 비타민D, 비타민D2, 비타민D3, 비타민E, 비타민K, 판토텐산, 이노시톨, 콜린, 나이아신, 바이오틴, 엽산과 그 유사체 및 혼합물
완충제	산화마그네슘, 탄산나트륨(소다회), 중조(탄산수소나트륨·중탄산나트륨)

2021년 제3회

01
윤작의 정의와 효과 1가지를 쓰시오.

정답
- 정의 : 한 포장에 연작을 하지 않고 몇 가지 작물을 특정한 순서로 규칙적으로 반복하여 재배해 나가는 것
- 효과 : 지력의 유지 증진, 기지 경감, 토양의 물리성 개선, 병해충 및 잡초 발생 억제

02
다음 보기 중 경운의 장점 3가지를 쓰시오.

[보기]
유기물 유지   토양구조 개선   생명체 활동촉진
통기성 증대   잡초발생 억제   근권 발달

정답
통기성 증대, 잡초발생 억제, 토양구조 개선

03
다음 보기 중 질소고정작물 3가지 쓰시오.

[보기] 해바라기 땅콩 메밀 콩 클로버 호밀

정답
땅콩, 콩, 클로버

04

토양유기물에 대한 설명이 옳은 것은 O표, 옳지 않은 것은 ×표를 하시오.

> 가. 토양 미생물의 활성을 높여준다.
> 나. 유기산이 생성되어 암석을 분해한다.
> 다. 토양을 입단화하여 공극을 형성한다.
> 라. 토양입단 형성은 미숙유기물보다 부숙유기물이 더 효과적이다.
> 마. 식물생장을 촉진하고 양분을 제공한다.

[정답]
가. O 나. O 다. O 라. × 마. O

05

습해 상습지에서 지하에 배수관을 설치하여 배수하는 방식을 쓰시오.

[정답]
암거배수

06

종자소독 방법이 바르게 연결하시오.

> 가. 마늘에서 추출한 즙을 도포한다. — 물리적 소독
> 나. 50~60℃ 물에 종자를 담근다. — 생물적 소독
> 다. 곰팡이분을 분의처리 한다. — 식물적 방제

[정답]
가. – 식물적 방제
나. – 물리적 소독
다. – 생물적 소독

07
해충의 생물학적 방제 중 기생성 천적 2가지 쓰시오.

정답
고치벌, 꼬마벌, 맵시벌, 침파리, 진딧물

08
병해충 예방을 위한 친환경적 방법 3가지 쓰시오.

정답
가) 적합한 작물과 품종의 선택
나) 적합한 돌려짓기(윤작) 체계
다) 기계적 경운
라) 재배포장 내의 혼작·간작 및 공생식물의 재배 등 작물체 주변의 천적활동을 조장하는 생태계의 조성
마) 멀칭·예취 및 화염제초
바) 포식자와 기생동물의 방사 등 천적의 활용
사) 식물·농장퇴비 및 돌가루 등에 의한 병해충 예방 수단
아) 덫·울타리·빛 및 소리와 같은 기계적 통제

09
다음에서 설명하는 방식을 쓰시오.

- 과수 아래 풀이나 목초를 재배하는 방법
- 장점 : 토양유실 방지, 제초 노력경감, 지력 증진
- 단점 : 과수와 풀의 양분 경쟁, 병충해 잠복지 제공

정답
초생재배

10
다음 토성 중에서 점토함량이 높은 것에서 낮은 순서대로 쓰시오.

식토 사양토 사토 식양토

정답
식토, 식양토, 사양토, 사토

11
다음 ( ) 안에 알맞은 용어를 쓰시오.

(가)는 동화작용에 의해 식물잎에서 합성이 되고, (나)는 식물뿌리에서 흡수되어 식물체 내에서 동화되는데, 이들 두 물질의 비율인 (다)는 식물의 꽃눈 형성 및 결실에 영향을 미친다.

정답
가. 탄소
나. 질소
다. 탄질율

12
다음 보기 중 에틸렌을 가장 많이 생성하는 작물을 쓰시오.

[보기] 포도 감귤 사과 딸기 가지

정답
사과

해설
에틸렌이 많이 발생하는 작물 : 사과, 배, 감, 복숭아, 자두, 토마토, 바나나, 무화과 등

13
다음 보기 중 친환경농축산물 3가지를 쓰시오.

[보기] 유기가공식품 유기축산물 저농약농산물
       무농약농산물 유기농산물 유기농어업자재

정답
유기농산물, 유기축산물, 무농약농산물

14
유기식품등의 인증 유효기간은 인증 받은 날로부터 몇 년간인지 쓰시오.

정답
1년

15
다음 보기 중 토양개량과 작물생육을 위해 사용가능한 물질을 쓰시오.

[보기] 식초　난황　목초액　톱밥
　　　 광물제련찌꺼기　밀랍　해수

정답
목초액, 톱밥, 광물제련찌꺼기, 해수

해설
- 토양개량과 작물생육을 위해 사용가능한 물질 : 퇴구비, 부식토, 미강유박, 대두박, 면실박, 깻묵, 골분, 구아노, 톱밥, 왕겨, 이탄, 피트모스, 해조류, 클로렐라, 염화나트륨 및 해수
- 점토광물(펄라이트, 벤토나이트, 제올라이트, 일라이트), 버미큘라이트(질석), 자연암석분말, 인광석, 인산칼슘, 칼륨암석, 황산칼륨, 랑베나이트, 석회석 유래 탄산칼슘, 철, 구리, 아연, 망간, 몰리브덴, 붕소

16
다음 보기 중 병해충 관리로 사용가능한 물질을 쓰시오.

[보기] 제충국추출물　톱밥　님추출물　클로렐라
　　　 데리스추출물

정답
제충국추출물, 님추출물, 데리스추출물

17
식품첨가물과 사용가능제품을 서로 연결하시오.

가. 해수 및 염화마그네슘	•	• 용도제한 없음
나. 젖산	•	• 발효채소 및 유제품
다. 천연향료	•	• 두류제품

정답
가. – 두류제품
나. – 발효채소 및 유제품
다. – 용도제한 없음

18
유기축산물 생산에 대한 설명이다. ( ) 안에 알맞은 내용을 쓰시오.

유기가축에게는 ( ) 유기사료를 공급하는 것을 원칙으로 할 것. 다만, 극한 기후조건 등의 경우에는 ( )이 정하여 고시하는 바에 따라 유기사료가 아닌 사료를 공급하는 것을 허용할 수 있다.

정답
100%, 국립농산물품질관리원장

19
유기축산물의 전환기간을 바르게 연결하시오.

가. 한우·육우(식육)	•	•	3개월
나. 돼지(식육)	•	•	12개월
다. 오리(식육)	•	•	5개월
라. 닭(알)	•	•	6주

정답
가. -12개월, 나. -5개월, 다. -6주, 라. -3개월

가축의 종류	생산물	전환기간 (최소 사육기간)
한우·육우	식육	입식 후 12개월
젖소	시유 (시판우유)	1) 착유우는 입식 후 3개월 2) 새끼를 낳지 않은 암소는 입식 후 6개월
면양·염소	식육	입식 후 5개월
	시유 (시판우유)	1) 착유양은 입식 후 3개월 2) 새끼를 낳지 않은 암양은 입식 후 6개월
돼지	식육	입식 후 5개월
육계	식육	입식 후 3주
산란계	알	입식 후 3개월
오리	식육	입식 후 6주
	알	입식 후 3개월
메추리	알	입식 후 3개월
사슴	식육	입식 후 12개월

20
다음 보기에서 유기가공식품의 표면 세척 소독제로 사용할 수 없는 물질을 쓰시오.

[보기] 차아염소산수 요소수 오존수 과산화수소

정답
요소수

2022년 제1회

01
윤작의 정의를 쓰시오.

정답
동일한 재배포장에서 동일한 작물을 연이어 재배하지 아니하고, 서로 다른 종류의 작물을 순차적으로 조합·배열하는 방식의 작부체계

02
윤작의 효과 3가지를 쓰시오.

정답
지력의 유지 증진, 기지 경감, 토양의 물리성 개선, 병해충 및 잡초 발생 억제, 작물의 수량 증대

03
염류집적의 대책 3가지를 쓰시오.

정답
합리적 시비(시비관리시스템 활용), 심경과 객토 실시, 담수 및 관수처리, 논벼 재배, 흡비작물 재배

04
진딧물의 천적 중에서 포식성 천적을 쓰시오.

정답
- 포식성 천적 : 무당벌레, 풀잠자리, 진디혹파리, 기생벌
- 기생성 천적 : 진디벌, 콜레마니진디벌

05
친환경적 잡초방제 방법 3가지를 쓰시오.

정답

생태적·경종적 방제법	경운법(춘경, 추경), 윤작, 답전윤환 재배, 2모작, 육묘이식재배, 피복작물 재배 등
물리적 방제법	손제초, 경운, 정지, 중경제초 및 배토, 예취, 피복, 소각·소토, 담수, 배수 등
생물적 방제법	오리, 우렁이, 양어, 초어 등 • 상호대립 억제작용성의 식물을 이용한 방제(타감작용) 예) 메밀짚·호밀·귀리·헤어리베치

06
다음 그림은 볍씨 염수선시 소금물 비중에 따라 달걀이 뜨는 모양이다. 비중이 낮은 것부터 차례대로 쓰시오.

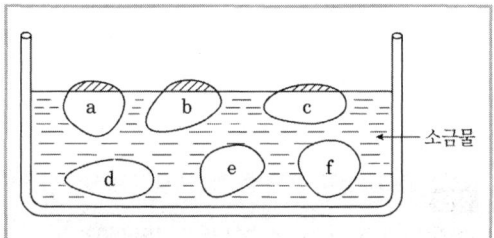

정답

d, e, f, a, b, c

해설

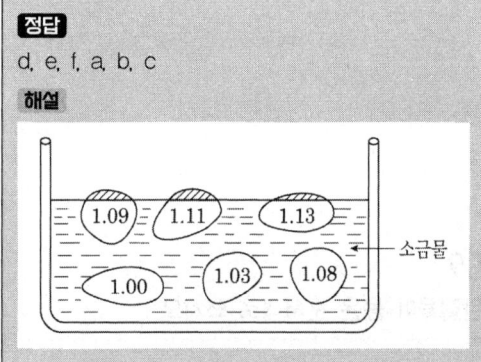

07
토양의 구성 3요소를 쓰시오.

정답
고상, 액상, 기상

08
토양은 자갈, 모래, 미사, 점토로 구성되어 있는데, 이 중에서 점토의 특징 2가지를 쓰시오.

정답
표면적이 넓다. 양이온흡착능력이 높다. 보비력이 높다. 통기성·투수성은 나쁘다.

09
탄질율이 높은 순서대로 쓰시오.

| 볏짚 | 알팔파 | 밀짚 | 쌀보릿짚 |

정답
쌀보릿짚(160), 밀짚(73), 볏짚(67), 알팔파(13)

10
화본과작물이 두과작물에 비해 분해가 느린 이유를 쓰시오.

정답
유기물 분해속도는 탄질률에 따라 달라지는데, 두과작물에 비해 화본과작물의 탄질률이 더 높기 때문에 분해속도가 느리다.

11
퇴비 제조에 대한 설명이다. ○ 또는 ×로 표기하시오.

가. 퇴비 제조에서 탄질비는 가장 중요한 조건이다.
나. 계분이 우분보다 인산 함량이 더 높다.
다. 뾰족한 큰 가시는 퇴비 재료로 사용할 수 있다.
라. 퇴비 안에 합성첨가물이 포함될 수 있다.
마. 퇴비에 포함되는 질소 함량은 1% 미만으로 낮아야 한다.

정답
가. ○, 나. ○, 다. ×, 라. ×, 마. ×
퇴비재료로 뾰족한 큰 가시, 합성첨가물은 사용할 수 없으며, 질소 함량은 1% 이상 포함되어야 한다.

12
다음 퇴비화 과정이다. 바르게 연결하시오.

가. 감열 •   • 유기물이 분해되는 과정에서 에너지를 방출함
나. 숙성 •   • 퇴비더미의 온도가 서서히 25~45℃로 내려감
다. 발열 •   • 붉은두엄벌레와 그 밖의 토양생물이 퇴비더니 내에서 서식하기 시작함

정답
- 발열 – 유기물이 분해되는 과정에서 에너지를 방출함
- 감열 – 퇴비더미의 온도가 서서히 25~45℃로 내려감
- 숙성 – 붉은두엄벌레와 그 밖의 토양생물이 퇴비더니 내에서 서식하기 시작함

13
유기식품등의 인증품 또는 인증품의 포장·용기에 표시하는 내용 3가지를 쓰시오.

정답
인증번호, 인증사업자의 성명 또는 업체명, 판매원의 전화번호, 사업장 소재지, 생산지

14
병해충 관리를 위해 사용가능한 물질을 보기에서 찾아 쓰시오.

| 생석회 | 플랑크톤 | 석회보르도액 |
| 황산칼륨 | 과망간산칼륨 | 사람의 배설물 |

정답
생석회, 석회보르도액, 과망간산칼륨

15
병해충 관리를 위해 사용가능한 물질 중 달팽이 관리용으로만 사용하는 것을 쓰시오.

정답
인산철

16
법령에 의거하여 다음 ( ) 안에 알맞은 내용을 쓰시오.

(가) 및 공시사업자등의 사후관리
① (나) 또는 (다)은 농림축산식품부령 또는 해양수산부령으로 정하는 바에 따라 소속 공무원 또는 공시기관으로 하여금 매년 다음 각 호의 조사(공시기관은 공시를 한 공시사업자에 대한 제2호의 조사에 한정한다)를 하게 하여야 한다.

정답
가. 유기농어업자재
나. 농림축산식품부장관
다. 해양수산부장관

17
유기농산물 생산에 필요한 인증기준을 설명한 것이다. ( ) 안에 알맞은 내용을 쓰시오.

재배 용수는 (가) 이상이어야 하며, 농산물의 세척에 사용하는 용수는 (나)의 수질기준에 적합해야 한다. 종자·묘는 최소한 (다)세대 재배한 식물로부터 유래된 것을 사용하여야 한다.
재배포장의 토양은 토양오염우려기준을 초과하지 아니하며, (라) 성분이 검출되어서는 아니 된다.

정답
가. 농업용수. 나. 먹는물. 다. 1. 라. 합성농약

해설
시행규칙 [별표 4]
- 농산물의 세척에 사용하는 용수, 싹을 틔워 직접 먹는 농산물·어린잎채소의 재배에 사용하는 용수 또는 시설 내에서 재배하는 버섯류의 재배에 사용하는 용수 : 「먹는물 수질기준 및 검사 등에 관한 규칙」 제2조에 따른 먹는물의 수질기준에 적합해야 한다. 농산물의 세척에 사용하는 용수, 싹을 틔워 직접 먹는 농산물·어린잎채소의 재배에 사용하는 용수 또는 시설 내에서 재배하는 버섯류의 재배에 사용하는 용수 외의 용도로 사용하는 용수 : 「환경정책기본법 시행령」 제2조 및 「지하수의 수질보전 등에 관한 규칙」 제11조에 따른 농업용수 이상이어야 한다.
- 종자·묘는 최소한 1세대 또는 다년생인 경우 두 번의 생육기 동안 다목의 규정에 따라 재배한 식물로부터 유래된 것을 사용하여야 한다.
- 재배포장의 토양은 주변으로부터 오염 우려가 없거나 오염을 방지할 수 있어야 하고, 「토양환경보전법 시행규칙」 별표 3에 따른 1지역의 토양오염우려기준을 초과하지 아니하며, 합성농약 성분이 검출되어서는 아니 된다.

18
유기농산물 생산에 필요한 인증기준을 설명한 것이다. ( ) 안에 알맞은 내용을 쓰시오.

> 관행농업 과정에서 토양에 축적된 합성농약 성분의 검출량이 ( )mg/kg 이하인 경우에는 예외를 인정한다.

정답
0.01

19
다음 유기식품등에 대한 설명이다. ○ 또는 ×로 표시하시오.

> 가. 기구·설비의 세척제로 화학물질을 사용할 수 있다.
> 나. 인증의 유효기간은 인증을 받은 날부터 3년으로 한다.
> 다. 합성살균제, 보존제, 훈증제 등을 함유하는 포장재는 사용할 수 없다.
> 라. 유기가공에 사용할 수 있는 원료는 인증을 받은 유기식품을 사용하여야 한다.

정답
○, ×, ○, ○

해설
가. 기구·설비의 세척·살균소독제로 사용 가능한 물질 : 과산화수소, 이산화염소(수), 차아염소수, 오존수 등
나. 인증의 유효기간은 인증을 받은 날부터 1년으로 한다.
다. 합성살균제, 보존제, 훈증제 등을 함유하는 포장재, 용기 및 저장고는 사용할 수 없다.
라. 유기가공에 사용할 수 있는 원료, 식품첨가물, 가공보조제 등은 모두 유기적으로 생산된 것으로 유기식품 및 유기가공식품으로 한다.

20
유기농산물 포장재의 기능 2가지를 쓰시오.

정답
생물분해성, 재생가능한 재료

2022년 제 2회

01
작물을 재배 후 휴작이 10년 이상 필요한 작물을 보기에서 2가지를 쓰시오.

[보기] 담배 당근 아마 강낭콩 감자 인삼 호박

정답
아마, 인삼

연작의 해가 적은 작물	벼・맥류・옥수수・수수・사탕수수・조・고구마・무・순무・양배추・꽃양배추・당근・연・뽕나무・아스파라거스・토당귀・미나리・딸기・목화・삼・양파・담배・호박 등
5~7년 휴작 작물	토마토・고추・가지・수박・완두・레드클로버・우엉・사탕무 등
10년 이상 휴작 작물	아마・인삼 등

02
혼작의 정의와 장점 2가지를 쓰시오.

정답
- 정의 : 생육기간이 거의 같은 2종류 이상의 작물을 동시에 같은 포장에 섞어서 재배하는 작부체계
- 장점
  - 재배공간의 효율적 이용
  - 토양 비료성분의 효율적 이용
  - 잡초의 경감
  - 토양과 기상에 대한 적응력을 보완
  - 재해 및 병충해 위험성을 분산

03
산파의 정의와 장단점을 쓰시오.

정답
- 정의 : 포장 전면에 종자를 흩어 뿌리는 방법.
- 장점 : 노력이 절감되고, 맥류와 목초류는 수량도 많음
- 단점 : 산파를 하면 종자 소요량이 많아지고, 통기 및 투광이 나빠지며, 도복하기 쉽고 제초 및 병충해 방제 등의 관리작업이 불편함

04
유기채소 재배시 고온 피해 대책 2가지를 쓰시오.

정답
- 내열성이 강한 품종 선택
- 관개 : 고온기에 관개를 해서 지온을 낮춤
- 재배상 주의 : 밀식・질소과용 등 회피
- 피음・피복 : 그늘 조성
- 작기조절 : 재배시기를 조절하여 혹서기를 회피
- 시설내 환기 : 비닐터널・하우스재배에서 환기를 조절하여 지나친 고온을 회피

05
천적을 분류할 때 명칭을 쓰시오.

예시)길항성	길항균, 근권미생물 등
(가)	기생벌, 기생파리 등
(나)	무당벌레류, 풀잠자리 등
(다)	세균, 바이러스 등

정답
가. 기생성, 나. 포식성, 다. 병원성

06
친환경 잡초방제방법 중 경종적 방제법 2가지를 쓰시오.

정답
경운법(춘경, 추경), 윤작, 답전윤환재배, 2모작, 육묘이식재배, 피복작물 재배 등

07
생물학적 요소가 아닌 것을 보기에서 2가지 쓰시오(부분점수 없음).

| 대장균　살모넬라균　농약　사상균　다이옥신 |

정답
농약, 다이옥신

08
유기 포장재를 피복하여 가스를 조절하는 저장방법을 보기에서 골라 쓰시오.

[보기] MA저장　CA저장　저온저장　움저장

정답
MA저장

09
다음 토양삼각도(미국 농무성법 기준)를 보고 ( ) 안에 적절한 단어를 쓰시오.

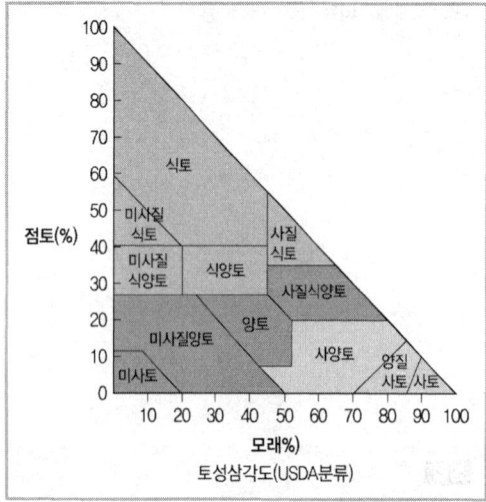

정답
(가) 점토, (나) 모래

10
유기물의 주요 기능 3가지를 쓰시오.

정답
- 토양의 보비력·보수력 증대, 토양입단형성 촉진
- 토양의 완충능력 증대, 양이온치환용량(CEC) 증가
- 식물양분 공급, 성장촉진물질 발생 등

11

다음 보기 토양의 유기물 함량 계산식과 정답을 작성하시오.

[보기] 토양시료 무게 50g, 유기물을 태운 토양시료 무게 47.5g

정답

유기물함량 계산식 : 유기물 함량

$= \dfrac{\text{채취한토양의 무게} - \text{유기물을 소각한토양}}{\text{채취한토양의 무게}} \times 100$

$= \dfrac{50 - 47.5}{50} \times 100$

$= 5\%$

∴ 5%

12

다음 보기에서 주어진 탄질율을 통해 질소 함량을 구하시오.

[보기] 낙엽의 탄질률 25, 탄소 함량 50%

정답

- 계산식 : C/N율 $= 25 = \dfrac{50}{N}$

  $N = 2$

- 질소함량은 2%

13
질소기아현상에 대해 설명하시오(미생물, 작물, 탄질률 단어가 포함되어야 함).

정답

탄질률이 30보다 높은 유기물이 토양에 가해질 경우 유기물의 분해에 필요한 질소가 부족하여 미생물이 질소의 일부를 이용하기 때문에 작물이 이용할 수 있는 질소가 일시적으로 부족하게 나타나는 현상을 질소기아현상(nitrogen starvation)이라고 한다.

14
다음 보기 중 질소기아현상이 나타나기 높은 물질을 순서대로 쓰시오.

[보기] 호밀   볏짚   톱밥   밀짚

정답

톱밥, 밀짚, 볏짚, 호밀

해설

유기물	C%	N%	C/N
활엽수의 톱밥	46	0.1	400
쌀보릿짚	50	0.3	166
밀짚	38	0.5	80
볏짚	42	0.6	70
옥수수찌꺼기	40	0.7	57
호밀껍질(성숙기)	40	1.1	37
잔디(블루그래스)	37	1.2	31
가축의 분뇨	41	2.1	20
앨펠퍼	40	3.0	13
곰팡이	50	5.0	10
방사상균	50	8.5	6
박테리아	50	12.5	4
인공부식	58	5.0	11
부식산	58	1.0	58

15
다음 보기 중에서 분해속도가 느린 것부터 순서대로 쓰시오.

[보기] 당류   조단백질   셀룰로오스   리그닌

정답
리그닌, 셀룰로오스, 조단백질, 당류

16
유기배합사료 제조용 물질을 보기에서 찾아 쓰시오.

[보기] 곡물류   제약부산물   플랑크톤   식염류
       무기물류   서류   인산염류

- 식물성(3가지) :
- 동물성(2가지) :
- 광물성(2가지) :

정답
- 식물성(3가지) : 곡물류, 제약부산물, 서류
- 동물성(2가지) : 플랑크톤, 무기물류
- 광물성(2가지) : 식염류, 인산염류

해설

식물성	곡류(곡물), 곡물부산물류(강피류), 박류(단백질류), 서류, 식품가공부산물류, 조류(藻類), 섬유질류, 제약부산물류, 유지류, 전분류, 콩류, 견과·종실류, 과실류, 채소류, 버섯류, 그 밖의 식물류
동물성	단백질류, 낙농가공부산물류, 곤충류, 플랑크톤류, 무기물류, 유지류
광물성	식염류, 인산염류 및 칼슘염류, 다량광물질류, 혼합광물질류

17

사료의 품질저하 방지 또는 사료의 효용을 높이기 위해 사료에 첨가하여 사용 가능한 물질을 구분한 것이다. 완충제, 비타민제, 아미노산제 중 선택하시오.

가. ( )	아민초산, DL-알라닌, 염산L-라이신, 황산L-라이신, L-글루타민산나트륨, L-트립토판 및 L-트레오닌과 그 혼합물
나. ( )	판토텐산, 이노시톨, 콜린, 나이아신, 바이오틴, 엽산과 그 유사체 및 혼합물
다. ( )	산화마그네슘, 탄산나트륨(소다회), 중조

[정답]
가. 아미노산제, 나. 비타민제, 다. 완충제

18

유기식품등에 사용가능한 물질을 바르게 연결하시오.

가. 토양개량 및 작물생육	•	•	톱밥, 펄라이트
나. 병해충 관리	•	•	비타민, 인산칼슘
다. 사료 첨가용	•	•	규조토, 데리스, 파라핀유

[정답]
가. - 톱밥, 펄라이트
나. - 규조토, 젤라틴, 파라핀유
다. - 비타민, 인산칼슘

19

다음은 유기축산물 및 무항생제축산물에 대한 설명이다. ○ 또는 ×로 표기하시오.

가. 유기축산물의 생산을 위한 가축에게는 100퍼센트 유기사료를 급여하여야 하며, 유기사료 여부를 확인하여야 한다.
나. 반추가축에게 담근먹이(사일리지)만 급여해서는 아니 되며, 생초나 건초 등 조사료도 급여하여야 한다. 또한 비반추 가축에게도 가능한 조사료 급여를 권장한다.
다. 교배는 종축을 사용한 자연교배를 권장하되, 인공수정을 허용할 수 있다.
라. 「지하수의 수질보전 등에 관한 규칙」 제11조에 따른 생활용수 수질기준에 적합한 신선한 음수를 상시 급여할 수 있어야 한다.
마. 합성농약 또는 합성농약 성분이 함유된 동물용의약외품 등의 자재를 사용하지 아니하여야 한다.

정답
가. ○, 나. ○, 다. ○, 라. ○, 마. ○

20

유기가공식품에서 가공보조제 중 응고제로 사용되는 물질 2가지를 쓰시오.

규조토   염화마그네슘   황산칼슘   D-토코페롤

정답
염화마그네슘, 황산칼슘

해설
유기가공식품 응고제 : 염화칼륨, 염화칼슘, 염화마그네슘, 황산칼슘

2022년 제 3회

01
다음에서 설명하는 내용의 용어를 쓰시오.

- 작물을 재배하는 일정한 구역
- 동일한 재배포장에서 동일한 작물을 연이어 재배하지 아니하고, 서로 다른 종류의 작물을 순차적으로 조합·배열하는 방식의 작부체계
- 토양을 이용하지 않고 통제된 시설공간에서 빛(LED, 형광등), 온도, 수분 및 양분 등을 인공적으로 투입해 작물을 재배하는 시설

정답
재배포장, 윤작, 식물공장

02
다음 보기 중 휴지기간이 가장 긴 작물은?

[보기] 콩 강낭콩 땅콩 완두 잠두

정답
완두

해설
작물의 휴지기간

연작의 해가 적은 작물	벼·맥류·옥수수·수수·사탕수수·조·고구마·무·순무·양배추·꽃양배추·당근·연·뽕나무·아스파라거스·토당귀·미나리·딸기·목화·삼·양파·담배·호박 등
1년 휴작이 필요한 작물	콩·파·쪽파·생강·시금치 등
2년 휴작이 필요한 작물	마·감자·잠두·오이·땅콩 등
3년 휴작이 필요한 작물	쑥갓·토란·참외·강낭콩 등
5~7년 휴작이 필요한 작물	토마토·고추·가지·수박·완두·레드클로버·우엉·사탕무 등
10년 이상 휴작이 필요한 작물	아마·인삼 등

03
다음 녹비작물을 바르게 연결하시오.

가. 콩과녹비작물	•	• 수단그래스
나. 벼과녹비작물	•	• 갈대
다. 야생녹비작물	•	• 헤어리베치

정답
가. 헤어리베치, 나. 수단그래스, 다. 갈대

04
식물에서 생성되는 화학물질로 다른 식물의 생장을 저해하는 작용을 무엇이라 하는가?

정답
타감작용

05
다음 보기에서 설명하는 적합한 대기가스를 쓰시오.

가. 작물 호흡을 억제하는 가스	( )
나. 정화작용을 하는 가스	( )
다. 과자봉지 포장용 가스	( )

정답
가. 이산화탄소, 나. 산소, 다. 질소

06

토양유기물에 대한 설명이다. ○, ×로 표기하시오.

가. 토양 물리성을 개선시키는가? ( )
나. 토양입단을 형성을 촉진시키는가? ( )
다. 철과 알루미늄의 유효도를 높이는가? ( )
라. 중금속과 결합하는가? ( )
마. 토양의 용적밀도를 증가시키는가? ( )

정답
가. ○, 나. ○, 다. ×, 라. ○, 마. ×

07

다음 보기에서 탄질비가 가장 높은 것을 고르시오.

[보기] 부식 곰팡이 분뇨 톱밥

정답
톱밥

08

퇴비화 과정에서 온도가 상승하지 않을 때의 증상, 원인, 대책을 쓰시오.

정답
- 증상 : 세균 증식이 잘 안되고, 퇴비에서 악취가 발생한다.
- 원인 : 퇴비더미 안에 산소가 결핍되고, 수분이 부족하기 때문
- 대책 : 산소가 결핍된 경우 퇴비를 자주 뒤집기를 해주고, 수분이 부족한 경우는 수분을 넉넉히 뿌려준다.

09
완숙퇴비의 부숙도를 관능적 검사를 할 경우 ○ 또는 ×로 표기하시오.

> 가. 완숙퇴비는 수분함량이 40~50%인가? ( )
> 나. 완숙퇴비는 원재료의 냄새가 나는가? ( )
> 다. 완숙퇴비는 원재료의 형태가 남아있는가? ( )
> 라. 완숙퇴비는 황갈색인가? ( )

정답

가. ○, 나. ×, 다. ×, 라. ×

해설

	미숙퇴비	중숙퇴비	완숙퇴비
발효기간	1주 이내	1개월 이내	3개월 이상
색깔	노란갈색	갈색	암갈색~흑색
냄새(악취)	많이 발생	약간 발생	흙냄새
수분함량	70%	60%	50%
최고온도	50℃ 이하	50~60℃	60~70℃ 이상
뒤집기 횟수	2회 이하	3~6회	10회 이상
유해가스 발생정도	많이 발생	약간 발생	거의 없음
파리, 구더기 발생정도	많음	보통	없음
유효미생물	혐기성미생물	분해미생물	유용미생물
잡초종자	남아있음	절반 사멸	사멸
굼벵이, 지렁이 생존정도	생존 불가	일부 생존	다수 생존
유해물질의 분해정도	미분해	약간 분해	대부분 분해
가축분 내 항생제 분해정도	미분해	약간 분해	대부분 분해
산도	산성	중산성	중성~알칼리성
작물에 대한 안정성	낮음	보통	높음
취급 및 보관성	불량	보통	양호
생리활성물질	별로 없음	보통	많음
양이온치환용량(부식함량)	낮음	보통	높음
비료성분(질소)	원료 상태	약간 유실	약간 유실
비료성분의 연간 이용률	50%(속효성)	40%(중간)	30%(지효성)

10
병해충 방제를 위한 물리적 방법 3가지를 쓰시오.

정답

온탕침법, 태양열소독, 화염소독, 증기소독, 페로몬 유인교살, 네트망 설치 등

11
다음 제시된 해충과 천적을 바르게 연결하시오.

가. 응애	•	• 애꽃노린재
나. 담배나방	•	• 칠레이리응애
다. 총채벌레	•	• 명충알벌

정답
가. – 칠레이리응애, 나. – 명충알벌, 다. – 애꽃노린재

해설

해충	천적 곤충
진딧물	무당벌레, 풀잠자리, 콜레마니진디벌, 진디흑파리, 기생벌
응애류	칠레이리응애, 꼬마무당벌레, 캘리포니쿠스이리응애
총채벌레	애꽃노린재, 이리응애류
잎굴파리	굴파리 좀벌, 잎굴파리 좀벌
온실가루이	온실가루이좀벌, 카탈리네무당벌레
가루깍지벌레	무당벌레, 기생벌
나방류	알좀벌, 명충알벌

12
병충해 관리를 위해 사용가능한 물질 3가지를 쓰시오.

쿠아시아 규조토 젤라틴 구아노 식초 등 천연산

정답
쿠아시아, 젤라틴, 규조토, 식초 등 천연산

13
법령에 의거하여 사용가능한 천연보존제, 미생물제제, 완충제를 1가지씩 쓰시오.

정답
천연보존제: 항산화제, 미생물제제: 유익효모, 완충제: 중조

해설

천연 보존제	산미제, 항응고제, 항산화제, 항곰팡이제
미생물제제	유익균, 유익곰팡이, 유익효모, 박테리오파지
완충제	산화마그네슘, 탄산나트륨(소다회), 중조(탄산수소나트륨·중탄산나트륨)

14
법령에 의거한 유기농업 인증 후 유효기간을 쓰시오.

정답
1년(친환경농어업법 제21조)

15
법령에 의거하여 구연산삼나트륨을 식품첨가물로 사용할 때 사용범위를 쓰시오.

정답
소시지, 난백의 저온살균, 유제품, 과립음료

16
법령에 의거하여 유기농축산물 인증을 위한 구비서류 3가지를 쓰시오.

정답
인증심사에 필요한 필수 서류
- 인증신청서
- 인증품 생산계획서 또는 인증품 제조・가공 및 취급계획서
- 경영 관련 자료 등

17

법령에 의거하여 유기축산 인증을 위한 심사원의 방문시기를 쓰시오.

정답

가축이 사육 중인 시기

해설

현장심사는 작물이 생육 중인 시기, 가축이 사육 중인 시기, 인증품을 제조·가공 또는 취급 중인 시기(시제품 생산을 포함한다)에 실시하고 신청한 농산물, 축산물, 가공품의 생산이 완료되는 시기에는 현장심사를 할 수 없다.

18

법령에 의거하여 유기가축과 비유기가축의 병행사육 시 준수사항을 2가지 쓰시오.

정답

유기식품 인증 세부실시요령 [별표 1]
가) 유기가축과 비유기가축은 서로 독립된 축사(건축물)에서 사육하고 구별이 가능하도록 각 축사 입구에 표지판을 설치하고, 유기 가축과 비유기 가축은 성장단계 또는 색깔 등 외관상 명확하게 구분될 수 있도록 하여야 한다.
나) 일반 가축을 유기 가축 축사로 입식하여서는 아니 된다. 다만, 입식시기가 경과하지 않은 어린 가축은 예외를 인정한다.
다) 유기가축과 비유기가축의 생산부터 출하까지 구분관리 계획을 마련하여 이행하여야 한다.
라) 유기가축, 사료취급, 약품투여 등은 비유기가축과 구분하여 정확히 기록 관리하고 보관하여야 한다.
마) 인증가축은 비유기 가축사료, 금지물질 저장, 사료공급·혼합 및 취급 지역에서 안전하게 격리되어야 한다.

19
법령에 의거하여 유기축산에서 가축의 질병 예방 및 치료를 위해 사용사능한 물질을 1가지 쓰시오.

정답
비타민

해설
가축의 질병 예방 및 치료를 위해 사용 가능한 물질 : 생균제, 효소제, 비타민, 무기물, 예방백신, 구충제, 포도당, 외용 소독제, 국부 마취제, 약초 등 천연 유래 물질

20
법령에 의거하여 낙엽수(사과, 배, 감 등)의 생육기간을 쓰시오.

정답
생장(개엽 또는 개화) 개시기부터 첫 수확일까지

해설
작물별 "생육기간"은 다음 각 호와 같다.
가. 3년생 미만 작물 : 파종일부터 첫 수확일까지
나. 3년 이상 다년생 작물(인삼, 더덕 등) : 파종일부터 3년의 기간을 생육기간으로 적용
다. 낙엽수(사과, 배, 감 등) : 생장(개엽 또는 개화) 개시기부터 첫 수확일까지
라. 상록수(감귤, 녹차 등) : 직전 수확이 완료된 날부터 다음 첫 수확일까지

2023년 제1회

01
환경친화적 병충해 방제 중 물리적 방법을 보기에서 고르시오.

> 토양개량, 유살, 혼식, 소각, 타감작용

정답
유살, 소각

해설

경종적·생태적 방제	• 대항식물과 저항성(내병성) 품종 또는 대목 • 윤작, 토양개량, 작기변경, 질소시비 감비 등
물리적·기계적 방제	• 봉지씌우기, 비가림재배 • 온탕침법, 태양열소독, 화염소독, 증기소독 • 페로몬 유인교살, 네트망 설치 등
화학적 방제	• 합성농약 : 저독성·저성분 약제, 이분해성·선택성 약제, 생력형 제제 • 생화학농약 : 천연물질, 보르도액, 황가루, 식물추출액(님, 제충국, 쿠아시아, 라이아니아) • 천연살충성분 : 로테논, 라이아니아, 피레트린, 아자디라크틴
생물학적 방제	• 미생물농약 : 미생물 자체이용(길항미생물), 천적미생물, 천적곤충 • 천연물질 : 활성물질

02
유기농산물의 생산물의 품질관리에 대한 설명을 O/X로 표기하시오.

① 유기축산물의 생산을 위한 가축에게는 100% 유기사료를 급여하여야 한다. ( )
② 저장구역 또는 수송컨테이너에 대한 병해충 관리방법으로 페로몬을 이용할 수 있다. ( )
③ 방사선은 식품의 저장이나 위생의 목적으로 사용할 수 있다. ( )
④ 유기농산물 포장재는 식품위생법의 관련규정에 적합하고 가급적 생물분해성, 재생품 또는 재생이 가능한 자재를 사용한다. ( )
⑤ 인증표시를 하지 않은 농산물을 인증품으로 판매하여서는 아니 된다. 다만, 포장하지 않고 판매하는 경우 납품서 거래명세서 보증서 등에 표시사항을 기재해야 한다. ( )

정답
O, X, O, O, O

해설
방사선은 해충방제, 식품보존, 병원의 제거 또는 위생의 목적으로 사용할 수 없다. 다만, 이물탐지용 방사선(X선)은 제외한다.

03
과실 및 채소를 플라스틱비닐로 덮어 신선도를 유지하고 안전하게 저장하는 방법은?

정답
MA저장

04
개간지 토양의 일반적 특징 3가지를 쓰시오.

정답
- 새로 개간한 토양은 대체로 산성이다.
- 치환성 염기가 부족하다.
- 토양구조가 불량하다.
- 비료성분도 부족하다.
- 토양의 비옥도가 낮다.

05
미숙논 개량방법 3가지를 쓰시오.

정답
① 유기물을 다량 시용한다.
② 인산과 염기성 물질(칼륨, 칼슘, 마그네슘 등)을 증시한다.
③ 깊이갈이로 토양의 물리성을 좋게 한다.

06
유기가축과 비유기가축을 병행사육 시 준수사항 1가지를 쓰시오.

정답
- ㉠ 유기가축과 비유기가축은 서로 독립된 축사(건축물)에서 사육하고 구별이 가능하도록 각 축사 입구에 표지판을 설치하고, 유기 가축과 비유기 가축은 성장단계 또는 색깔 등 외관상 명확하게 구분될 수 있도록 하여야 한다.
- ㉡ 일반 가축을 유기 가축 축사로 입식하여서는 아니 된다. 다만, 입식시기가 경과하지 않은 어린 가축은 예외를 인정한다.
- ㉢ 유기가축과 비유기가축의 생산부터 출하까지 구분관리 계획을 마련하여 이행하여야 한다.
- ㉣ 유기가축, 사료취급, 약품투여 등은 비유기가축과 구분하여 정확히 기록 관리하고 보관하여야 한다.
- ㉤ 인증가축은 비유기 가축사료, 금지물질 저장, 사료공급·혼합 및 취급 지역에서 안전하게 격리되어야 한다.

07
유기가공식품 가공방법 중 생물학적 방법을 모두 고르시오.

> 절단, 분쇄, 발효, 혼합, 성형, 가열, 냉각, 가압, 건조, 숙성, 분리

정답
발효, 숙성

해설
유기가공식품 가공은 기계적, 물리적, 생물학적 방법을 이용하되 모든 원료와 최종생산물의 유기적 순수성이 유지되도록 하여야 한다. 식품을 화학적으로 변형시키거나 반응시키는 일체의 첨가물, 보조제, 그 밖의 물질은 사용할 수 없다. '기계적, 물리적 방법'은 절단, 분쇄, 혼합, 성형, 가열, 냉각, 가압, 감압, 건조, 분리(여과, 원심분리, 압착, 증류), 절임, 훈연 등을 말하며, '생물학적 방법'은 발효, 숙성 등을 말한다.

08
식품첨가물 또는 가공보조제로 사용가능한 물질 중 사용시 과산화수소의 사용가능범위를 적으시오.

정답
식품표면의 세척 및 소독제로 사용

09
혼작 시 효과가 큰 작물을 연결하시오.

- 무 •   • 콩
- 감자 •   • 당근
- 상추 •   • 근대

정답
무 ──── 근대
감자 ──── 콩
상추 ──── 당근

10
윤작에 대한 설명 중 맞는 것 3가지 고르시오.

① 지력유지를 위해 콩과작물이나 다비성작물을 반드시 포함한다. ( )
② 잡초경감을 위해 중경작물이나 피복작물을 포함한다. ( )
③ 토지 이용도를 높이기 위해 여름작물을 재배한다. ( )
④ 용도의 균형을 위해 식량작물과 사료작물 재배를 병행한다. ( )
⑤ 토양보호를 위해 피복작물과 근경작물을 포함한다. ( )

정답
O, O, X, O, X

해설
③ 토지이용도를 높이기 위하여 여름작물과 겨울작물을 결합한다.
⑤ 토양보호를 위해 피복작물을 포함한다.

11
탄질비에 대한 내용으로 옳은 것은? (O / X) 문제

① 탄질비의 C는 탄소함량을, N은 질소함량을 의미한다. ( )
② 톱밥은 탄질비가 높은 유기물이다. ( )
③ 탄질비가 높은 유기물이 낮은 유기물보다 분해가 빠르다. ( )
④ 화본과작물이 두과작물보다 탄질비가 낮다. ( )
⑤ 일반토양 탄질비는 10인데 그 이상의 높은 탄질비를 가지면 일시적인 질소기아현상이 나타난다. ( )

정답
① O, ② O, ③ X, ④ X, ⑤ X

해설
③ 탄질비가 낮은 유기물이 높은 유기물보다 분해가 빠르다.
④ 일반적으로 두과작물이 화본과작물보다 탄질비가 낮다.
⑤ 탄질비는 30 이상의 높은 탄질비를 가지면 일시적인 질소기아현상이 나타난다.

12
보기 중에서 탄질비가 높은 순서대로 쓰시오..

밀짚, 토양부식, 옥수수잎, 톱밥

정답
톱밥 > 밀짚 > 옥수수잎 > 토양부식

13
부식에 대한 설명 중 맞는 것을 고르시오.

① 부식물질은 비부식물질보다 (간단/복잡)하다.
② 부식물질은 비부식물질보다 (정형/무정형)이다.
③ (부식/비부식)물질은 부식산, 부식회, 풀브산 등의 물질이 있다.

정답
복잡, 무정형, 부식

14
다음은 퇴비화 과정을 설명한 것이다. 각 단계의 명칭을 쓰고, 순서대로 나열하시오.

> 가. 다양한 종류의 생물들이 서식하기 시작한다. 원래 재료부피의 20~70%까지 감소하고 흑색을 띠고 잘 부스러진다. ( )
> 나. 퇴비더미를 쌓아두면 박테리아에 의해 유기물이 분해되는 과정에서 퇴비온도가 60~80℃까지 올라 유해한 병원균과 잡초종자가 사멸한다. ( )
> 다. 퇴비더미의 온도가 25~45℃로 낮아지고 곰팡이가 정착하여 목질부의 섬유질, 리그닌 등을 분해하기 시작한다. ( )

정답
가. 숙성단계, 나. 발열단계, 다. 감열단계

해설
순서 : 발열 → 감열 → 숙성단계

15
퇴비부숙도 검사 중 생물학적 방법 2가지를 쓰시오.

정답
지렁이 독성측정법, 종자발아법, 유식물 측정법

16
다양한 친환경 농법 중 ① 병충해 방제와 ② 토양지력 유지에 해당하는 농법을 보기에서 찾아 쓰시오.

> 오리농법, 녹비작물재배, 쌀겨농법, 우렁이농법

정답
① 병충해 방제 : 오리농법
② 토양지력 유지 : 녹비작물재배

17
병해충 관리를 위해 사용가능한 물질 3가지를 보기에서 고르시오.

구아노, 목초액, 톱밥, 규조토, 쿠아시아추출물, 오줌, 염화나트륨

정답
쿠아시아추출물, 목초액, 규조토

해설
오줌, 구아노, 톱밥, 염화나트륨 등은 토양개량과 작물생육을 위해 사용가능한 물질들이다.

18
유기물이나 폴리에틸렌 필름 등으로 토양표면을 덮는 방법을 무엇이라 하는가?

정답
멀칭(피복)

19
한 생물이 다른 생물들의 성장, 생존, 생식에 영향을 주는 하나 이상의 생화학물을 만들어내는 생물학적 현상을 (①)이라고 하며, 이때 생성되는 생화학 물질들을 (②)이라고 한다.

정답
① 타감작용 또는 상호대립억제작용
② 타감물질

20
식물에 발생하는 병들과 병원균을 바르게 연결하시오.

① 곰팡이 • • ㉮ 감자더뎅이병, 채소무름병, 풋마름병

② 바이러스 • • ㉯ 탄저병, 역병, 깜부기병

③ 세균 • • ㉰ 담배모자이크병, 오갈병, 벼줄무늬잎마름병

정답
①-㉯, ②-㉰, ③-㉮

2023년 제 2회

01
포복성 녹비작물을 보기에서 고르시오.

> 보리, 자운영, 호밀, 헤어리베치

정답
헤어리베치

02
축산물 전환기간에 따른 한우와 돼지의 입식 후 최소 사육기간을 쓰시오.

정답
한우 : 입식 후 12개월
돼지 : 입식 후 5개월

해설

가축의 종류	생산물	전환기간 (최소 사육기간)
한우·육우	식육	입식 후 12개월
젖소	시유 (시판우유)	1) 착유우는 입식 후 3개월 2) 새끼를 낳지 않은 암소는 입식 후 6개월
면양·염소	식육	입식 후 5개월
	시유 (시판우유)	1) 착유양은 입식 후 3개월 2) 새끼를 낳지 않은 암양은 입식 후 6개월
돼지	식육	입식 후 5개월
육계	식육	입식 후 3주
산란계	알	입식 후 3개월
오리	식육	입식 후 6주
	알	입식 후 3개월
메추리	알	입식 후 3개월
사슴	식육	입식 후 12개월

03
유기가공식품으로 사용 가능한 물질에 대한 설명을 O/X로 표기하시오.

- 산도조절제로 구연산삼나트륨을 사용할 수 있다. ( )
- 식품 표면의 세척·소독제로 과산화수소를 사용할 수 있다. ( )
- 설탕 가공 및 유제품의 중화제로 규조토를 사용할 수 있다. ( )
- 여과보조제로 활성탄을 사용할 수 있다. ( )

정답
x, o, x, o

해설
- 산도조절제 : 수산화칼슘, 수산화나트륨, 황산구연산삼나트륨(소시지, 난백의 저온살균, 유제품, 과립음료)
- 식품 표면의 세척·소독제 : 과산화수소, 오존수, 이산화규소, 이산화염소수, 차아염소산수
- 설탕 가공 및 유제품의 중화제 : 탄산나트륨
- 여과보조제 : 규조토, 벤토나이트, 퍼라이트, 활성탄

04
토양 염류집적 확인 방법으로 염류이온의 전해질의 원리를 이용한 것으로 (①), 단위는 (②)로 표시한다.

정답
① 전기전도도(EC)
② ds/m

05
천적을 증식하고 유지하는데 이용되는 식물을 무엇이라 하는가?

정답
뱅크플랜트

06
두과녹비작물의 효과를 1가지 쓰시오.

정답
질소고정, 지력증진, 잡초경감, 토양침식방지 등

07
유기농산물 생산에 필요한 인증기준에 관련하여 O/X를 표기하시오.

① 토양을 기반으로 하지 않는 농산물·임산물은 외부 물질을 투입할 수 있다. ( )
② 과산화수소, 염화마그네슘, 오존수, 이산화염소수, 차아염소산수 등을 식품 표백제로 사용할 수 있다. ( )
③ 3년 이내의 주기로 두과작물, 녹비작물 또는 심근성작물을 일정기간 이상 재배하여 토양에 환원(還元) 한다. ( )
④ 화학비료·합성농약 또는 합성농약 성분이 함유된 자재를 전혀 사용하지 아니하여야 한다. ( )
⑤ 재배포장은 유기농산물을 처음 수확 하기 전 3년 이상의 전환기간 동안 유기농산물 생산기준에 따른 재배방법을 준수한 구역이어야 한다. ( )

정답
① X, ② X, ③ O, ④ O, ⑤ O

해설
- 토양을 기반으로 하지 않는 농산물은 수분공급 외에는 어떠한 외부투입 물질도 허용이 금지된다.
- 염화마그네슘은 응고제로 사용한다.

08
친환경 농산물 인증을 위해 현장심사를 해야 한다. 현장심사에 대한 내용을 O/X로 표기하시오.

① 재배포장의 토양은 대상 모집단의 대표성이 확보될 수 있도록 Z자형 또는 W자형으로 최소한 3개소 이상의 수거지점을 선정하여 수거한다. ( )
② 시료 수거량은 시험연구기관이 정한 양으로 한다. ( )
③ 시료수거는 신청인, 신청인 가족 참여하에 인증심사원이 직접 수거하여야 한다. ( )
④ 현장심사는 작물이 생육 중인 시기, 신청한 농산물의 생산이 완료되는 시기에 현장심사를 할 수 있다. ( )

정답
① X   ② O   ③ O   ④ X

해설
- 재배포장의 토양은 대상 모집단의 대표성이 확보될 수 있도록 Z자형 또는 W자형으로 최소한 10개소 이상의 수거지점을 선정하여 수거한다.
- 현장심사는 작물이 생육 중인 시기, 가축이 사육 중인 시기, 인증품을 제조·가공 또는 취급 중인 시기에 실시하고 신청한 농산물, 축산물, 가공품의 생산이 완료되는 시기에는 현장심사를 할 수 없다.

09
보기에 제시된 물질들의 탄질률이 높은 순서대로 쓰시오.

> 왕겨, 발효우분, 볏짚, 톱밥

정답
톱밥 > 왕겨 > 볏짚 > 발효우분

10
유기가축의 사료로 사용가능한 물질을 보기에서 모두 고르시오.

> 성장촉진제, 비단백태질소화합물, 견과류, 합성화학물, 버섯, 낙농가공부산물

정답
견과류, 버섯, 낙농가공부산물

11
보기에서 유기농업 병해충자재(살충제) 2가지를 골라 쓰시오.

> 키토산, 바이오틴, 구아노, 제충국, 중조

정답
제충국, 키토산

해설
구아노 : 토양개량 및 작물생육에 가능물질
바오틴, 중조 : 사료첨가제로 가능물질

12
보기에서 천적을 분류하시오.

> 무당벌레, 세균, 바이러스, 기생파리, 풀잠자리, 좀벌

① 포식성천적 :
② 기생성천적 :
③ 병원성천적 :

정답
① 포식성천적 : 무당벌레, 풀잠자리
② 기생성천적 : 기생파리, 좀벌
③ 병원성천적 : 바이러스, 세균

13
다음 법령에서 규정하는 내용 중 옳은 것에 동그라미 하시오.

① 유기축산물의 생산을 위한 가축에게는 (100 / 80 / 50)% 비식용유기가공품을 급여하여야 한다.
② 다만 유기축산물 생산과정 중 심각한 천재지변, 또한 기후조건 등으로 인하여 유기사료급여가 어려운 경우는 (국립농산물품질관리원장/농림축산식품부장관) 또는 인증기관의 장은 일정기간 동안 유기사료가 아닌 사료를 일정 비율로 급여하는 것을 허용할 수 있다.
③ (단위가축 / 반추가축)에게 사일리지만 급여해서는 아니 된다.

정답
① 100
② 국립농산물품질관리원장
③ 반추가축

14
감이 홍시로 되거나 바나나를 후숙할 때 사용하는 물질 1가지를 보기에서 고르시오.

에틸렌, 지베렐린, 사이토키닌, 알콜, 옥신

정답
에틸렌

15
유기농산물 생산, 제조, 가공, 취급하는 과정에서 사용할 수 있는 허용물질을 원료 또는 재료로 만든 제품을 보기에서 고르시오.

유기식품, 유기농어업자재, 유기가공식품, 무항생제축산물

정답
유기농어업자재

16
토양개량과 작물생육을 위해 사용한 물질 3가지를 보기에서 고르시오.

| 파라핀 오일, DL-알라닌, 톱밥, 젤라틴, 밀랍, 제당가공부산물 |

정답
톱밥, 사람의 배설물, 제당가공부산물

17
다음은 대기[질소, 산소, 이산화탄소]에 대한 설명이다. 알맞는 답을 쓰시오.

① 작물의 호흡에 관여하지만, 산화작용으로 유해하다.
② 무색, 무취이며 과자포장재로 충진된다.
③ 고농도에 따른 이취, 호흡억제작용이 나타난다.

정답
① 산소
② 질소
③ 이산화탄소

18
퇴비 제조시 단계별 특징을 바르게 연결하시오.

① 발열 •   • ㉮ 다양한 생물들 서식
② 감열 •   • ㉯ 박테리아에 의해 유기물 분해
③ 숙성 •   • ㉰ 유기물 분해가 완료되면 곰팡이 정착

정답
① - ㉯ / ② - ㉰ / ③ - ㉮

19
토양유기물의 주요기능 3가지를 쓰시오.

정답
① 보수력·보비력 증대
② 토양입단화 촉진
③ 토양완충능력 증대
④ 무기양분과 식물호르몬의 공급
⑤ 지온상승
⑥ 미생물 번식조장 등

20
보기 중 토양 용적밀도가 가장 높은 것은?

식토, 식양토, 미사질 토양, 사양토

정답
사양토

2023년 제3회

01
파종 전 종자에 온탕처리를 하는 목적을 쓰시오.

정답
종자 내부의 병균을 물리적으로 소독하기 위하여

02
해충과 천적을 바르게 연결하시오.

① 진딧물 ・   ・ ㉮ 애꽃노린재
② 응애류 ・   ・ ㉯ 칠레이리응애
③ 총채벌레 ・ ・ ㉰ 무당벌레

정답
① 진딧물 ──── ㉰ 무당벌레
② 응애류 ──── ㉯ 칠레이리응애
③ 총채벌레 ──── ㉮ 애꽃노린재

03
유기식품 및 무농약농산물 등의 인증절차 중 퇴비의 중금속 검사 성분 3개를 쓰시오.

정답
카드뮴, 구리, 비소, 수은, 납, 6가크롬, 아연, 니켈

04
해충방제를 위해 천적을 이용할 때 나타나는 단점 2개를 쓰시오.

정답
- 천적을 구매하기 곤란하다.
- 천적을 유지·증식을 위해 벙커플랜트가 필요하다.
- 농약에 비해 해충의 방제의 효과가 낮다.
- 해충의 초기 방제에 효과적이나 해충밀도가 높을 때는 효과가 떨어진다.

05
필수원소 중 다량원소 2개를 쓰시오.

정답
필수다량원소 : N, P, K, Ca, Mg, S

06
윤작에 이용되는 작물이 아닌 것은?

두과작물, 녹비작물, 심근성작물, 백합과작물

정답
백합과 작물

07
토양반응에서 pH 7보다 낮은 산도를 어떤 토양이라 하는가?

정답 산성토양

08
작물 생육 중 유인이 필요하지 않는 작물을 선택하시오.

> 오이, 수박, 양파, 토마토

정답 양파

09
탄질률이 500으로 토양 보수력 증진을 위해 사용하는 물질은?

정답 톱밥

10
토양 개량과 작물 생육을 위해 사람의 배설물(오줌 제외)을 사용하기 위한 가능조건 1가지를 쓰시오

정답
- 완전히 발효되어 부숙된 것일 것
- 엽채류 등 농산물·임산물 중 사람이 직접 먹는 부위에는 사용하지 않을 것

11
시설 내 염류농도 대책 2가지를 쓰시오.

정답
담수 세척, 윤작, 객토/환토, 유기물 시용, 수수·옥수수 등 흡비작물(제염작물) 재배 및 내염성 작물 선택

12
다음 녹비작물에 대한 설명에 대하여 O/X로 표기하시오.

- 녹비작물을 경운하여 토양에 투입하면 토양 유기물이 증가한다. ( )
- 공중질소의 생물학적 고정으로 화학비료가 절감된다. ( )
- 화본과 녹비작물은 토양의 물리적 특성을 개량한다. ( )
- 두과 녹비작물은 토양 중에서 난용성으로 작용한다. ( )

정답
O, O, O, X

해설
녹비작물 효과
- 유기물 함량 증가, 토양유실 방지
- 토양 비옥도 증진 : 토양의 지력 증진
- 토양 구조 개량 : 심토의 성질 개선
- 공중질소 고정 : 화학비료 절감
- 후기성분의 유효도 증가
- 토양미생물 활동 증가

13
유기물 함량을 높이는 방법 2가지를 쓰시오.

정답
재배작물의 환원, 녹비작물이나 콩과작물 재배, 토양침식 방지, 초생재배 등

14
동물성 근원 천연첨가물 2가지를 선택하시오.

키토산, 레시틴, 폴리라이신, 유산균

정답
- 키토산은 갑각류에서 추출하고, 레시틴은 계란이나 대두에서 추출한다.
- 폴리라이신은 세균에서 추출하고, 유산균은 그 자체가 세균에 해당된다.

15
퇴비화 과정 3단계를 차례대로 쓰시오.

정답
발열단계 → 감열단계 → 숙성단계

16
오리농법의 장점 2가지를 쓰시오.

정답
잡초 방제, 병충해 감소, 시비 효과

17
유기물의 부숙이 잘 되었을 때 색깔, 냄새, 수분의 특징을 쓰시오

정답
- 색깔 : 암갈색~흑색
- 냄새 : 거의 없음
- 수분 : 물기 못 느낌(수분함량 50%)

해설

	미숙퇴비	중숙퇴비	완숙퇴비
발효기간	1주 이내	1개월 이내	3개월 이상
색깔	노란갈색	갈색	암갈색~흑색
냄새(악취)	많이 발생	약간 발생	흙냄새
수분함량	70%	60%	50%
최고온도	50℃ 이하	50~60℃	60~70℃ 이상
뒤집기 횟수	2회 이하	3~6회	10회 이상
유해가스 발생정도	많이 발생	약간 발생	거의 없음
파리, 구더기 발생정도	많음	보통	없음
유효미생물	혐기성미생물	분해미생물	유용미생물
잡초종자	남아있음	절반 사멸	사멸
굼벵이, 지렁이 생존정도	생존 불가	일부 생존	다수 생존
유해물질의 분해정도	미분해	약간 분해	대부분 분해
가축분 내 항생제 분해정도	미분해	약간 분해	대부분 분해
산도	산성	중산성	중성~알칼리성
작물에 대한 안정성	낮음	보통	높음
취급 및 보관성	불량	보통	양호
생리활성물질	별로 없음	보통	많음
양이온치환용량(부식함량)	낮음	보통	높음
비료성분(질소)	원료 상태	약간 유실	약간 유실
비료성분의 연간 이용률	50%(속효성)	40%(중간)	30%(지효성)

18
다음 빈 칸을 쓰시오

동물용의약품 성분은 「식품위생법」 제7조제1항에 따라 식품의약품안전처장이 고시하는 동물용의약품 잔류허용기준의 (　)을 초과하여 검출되지 않아야 한다.

정답
1/10

19
다음에서 설명하는 용어를 쓰시오

가. 사육되는 가축에 대하여 그 생산물이 식용으로 사용하기 전에 동물용의약품의 사용을 제한하는 일정기간
나. 토양을 이용하지 않고 통제된 시설공간에서 빛(LED, 형광등), 온도, 수분, 양분 등을 인공적으로 투입하여 작물을 재배하는 시설
다. 유기농산물 및 비식용유기가공품 인증기준에 맞게 재배·생산된 사료

정답
가. 휴약기간
나. 식물공장
다. 유기사료

부록

관련 법규

● 친환경농어업 육성 및 유기식품 등의 관리·지원에 관한 법률

● 친환경농어업 육성 및 유기식품 등의 관리·지원에 관한 법률 시행규칙
  [별표1] 허용물질(제3조제1항 관련)
  [별표4] 유기식품등의 생산, 제조·가공 또는 취급에 필요한 인증기준(제11조 관련)
  [별표6] 유기식품등의 유기표시 기준(제21조제1항 관련)
  [별표7] 유기식품등의 인증정보 표시방법
  [별표17] 유기농업자재의 공시기준(제61조제1항 관련)

● 유기식품 및 무농약농산물 등의 인증에 관한 세부실시 요령
  [별표1] 인증기준의 세부사항
  [별표1의2] 작물별 생육기간
  [별표2] 인증심사의 절차 및 방법의 세부사항
  [별표3] 인증번호 부여방법
  [별표4] 인증품 또는 인증품의 포장·용기에 표시하는 방법

관련 법규

친환경농어업 육성 및 유기식품 등의 관리·지원에 관한 법률
(약칭 : 친환경농어업법) [시행 2023. 1. 1.]

제1장 총칙

제1조(목적) 이 법은 농어업의 환경보전기능을 증대시키고 농어업으로 인한 환경오염을 줄이며, 친환경농어업을 실천하는 농어업인을 육성하여 지속가능한 친환경농어업을 추구하고 이와 관련된 친환경농수산물과 유기식품 등을 관리하여 생산자와 소비자를 함께 보호하는 것을 목적으로 한다.

제2조(정의) 이 법에서 사용하는 용어의 뜻은 다음과 같다.
  1. "친환경농어업"이란 생물의 다양성을 증진하고, 토양에서의 생물적 순환과 활동을 촉진하며, 농어업생태계를 건강하게 보전하기 위하여 합성농약, 화학비료, 항생제 및 항균제 등 화학자재를 사용하지 아니하거나 사용을 최소화한 건강한 환경에서 농산물·수산물·축산물·임산물(이하 "농수산물"이라 한다)을 생산하는 산업을 말한다.
  2. "친환경농수산물"이란 친환경농어업을 통하여 얻는 것으로 다음 각 목의 어느 하나에 해당하는 것을 말한다.
     가. 유기농수산물
     나. 무농약농산물
     다. 무항생제수산물 및 활성처리제 비사용 수산물(이하 "무항생제수산물등"이라 한다)
  3. "유기"(Organic)란 생물의 다양성을 증진하고, 토양의 비옥도를 유지하여 환경을 건강하게 보전하기 위하여 허용물질을 최소한으로 사용하고, 제19조제2항의 인증기준에 따라 유기식품 및 비식용유기가공품(이하 "유기식품등"이라 한다)을 생산, 제조·가공 또는 취급하는 일련의 활동과 그 과정을 말한다.
  4. "유기식품"이란 「농업·농촌 및 식품산업 기본법」 제3조제7호의 식품과 「수산식품산업의 육성 및 지원에 관한 법률」 제2조제3호의 수산식품 중에서 유기적인 방법으로 생산된 유기농수산물과 유기가공식품(유기농수산물을 원료 또는 재료로 하여 제조·가공·유통되는 식품 및 수산식품을 말한다. 이하 같다)을 말한다.
  5. "비식용유기가공품"이란 사람이 직접 섭취하지 아니하는 방법으로 사용하거나 소비하기 위하여 유기농수산물을 원료 또는 재료로 사용하여 유기적인 방법으로 생산, 제조·가공 또는 취급되는 가공품을 말한다. 다만, 「식품위생법」에 따른 기구, 용기·포장, 「약사법」에 따른 의약외품 및 「화장품법」에 따른 화장품은 제외한다.
  5의2. "무농약원료가공식품"이란 무농약농산물을 원료 또는 재료로 하거나 유기식품과 무농약농산물을 혼합하여 제조·가공·유통되는 식품을 말한다.
  6. "유기농어업자재"란 유기농수산물을 생산, 제조·가공 또는 취급하는 과정에서 사용할 수 있는 허

용물질을 원료 또는 재료로 하여 만든 제품을 말한다.
7. "허용물질"이란 유기식품등, 무농약농산물·무농약원료가공식품 및 무항생제수산물등 또는 유기농어업자재를 생산, 제조·가공 또는 취급하는 모든 과정에서 사용 가능한 것으로서 농림축산식품부령 또는 해양수산부령으로 정하는 물질을 말한다.
8. "취급"이란 농수산물, 식품, 비식용가공품 또는 농어업용자재를 저장, 포장[소분(小分) 및 재포장을 포함한다. 이하 같다], 운송, 수입 또는 판매하는 활동을 말한다.
9. "사업자"란 친환경농수산물, 유기식품등·무농약원료가공식품 또는 유기농어업자재를 생산, 제조·가공하거나 취급하는 것을 업(業)으로 하는 개인 또는 법인을 말한다.

제3조(국가와 지방자치단체의 책무) ① 국가는 친환경농어업·유기식품등·무농약농산물·무농약원료가공식품 및 무항생제수산물등에 관한 기본계획과 정책을 세우고 지방자치단체 및 농어업인 등의 자발적 참여를 촉진하는 등 친환경농어업·유기식품등·무농약농산물·무농약원료가공식품 및 무항생제수산물등을 진흥시키기 위한 종합적인 시책을 추진하여야 한다.
② 지방자치단체는 관할구역의 지역적 특성을 고려하여 친환경농어업·유기식품등·무농약농산물·무농약원료가공식품 및 무항생제수산물등에 관한 육성정책을 세우고 적극적으로 추진하여야 한다.

제4조(사업자의 책무) 사업자는 화학적으로 합성된 자재를 사용하지 아니하거나 그 사용을 최소화하는 등 환경친화적인 생산, 제조·가공 또는 취급 활동을 통하여 환경오염을 최소화하면서 환경보전과 지속가능한 농어업의 경영이 가능하도록 노력하고, 다양한 친환경농수산물, 유기식품등, 무농약원료가공식품 또는 유기농어업자재를 생산·공급할 수 있도록 노력하여야 한다.

제5조(민간단체의 역할) 친환경농어업 관련 기술연구와 친환경농수산물, 유기식품등, 무농약원료가공식품 또는 유기농어업자재 등의 생산·유통·소비를 촉진하기 위하여 구성된 민간단체(이하 "민간단체"라 한다)는 국가와 지방자치단체의 친환경농어업·유기식품등·무농약농산물·무농약원료가공식품 및 무항생제수산물등에 관한 육성시책에 협조하고 그 회원들과 사업자 등에게 필요한 교육·훈련·기술개발·경영지도 등을 함으로써 친환경농어업·유기식품등·무농약농산물·무농약원료가공식품 및 무항생제수산물등의 발전을 위하여 노력하여야 한다.

제5조의2(흙의 날) ① 농업의 근간이 되는 흙의 소중함을 국민에게 알리기 위하여 매년 3월 11일을 흙의 날로 정한다.
② 국가와 지방자치단체는 제1항에 따른 흙의 날에 적합한 행사 등 사업을 실시하도록 노력하여야 한다.

제6조(다른 법률과의 관계) 이 법에서 정한 친환경농수산물, 유기식품등, 무농약원료가공식품 및 유기농어업자재의 표시와 관리에 관한 사항은 다른 법률에 우선하여 적용한다.

제2장 친환경농어업·유기식품등·무농약농산물·무농약원료가공식품 및 무항생제수산물등의 육성·지원

제7조(친환경농어업 육성계획) ① 농림축산식품부장관 또는 해양수산부장관은 관계 중앙행정기관의 장과 협의하여 5년마다 친환경농어업 발전을 위한 친환경농업 육성계획 또는 친환경어업 육성계획(이하 "육성계획"이라 한다)을 세워야 한다. 이 경우 민간단체나 전문가 등의 의견을 수렴하여야 한다.
② 육성계획에는 다음 각 호의 사항이 포함되어야 한다.

1. 농어업 분야의 환경보전을 위한 정책목표 및 기본방향
2. 농어업의 환경오염 실태 및 개선대책
3. 합성농약, 화학비료 및 항생제·항균제 등 화학자재 사용량 감축 방안
3의2. 친환경 약제와 병충해 방제 대책
4. 친환경농어업 발전을 위한 각종 기술 등의 개발·보급·교육 및 지도 방안
5. 친환경농어업의 시범단지 육성 방안
6. 친환경농수산물과 그 가공품, 유기식품등 및 무농약원료가공식품의 생산·유통·수출 활성화와 연계강화 및 소비 촉진 방안
7. 친환경농어업의 공익적 기능 증대 방안
8. 친환경농어업 발전을 위한 국제협력 강화 방안
9. 육성계획 추진 재원의 조달 방안
10. 제26조 및 제35조에 따른 인증기관의 육성 방안
11. 그 밖에 친환경농어업의 발전을 위하여 농림축산식품부령 또는 해양수산부령으로 정하는 사항

③ 농림축산식품부장관 또는 해양수산부장관은 제1항에 따라 세운 육성계획을 특별시장·광역시장·특별자치시장·도지사 또는 특별자치도지사(이하 "시·도지사"라 한다)에게 알려야 한다.

제8조(친환경농어업 실천계획) ① 시·도지사는 육성계획에 따라 친환경농어업을 발전시키기 위한 특별시·광역시·특별자치시·도 또는 특별자치도(이하 "시·도"라 한다) 친환경농어업 실천계획(이하 "실천계획"이라 한다)을 세우고 시행하여야 한다. 이 경우 민간단체나 전문가 등의 의견을 수렴하여야 한다.

② 시·도지사는 제1항에 따라 시·도 실천계획을 세웠을 때에는 농림축산식품부장관 또는 해양수산부장관에게 제출하고, 시장·군수 또는 자치구의 구청장(이하 "시장·군수·구청장"이라 한다)에게 알려야 한다.

③ 시장·군수·구청장은 시·도 실천계획에 따라 친환경농어업을 발전시키기 위한 시·군·자치구 실천계획을 세워 시·도지사에게 제출하고 적극적으로 추진하여야 한다.

제9조(농어업으로 인한 환경오염 방지) 국가와 지방자치단체는 농약, 비료, 가축분뇨, 폐농어업자재 및 폐수 등 농어업으로 인하여 발생하는 환경오염을 방지하기 위하여 농약의 안전사용기준 및 잔류허용기준 준수, 비료의 작물별 살포기준량 준수, 가축분뇨의 방류수 수질기준 준수, 폐농어업자재의 투기(投棄) 방지 및 폐수의 무단 방류 방지 등의 시책을 적극적으로 추진하여야 한다.

제10조(농어업 자원 보전 및 환경 개선) ① 국가와 지방자치단체는 농지, 농어업 용수, 대기 등 농어업 자원을 보전하고 토양 개량, 수질 개선 등 농어업 환경을 개선하기 위하여 농경지 개량, 농어업 용수 오염 방지, 온실가스 발생 최소화 등의 시책을 적극적으로 추진하여야 한다.

② 제1항에 따른 시책을 추진할 때 「토양환경보전법」 제4조의2와 제16조 및 「환경정책기본법」 제12조에 따른 기준을 적용한다.

제11조(농어업 자원·환경 및 친환경농어업 등에 관한 실태조사·평가) ① 농림축산식품부장관·해양수산부장관 또는 지방자치단체의 장은 농어업 자원 보전과 농어업 환경 개선을 위하여 농림축산식품부령 또는 해양수산부령으로 정하는 바에 따라 다음 각 호의 사항을 주기적으로 조사·평가하여야 한다.

1. 농경지의 비옥도(肥沃度), 중금속, 농약성분, 토양미생물 등의 변동사항

2. 농어업 용수로 이용되는 지표수와 지하수의 수질
3. 농약・비료・항생제 등 농어업투입재의 사용 실태
4. 수자원 함양(涵養), 토양 보전 등 농어업의 공익적 기능 실태
5. 축산분뇨 퇴비화 등 해당 농어업 지역에서의 자체 자원 순환사용 실태
5의2. 친환경농어업 및 친환경농수산물의 유통・소비 등에 관한 실태
6. 그 밖에 농어업 자원 보전 및 농어업 환경 개선을 위하여 필요한 사항

② 농림축산식품부장관 또는 해양수산부장관은 농림축산식품부 또는 해양수산부 소속 기관의 장 또는 그 밖에 농림축산식품부령 또는 해양수산부령으로 정하는 자에게 제1항 각 호의 사항을 조사・평가하게 할 수 있다.

③ 농림축산식품부장관 및 해양수산부장관은 제1항에 따른 조사・평가를 실시한 후 그 결과를 지체 없이 국회 소관 상임위원회에 보고하여야 한다.

제12조(사업장에 대한 조사) ① 농림축산식품부장관・해양수산부장관 또는 지방자치단체의 장은 제11조에 따른 농어업 자원과 농어업 환경의 실태조사를 위하여 필요하면 관계 공무원에게 해당 지역 또는 그 지역에 잇닿은 다른 사업자의 사업장에 출입하게 하거나 조사 및 평가에 필요한 최소량의 조사 시료(試料)를 채취하게 할 수 있다.

② 조사 대상 사업장의 소유자・점유자 또는 관리인은 정당한 사유 없이 제1항에 따른 조사행위를 거부・방해하거나 기피하여서는 아니 된다.

③ 제1항에 따라 다른 사업자의 사업장에 출입하려는 사람은 그 권한을 표시하는 증표를 지니고 이를 관계인에게 보여주어야 한다.

제13조(친환경농어업 기술 등의 개발 및 보급) ① 농림축산식품부장관・해양수산부장관 또는 지방자치단체의 장은 친환경농어업을 발전시키기 위하여 친환경농어업에 필요한 기술과 자재 등의 연구・개발과 보급 및 교육・지도에 필요한 시책을 마련하여야 한다.

② 농림축산식품부장관・해양수산부장관 또는 지방자치단체의 장은 친환경농어업에 필요한 기술 및 자재를 연구・개발・보급하거나 교육・지도하는 자에게 필요한 비용을 지원할 수 있다.

③ 농림축산식품부장관・해양수산부장관 또는 지방자치단체의 장은 친환경농어업에 필요한 자재를 사용하는 농어업인에게 비용을 지원할 수 있다.

제14조(친환경농어업에 관한 교육・훈련) ① 농림축산식품부장관・해양수산부장관 또는 지방자치단체의 장은 친환경농어업 발전을 위하여 농어업인, 친환경농수산물 소비자 및 관계 공무원에 대하여 교육・훈련을 할 수 있다.

② 농림축산식품부장관 또는 해양수산부장관은 제1항에 따른 교육・훈련을 위하여 필요한 시설 및 인력 등을 갖춘 친환경농어업 관련 기관 또는 단체를 교육훈련기관으로 지정할 수 있다.

③ 농림축산식품부장관 또는 해양수산부장관은 제2항에 따라 지정된 교육훈련기관(이하 "교육훈련기관"이라 한다)에 대하여 예산의 범위에서 교육・훈련에 필요한 비용의 전부 또는 일부를 지원할 수 있다.

④ 교육훈련기관의 지정 요건 및 절차, 그 밖에 필요한 사항은 농림축산식품부령 또는 해양수산부령으로 정한다.

제14조의2(교육훈련기관의 지정취소 등) ① 농림축산식품부장관 또는 해양수산부장관은 교육훈련기관이 다음 각 호의 어느 하나에 해당하는 경우에는 그 지정을 취소하거나 6개월 이내의 기간을 정하여

그 업무의 전부 또는 일부의 정지를 명할 수 있다. 다만, 제1호에 해당하는 경우에는 그 지정을 취소하여야 한다.
1. 거짓이나 그 밖의 부정한 방법으로 지정을 받은 경우
2. 정당한 사유 없이 1년 이상 계속하여 교육·훈련을 하지 아니한 경우
3. 제14조제3항에 따른 지원 비용을 용도 외로 사용한 경우
4. 제14조제4항에 따른 지정요건에 적합하지 아니하게 된 경우
② 제1항에 따른 행정처분의 세부기준은 농림축산식품부령 또는 해양수산부령으로 정한다.

제15조(친환경농어업의 기술교류 및 홍보 등) ① 국가, 지방자치단체, 민간단체 및 사업자는 친환경농어업의 기술을 서로 교류함으로써 친환경농어업 발전을 위하여 노력하여야 한다.
② 농림축산식품부장관·해양수산부장관 또는 지방자치단체의 장은 친환경농어업 육성을 효율적으로 추진하기 위하여 우수 사례를 발굴·홍보하여야 한다.

제16조(친환경농수산물 등의 생산·유통·수출 지원) ① 농림축산식품부장관·해양수산부장관 또는 지방자치단체의 장은 예산의 범위에서 다음 각 호의 물품의 생산자, 생산자단체, 유통업자, 수출업자 및 인증기관에 대하여 필요한 시설의 설치자금 등을 친환경농어업에 대한 기여도 및 제32조의2제1항에 따른 평가 등급에 따라 차등하여 지원할 수 있다.
1. 이 법에 따라 인증을 받은 유기식품등, 무농약원료가공식품 또는 친환경농수산물
2. 이 법에 따라 공시를 받은 유기농어업자재
② 제1항에 따른 친환경농어업에 대한 기여도 평가에 필요한 사항은 대통령령으로 정한다.

제17조(국제협력) 국가와 지방자치단체는 친환경농어업의 지속가능한 발전을 위하여 환경 관련 국제기구 및 관련 국가와의 국제협력을 통하여 친환경농어업 관련 정보 및 기술을 교환하고 인력교류, 공동조사, 연구·개발 등에서 서로 협력하며, 환경을 위해(危害)하는 농어업 활동이나 자재 교역을 억제하는 등 친환경농어업 발전을 위한 국제적 노력에 적극적으로 참여하여야 한다.

제18조(국내 친환경농어업의 기준 및 목표 수립) 국가와 지방자치단체는 국제 여건, 국내 자원, 환경 및 경제 여건 등을 고려하여 효과적인 국내 친환경농어업의 기준 및 목표를 세워야 한다.

제3장 유기식품등의 인증 및 관리

제1절 유기식품등의 인증 및 인증절차 등

제19조(유기식품등의 인증) ① 농림축산식품부장관 또는 해양수산부장관은 유기식품등의 산업 육성과 소비자 보호를 위하여 대통령령으로 정하는 바에 따라 유기식품등에 대한 인증을 할 수 있다.
② 제1항에 따른 인증을 하기 위한 유기식품등의 인증대상과 유기식품등의 생산, 제조·가공 또는 취급에 필요한 인증기준 등은 농림축산식품부령 또는 해양수산부령으로 정한다.

제20조(유기식품등의 인증 신청 및 심사 등) ① 유기식품등을 생산, 제조·가공 또는 취급하는 자는 유기식품등의 인증을 받으려면 해양수산부장관 또는 제26조제1항에 따라 지정받은 인증기관(이하 이 장에서 "인증기관"이라 한다)에 농림축산식품부령 또는 해양수산부령으로 정하는 서류를 갖추어 신청하여야 한다. 다만, 인증을 받은 유기식품등을 다시 포장하지 아니하고 그대로 저장, 운송, 수입 또는 판매하는 자는 인증을 신청하지 아니할 수 있다.
② 다음 각 호의 어느 하나에 해당하는 자는 제1항에 따른 인증을 신청할 수 없다.

1. 제24조제1항(같은 항 제4호는 제외한다)에 따라 인증이 취소된 날부터 1년이 지나지 아니한 자. 다만, 최근 10년 동안 인증이 2회 취소된 경우에는 마지막으로 인증이 취소된 날부터 2년, 최근 10년 동안 인증이 3회 이상 취소된 경우에는 마지막으로 인증이 취소된 날부터 5년이 지나지 아니한 자로 한다.
1의2. 고의 또는 중대한 과실로 유기식품등에서 「식품위생법」 제7조제1항에 따라 식품의약품안전처장이 고시한 농약 잔류허용기준을 초과한 합성농약이 검출되어 제24조제1항제2호에 따라 인증이 취소된 자로서 그 인증이 취소된 날부터 5년이 지나지 아니한 자
2. 제24조제1항에 따른 인증표시의 제거·정지 또는 시정조치 명령이나 제31조제7항제2호 또는 제3호에 따른 명령을 받아서 그 처분기간 중에 있는 자
3. 제60조에 따라 벌금 이상의 형을 선고받고 형이 확정된 날부터 1년이 지나지 아니한 자

③ 해양수산부장관 또는 인증기관은 제1항에 따른 신청을 받은 경우 제19조제2항에 따른 유기식품등의 인증기준에 맞는지를 심사한 후 그 결과를 신청인에게 알려주고 그 기준에 맞는 경우에는 인증을 해 주어야 한다. 이 경우 인증심사를 위하여 신청인의 사업장에 출입하는 사람은 그 권한을 표시하는 증표를 지니고 이를 신청인에게 보여주어야 한다.

④ 제3항에 따라 유기식품등의 인증을 받은 사업자(이하 "인증사업자"라 한다)는 동일한 인증기관으로부터 연속하여 2회를 초과하여 인증(제21조제2항에 따른 갱신을 포함한다. 이하 이 항에서 같다)을 받을 수 없다. 다만, 제32조의2에 따라 실시한 인증기관 평가에서 농림축산식품부령 또는 해양수산부령으로 정하는 기준 이상을 받은 인증기관으로부터 인증을 받으려는 경우에는 그러하지 아니하다.

⑤ 제3항에 따른 인증심사 결과에 대하여 이의가 있는 자는 인증심사를 한 해양수산부장관 또는 인증기관에 재심사를 신청할 수 있다.

⑥ 제5항에 따른 재심사 신청을 받은 해양수산부장관 또는 인증기관은 농림축산식품부령 또는 해양수산부령으로 정하는 바에 따라 재심사 여부를 결정하여 해당 신청인에게 통보하여야 한다.

⑦ 해양수산부장관 또는 인증기관은 제5항에 따른 재심사를 하기로 결정하였을 때에는 지체 없이 재심사를 하고 해당 신청인에게 그 재심사 결과를 통보하여야 한다.

⑧ 인증사업자는 인증받은 내용을 변경할 때에는 그 인증을 한 해양수산부장관 또는 인증기관으로부터 농림축산식품부령 또는 해양수산부령으로 정하는 바에 따라 인증 변경승인을 받아야 한다.

⑨ 그 밖에 인증의 신청, 제한, 심사, 재심사 및 인증 변경승인 등에 필요한 구체적인 절차와 방법 등은 농림축산식품부령 또는 해양수산부령으로 정한다.

제21조(인증의 유효기간 등) ① 제20조에 따른 인증의 유효기간은 인증을 받은 날부터 [1년]으로 한다.
② 인증사업자가 인증의 유효기간이 끝난 후에도 계속하여 제20조제3항에 따라 인증을 받은 유기식품등(이하 "인증품"이라 한다)의 인증을 유지하려면 그 유효기간이 끝나기 전까지 인증을 한 해양수산부장관 또는 인증기관에 갱신신청을 하여 그 인증을 갱신하여야 한다. 다만, 인증을 한 인증기관이 폐업, 업무정지 또는 그 밖의 부득이한 사유로 갱신신청이 불가능하게 된 경우에는 해양수산부장관 또는 다른 인증기관에 신청할 수 있다.
③ 제2항에 따른 인증 갱신을 하지 아니하려는 인증사업자가 인증의 유효기간 내에 출하를 종료하지 아니한 인증품이 있는 경우에는 해양수산부장관 또는 해당 인증기관의 승인을 받아 출하를 종료하지 아니한 인증품에 대하여만 그 유효기간을 1년의 범위에서 연장할 수 있다. 다만, 인증의 유효기간이 끝나기 전에 출하된 인증품은 그 제품의 유통기한이 끝날 때까지 그 인증표시를 유지할 수 있다.
④ 제2항에 따른 인증 갱신 및 제3항에 따른 유효기간 연장에 대한 심사결과에 이의가 있는 자는 심사

를 한 해양수산부장관 또는 인증기관에 재심사를 신청할 수 있다.

⑤ 제4항에 따른 재심사 신청을 받은 해양수산부장관 또는 인증기관은 농림축산식품부령 또는 해양수산부령으로 정하는 바에 따라 재심사 여부를 결정하여 해당 인증사업자에게 통보하여야 한다.

⑥ 해양수산부장관 또는 인증기관은 제4항에 따른 재심사를 하기로 결정하였을 때에는 지체 없이 재심사를 하고 해당 인증사업자에게 그 재심사 결과를 통보하여야 한다.

⑦ 제2항부터 제6항까지의 규정에 따른 인증 갱신, 유효기간 연장 및 재심사에 필요한 구체적인 절차·방법 등은 농림축산식품부령 또는 해양수산부령으로 정한다.

제22조(인증사업자의 준수사항) ① 인증사업자는 인증품을 생산, 제조·가공 또는 취급하여 판매한 실적을 농림축산식품부령 또는 해양수산부령으로 정하는 바에 따라 정기적으로 해양수산부장관 또는 해당 인증기관에 알려야 한다.

② 인증사업자는 농림축산식품부령 또는 해양수산부령으로 정하는 바에 따라 인증심사와 관련된 서류 등을 보관하여야 한다.

제23조(유기식품등의 표시 등) ① 인증사업자는 생산, 제조·가공 또는 취급하는 인증품에 직접 또는 인증품의 포장, 용기, 납품서, 거래명세서, 보증서 등(이하 "포장등"이라 한다)에 유기 또는 이와 같은 의미의 도형이나 글자의 표시(이하 "유기표시"라 한다)를 할 수 있다. 이 경우 포장을 하지 아니한 상태로 판매하거나 낱개로 판매하는 때에는 표시판 또는 푯말에 유기표시를 할 수 있다.

② 농림축산식품부장관 또는 해양수산부장관은 인증사업자에게 인증품의 생산방법과 사용자재 등에 관한 정보를 소비자가 쉽게 알아볼 수 있도록 표시할 것을 권고할 수 있다.

③ 농림축산식품부장관 또는 해양수산부장관은 유기농수산물을 원료 또는 재료로 사용하면서 제20조 제3항에 따른 인증을 받지 아니한 식품 및 비식용가공품에 대하여는 사용한 유기농수산물의 함량에 따라 제한적으로 유기표시를 허용할 수 있다.

④ 제1항 및 제3항에도 불구하고 다음 각 호에 해당하는 유기식품등에 대해서는 외국의 유기표시 규정 또는 외국 구매자의 표시 요구사항에 따라 유기표시를 할 수 있다.

1. 「대외무역법」 제16조에 따라 외화획득용 원료 또는 재료로 수입한 유기식품등
2. 외국으로 수출하는 유기식품등

⑤ 제1항 및 제3항에 따른 유기표시에 필요한 도형이나 글자, 세부 표시사항 및 표시방법에 필요한 구체적인 사항은 농림축산식품부령 또는 해양수산부령으로 정한다.

제23조의2(수입 유기식품등의 신고) ① 제23조에 따라 유기표시가 된 인증품 또는 제25조에 따라 동등성이 인정된 인증을 받은 유기가공식품을 판매나 영업에 사용할 목적으로 수입하려는 자는 해당 제품의 통관절차가 끝나기 전에 농림축산식품부령 또는 해양수산부령으로 정하는 바에 따라 수입 품목, 수량 등을 농림축산식품부장관 또는 해양수산부장관에게 신고하여야 한다.

② 농림축산식품부장관 또는 해양수산부장관은 제1항에 따라 신고된 제품에 대하여 통관절차가 끝나기 전에 관계 공무원으로 하여금 유기식품등의 인증 및 표시 기준 적합성을 조사하게 하여야 한다.

③ 농림축산식품부장관 또는 해양수산부장관은 제1항에 따라 신고된 제품이 다음 각 호의 어느 하나에 해당하는 경우에는 제2항에도 불구하고 조사의 전부 또는 일부를 생략할 수 있다.

1. 제25조에 따라 동등성이 인정된 인증을 시행하고 있는 외국의 정부 또는 인증기관이 발행한 인증서가 제출된 경우
2. 제26조에 따라 지정된 인증기관이 발행한 인증서가 제출된 경우
3. 그 밖에 제1호 또는 제2호에 준하는 경우로서 농림축산식품부령 또는 해양수산부령으로 정하는 경우

④ 농림축산식품부장관 또는 해양수산부장관은 제1항에 따른 신고를 받은 경우 그 내용을 검토하여 이 법에 적합하면 신고를 수리하여야 한다.
⑤ 제1항 및 제2항에 따른 신고의 수리 및 조사의 절차와 방법, 그 밖에 필요한 사항은 농림축산식품부령 또는 해양수산부령으로 정한다.

제24조(인증의 취소 등) ① 농림축산식품부장관·해양수산부장관 또는 인증기관은 인증사업자가 다음 각 호의 어느 하나에 해당하는 경우에는 그 인증을 취소하거나 인증표시의 제거·정지 또는 시정조치를 명할 수 있다. 다만, 제1호에 해당할 때에는 인증을 취소하여야 한다.
1. 거짓이나 그 밖의 부정한 방법으로 인증을 받은 경우
2. 제19조제2항에 따른 인증기준에 맞지 아니한 경우
3. 정당한 사유 없이 제31조제7항에 따른 명령에 따르지 아니한 경우
4. 전업(轉業), 폐업 등의 사유로 인증품을 생산하기 어렵다고 인정하는 경우
② 농림축산식품부장관·해양수산부장관 또는 인증기관은 제1항에 따라 인증을 취소한 경우 지체 없이 인증사업자에게 그 사실을 알려야 하고, 인증기관은 농림축산식품부장관 또는 해양수산부장관에게도 그 사실을 알려야 한다.
③ 제1항에 따른 처분에 필요한 구체적인 절차와 세부기준 등은 농림축산식품부령 또는 해양수산부령으로 정한다.

제24조의2(과징금) ① 농림축산식품부장관 또는 해양수산부장관은 최근 3년 동안 2회 이상 다음 각 호의 어느 하나에 해당하는 위반행위를 한 자에게 해당 위반행위에 따른 판매금액의 100분의 50 이내의 범위에서 과징금을 부과할 수 있다.
1. 거짓이나 그 밖의 부정한 방법으로 인증을 받은 경우
2. 고의 또는 중대한 과실로 유기식품등에서 「식품위생법」 제7조제1항에 따라 식품의약품안전처장이 고시한 농약 잔류허용기준을 초과한 합성농약이 검출된 경우
② 농림축산식품부장관 또는 해양수산부장관은 제1항에 따른 과징금을 내야 할 자가 그 납부기한까지 내지 아니하면 국세 체납처분의 예에 따라 징수한다.
③ 제1항에 따른 위반행위의 내용과 위반정도에 따른 과징금의 금액, 판매금액 산정의 세부기준 및 그 밖에 필요한 사항은 대통령령으로 정한다.

제25조(동등성 인정) ① 농림축산식품부장관 또는 해양수산부장관은 유기식품에 대한 인증을 시행하고 있는 외국의 정부 또는 인증기관이 우리나라와 같은 수준의 적합성을 보증할 수 있는 원칙과 기준을 적용함으로써 이 법에 따른 인증과 동등하거나 그 이상의 인증제도를 운영하고 있다고 인정하는 경우에는 그에 대한 검증을 거친 후 유기가공식품 인증에 대하여 우리나라의 유기가공식품 인증과 동등성을 인정할 수 있다. 이 경우 상호주의 원칙이 적용되어야 한다.
② 농림축산식품부장관 또는 해양수산부장관은 제1항에 따라 동등성을 인정할 때에는 그 사실을 지체 없이 농림축산식품부 또는 해양수산부의 인터넷 홈페이지에 게시하여야 한다.
③ 제1항에 따른 동등성 인정에 필요한 기준과 절차, 동등성을 인정할 수 있는 유기가공식품의 품목 범위, 동등성을 인정한 국가 또는 인증기관의 의무와 사후관리 방법, 유기가공식품의 표시방법, 그 밖에 필요한 사항은 농림축산식품부령 또는 해양수산부령으로 정한다.

제2절 유기식품등의 인증기관

제26조(인증기관의 지정 등) ① 농림축산식품부장관 또는 해양수산부장관은 유기식품등의 인증과 관련하여 제26조의2에 따른 인증심사원 등 필요한 인력·조직·시설 및 인증업무규정을 갖춘 기관 또는 단체를 인증기관으로 지정하여 유기식품등의 인증을 하게 할 수 있다.

② 제1항에 따라 인증기관으로 지정받으려는 기관 또는 단체는 농림축산식품부령 또는 해양수산부령으로 정하는 바에 따라 농림축산식품부장관 또는 해양수산부장관에게 인증기관의 지정을 신청하여야 한다.

③ 제1항에 따른 인증기관 지정의 유효기간은 지정을 받은 날부터 5년으로 하고, 유효기간이 끝난 후에도 유기식품등의 인증업무를 계속하려는 인증기관은 유효기간이 끝나기 전에 그 지정을 갱신하여야 한다.

④ 농림축산식품부장관 또는 해양수산부장관은 제1항에 따른 인증기관 지정업무와 제3항에 따른 지정 갱신업무의 효율적인 운영을 위하여 인증기관 지정 및 갱신 관련 평가업무를 대통령령으로 정하는 기관 또는 단체에 위임하거나 위탁할 수 있다.

⑤ 인증기관은 지정받은 내용이 변경된 경우에는 농림축산식품부장관 또는 해양수산부장관에게 변경신고를 하여야 한다. 다만, 농림축산식품부령 또는 해양수산부령으로 정하는 중요 사항을 변경할 때에는 농림축산식품부장관 또는 해양수산부장관으로부터 승인을 받아야 한다.

⑥ 제1항부터 제5항까지의 인증기관의 지정기준, 인증업무의 범위, 인증기관의 지정 및 갱신 관련 절차, 인증기관의 지정 및 갱신 관련 평가업무의 위탁과 인증기관의 변경신고에 필요한 구체적인 사항은 농림축산식품부령 또는 해양수산부령으로 정한다.

제26조의2(인증심사원) ① 농림축산식품부장관 또는 해양수산부장관은 농림축산식품부령 또는 해양수산부령으로 정하는 기준에 적합한 자에게 제20조에 따른 인증심사, 재심사 및 인증 변경승인, 제21조에 따른 인증 갱신, 유효기간 연장 및 재심사, 제31조에 따른 인증사업자에 대한 조사 업무(이하 "인증심사업무"라 한다)를 수행하는 심사원(이하 "인증심사원"이라 한다)의 자격을 부여할 수 있다.

② 제1항에 따라 인증심사원의 자격을 부여받으려는 자는 농림축산식품부령 또는 해양수산부령으로 정하는 바에 따라 농림축산식품부장관 또는 해양수산부장관이 실시하는 교육을 받은 후 농림축산식품부장관 또는 해양수산부장관에게 이를 신청하여야 한다.

③ 농림축산식품부장관 또는 해양수산부장관은 인증심사원이 다음 각 호의 어느 하나에 해당하는 때에는 그 자격을 취소하거나 6개월 이내의 기간을 정하여 자격을 정지하거나 시정조치를 명할 수 있다. 다만, 제1호부터 제3호까지에 해당하는 경우에는 그 자격을 취소하여야 한다.

1. 거짓이나 그 밖의 부정한 방법으로 인증심사원의 자격을 부여받은 경우
2. 거짓이나 그 밖의 부정한 방법으로 인증심사 업무를 수행한 경우
3. 고의 또는 중대한 과실로 제19조제2항에 따른 인증기준에 맞지 아니한 유기식품등을 인증한 경우
3의2. 경미한 과실로 제19조제2항에 따른 인증기준에 맞지 아니한 유기식품등을 인증한 경우
4. 제1항에 따른 인증심사원의 자격 기준에 적합하지 아니하게 된 경우
5. 인증심사 업무와 관련하여 다른 사람에게 자기의 성명을 사용하게 하거나 인증심사원증을 빌려 준 경우
6. 제26조의4제1항에 따른 교육을 받지 아니한 경우
7. 제27조제2항 각 호에 따른 준수사항을 지키지 아니한 경우

8. 정당한 사유 없이 제31조제1항에 따른 조사를 실시하기 위한 지시에 따르지 아니한 경우

④ 제3항에 따라 인증심사원 자격이 취소된 자는 취소된 날부터 3년이 지나지 아니하면 인증심사원 자격을 부여받을 수 없다.

⑤ 인증심사원의 자격 부여 절차 및 자격 취소·정지 기준, 그 밖에 필요한 사항은 농림축산식품부령 또는 해양수산부령으로 정한다.

제26조의3(인증기관 임직원의 결격사유) 다음 각 호의 어느 하나에 해당하는 사람은 인증기관의 임원 또는 직원(인증심사업무를 담당하는 직원에 한정한다)이 될 수 없다.
1. 제26조의2제3항제1호·제2호·제3호 및 제7호(제27조제2항제2호를 위반한 경우로 한정한다)에 따라 자격취소를 받은 날부터 3년이 지나지 아니한 사람
2. 제29조제1항에 따라 지정이 취소된 인증기관의 대표로서 인증기관의 지정이 취소된 날부터 3년이 지나지 아니한 사람
3. 제60조제1항, 같은 조 제2항제1호·제2호·제3호·제4호·제4호의2·제4호의3 및 같은 조 제3항제2호의 죄(인증심사업무와 관련된 죄로 한정한다)를 범하여 100만원 이상의 벌금형 또는 금고 이상의 형을 선고받아 형이 확정된 날부터 3년이 지나지 아니한 사람

제26조의4(인증심사원의 교육) ① 농림축산식품부령 또는 해양수산부령으로 정하는 인증심사원은 업무능력 및 직업윤리의식 제고를 위하여 필요한 교육을 받아야 한다.

② 제1항에 따른 교육의 내용, 방법 및 실시기관 등 교육에 필요한 사항은 농림축산식품부령 또는 해양수산부령으로 정한다.

제27조(인증기관 등의 준수사항) ① 해양수산부장관 또는 인증기관은 다음 각 호의 사항을 준수하여야 한다.
1. 인증과정에서 얻은 정보와 자료를 인증 신청인의 서면동의 없이 공개하거나 제공하지 아니할 것. 다만, 이 법 또는 다른 법률에 따라 공개하거나 제공하는 경우는 제외한다.
2. 인증기관은 농림축산식품부장관 또는 해양수산부장관(제26조제4항에 따라 인증기관 지정 및 갱신 관련 평가업무를 위임받거나 위탁받은 기관 또는 단체를 포함한다)이 요청하는 경우에는 인증기관의 사무소 및 시설에 대한 접근을 허용하거나 필요한 정보 및 자료를 제공할 것
3. 인증 신청, 인증심사 및 인증사업자에 관한 자료를 농림축산식품부령 또는 해양수산부령으로 정하는 바에 따라 보관할 것
4. 인증기관은 농림축산식품부령 또는 해양수산부령으로 정하는 바에 따라 인증 결과 및 사후관리 결과 등을 농림축산식품부장관 또는 해양수산부장관에게 보고할 것
5. 인증사업자가 인증기준을 준수하도록 관리하기 위하여 농림축산식품부령 또는 해양수산부령으로 정하는 바에 따라 인증사업자에 대하여 불시(不時) 심사를 하고 그 결과를 기록·관리할 것

② 인증기관의 임직원은 다음 각 호의 사항을 준수하여야 한다.
1. 인증과정에서 얻은 정보와 자료를 인증 신청인의 서면동의 없이 공개하거나 제공하지 아니할 것. 다만, 이 법 또는 다른 법률에 따라 공개하거나 제공하는 경우는 제외한다.
2. 인증기관의 임원은 인증심사업무를 하지 아니할 것
3. 인증기관의 직원은 인증심사업무를 한 경우 그 결과를 기록할 것

제28조(인증업무의 휴업·폐업) 인증기관이 인증업무의 전부 또는 일부를 휴업하거나 폐업하려는 경우에는 농림축산식품부령 또는 해양수산부령으로 정하는 바에 따라 미리 농림축산식품부장관 또는 해양

수산부장관에게 신고하고, 그 인증기관의 인증 유효기간이 끝나지 아니한 인증사업자에게 그 취지를 알려야 한다.

제29조(인증기관의 지정취소 등) ① 농림축산식품부장관 또는 해양수산부장관은 인증기관이 다음 각 호의 어느 하나에 해당하는 경우에는 지정을 취소하거나 6개월 이내의 기간을 정하여 그 업무의 전부 또는 일부의 정지 또는 시정조치를 명할 수 있다. 다만, 제1호, 제1호의2, 제2호부터 제5호까지 및 제11호의 경우에는 그 지정을 취소하여야 한다.
1. 거짓이나 그 밖의 부정한 방법으로 지정을 받은 경우
1의2. 인증기관의 장이 제60조제1항, 같은 조 제2항제1호·제2호·제3호·제4호·제4호의2·제4호의3 및 같은 조 제3항제2호의 죄(인증심사업무와 관련된 죄로 한정한다)를 범하여 100만원 이상의 벌금형 또는 금고 이상의 형을 선고받아 그 형이 확정된 경우
2. 인증기관이 파산 또는 폐업 등으로 인하여 인증업무를 수행할 수 없는 경우
3. 업무정지 명령을 위반하여 정지기간 중 인증을 한 경우
4. 정당한 사유 없이 1년 이상 계속하여 인증을 하지 아니한 경우
5. 고의 또는 중대한 과실로 제19조제2항에 따른 인증기준에 맞지 아니한 유기식품등을 인증한 경우
6. 고의 또는 중대한 과실로 제20조에 따른 인증심사 및 재심사의 처리 절차·방법 또는 제21조에 따른 인증 갱신 및 인증품의 유효기간 연장의 절차·방법 등을 지키지 아니한 경우
7. 정당한 사유 없이 제24조제1항에 따른 처분, 제31조제7항제2호·제3호에 따른 명령 또는 같은 조 제9항에 따른 공표를 하지 아니한 경우
8. 제26조제1항에 따른 지정기준에 맞지 아니하게 된 경우
9. 제27조제1항에 따른 인증기관의 준수사항을 위반한 경우
10. 제32조제2항에 따른 시정조치 명령이나 처분에 따르지 아니한 경우
11. 정당한 사유 없이 제32조제3항을 위반하여 소속 공무원의 조사를 거부·방해하거나 기피하는 경우
12. 제32조의2에 따라 실시한 인증기관 평가에서 최하위 등급을 연속하여 3회 받은 경우
② 농림축산식품부장관 또는 해양수산부장관은 제1항에 따라 지정취소 또는 업무정지 처분을 한 경우에는 그 사실을 농림축산식품부 또는 해양수산부의 인터넷 홈페이지에 게시하여야 한다.
③ 제1항에 따라 인증기관의 지정이 취소된 자는 취소된 날부터 3년이 지나지 아니하면 다시 인증기관으로 지정받을 수 없다. 다만, 제1항제2호에 해당하는 사유로 지정이 취소된 경우는 제외한다.
④ 제1항에 따른 행정처분의 세부적인 기준은 위반행위의 유형 및 위반 정도 등을 고려하여 농림축산식품부령 또는 해양수산부령으로 정한다.

제3절 유기식품등, 인증사업자 및 인증기관의 사후관리

제30조(인증 등에 관한 부정행위의 금지) ① 누구든지 다음 각 호의 어느 하나에 해당하는 행위를 하여서는 아니 된다.
1. 거짓이나 그 밖의 부정한 방법으로 제20조에 따른 인증심사, 재심사 및 인증 변경승인, 제21조에 따른 인증 갱신, 유효기간 연장 및 재심사 또는 제26조제1항 및 제3항에 따른 인증기관의 지정·갱신을 받는 행위
1의2. 거짓이나 그 밖의 부정한 방법으로 제20조에 따른 인증심사, 재심사 및 인증 변경승인, 제21조에 따른 인증 갱신, 유효기간 연장 및 재심사를 하거나 받을 수 있도록 도와주는 행위
1의3. 거짓이나 그 밖의 부정한 방법으로 인증심사원의 자격을 부여받는 행위

2. 인증을 받지 아니한 제품과 제품을 판매하는 진열대에 유기표시, 무농약표시, 친환경 문구 표시 및 이와 유사한 표시(인증품으로 잘못 인식할 우려가 있는 표시 및 이와 관련된 외국어 또는 외래어 표시를 포함한다)를 하는 행위
3. 인증품에 인증받은 내용과 다르게 표시하는 행위
4. 제20조제1항에 따른 인증 또는 제21조제2항에 따른 인증 갱신을 신청하는 데 필요한 서류를 거짓으로 발급하여 주는 행위
5. 인증품에 인증을 받지 아니한 제품 등을 섞어서 판매하거나 섞어서 판매할 목적으로 보관, 운반 또는 진열하는 행위
6. 제2호 또는 제3호의 행위에 따른 제품임을 알고도 인증품으로 판매하거나 판매할 목적으로 보관, 운반 또는 진열하는 행위
7. 인증이 취소된 제품임을 알고도 인증품으로 판매하거나 판매할 목적으로 보관·운반 또는 진열하는 행위
8. 인증을 받지 아니한 제품을 인증품으로 광고하거나 인증품으로 잘못 인식할 수 있도록 광고(유기, 무농약, 친환경 문구 또는 이와 같은 의미의 문구를 사용한 광고를 포함한다)하는 행위 또는 인증품을 인증받은 내용과 다르게 광고하는 행위

② 제1항제2호에 따른 친환경 문구와 유사한 표시의 세부기준은 농림축산식품부령 또는 해양수산부령으로 정한다.

제31조(인증품등 및 인증사업자등의 사후관리) ① 농림축산식품부장관 또는 해양수산부장관은 농림축산식품부령 또는 해양수산부령으로 정하는 바에 따라 소속 공무원 또는 인증기관으로 하여금 매년 다음 각 호의 조사(인증기관은 인증을 한 인증사업자에 대한 제2호의 조사에 한정한다)를 하게 하여야 한다. 이 경우 시료를 무상으로 제공받아 검사하거나 자료 제출 등을 요구할 수 있다.
1. 판매·유통 중인 인증품 및 제23조제3항에 따라 제한적으로 유기표시를 허용한 식품 및 비식용가공품(이하 "인증품등"이라 한다)에 대한 조사
2. 인증사업자의 사업장에서 인증품의 생산, 제조·가공 또는 취급 과정이 제19조제2항에 따른 인증기준에 맞는지 여부 조사

② 제1항에 따라 조사를 할 때에는 미리 조사의 일시, 목적, 대상 등을 관계인에게 알려야 한다. 다만, 긴급한 경우나 미리 알리면 그 목적을 달성할 수 없다고 인정되는 경우에는 그러하지 아니하다.
③ 제1항에 따라 조사를 하거나 자료 제출을 요구하는 경우 인증사업자, 인증품을 판매·유통하는 사업자 또는 제23조제3항에 따라 제한적으로 유기표시를 허용한 식품 및 비식용가공품을 생산, 제조·가공, 취급 또는 판매·유통하는 사업자(이하 "인증사업자등"이라 한다)는 정당한 사유 없이 이를 거부·방해하거나 기피하여서는 아니 된다. 이 경우 제1항에 따른 조사를 위하여 사업장에 출입하는 자는 그 권한을 표시하는 증표를 지니고 이를 관계인에게 보여주어야 한다.
④ 농림축산식품부장관·해양수산부장관 또는 인증기관은 제1항에 따른 조사를 한 경우에는 인증사업자등에게 조사 결과를 통지하여야 한다. 이 경우 조사 결과 중 제1항 각 호 외의 부분 후단에 따라 제공한 시료의 검사 결과에 이의가 있는 인증사업자등은 시료의 재검사를 요청할 수 있다.
⑤ 제4항에 따른 재검사 요청을 받은 농림축산식품부장관·해양수산부장관 또는 인증기관은 농림축산식품부령 또는 해양수산부령으로 정하는 바에 따라 재검사 여부를 결정하여 해당 인증사업자등에게 통보하여야 한다.
⑥ 농림축산식품부장관·해양수산부장관 또는 인증기관은 제4항에 따른 재검사를 하기로 결정하였을

때에는 지체 없이 재검사를 하고 해당 인증사업자등에게 그 재검사 결과를 통보하여야 한다.

⑦ 농림축산식품부장관·해양수산부장관 또는 인증기관은 제1항에 따른 조사를 한 결과 제19조제2항에 따른 인증기준 또는 제23조에 따른 유기식품등의 표시사항 등을 위반하였다고 판단한 때에는 인증사업자등에게 다음 각 호의 조치를 명할 수 있다.

1. 제24조제1항에 따른 인증취소, 인증표시의 제거·정지 또는 시정조치
2. 인증품등의 판매금지·판매정지·회수·폐기
3. 세부 표시사항 변경

⑧ 농림축산식품부장관 또는 해양수산부장관은 인증사업자등이 제7항제2호에 따른 인증품등의 회수·폐기 명령을 이행하지 아니하는 경우에는 관계 공무원에게 해당 인증품등을 압류하게 할 수 있다. 이 경우 관계 공무원은 그 권한을 표시하는 증표를 지니고 이를 관계인에게 보여주어야 한다.

⑨ 농림축산식품부장관·해양수산부장관 또는 인증기관은 제7항 각 호에 따른 조치명령의 내용을 공표하여야 한다.

⑩ 제4항에 따른 조사 결과 통지 및 제6항에 따른 시료의 재검사 절차와 방법, 제7항 각 호에 따른 조치명령의 세부기준, 제8항에 따른 압류 및 제9항에 따른 공표에 필요한 사항은 농림축산식품부령 또는 해양수산부령으로 정한다.

제32조(인증기관에 대한 사후관리) ① 농림축산식품부장관 또는 해양수산부장관은 소속 공무원으로 하여금 인증기관이 제20조 및 제21조에 따라 인증업무를 적절하게 수행하는지, 제26조제1항에 따른 인증기관의 지정기준에 맞는지, 제27조제1항에 따른 인증기관의 준수사항을 지키는지를 조사하게 할 수 있다.

② 농림축산식품부장관 또는 해양수산부장관은 제1항에 따른 조사 결과 인증기관이 다음 각 호의 어느 하나에 해당하는 경우에는 제29조제1항에 따른 지정취소·업무정지 또는 시정조치 명령을 할 수 있다.

1. 제20조 또는 제21조에 따른 인증업무를 적절하게 수행하지 아니하는 경우
2. 제26조제1항에 따른 지정기준에 맞지 아니하는 경우
3. 제27조제1항에 따른 인증기관 준수사항을 지키지 아니하는 경우

③ 제1항에 따라 조사를 하는 경우 인증기관의 임직원은 정당한 사유 없이 이를 거부·방해하거나 기피해서는 아니 된다.

제32조의2(인증기관의 평가 및 등급결정) ① 농림축산식품부장관 또는 해양수산부장관은 인증업무의 수준을 향상시키고 우수한 인증기관을 육성하기 위하여 인증기관의 운영 및 업무수행 실태 등을 평가하여 등급을 결정하고 그 결과를 공표할 수 있다.

② 농림축산식품부장관 또는 해양수산부장관은 제1항에 따른 평가 및 등급결정 결과를 인증기관의 관리·지원·육성 등에 반영할 수 있다.

③ 제1항에 따른 인증기관의 평가와 등급결정의 기준·방법·절차 및 결과 공표 등에 필요한 사항은 농림축산식품부령 또는 해양수산부령으로 정한다.

제33조(인증기관 등의 승계) ① 다음 각 호의 어느 하나에 해당하는 자는 인증사업자 또는 인증기관의 지위를 승계한다.

1. 인증사업자가 사망한 경우 그 제품 등을 계속하여 생산, 제조·가공 또는 취급하려는 상속인
2. 인증사업자나 인증기관이 그 사업을 양도한 경우 그 양수인
3. 인증사업자나 인증기관이 합병한 경우 합병 후 존속하는 법인이나 합병으로 설립되는 법인

② 제1항에 따라 인증사업자의 지위를 승계한 자는 인증심사를 한 해양수산부장관 또는 인증기관(그 인증기관의 지정이 취소된 경우에는 해양수산부장관 또는 다른 인증기관을 말한다)에 그 사실을 신고하여야 하고, 인증기관의 지위를 승계한 자는 농림축산식품부장관 또는 해양수산부장관에게 그 사실을 신고하여야 한다.
③ 농림축산식품부장관·해양수산부장관 또는 인증기관은 제2항에 따른 신고를 받은 날부터 1개월 이내에 신고수리 여부를 신고인에게 통지하여야 한다.
④ 농림축산식품부장관·해양수산부장관 또는 인증기관이 제3항에서 정한 기간 내에 신고수리 여부 또는 민원 처리 관련 법령에 따른 처리기간의 연장을 신고인에게 통지하지 아니하면 그 기간(민원 처리 관련 법령에 따라 처리기간이 연장 또는 재연장된 경우에는 해당 처리기간을 말한다)이 끝난 날의 다음 날에 신고를 수리한 것으로 본다.
⑤ 제1항에 따른 지위의 승계가 있을 때에는 종전의 인증사업자 또는 인증기관에 한 제24조제1항, 제29조제1항 또는 제31조제7항 각 호에 따른 행정처분의 효과는 그 지위를 승계한 자에게 승계되며, 행정처분의 절차가 진행 중일 때에는 그 지위를 승계한 자에 대하여 그 절차를 계속 진행할 수 있다.
⑥ 제2항에 따른 신고에 필요한 사항은 농림축산식품부령 또는 해양수산부령으로 정한다.

제4장 무농약농산물·무농약원료가공식품 및 무항생제수산물등의 인증

제34조(무농약농산물·무농약원료가공식품 및 무항생제수산물등의 인증 등) ① 농림축산식품부장관 또는 해양수산부장관은 무농약농산물·무농약원료가공식품 및 무항생제수산물등에 대한 인증을 할 수 있다.
② 제1항에 따른 인증을 하기 위한 무농약농산물·무농약원료가공식품 및 무항생제수산물등의 인증대상과 무농약농산물·무농약원료가공식품 및 무항생제수산물등의 생산, 제조·가공 또는 취급에 필요한 인증기준 등은 농림축산식품부령 또는 해양수산부령으로 정한다.
③ 무농약농산물·무농약원료가공식품 또는 무항생제수산물등을 생산, 제조·가공 또는 취급하는 자는 무농약농산물·무농약원료가공식품 또는 무항생제수산물등의 인증을 받으려면 해양수산부장관 또는 제35조제1항에 따라 지정받은 인증기관(이하 이 장에서 "인증기관"이라 한다)에 인증을 신청하여야 한다. 다만, 인증을 받은 무농약농산물·무농약원료가공식품 또는 무항생제수산물등을 다시 포장하지 아니하고 그대로 저장, 운송 또는 판매하는 자는 인증을 신청하지 아니할 수 있다.
④ 제3항에 따른 인증의 신청, 제한, 심사 및 재심사, 인증 변경승인, 인증의 유효기간, 인증의 갱신 및 유효기간의 연장, 인증사업자의 준수사항, 인증의 취소, 인증표시의 제거·정지 및 과징금 부과 등에 관하여는 제20조부터 제22조까지, 제24조 및 제24조의2를 준용한다. 이 경우 "유기식품등"은 "무농약농산물·무농약원료가공식품 또는 무항생제수산물등"으로 본다.
⑤ 무농약농산물·무농약원료가공식품 및 무항생제수산물등의 인증 등에 관한 부정행위의 금지, 인증품 및 인증사업자에 대한 사후관리, 인증기관의 사후관리, 인증사업자 또는 인증기관의 지위 승계 등에 관하여는 제30조부터 제33조까지의 규정을 준용한다. 이 경우 "유기식품등"은 "무농약농산물·무농약원료가공식품 또는 무항생제수산물등"으로, "제한적으로 유기표시를 허용한 식품"은 "제한적으로 무농약표시를 허용한 식품"으로 본다.

제35조(무농약농산물·무농약원료가공식품 및 무항생제수산물등의 인증기관 지정 등) ① 농림축산식품부장관 또는 해양수산부장관은 무농약농산물·무농약원료가공식품 또는 무항생제수산물등의 인증

과 관련하여 인증심사원 등 필요한 인력과 시설을 갖춘 자를 인증기관으로 지정하여 무농약농산물·무농약원료가공식품 또는 무항생제수산물등의 인증을 하게 할 수 있다.

② 제1항에 따른 인증기관의 지정·유효기간·갱신·지정변경, 인증기관 등의 준수사항, 인증업무의 휴업·폐업 및 인증기관의 지정취소 등에 관하여는 제26조, 제26조의2부터 제26조의4까지 및 제27조부터 제29조까지의 규정을 준용한다. 이 경우 "유기식품등"은 "무농약농산물·무농약원료가공식품 또는 무항생제수산물등"으로 본다.

제36조(무농약농산물·무농약원료가공식품 및 무항생제수산물등의 표시기준 등) ① 제34조제3항에 따라 인증을 받은 자는 생산, 제조·가공 또는 취급하는 무농약농산물·무농약원료가공식품 및 무항생제수산물등에 직접 또는 그 포장등에 무농약, 무항생제(축산물 또는 수산물만 해당한다), 활성처리제 비사용(해조류만 해당한다) 또는 이와 같은 의미의 도형이나 글자를 표시(이하 "무농약농산물·무농약원료가공식품 및 무항생제수산물등 표시"라 한다)할 수 있다. 이 경우 포장을 하지 아니하고 판매하거나 낱개로 판매하는 때에는 표시판 또는 푯말에 표시할 수 있다.

② 농림축산식품부장관은 무농약농산물을 원료 또는 재료로 사용하면서 제34조제1항에 따른 인증을 받지 아니한 식품에 대해서는 사용한 무농약농산물의 함량에 따라 제한적으로 무농약 표시를 허용할 수 있다.

③ 무농약농산물·무농약원료가공식품 및 무항생제수산물등의 생산방법 등에 관한 정보의 표시, 그 밖에 표시사항 등에 관한 구체적인 사항에 관하여는 제23조제2항 및 제5항을 준용한다. 이 경우 "유기표시"는 "무농약농산물·무농약원료가공식품 및 무항생제수산물등 표시"로 본다.

제5장 유기농어업자재의 공시

제37조(유기농어업자재의 공시) ① 농림축산식품부장관 또는 해양수산부장관은 유기농어업자재가 허용물질을 사용하여 생산된 자재인지를 확인하여 그 자재의 명칭, 주성분명, 함량 및 사용방법 등에 관한 정보를 공시할 수 있다.

② 삭제

③ 제1항에 따른 공시(이하 "공시"라 한다)를 할 때에는 제4항에 따른 공시기준에 따라야 한다.

④ 제1항에 따른 공시를 하기 위한 공시의 대상 및 공시에 필요한 기준 등은 농림축산식품부령 또는 해양수산부령으로 정한다.

제38조(유기농어업자재 공시의 신청 및 심사 등) ① 유기농어업자재를 생산하거나 수입하여 판매하려는 자가 공시를 받으려는 경우에는 제44조제1항에 따라 지정된 공시기관(이하 "공시기관"이라 한다)에 제41조제1항에 따라 시험연구기관으로 지정된 기관이 발급한 시험성적서 등 농림축산식품부령 또는 해양수산부령으로 정하는 서류를 갖추어 신청하여야 한다. 다만, 다음 각 호의 어느 하나에 해당하는 자는 공시를 신청할 수 없다.

1. 제43조제1항(같은 항 제4호는 제외한다)에 따라 공시가 취소된 날부터 1년이 지나지 아니한 자
2. 제43조제1항에 따른 판매금지 또는 시정조치 명령이나 제49조제7항제2호 또는 제3호에 따른 명령을 받아서 그 처분기간 중에 있는 자
3. 제60조에 따라 벌금 이상의 형을 선고받고 그 형이 확정된 날부터 1년이 지나지 아니한 자

② 공시기관은 제1항에 따른 신청을 받은 경우 제37조제4항에 따른 공시기준에 맞는지를 심사한 후 그 결과를 신청인에게 알려 주고 기준에 맞는 경우에는 공시를 해 주어야 한다.

③ 제2항에 따른 공시심사 결과에 대하여 이의가 있는 자는 그 공시심사를 한 공시기관에 재심사를 신청할 수 있다.
④ 제2항에 따라 공시를 받은 자(이하 "공시사업자"라 한다)가 공시를 받은 내용을 변경할 때에는 그 공시심사를 한 공시기관에 농림축산식품부령 또는 해양수산부령으로 정하는 바에 따라 공시 변경승인을 받아야 한다.
⑤ 그 밖에 공시의 신청, 제한, 심사, 재심사 및 공시 변경승인 등에 필요한 구체적인 절차와 방법 등은 농림축산식품부령 또는 해양수산부령으로 정한다.

제39조(공시의 유효기간 등) ① 공시의 유효기간은 공시를 받은 날부터 3년으로 한다.
② 공시사업자가 공시의 유효기간이 끝난 후에도 계속하여 공시를 유지하려는 경우에는 그 유효기간이 끝나기 전까지 공시를 한 공시기관에 갱신신청을 하여 그 공시를 갱신하여야 한다. 다만, 공시를 한 공시기관이 폐업, 업무정지 또는 그 밖의 부득이한 사유로 갱신신청이 불가능하게 된 경우에는 다른 공시기관에 신청할 수 있다.
③ 제2항에 따른 공시의 갱신에 필요한 구체적인 절차와 방법 등은 농림축산식품부령 또는 해양수산부령으로 정한다.

제40조(공시사업자의 준수사항) ① 공시사업자는 공시를 받은 제품을 생산하거나 수입하여 판매한 실적을 농림축산식품부령 또는 해양수산부령으로 정하는 바에 따라 정기적으로 그 공시심사를 한 공시기관에 알려야 한다.
② 공시사업자는 농림축산식품부령 또는 해양수산부령으로 정하는 바에 따라 공시심사와 관련된 서류 등을 보관하여야 한다.

제41조(유기농어업자재 시험연구기관의 지정) ① 농림축산식품부장관 또는 해양수산부장관은 대학 및 민간연구소 등을 유기농어업자재에 대한 시험을 수행할 수 있는 시험연구기관으로 지정할 수 있다.
② 제1항에 따라 시험연구기관으로 지정받으려는 자는 농림축산식품부령 또는 해양수산부령으로 정하는 인력·시설·장비 및 시험관리규정을 갖추어 농림축산식품부장관 또는 해양수산부장관에게 신청하여야 한다.
③ 제1항에 따른 시험연구기관 지정의 유효기간은 지정을 받은 날부터 4년으로 하고, 유효기간이 끝난 후에도 유기농어업자재에 대한 시험업무를 계속하려는 자는 유효기간이 끝나기 전에 그 지정을 갱신하여야 한다.
④ 제1항에 따른 시험연구기관으로 지정된 자가 농림축산식품부령 또는 해양수산부령으로 정하는 중요한 사항을 변경하려는 경우에는 농림축산식품부장관 또는 해양수산부장관에게 지정변경을 신청하여야 한다.
⑤ 농림축산식품부장관 또는 해양수산부장관은 제1항에 따라 지정된 시험연구기관(이하 이 조, 제41조의2 및 제41조의3에서 "시험연구기관"이라 한다)이 다음 각 호의 어느 하나에 해당하는 경우에는 시험연구기관의 지정을 취소하거나 6개월 이내의 기간을 정하여 그 업무의 전부 또는 일부의 정지를 명할 수 있다. 다만, 제1호의 경우에는 그 지정을 취소하여야 한다.
1. 거짓이나 그 밖의 부정한 방법으로 지정을 받은 경우
2. 고의 또는 중대한 과실로 다음 각 목의 어느 하나에 해당하는 서류를 사실과 다르게 발급한 경우
   가. 시험성적서
   나. 원제(原劑)의 이화학적(理化學的) 분석 및 독성 시험성적을 적은 서류
   다. 농약활용기자재의 이화학적 분석 등을 적은 서류

라. 중금속 및 이화학적 분석 결과를 적은 서류
마. 그 밖에 유기농어업자재에 대한 시험·분석과 관련된 서류
3. 시험연구기관의 지정기준에 맞지 아니하게 된 경우
4. 시험연구기관으로 지정받은 후 정당한 사유 없이 1년 이내에 지정받은 시험항목에 대한 시험업무를 시작하지 아니하거나 계속하여 2년 이상 업무 실적이 없는 경우
5. 업무정지 명령을 위반하여 업무를 한 경우
6. 제41조의2에 따른 시험연구기관의 준수사항을 지키지 아니한 경우
⑥ 그 밖에 시험연구기관의 지정, 지정취소 및 업무정지 등에 관하여 필요한 사항은 농림축산식품부령 또는 해양수산부령으로 정한다.

제41조의2(유기농어업자재 시험연구기관의 준수사항) 시험연구기관은 다음 각 호의 사항을 준수하여야 한다.
1. 시험수행과정에서 얻은 정보와 자료를 신청인의 서면동의 없이 공개하거나 제공하지 아니할 것. 다만, 이 법 또는 다른 법률에 따라 공개하거나 제공하는 경우는 제외한다.
2. 농림축산식품부장관 또는 해양수산부장관이 요청하는 경우에는 시험연구기관의 사무소 및 시설에 대한 접근을 허용하거나 필요한 정보와 자료를 제공할 것
3. 시험의 신청 및 수행에 관한 자료를 농림축산식품부령 또는 해양수산부령으로 정하는 바에 따라 보관할 것

제41조의3(유기농어업자재 시험연구기관의 사후관리) ① 농림축산식품부장관 또는 해양수산부장관은 소속 공무원으로 하여금 시험연구기관이 제41조제2항에 따른 시험연구기관 지정기준을 갖추었는지 여부 및 제41조의2에 따른 시험연구기관의 준수사항을 지키는지 여부를 조사하게 할 수 있다.
② 제1항에 따라 조사를 하는 경우 시험연구기관의 임직원은 정당한 사유 없이 이를 거부·방해하거나 기피해서는 아니 된다.

제42조(공시의 표시 등) 공시사업자는 공시를 받은 유기농어업자재의 포장등에 농림축산식품부령 또는 해양수산부령으로 정하는 바에 따라 유기농어업자재 공시를 나타내는 도형 또는 글자를 표시할 수 있다. 이 경우 공시의 번호, 유기농어업자재의 명칭 및 사용방법 등의 관련 정보를 함께 표시하여야 하며, 제37조제4항의 공시기준에 따라 해당자재의 효능·효과를 표시할 수 있다.

제43조(공시의 취소 등) ① 농림축산식품부장관·해양수산부장관 또는 공시기관은 공시사업자가 다음 각 호의 어느 하나에 해당하는 경우에는 그 공시를 취소하거나 판매금지 또는 시정조치를 명할 수 있다. 다만, 제1호의 경우에는 그 공시를 취소하여야 한다.
1. 거짓이나 그 밖의 부정한 방법으로 공시를 받은 경우
2. 제37조제4항에 따른 공시기준에 맞지 아니한 경우
3. 정당한 사유 없이 제49조제7항에 따른 명령에 따르지 아니한 경우
4. 전업·폐업 등으로 인하여 유기농어업자재를 생산하기 어렵다고 인정되는 경우
5. 제3항에 따른 품질관리 지도 결과 공시의 제품으로 부적절하다고 인정되는 경우
② 농림축산식품부장관·해양수산부장관 또는 공시기관은 제1항에 따라 공시를 취소한 경우 지체 없이 해당 공시사업자에게 그 사실을 알려야 하고, 공시기관은 농림축산식품부장관 또는 해양수산부장관에게도 그 사실을 알려야 한다.
③ 공시기관은 직접 공시를 한 제품에 대하여 품질관리 지도를 실시하여야 한다.

④ 제1항에 따른 공시의 취소 등에 필요한 구체적인 절차 및 처분의 기준, 제3항에 따른 품질관리에 관한 사항 등은 농림축산식품부령 또는 해양수산부령으로 정한다.

제44조(공시기관의 지정 등) ① 농림축산식품부장관 또는 해양수산부장관은 공시에 필요한 인력과 시설을 갖춘 자를 공시기관으로 지정하여 유기농어업자재의 공시를 하게 할 수 있다.
② 제1항에 따라 공시기관으로 지정을 받으려는 자는 농림축산식품부장관 또는 해양수산부장관에게 공시기관의 지정을 신청하여야 한다.
③ 제1항에 따른 공시기관 지정의 유효기간은 지정을 받은 날부터 5년으로 하고, 유효기간이 끝난 후에도 유기농어업자재의 공시업무를 계속하려는 공시기관은 유효기간이 끝나기 전에 그 지정을 갱신하여야 한다.
④ 공시기관은 지정받은 내용이 변경된 경우에는 농림축산식품부장관 또는 해양수산부장관에게 변경신고를 하여야 한다. 다만, 농림축산식품부령 또는 해양수산부령으로 정하는 중요 사항을 변경할 때에는 농림축산식품부장관 또는 해양수산부장관으로부터 승인을 받아야 한다.
⑤ 공시기관의 지정기준, 지정신청, 지정갱신 및 변경신고 등에 필요한 사항은 농림축산식품부령 또는 해양수산부령으로 정한다.

제45조(공시기관의 준수사항) 공시기관은 다음 각 호의 사항을 준수하여야 한다.
1. 공시 과정에서 얻은 정보와 자료를 공시의 신청인의 서면동의 없이 공개하거나 제공하지 아니할 것. 다만, 이 법률 또는 다른 법률에 따라 공개하거나 제공하는 경우는 제외한다.
2. 농림축산식품부장관 또는 해양수산부장관이 요청하는 경우에는 공시기관의 사무소 및 시설에 대한 접근을 허용하거나 필요한 정보 및 자료를 제공할 것
3. 공시의 신청·심사, 공시의 취소, 판매금지 처분, 품질관리 지도 및 유기농어업자재의 거래에 관한 자료를 농림축산식품부령 또는 해양수산부령으로 정하는 바에 따라 보관할 것
4. 농림축산식품부령 또는 해양수산부령으로 정하는 바에 따라 공시 결과 및 사후관리 결과 등을 농림축산식품부장관 또는 해양수산부장관에게 보고할 것
5. 공시사업자가 제37조제4항에 따른 공시기준을 준수하도록 관리하기 위하여 농림축산식품부령 또는 해양수산부령으로 정하는 바에 따라 공시사업자에 대하여 불시 심사를 하고 그 결과를 기록·관리할 것

제46조(공시업무의 휴업·폐업) 공시기관은 공시업무의 전부 또는 일부를 휴업하거나 폐업하려는 경우에는 농림축산식품부령 또는 해양수산부령으로 정하는 바에 따라 미리 농림축산식품부장관 또는 해양수산부장관에게 신고하고, 그 공시기관이 공시를 하여 유효기간이 끝나지 아니한 공시사업자에게는 그 취지를 알려야 한다.

제47조(공시기관의 지정취소 등) ① 농림축산식품부장관 또는 해양수산부장관은 공시기관이 다음 각 호의 어느 하나에 해당하는 경우에는 지정을 취소하거나 6개월 이내의 기간을 정하여 그 업무의 전부 또는 일부의 정지 또는 시정조치를 명할 수 있다. 다만, 제1호부터 제3호까지의 경우에는 그 지정을 취소하여야 한다.
1. 거짓이나 그 밖의 부정한 방법으로 지정을 받은 경우
2. 공시기관이 파산, 폐업 등으로 인하여 공시업무를 수행할 수 없는 경우
3. 업무정지 명령을 위반하여 정지기간 중에 공시업무를 한 경우
4. 정당한 사유 없이 1년 이상 계속하여 공시업무를 하지 아니한 경우

5. 고의 또는 중대한 과실로 제37조제4항에 따른 공시기준에 맞지 아니한 제품에 공시를 한 경우
6. 고의 또는 중대한 과실로 제38조에 따른 공시심사 및 재심사의 처리 절차·방법 또는 제39조에 따른 공시 갱신의 절차·방법 등을 지키지 아니한 경우
7. 정당한 사유 없이 제43조제1항에 따른 처분, 제49조제7항제2호 또는 제3호에 따른 명령 및 같은 조 제9항에 따른 공표를 하지 아니한 경우
8. 제44조제5항에 따른 공시기관의 지정기준에 맞지 아니하게 된 경우
9. 제45조에 따른 공시기관의 준수사항을 지키지 아니한 경우
10. 제50조제2항에 따른 시정조치 명령이나 처분에 따르지 아니한 경우
11. 정당한 사유 없이 제50조제3항을 위반하여 소속 공무원의 조사를 거부·방해하거나 기피하는 경우

② 농림축산식품부장관 또는 해양수산부장관은 제1항에 따라 지정취소 또는 업무정지 등의 처분을 한 경우에는 그 사실을 농림축산식품부 또는 해양수산부의 인터넷 홈페이지에 게시하여야 한다.
③ 제1항에 따라 공시기관의 지정이 취소된 자는 취소된 날부터 2년이 지나지 아니하면 다시 공시기관으로 지정받을 수 없다. 다만, 제1항제2호의 사유에 해당하여 지정이 취소된 경우에는 제외한다.
④ 제1항에 따른 행정처분의 세부적인 기준은 위반행위의 유형 및 위반 정도 등을 고려하여 농림축산식품부령 또는 해양수산부령으로 정한다.

제48조(공시에 관한 부정행위의 금지) 누구든지 다음 각 호의 어느 하나에 해당하는 행위를 하여서는 아니 된다.
1. 거짓이나 그 밖의 부정한 방법으로 제38조에 따른 공시, 재심사 및 공시 변경승인, 제39조제2항에 따른 공시 갱신 또는 제44조제1항·제3항에 따른 공시기관의 지정·갱신을 받는 행위
2. 공시를 받지 아니한 자재에 제42조에 따른 유기농어업자재 공시를 나타내는 표시 또는 이와 유사한 표시(공시를 받은 유기농어업자재로 잘못 인식할 우려가 있는 표시 및 이와 관련된 외국어 또는 외래어 표시를 포함한다)를 하는 행위
3. 공시를 받은 유기농어업자재에 공시를 받은 내용과 다르게 표시하는 행위
4. 제38조제1항에 따른 공시 또는 제39조제2항에 따른 공시 갱신의 신청에 필요한 서류를 거짓으로 발급하여 주는 행위
5. 제2호 또는 제3호의 행위에 따른 자재임을 알고도 그 자재를 판매하는 행위 또는 판매할 목적으로 보관·운반하거나 진열하는 행위
6. 공시가 취소된 자재임을 알고도 공시를 받은 유기농어업자재로 판매하거나 판매할 목적으로 보관·운반 또는 진열하는 행위
7. 공시를 받지 아니한 자재를 공시를 받은 유기농어업자재로 광고하거나 공시를 받은 유기농어업자재로 잘못 인식할 수 있도록 광고하는 행위 또는 공시를 받은 유기농어업자재를 공시를 받은 내용과 다르게 광고하는 행위
8. 허용물질이 아닌 물질 또는 제37조제4항에 따른 공시기준에서 허용하지 아니한 물질 등을 유기농어업자재에 섞어 넣는 행위

제49조(유기농어업자재 및 공시사업자등의 사후관리) ① [농림축산식품부장관] 또는 [해양수산부장관]은 농림축산식품부령 또는 해양수산부령으로 정하는 바에 따라 소속 공무원 또는 공시기관으로 하여금 매년 다음 각 호의 조사(공시기관은 공시를 한 공시사업자에 대한 제2호의 조사에 한정한다)를 하게 하여야 한다. 이 경우 시료를 무상으로 제공받아 검사하거나 자료 제출 등을 요구할 수 있다.

1. 판매·유통 중인 공시 받은 유기농어업자재에 대한 조사
2. 공시사업자의 사업장에서 유기농어업자재의 생산 과정을 확인하여 제37조제4항에 따른 공시기준에 맞는지 여부 조사

② 제1항에 따라 조사를 할 때에는 미리 조사의 일시, 목적, 대상 등을 관계인에게 알려야 한다. 다만, 긴급한 경우나 미리 알리면 그 목적을 달성할 수 없다고 인정되는 경우에는 그러하지 아니하다.

③ 제1항에 따라 조사를 하거나 자료 제출을 요구하는 경우 공시사업자 또는 공시 받은 유기농어업자재를 판매·유통하는 사업자(이하 "공시사업자등"이라 한다)는 정당한 사유 없이 거부·방해하거나 기피하여서는 아니 된다. 이 경우 제1항에 따른 조사를 위하여 사업장에 출입하는 자는 그 권한을 표시하는 증표를 지니고 이를 관계인에게 보여주어야 한다.

④ 농림축산식품부장관·해양수산부장관 또는 공시기관은 제1항에 따른 조사를 한 경우에는 공시사업자등에게 조사 결과를 통지하여야 한다. 이 경우 조사 결과 중 제1항 각 호 외의 부분 후단에 따라 제공한 시료의 검사 결과에 이의가 있는 공시사업자등은 시료의 재검사를 요청할 수 있다.

⑤ 제4항에 따른 재검사 요청을 받은 농림축산식품부장관·해양수산부장관 또는 공시기관은 농림축산식품부령 또는 해양수산부령으로 정하는 바에 따라 재검사 여부를 결정하여 해당 공시사업자등에게 통보하여야 한다.

⑥ 농림축산식품부장관·해양수산부장관 또는 공시기관은 제4항에 따른 재검사를 하기로 결정하였을 때에는 지체 없이 재검사를 하고 해당 공시사업자등에게 그 재검사 결과를 통보하여야 한다.

⑦ 농림축산식품부장관·해양수산부장관 또는 공시기관은 제1항에 따른 조사를 한 결과 제37조제4항에 따른 공시기준 또는 제42조에 따른 공시의 표시사항 등을 위반하였다고 판단한 때에는 공시사업자등에게 다음 각 호의 조치를 명할 수 있다.
1. 제43조제1항에 따른 공시취소, 판매금지 또는 시정조치
2. 유기농어업자재의 회수·폐기
3. 공시표시의 제거·정지 또는 세부 표시사항 변경

⑧ 농림축산식품부장관 또는 해양수산부장관은 공시사업자등이 제7항제2호에 따른 회수·폐기 명령을 이행하지 아니하는 경우에는 관계 공무원에게 해당 유기농어업자재를 압류하게 할 수 있다. 이 경우 관계 공무원은 그 권한을 표시하는 증표를 지니고 이를 관계인에게 보여주어야 한다.

⑨ 농림축산식품부장관·해양수산부장관 또는 공시기관은 제7항 각 호에 따른 조치명령의 내용을 공표하여야 한다.

⑩ 제4항에 따른 조사 결과 통지 및 제6항에 따른 시료의 재검사 절차와 방법, 제7항 각 호에 따른 조치명령의 세부기준, 제8항에 따른 압류 및 제9항에 따른 공표에 필요한 사항은 농림축산식품부령 또는 해양수산부령으로 정한다.

제50조(공시기관의 사후관리) ① 농림축산식품부장관 또는 해양수산부장관은 소속 공무원으로 하여금 공시기관이 제38조 및 제39조에 따라 공시업무를 적절하게 수행하는지, 제44조제5항에 따른 공시기관의 지정기준에 맞는지, 제45조에 따른 공시기관의 준수사항을 지키는지를 조사하게 할 수 있다.

② 농림축산식품부장관 또는 해양수산부장관은 제1항에 따른 조사결과 공시기관이 다음 각 호의 어느 하나에 해당하는 경우에는 제47조제1항에 따른 지정취소·업무정지 또는 시정조치 명령을 할 수 있다.
1. 제38조 또는 제39조에 따라 공시업무를 적절하게 수행하지 아니하는 경우
2. 제44조제5항에 따른 지정기준에 맞지 아니하는 경우

3. 제45조에 따른 공시기관의 준수사항을 지키지 아니하는 경우

③ 제1항에 따라 조사를 하는 경우 공시기관의 임직원은 정당한 사유 없이 이를 거부·방해하거나 기피해서는 아니 된다.

제51조(공시기관 등의 승계) ① 다음 각 호의 어느 하나에 해당하는 자는 공시사업자 또는 공시기관의 지위를 승계한다.
1. 공시사업자가 사망한 경우 그 유기농어업자재를 계속하여 생산하거나 수입하여 판매하려는 상속인
2. 공시사업자나 공시기관이 사업을 양도한 경우 그 양수인
3. 공시사업자나 공시기관이 합병한 경우 합병 후 존속하는 법인이나 합병으로 설립되는 법인

② 제1항에 따라 공시사업자의 지위를 승계한 자는 공시심사를 한 공시기관(그 공시기관의 지정이 취소된 경우에는 해양수산부장관 또는 다른 공시기관을 말한다)에 그 사실을 신고하여야 하고, 공시기관의 지위를 승계한 자는 농림축산식품부장관 또는 해양수산부장관에게 그 사실을 신고하여야 한다.

③ 농림축산식품부장관·해양수산부장관 또는 공시기관은 제2항에 따른 신고를 받은 날부터 1개월 이내에 신고수리 여부를 신고인에게 통지하여야 한다.

④ 농림축산식품부장관·해양수산부장관 또는 공시기관이 제3항에서 정한 기간 내에 신고수리 여부 또는 민원 처리 관련 법령에 따른 처리기간의 연장을 신고인에게 통지하지 아니하면 그 기간(민원 처리 관련 법령에 따라 처리기간이 연장 또는 재연장된 경우에는 해당 처리기간을 말한다)이 끝난 날의 다음 날에 신고를 수리한 것으로 본다.

⑤ 제1항에 따른 지위의 승계가 있을 때에는 종전의 공시기관 또는 공시사업자에게 한 제43조제1항 또는 제47조제1항에 따른 행정처분의 효과는 그 처분기간 내에 그 지위를 승계한 자에게 승계되며, 행정처분의 절차가 진행 중일 때에는 그 지위를 승계한 자에 대하여 그 절차를 계속 진행할 수 있다.

⑥ 제2항에 따른 신고에 필요한 사항은 농림축산식품부령 또는 해양수산부령으로 정한다.

제52조(「농약관리법」 등의 적용 배제) ① 공시를 받은 유기농어업자재에 대하여는 「농약관리법」 제8조 및 제17조, 「비료관리법」 제11조 및 제12조에도 불구하고 「농약관리법」에 따른 농약이나 「비료관리법」에 따른 비료로 등록하거나 신고하지 아니할 수 있다.

② 유기농어업자재를 생산하거나 수입하여 판매하려는 자가 공시를 받았을 때에는 「농약관리법」 제3조에 따른 등록을 하지 아니할 수 있다.

제6장 보칙

제53조(친환경 인증관리 정보시스템의 구축·운영) ① 농림축산식품부장관 또는 해양수산부장관은 다음 각 호의 업무를 수행하기 위하여 친환경 인증관리 정보시스템을 구축·운영할 수 있다.
1. 인증기관 지정·등록, 인증 현황, 수입증명서 관리 등에 관한 업무
2. 인증품 등에 관한 정보의 수집·분석 및 관리 업무
3. 인증품 등의 사업자 목록 및 생산, 제조·가공 또는 취급 관련 정보 제공
4. 인증받은 자의 성명, 연락처 등 소비자에게 인증품 등의 신뢰도를 높이기 위하여 필요한 정보 제공
5. 인증기준 위반품의 유통 차단을 위한 인증취소 등의 정보 공표

② 제1항에 따른 친환경 인증관리 정보시스템의 구축·운영에 필요한 사항은 농림축산식품부령 또는 해양수산부령으로 정한다.

제53조의2(유기농어업자재 정보시스템의 구축·운영) ① 농림축산식품부장관 또는 해양수산부장관은

다음 각 호의 업무를 수행하기 위하여 유기농어업자재 정보시스템을 구축·운영할 수 있다.
1. 공시기관 지정 현황, 공시 현황, 시험연구기관의 지정 현황 등의 관리에 관한 업무
2. 공시에 관한 정보의 수집·분석 및 관리 업무
3. 공시사업자 목록 및 공시를 받은 제품의 생산, 제조, 수입 또는 취급 관련 정보 제공 업무
4. 공시사업자의 성명, 연락처 등 소비자에게 공시의 신뢰도를 높이기 위하여 필요한 정보 제공 업무
5. 공시기준 위반품의 유통 차단을 위한 공시의 취소 등 정보 공표 업무
② 제1항에 따른 유기농어업자재 정보시스템의 구축·운영에 필요한 사항은 농림축산식품부령 또는 해양수산부령으로 정한다.

제54조(인증제도 활성화 지원) ① 농림축산식품부장관 또는 해양수산부장관은 인증제도 활성화를 위하여 다음 각 호의 사항을 추진하여야 한다.
1. 이 법에 따른 인증제도의 홍보에 관한 사항
2. 인증제도 운영에 필요한 교육·훈련에 관한 사항
3. 이 법에 따른 인증품의 생산, 제조·가공 또는 취급 계획서의 견본문서 개발 및 보급에 관한 사항
② 농림축산식품부장관 또는 해양수산부장관은 다음 각 호의 하나에 해당하는 자에게 예산의 범위에서 품질관리체제 구축 또는 기술지원 및 교육·훈련 사업 등에 필요한 자금을 지원할 수 있다.
1. 농어업인 또는 민간단체
2. 제품 등의 인증사업자, 공시사업자, 인증기관 또는 공시기관
3. 인증제도 관련 교육과정 운영자
4. 인증품 등의 생산, 제조·가공 또는 취급 관련 표준모델 개발 및 기술지원 사업자

제54조의2(명예감시원) ① 농림축산식품부장관 또는 해양수산부장관은 「농수산물 품질관리법」 제104조에 따른 농수산물 명예감시원에게 친환경농수산물, 유기식품등, 무농약원료가공식품 또는 유기농어업자재의 생산·유통에 대한 감시·지도·홍보를 하게 할 수 있다.
② 농림축산식품부장관 또는 해양수산부장관은 제1항에 따른 농수산물 명예감시원에게 예산의 범위에서 그 활동에 필요한 경비를 지급할 수 있다.

제55조(우선구매) ① 국가와 지방자치단체는 농어업의 환경보전기능 증대와 친환경농어업의 지속가능한 발전을 위하여 친환경농수산물·무농약원료가공식품 또는 유기식품을 우선적으로 구매하도록 노력하여야 한다.
② 농림축산식품부장관·해양수산부장관 또는 지방자치단체의 장은 이 법에 따른 인증품의 구매를 촉진하기 위하여 다음 각 호의 어느 하나에 해당하는 기관 및 단체의 장에게 인증품의 우선구매 등 필요한 조치를 요청할 수 있다.
1. 「중소기업제품 구매촉진 및 판로지원에 관한 법률」 제2조제2호에 따른 공공기관
2. 「국군조직법」에 따라 설치된 각군 부대와 기관
3. 「영유아보육법」에 따른 어린이집, 「유아교육법」에 따른 유치원, 「초·중등교육법」 또는 「고등교육법」에 따른 학교
4. 농어업 관련 단체 등
③ 국가 또는 지방자치단체는 이 법에 따른 인증품의 소비촉진을 위하여 제2항에 따라 우선구매를 하는 기관 및 단체 등에 예산의 범위에서 재정지원을 하는 등 필요한 지원을 할 수 있다.

제56조(수수료) ① 다음 각 호의 어느 하나에 해당하는 자는 수수료를 해양수산부장관이나 해당 인증기

관 또는 공시기관에 납부하여야 한다.
1. 제20조제1항 또는 제34조제3항에 따라 인증을 받으려는 자
1의2. 제20조제8항(제34조제4항에서 준용하는 경우를 포함한다)에 따라 인증 변경승인을 받으려는 자
2. 제21조제2항(제34조제4항에서 준용하는 경우를 포함한다)에 따라 인증을 갱신하려는 자
2의2. 삭제
3. 제21조제3항(제34조제4항에서 준용하는 경우를 포함한다)에 따라 인증의 유효기간을 연장받으려는 자
4. 제38조제1항에 따라 공시를 받으려는 자
5. 제39조제2항에 따라 공시를 갱신하려는 자
② 다음 각 호의 어느 하나에 해당하는 자는 수수료를 농림축산식품부장관 또는 해양수산부장관에게 납부하여야 한다.
1. 제25조에 따라 동등성을 인정받으려는 외국의 정부 또는 인증기관
2. 제26조 또는 제35조에 따라 인증기관으로 지정받거나 인증기관 지정을 갱신하려는 자
2의2. 제41조에 따라 시험연구기관으로 지정받거나 시험연구기관 지정을 갱신하려는 자
3. 제44조에 따라 공시기관으로 지정받거나 공시기관 지정을 갱신하려는 자
③ 제1항 및 제2항에 따른 수수료의 금액, 납부방법 및 납부기간 등에 필요한 사항은 농림축산식품부령 또는 해양수산부령으로 정한다.

제57조(청문 등) ① 농림축산식품부장관 또는 해양수산부장관은 다음 각 호의 어느 하나에 해당하는 경우에는 청문을 하여야 한다.
1. 제14조의2제1항에 따라 교육훈련기관의 지정을 취소하는 경우
2. 제26조의2제3항(제35조제2항에서 준용하는 경우를 포함한다)에 따라 인증심사원의 자격을 취소하는 경우
3. 제29조제1항(제35조제2항에서 준용하는 경우를 포함한다) 또는 제47조제1항에 따라 인증기관 또는 공시기관의 지정을 취소하는 경우
② 인증기관 또는 공시기관이 제24조제1항(제34조제4항에서 준용하는 경우를 포함한다) 또는 제43조제1항에 따라 인증이나 공시를 취소하려는 경우에는 해당 사업자에게 의견제출의 기회를 주어야 한다. 다만, 해당 사업자가 청문을 신청하는 경우에는 청문을 하여야 한다.
③ 제2항에 따른 의견제출 및 청문에 관하여는 「행정절차법」 제22조제4항부터 제6항까지 및 같은 법 제2장제2절의 규정을 준용한다. 이 경우 "행정청"은 "인증기관" 또는 "공시기관"으로 본다.

제58조(권한의 위임 또는 위탁) ① 이 법에 따른 농림축산식품부장관 또는 해양수산부장관의 권한 또는 업무는 그 일부를 대통령령으로 정하는 바에 따라 농촌진흥청장, 산림청장, 시·도지사 또는 농림축산식품부 또는 해양수산부 소속 기관의 장에게 위임하거나, 식품의약품안전처장, 「과학기술분야 정부출연연구기관 등의 설립·운영 및 육성에 관한 법률」에 따라 설립된 한국식품연구원의 원장 또는 민간단체의 장이나 「고등교육법」 제2조에 따른 학교의 장에게 위탁할 수 있다.
② 제1항에 따라 위임 또는 위탁을 받은 농림축산식품부 또는 해양수산부 소속 기관의 장 또는 식품의약품안전처장, 농촌진흥청장은 그 위임 또는 위탁받은 권한의 일부 또는 전부를 소속 기관의 장에게 재위임하거나 민간단체에 재위탁할 수 있다.

제59조(벌칙 적용 시의 공무원 의제 등) 다음 각 호의 어느 하나에 해당하는 사람은 「형법」 제129조부터 제132조까지의 규정에 따른 벌칙을 적용할 때에는 공무원으로 본다.

1. 제26조제1항 또는 제35조제1항에 따라 인증업무에 종사하는 인증기관의 임직원
1의2. 제41조제1항에 따라 지정된 시험연구기관에서 유기농어업자재의 시험업무에 종사하는 임직원
2. 제44조제1항에 따라 공시업무에 종사하는 공시기관의 임직원
3. 제26조제4항 또는 제58조에 따라 위탁받은 업무에 종사하는 기관, 단체, 법인 또는 「고등교육법」 제2조에 따른 학교의 임직원

제7장 벌칙 등

제60조(벌칙) ① 제27조제1항제1호, 같은 조 제2항제1호, 제41조의2제1호 또는 제45조제1호를 위반하여 인증과정, 시험수행과정 또는 공시 과정에서 얻은 정보와 자료를 신청인의 서면동의 없이 공개하거나 제공한 자는 5년 이하의 징역 또는 5천만원 이하의 벌금에 처한다.

제60조의2(벌금형의 분리 선고) 「형법」 제38조에도 불구하고 제60조제1항, 같은 조 제2항제1호·제2호·제3호·제4호·제4호의2·제4호의3 및 같은 조 제3항제2호의 죄(인증심사업무와 관련된 죄로 한정한다)와 다른 죄의 경합범(競合犯)에 대하여 벌금형을 선고하는 경우에는 이를 분리하여 선고하여야 한다.

제61조(양벌규정) 법인의 대표자나 법인 또는 개인의 대리인, 사용인, 그 밖의 종업원이 그 법인 또는 개인의 업무에 관하여 제60조제1항, 같은 조 제2항 각 호 또는 같은 조 제3항 각 호에 따른 위반행위를 하면 그 행위자를 벌하는 외에 그 법인 또는 개인에게도 해당 조문의 벌금형을 과(科)한다. 다만, 법인 또는 개인이 그 위반행위를 방지하기 위하여 해당 업무에 관하여 상당한 주의와 감독을 게을리하지 아니한 경우에는 그러하지 아니한다.

제62조(과태료) ① 정당한 사유 없이 제32조제1항(제34조제5항에서 준용하는 경우를 포함한다), 제41조의3제1항 또는 제50조제1항에 따른 조사를 거부·방해하거나 기피한 자에게는 1천만원 이하의 과태료를 부과한다.

친환경농어업 육성 및 유기식품 등의 관리·지원에 관한 법률 시행규칙 [별표1]

허용물질(제3조제1항 관련)

1. 유기식품등에 사용 가능한 물질('유기농업 일반'에서 기술함)

   가. 유기농산물 및 유기임산물

   <u>1) 토양개량과 작물생육을 위해 사용가능한 물질</u>

   <u>2) 병해충 관리를 위해 사용 가능한 물질</u>

   나. 유기축산물 및 비식용유기가공품

   <u>1) 사료로 직접 사용되거나 배합사료의 원료로 사용 가능한 물질</u>(「사료관리법」 제11조에 따라 고시된 사료공정을 준수한 원료로 한정한다)

   <u>2) 사료의 품질저하 방지 또는 사료의 효용을 높이기 위해 사료에 첨가하여 사용 가능한 물질</u>

   3) 축사 및 축사 주변, 농기계 및 기구의 소독제로 사용 가능한 물질
   「동물용 의약품등 취급규칙」 제5조에 따라 제조품목허가 또는 제조품목신고된 동물용의약외품 중 별표4의 인증기준에서 사용이 금지된 성분을 포함하지 않은 물질을 사용할 것. 이 경우 가축 또는 사료에 접촉되지 않도록 사용해야 한다.

   4) 비식용유기가공품에 사용 가능한 물질
   제1호다목1)에 따른 식품첨가물 또는 가공보조제로 사용 가능한 물질. 이 경우 허용범위는 국립농산물품질관리원장이 정하여 고시한다.

   5) 가축의 질병 예방 및 치료를 위해 사용 가능한 물질

   다. 유기가공식품

   1) 식품첨가물 또는 가공보조제로 사용 가능한 물질('유기농업 일반'에서 기술함)

   2) 기구·설비의 세척·살균소독제로 사용 가능한 물질
   제1호다목1)에 따른 식품첨가물 또는 가공보조제로 사용 가능한 물질 중 사용 가능 범위가 식품 표면의 세척·소독제인 물질, 「식품위생법」 제7조제1항에 따라 식품첨가물의 기준 및 규격이 고시된 기구 등의 살균소독제 및 「위생용품 관리법」 제10조에 따라 고시된 위생용품의 기준 및 규격에서 정한 1·2·3종 세척제를 사용할 수 있다.

   라. 그 밖에 제3조제2항에 따라 국립농산물품질관리원장이 별표2의 허용물질 선정 기준 및 절차에 따라 추가로 선정하여 고시한 허용물질

2. 무농약농산물·무농약원료가공식품에 사용 가능한 물질

   가. 무농약농산물: 병해충 관리에는 제1호가목2)에 따른 사용 가능한 물질만을 사용할 수 있다.

   나. 무농약원료가공식품: 제1호다목에 따라 유기가공식품에 사용 가능한 물질만을 사용할 수 있다.

3. 유기농업자재 제조 시 보조제로 사용 가능한 물질

사용 가능 물질	사용 가능 조건
미국 환경보호국(EPA)에서 정한 농약제품에 허가된 불활성 성분 목록(Inert Ingredients List) 3 또는 4에 해당하는 보조제	가. 제1호가목2)의 병해충 관리를 위해 사용 가능한 물질을 화학적으로 변화시키지 않으면서 단순히 산도(pH) 조정 등을 위해 첨가하는 것으로만 사용할 것 나. 유기농업자재를 생산 또는 수입하여 판매하는 자는 물을 제외한 보조제가 주원료의 투입비율을 초과하지 않았다는 것을 유기농업자재 생산계획서에 기록·관리하고 사용할 것 다. 유기식품등을 생산, 제조·가공 또는 취급하는 자가 유기농업자재를 제조하는 경우에는 물을 제외한 보조제가 주원료의 투입비율을 초과하지 않았다는 것을 인증품 생산계획서에 기록·관리하고 사용할 것 라. 불활성 성분 목록 3의 식품등급에 해당하는 보조제는 식품의약품안전처장이 식품첨가물로 지정한 물질일 것

친환경농어업법 시행규칙 [별표4]

유기식품등의 생산, 제조·가공 또는 취급에 필요한 인증기준(제11조제1항 관련)

1. 이 표에서 사용하는 용어의 뜻은 다음과 같다.
   가. "재배포장"이란 작물을 재배하는 일정구역을 말한다.
   나. "화학비료"란 「비료관리법」 제2조제1호에 따른 비료 중 화학적인 과정을 거쳐 제조된 것을 말한다.
   다. "합성농약"이란 화학물질을 원료·재료로 사용하거나 화학적 과정으로 만들어진 살균제, 살충제, 제초제, 생장조절제, 기피제, 유인제 또는 전착제 등의 농약으로서, 별표1 제1호가목2)에 따른 병해충 관리를 위해 사용 가능한 물질이 아닌 것으로 제조된 농약을 말한다.
   라. "돌려짓기(윤작)"란 동일한 재배포장에서 동일한 작물을 연이어 재배하지 않고, 서로 다른 종류의 작물을 순차적으로 조합·배열하여 차례로 심는 것을 말한다.
   마. "가축"이란 「축산법」 제2조제1호에 따른 가축을 말한다.
   바. "유기사료"란 제5호에 따른 비식용유기가공품의 인증기준에 맞게 제조·가공 또는 취급된 사료를 말한다.
   사. "동물용의약품"이란 동물질병의 예방·치료 및 진단을 위해 사용하는 의약품을 말한다.
   아. "사육장"이란 축사시설, 방목 장소 등 가축 사육을 위한 시설 또는 장소를 말한다.
   자. "휴약기간"이란 사육되는 가축에 대해 그 생산물이 식용으로 사용되기 전에 동물용의약품의 사용을 제한하는 일정기간을 말한다.
   차. "생산자단체"란 5명 이상의 생산자로 구성된 작목반, 작목회 등 영농 조직, 협동조합 또는 영농단체를 말한다.
   카. "생산관리자"란 생산자단체 소속 농가의 생산지침서의 작성 및 관리, 영농 관련 자료의 기록 및 관리, 인증을 받으려는 신청인에 대한 인증기준의 준수를 위한 교육 및 지도, 인증기준에 적합한지를 확인하기 위한 예비심사 등을 담당하는 자를 말한다. 다만, 농업자재의 제조·유통·판매를 업(業)으로 하는 자는 제외한다.
   타. "식물공장"(Vertical Farm)이란 토양을 이용하지 않고 통제된 시설공간에서 빛(LED, 형광등), 온도, 수분 및 양분 등을 인공적으로 투입해 작물을 재배하는 시설을 말한다.

2. 유기농산물 및 유기임산물의 인증기준

심사 사항	인증기준
가. 일반	1) 별표5의 경영 관련 자료를 기록·보관하고, 국립농산물품질관리원장 또는 인증기관이 열람을 요구할 때에는 이에 응할 것 2) 신청인이 생산자단체인 경우에는 생산관리자를 지정하여 소속 농가에 대해 교육 및 예비심사 등을 실시하도록 할 것 3) 다음의 표에서 정하는 바에 따라 친환경농업에 관한 교육을 이수할 것. 다만, 인증사업자가 5년 이상 인증을 유지하는 등 인증사업자가 국립농산물품질관리원장이 정하여 고시하는 경우에 해당하는 경우에는 교육을 4년마다 1회 이수할 수 있다.

과정명	친환경농업 기본교육
교육주기	2년마다 1회
교육시간	2시간 이상
교육기관	국립농산물품질관리원장이 정하는 교육기관

나. 재배포장, 재배용수, 종자	1) 재배포장은 최근 1년간 인증취소 처분을 받지 않은 재배지로서, 「토양환경보전법 시행규칙」 제1조의5 및 별표3에 따른 토양오염우려기준을 초과하지 않으며, 주변으로부터 오염 우려가 없거나 오염을 방지할 수 있을 것 2) 작물별로 국립농산물품질관리원장이 정하여 고시하는 전환기간(轉換期間: 최소 재배기간) 이상을 다목의 재배방법에 따라 재배할 것 3) 재배용수는 「환경정책기본법 시행령」 제2조 및 별표1에 따른 농업용수 이상의 수질기준에 적합해야 하며, 농산물의 세척 등에 사용되는 용수는 「먹는물 수질기준 및 검사 등에 관한 규칙」 제2조 및 별표1에 따른 먹는물의 수질기준에 적합할 것 4) 종자는 최소한 1세대 이상 다목의 재배방법에 따라 재배된 것을 사용하며, 유전자변형농산물인 종자는 사용하지 않을 것
다. 재배 방법	1) 화학비료, 합성농약 또는 합성농약 성분이 함유된 자재를 사용하지 않을 것 2) 장기간의 적절한 돌려짓기(윤작)를 실시할 것 3) 가축분뇨를 원료로 하는 퇴비·액비는 유기축산물 또는 무항생제축산물 인증 농장, 경축순환농법 등 친환경 농법으로 가축을 사육하는 농장 또는 「동물보호법」 제29조에 따라 동물복지축산농장으로 인증을 받은 농장에서 유래한 것만 완전히 부숙하여 사용하고, 「비료관리법」 제4조에 따른 공정규격설정등의 고시에서 정한 가축분뇨발효액의 기준에 적합할 것 4) 병해충 및 잡초는 유기농업에 적합한 방법으로 방제·관리할 것
라. 생산물의 품질관리 등	1) 유기농산물·유기임산물의 수확·저장·포장·수송 등의 취급과정에서 유기적 순수성이 유지되도록 관리할 것 2) 합성농약 또는 합성농약 성분이 함유된 자재를 사용하지 않으며, 합성농약 성분은 검출되지 않을 것 3) 수확 및 수확 후 관리를 수행하는 모든 작업자는 품목의 특성에 따라 적절한 위생조치를 할 것 4) 수확 후 관리시설에서 사용하는 도구와 설비를 위생적으로 관리할 것 5) 인증품에 인증품이 아닌 제품을 혼합하거나 인증품이 아닌 제품을 인증품으로 판매하지 않을 것
마. 그 밖의 사항	1) 토양을 기반으로 하지 않는 농산물·임산물은 수분 외에는 어떠한 외부투입 물질도 사용하지 않을 것 2) 식물공장에서 생산된 농산물·임산물이 아닐 것 3) 농장에서 발생한 환경오염 물질 또는 병해충 및 잡초 관리를 위해 인위적으로 투입한 동식물이 주변 농경지·하천·호수 또는 농업용수 등을 오염시키지 않도록 관리할 것

3. 유기축산물(제4호의 유기양봉 산물·부산물은 제외한다)의 인증기준

심사 사항	인증기준
가. 일반	1) 별표5의 경영 관련 자료를 기록·보관하고, 국립농산물품질관리원장 또는 인증기관이 열람을 요구할 때에는 이에 응할 것 2) 신청인이 생산자단체인 경우에는 생산관리자를 지정하여 소속 농가에 대해 교육 및 예비심사 등을 실시하도록 할 것 3) 다음의 표에서 정하는 바에 따라 친환경농업에 관한 교육을 이수할 것. 다만, 인증사업자가 5년 이상 인증을 유지하는 등 인증사업자가 국립농산물품질관리원장이 정하여 고시하는 경우에 해당하는 경우에는 교육을 4년마다 1회 이수할 수 있다. | 과정명	친환경농업 기본교육 | |---|---| | 교육주기 | 2년마다 1회 | | 교육시간 | 2시간 이상 | | 교육기관 | 국립농산물품질관리원장이 정하는 교육기관 |
나. 사육 조건	1) 사육장(방목지를 포함한다), 목초지 및 사료작물 재배지는 「토양환경보전법 시행규칙」 제1조의5 및 별표3에 따른 토양오염우려기준을 초과하지 않아야 하며, 주변으로부터 오염될 우려가 없거나 오염을 방지할 수 있을 것 2) 축사 및 방목 환경은 가축의 생물적·행동적 욕구를 만족시킬 수 있도록 조성하고 국립농산물품질관리원장이 정하는 축사의 사육 밀도를 유지·관리할 것 3) 유기축산물 인증을 받거나 받으려는 가축(이하 "유기가축"이라 한다)과 유기가축이 아닌 가축(무항생제축산물 인증을 받거나 받으려는 가축을 포함한다. 이하 같다)을 병행하여 사육하는 경우에는 철저한 분리 조치를 할 것 4) 합성농약 또는 합성농약 성분이 함유된 동물용의약품 등의 자재를 축사 및 축사의 주변에 사용하지 않을 것 5) 사육 관련 업무를 수행하는 모든 작업자는 가축 종류별 특성에 따라 적절한 위생조치를 할 것 6) 가축 사육시설 및 장비(사료 보관·공급 및 먹는 물 관련 시설을 포함한다) 등을 주기적으로 청소, 세척 및 소독하여 오염이 최소화되도록 관리할 것 7) 쥐 등 설치류로부터 가축이 피해를 입지 않도록 방제하는 경우에는 물리적 장치 또는 관련 법령에 따라 허가받은 자재를 사용하되, 가축이나 사료에 접촉되지 않도록 관리할 것
다. 자급 사료기반	초식가축의 경우에는 유기적 방식으로 재배·생산되는 목초지 또는 사료작물 재배지를 확보할 것
라. 가축의 선택, 번식방법 및 입식	1) 가축은 사육환경을 고려하여 적합한 품종 및 혈통을 선택하고, 수정란 이식기법, 번식호르몬 처리 또는 유전공학을 이용한 번식기법을 사용하지 않을 것 2) 다른 농장에서 가축을 입식하려는 경우 유기축산물 인증을 받은 농장(이하 "유기농장"이라 한다)에서 사육된 가축, 젖을 뗀 직후의 가축 또는 부화 직후의 가축 등 일정한 입식조건을 준수할 것

마. 전환 기간	유기농장이 아닌 농장이 유기농장으로 전환하거나 유기가축이 아닌 가축을 유기농장으로 입식하여 유기축산물을 생산·판매하려는 경우에는 다음 표에 따른 가축의 종류별 전환기간(최소 사육기간) 이상을 유기축산물의 인증기준에 맞게 사육할 것

가축의 종류	생산물	전환기간(최소 사육기간)
한우·육우	식육	입식 후 12개월
젖소	시유 (시판우유)	1) 착유우는 입식 후 3개월 2) 새끼를 낳지 않은 암소는 입식 후 6개월
면양·염소	식육	입식 후 5개월
	시유 (시판우유)	1) 착유양은 입식 후 3개월 2) 새끼를 낳지 않은 암양은 입식 후 6개월
돼지	식육	입식 후 5개월
육계	식육	입식 후 3주
산란계	알	입식 후 3개월
오리	식육	입식 후 6주
	알	입식 후 3개월
메추리	알	입식 후 3개월
사슴	식육	입식 후 12개월

바. 사료 및 영양 관리	1) 유기가축에게는 100% 유기사료를 공급하는 것을 원칙으로 할 것. 다만, 극한 기후조건 등의 경우에는 국립농산물품질관리원장이 정하여 고시하는 바에 따라 유기사료가 아닌 사료를 공급하는 것을 허용할 수 있다. 2) 반추가축에게 담근먹이(사일리지)만을 공급하지 않으며, 비반추가축도 가능한 조사료(粗飼料: 생초나 건초 등의 거친 먹이)를 공급할 것 3) 유전자변형농산물 또는 유전자변형농산물에서 유래한 물질은 공급하지 않을 것 4) 합성화합물 등 금지물질을 사료에 첨가하거나 가축에 공급하지 않을 것 5) 가축에게 「환경정책기본법 시행령」 제2조 및 별표1에 따른 생활용수의 수질기준에 적합한 먹는 물을 상시 공급할 것 6) 합성농약 또는 합성농약 성분이 함유된 동물용의약품 등의 자재를 사용하지 않을 것
사. 동물복지 및 질병관리	1) 가축의 질병을 예방하기 위해 적절한 조치를 하고, 질병이 없는 경우에는 가축에 동물용의약품을 투여하지 않을 것 2) 가축의 질병을 예방하고 치료하기 위해 별표1 제1호나목5)에 따른 물질을 사용하는 경우에는 사용 가능 조건을 준수하고 사용할 것 3) 가축의 질병을 치료하기 위해 불가피하게 동물용의약품을 사용한 경우에는 동물용의약품을 사용한 시점부터 전환기간(해당 약품의 휴약기간의 2배가 전환기간보다 더 긴 경우에는 휴약기간의 2배의 기간을 말한다) 이상의 기간 동안 사육한 후 출하할 것 4) 가축의 꼬리 부분에 접착밴드를 붙이거나 꼬리, 이빨, 부리 또는 뿔을 자르는 등의 행위를 하지 않을 것. 다만, 국립농산물품질관리원장이 고시로 정하는 경우에 해당될 때에는 허용할 수 있다. 5) 성장촉진제, 호르몬제의 사용은 치료목적으로만 사용할 것

		6) 3)부터 5)까지의 규정에 따라 동물용의약품을 사용하는 경우에는 수의사의 처방에 따라 사용하고 처방전 또는 그 사용명세가 기재된 진단서를 갖춰 둘 것
아. 운송·도축· 가공 과정의 품질관리		1) 살아 있는 가축을 운송할 때에는 가축의 종류별 특성에 따라 적절한 위생조치를 취해야 하고, 운송과정에서 충격과 상해를 입지 않도록 할 것 2) 가축의 도축 및 축산물의 저장·유통·포장 등 취급과정에서 사용하는 도구와 설비는 위생적으로 관리해야 하고, 축산물의 유기적 순수성이 유지되도록 관리할 것 3) 동물용의약품 성분은 「식품위생법」 제7조제1항에 따라 식품의약품안전처장이 정하여 고시하는 동물용의약품 잔류허용기준의 10분의 1을 초과하여 검출되지 않을 것 4) 합성농약 성분은 검출되지 않을 것 5) 인증품에 인증품이 아닌 제품을 혼합하거나 인증품이 아닌 제품을 인증품으로 판매하지 않을 것
자. 가축분뇨의 처리		「가축분뇨의 관리 및 이용에 관한 법률」 제10조부터 제13조의2까지 및 제17조를 준수하여 환경오염을 방지하고 가축분뇨는 완전히 부숙시킨 퇴비 또는 액비로 자원화하여 초지나 농경지에 환원함으로써 토양 및 식물과의 유기적 순환관계를 유지할 것

4. 유기양봉 산물·부산물의 인증기준

심사 사항	인증기준
가. 일반	1) 별표5의 경영 관련 자료를 기록·보관하고, 국립농산물품질관리원장 또는 인증기관이 열람을 요구할 때에는 이에 응할 것 2) 꿀벌과 벌통의 관리는 유기농업의 원칙에 따라 이루어질 것 3) 벌통의 반경 3km 이내에는 유기적으로 재배되는 식물과 산림 등 자연상태에서 자생하는 식물로 조성되어 꿀벌이 영양원에 충분히 접근할 수 있을 것 4) 벌통은 천연재료를 사용하여 만들 것 5) 벌집은 유기적인 밀랍, 프로폴리스 및 식물성 기름 등 천연원료·재료를 소재로 한 제품만 사용할 것 6) 다음의 표에서 정하는 바에 따라 친환경농업에 관한 교육을 이수할 것. 다만, 인증사업자가 5년 이상 인증을 유지하는 등 인증사업자가 국립농산물품질관리원장이 정하여 고시하는 경우에 해당하는 경우에는 교육을 4년마다 1회 이수할 수 있다. | 과정명	친환경농업 기본교육 | |---|---|
교육주기	2년마다 1회
교육시간	2시간 이상
교육기관	국립농산물품질관리원장이 정하는 교육기관	
나. 꿀벌의 선택, 번식방법 및 입식	꿀벌의 품종은 지역조건에 대한 적응력, 활동력 및 질병저항성 등을 고려하여 선택할 것
다. 전환 기간	양봉의 산물·부산물(「양봉산업의 육성 및 지원에 관한 법률」 제2조제1호가목 및 나목에 따른 양봉의 산물·부산물을 말한다. 이하 "양봉의 산물등"이라 한다)을 생산·판매하려는 경우에는 유기양봉 산물·부산물의 인증기준을 1년 이상 준수할 것

라. 먹이 및 영양 관리	꿀벌에게는 유기식품등의 인증 기준에 적합한 먹이를 제공할 것
마. 동물복지 및 질병관리	1) 양봉의 산물등을 수확하기 위해 벌통 내 꿀벌을 죽이거나 여왕벌의 날개를 자르지 않을 것 2) 합성농약이나 동물용의약품, 화학합성물질로 제조된 기피제를 사용하는 행위를 하지 않을 것 3) 꿀벌의 질병을 예방하기 위해 적절한 조치를 할 것 4) 꿀벌의 질병을 예방·관리하기 위한 조치에도 불구하고 질병이 발생한 경우에는 다음의 물질을 사용할 것 　- 젖산, 옥살산, 초산, 개미산, 황, 자연산 에테르 기름[멘톨, 유칼립톨(eucalyptol), 캠퍼(camphor)], 바실루스 튜린겐시스(bacillus thuringiensis), 증기 및 직사 화염 5) 3) 및 4)의 규정에 따른 꿀벌의 질병에 대한 예방·관리 조치 및 물질의 사용에도 불구하고 질병의 치료 효과가 없는 경우에만 동물용의약품을 사용할 것 6) 동물용의약품을 사용하는 경우 인증품으로 판매하지 않아야 하며, 다시 인증품으로 판매하려는 경우에는 동물용의약품을 사용한 날부터 1년의 전환기간을 거칠 것
바. 생산물의 품질 관리 등	1) 양봉의 산물등의 가공, 저장 및 포장에 사용되는 기구, 설비, 용기 등의 자재는 유기적 순수성이 유지되도록 관리할 것 2) 이온화 방사선은 해충방제, 식품보전, 병원체와 위생관리 등을 위해 양봉의 산물등에 사용하지 않을 것 3) 가공방법은 기계적, 물리적 또는 생물학적(발효를 포함한다)인 방법으로 하고, 가공으로 인해 양봉의 산물등이 오염되지 않도록 할 것 4) 동물용의약품 성분은 「식품위생법」 제7조제1항에 따라 식품의약품안전처장이 고시하는 동물용의약품 잔류허용기준의 10분의 1을 초과하여 검출되지 않을 것 5) 합성농약 성분은 검출되지 않을 것 6) 인증품에 인증품이 아닌 제품을 혼합하거나 인증품이 아닌 제품을 인증품으로 판매하지 않을 것

5. 유기가공식품·비식용유기가공품의 인증기준

심사 사항	인증기준
가. 일반	1) 별표5의 경영 관련 자료를 기록·보관하고, 국립농산물품질관리원장 또는 인증기관이 열람을 요구할 때에는 이에 응할 것 2) 사업자는 유기가공식품·비식용유기가공품의 제조, 가공 및 취급 과정에서 원료·재료의 유기적 순수성이 훼손되지 않도록 할 것 3) 다음의 표에서 정하는 바에 따라 친환경농업에 관한 교육을 이수할 것. 다만, 인증사업자가 5년 이상 인증을 유지하는 등 인증사업자가 국립농산물품질관리원장이 정하여 고시하는 경우에 해당하는 경우에는 교육을 4년마다 1회 이수할 수 있다.

과정명	친환경농업 기본교육
교육주기	2년마다 1회
교육시간	2시간 이상
교육기관	국립농산물품질관리원장이 정하는 교육기관

		4) 자체적으로 실시한 품질검사에서 부적합이 발생한 경우에는 국립농산물품질관리원장 또는 인증기관에 통보하고, 국립농산물품질관리원 또는 인증기관이 분석 성적서 등의 제출을 요구할 때에는 이에 응할 것
나. 가공 원료·재료		1) 가공에 사용되는 원료·재료(첨가물과 가공보조제를 포함한다. 이하 같다)는 모두 유기적으로 생산된 것일 것 2) 1)에도 불구하고 제품 생산을 위해 비유기 원료·재료의 사용이 필요한 경우에는 다음 표의 구분에 따라 유기원료의 함량과 비유기 원료·재료의 사용조건을 준수할 것

제품구분	유기원료의 함량	비유기 원료·재료 사용조건		
		유기가공식품	비식용유기가공품	
			양축용	반려동물
유기로 표시하는 제품	인위적으로 첨가한 물과 소금을 제외한 제품 중량의 95% 이상	식품 원료(유기원료를 상업적으로 조달할 수 없는 경우로 한정한다) 또는 별표1 제1호다목1)에 따른 식품첨가물 또는 가공보조제	별표1 제1호나목1)·2)에 따른 단미사료·보조사료	사료 원료(유기원료를 상업적으로 조달할 수 없는 경우로 한정한다) 또는 별표1 제1호나목1)·2)에 따른 단미사료·보조사료 및 다목1)에 따른 식품첨가물·가공보조제
유기 70%로 표시하는 제품	인위적으로 첨가한 물과 소금을 제외한 제품 중량의 70% 이상	식품 원료 또는 별표1 제1호다목1)에 따른 식품첨가물 또는 가공보조제	해당 없음	사료 원료 또는 별표1 제1호나목1)·2)에 따른 단미사료·보조사료 및 다목1)에 따른 식품첨가물·가공보조제

		3) 유전자변형생물체 및 유전자변형생물체에서 유래한 원료 또는 재료를 사용하지 않을 것 4) 가공원료·재료의 1)부터 3)까지의 규정에 따른 적합성 여부를 정기적으로 관리하고, 가공원료·재료에 대한 납품서·거래인증서·보증서 또는 검사성적서 등 국립농산물품질관리원장이 정하여 고시하는 증명자료를 보관할 것
다. 가공 방법		모든 원료·재료와 최종 생산물의 관리, 가공시설·기구 등의 관리 및 제품의 포장·보관·수송 등의 취급과정에서 유기적 순수성이 유지되도록 관리할 것
라. 해충 및 병원균 관리		해충 및 병원균 관리를 위해 예방적 방법, 기계적·물리적·생물학적 방법을 우선 사용해야 하고, 불가피한 경우 별표1 제1호가목2)에서 정한 물질을 사용할 수 있으며, 그 밖의 화학적 방법이나 방사선 조사방법을 사용하지 않을 것
마. 세척 및 소독		1) 유기식품·유기가공품에 시설이나 설비 또는 원료·재료의 세척, 살균, 소독에 사용된 물질이 함유되지 않도록 할 것 2) 세척제·소독제를 시설 및 장비에 사용하는 경우에는 유기식품·유기가공품의 유기적 순수성이 훼손되지 않도록 할 것

심사 사항	인증기준
바. 포장	유기가공식품·비식용유기가공품의 포장과정에서 유기적 순수성을 보호할 수 있는 포장재와 포장방법을 사용할 것
사. 유기원료·재료 및 가공식품·가공품의 수송 및 운반	사업자는 환경에 미치는 나쁜 영향이 최소화되도록 원료·재료, 가공식품 또는 가공품의 수송방법을 선택하고, 수송과정에서 원료·재료, 가공식품 또는 가공품의 유기적 순수성이 훼손되지 않도록 필요한 조치를 할 것
아. 기록·문서화 및 접근보장	1) 사업자는 유기가공식품·비식용유기가공품의 취급과정에서 대기, 물, 토양의 오염이 최소화되도록 문서된 유기취급계획을 수립할 것 2) 사업자는 국립농산물품질관리원 소속 공무원 또는 인증기관으로 하여금 유기가공식품·비식용유기가공품의 제조·가공 또는 취급의 전 과정에 관한 기록 및 사업장에 접근할 수 있도록 할 것
자. 생산물의 품질관리 등	1) 합성농약 성분은 검출되지 않을 것. 다만, 비유기 원료 또는 재료의 오염 등 불가항력적인 요인으로 합성농약 성분이 검출된 것으로 입증되는 경우에는 0.01mg/kg 이하까지만 허용한다. 2) 인증품에 인증품이 아닌 제품을 혼합하거나 인증품이 아닌 제품을 인증품으로 판매하지 않을 것

6. 취급자(유기식품등을 저장, 포장, 운송, 수입 또는 판매하는 자)

심사 사항	인증기준
가. 일반	1) 별표5의 경영 관련 자료를 기록·보관하고, 국립농산물품질관리원장 또는 인증기관이 열람을 요구할 때에는 이에 응할 것 2) 다음의 표에서 정하는 바에 따라 친환경농업에 관한 교육을 이수할 것. 다만, 인증사업자가 5년 이상 인증을 유지하는 등 인증사업자가 국립농산물품질관리원장이 정하여 고시하는 경우에 해당하는 경우에는 교육을 4년마다 1회 이수할 수 있다. | 과정명	친환경농업 기본교육
교육주기	2년마다 1회
교육시간	2시간 이상
교육기관	국립농산물품질관리원장이 정하는 교육기관 | 3) 자체적으로 실시한 품질검사에서 부적합이 발생한 경우에는 국립농산물품질관리원장 또는 인증기관에 통보하고, 국립농산물품질관리원장 또는 인증기관이 분석 성적서 등의 제출을 요구할 때에는 이에 응할 것
나. 작업장 시설기준	최근 1년간 인증취소 처분을 받지 않은 작업장일 것
다. 원료·재료 관리	원료·재료의 사용 적합성 여부를 정기적으로 점검·관리하고, 원료·재료에 대한 납품서·거래인증서·보증서 또는 검사성적서 등 국립농산물품질관리원장이 정하여 고시하는 증명자료를 보관할 것
라. 취급 방법 등	1) 소분·저장·포장·운송·수입 또는 판매 등의 취급과정에서 인증품에 인증 종류가 다른 인증품 및 인증품이 아닌 제품이 혼입(混入: 한데 섞거나 섞여 들어가는 것을 말한

		다)되지 않도록 관리하고, 인증받은 내용과 같은 내용으로 표시할 것 2) 취급과정에서 방사선은 해충방제, 식품보존, 병원체의 제거 또는 위생관리 등을 위해 사용하지 않을 것 3) 생산물의 저장·포장·운송·수입 또는 판매 등의 취급과정에서 청결을 유지해야 하며, 외부로부터의 오염을 방지할 것
마. 생산물의 품질 관리 등		1) 동물용의약품 성분은 「식품위생법」 제7조제1항에 따라 식품의약품안전처장이 정하여 고시하는 동물용의약품 잔류허용기준의 10분의 1을 초과하여 검출되지 않을 것 2) 합성농약 성분은 검출되지 않을 것 3) 인증품에는 제조단위번호(인증품 관리번호), 표준바코드 또는 전자태그(RFID tag)를 표시할 것 4) 인증품에 인증품이 아닌 제품을 혼합하거나 인증품이 아닌 제품을 인증품으로 판매하지 않을 것

친환경농어업법 시행규칙 [별표6], [별표7], [별표17]은 '유기농업 일반'에서 기술함

유기식품 및 무농약농산물 등의 인증에 관한 세부실시 요령

제정 2010.02.08.(농관원 고시 제2010-04호)
개정 2023.02.16.(농관원 고시 제2023-02호)

제1장 총칙

제1조(목적) 이 요령은 「친환경농어업 육성 및 유기식품 등의 관리·지원에 관한 법률」 제58조, 같은 법 시행령(이하 "영"이라 한다) 제7조제4항 및 같은 법 시행규칙(이하 "규칙"이라 한다) 제8조제1항제2호·제6항, 제11조제2항, 제13조제5항, 제23조제6항, 제44조제1항제3호·제2항, 제45조제8항, 제48조제2항, 제53조제2항, 제54조제2항, 제88조제2항에 따른 유기식품등·무농약농산물·무농약원료가공식품의 인증 및 사후관리를 위하여 국립농산물품질관리원장에게 위임한 사항에 대하여 그 시행에 필요한 사항을 정하는 것을 목적으로 한다.

제2조(정의) 이 요령에서 사용하는 용어의 정의는 다음 각 호와 같다.
 1. "인증"이란 「친환경농어업 육성 및 유기식품 등의 관리·지원에 관한 법률」(이하 "법"이라 한다) 제19조에 따른 유기식품등에 대한 인증과 법 제34조에 따른 무농약농산물·무농약원료가공식품에 대한 인증을 말한다.
 2. "인증품"이란 법 제20조·제21조·제34조에 따라 인증 받아 별표1 각 호의 인증기준을 준수하여 생산·제조·취급된 유기농산물(유기임산물을 포함한다. 이하 같다), 유기축산물, 유기양봉 제품, 유기가공식품, 비식용유기가공품, 무농약농산물 및 무농약원료가공식품과 법 제25조에 따른 동등성을 인정받아 국내에 유통되는 유기가공식품을 말한다.
 2의2. "인증품등"이란 판매·유통 중인 제2호에 따른 인증품과 법 제23조제3항 또는 제45조제3항에 따라 제한적으로 유기표시 또는 무농약표시를 허용한 식품을 말한다.
 3. "신청인"이란 규칙 제12조·제15조·제16조·제17조·제18조(제55조제1항에서 준용하는 경우를 포함한다)에 따라 인증, 재심사, 변경승인 또는 인증의 갱신 등을 받으려고 신청하는 자를 말한다.
 4. "단체신청"이란 5인 이상의 생산자로 구성된 작목반, 영농조합법인 등의 단체가 규칙 제12조·제15조·제16조·제17조·제18조(제55조제1항에서 준용하는 경우를 포함한다)에 따라 인증, 재심사, 변경승인 또는 인증의 갱신 등을 받으려고 신청하는 것을 말한다.
 5. "인증심사원"이란 법 제26조의2에 따라 인증심사원 자격을 부여 받아 유기식품등·무농약농산물·무농약원료가공식품의 인증업무를 수행하는 자로 규칙 제13조·제15조·제16조·제17조·제18조(제55조제1항에서 준용하는 경우를 포함한다)에 따라 인증심사를 하는 자를 말한다.
 6. "인증기준"이란 규칙 제11조 또는 제54조에 따른 인증기준과 이 요령 제6조의2에 따른 인증기준의 세부사항을 말한다.
 7. "인증사업자"란 규칙 제13조(제55조제1항에서 준용하는 경우를 포함한다)에 따라 인증서를 발급 받은 자를 말한다.
 7의2. "단체인증"이란 제7호의 인증사업자 중 제4호에 따른 단체신청으로 인증을 받은 경우를 말한다.
 7의3. "인증사업자등"이란 인증사업자, 인증품을 판매·유통하는 사업자 또는 법 제23조제3항 또는 제45조제3항에 따라 제한적으로 유기표시 또는 무농약표시를 허용한 식품 및 비식용가공품을 생

산, 제조·가공, 취급 또는 판매·유통하는 사업자를 말한다.
8. "사후관리"란 법 제31조(제34조제5항에서 준용하는 경우를 포함한다)에 따라 인증품에 대한 시판품 조사를 하거나 인증사업자의 사업장에서 인증품의 생산, 제조·가공 또는 취급 과정이 인증기준에 맞는지 조사하는 것을 말한다.
9. "조사원"이란 법 제26조의2에 따라 인증심사원 자격을 부여 받은 자 또는 국립농산물품질관리원 소속 공무원으로 인증품 및 인증사업자등에 대한 사후관리를 하는 자를 말한다.
10. "단순 처리"란 농축산물의 원형을 알아볼 수 있는 정도로 자르거나 껍질을 벗기거나 도정하거나 건조하거나 냉동하거나 소금에 절이거나 가열하는 것을 말하며, 식품첨가물을 가하거나 분쇄하는 등 가공하는 것은 제외한다.
11. "지원장"이란 「농림축산식품부와 그 소속기관 직제 시행규칙」(이하 "직제규칙"이라 한다) 제23조에 따른 해당 관할구역의 국립농산물품질관리원 지원장을 말한다.
12. "사무소장"이란 직제규칙 제24조제3항에 따른 해당 관할구역의 국립농산물품질관리원 사무소장을 말한다.(현장 인증업무를 수행하는 제11호의 지원장을 포함한다)
13. "인증기관"이란 규칙 제35조(제55조제1항에서 준용하는 경우를 포함한다)에 따라 지정받은 기관을 말한다.
14. "친환경 인증관리 정보시스템"이란 국립농산물품질관리원장이 친환경농축산물 등의 인증정보를 관리하기 위하여 운영하는 홈페이지(www.enviagro.go.kr)를 말한다.

제3조(적용범위) 인증 및 사후관리 업무를 수행함에 있어 법, 영, 규칙에서 따로 정한 것을 제외하고는 이 요령을 적용한다.

제2장 인증

제4조(인증신청 안내) ① 사무소장 또는 인증기관은 신청인에게 신청에 필요한 서류 및 기재요령, 수수료, 인증기준, 처리절차 등을 안내한다.
② 사무소장은 인증을 받으려는 신청인에게 인증기관 지정내역을 안내하고, 규칙 제37조의3에 따라 우수 등급으로 결정된 인증기관에 신청하도록 권장할 수 있다.

제5조(인증대상) 규칙 제10조제2항 및 제53조제2항에 따른 인증대상의 세부사항은 다음 각 호와 같다.
1. 농산물 : 유기농산물·무농약농산물 인증기준에 따라 재배하는 농산물(별표1의2 "작물별 생육기간"의 2/3가 경과되지 않은 농산물)
2. 축산물 : 유기축산물 및 유기양봉의 산물·부산물의 생산·가공에 필요한 인증기준에 따라 사육하는 가축과 그 가축에서 생산된 축산물(식육, 원유, 식용란) 및 양봉의 산물·부산물
3. 가공식품 : 유기가공식품·무농약원료가공식품 인증기준에 따라 제조·가공하는 가공식품(「식품위생법」, 「축산물 위생관리법」 또는 「건강기능식품에 관한 법률」 등 관련 법령에 따라 품목제조보고·신고한 가공식품)
4. 비식용유기가공품 : 비식용유기가공품 인증기준에 따라 제조하는 양축(養畜)용 유기사료·반려동물(개·고양이에 한함) 유기사료(「사료관리법」에 따라 성분 등록 한 사료)
5. 취급자 인증품 : 인증품의 포장단위를 변경하거나 단순 처리하여 포장한 인증품

제5조의2(인증의 신청) ① 규칙 제10조제1항 또는 제53조제1항의 인증대상자가 인증을 신청할 때에는 인증종류별(유기농산물, 유기축산물, 유기양봉의 산물·부산물, 유기가공식품, 양축용 유기사료·반

려동물 유기사료, 무농약농산물, 무농약원료가공식품, 취급자)로 구분하여 신청하여야 한다.
② 인증신청 서류 중 규칙 별지 제6호, 제7호의 인증품 생산계획서 또는 제8호서식의 인증품 제조·가공 및 취급계획서의 세부적인 작성 내용과 방법은 별지 제1호·제1호의2·제1호의3서식 또는 제1호의4서식과 같으며, 인증기관은 생산 또는 제조·가공 및 취급품목의 특성 등에 따라 필요한 경우 작성내용의 일부를 변경할 수 있다.
③ 규칙 별표5 제1호가목5) 및 나목8)에 따라 경영관련 자료의 기록기간을 단축하거나 연장할 수 있는 경우는 다음 각 호와 같다.
1. 싹을 틔워 먹는 농산물, 어린잎 채소, 버섯류 등 생육기간이 3개월 미만인 농산물 또는 축산물을 처음 인증 신청하는 경우에는 기록기간을 최근 6개월까지로 단축할 수 있다.
2. 인삼, 더덕 등 매년 수확하지 않는 다년생 농산물 또는 1년을 초과하여 사육 중인 가축을 인증 신청하는 경우에는 그 농산물·가축을 재배·사육한 기간만큼 기록기간을 연장할 수 있다.

제6조(인증신청서 접수 등) ① 인증기관은 신청인이 인증신청 서류를 제출하는 경우 친환경 인증관리 정보시스템에 등록하여 접수한다. 이때 인증신청 서류의 접수 및 처리기간의 계산 등에 관한 사항은 민원 처리에 관한 법률에서 정한 규정에 따른다.
② 인증기관은 인증신청서 접수 시 접수한 인증신청서를 검토하여 다음 각 호의 어느 하나에 해당되는 경우 신청인에게 그 사유를 명시하여 반송 처리하여야 한다.
1. 법 제20조제2항에 따른 신청 제한 자에 해당하는 경우
2. 인증을 받은 사업장을 인증 유효기간 내에 중복하여 인증을 신청한 경우. 다만, 갱신신청 또는 연장신청을 하거나 인증종류 및 인증기관을 변경하기 위해 신청하는 경우 등은 중복하여 인증 신청한 것으로 간주하지 않는다.
3. 법 제20조제4항을 위반하여 인증사업자가 연속하여 2회를 초과하여 인증을 신청한 경우. 다만, 규칙 제14조에 따라 우수, 양호 또는 보통 등급으로 결정된 인증기관에 신청하는 경우에는 적용하지 아니한다.

제6조의2(인증기준) 규칙 제11조제2항 및 제54조제2항에 따른 인증기준의 세부사항은 별표1과 같다.

제7조(인증심사) ① 인증기관은 인증신청을 받은 때에는 규칙 제13조제1항(제55조제1항에서 준용하는 경우를 포함한다)에 따라 문서, 구술, 전화 또는 휴대전화를 이용한 문자전송, 모사전송 또는 인터넷 등으로 심사일정을 통보하여야 한다. 다만, 신청인이 문서통지를 원하는 경우 문서로 통지하여야 한다.
② 인증심사원은 인증기준에 적합한 지 여부에 대해 서류심사와 현장심사를 실시하여야 한다. 다만, 「축산물 위생관리법」제9조에 따른 안전관리인증 또는 「동물보호법」제29조에 따른 동물복지축산농장인증을 받은 농장을 심사하는 경우에는 안전관리 또는 동물복지축산농장 인증심사와 중복되는 사항에 대하여 심사를 생략할 수 있으나 관련 서류는 확보하여 심사결과 보고서에 반영·첨부하여야 한다.
③ 규칙 제13조제5항(제55조제1항에서 준용하는 경우를 포함한다)에 따른 인증심사의 절차와 방법에 관한 세부사항은 별표2와 같다.
④ 인증심사원은 제2항에 따라 심사를 완료한 때에는 심사결과 보고서와 첨부서류를 친환경 인증관리 정보시스템에 등록하는 방법으로 인증기관에 제출하여야 한다.
⑤ 인증기관은 별표2 제1호다목5)부터 9)까지에 따라 검사를 실시한 경우 그 검사결과를 지체없이 친환경 인증관리 정보시스템에 등록하여야 한다.

제8조(심사결과의 통보) ① 인증기관은 심사결과 인증기준에 적합하다고 판정한 경우 신청인에게 별표3

인증번호 부여방법에 따라 인증번호를 부여하고, 규칙 별지 제9호서식 또는 제10호서식의 인증서를 교부하여야 한다.

② 인증기관은 심사결과 인증기준에 부적합하다고 판정한 경우 신청인에게 그 사유를 서면으로 통지하여야 한다.

③ 인증기관은 인증사업자가 인증품의 수출·수입 등을 위하여 신청하는 경우 다음 각 호의 문서를 인증사업자에게 발급할 수 있다.
1. 별지 제2호서식 또는 제2호의2서식의 영문인증서
2. 규칙 별지 제19호서식의 거래인증서 또는 별지 제2호의3서식의 영문거래인증서(이 경우 별표3의2에 따른 거래인증에 관한 기준에 적합하여야 한다)

제9조(인증사업자의 준수사항 고지) 인증기관은 인증서를 교부하는 때에는 인증사업자에게 규칙 제11조·제54조 및 고시에 따른 인증기준, 규칙 제20조에 따른 인증사업자가 준수해야 하는 사항 등을 알려야 한다.

제10조(인증 변경승인 등) 규칙 제16조에 따른 인증 변경승인을 위한 심사는 변경 신청한 내용에 한하여 실시하되, 인증 사업장 규모의 축소, 인증 사업자의 주소 또는 업체명 변경 등 현장심사가 불필요한 경우에는 이를 생략할 수 있다.

제11조(인증의 갱신 등) ① 인증사업자는 다음 각 호의 어느 하나에 해당되는 경우 규칙 제17조(제55조 제1항에서 준용하는 경우를 포함한다)에 따라 유효기간이 끝나는 날의 2개월 전까지 인증신청서를 인증기관에 제출하여야 한다.
1. 인증 갱신 : 인증품을 계속하여 생산, 제조·가공 및 취급하기 위해 인증을 유지하거나 인증 사업장을 이전·확대 하려는 경우, 인증기관을 변경하여 신청하려는 경우
2. 인증품 유효기간 연장 : 인증갱신을 하지 않으려는 인증사업자가 인증의 유효기간 내에 출하를 종료하지 아니한 인증품이 있어 그 인증품에 대하여 유효기간을 연장하려는 경우

② 인증기관은 제1항에 따라 인증신청서를 접수한 때에는 제7조에 따라 인증심사를 하고 제8조에 따라 심사결과를 통보하여야 한다. 다만, 제1항제2호의 신청에 따른 인증심사는 경영관리와 생산물의 품질관리에 관한 사항에 한정하여 심사한다.

③ 제1항제2호의 신청에 따라 인증서를 교부하는 때에는 그 유효기간을 1년의 범위에서 연장하고 인증서의 인증 부가조건란에 인증품 출하가능량을 기재한다.

제3장 인증의 표시

제12조(인증품등의 표시) ① 인증사업자등이 인증품등으로 출하하거나 유통·판매하려는 때에는 인증품등의 포장 또는 용기 등에 규칙 제21조 또는 제59조에 따라 인증 표시를 하여야 하며, 규칙 별표6 제4호·별표7 제5호·별표8 제4호 또는 별표15 제3호·별표16 제4호에 따른 인증표시 기준 및 인증 정보 표시방법의 세부사항은 별표4와 같다.

② 인증사업자는 인증 받은 농장·작업장 소재지에 인증 받은 내용을 기재한 표지판을 부착하거나, 인증 받은 내용을 사실대로 광고할 수 있다.

제12조의2(인증표시와 유사한 표시의 세부기준) ① 인증을 받지 않은 제품에 규칙 제44조제1항 각 호에 해당하는 문자 또는 도형을 다음 각 호의 어느 하나에 해당하는 방법으로 표시 하는 경우 인증표시와 유사한 표시에 해당한다. 이 경우 표시에 대한 정의는 「식품 등의 표시·광고에 관한 법률」 제2조

제7호를 따른다.
1. 제품명 또는 제품명의 일부로 표시
2. 제품 용기·포장의 주표시면에 표시
3. 제품을 판매하는 진열대, 표시판 또는 푯말에 표시
4. 음식점의 메뉴판 또는 게시판에 표시
5. 제품의 납품서, 거래 명세서 또는 보증서에 표시
6. 그 밖에 소비자에게 해당 제품의 정보를 나타내거나 알리는 곳에 표시
② 다음 각 호에 해당하는 인증·보증의 표시는 인증표시와 유사한 표시에서 제외한다. 이 경우 표시는 해당 법령 또는 규정에 적합해야 한다.
1. 국가, 「지방자치법」에 따른 지방자치단체 및 「공공기관의 운영에 관한 법률」에 따른 공공기관으로부터 받은 인증·보증의 표시
2. 법 또는 다른 법률에 따라 허용된 인증·보증의 표시

제4장 사후관리

제13조 삭제

제13조의2(수입 비식용유기가공품의 신고 수리) 규칙 제23조제6항에 따른 수입 비식용유기가공품의 신고 수리를 위한 적합성 조사의 방법에 관한 세부사항은 별표4의2와 같다.

제14조(인증품등의 사후관리 조사) ① 규칙 제45조제8항에 따른 인증품등의 사후관리 조사요령은 별표5와 같다.
② 제1항에 따라 조사를 하고자 할 때에는 별지 제15호서식의 출입시 교부문서를 조사 개시 7일 전까지 서면으로 통지하여야 한다.
③ 제2항에도 불구하고 긴급한 경우나 미리 관계인에게 알리는 경우 그 목적을 달성할 수 없다고 인정되는 때에는 조사 개시와 동시에 별지 제15호서식의 출입시 교부문서를 조사 대상자에게 제시하여야 한다.
④ 사무소장은 조사과정에서 관할지역 이외 지역의 생산·유통과정에 대한 추적조사가 필요한 경우 해당지역 사무소장에게 조사를 의뢰하거나 해당지역에 대한 추적조사를 실시할 수 있다.
⑤ 조사원은 조사과정에서 위반사실을 발견한 경우에 위반자 또는 관계인으로부터 별지 제3호서식의 확인서와 증거서류를 받아야 한다. 다만, 위반자가 확인서의 날인을 거부하거나 기피하는 때에는 조사원 2명 이상이 연명으로 서명 또는 날인하여 그 사실을 확인할 수 있다.
⑥ 조사원은 제1항에 따른 조사를 완료한 후에는 조사결과를 친환경 인증관리 정보시스템에 등록(인증품에 대한 검사 결과 포함)하고 사무소장 또는 인증기관에게 보고하여야 한다.
⑦ 사무소장은 조사결과 관할지역 이외에서 인증을 받은 자 또는 인증품등을 유통하는 자 중 행정처분 등의 조치가 필요한 행위를 적발한 경우 위반사실과 관련 자료를 해당 사무소장 또는 인증기관에게 통보하여야 하며, 통보받은 사무소장 또는 인증기관은 통보 받은 건에 대해 조치한 후 그 결과를 통보한 기관에 회신하여야 한다.
⑧ 사무소장 또는 인증기관은 제1항 또는 제2항에 따른 조사 결과 인증기준 위반 사실이 확인된 인증사업자가 2건 이상의 인증을 보유한 경우에는 나머지 인증 건에 대하여도 생산과정조사를 실시하여야 하며, 인증기관이 따로 있는 경우에는 해당 인증기관에게 조사를 요청하여야 한다.

⑨ 사무소장 또는 인증기관은 법 제31조 및 규칙 제45조와 제1항부터 제7항까지의 사후관리 규정에 따라 인증사업자등 및 인증품등의 생산과정 또는 유통과정(인증기관 제외)에 대한 조사를 실시하여야 하며, 그 조사 결과(시료수거 내역 및 검사결과 포함)를 친환경 인증관리 정보시스템에 등록하여 관리하여야 한다.

제14조의2(재검사에 대한 세부사항) ① 사무소장 또는 인증기관은 규칙 제45조제6항에 따라 재검사 요청사유 및 증명자료를 확인하여 다음 각 호에 해당하는 경우에는 재검사를 실시한다.
  1. 검사용 시료가 다른 시료와 섞이는 등 시료의 오염이 인정되는 경우
  2. 검사과정 또는 검사결과 판정에 오류가 인정되는 경우
  3. 검사결과 인증기준에 부적합한 것으로 통보받은 시료와 생산장소·품목·시기가 같은 시료를 검사하여 인증기준에 적합한 검사성적서를 제출하는 경우
  4. 그 밖에 사무소장 또는 인증기관이 재검사가 필요하다고 인정하는 경우
② 재검사는 처음 검사 후 보관중인 시료를 검사하는 것을 원칙으로 하되, 시료가 오염되었거나 재검사에 필요한 시료량이 충분하지 않아서 보관중인 시료로 검사할 수 없는 경우에는 생산장소·품목·시기가 동일한 시료를 다시 수거하여 검사한다.
③ 재검사에 소요되는 비용은 재검사를 신청한 인증사업자가 부담한다. 다만, 인증기관 또는 검사기관의 검사오류 등으로 재검사를 하게 되는 경우에는 해당 인증기관 또는 검사기관이 재검사에 소요되는 비용을 부담할 것을 권고할 수 있다.

제15조(조사결과 조치) 사무소장 또는 인증기관은 제14조에 따른 조사(제11조에 따른 인증 갱신심사 등 포함)결과 위반사항을 확인하였거나 통보 받은 경우 다음 각 호의 조치를 하여야 한다.
  1. 법 제24조·제31조·제34조에 따른 인증취소 등의 행정처분 : 사무소장 또는 인증기관이 규칙 별표9에 따라 실시
  2. 법 제60조에 따른 벌칙 : 해당하는 자는 위반행위 발생지 관할지역 수사기관에 고발하거나, 특별사법경찰관리집무규칙에 따라 관할지역 사무소장이 처리
  3. 법 제62조에 따른 과태료 : 영 제9조 과태료의 부과기준 및 이 요령 별표5의2 절차에 따라 지원장에게 부과·징수 요청
  4. 법 제24조의2에 따른 과징금 : 규칙 제25조 및 별표5의3의 절차에 따라 지원장에게 부과·징수 요청
  5. 기타 행정지도 사항 : 해당 사무소장 또는 인증기관이 실시

제16조 삭제

제17조 삭제

제18조(인증품등의 회수·폐기) ① 사무소장은 인증품등에서 합성농약 성분 또는 동물용의약품 성분이 식품의약품안전처장이 고시한 농약 또는 동물용의약품의 잔류허용기준을 초과하여 검출된 사실을 알게 된 경우에는 지체 없이 해당 인증품의 유통업자(인증사업자를 포함한다)에게 해당 인증품의 회수·폐기에 필요한 조치를 명 하여야 한다.
② 제1항에 따라 회수·폐기 명령을 받은 자는 규칙 별표9 제3호다목에 따라 회수·폐기 계획을 수립하여 사무소장에게 제출하고, 계획에 따라 회수폐기를 실시한 후 그 결과를 사무소장에게 보고하여야 한다.
③ 제2항에 따른 회수·폐기 계획의 수립, 절차 및 결과 보고는 별표7과 같다.

제18조의2 (인증품등의 조치명령 등에 관한 세부사항) ① 지원장은 규칙 제47조에 따라 인증품등을

압류한 경우 그 소유자에게 상당한 이행 기한을 정하여 행정처분 사항을 이행하도록 통지하고 그 기한까지 이행되지 아니한 때에는 「행정대집행법」에 따라 대집행을 하고 그 비용을 명령위반자로부터 징수할 수 있다.

② 규칙 제48조제2항에 따른 공표하여야 하는 사항은 조치명령을 받은 날짜·인증번호·대상자 명, 조치명령의 내용 등으로 하며, 공표한 날로부터 2년간 게시 한다.

제5장 친환경농업 기본교육

제19조(교육기관) 규칙 별표4 제2호·제3호·제4호·제5호·제6호 및 별표14 제2호·제3호·제4호에 따라 국립농산물품질관리원장이 정하는 교육기관(이하 "교육기관"이라 한다)은 다음 각 호와 같다.
1. 국립농산물품질관리원(지원·사무소를 포함한다)
2. 농촌진흥청 및 그 소속기관
3. 「농촌진흥법」 제3조에 따라 지방자치단체의 직속기관으로 설치된 지방농촌진흥기관
4. 농식품공무원교육원
5. 규칙 제8조제4항에 따라 지정된 교육훈련기관
6. 그 밖에 국립농산물품질관리원장이 교육과목 등을 확인하여 교육기관으로 인정한 기관 및 단체

제19조의2(교육훈련기관 지정 요건) 규칙 제8조제1항제2호에 따른 교육훈련기관에 상근하는 교육훈련강사는 다음 각 호에 따라 친환경농업 분야에 전문성을 갖추었음을 증명할 수 있어야 한다.
1. 인증품의 생산, 제조·가공 또는 취급에 필요한 내용을 기술한 표준 교재를 제시하고 그 내용을 설명할 수 있을 것
2. 농업인이 작성한 경영관련 자료를 분석하여 토양관리, 병해충 관리 등 인증에 필요한 실천 방안과 인증품 생산, 제조·가공 또는 취급계획서를 제시 할 수 있을 것
3. 1개 품목 이상에 대해 파종, 재배, 수확 등 친환경농업 이행 과정을 기술한 표준 재배력을 제시할 수 있을 것

제20조(교육 방법 등) ① 제19조에 따른 교육기관은 교육계획일 10일 전까지 교육일자, 교육장소, 교육인원, 교육내용 등이 포함된 교육계획서를 국립농산물품질관리원장에게 제출하고 제출된 교육계획에 따라 교육을 실시하여야 한다.
② 교육은 집합교육과정 및 온라인 교육과정으로 운영할 수 있다.

제21조(교육 결과 관리) 교육기관은 인증사업자의 교육 이수 결과를 친환경 인증관리 정보시스템에 등록하고, 교육이수 확인서를 인증사업자에게 발급하여야 한다.

제22조(재검토 기한) 국립농산물품질관리원장은 이 고시에 대하여 「훈령·예규 등의 발령 및 관리에 관한 규정」에 따라 2021년 7월 1일을 기준으로 매 3년이 되는 시점(매 3년째의 6월 30일까지를 말한다)마다 그 타당성을 검토하여 개선 등의 조치를 하여야 한다.

세부실시요령 [별표1]

인증기준의 세부사항(세부실시요령 제6조의2 관련)

1. 인증기준의 세부사항 1호, 2호, 3호, 4호, 9호는 '유기농업 일반'에서 기술함	
2. 유기농산물 : 생산에 필요한 인증기준	
3. 유기축산물 : 생산에 필요한 인증기준	
3의2. 유기축산물 중 유기양봉의 산물·부산물 : 생산에 필요한 인증기준 〈생략〉	
4. 유기가공식품 : 제조·가공에 필요한 인증기준	
5. 비식용유기가공품(양축용 유기사료·반려동물 유기사료) : 제조·가공에 필요한 인증기준 〈생략〉	
6. 무농약농산물 : 생산에 필요한 인증기준	

심사 사항	인증기준

가. 일반	1) 경영관련 자료와 농산물의 생산과정 등을 기록한 인증품 생산계획서 및 필요한 관련정보는 국립농산물품질관리원장 또는 인증기관이 심사 등을 위하여 제출 또는 열람을 요구하는 때에는 이를 제공하여야 한다.
	2) 재배포장에 관행농업을 번갈아 하여서는 아니 된다.
	3) 농산물 중 일부만을 인증 받으려고 하는 경우 인증을 신청하지 않은 농산물의 재배과정에서 사용한 합성농약 및 화학비료의 사용량과 해당농산물의 생산량 및 출하처별 판매량(병행생산에 한함)에 관한 자료를 기록·보관하여야 한다.
	4) 생산자단체로 인증 받으려는 경우 인증신청서를 제출하기 이전에 다음 각 호의 요건을 모두 이행하고 관련 증명자료를 보관하여야 한다.
	  가) 생산관리자는 소속 농가에게 인증기준에 적합하게 작성된 생산지침서를 제공하여야 한다.
	  나) 생산관리자는 소속 농가의 인증품 생산과정이 인증기준에 적합한 지에 대한 예비심사를 하고 심사한 결과를 별지 제5호서식에 기록하여야 하며, 인증기준에 적합하지 않은 농가는 인증신청에서 제외하여야 한다.
	  다) 가)부터 나)까지의 업무를 수행하기 위해 국립농산물품질관리원장이 정하는 바에 따라 생산관리자를 1명 이상 지정하여야 한다.
	5) 친환경농업에 관한 교육이수 증명자료는 인증을 신청한 날로부터 기산하여 최근 2년 이내에 이수한 것이어야 한다. 다만, 5년 이상 인증을 연속하여 유지하거나 최근 2년 이내에 친환경농업 교육 강사로 활동한 경력이 있는 경우에는 최근 4년 이내에 이수한 교육이수 증명자료를 인정한다.

나. 재배 포장·용 수·종자	1) 재배포장의 토양은 「토양환경보전법 시행규칙」 별표3에 따른 1지역의 토양오염우려기준을 초과하지 아니하여야 하며, 합성농약 성분이 검출되어서는 아니 된다. 다만, 관행농업 과정에서 토양에 축적된 합성농약 성분의 검출량이 0.01mg/kg 이하인 경우에는 예외를 인정한다. 2) 재배포장의 토양에 대해서는 매년 1회 이상의 검정을 실시하여 토양 비옥도가 유지·개선되고 염류가 과도하게 집적되지 않도록 노력하며, 토양비옥도 수치가 적정치 이하이거

	나 염류가 과도하게 집적된 경우 개선계획을 마련하여 이행하여야 한다. 3) 2)에 의한 토양 검정결과 토양비옥도(유기물)와 염류 집적도(전기전도도)가 적정 수준을 유지하는 경우 다음 해의 토양검정을 생략 할 수 있다. 4) 재배포장 주변에 공동방제구역 등 오염원이 있는 경우 이들로부터 적절한 완충지대나 보호시설을 확보하여야 하며, 해당구역에서 생산된 농산물에 대한 구분관리 계획을 세워 이행하고, 재배포장 입구나 인근 재배포장과의 경계지 등의 잘 보이는 곳에 무농약농산물 재배지임을 알리는 표지판을 설치하여야 한다. 5) 재배포장은 최근 1년간 인증기준 위반으로 인증취소처분을 받은 재배지가 아니어야 한다. 6) 버섯류 등 토양이 아닌 배지에서 작물을 재배하는 경우 재배에 사용된 배지가 「토양환경보전법 시행규칙」 별표3에 따른 1지역의 토양오염우려기준을 초과하지 아니하여야 하며, 합성농약 성분은 검출되지 아니하여야 한다. 다만, 배지의 원료에서 기인된 합성농약 성분의 검출량이 0.01mg/kg 이하인 경우에는 예외를 인정한다. 7) 용수는 사용 용도별로 다음 각 호의 수질기준에 적합하여야 한다. 　가) 농산물의 세척에 사용하는 용수, 싹을 틔워 직접 먹는 농산물·어린잎채소의 재배에 사용하는 용수 또는 시설 내에서 재배하는 버섯류의 재배에 사용하는 용수 : 「먹는물 수질기준 및 검사 등에 관한 규칙」 제2조에 따른 먹는물의 수질기준. 다만, 버섯류 재배에 사용하는 용수는 먹는물 수질기준의 미생물 항목 및 농업용수 기준에 모두 적합한 용수를 사용할 수 있다. 　나) 가) 외의 용도로 사용하는 용수 : 「환경정책기본법 시행령」 제2조 및 「지하수의 수질보전 등에 관한 규칙」 제11조에 따른 농업용수 이상이어야 한다. 다만, 하천·호소의 생활환경기준 중 총 인 및 총 질소 항목과 지하수의 수질기준 중 질산성 질소 항목은 적용하지 아니 한다. 8) 7)의 항목별 기준치 충족여부는 공인검사기관의 검정결과에 의하며, 하천·호소의 경우 최근 1년 동안 한국농어촌공사, 환경부 등에서 일정주기(월별 또는 분기별)로 검사한 검정치의 산술평균값을 적용할 수 있다. 이 경우 신청일 이전의 정기적인 검사성적을 확인할 수 없으면 가장 최근에 실시한 검정치를 적용한다. 9) 종자·묘는 최소한 1세대 또는 한 번의 생육기 동안 다목의 규정에 따라 재배한 식물로부터 유래된 것을 사용하여야 한다. 다만, 인증사업자가 위 요건을 만족시키는 종자·묘를 구할 수 없음을 인증기관에게 증명할 수 있는 경우, 인증기관은 다음 순서에 따라 허용할 수 있다. 　가) 우선적으로 합성농약으로 처리되지 않은 종자 또는 묘의 사용 　나) 규칙 별표1 제1호가목1)·2)의 물질 이외의 물질로 처리한 종자 또는 묘(육묘 시 합성농약이 사용된 경우 제외)의 사용 10) 종자는 「농수산물 품질관리법」 제2조제11호에 따른 유전자변형농산물을 사용할 수 없다.
다. 재배 방법	1) 화학비료는 농촌진흥청장·농업기술원장 또는 농업기술센터소장이 재배포장별로 권장하는 성분량의 3분의 1 이하를 범위 내에서 사용시기와 사용자재에 대한 계획을 마련하여 사용하여야 한다. 2) 합성농약 또는 합성농약 성분이 함유된 자재를 사용하지 아니하여야 한다.

		3) 장기간의 적절한 돌려짓기(윤작) 계획에 따른 두과작물·녹비작물 또는 심근성작물을 재배하도록 권장한다.
		4) 가축분뇨 퇴·액비를 사용하는 경우에는 완전히 부숙시켜서 사용하여야 하며, 이의 과다한 사용, 유실 및 용탈 등으로 인하여 환경오염을 유발하지 아니하도록 하여야 한다.
		5) 병해충 및 잡초는 다음과 같은 방법으로 방제·조절하여야 한다.
		  가) 적합한 작물과 품종의 선택
		  나) 적합한 돌려짓기(윤작) 체계
		  다) 기계적 경운
		  라) 포장 내의 혼작·간작 및 공생식물의 재배 등 작물체 주변의 천적활동을 조장하는 생태계의 조성
		  마) 멀칭·예취 및 화염제초
		  바) 포식자와 기생동물의 방사 등 천적의 활용
		  사) 식물·농장퇴비 및 돌가루 등에 의한 병해충 예방 수단
		  아) 동물의 방사
		  자) 덫·울타리·빛 및 소리와 같은 기계적 통제
		6) 병해충이 5)에 따른 기계적, 물리적 및 생물학적인 방법으로 적절하게 방제되지 아니하는 경우에 규칙 별표1 제1호가목2)의 물질이나 법 제37조에 따라 공시된 유기농업자재를 사용할 수 있으나, 그 용도 및 사용 조건·방법에 적합하게 사용하여야 한다.

라. 생산물의
    품질관리 등
		1) 무농약농산물의 저장, 수송 및 포장 시 저장·포장장소와 수송수단의 청결을 유지하고, 외부로부터의 오염을 방지하여야 한다. 특히 무농약농산물을 포장하지 아니한 상태로 일반농산물과 함께 저장 또는 수송하는 경우에는 그 구별을 위하여 칸막이를 설치하는 등 다른 농산물과의 혼합 또는 오염을 방지하기 위한 조치를 하여야 한다.
		2) 병해충 관리 및 방제를 위해서는 다음 사항을 우선적으로 조치하여야 한다.
		  가) 병해충 서식처의 제거 및 시설에의 접근방지 등 예방조치
		  나) 가)의 예방조치로 부족한 경우 기계적·물리적 및 생물학적 방법을 사용
		  다) 나)의 기계적·물리적 및 생물학적인 방법으로 적절하게 방제되지 아니하는 경우에 규칙 별표1 제1호가목2)의 자재를 사용할 수 있으나 무농약농산물에는 접촉되지 아니하도록 사용
		3) 저장구역 또는 수송컨테이너에 대한 병해충 관리방법으로 물리적 장벽, 소리·초음파, 빛·자외선, 덫(페로몬 및 전기유혹 덫을 말한다), 온도조절, 대기조절(탄산가스·산소·질소의 조절을 말한다) 및 규조토를 이용할 수 있다.
		4) 저장장소와 컨테이너가 유기농산물 또는 무농약농산물만을 취급하지 아니하는 경우에는 그 사용 전에 규칙 별표1 제1호가목2)에 해당하지 아니하는 농약이나 다른 처방으로부터의 잠재적인 오염을 방지하여야 한다.
		5) 무농약농산물을 세척하거나 소독하는 경우 규칙 별표1 제1호다목1) 허용물질 중 과산화수소, 오존수, 이산화염소수, 차아염소산수를 사용 할 수 있으나, 무농약농산물에 잔류되지 않도록 관리계획을 수립하고 이행하여야 한다.
		6) 방사선은 해충방제, 식품보존, 병원의 제거 또는 위생의 목적으로 사용할 수 없다. 다만, 이물탐지용 방사선(X선)은 제외한다.

	7) 유기합성농약 성분은 검출되지 아니하여야 한다. 8) 인증품 출하 시 인증품의 표시기준에 따라 표시하여야 하며, 포장재의 제작 및 사용량에 관한 자료를 보관하여야 한다. 9) 인증표시를 하지 않은 농산물을 인증품으로 판매하여서는 아니 된다. 다만, 포장하지 않고 판매하는 경우에는 납품서, 거래명세서 또는 보증서 등에 표시사항을 기재하여야 한다. 10) 인증품에 인증품이 아닌 제품을 혼합하거나 인증품이 아닌 제품을 인증품으로 광고하거나 판매하여서는 아니 된다. 11) 수확 및 수확 후 관리를 수행하는 모든 작업자는 품목의 특성에 따라 적절한 위생조치를 취하여야 하며, 싹을 틔워 직접 먹는 농산물, 어린잎 채소, 버섯류 등을 취급하는 작업자는 위생복·위생모·위생화·위생마스크·위생장갑을 착용하여야 한다. 12) 수확 후 관리 시설에서 사용하는 도구와 설비를 위생적으로 관리하여야 하며, 싹을 틔워 직접 먹는 농산물, 어린잎 채소, 버섯류 등을 취급하는 작업장 바닥과 통로는 작업 시작 전에 세척·소독하여야 한다.

마. 그 밖의 사항	1) 수경재배 농산물 및 양액재배 농산물은 나목1)·2)·3)와 다목 1)·3)·4)를 적용하지 아니한다.
	2) 수경재배 및 양액재배의 방식은 순환식 등으로 하여 배양액으로 인한 환경오염이 없어야 한다.
	3) 나목 9)의 단서에도 불구하고, 콩나물과 숙주나물 등 싹을 틔워 직접 먹는 농산물과 어린잎 채소는 그 원료(또는 종자)가 유기 또는 무농약농산물이어야 한다. 다만, 다음 각 호의 경우에는 그러하지 아니하다.
	  가) 싹을 틔워 먹는 직접 먹는 농산물 : 일반농산물을 원료로 사용할 경우 국내산으로서 잔류농약이 검출되지 아니하여야 한다.[생산자(농가) 단위 또는 최대 6톤 이내로 구성된 제조 단위(인증품 관리단위)로 잔류농약검사를 하고 관련 자료를 비치·보관하여야 한다]
	  나) 어린잎 채소 : 토양·배지에서 재배하면서 생육 중인 어린 작물체로 출하하는 경우에는 나목 9)가)의 단서조항을 적용할 수 있다.
	4) 병행생산의 경우 무농약농산물과 일반농산물의 구분 관리 계획을 세워 이를 이행하여야 한다.
	5) 농장(포장) 내에 합성농약을 보관하여서는 아니 된다.
	6) 규칙 및 이 고시에서 정한 무농약농산물의 인증기준은 인증 유효기간동안 상시적으로 준수하여야 하며, 이를 증명할 수 있는 자료를 구비하고, 국립농산물품질관리원장 또는 인증기관이 요구하는 때에는 관련 자료 제출 및 시료수거, 현장 확인에 협조하여야 한다.
	7) 무농약농산물의 생산 및 취급(수확·선별·포장·보관 등)에 이용되는 기구·설비를 세척·살균소독하는 경우 규칙 별표1 제1호다목2)의 물질을 사용할 수 있으나 무농약농산물 및 기구·설비에 잔류되지 않도록 관리계획을 수립하여 이행하여야 한다.
	8) 무농약 종자·묘는 이 호의 무농약농산물 인증기준에 적합하게 재배하여야한다. 다만, 작물의 적정한 영양 조절이나 병해충관리가 어려운 경우에는 별표1 제1호가목1)·2)의 물질이나 법 제37조에 따라 공시된 유기농업자재를 사용할 수 있으나, 그 용도 및 사용조건·방법에 적합하게 사용하여야 한다.

	9) 농장에서 발생한 폐비닐, 사용한 자재 등의 환경오염 물질 및 병해충·잡초관리를 위해 인위적으로 투입한 동식물이 주변 농경지·하천·호수 또는 농업용수 등을 오염시키지 않도록 관리하여야 하며, 인증농장 및 인증농장 주변에서 쓰레기를 소각하는 행위를 하여서는 아니 된다.
8. 무농약원료가공식품 : 제조·가공에 필요한 인증기준 〈생략〉	
9. 취급자(저장, 포장, 운송, 수입 또는 판매)	

세부실시요령 [별표1의2], [별표2], [별표4]는 '유기농업 일반'에서 기술함

세부실시요령 [별표3]

인증번호 부여방법(세부실시요령 제8조제1항 관련)

1. 인증번호는 시도별 지정번호(00), 인증종류(0), 인증서의 발급순번(00000)을 결합하여 일련번호 방식으로 부여한다.
2. 시도별 지정번호는 아래와 같다.

시도별 지정번호	비 고
서울특별시 (01)	예) 서울특별시에서 유기농산물을 첫 번째로 인증 받은 경우 - 인증번호: 01100001
부산광역시 (02)	
대구광역시 (03)	
인천광역시 (04)	
광주광역시 (05)	
대전광역시 (06)	
울산광역시 (07)	
경기도 (10)	예) 경기도에서 무농약원료가공식품을 첫 번째로 인증 받은 경우, - 인증번호: 10700001
강원도 (11)	
충청북도 (12)	
충청남도・세종특별자치시 (13)	
전라북도 (14)	
전라남도 (15)	
경상북도 (16)	
경상남도 (17)	
제주특별자치도 (18)	
해외 (99)	예) 브라질에서 유기가공식품으로 첫 번째로 인증 받은 경우, - 인증번호: 99800001

3. 인증종류별 번호는 다음 각 호와 같다.
   가. 유기농림산물 : 1
   나. 유기축산물 및 유기양봉의 산물・부산물 : 2
   다. 무농약농산물 : 3
   라. 취급자 : 6
   마. 무농약원료가공식품 : 7
   바. 유기가공식품 : 8
   사. 비식용유기가공품(양축용 유기사료・반려동물 유기사료) : 9
4. 인증서의 발급순번은 해당 시도의 인증종류별 일련번호로 한다. 다만, 취급자 일련번호는 친환경농어업법 제34조에 따른 취급자와 「축산법」 제42조의2에 따른 취급자를 발급 순서대로 부여한다.

수험서의 NO.1 서울고시각

편│저│자│약│력

장사원

- (전) 7·9급 공무원 시험 합격
  농촌지도사·농업연구사 시험 합격
  9급 공무원 시험 출제편집위원
  5급 사무관 승진시험 출제편집위원
  농촌지도사 및 농업연구사 출제편집위원
  농업연구사 (생명공학 연구)
- (현) 서울 윌비스 고시학원 전임교수
- 저서 : 컨셉 재배학
  컨셉 식용작물학
  컨셉 작물생리학
  컨셉 농촌지도론
  컨셉 토양학
  컨셉 공무원 생물학
  컨셉 재배학 기출문제집
  컨셉 식용작물 기출문제집
  컨셉 작물생리학 기출예상문제집
  컨셉 농촌지도론 기출예상문제집
  컨셉 토양학 기출예상문제집
  컨셉 공무원 생물학 기출문제집

※ 인터넷강의 : www.willbesgosi.net (윌비스 고시학원)
※ Q&A : cafe.daum.net/youryang

컨셉
유기농업기능사
필기 + 실기

인쇄일 2024년 1월 5일
발행일 2024년 1월 10일

편저자 장사원
발행인 김용관
발행처 ㈜서울고시각
주 소 서울시 마포구 양화로7길 83 2층(데이비드 빌딩)
대표전화 02.706.2261
상담전화 02.706.2262~6 | FAX 02.711.9921
인터넷서점·동영상강의 www.edu-market.co.kr
E-mail gosigak@gosigak.co.kr
표지디자인 이세정
편집디자인 김수진, 황인숙
편집·교정 박지아

ISBN 978-89-526-4642-2
정 가 32,000원

• 이 책에 실린 내용에 대한 저작권은 ㈜서울고시각에 있으므로 무단으로 전재하거나 복제, 배포할 수 없습니다.